高级大数据人才培养丛书

U0150175

云 计 算

（典藏版）

刘　鹏　主编

付印金　郑志蕴　副主编

电子工业出版社

Publishing House of Electronics Industry

北京 · BEIJING

内 容 简 介

本书是国内销量大、被众多高校采用的教材《云计算》的典藏版，是中国信息协会教育分会人工智能教育专家委员会主任刘鹏教授团队的心血之作。在应对大数据挑战的过程中，云计算技术日趋成熟，拥有大量成功的商业应用。本书追踪最新技术，包括大数据与云计算、Google 云计算原理与应用、Amazon 云计算 AWS、微软云计算 Microsoft Azure、Hadoop 3.0：主流开源云架构、虚拟化技术、容器技术、云原生技术、云计算数据中心、云计算核心算法、云际计算技术、中国云计算技术及总结与展望等。

"让学习变得轻松"是本书的初衷。通过本书可掌握云计算的概念和原理，学习主要的云计算平台和技术，还可了解云计算的核心算法和发展趋势。本书适合作为相关专业本科和研究生的教材，也可作为云计算研发人员和爱好者的参考资料。

图书在版编目（CIP）数据

云计算：典藏版 / 刘鹏主编. —北京：电子工业出版社，2024.1
（高级大数据人才培养丛书）
ISBN 978-7-121-46531-4

Ⅰ. ①云… Ⅱ. ①刘… Ⅲ. ①云计算 Ⅳ.①TP393.027

中国国家版本馆 CIP 数据核字（2023）第 199876 号

责任编辑：米俊萍
印　　刷：天津画中画印刷有限公司
装　　订：天津画中画印刷有限公司
出版发行：电子工业出版社
　　　　　北京市海淀区万寿路 173 信箱　　邮编：100036
开　　本：787×1092　1/16　印张：36.25　字数：882 千字
版　　次：2024 年 1 月第 1 版
印　　次：2024 年 1 月第 1 次印刷
定　　价：198.00 元

凡所购买电子工业出版社图书有缺损问题，请向购买书店调换。若书店售缺，请与本社发行部联系，联系及邮购电话：(010) 88254888，88258888。

质量投诉请发邮件至 zlts@phei.com.cn，盗版侵权举报请发邮件至 dbqq@phei.com.cn。

本书咨询联系方式：mijp@phei.com.cn。

编 写 组

主　　编：刘　鹏

副主编：付印金　郑志蕴

编　委：叶晓江　张　震　鲍禹含　王军锋　原启龙
　　　　谢　鹏　陈思恩　张　燕　马立远　刘世奇
　　　　王　璞　申　帆　马　鸣　张　堃　陈　曦

前　言

如今的云计算早已不是新鲜词汇，云计算的不断更新让开发者应接不暇，云计算甚至一度被视为"继个人电脑、互联网之后电子信息领域又一重大变革"。然而，任何事物的发展都不是一蹴而就的。在兴起的早期，云计算虽被视作"像水、电一样流向千家万户的 IT 资源"，国内外各朵云不断进行技术尝试，但其软硬件和商业模式均不成熟，并非现在呈现的巨头角力格局。同时，人们对云计算深层次的社会价值和技术要求并不熟悉，对于云资源的安全性及打通资源流向的基础设施等理念的接纳亦步亦趋。

彼时，一边是加速袭来的云计算风暴，另一边是懵懵懂懂的概念与技术指导，开发人员和企业大多是"摸着石头过河"。基于此，为了实现从概念到技术的实践和落地，架通研发人员与大众之间的认知桥梁，我联合高校师资、企业工程师，于 2010 年带来了《云计算》一书，对巨大且丰富的云计算知识进行了早期的普及尝试，旨在帮助读者扫除关于云计算基本概念的困顿，更好地梳理云计算的技术路线。显然，这场"知识雨"来得正当时，越来越多的读者通过《云计算》了解云计算，并且《云计算》也开始走进一所所高校的课堂。时至今日，《云计算》已更新至第 4 版，现在经过精心打磨的《云计算（典藏版）》得以出版，完整扎实的知识体系，紧跟时代的行业信息，专业的内容解读，丰富的配套资源，相信能让读者耳目一新。

具体而言，《云计算（典藏版）》包括大数据与云计算、Google 云计算原理与应用、Amazon 云计算 AWS、微软云计算 Microsoft Azure、Hadoop 3.0：主流开源云架构、虚拟化技术、容器技术、云原生技术、云计算数据中心、云计算核心算法、云际计算技术、中国云计算技术及总结与展望等丰富内容，无论是云计算从业人员、云计算用户、相关 IT 管理者，还是相关专业的师生或者对云计算感兴趣的其他读者，相信都将在本书的阅读过程中有所收获。

本书是集体智慧的结晶，在此谨向付出辛勤劳动的各位编者致敬！书中难免会有不当之处，请读者不吝赐教，可以通过"刘鹏看未来"（lpoutlook）微信公众号或刘鹏的邮箱 gloud@126.com 与我取得联系。

刘鹏

2023 年 11 月 8 日

目　录

第1章　大数据与云计算

图灵奖获得者杰姆·格雷（Jim Gray）曾提出著名的"新摩尔定律"：每 18 个月全球新增信息量是计算机有史以来全部信息量的总和。时至今日，所累积的数据量之大，已经无法用传统方法处理，因而使"大数据"（Big Data）这个词备受关注。而处理"大数据"的技术手段——"云计算"（Cloud Computing）——早就于几年前被人们熟知了。那么，大数据到底是怎么形成的？大数据与云计算到底是什么关系？云计算到底是什么？云计算有什么优势？本章将沿着这个线索展开。

1.1　大数据时代

我们先来看看百度关于"大数据"的搜索指数，如图 1-1 所示。

图 1-1　"大数据"的搜索指数

数据来源：百度指数©baidu。

可以看出，"大数据"这个词是从 2012 年才引起人们关注的，之后搜索量便迅猛增长。为什么大数据这么受关注？看看图 1-2 就明白了。2004 年，全球数据总量是 30EB[1]。随后，其于 2005 年达到了 50EB，2006 年达到了 161EB，到 2015 年居然达到

---

[1] 1YB=1024ZB =10^{24} 字节，1ZB=1024EB=10^{21} 字节，1EB=1024PB=10^{18} 字节，1PB=1024TB=10^{15} 字节，1TB=1024GB= 10^{12} 字节，1GB=1024MB=10^9 字节，1MB=1024KB=10^6 字节，1KB=1024 字节。

了惊人的 7900EB，到 2020 年超过了 60000EB。预计到 2030 年，全球每年新增数据量将突破 1YB 量级（1YB 相当于 4 万亿台内存为 256GB 的高端手机的存储能力）。

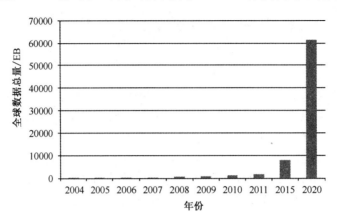

图 1-2　全球数据总量

　　为什么全球数据量增长如此之快？一方面是由于数据产生方式的改变。历史上，数据基本上是通过手工产生的。随着人类步入信息社会，数据的产生越来越自动化。例如，在精细农业中，需要采集植物生长环境的温度、湿度、病虫害信息，对植物的生长进行精细的控制。因此我们在植物的生长环境中安装各种各样的传感器，自动地收集我们需要的信息。对环境的感知，是一种抽样的手段，抽样密度越高，越逼近真实情形。如今，人类不再满足于得到部分信息，而是倾向于收集对象的全量信息，即将我们周围的一切数据化。因为有些数据如果丢失了哪怕很小一部分，都有可能得出错误的结论。例如，通过分析人的基因组判断某人可不可能患某种疾病，即使丢失一小块基因片段，都有可能导致错误的结论。为了达到这个目的，传感器的使用量暴增。目前全球有 30 亿～50 亿个传感器，到 2030 年将突破 100 万亿个。这些传感器 24 小时都在产生数据，这就导致了信息爆炸。

　　另一方面是由于人类的活动越来越依赖数据。一是人类的日常生活已经与数据密不可分。全球已经有超过 50 亿人连入互联网。在 Web 2.0 时代，每个人不仅是信息的接收者，同时是信息的产生者，每个人都成为数据源，每个人都在用智能终端拍照、录像、发微博、发微信等。全球每天会有超过 5 万小时的视频上传到 YouTube，会有 1.55 亿条信息上传到 Twitter，会在 Amazon 产生 630 万笔订单……二是科学研究进入了"数据科学"时代。例如，在物理学领域，欧洲粒子物理研究所的大型强子对撞机每秒产生的原始数据量高达 40TB。在天文学领域，2000 年斯隆数字巡天项目启动时，位于墨西哥州的望远镜在短短几周内收集到的数据比天文学历史上的数据总和还要多。三是各行各业越来越依赖采用大数据手段来开展工作。例如，石油部门用地震勘探的方法来探测地质构造、寻找石油，使用了大量传感器来采集地震波形数据。为保障高铁运行安全，需要在每一段铁轨周边大量部署传感器，从而感知异物、滑坡、水淹、变形、地震等异常。在智慧城市建设中，包括平安城市、智能交通、智慧环保和智能家居等，都会产生大量的数据。目前一个普通城市的摄像头往往就有几十万个之多，其每分每秒都在产生极其海量的数据。

那么，何谓大数据？参考维基百科，本书给出的定义如下：海量数据或巨量数据，其规模巨大到无法通过目前主流的计算机系统在合理时间内获取、存储、管理、处理并提炼以帮助使用者决策。

目前工业界普遍认为大数据具有 4V+1C 的特征。

（1）数据量大（Volume）：存储的数据量巨大，PB 级别是常态，因而对其分析的计算量也大。

（2）多样（Variety）：数据的来源及格式多样，数据格式除了传统的结构化数据，还包括半结构化或非结构化数据，比如用户上传的音频和视频内容。随着人类活动进一步拓展，数据的来源会更加多样。

（3）快速（Velocity）：数据增长速度快，而且越新的数据价值越大，这就要求对数据的处理速度也要快，以便能够从数据中及时地提取知识，发现价值。

（4）价值密度低（Value）：需要对大量的数据进行处理，挖掘其潜在的价值，因此，大数据对我们提出的明确要求是，设计一种在成本可接受的条件下，通过快速采集、发现和分析，能从大量、多种类别的数据中提取价值的体系架构。

（5）复杂（Complexity）：对数据的处理和分析的难度大。

1.2　云计算概述

在中国大数据专家委员会成立大会上，委员会主任怀进鹏院士用一个公式描述了大数据与云计算的关系：$G=f(x)$。其中，x 是大数据，f 是云计算，G 是我们的目标。也就是说，云计算是处理大数据的手段，大数据与云计算是一枚硬币的正反面。大数据是需求，云计算是手段。没有大数据，就不需要云计算。没有云计算，就无法处理大数据。

事实上，云计算比大数据"成名"要早。2006 年 8 月 9 日，Google 首席执行官埃里克·施密特在搜索引擎大会上首次提出了云计算的概念，并说 Google 自 1998 年创办以来，就一直采用这种新型的计算方式。

那么，什么是云计算？本书主编刘鹏对云计算给出了长、短两种定义。长定义是："云计算是一种商业计算模型。它将计算任务分布在大量计算机构成的资源池上，使各种应用系统能够根据需要获取计算力、存储空间和信息服务。"短定义是："云计算指通过网络按需提供可动态伸缩的廉价计算服务。"

上述提到的资源池称为"云"。"云"是一些可以自我维护和管理的虚拟计算资源，通常是一些大型服务器集群，包括计算服务器、存储服务器和宽带资源等。云计算将计算资源集中起来，并通过专门软件实现自动管理，无须人为参与。用户可以动态申请部分资源，支持各种应用程序的运转。用户无须为烦琐的细节烦恼，能够更加专注于自己的业务，有利于提高效率、降低成本和技术创新。云计算的核心理念是资源池，这与早在 2002 年就提出的网格计算池（Computing Pool）的概念非常相似。网格计算池将计算和存储资源虚拟成一个可以任意组合分配的集合，池的规模可以动态扩展，分配给用户的处理能力可以动态回收重用。这种模式能够大大提高资源的利用率，提升平台的服务质量。

之所以称为"云"，是因为它在某些方面具有现实中云的特征：云一般都较大；云的规模可以动态伸缩，它的边界是模糊的；云在空中飘忽不定，无须也无法确定它的具体位置，但它确实存在于某处。还因为云计算的鼻祖之一 Amazon 将大家曾经称为网格计算的东西，取了一个新名称"弹性计算云"（Elastic Computing Cloud），并取得了商业上的成功。

有人将这种模式比喻为从单台发电机供电模式转向了电厂集中供电模式。它意味着计算能力也可以作为一种商品进行流通，就像天然气、自来水和电一样，取用方便，费用低廉。最大的不同在于，它是通过互联网进行传输的。

云计算是并行计算（Parallel Computing）、分布式计算（Distributed Computing）和网格计算（Grid Computing）的发展，或者说是这些计算科学概念的商业实现。云计算是虚拟化（Virtualization）、效用计算（Utility Computing）、将基础设施作为服务（Infrastructure as a Service，IaaS）、将平台作为服务（Platform as a Service，PaaS）和将软件作为服务（Software as a Service，SaaS）等概念混合演进并跃升的结果。

从研究现状看，云计算具有以下特点。

（1）超大规模。"云"具有相当的规模，Google、Amazon、阿里巴巴、百度和腾讯等公司的"云"均拥有超过百万台的服务器。"云"能赋予用户前所未有的计算能力。

（2）虚拟化。云计算支持用户在任意位置、使用各种终端获取服务。所请求的资源来自"云"，而不是固定的有形的实体。应用在"云"中某处运行，但实际上用户无须了解应用运行的具体位置，只需要一台计算机、PAD 或手机，就可以通过网络服务获取各种服务。

（3）高可靠性。"云"使用了数据多副本容错、计算节点同构可互换等措施来保障服务的高可靠性，使用云计算比使用本地计算机更加可靠。

（4）通用性。云计算不针对特定的应用，在"云"的支撑下可以构造出千变万化的应用，同一片"云"可以同时支撑不同的应用运行。

（5）高可伸缩性。"云"的规模可以动态伸缩，满足应用和用户规模增长的需要。

（6）按需服务。"云"是一个庞大的资源池，用户按需购买，像自来水、电和天然气那样计费。

（7）廉价。"云"的特殊容错措施使我们可以采用廉价的节点来构成云；"云"的自动化管理使数据中心的管理成本大幅降低；"云"的公用性和通用性使资源的利用率大幅提高；"云"设施可以建在电力资源丰富的地区，从而大幅降低能源成本。因此"云"具有前所未有的性价比。

云计算按照服务类型大致可以分为三类：IaaS、PaaS 和 SaaS，如图 1-3 所示。

IaaS 将硬件设备等基础资源封装成服务供用户使用，如 Amazon 云计算 AWS（Amazon Web Services）的弹性计算云 EC2 和简单存储服务 S3。在 IaaS 环境中，用户相当于在使用裸机和磁盘，既可以让它运行 Windows，也可以让它运行 Linux，几乎可以做任何想做的事情。IaaS 最大的优势在于它允许用户动态申请或释放节点，按使用量计费。运行 IaaS 的服务器规模达到几十万台之多，所以用户可以认为能够申请的资源几乎是无限的。同时，IaaS 是由公众共享的，因而具有更高的资源使用效率。

图 1-3 云计算的服务类型

PaaS 对资源的抽象层次更进一步，它提供用户应用程序的运行环境，典型的如 Google App Engine。PaaS 自身负责资源的动态扩展和容错管理，用户应用程序不必过多考虑节点间的配合问题。但与此同时，用户的自主权减弱，必须使用特定的编程环境并遵照特定的编程模型。这有点像在高性能集群计算机里进行 MPI 编程，只适用于解决某些特定的计算问题。例如，Google App Engine 只允许使用 Python 和 Java 语言，基于称为 Django 的 Web 应用框架，调用 Google App Engine SDK 来开发在线应用服务。

SaaS 的针对性更强，它将某些特定应用软件功能封装成服务，如 Salesforce 公司提供的在线客户关系管理（Client Relationship Management，CRM）服务。SaaS 既不像 PaaS 一样提供计算或存储资源类型的服务，也不像 IaaS 一样提供运行用户自定义应用程序的环境，它只提供某些专门用途的服务供应用调用。

需要指出的是，随着云计算的深化发展，不同云计算解决方案之间相互渗透融合，同一种产品往往横跨两种以上的类型。

在这里，还需要阐述一下云安全与云计算的关系。作为云计算技术的一个分支，云安全技术通过大量客户端的参与来采集异常代码（病毒和木马等），并汇总到云计算平台上进行大规模的统计分析，从而准确识别和过滤有害代码。这种技术由中国率先提出，并取得了巨大成功，自此计算机的安全问题得到有效控制，用户告别了被病毒或木马搞得焦头烂额的日子。360 安全卫士、瑞星、趋势、卡巴斯基、McAfee、Symantec、江民、Panda、金山等均推出了云安全解决方案。值得一提的是，云安全的核心思想，与本书主编刘鹏早在 2003 年提出的反垃圾邮件网格技术完全一致。该技术被 IEEE Cluster 2003 国际会议评为杰出网格项目，在香港的现场演示非常轰动，并被国内代表性的电子邮件服务商大规模采用，从而使我国的垃圾邮件过滤水平处于世界领先水平。

1.3 云计算发展现状

由于云计算是多种技术混合演进的结果，其成熟度较高，又有大公司推动，发展迅速。Google、Amazon 和微软等大公司是云计算的先行者。云计算领域的众多成功公司还包括 VMware、Salesforce、Facebook、YouTube、MySpace 等。最近这几年的一个显著的变化，是以阿里云、云创大数据等为代表的中国云计算的迅速崛起。

Amazon 的云计算称为 Amazon Web Services（AWS），它率先在全球提供了弹性计算云 EC2（Elastic Computing Cloud）和简单存储服务 S3（Simple Storage Service），为企业提供计算和存储服务。收费的服务项目包括存储空间、带宽、CPU 资源及月租费。月租费与电话月租费类似，存储空间、带宽按容量收费，CPU 根据运算时长收费。目前，AWS 服务的种类非常齐全，包括计算服务、存储与内容传输服务、数据库服务、联网服务、管理和安全服务、分析服务、应用程序服务、部署和管理服务、移动服务和企业应用程序服务等。据 Amazon 披露，其全球用户数量已经超过 2 亿。

Google 是最大的云计算技术的使用者。Google 搜索引擎就建立在分布在 200 多个站点、超过 1000 万台的服务器的支撑之上，而且这些设施的数量正在迅猛增长。Google 的一系列成功应用平台，包括 Google Earth、Google Maps、Gmail、Docs 等也使用了这些基础设施。采用 Google Docs 之类的应用，用户数据会保存在互联网上的某个位置，用户可以通过任何一个与互联网相连的终端十分便利地访问和共享这些数据。目前，Google 已经允许第三方在 Google 的云计算中通过 Google App Engine 运行大型并行应用程序。Google 值得称颂的是它不保守，它早已以发表学术论文的形式公开其云计算的三大法宝：GFS、MapReduce 和 BigTable，并在美国、中国等高校开设如何进行云计算编程的课程。相应地，其模仿者应运而生，Hadoop 是其中尤其受关注的开源项目。

微软紧跟云计算步伐，于 2008 年 10 月推出了 Windows Azure 操作系统。Azure（译为"蓝天"）是继 Windows 取代 DOS 之后，微软的又一次颠覆性转型——通过在互联网架构上打造新云计算平台，让 Windows 真正由 PC 延伸到 Azure 上。Azure 的底层是微软全球基础服务系统，由遍布全球的第四代数据中心构成。目前，微软的云平台包括几十万台服务器。微软将 Windows Azure 定位为平台服务：一套全面的开发工具、服务和管理系统。它可以让开发者致力于开发可用和可扩展的应用程序。微软将为Windows Azure 用户推出许多新的功能，不但能使用户更简单地将现有的应用程序转移到云中，而且可以加强云托管应用程序的可用服务，充分体现微软的"云"+"端"战略。在中国，微软于 2014 年 3 月 27 日宣布由世纪互联负责运营的 Microsoft Azure 公有云服务正式商用，这是国内首个正式商用的国际公有云服务平台。

近几年，中国云计算的崛起是一道亮丽的风景线。阿里巴巴已经在北京、杭州、青岛、香港、深圳、硅谷等拥有云计算数据中心。阿里云提供云服务器 ECS、关系型数据库服务 RDS、开放存储服务 OSS、内容分发网络 CDN 等产品服务。其付费用户规模已经超过 400 万，处于全球领先的位置，并开始在欧美市场与 Amazon 等公司正面竞争。此外，国内代表性的公有云平台还有以游戏托管为特色的 UCloud、以存储服务为特色的七牛和提供类似 AWS 服务的青云，以及专门支撑智能硬件大数据免费托管的万物云。不仅如此，中国的云计算产品公司也异军突起。中国云计算创新基地理事长单位云创大数据是国际上云计算产品线齐全的企业，聚焦大数据存储与智能处理业务，拥有具有自主知识产权的 cStor 云存储、cProc 云处理、cVideo 云视频、cTrans 云传输等产品线，依靠大量的技术创新来获得独到的优势。值得一提的是，一些学术团体为推动我国云计算发展做出了不可磨灭的贡献：中国电子学会云计算专家委员会已经成功举办十届中国云计算大会；其他代表性机构还有中国云计算专家咨询委员会、中国信息协会大数据分会、中国大数据专家委员会、中国计算机学会大数据专家委员会等。

1.4 云计算实现机制

由于云计算分为 IaaS、PaaS 和 SaaS 三种类型，不同的厂家又提供了不同的解决方案，目前还没有一个统一的技术体系结构，对读者了解云计算的原理造成了障碍。为此，本书综合不同厂家的方案，构造了一个供读者参考的云计算技术体系结构。这个体系结构如图 1-4 所示，它概括了不同解决方案的主要特征，每一种方案或许只实现其中部分功能，或许还有部分相对次要的功能尚未概括进来。

图 1-4 云计算技术体系结构

云计算技术体系结构分为四层：物理资源层、资源池层、管理中间件层和 SOA（Service-Oriented Architecture，面向服务的体系结构）构建层。物理资源层包括计算机、存储器、网络设施、数据库和软件。资源池层将大量相同类型的资源构成同构或接近同构的资源池，如计算资源池、数据资源池等。构建资源池更多的是物理资源的集成和管理工作，如研究在一个标准集装箱的空间如何装下 2000 个服务器、解决散热和故障节点替换的问题并降低能耗。管理中间件层负责对云计算的资源进行管理，并对众多应用任务进行调度，使资源能够高效、安全地为应用提供服务。SOA 构建层将云计算能力封装成标准的 Web Services 服务，并纳入 SOA 体系进行管理和使用，包括服务接口、服务注册、服务查找、服务访问和服务工作流。管理中间件层和资源池层是云计算技术最关键的部分，SOA 构建层的功能更多依靠外部设施提供。

管理中间件层负责资源管理、任务管理、用户管理和安全管理工作。资源管理负责均衡地使用云资源节点，检测节点的故障并试图恢复或屏蔽它，并对资源的使用情况进行监视统计；任务管理负责执行用户或应用提交的任务，包括完成用户任务映象（Image）部署和管理、任务调度、任务执行、生命期管理；用户管理是实现云计算商业模式必不可少的一个环节，包括账号管理、用户环境配置、用户交互管理、使用计费；安全管理保障云计算设施的整体安全，包括身份认证、访问授权、综合防护和安全审计。

基于上述体系结构，本书以 IaaS 云计算为例，简述云计算的实现机制，如图 1-5 所示。

图 1-5　简化的 IaaS 云计算实现机制

用户交互接口向应用以 Web Services 方式提供访问接口，获取用户需求。服务目录是用户可以访问的服务清单。系统管理模块负责管理和分配所有可用的资源，其核心是负载均衡。配置工具负责在分配的节点上准备任务运行环境。监视统计模块负责监视节点的运行状态，并完成用户使用节点情况的统计。其执行过程并不复杂，用户交互接口允许用户从服务目录中选取并调用一个服务，该请求传递给系统管理模块后，它将为用户分配适当的资源，然后调用配置工具为用户准备运行环境。

1.5　云计算压倒性的成本优势

为什么云计算拥有划时代的优势？主要原因在于它的技术特征和规模效应所带来的压倒性的性价比优势。

全球企业的 IT 开销分为三部分：硬件开销、能耗和管理成本。根据 IDC 在 2007 年做过的一个调查和预测（见图 1-6），从 1996 年到 2010 年，全球企业 IT 开销中的硬件开销（系统采购成本）是基本持平的，但能耗（电力和制冷成本）和管理成本上升非常迅速，以至于到 2010 年，管理成本占了 IT 开销的大部分，而能耗越来越接近硬件开销了。

图 1-6　全球企业 IT 开销发展趋势-1

目前，根据研究机构 Gartner 在 2022 年进行的统计和预测（见图 1-7），在企业上云趋势下，从 2018 年到 2023 年，全球企业 IT 开销中的设备开销是上下波动的，除此以外，数据中心系统、软件、IT 服务、通信服务的开销及总体开销处于持续上升的状态。

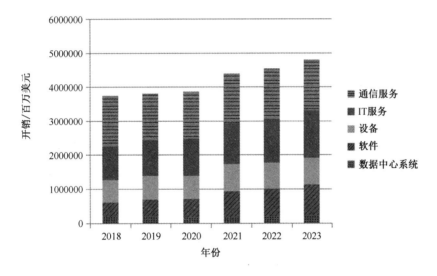

图 1-7　全球企业 IT 开销发展趋势-2

全球企业 IT 开销中的设备开销之所以上下波动，是因为如果使用云计算的话，那么系统建设和管理成本会有很大的区别，如表 1-1 所示。根据 James Hamilton 的数据，与拥有 1000 个服务器的中型数据中心相比，一个拥有 5 万个服务器的特大型数据中心的网络和存储成本只相当于中型数据中心的 1/7～1/5，而每个管理员能够管理的服务器数量则扩大到 7 倍之多。因此，对于规模通常达到几十万台乃至上百万台计算机的 Amazon 和 Google 的云计算而言，其网络、存储和管理成本约为中型数据中心的 1/7～1/5。

表 1-1   中型数据中心和特大型数据中心的成本比较

技术	中型数据中心成本	特大型数据中心成本	比值
网络	95 美元/（MB•s•mon）	13 美元/（MB•s•mon）	7.3
存储	2.20 美元/（GB•mon）	0.40 美元/（GB•mon）	5.5
管理	每个管理员约管理 140 个服务器	每个管理员管理至少 1000 个服务器	7.1

全球企业工厂开销中的电力和制冷成本也有明显的差别。例如，美国爱达荷州的水电资源丰富，电价很便宜；而夏威夷州是岛屿，本地没电力资源，因此电力价格比较贵，如表 1-2 所示。

表 1-2   美国不同地区电力价格的差异

每度电的价格	地点	可能的定价原因
3.6 美分	爱达荷州	水力发电，没有长途输送
10.0 美分	加州	加州不允许使用煤电，电力需在电网上长途输送
18.0 美分	夏威夷州	发电的能源需要海运到岛上

因为电价有如此显著的差异，Google 的数据中心一般选择在人烟稀少、气候寒冷、水电资源丰富的地区，这些地区的电力和制冷成本、场地成本、人力成本等都远远低于人烟稠密的大都市。剩下的挑战是要专门铺设光纤到这些数据中心。不过，由于光纤密集波分复用（DWDM）技术的应用，单根光纤的传输容量已超过 10Tbit/s，在地上开挖一条小沟埋设的光纤所能传输的信息容量几乎是无限的，远比将电力用高压输电线路引入城市要容易得多。用 Google 的话来说，"传输光子比传输电子要容易得多"。这些数据中心采用了高度自动化的云计算软件来管理，需要的人员很少，且为了技术保密拒绝外人进入参观，让人有一种神秘的感觉，故被人戏称为"信息时代的核电站"，如图 1-8 所示。

图 1-8   被称为"信息时代的核电站"的 Google 数据中心

另外，云计算平台与传统互联网数据中心（IDC）相比，资源的利用率也有很大不同。IDC 一般采用服务器托管和虚拟主机等方式对网站提供服务。每个租用 IDC 的网站所获得的网络带宽、处理能力和存储空间都是固定的。然而，绝大多数网站的访问流量都不是均衡的。例如，有的网站时间性很强，白天访问的人少，到了晚上七八点就会流量暴涨；有的网站季节性很强，平时访问的人不多，但到圣诞节前访问量就很大；有的网站一直默默无闻，但由于某些突发事件（如迈克尔·杰克逊突然去世），访问量暴增而陷入瘫痪。网站拥有者为了应对这些突发流量，会按照峰值要求来配置服务器和网络资源，造成资源的平均利用率只有 10%～15%，如图 1-9 所示。而云计算平台提供的是有弹性的服务，它根据每个租用者的需要在一个超大的资源池中动态分配和释放资源，不需要为每个租用者预留峰值资源。而且云计算平台的规模大，其租用者数量非常多，支撑的应用种类也是五花八门的，比较容易平稳整体负载，因而云计算资源利用率可以达到 80%左右，这又是传统模式的 5～7 倍。

图 1-9　某典型网站的流量数据

综上所述，由于云计算有更低的硬件成本、更低的管理成本及电力和制冷成本，也有更高的资源利用率，两项计算下来就能够将成本节省 25 倍以上，如图 1-10 所示。这是个惊人的数字！这是云计算成为划时代技术的根本原因。

图 1-10　云计算较传统方式的性价比优势

从前面可以知道，云计算能够大幅节省成本，规模是特别重要的因素。那么，如果企业要建设自己的私有云，规模不大，也无法享受到电价优惠，是否就没有成本优势了呢？答案是仍然会有数倍的优势。一方面，硬件采购成本还是会节省好几倍，这是因为云计算技术的容错能力很强，使我们可以使用低端硬件代替高端硬件；另一方面，云计算设施的管理是高度自动化的，鲜少需要人工干预，可以大大减少管理人员的数量。中国移动研究院建立了包含 1024 个节点的 Big Cloud 云计算设施，并用它进行海量数据挖掘，大大节省了成本。

对云计算用户而言，云计算的优势也是无与伦比的。他们不用开发软件，不用安装硬件，用低得多的使用成本，就可以快速部署应用系统，而且可以动态伸缩系统的规模，可以更容易地共享数据。租用公有云的企业不再需要自建数据中心，只需要申请账号并按量付费，这一点对于中小企业和刚起步的创业公司来说尤为重要。目前，云计算的应用涵盖应用托管、存储备份、内容推送、电子商务、高性能计算、媒体服务、搜索引擎、Web 托管等多个领域，代表性的云计算应用企业包括 Abaca、BeInSync、AF83、Giveness、纽约时报、华盛顿邮报、GigaVox、SmugMug、Alexa、Digitaria 等。纽约时报使用 Amazon 云计算服务在不到 24 小时的时间里处理了 1100 万篇文章，累计花费仅240 美元。如果用自己的服务器，其需要数月时间和更昂贵的费用。

习题

1. 大数据现象是怎样形成的？
2. 新摩尔定律的含义是什么？
3. 云计算有哪些特点？
4. 云计算按照服务类型可以分为哪几类？
5. 云计算技术体系结构可以分为哪几层？
6. 在性价比方面，云计算相比传统方式为什么有压倒性的优势？

第 2 章　Google 云计算原理与应用

　　Google 的云计算技术是针对 Google 特定的 Web 应用程序定制的，如 Google Maps、Google Earth、Gmail、YouTube 等。这些应用的共性在于数据量巨大，且要面向全球用户提供实时服务，因此 Google 必须解决海量数据存储和快速处理问题。Google 提出了一套基于分布式并行集群的基础架构，让多达百万台的廉价计算机协同工作，共同完成这些任务，这些技术在诞生几年后才被命名为 Google 云计算技术。Google 将其基础架构集成到一个云计算平台中，主要为用户提供平台 API 服务和网络应用程序服务。Google 云计算技术包括：Google 文件系统、分布式计算编程模型 MapReduce、分布式锁服务 Chubby、分布式结构化数据表 BigTable、分布式存储系统 Megastore、分布式监控系统 Dapper、海量数据的交互式分析工具 Dremel，以及内存大数据分析系统 PowerDrill 等。本章详细介绍这八种核心技术和 Google 应用程序引擎。

2.1　Google 文件系统

　　Google 文件系统（Google File System，GFS）是一个大型的分布式文件系统。它为 Google 云计算提供海量存储，并且与 Chubby、MapReduce 及 BigTable 等技术结合十分紧密，处于所有核心技术的底层。GFS 不是一个开源的系统，我们仅能从 Google 公布的技术文档来获得相关知识。*The Google File System* 是 Google 公布的关于 GFS 最为详尽的技术文档，它从 GFS 产生的背景、特点、系统框架、性能测试等方面进行了详细的阐述。

　　当前主流分布式文件系统有 Red Hat 的 GFS（Global File System）、IBM 的 GPFS、Sun 的 Lustre 等。这些系统通常用于高性能计算或大型数据中心，对硬件设施条件要求较高。以 Lustre 文件系统为例，它只对元数据管理器 MDS 提供容错解决方案，而对于具体的数据存储节点 OST 来说，其依赖自身来解决容错的问题。例如，Lustre 推荐 OST 采用 RAID 技术或 SAN 存储区域网来容错，但由于 Lustre 自身不能提供数据存储的容错，一旦 OST 发生故障就无法恢复，这对 OST 的稳定性就提出了相当高的要求，从而大大增加了存储成本，而且成本会随着规模的扩大线性增长。

　　Google GFS 的新颖之处在于它采用廉价的商用机器构建分布式文件系统，同时将 GFS 的设计与 Google 应用的特点紧密结合，简化实现，使之可行，最终达到创意新颖、有用、可行的完美组合。GFS 将容错的任务交给文件系统完成，利用软件的方法解决系统可靠性问题，使存储的成本成倍下降。GFS 将服务器故障视为正常现象，并采用多种方法，从多个角度使用不同的容错措施来确保数据存储的安全，保证提供不间断的数据存储服务。

2.1.1 系统架构

GFS 的系统架构如图 2-1 所示。GFS 将整个系统的节点分为三类角色：Client（客户端）、Master（主服务器）和 Chunk Server（数据块服务器）。Client 是 GFS 提供给应用程序的访问接口，它是一组专用接口，不遵守 POSIX 规范，以库文件的形式提供。应用程序直接调用这些库文件，并与该库链接在一起。Master 是 GFS 的管理节点，在逻辑上只有一个，它保存系统的元数据，负责整个文件系统的管理，是 GFS 中的"大脑"。Chunk Server 负责具体的存储工作。数据以文件的形式存储在 Chunk Server 上，Chunk Server 的个数可以有多个，它的数目直接决定了 GFS 的规模。GFS 将文件按照固定大小进行分块，默认是 64MB，每一块称为一个 Chunk（数据块），每个 Chunk 都有一个对应的索引号（Index）。

图 2-1　GFS 的系统架构

Client 在访问 GFS 时，首先访问 Master 节点，获取与之进行交互的 Chunk Server 信息，然后直接访问这些 Chunk Server，完成数据存取工作。GFS 的这种设计方法实现了控制流和数据流的分离。Client 与 Master 之间只有控制流，没有数据流，极大地降低了 Master 的负载。Client 与 Chunk Server 之间直接传输数据流，同时由于文件被分成多个 Chunk 进行分布式存储，Client 可以同时访问多个 Chunk Server，从而使整个系统的 I/O 高度并行，系统整体性能得到提高。

针对多种应用的特点，Google 从多个方面简化设计的 GFS，在一定规模下达到了成本、可靠性和性能的最佳平衡。具体来说，它具有以下几个特点。

1. 采用中心服务器模式

GFS 采用中心服务器模式管理整个文件系统，简化了设计，降低了实现难度。Master 管理分布式文件系统中的所有元数据。文件被划分为 Chunk 进行存储，对于 Master 来说，每个 Chunk Server 只是一个存储空间。Client 发起的所有操作都需要先通过 Master 才能执行，这样做有许多好处。增加新的 Chunk Server 是一件十分容易的事情，Chunk Server 只需要注册到 Master 上即可，Chunk Server 之间无任何关系。如果采用完全对等的、无中心的模式，那么如何将 Chunk Server 的更新信息通知到每个 Chunk Server 是设计的一个难点，而这也将在一定程度上影响系统的扩展性。Master 维护了一个统一的命名空间，同时掌握整个系统内 Chunk Server 的情况，据此可以实现整个系统范围内数据存储的负载均衡。由于只有一个中心服务器，元数据的一致性问题自然解决。当然，中心服务器模式也带来一些固有的缺点，比如极易成为整个系统的瓶颈等。GFS 采用多种机制来避免 Master 成为系统性能和可靠性上的瓶颈，如尽量控制元数据的规模、对 Master 进行远程备份、控制信息和数据分流等。

2. 不缓存数据

缓存（Cache）机制是提升文件系统性能的一个重要手段，通用文件系统为了提高性能，一般需要实现复杂的缓存机制。GFS 根据应用的特点，没有实现缓存，这是从必要性和可行性两方面考虑的。从必要性上讲，Client 大部分是流式顺序读写，并不存在大量的重复读写，缓存这部分数据对提高系统整体性能的作用不大；对于 Chunk Server，由于 GFS 的数据在 Chunk Server 上以文件的形式存储，如果对某数据块读取频繁，本地的文件系统自然会将其缓存。从可行性上讲，如何维护缓存与实际数据之间的一致性是一个极其复杂的问题，在 GFS 中，各 Chunk Server 的稳定性都无法确保，加之网络等多种不确定因素，一致性问题尤为复杂。此外，由于读取的数据量巨大，以当前的内存容量无法完全缓存。对于存储在 Master 中的元数据，GFS 采取了缓存策略。因为一方面，Master 需要频繁操作元数据，把元数据直接保存在内存中，提高了操作的效率；另一方面，采用相应的压缩机制减少了元数据占用的空间，提高了内存的利用率。

3. 在用户态下实现

文件系统是操作系统的重要组成部分，通常位于操作系统的底层（内核态）。在内核态实现文件系统，可以更好地和操作系统本身结合，向上提供兼容的 POSIX 接口。然而，GFS 却选择在用户态下实现，主要基于以下考虑。

（1）在用户态下实现，直接利用操作系统提供的 POSIX 接口就可以存取数据，无须了解操作系统的内部实现机制和接口，降低了实现的难度，提高了通用性。

（2）POSIX 接口提供的功能更为丰富，在实现过程中可以利用更多的特性，而不像内核编程那样受限。

（3）用户态下有多种调试工具，而在内核态中调试相对比较困难。

（4）用户态下，Master 和 Chunk Server 都以进程的方式运行，单个进程不会影响整个操作系统，从而可以对其进行充分优化。在内核态下，如果不能很好地掌握其特性，不但不会提高效率，还会影响整个系统运行的稳定性。

（5）用户态下，GFS 和操作系统运行在不同的空间，两者耦合性减弱，方便 GFS 自身和内核的单独升级。

4. 只提供专用接口

通常的分布式文件系统一般都会提供一组与 POSIX 兼容的接口，使应用程序可以通过操作系统的统一接口透明地访问文件系统，而不需要重新编译程序。GFS 在设计之初，是完全面向 Google 应用的，采用了专用的文件系统访问接口。接口以库文件的形式提供，应用程序与库文件一起编译，Google 应用程序在代码中通过调用这些库文件的 API，完成对 GFS 的访问。采用专用接口有以下好处。

（1）降低了实现的难度。通常与 POSIX 兼容的接口需要在操作系统内核一级实现，而 GFS 是在应用层实现的。

（2）采用专用接口可以根据应用的特点对应用提供一些特殊支持，如支持多个文件并发追加的接口等。

（3）专用接口直接和 Client、Master、Chunk Server 交互，减少了操作系统之间上下文的切换，降低了复杂度，提高了效率。

2.1.2　容错机制

1. Master 容错

具体来说，Master 上保存了 GFS 的三种元数据。

（1）命名空间（Namespace），也就是整个文件系统的目录结构。

（2）Chunk 与文件名的映射表。

（3）Chunk 副本的位置信息，每个 Chunk 默认有三个副本。

首先就单个 Master 来说，对于前两种元数据，GFS 通过操作日志来提供容错功能；第三种元数据信息则直接保存在各 Chunk Server 上，当 Master 启动或 Chunk Server 向 Master 注册时自动生成。因此，当 Master 发生故障时，在磁盘数据保存完好的情况下，可以迅速恢复以上元数据。为了避免 Master 彻底死机的情况，GFS 还提供了 Master 远程的实时备份，这样在当前的 GFS Master 出现故障无法工作的时候，另一台 GFS Master 可以迅速接替其工作。

2. Chunk Server 容错

GFS 采用副本的方式实现 Chunk Server 的容错。每个 Chunk 有多个存储副本（默认为三个），分布存储在不同的 Chunk Server 上。副本的分布策略需要考虑多种因素，如网络的拓扑、机架的分布、磁盘的利用率等。对于每个 Chunk，必须将所有的副本全部写入成功，才视为成功写入。之后，如果相关的副本出现丢失或不可恢复等情况，Master 自动将该副本复制到其他 Chunk Server 上，从而确保副本保持一定的个数。虽然一份数据需要存储三份，好像磁盘空间的利用率不高，但综合比较多种因素，加之磁盘的成本不断下降，采用副本无疑是最简单、最可靠、最有效、实现难度最小的一种方法。

GFS 中的每个文件被划分成多个 Chunk，Chunk 的默认大小是 64MB，这是因为 Google 应用中处理的文件都比较大，以 64MB 为单位进行划分，是一个较为合理的选择。Chunk Server 存储的是 Chunk 的副本，副本以文件的形式进行存储。每个 Chunk 以 Block 为单位进行划分，其大小为 64KB，每个 Block 对应一个 32bit 的校验和。当读取一个 Chunk 副本时，Chunk Server 会将读取的数据和校验和进行比较，如果不匹配，就会返回错误，使 Client 选择其他 Chunk Server 上的副本。

2.1.3　系统管理技术

GFS 是一个分布式文件系统，包含从硬件到软件的整套解决方案。除了上面提到的 GFS 的一些关键技术，还有相应的系统管理技术来支持整个 GFS 的应用，这些技术可能不一定为 GFS 独有。

1. 大规模集群安装技术

安装 GFS 的集群中通常有非常多的节点，在 *The Google File System* 中，最大的集群超过 1000 个节点，而现在的 Google 数据中心动辄有万台以上的机器在运行。因此，迅速地安装、部署一个 GFS，以及迅速地进行节点的系统升级等，都需要相应的技术支撑。

2. 故障检测技术

GFS 是构建在不可靠的廉价计算机之上的文件系统，由于节点数目众多，故障发生十分频繁，因此，要在最短的时间内发现并确定发生故障的 Chunk Server，需要相关的集群监控技术。

3. 节点动态加入技术

当有新的 Chunk Server 加入时，如果需要事先安装好系统，那么系统扩展将是一件十分烦琐的事情。如果能够做到只需要将裸机加入，就会自动获取系统并安装运行，那么将会大大减少维护 GFS 的工作量。

4. 节能技术

有关数据表明，服务器的能耗成本大于当初的购买成本，因此 Google 采用了多种机制来降低服务器的能耗，如对服务器主板进行修改，采用蓄电池代替昂贵的 UPS（不间断电源系统），提高能量的利用率。Rich Miller 在一篇关于数据中心的博客文章中表示，这个设计让 Google 的 UPS 利用率达到 99.9%，而一般数据中心只能达到 92%～95%。

2.2　分布式计算编程模型 MapReduce

MapReduce 是 Google 提出的一个软件架构，是一种处理海量数据的并行编程模型，用于大规模数据集（通常大于 1TB）的并行运算。Map（映射）、Reduce（化简）的概念和主要思想，都是从函数式编程语言和矢量编程语言借鉴来的。正是由于 MapReduce 有函数式编程语言和矢量编程语言的共性，这种编程模型特别适合非结构化和结构化的海量数据的搜索、挖掘、分析与机器智能学习等。

2.2.1　产生背景

MapReduce 这种并行编程模型思想最早是在 1995 年被提出的，Darlington 等人首次提出了"map"和"fold"的概念，与 Google 现在所使用的"Map"和"Reduce"的思想相吻合。

与传统的分布式程序设计相比，MapReduce 封装了并行处理、容错处理、本地化计算、负载均衡等细节，还提供了一个简单而强大的接口。通过这个接口，可以把大尺度的计算自动地并发和分布执行，使编程变得非常容易。另外，MapReduce 也具有较好的通用性，大量不同的问题都可以简单地通过 MapReduce 来解决。

MapReduce 把对数据集的大规模操作，分发给一个主节点管理下的各分节点共同完成，通过这种方式实现任务的可靠执行与容错机制。在每个时间周期，主节点都会对分节点的工作状态进行标记。一旦将分节点状态标记为死亡状态，则这个节点的所有任务都将分配给其他分节点重新执行。

据相关统计，每使用一次 Google 搜索引擎，Google 的后台服务器就要进行 10^{11} 次运算。这么庞大的运算量，如果没有好的负载均衡机制，有些服务器的利用率会很低，有些则会负荷太重，有些甚至可能死机，这些都会影响系统对用户的服务质量。而使用 MapReduce 这种编程模型，就保持了服务器之间的均衡，提高了整体效率。

2.2.2　编程模型

MapReduce 的运行模型如图 2-2 所示。图中有 M 个 Map 操作和 R 个 Reduce 操作。

简单地说，一个 Map 函数就是对一部分原始数据进行指定的操作。每个 Map 操作都针对不同的原始数据，因此 Map 与 Map 之间是互相独立的，这使它们可以充分并行化。一个 Reduce 操作就是对每个 Map 产生的一部分中间结果进行合并操作，每个 Reduce 所处理的 Map 中间结果是互不交叉的，所有 Reduce 产生的最终结果经过简单连接就形成了完整的结果集，因此 Reduce 也可以在并行环境下执行。

在编程的时候，开发者需要编写两个主要函数：

Map: (in_key, in_value) → {(key$_j$, value$_j$) | j = 1···k}
Reduce: (key, [value$_1$,···,value$_m$]) → (key, final_value)

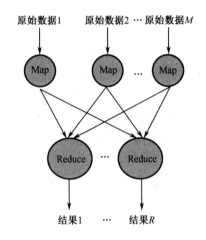

原始数据1　　原始数据2 ···原始数据M

结果1　···　结果R

图 2-2　MapReduce 的运行模型

Map 和 Reduce 的输入参数及输出结果根据应用的不同而有所不同。Map 的输入参数是 in_key 和 in_value，它指明了 Map 需要处理的原始数据是哪些。Map 的输出结果是一组<key,value>对，这是经过 Map 操作后所产生的中间结果。在进行 Reduce 操作之前，系统已经将所有 Map 产生的中间结果进行了归类处理，使得相同 key 对应的一系列 value 能够集结在一起提供给一个 Reduce 进行归并处理，也就是说，Reduce 的输入参数是（key, [value$_1$,···,value$_m$]）。Reduce 的工作是对这些对应相同 key 的 value 值进行归并处理，最终形成（key, final_value）的结果。这样，一个 Reduce 处理了一个 key，所有 Reduce 的结果并在一起就是最终结果。

例如，假设我们想用 MapReduce 来计算一个大型文本文件中各单词出现的次数，Map 的输入参数指明了需要处理哪部分数据，以"（在文本中的起始位置，需要处理的数据长度）"表示，经过 Map 处理，形成一批中间结果"<单词，出现次数>"。而

Reduce 处理这些中间结果，将相同单词出现的次数进行累加，得到每个单词总的出现次数。

2.2.3 实现机制

MapReduce 操作的执行流程如图 2-3 所示。

用户程序调用 MapReduce 函数后，会引起下面的操作过程（图 2-3 中的数字标示和下面的数字标示相同）。

（1）MapReduce 函数首先把输入文件分成 M 块，每块大概 16～64MB（可以通过参数决定），接着在集群的机器上执行分派处理程序。

（2）分派处理程序中有一个程序比较特别，它是主控程序 Master。剩下的分派处理程序都作为 Master 分派工作的 Worker（工作机）。总共有 M 个 Map 任务和 R 个 Reduce 任务需要分派，Master 选择空闲的 Worker 来分配这些 Map 或 Reduce 任务。

图 2-3 MapReduce 操作的执行流程

（3）一个被分配了 Map 任务的 Worker 读取并处理相关的输入块。它处理输入的数据，并且将分析出的<key,value>对传递给用户定义的 Map 函数。Map 函数产生的中间结果<key,value>对暂时缓冲到内存。

（4）这些缓冲到内存的中间结果将被定时写到本地硬盘，这些数据通过分区函数分成 R 个区。中间结果在本地硬盘的位置信息将被发送回 Master，然后 Master 负责把这些位置信息传送给 Reduce Worker。

（5）当 Master 通知 Reduce Worker 关于中间<key,value>对的位置时，它调用远程过程，从 Map Worker 的本地硬盘上读取缓冲的中间数据。当 Reduce Worker 读到所有的中间数据时，它就使用中间 key 进行排序，这样可使有相同 key 的值都在一起。因为有许多不同 key 的 Map 都对应相同的 Reduce 任务，所以，排序是必需的。如果中间结果集过于庞大，那么就需要使用外排序。

（6）Reduce Worker 根据每个唯一中间 key 来遍历所有排序后的中间数据，并且把 key 和相关的中间结果值集传递给用户定义的 Reduce 函数。Reduce 函数的结果将被写入一个最终的输出文件。

最终，当所有的 Map 任务和 Reduce 任务都完成的时候，Master 激活用户程序。此时 MapReduce 返回用户程序的调用点。

由于 MapReduce 在成百上千台机器上处理海量数据，因此容错机制是不可或缺的。总的来说，MapReduce 通过重新执行失效的地方来实现容错。

1. Master 失效

Master 会周期性地设置检查点（Checkpoint），并导出 Master 的数据。一旦某个任务失效，系统就从最近的一个检查点恢复并重新执行。由于只有一个 Master 在运行，如果 Master 失效了，则只能终止整个 MapReduce 程序的运行并重新开始。

2. Worker 失效

相对于 Master 失效而言，Worker 失效算是一种常见的状态。Master 会周期性地给 Worker 发送 ping 命令，如果有 Worker 没有应答，则 Master 认为该 Worker 失效，终止对这个 Worker 的任务调度，把失效 Worker 的任务调度到其他 Worker 上重新执行。

2.2.4 案例分析

排序通常用于衡量分布式数据处理框架的数据处理能力，下面介绍如何利用 MapReduce 进行数据排序。假设有一批海量的数据，每个数据都是由 26 个字母组成的字符串，原始的数据集是完全无序的，怎样通过 MapReduce 完成排序工作，使其有序（字典序）呢？可通过以下三个步骤来完成。

（1）对原始的数据进行分割（Split），得到 N 个不同的数据分块，如图 2-4 所示。

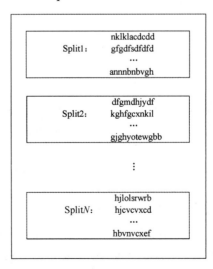

图 2-4　数据分块

（2）对每个数据分块都启动一个 Map 进行处理。采用桶排序的方法，按照首字母将每个 Map 中的字符串分配到 26 个不同的桶中。图 2-5 是 Map 的过程及其得到的中间结果。

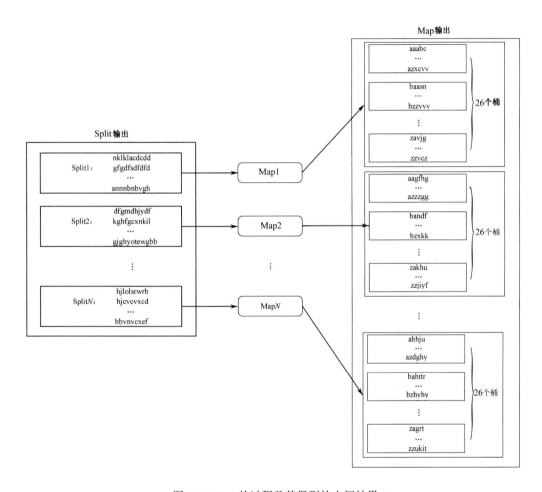

图 2-5　Map 的过程及其得到的中间结果

（3）对于 Map 得到的中间结果，启动 26 个 Reduce。按照首字母将 Map 中不同桶中的字符串集放置到相应的 Reduce 中进行处理。具体来说就是首字母为 a 的字符串全部放在 Reduce1 中处理，首字母为 b 的字符串全部放在 Reduce2 中处理，以此类推。每个 Reduce 对于其中的字符串进行排序，结果直接输出。由于 Map 过程中已经做到了首字母有序，Reduce 输出的结果就是最终的排序结果。这一过程如图 2-6 所示。

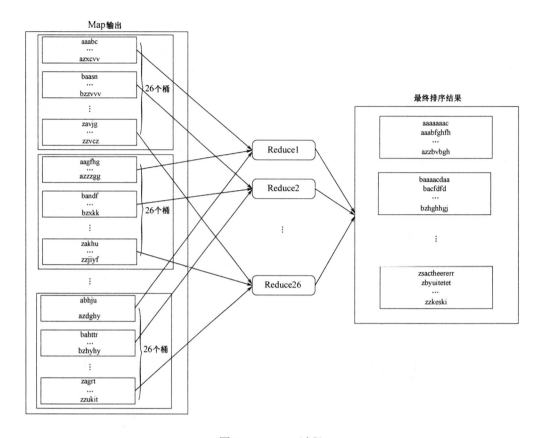

图 2-6 Reduce 过程

从上述过程中可以看出，由于能够实现处理过程的完全并行化，因此利用 MapReduce 处理海量数据是非常合适的。

2.3 分布式锁服务 Chubby

Chubby 是 Google 设计的提供粗粒度锁服务的一个文件系统，它基于松耦合分布式系统，解决了分布的一致性问题。通过使用 Chubby 的锁服务，用户可以确保数据操作过程中的一致性。不过值得注意的是，这种锁只是一种建议性的锁（Advisory Lock），而不是强制性的锁（Mandatory Lock），这种选择使系统具有更大的灵活性。

GFS 使用 Chubby 选取一个 GFS 主服务器，BigTable 使用 Chubby 指定一个主服务器并发现、控制与其相关的子表服务器。除了最常用的锁服务，Chubby 还可以作为一个稳定的存储系统存储包括元数据在内的小数据。同时 Google 内部还使用 Chubby 进行名字服务（Name Server）。本节首先简要介绍 Paxos 算法，因为 Chubby 内部一致性问题的实现用到了 Paxos 算法；然后围绕 Chubby 系统的设计和实现展开介绍。

2.3.1 Paxos 算法

Paxos 算法是 Leslie Lamport 最先提出的一种基于消息传递（Messages Passing）的

一致性算法，用于解决分布式系统中的一致性问题。在目前所有的一致性算法中，该算法最常用且被认为是最有效的。

简单地说，分布式系统的一致性问题，就是如何保证系统中初始状态相同的各节点在执行相同的操作序列时，看到的指令序列是完全一致的，并且最终得到完全一致的结果。怎么才能保证在一个操作序列中每个步骤仅有一个值呢？一个最简单的方案就是在分布式系统中设置一个专门节点，在每次需要进行操作之前，系统的各部分向它发出请求，告诉该节点接下来系统要做什么。该节点接受第一个到达的请求内容作为接下来的操作，这样就能够保证系统只有唯一的操作序列。但是，这样做也有一个很明显的缺陷，那就是一旦这个专门节点失效，整个系统就很可能出现不一致。为了避免这种情况，在系统中必然要设置多个专门节点，由这些节点共同决定操作序列。针对这种多节点决定操作序列的情况，Lamport 提出了 Paxos 算法。关于 Paxos 算法的详细介绍请参考 10.1 节。

2.3.2　Chubby 系统设计

通常情况下 Google 的一个数据中心仅运行一个 Chubby 单元（Chubby Cell，下面会有详细叙述），这个单元需要支持包括 GFS、BigTable 在内的众多 Google 服务。因此，在设计 Chubby 时，必须充分考虑系统需要实现的目标及可能出现的各种问题。

Chubby 的设计目标主要有以下几点。

（1）高可用性和高可靠性。这是系统设计的首要目标，在保证这一目标的基础上再考虑系统的吞吐量和存储能力。

（2）高扩展性。将数据存储在价格较为低廉的 RAM 中，支持大规模用户访问文件。

（3）支持粗粒度的建议性锁服务。提供这种服务的根本目的是提高系统的性能。

（4）服务信息的直接存储。可以直接存储包括元数据、系统参数在内的有关服务信息，而不需要再维护另一个服务。

（5）支持通报机制。客户可以及时地了解事件的发生。

（6）支持缓存机制。通过一致性缓存将常用信息保存在客户端，避免了频繁地访问主服务器。

Google 没有直接实现一个包含了 Paxos 算法的函数库，而是在 Paxos 算法的基础上设计了一个全新的锁服务 Chubby。Chubby 中涉及的一致性问题都由 Paxos 算法解决，除此之外，Chubby 中还添加了一些新的功能特性。这种设计主要是考虑以下几个问题。

（1）通常情况下开发者在开发的初期很少考虑系统的一致性问题，但随着开发的不断进行，这种问题会变得越来越严重。单独的锁服务可以保证原有系统的架构不会发生改变，而使用函数库的话很可能需要对系统的架构做大幅度的改动。

（2）系统中很多事件的发生是需要告知其他用户和服务器的，使用一个基于文件系统的锁服务可以将这些变动写入文件中。这样其他需要了解这些变动的用户和服务器直接访问这些文件即可，避免了大量系统组件之间的事件通信带来的系统性能下降。

（3）基于锁的开发接口容易被开发者接受。虽然在分布式系统中锁的使用会有很大的不同，但和一致性算法相比，锁显然被更多的开发者熟知。

Paxos 算法的实现过程中需要一个"多数派"就某个值达成一致，进而才能得到一个分布式一致性状态。这个过程本质上就是分布式系统中常见的 Quorum 机制（Quorum 原意是法定人数，简单来说就是根据少数服从多数的选举原则产生一个决议）。为了保证系统的高可用性，需要若干台机器，但使用单独的锁服务的话，一台机器也能保证这种高可用性。也就是说，Chubby 在自身服务的实现时利用若干台机器实现了高可用性，而外部用户利用 Chubby 则只需一台机器就可以保证高可用性。

正是考虑到以上几个问题，Google 设计了 Chubby，而不是单独地维护一个函数库（实际上，Google 有这样一个独立于 Chubby 的函数库，不过一般情况下并不会使用）。在设计过程中，有一些细节问题也值得我们关注，比如在 Chubby 系统中采用了建议性的锁而没有采用强制性的锁。两者的根本区别在于当用户访问某个被锁定的文件时，建议性的锁不会阻止访问，而强制性的锁则会阻止访问，实际上这是为了方便系统组件之间的信息交互。另外，Chubby 还采用了粗粒度（Coarse-Grained）锁服务而没有采用细粒度（Fine-Grained）锁服务，两者的差异在于持有锁的时间。细粒度的锁持有时间很短，常常只有几秒甚至更少，而粗粒度的锁持有时间可长达几天，选择粗粒度的锁可以减少频繁换锁带来的系统开销。

如图 2-7 所示是 Chubby 的基本架构。很明显，Chubby 被划分成两个部分：客户端和服务器端，客户端和服务器端之间通过远程过程调用（RPC）来连接。在客户端，每个应用程序都有一个 Chubby 程序库（Chubby Library），客户端的所有应用程序都是通过调用这个库中的相关函数来完成的。服务器端称为 Chubby 单元，一般是由五个称为副本（Replica）的服务器组成的，这五个副本在配置上完全一致，并且在系统刚开始时处于对等地位。

2.3.3　Chubby 中的 Paxos 算法

一致性问题是 Chubby 需要解决的一个关键性问题，那么 Paxos 算法在 Chubby 中究竟是怎样起作用的呢？

为了了解 Paxos 算法的作用，需要将单个副本的结构剖析来看，单个 Chubby 副本结构如图 2-8 所示。

图 2-7　Chubby 的基本架构

图 2-8　单个 Chubby 副本结构

从图 2-8 中可以看出，单个副本主要由以下三个层次组成。

（1）底层是一个容错的日志，该日志对于数据库的正确性提供了重要的支持。不同副本上日志的一致性正是通过 Paxos 算法来保证的。副本之间通过特定的 Paxos 协议进行通信，同时本地文件中还保存有一份与 Chubby 中相同的日志数据。

（2）底层之上是一个容错的数据库，这个数据库主要包括一个快照（Snapshot）和一个记录数据库操作的重播日志（Replay-log），每次的数据库操作最终都将提交至日志。和容错的日志类似的是，本地文件中也保存着一份数据库数据副本。

（3）Chubby 构建在容错的数据库之上，Chubby 利用这个数据库存储所有的数据。Chubby 的客户端通过特定的 Chubby 协议与单个的 Chubby 副本进行通信。

由于副本之间的一致性问题，客户端每次向容错的日志中提交新的值（value）时，Chubby 就会自动调用 Paxos 架构来保证不同副本之间数据的一致性。图 2-9 就显示了这个过程。

图 2-9　容错日志的 API

结合图 2-9 来看，在 Chubby 中 Paxos 算法的实际作用为如下三个过程。

（1）选择一个副本成为协调者（Coordinator）。

（2）协调者从客户提交的值中选择一个，然后通过一种称为 accept 的消息广播给所有的副本，其他的副本收到广播之后，可以选择接受或者拒绝这个值，并将决定结果反馈给协调者。

（3）一旦协调者收到大多数副本的接受信息后，就认为达到了一致性，接着协调者向相关的副本发送一个 commit 消息。

上述三个过程实际上跟 Paxos 算法的核心思想是完全一致的，这些过程保证提交到不同副本上的容错的日志中的数据是完全一致的，进而保证 Chubby 中数据的一致性。

由于单个的协调者可能失效，系统允许同时有多个协调者，但多个协调者可能会导致多个协调者提交了不同的值。对此 Chubby 的设计者借鉴了 Paxos 算法中的两种解决机制：给协调者指派序号或限制协调者可以选择的值。

针对前者，Chubby 的设计者给出了如下一种指派序号的方法。

（1）在一个有 n 个副本的系统中，为每个副本分配一个 id i_r，其中 $0 \leqslant i_r \leqslant n-1$，则副本的序号 $s=k \times n + i_r$，其中 k 的初始值为 0。

（2）若某个副本想成为协调者，它就根据规则生成一个比它以前的序号更大的序号（实际上就是提高 k 的值），并将这个序号通过 propose 消息广播给其他所有的副本。

（3）如果接收到广播的副本发现该序号比它以前见过的序号都大，则向发出广播的副本返回一个 promise 消息，并且承诺不再接受旧的协调者发送的消息。如果大多数副本都返回了 promise 消息，则新的协调者就产生了。

对于后一种解决机制，Paxos 算法强制新的协调者必须选择和前任相同的值。

为了提高系统的效率，Chubby 做了一个重要的优化，那就是在选择某一个副本作为协调者之后就长期不变，此时协调者就被称为主服务器（Master）。产生一个主服务器就避免了同时有多个协调者而带来的一些问题。

在 Chubby 中，客户端的数据请求都是由主服务器来完成的，Chubby 保证在一定的时间内有且仅有一个主服务器，这个时间就称为主服务器租约期（Master Lease）。如果某个服务器被连续推举为主服务器的话，这个租约期就会不断地被更新。租约期内所有的客户请求都由主服务器处理。客户端如果需要确定主服务器的位置，可以向 DNS 发送一个主服务器定位请求，非主服务器的副本将对该请求做出回应，通过这种方式，客户端能够快速、准确地定位主服务器。客户端和主服务器之间的通信过程将在 2.3.5 节详细介绍。

需要注意的是，Chubby 对于 Paxos 算法相关论文中未提及的一些技术细节进行了补充，所以 Chubby 的实现是基于 Paxos 的，但其技术手段更加丰富，更具有实践性。但是，这也导致了最终实现的 Chubby 不是一个完全经过理论验证的系统。

2.3.4　Chubby 文件系统

Chubby 文件系统本质上就是一个分布式的、存储大量小文件的文件系统，它所有的操作都是在文件的基础上完成的。例如，在 Chubby 最常用的锁服务中，每个文件就代表一个锁，用户通过打开、关闭和读取文件，获取共享（Shared）锁或独占（Exclusive）锁。选举主服务器的过程中，符合条件的服务器都同时申请打开某个文件并请求锁住该文件。成功获得锁的服务器自动成为主服务器并将其地址写入这个文件夹，以便其他服务器和用户可以获知主服务器的地址信息。

Chubby 文件系统和 UNIX 类似。例如，在文件名"/ls/foo/wombat/pouch"中，ls 代表锁服务，这是所有 Chubby 文件系统的共有前缀；foo 是某个单元的名称；/wombat/pouch 则是 foo 这个单元上的文件目录或者文件名。由于 Chubby 自身的特殊服务要求，Google 对 Chubby 做了一些与 UNIX 不同的改变。例如，Chubby 不支持内部文件的移动；不记录文件的最后访问时间；在 Chubby 中并没有符号连接（Symbolic Link，又叫软连接，类似于 Windows 系统中的快捷方式）和硬连接（Hard Link）的概念。在具体实现时，文件系统由许多节点组成，分为永久型和临时型，每个节点就是一个文件或目录。节点中保存着包括 ACL（Access Control List，访问控制列表，将在 2.3.6 节介绍）在内的多种系统元数据。为了使用户能够及时了解元数据的变动，系统规定每个节点的元数据都应当包含以下四种单调递增的 64 位编号。

（1）实例号（Instance Number）：新节点的实例号必定大于旧节点的实例号。

（2）内容生成号（Content Generation Number）：文件内容修改时该号增加。

（3）锁生成号（Lock Generation Number）：锁被用户持有时该号增加。

（4）ACL 生成号（ACL Generation Number）：ACL 名被覆写时该号增加。

用户在打开某个节点的同时会获取一个类似于 UNIX 中文件描述符（File Descriptor）的句柄（Handles），这个句柄由以下三个部分组成。

（1）校验数位（Check Digit）：防止其他用户创建或猜测这个句柄。

（2）序号（Sequence Number）：用来确定句柄是由当前还是以前的主服务器创建的。

（3）模式信息（Mode Information）：用于新的主服务器重新创建一个旧的句柄。

在实际的执行中，为了避免所有的通信都使用序号带来的系统开销增长，Chubby 引入了 sequencer 的概念。sequencer 实际上就是一个序号，只能由锁的持有者在获取锁时向系统发出请求来获得。这样一来，Chubby 系统中只有涉及锁的操作才需要序号，其他一概不用。在文件操作中，用户可以将句柄看作一个指向文件系统的指针。这个指针支持一系列的操作，常用的句柄函数及其作用如表 2-1 所示。

表 2-1　常用的句柄函数及其作用

函数名称	作用
Open()	打开某个文件或者目录来创建句柄
Close()	关闭打开的句柄，后续的任何操作都将中止
Poison()	中止当前未完成及后续的操作，但不关闭句柄
GetContentsAndStat()	返回文件内容及元数据
GetStat()	只返回文件元数据
ReadDir()	返回子目录名称及其元数据
SetContents()	向文件中写入内容
SetACL()	设置 ACL 名称
Delete()	如果该节点没有子节点，则执行删除操作
Acquire()	获取锁
Release()	释放锁
GetSequencer()	返回一个 sequencer
SetSequencer()	将 sequencer 和某个句柄进行关联
CheckSequencer()	检查某个 sequencer 是否有效

2.3.5　通信协议

客户端和主服务器之间的通信是通过 KeepAlive 握手协议来维持的，这一通信过程的简单示意如图 2-10 所示。

图 2-10　Chubby 客户端与主服务器的通信过程的简单示意

图 2-10 中，从左到右的水平方向表示时间在增加，斜向上的箭头表示一次 KeepAlive 请求，斜向下的箭头则是主服务器的一次回应。M_1、M_2、M_3 表示不同的主服务器租约期。C_1、C_2、C_3 则是客户端对主服务器租约期时长做出的一个估计。KeepAlive 是周期发送的一种信息，它主要有两方面的功能：延迟租约的有效期和携带事件信息以告诉用户更新。主要的事件包括文件内容被修改，子节点的增加、删除和修改，主服务器出错，句柄失效等。正常情况下，通过 KeepAlive 握手协议租约期会得到延长，事件也会被及时地通知给用户。但是，由于系统有一定的失效概率，引入故障处理措施是很有必要的。通常情况下系统可能会出现两种故障：客户端租约期过期和主服务器故障，对于这两种情况，系统有着不同的应对方式。

1．客户端租约期过期

刚开始时，客户端向主服务器发出一个 KeepAlive 请求（见图 2-10 中的 1），如果有需要通知的事件，主服务器会立刻做出回应，否则主服务器并不立刻对这个请求做出回应，而是等到客户端的租约期 C_1 快结束的时候才做出回应（见图 2-10 中的 2），并更新主服务器的租约期为 M_2。客户端在接到这个回应后认为该主服务器仍处于活跃状态，于是将租约期更新为 C_2 并立刻发出新的 KeepAlive 请求（见图 2-10 中的 3）。同样地，主服务器可能不是立刻回应而是等待 C_2 接近结束，但在这个过程中主服务器出现故障停止使用。在等待了一段时间后 C_2 到期，由于并没有收到主服务器的回应，系统向客户端发出一个危险（Jeopardy）事件，客户端清空并暂时停用自己的缓存，从而进入一个称为宽限期（Grace Period）的危险状态。这个宽限期默认是 45 秒。在宽限期内，客户端不会立刻断开其与服务器端的联系，而是不断地做探询。图 2-10 中新的主服务器很快被重新选出，当它接到客户端的第一个 KeepAlive 请求（见图 2-10 中的 4）时会拒绝（见图 2-10 中的 5），因为这个请求的纪元号（Epoch Number）错误。不同主服务器的纪元号不相同，客户端的每次请求都需要这个号来保证处理的请求是针对当前的主服务器的。客户端在被主服务器拒绝之后会使用新的纪元号来发送 KeepAlive 请求（见图 2-10 中的 6）。新的主服务器接受这个请求并立刻做出回应（见图 2-10 中的 7）。如果客户端接收到这个回应的时间仍处于宽限期内，系统会恢复到安全状态，租约期更

新为 C_3。如果在宽限期未接到主服务器的相关回应，客户端终止当前的会话。

2．主服务器故障

在客户端和主服务器进行通信时可能会遇到主服务器故障，图 2-10 就出现了这种情况。正常情况下旧的主服务器出现故障后系统会很快地选举出新的主服务器，新选举的主服务器在完全运行前需要经历以下九个步骤。

（1）产生一个新的纪元号，以便今后客户端通信时使用，这能保证当前的主服务器不必处理针对旧的主服务器的请求。

（2）只处理主服务器位置相关的信息，不处理会话相关的信息。

（3）构建处理会话和锁所需的内部数据结构。

（4）允许客户端发送 KeepAlive 请求，不处理其他会话相关的信息。

（5）向每个会话发送一个故障事件，促使所有的客户端清空缓存。

（6）等待直到所有的会话都收到故障事件或会话终止。

（7）开始允许执行所有的操作。

（8）如果客户端使用了旧的句柄，则需要为其重新构建新的句柄。

（9）一定时间段（1 分钟）后，删除没有被打开过的临时文件夹。

如果这一过程在宽限期内顺利完成，则用户不会感觉到任何故障的发生，也就是说，新、旧主服务器的替换对于用户来说是透明的，用户感觉到的仅仅是一个延迟。使用宽限期的好处正是如此。

在系统实现时，Chubby 还使用了一致性客户端缓存（Consistent Client-Side Caching）技术，这样做的目的是减少通信压力，降低通信频率。在客户端保存一个和单元上数据一致的本地缓存，需要时客户端可以直接从缓存中取出数据而不用再和主服务器通信。当某个文件数据或者元数据需要修改时，主服务器首先将这个修改阻塞；然后通过查询主服务器自身维护的一个缓存表，向对修改的数据进行了缓存的所有客户端发送一个无效标志（Invalidation）；客户端收到这个无效标志后会返回一个确认（Acknowledge），主服务器在收到所有的确认后才解除阻塞并完成这次修改。这个过程的执行效率非常高，仅仅需要发送一次无效标志即可，因为对于没有返回确认的节点，主服务器直接认为其是未缓存的。

2.3.6　正确性与性能

1．一致性

前面提到过每个 Chubby 单元是由五个副本组成的，这五个副本中需要选举产生一个主服务器，这种选举本质上就是一个一致性问题。在实际的执行过程中，Chubby 使用 Paxos 算法来解决这个问题。

在主服务器产生后，客户端的所有读写操作都是由主服务器完成的。读操作很简单，客户端直接从主服务器上读取所需数据即可，但写操作就会涉及数据一致性的问题。为了保证客户端的写操作能够同步到所有的服务器上，系统再次利用了 Paxos 算法。因此，可以看出 Paxos 算法在分布式一致性问题中的作用是巨大的。

2．安全性

Chubby 采用的是 ACL 形式的安全保障措施。系统中有三种 ACL 名，分别是写 ACL 名（Write ACL Name）、读 ACL 名（Read ACL Name）和变更 ACL 名（Change ACL Name）。只要不被覆写，子节点都直接继承父节点的 ACL 名。ACL 同样被保存在文件中，它是节点元数据的一部分，用户在进行相关操作时首先需要通过 ACL 来获取相应的授权。图 2-11 是一个用户成功写文件所需经历的过程。

用户 chinacloud 提出向文件 CLOUD 中写入内容的请求。CLOUD 首先读取自身的写 ACL 名 fun，接着在 fun 中查到了 chinacloud 这一行记录，于是返回信息允许 chinacloud 对文件进行写操作，此时 chinacloud 才被允许向 CLOUD 写入内容。其他的操作和写操作类似。

图 2-11　用户成功写文件所需要经历的过程

3．性能优化

为了满足系统的高可扩展性，Chubby 目前已经采取了一些措施，比如提高主服务器默认的租约期、使用协议转换服务将 Chubby 协议转换成较简单的协议、客户端一致性缓存等。除此之外，Google 的工程师们还考虑使用代理（Proxy）和分区（Partition）技术，虽然目前这两种技术并没有实际使用，但在设计时还是被包含进系统，不排除将来使用的可能。代理可以减少主服务器处理 KeepAlive 及读请求带来的服务器负载，但它并不能减少写操作带来的通信量。Google 自己的数据统计表明，在所有的请求中，写请求仅占极少的一部分，几乎可以忽略不计。使用分区技术可以将一个单元的命名空间划分成 N 份。除了少量的跨分区通信，大部分的分区都可以独自地处理服务请求。通过分区可以减少各分区上的读写通信量，但不能减少 KeepAlive 请求的通信量。因此，如果需要的话，将代理和分区技术结合起来使用才可以明显提高系统同时处理的服务请求量。

2.4　分布式结构化数据表 BigTable

BigTable 是 Google 开发的基于 GFS 和 Chubby 的分布式存储系统。Google 的很多数据，包括 Web 索引数据、卫星图像数据等在内的海量结构化和半结构化数据，都存储在 BigTable 中。从实现上看，BigTable 并没有什么全新的技术，但如何选择合适的技术并将这些技术高效、巧妙地结合在一起恰恰是最大的难点。BigTable 在很多方面和数据库类似，但它并不是真正意义上的数据库。通过本节的学习，读者将会对 BigTable 的数据模型、系统架构、实现及它使用的一些数据库技术有一个全面的认识。

2.4.1　设计动机与目标

Google 设计 BigTable 的动机主要有如下三个方面。

（1）需要存储的数据种类繁多。Google 目前向公众开放的服务很多，需要处理的数据类型也非常多。包括 URL、网页内容、用户的个性化设置在内的数据都是 Google 需要经常处理的。

（2）海量的服务请求。Google 运行着目前世界上最繁忙的系统，它每时每刻处理的客户服务请求数量是普通的系统根本无法承受的。

（3）商用数据库无法满足 Google 的需求。一方面，现有商用数据库的设计着眼点在于其通用性，根本无法满足 Google 的苛刻服务要求，而且在数量庞大的服务器上根本无法成功部署普通的商用数据库；另一方面，对于底层系统的完全掌控会给后期的系统维护、升级带来极大的便利。

在仔细考察了 Google 的日常需求后，BigTable 开发团队确定 BigTable 设计应达到如下几个基本目标。

（1）广泛的适用性。BigTable 旨在满足一系列 Google 产品而并非特定产品的存储要求。

（2）很强的可扩展性。根据需要随时可以加入或撤销服务器。

（3）高可用性。对于客户来说，有时候即使短暂的服务中断也是不能忍受的。BigTable 设计的重要目标之一就是确保在几乎所有的情况下系统都可用。

（4）简单性。底层系统的简单性既可以减小系统出错的概率，又可以为上层应用的开发带来便利。

在目标确定之后，Google 希望巧妙地结合各种数据库技术，扬长避短。最终实现的系统也确实达到了原定的目标。下面详细介绍 BigTable。

2.4.2　数据模型

BigTable 是一个分布式多维映射表，表中的数据通过一个行关键字（Row Key）、一个列关键字（Column Key）及一个时间戳（Time Stamp）进行索引。BigTable 对存储在其中的数据不做任何解析，一律看作字符串，具体数据结构的实现需要用户自行处理。BigTable 的存储逻辑可以表示为：

(row:string, column:string, time:int64)→string

BigTable 数据的存储格式如图 2-12 所示。

1. 行

BigTable 的行关键字可以是任意的字符串，但大小不能超过 64KB。BigTable 和传统的关系型数据库有很大不同，它不支持一般意义上的事务，但能保证对于行的读写操作具有原子性（Atomic）。表中数据都是根据行关键字进行排序的，排序使用的是词典序。图 2-12 是 BigTable 数据模型的一个典型实例，其中，com.cnn.www 就是一个行关键字。不直接存储网页地址而将其倒排是 BigTable 的一个巧妙设计，这样做至少会带来以下两个好处。

图 2-12　BigTable 数据的存储格式

（1）同一地址域的网页会被存储在表中的连续位置，有利于用户查找和分析。

（2）倒排便于数据压缩，可以人幅提高压缩率。

由于规模问题，单个的大表不利于数据的处理，因此 BigTable 将一个表分成了很多子表（Tablet），每个子表包含多个行。子表是 BigTable 中数据划分和负载均衡的基本单位。有关子表的内容将在 2.4.5 节详细介绍。

2．列

BigTable 并不是简单地存储所有的列关键字，而是将其组织成所谓的列族（Column Family），每个族中的数据都属于同一个类型，并且同族的数据会被压缩在一起保存。引入了列族的概念之后，列关键字就采用下述的语法规则来定义：

族名：限定词（family：qualifier）

族名必须有意义，限定词则可以任意选定。在图 2-12 中，内容（Contents）、锚点（Anchor，就是 HTML 中的链接）都是不同的族。而 cnnsi.com 和 my.look.ca 则是锚点族中不同的限定词。通过这种方式组织的数据结构清晰明了，含义也很清楚。族同时是 BigTable 中访问控制（Access Control）的基本单元，也就是说访问权限的设置是在族这一级别上进行的。

3．时间戳

Google 的很多服务如网页检索和用户的个性化设置等都需要保存不同时间的数据，这些不同的数据版本必须通过时间戳来区分。图 2-12 中内容列的 t3、t5 和 t6 表明其中保存了在 t3、t5 和 t6 这三个时间获取的网页。BigTable 中的时间戳是 64 位整型数，具体的赋值方式可以采取系统默认的方式，也可以由用户自行定义。

为了简化不同版本的数据管理，BigTable 目前提供了两种设置：一种是保留最近的 N 个不同版本，图 2-12 中的数据模型采取的就是这种方法，它保存了最新三个版本的数据；另一种是保留限定时间内的所有不同版本，比如可以保存最近 10 天的所有不同版本数据。失效的版本将会由 BigTable 的垃圾回收机制自动处理。

2.4.3　系统架构

BigTable 是在 Google 的三个云计算组件基础上构建的，其基本架构如图 2-13 所示。

图 2-13　BigTable 基本架构

图中 WorkQueue 是一个分布式的任务调度器，它主要用来处理分布式系统队列分组和任务调度，关于其实现细节，Google 并没有公开。在前面已经介绍过，GFS 是 Google 的分布式文件系统，在 BigTable 中 GFS 主要用来存储子表数据及一些日志文件。BigTable 还需要一个锁服务的支持，BigTable 选用了 Google 自己开发的分布式锁服务 Chubby。在 BigTable 中，Chubby 主要有以下几个作用。

（1）选取并保证同一时间内只有一个主服务器（Master）。

（2）获取子表的位置信息。

（3）保存 BigTable 的模式信息及访问控制列表。

另外，在 BigTable 的实际执行过程中，Google 的 MapReduce 和 Sawzall 也被用来改善其性能，不过需要注意的是，这两个组件并不是实现 BigTable 必需的。

BigTable 主要由三个部分组成：客户端程序库（Client Library）、一个主服务器（Master）和多个子表服务器（Tablet Server），这三个部分在图 2-13 中都有相应的表示。从图 2-13 可以看出，客户端访问 BigTable 服务时，首先要利用其库函数执行 Open() 操作来打开一个锁（实际上就是获取了文件目录），锁打开以后客户端就可以和子表服务器进行通信了。和许多具有单个主节点的分布式系统一样，客户端主要与子表服务器通信，几乎不和主服务器通信，这使得主服务器的负载大大降低。主服务器主要执行一些元数据的操作及子表服务器之间的负载调度，实际的数据是存储在子表服务器上的。

2.4.4　主服务器

主服务器的主要作用如图 2-14 所示。

当一个新的子表产生时，主服务器通过一个加载命令将其分配给一个空间足够的子表服务器。创建新表、表合并及较大子表的分裂都会产生一个或多个新子表。对于前面两种，主服务器会自动检测到，因为这两个操作是由主服务器发起的，而较大子表的分裂是由子表服务器发起并完成的，所以主服务器并不能自动检测到，因此在分割完成后

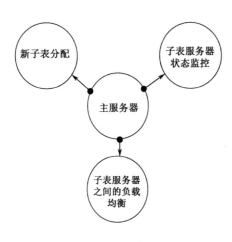

图 2-14　主服务器的主要作用

子表服务器需要向主服务器发出一个通知。由于系统设计之初就要求能达到良好的扩展性，因此主服务器必须对子表服务器的状态进行监控，以便及时检测到服务器的加入或撤销。BigTable 中主服务器对子表服务器的监控是通过 Chubby 完成的，子表服务器在初始化时都会从 Chubby 中得到一个独占锁。通过这种方式，所有子表服务器的基本信息被保存在 Chubby 中一个称为服务器目录（Server Directory）的特殊目录之中。主服务器通过检测这个目录可以随时获取最新的子表服务器信息，包括目前活跃的子表服务器，以及每个子表服务器上现已分配的子表。对于每个具体的子表服务器，主服务器会定期向其询问独占锁的状态。如果子表服务器的锁丢失或没有回应，则此时可能有两种情况，要么是 Chubby 出现了问题（虽然这种概率很小，但的确存在，Google 自己也做过相关测试），要么是子表服务器自身出现了问题。对此主服务器首先自己尝试获取这个独占锁，如果失败，说明 Chubby 服务出现问题，需等待 Chubby 服务恢复；如果成功，则说明 Chubby 服务良好而子表服务器本身出现了问题。这种情况下主服务器会终止这个子表服务器并将其上的子表全部移至其他子表服务器。若在状态监测时发现某个子表服务器上负载过重，主服务器会自动对其进行负载均衡操作。

基于系统出现故障是一种常态的设计理念（Google 几乎所有的产品都基于这个设计理念），每个主服务器被设定了一个会话时间的限制。当某个主服务器到时退出后，管理系统就会指定一个新的主服务器，这个主服务器的启动需要经历以下四个步骤。

（1）从 Chubby 中获取一个独占锁，确保同一时间只有一个主服务器。

（2）扫描服务器目录，发现目前活跃的子表服务器。

（3）与所有的活跃子表服务器取得联系，以便了解所有子表的分配情况。

（4）通过扫描元数据表（Metadata Table），发现未分配的子表并将其分配到合适的子表服务器。如果元数据表未分配，则首先需要将根子表（Root Tablet）加入未分配的子表中。根子表保存了其他所有元数据子表的信息，确保了扫描能够发现所有未分配的子表。

在成功完成以上四个步骤后，主服务器就可以正常运行了。

2.4.5　子表服务器

BigTable 中实际的数据都是以子表的形式保存在子表服务器上的，客户端一般也只和子表服务器进行通信，所以子表及子表服务器是我们重点介绍的概念。子表服务器上的操作主要涉及子表的定位、分配及子表数据的最终存储。其中子表分配在前面已经详细介绍了，这里略过。在介绍其他内容之前，我们首先介绍一下 SSTable 的概念及子表的基本结构。

1. SSTable 及子表基本结构

SSTable 是 Google 为 BigTable 设计的内部数据存储格式。所有的 SSTable 文件都存储在 GFS 上，用户可以通过键来查询相应的值。图 2-15 是 SSTable 格式的基本示意。

图 2-15　SSTable 格式的基本示意

SSTable 中的数据被划分成一个个的块（Block），每个块的大小是可以设置的，一般来说设置为 64KB。在 SSTable 的结尾有一个索引（Index），这个索引保存了 SSTable 中块的位置信息，在 SSTable 打开时这个索引会被加载进内存，这样用户在查找某个块时首先在内存中查找块的位置信息，然后在硬盘上直接找到这个块，这种查找方法速度非常快。由于每个 SSTable 一般都不是很大，用户还可以选择将其整体加载进内存，这样查找起来会更快。

从概念上讲，子表是表中一系列行的集合，它在系统中的实际组成如图 2-16 所示。

每个子表都由多个 SSTable 及日志（Log）文件构成。有一点需要注意，那就是不同子表的 SSTable 可以共享，也就是说某些 SSTable 会参与多个子表的构成，而由子表构成的表则不存在子表重叠的现象。BigTable 中的日志文件是一种共享日志，也就是说系统并不是对子表服务器上的每个子表都单独地建立一个日志文件，每个子表服务器上仅保存一个日志文件，某个子表日志只是这个共享日志的一个片段。这样会节省大量的空间，但在恢复时有一定的难度，因为不同的子表可能会被分配到不同的子表服务器上，一般情况下每个子表服务器都需要读取整个共享日志来获取其对应的子表日志。Google 为了避免这种情况出现，对日志做了一些改进。BigTable 规定将日志的内容按照键值进行排序，这样不同的子表服务器都可以连续读取日志文件了。一般来说，每个子表的大小在 100MB 到 200MB 之间。每个子表服务器上保存的子表数量可以从几十到上千不等，通常情况下是 100 个左右。

图 2-16　子表实际组成

2. 子表地址

子表地址的查询是经常碰到的操作。BigTable 系统内部采用的是一种类似 B+树的三层查询体系。子表地址结构如图 2-17 所示。

图 2-17　子表地址结构

所有的子表地址都被记录在元数据表中，元数据表也是由一个个的元数据子表（Metadata Tablet）组成的。根子表是元数据表中一个比较特殊的子表，它既是元数据表的第一条记录，也包含了其他元数据子表的地址，同时 Chubby 中的一个文件也存储了这个根子表的信息。这样在查询时，首先从 Chubby 中提取这个根子表的地址，进而读取所需的元数据子表的位置，最后就可以从元数据子表中找到待查询的子表。除了这些子表的元数据，元数据表中还保存了其他一些有利于调试和分析的信息，比如事件日志等。

为了减少访问开销，提高用户访问效率，BigTable 使用了缓存（Cache）和预取（Prefetch）技术，这两种技术手段在体系结构设计中是很常用的。子表的地址信息被缓存在客户端，客户端在寻址时直接根据缓存信息进行查找。一旦出现缓存为空或缓存信息过时的情况，客户端就需要按照图 2-17 所示方式进行网络来回通信（Network Round-trips）寻址，在缓存为空的情况下需要三个网络来回通信。如果缓存的信息是过时的，则需要六个网络来回通信，其中三个用来确定信息是过时的，另外三个用来获取新的地址。预取则在每次访问元数据表时不是读取所需的子表元数据，而是读取多个子表的元数据，这样下次需要时就不用再次访问元数据表了。

3. 子表数据存储及读/写操作

在数据存储方面，BigTable 做出了一个非常重要的选择，那就是将数据存储划分成两块。较新的数据存储在内存中一个称为内存表（Memtable）的有序缓冲里，较早的数据则以 SSTable 格式保存在 GFS 中。这种技术在数据库中不是很常用，但 Google 还是做出了这种选择，实际运行的效果也证明 Google 的选择虽然大胆却是正确的。

从图 2-18 中可以看出读操作和写操作有很大的差异性。做写操作时，首先查询 Chubby 中保存的访问控制列表来确定用户具有相应的写权限，通过认证之后写入的数据首先被保存在提交日志（Commit Log）中。提交日志中以重做记录（Redo Record）的形式保存着最近的一系列数据更改，这些重做记录在子表进行恢复时可以向系统提供已完成的更改信息。数据成功提交之后就被写入内存表中。在做读操作时，首先还要通过认证，之后读操作就要结合内存表和 SSTable 文件来进行，因为内存表和 SSTable 中都保存了数据。

图 2-18　BigTable 数据存储及读/写操作

在数据存储中还有一个重要问题，就是数据压缩的问题。内存表的空间毕竟是很有限的，当其容量达到一个阈值时，旧的内存表就会被停止使用并压缩成 SSTable 格式的文件。在 BigTable 中有三种形式的数据压缩，分别是次压缩（Minor Compaction）、合并压缩（Merging Compaction）和主压缩（Major Compaction）。三者之间的关系如图 2-19 所示。

每一次旧的内存表停止使用时都会进行一个次压缩操作，这会产生一个 SSTable。但如果系统中只有这种压缩的话，SSTable 的数量就会无限制地增加下去。由于读操作要使用 SSTable，数量过多的 SSTable 显然会影响读的速度。而在 BigTable 中，读操作实际上比写操作更重要，因此 BigTable 会定期地执行一次合并压缩的操作，将一些已有的 SSTable 和现有的内存表一并进行一次压缩。主压缩其实是合并压缩的一种，只不过它将所有的 SSTable 一次性压缩成一个大的 SSTable 文件。主压缩也是定期执行的，执行一次主压缩之后可以保证将所有的被压缩数据彻底删除，如此一来，既回收了空间又保证了敏感数据的安全性（因为这些敏感数据被彻底删除了）。

图 2-19　三种形式压缩之间的关系

2.4.6　性能优化

上述各种操作已经可以实现 BigTable 的所有功能了，但这些基本的功能很多时候并不是很符合用户的使用习惯，或者执行的效率较低。有些功能 BigTable 自身已经进行了优化，包括使用缓存、共享式的提交日志及利用系统的不变性。除此之外，BigTable 还允许用户个人在基本操作基础上对系统进行一些优化。下面主要介绍用户可以使用的几个重要优化措施。实际上这些技术手段都是一些已有的数据库方法，只不过 Google 将它具体地应用于 BigTable 上了。

1. 局部性群组（Locality Groups）

BigTable 允许用户将原本并不存储在一起的数据以列族为单位，根据需要组织在一个单独的 SSTable 中，以构成一个局部性群组。这实际上就是数据库中垂直分区技术的一个应用。结合图 2-12 的实例来看，在被 BigTable 保存的网页列关键字中，有的用户可能只对网页内容感兴趣，那么他可以通过设置局部性群组只看内容这一列；有的则会对诸如网页语言、网站排名等可以用于分析的信息感兴趣，他也可以将这些列设置到一个群组中。局部性群组如图 2-20 所示。

图 2-20　局部性群组

通过设置局部性群组，用户可以只看自己感兴趣的内容，无须读取对其来说的大量无用信息。对于一些较小的且会经常被读取的局部性群组，用户可以将其 SSTable 文件直接加载进内存，这可以明显地提高读取效率。

2. 压缩

压缩可以有效地节省空间，BigTable 中的压缩被应用于很多场合。首先压缩可以被用在构成局部性群组的 SSTable 中，可以选择是否对个人局部性群组的 SSTable 进行压缩。在 BigTable 中，这种压缩是对每个局部性群组独立进行的，虽然这样会浪费一些空间，但在需要读时解压速度非常快。通常情况下，用户可以采用两步压缩的方式：第一步利用 Bentley&McIlroy 方式（BMDiff）在大的扫描窗口将常见的长串进行压缩；第二步采取 Zippy 技术进行快速压缩，它在一个 16KB 大小的扫描窗口内寻找重复数据，这个过程非常快。压缩技术还可以提高子表的恢复速度，当某个子表服务器停止使用后，需要将上面所有的子表移至另一个子表服务器来恢复服务。在转移之前要进行两次压缩：第一次压缩减少了提交日志中的未压缩状态，从而减少了恢复时间；在文件正式转移之前还要进行一次压缩，这次压缩主要是将第一次压缩后遗留的未压缩空间再次压缩。完成这两步之后，压缩的文件就会被转移至另一个子表服务器。

3. 布隆过滤器（Bloom Filter）

BigTable 向用户提供了一种称为布隆过滤器的数学工具。布隆过滤器是巴顿·布隆在 1970 年提出的，实际上它是一个很长的二进制向量和一系列随机映射函数，在读操作中确定子表的位置时非常有用。布隆过滤器的速度快，省空间，而且它有一个最大的好处是它绝不会将一个存在的子表判定为不存在。不过布隆过滤器也有一个缺点，那就是在某些情况下它会将不存在的子表判定为存在。不过这种情况出现的概率非常小，跟它带来的巨大好处相比这个缺点是可以忍受的。

目前包括 Google Analytics、Google Earth、个性化搜索、Orkut 和 RRS 阅读器在内的几十个项目都使用了 BigTable。这些应用对 BigTable 的要求及使用的集群机器数量都是各不相同的，但从实际运行来看，BigTable 完全可以满足这些不同需求的应用，而这一切都得益于其优良的构架及恰当的技术选择。与此同时，Google 还在不断地对BigTable 进行一系列的改进，通过技术改良和新特性的加入提高系统运行效率及稳定性。

2.5　分布式存储系统 Megastore

互联网的迅速发展带来了新的数据应用场景，和传统的数据存储有别的是，互联网上的应用对于数据的可用性和系统的扩展性具有很高的要求。一般的互联网应用都要求能够做到 7 天×24 小时的不间断服务，达不到的话会带来较差的用户体验。热门的应用往往会在短时间内经历急剧的用户数量增长，这就要求系统具有良好的可扩展性。在互联网的应用中，为了达到好的可扩展性，常常会采用 NoSQL 存储方式。但是，从应用程序的构建方面来看，传统的关系型数据库又有着 NoSQL 所不具备的优势。Google 设计和构建了用于互联网中交互式服务的分布式存储系统 Megastore，该系统成功地将关系型数据库和 NoSQL 的特点与优势进行了融合。本节将介绍该系统，着重突出Megastore 设计与构建过程中的核心思想和技术。

2.5.1　设计目标及方案选择

Megastore 的设计目标很明确，那就是设计一种介于传统的关系型数据库和 NoSQL数据库之间的存储技术，尽可能达到高可用性和高可扩展性的统一。为了达到这一目标，设计团队采用了如下两种方法。

（1）针对高可用性的要求，实现了一个同步的、容错的、远距离复制机制。在方案的选择和实现过程中，Megastore 设计团队研究和比较了一些传统的远距离复制技术，最终确定引入 Paxos 算法并对其做一定的改进，以满足远距离同步复制的要求。具体的实现将在 2.5.5 节介绍。

（2）针对高可扩展性的要求，设计团队借鉴了数据库中数据分区的思想，将整个大的数据分割成很多小的数据分区，每个数据分区连同它自身的日志存放在 NoSQL 数据库中，具体来说就是存放在 BigTable 中。

图 2-21 显示了数据的分区和复制。在 Megastore 中，小的数据分区被称为实体组集（Entity Groups）。每个实体组集包含若干的实体组（Entity Group，相当于分区中表的概念），而一个实体组中又包含很多的实体（Entity，相当于表中记录的概念）。从图 2-21 中还可以看出，单个实体组内支持 ACID 语义，以上这些都体现了关系型数据库的特征。

图 2-21　数据的分区和复制

实体组集之间只具有较松散的一致性。每个实体组都通过复制技术在数据中心中保存若干数据副本，这些实体组及其副本都存储在 NoSQL 数据库（BigTable）中。

2.5.2　Megastore 数据模型

传统的关系型数据库是通过连接（Join）来满足用户的需求的，但就 Megastore 而言，这种数据模型是不合适的，主要有以下三个原因。

（1）对于高负载的交互式应用来说，可预期的性能提升要比使用一种代价高昂的查询语言所带来的好处多。

（2）Megastore 所面对的应用是读远多于写的，因此好的选择是将读操作所需要做的工作尽可能地转移到写操作上。

（3）在 BigTable 这样的键/值存储系统中，存储和查询级联数据（Hierarchical Data）是很方便的。

基于上述三点考虑，Google 团队设计了一种能够提供细粒度控制的数据模型和模式语言。Megastore 中关系型数据库的特征就集中体现在这种数据模型上。同关系型数据库一样，Megastore 的数据模型是在模式（Schema）中定义的且是强类型的（Strongly Typed）。每个模式都由一系列的表（Table）构成，表又包含一系列的实体（Entity），每个实体中又包含一系列的属性（Property）。属性是命名的且具有类型，这些类型包括字符型（String）、数字类型（Mumber）或者 Google 的 Protocol Buffers。这些属性可以被设置成必需的（Required）、可选的（Optional）或者可重复的（Repeated，即允许单个属性上有多个值）。图 2-22 是 Megastore 中一个照片共享服务的数据模型实例。

```
CREATE SCHEMA PhotoApp;

CREATE TABLE User {
 required int64 user_id;
 required string name;
} PRIMARY KEY(user_id), ENTITY GROUP ROOT;

CREATE TABLE Photo {
 required int64 user_id;
 required int32 photo_id;
 required int64 time;
 required string full_url;
 optional string thumbnail_url;
 repeated string tag;
} PRIMARY KEY(user_id, photo_id),
  IN TABLE User,
  ENTITY GROUP KEY(user_id) REFERENCES User;

CREATE LOCAL INDEX PhotosByTime
  ON Photo(user_id, time);

CREATE GLOBAL INDEX PhotosByTag
  ON Photo(tag) STORING (thumbnail_url);
```

图 2-22　照片共享服务的数据模型实例

从图 2-22 中可以很容易地发现，这种模式的定义方式和关系型数据库中的定义方式非常类似。在 Megastore 中，所有的表要么是实体组根表（Entity Group Root Table），要么是子表（Child Table）。所有的子表必须有一个参照根表的外键，这个外键是通过 ENTITY GROUP KEY 来声明的。图 2-22 中表 Photo 就是一个子表，因为它声明了一个外键，User 则是一个根表。一个 Megastore 实例中可以有若干个不同的根表，表示不同类型的实体组集。

从图 2-22 中的实例还可以看到不同的属性设置，既有必需的（如 user_id），也有可选的（如 thumbnail_url）。值得注意的是 Photo 中的可重复类型的 tag 属性，这也就意味着一个 Photo 中允许同时出现多个 tag 属性。

Megastore 数据模型中一个非常重要的概念——索引也在图 2-22 中得到体现。Megastore 将索引分成了两大类：局部索引（Local Index）和全局索引（Global Index）。局部索引定义在单个实体组中，它的作用域仅限于单个实体组。全局索引则可以横跨多个实体组集进行数据读操作。图 2-22 中 PhotosByTime 就是一个局部索引，而 PhotosByTag 则是一个全局索引。除了这两大类索引，Megastore 还提供了一些额外的索引特性，主要包括以下几个。

（1）STORING 子句（STORING Clause）：通过在索引中增加 STORING 子句，应用程序可以存储一些额外的属性，这样在读取数据时可以更快地从基本表中得到所需内容。PhotosByTag 这样一个索引中就对 thumbnail_url 使用了 STORING 子句。

（2）可重复的索引（Repeated Indexes）：Megastore 提供了对可重复属性建立索引的能力，这种可重复的索引对于子表来说常常是很有效的。

（3）内联索引（Inline Indexes）：任何一个有外键的表都能够创建一个内联索引。内联索引能够有效地从子实体中提取信息片段并将这些片段存储在父实体中，以此加快读取速度。

最后简单地介绍在这种数据模型下数据是如何存储在 BigTable 中的。Megastore 中的实体组都存储在 BigTable 中，表 2-2 列出了上面照片共享服务实例的数据在 BigTable 中的存储情况。

表 2-2 数据在 BigTable 中的存储情况

行关键字	User.name	Photo.time	Photo.tag	Photo._url
101	John			
101,500		12:30:01	Dinner, Paris	…
101,502		12:15:22	Betty, Paris	…
102	Mary			

从表 2-2 中不难看出，BigTable 的列名实际上是表名和属性名结合在一起得到的。不同表中的实体可以存储在同一个 BigTable 行中。

2.5.3 Megastore 中的事务及并发控制

每个实体组实际上就像一个小的数据库，在实体组内部提供了完整的序列化 ACID 语义（Serializable ACID Semantics）支持。

Megastore 提供了三种方式的读，分别是 Current、Snapshot 和 Inconsistent。其中 Current 读和 Snapshot 读总是在单个实体组中完成的。在开始某次 Current 读之前，需要确保所有已提交的写操作已经全部生效，然后应用程序从最后一个成功提交的事务时间戳位置读取数据。对于 Snapshot 读，系统取出已知的最后一个完整提交的事务的时间戳，接着从这个位置读数据。和 Current 读不同的是，Snapshot 读时可能还有部分事务提交了但未生效。Inconsistent 读忽略日志的状态，直接读取最新的值。这对于那些要求低延迟并能容忍数据过期或不完整的读操作是非常有用的。

Megastore 事务中的写操作采用了预写式日志（Write-ahead Log），也就是说只有当所有的操作都在日志中记录后写操作才会对数据执行修改。一个写事务总是开始于一个 Current 读，以便确认下一个可用的日志位置。提交操作将数据变更聚集到日志，接着分配一个比之前任意一个都高的时间戳，然后使用 Paxos 算法将数据变更加入日志中。这个算法使用了乐观并发（Optimistic Concurrency）：尽管可能有多个写操作同时试图写同一个日志位置，但只有 1 个会成功。所有失败的写操作都会观察到成功的写操作，然后中止并重试它们的操作。

一个完整的事务周期要经过如下几个阶段。

（1）读：获取最后一次提交的事务的时间戳和日志位置。

（2）应用逻辑：从 BigTable 读取并聚集数据到日志入口。

（3）提交：使用 Paxos 算法达到一致，将这个入口追加到日志。

（4）生效：将数据更新到 BigTable 中的实体和索引。

（5）清除：清理不再需要的数据。

Megastore 中事务间的消息传递是通过队列（Queue）实现的，图 2-23 显示了这一过程。

图 2-23　Megastore 中的事务机制

Megastore 中的消息能够横跨实体组，在一个事务中分批执行多个更新或者延缓作业（Defer Work）。在单个实体组上执行的事务除了更新它自己的实体，还能够发送或收到多个信息。每个消息都有一个发送和接收的实体组；如果这两个实体组是不同的，那么传输将会是异步的。虽然这种消息队列机制在关系型数据库中已经有了很长的应用历史，但 Megastore 实现的这种消息队列机制最大的特点在于其规模：声明一个队列后可以在其他所有的实体组上创建一个收件箱。

除了消息队列机制，Megastore 还支持两阶段提交（Two-phase Commit）。但是，这会产生比较高的延迟并增加了竞争的风险，一般情况下不鼓励使用。

2.5.4　Megastore 基本架构

图 2-24 是 Megastore 的基本架构，底层的数据是存储在 BigTable 中的。不同类型的副本存储不同的数据。在 Megastore 中共有三种副本，分别是完整副本（Full Replica）、见证者副本（Witness Replica）和只读副本（Read-only Replica）。图 2-24 中出现了两种副本，分别是完整副本 A 和完整副本 B，以及见证者副本 C。对于完整副本，BigTable 中存储完整的日志和数据。见证者副本的作用是当 Paxos 算法执行过程中无法产生一个决议时参与投票，因此对于这种副本，BigTable 只存储其日志而不存储具体数据。只读副本和见证者副本恰恰相反，它们无法参与投票，它们的作用只是读取最近过去某一个时间点的一致性数据。如果读操作能够容忍这些过期数据，只读副本就能够在不加剧写延迟的情况下将数据在较大的地理空间上传输。

Megastore 的部署需要通过一个客户端函数库和若干服务器。应用程序连接到这个客户端函数库，这个函数库执行 Paxos 算法。图 2-24 中还有一个称为协调者的服务，要想理解这个服务的作用，首先来了解下 Megastore 中提供的快速读（Fast Reads）和快速写（Fast Writes）机制。

图 2-24　Megastore 的基本架构

1．快速读

如果读操作不需要副本之间进行通信即可完成，那么读取的效率必然相对较高。由于写操作基本上能在所有的副本上成功，一旦成功认为该副本上的数据都是相同的且是最新的，就能利用本地读取（Local Read）实现快速读，这样能够带来更好的用户体验及更低的延迟。确保快速读成功的关键是保证选择的副本上的数据是最新的。为了达到这一目标，设计团队引入了协调者的概念。协调者是一个服务，该服务分布在每个副本的数据中心里。它的主要作用就是跟踪一个实体组集，集合中的实体组需要具备的条件是它们的副本已经观察到了所有的 Paxos 写操作。只要是出现在这个集合中的实体组，它们的副本就能够进行本地读取，也就是说能够实现快速读。协调者的状态由写算法来保证，该内容将在 2.5.5 节中再次介绍。

2．快速写

为了达到快速的单次交互的写操作，Megastore 采用了一种在主/从式系统中常用的优化方法。如果一次写成功，那么下一次写的时候就跳过准备过程，直接进入接受阶段。因为一次成功的写意味着也准确地获知了下一个日志的位置，所以不再需要准备阶段。Megastore 没有使用专门的主服务器，而是使用 leader。系统在每一个日志位置都运行一个 Paxos 算法实例。leader 主要用来裁决哪个写入的值可以获取 0 号提议。第一个将值提交给 leader 的可以获得一个向所有副本请求接收这个值作为 0 号提议最终值的机会。其他的值就需要重新使用 Paxos 算法。

由于写入者在提交值给其他副本之前必须要和 leader 通信，为了尽可能地减小延迟，Megastore 做了一个简单的优化，即在提交值最多的位置附近选择一个副本作为 leader。

客户端、网络及 BigTable 的故障都会导致一个写操作处于不确定的状态。图 2-24 中的复制服务器会定期扫描未完成的写入并通过 Paxos 算法提议没有操作的值（No-op Values）来让写入完成。

2.5.5　核心技术——复制

复制可以说是 Megastore 最核心的技术，实现一个高效、实时的复制方案对于整个系统的性能起着决定性的作用。通过复制保证所有最新的数据都保存一定数量的副本，能够很好地提高系统的可用性。

1．复制的日志

每个副本都存有记录所有更新的数据。即使是它正从一个之前的故障中恢复数据，副本也要保证其能够参与写操作的 Paxos 算法，因此 Megastore 允许副本不按顺序接受日志，这些日志将独立地存储在 BigTable 中。图 2-25 是 Megastore 中预写式日志的一个典型应用场景。

当日志有不完整的前缀时，我们就称一个日志副本有"缺失"（Holes）。在图 2-25 中，0～99 的日志位置已经被全部清除，100 的日志位置被部分清除，因为每个副本都会被通知到，其他副本已经不再需要这个日志。101 的日志位置被全部副本接受。102 的日志位置被 γ 获得，这是一种有争议的一致性。103 的日志位置被副本 A 和副本 C 接受，副本 B 则留下了一个"缺失"。104 的日志位置则未达到一致性，因为副本 A 和副本 B 存在争议。

图 2-25　预写式日志的一个典型应用场景

2．数据读取

在一次 Current 读之前，要保证至少有一个副本上的数据是最新的，也就是说所有之前提交到日志中的更新必须复制到该副本上并确保在该副本上生效。这个过程称为追赶（Catchup）。

图 2-26 是一次数据读取过程，总的来看，该过程要经过以下几个步骤。

1）本地查询（Query Local）

查询本地副本的协调者来决定这个实体组中的数据是否已经是最新的。

2）发现位置（Find Position）

确定一个最高的已经提交的日志位置，选择一个已经在该位置上生效的副本。

图 2-26　一次数据读取过程

（1）本地读取：如果本地查询确定当前的本地副本已经是最新的，则从副本中的最高日志位置和时间戳读取数据。这实际上就是前面提到的快速读。

（2）多数派读取（Majority Read）：如果本地副本不是最新的（或者本地查询/本地读取超时），从一个副本的多数派中发现最高的日志位置，然后从中选取一个读取。选择一个响应最快或者最新的副本，并不一定是本地副本。

3）追赶

一旦某个副本被选中，就采取如下方式使其追赶到已知的最高日志位置处。

（1）对于所选副本中所有不知道共识值（Consensus Value）的日志位置，从其他的副本中读取值。对于任意的没有任何可用的已提交值的日志位置，利用 Paxos 算法发起一次无操作的写。Paxos 算法将会促使绝大多数副本达成一个共识值——可能是无操作的写，也可能是以前的一次写操作。

（2）就所有未生效的日志位置生效成上面达成的共识值，以此来达到一种分布式一致状态。

4）验证（Validate）

如果本地副本被选中且数据不是最新的，发送一个验证消息到协调者断定（entity group, replica）对，能够反馈所有提交的写操作。无须等待回应，如果请求失败，下一个读操作会重试。

5）查询数据（Query Data）

在所选的副本中利用日志位置的时间戳读取数据。如果所选的副本不可用了，重新选中一个替代副本，执行追赶操作，然后从中读取数据。单个的较大查询结果可能是从多个副本中汇聚而来的。

需要指出的是，本地查询和本地读取是并行执行的。

3．数据写入

执行完一次完整的读操作之后，下一个可用的日志位置、最后一次写操作的时间戳，以及下一次的 leader 副本就都知道了。在提交时刻，所有的更新都被打包（Packaged）和提议（Proposed），同时包含一个时间戳、下一次 leader 提名及下一个日志位置的共识值。如果该值赢得了分布式共识，它将被应用到所有的副本中；否则，整个事务将终止且从读操作重新开始。

在 2.5.4 节中介绍快速读时曾经提到协调者的状态是由写算法来保证的。这实际上描述了这样的一个过程：如果一次写操作没有被所有的副本接受，必须要将这些未接受写操作的副本中相关的实体组从协调者中移去，这个过程称为失效（Invalidation）。失效的过程可以保证协调者所看到的副本上的数据都是接受了写操作的最新数据。在一次写操作被提交并准备生效之前，所有的副本必须选择接受或者在协调者中将有关的实体组进行失效。

图 2-27 是数据写入的完整过程，具体包括以下几个步骤。

（1）接受 leader：请求 leader 接受值作为 0 号提议。这实际上就是前面介绍的快速写方法。如果成功，跳至步骤（3）。

（2）准备：在所有的副本上使用一个比其当前所见的日志位置更高的提议号进行 Paxos 准备阶段。将值替换成拥有最高提议号的那个值。

（3）接受：请求剩余的副本接受该值，如果大多数副本拒绝这个值，返回步骤（2）。

（4）失效：对不接受值的副本上的协调者进行失效操作。

（5）生效：将值的更新在尽可能多的副本上生效。如果选择的值和原来提议的有冲突，返回一个冲突错误。

图 2-27　数据写入的完整过程

4．协调者的可用性

从上面的介绍中可以发现，协调者在系统中是比较重要的，协调者的进程运行在每个数据中心。每次的写操作中都要涉及协调者，因此协调者的故障将会导致系统的不可用。虽然在实践中由协调者导致的系统不可用的情况很少出现，但网络和主机故障还是有可能导致协调者出现暂时的不可用的。

Megastore 使用了 Chubby 锁服务，协调者在启动的时候从数据中心获取指定的 Chubby 锁。为了处理请求，一个协调者必须持有多数锁。一旦出现问题导致它丢失了大部分锁，协调者就会恢复到一个默认保守状态——认为所有它所能看见的实体组都是失效的。

写入者通过测试一个协调者是否丢失了锁来让其在协调者不可用的过程中得到保护。写入者知道在恢复之前协调者会认为自己是失效的。当一个协调者突然不可用时，这个算法需要面对一个短暂（几十秒）的写停顿风险——所有的写入者必须等待协调者的 Chubby 锁过期。

除了可用性问题，对于协调者的读写协议必须满足一系列的竞争条件。失效的消息总是安全的，但生效的消息必须谨慎处理。协调者通过始终发送与操作相关的日志位置，将较早的写操作生效和较晚的写操作失效之间的竞争保护起来。较高位置的操作失效总是优先于较低位置的操作生效。在位置 n 的写操作失效和位置 m 的生效之间，也存在与冲突相关的竞争（$m<n$）。Megastore 对每个协调者实例使用唯一的轮次序号来检测冲突。只有在最近一次读操作以来的轮次序号没有改变的情况下，才允许修改协调者的状态。

在实际的应用中，以下因素能够减少使用协调者带来的问题。

（1）协调者比任何的 BigTable 服务器都简单，基本上没有依赖，所以可用性更高。

（2）协调者简单、均匀的工作负载让它们能够低成本地采取预防措施。

（3）协调者轻量的网络传输允许使用高可用连接进行服务质量监控。

（4）操作者能够在维护期或者故障期集中地让一批协调者失效。当出现某些系统默认的监控信号时，这一过程会自动进行。

（5）Chubby 锁的 Quorum 机制能够监测到大多数网络问题和节点的不可用情况。

2.5.6 产品性能及控制措施

本节将介绍 Megastore 在 Google 中的实际应用情况及系统出现错误时的一些控制措施。

Megastore 在 Google 中已经部署和使用了若干年，有超过 100 个产品使用 Megastore 作为其存储系统。图 2-28 显示了这些产品可用性的分布情况，从图中可以看出，绝大多数产品具有极高的可用性（>99.999%）。这表明 Megastore 系统的设计是非常成功的，基本达到了预期目标。

根据 Google 应用中心的数据，过半数用户的平均读取延迟为几十毫秒，具体取决于数据量；平均写入延迟为 100～400ms，具体取决于数据中心之间的距离、写入数据的大小及完整副本的数量。图 2-29 给出了读取和写入操作的平均延迟分布。

图 2-28　产品可用性的分布情况

图 2-29　读取和写入操作的平均延迟分布

当某个完整副本忽然变得不可用或失去连接时，为了避免 Megastore 的性能下降，可采取以下三种应对方法。

（1）通过重新选择路由使客户端绕开出现问题的副本，这是最重要的一种错误处理机制。

（2）将出现问题的副本上的协调者禁用，确保将问题的影响降至最小。

（3）禁用整个副本，这是最严厉的一种手段，这种方法较少使用。

一般来说，出现错误之后，上述三种方法可能会结合起来使用，而不是仅仅使用某种方法。

本节主要介绍了 Megastore 的设计思想及核心的技术手段，其中很多内容对于设计

NoSQL 存储系统是有借鉴意义的。但需要指出的是：Megastore 已经是 Google 相对过时的存储技术。Google 目前正在使用的存储系统是 Spanner 架构，Spanner 的设计目标是能够控制一百万到一千万台服务器，Spanner 最强大之处在于能够在 50ms 之内为数据传递提供通道——即使这两个数据中心分布于地球的两端。

2.6　分布式监控系统 Dapper

Google 认为系统出现故障是一种常态，基于这种设计理念，Google 的工程师们结合 Google 的实际情况开发了 Dapper。这是目前所知的第一种公开其实现的大规模分布式系统的监控基础架构。

2.6.1　基本设计目标

Google 使用最多的服务就是它的搜索引擎，以此为例，有资料表明，用户的每一次前台搜索平均会导致 Google 的后台发生 1011 次的处理。用户将一个关键字通过 Google 的输入框传到 Google 的后台，系统再将具体的查询任务分配到很多子系统中，这些子系统有些用来处理涉及关键字的广告，有些用来处理图像、视频等搜索，最后所有这些子系统的搜索结果被汇总在一起返回给用户。在我们看来很简单的一次搜索实际上涉及众多的 Google 后台子系统，这些子系统的运行状态都需要进行监控，而且随着时间的推移，Google 的服务越来越多，新的子系统也在不断被加入。因此，在设计时需要考虑的第一个问题就是设计出的监控系统应当能够对尽可能多的 Google 服务进行监控，即具有广泛可部署性（Ubiquitous Deployment）。另外，Google 的服务是全天候的，如果不能对 Google 的后台同样进行全天候的监控，很可能会错过某些无法再现的关键性故障，因此需要进行不间断的监控。这两个基本要求导致了以下三个基本设计目标。

（1）低开销：这个是广泛可部署性的必然要求。监控系统的开销越小，对于原系统的影响就越小，系统的开发人员也就越愿意接受这个监控系统。

（2）对应用层透明：监控系统对程序员应当是不可见的。如果需要程序员对其底层的一些细节进行调整监控系统才能正常工作的话，这个监控系统肯定不是一个完善的监控系统。

（3）可扩展性：Google 的服务增长速度是惊人的，设计出的系统至少在未来几年里要能够满足 Google 服务和集群的需求。

2.6.2　Dapper 监控系统简介

1．基本概念

对系统行为进行监控的过程非常复杂，特别是在分布式系统中。为了理解这种复杂性，首先来看如图 2-30 所示的一个过程。

在图 2-30 中，用户发出一个请求 X，它期待得到系统对它做出的应答 X。但是，接收到该请求的前端 A 发现该请求的处理需要涉及服务器 B 和服务器 C，因此 A 又向 B 和 C 发出两个 RPC。B 收到后立刻做出响应，但 C 在收到后发现它还需要调用服务器

D 和 E 才能完成请求 X，因此 C 对 D 和 E 分别发出了 RPC，D 和 E 收到后分别做出了应答，收到 D 和 E 的应答之后 C 才向 A 做出响应，在收到 B 和 C 的应答之后 A 才对用户请求 X 做出一个应答 X。 在监控系统中记录下所有这些消息不难，如何将这些消息记录同特定的请求（本例中的 X）关联起来才是分布式监控系统设计中需要解决的关键性问题之一。

图 2-30　典型分布式系统的请求及应答过程

一般来说，有两种方案可供选择：黑盒（Black Box）方案及基于注释的监控（Annotation-based Monitoring）方案。二者比较而言，黑盒方案比较轻便，但在消息关系判断的过程中，黑盒方案主要利用统计学的一些知识来进行推断，有时不是很准确；基于注释的监控方案利用应用程序或中间件给每条记录赋予一个全局性的标示符，借此将相关消息串联起来。考虑到实际需求，Google 的工程师最终选择了基于注释的监控方案，为了尽可能消除监控系统的应用程序对被监控系统的性能产生的不良影响，Google 的工程师设计并实现了一套轻量级的核心功能库，这将在后面介绍。

Dapper 监控系统中有三个基本概念：监控树（Trace Tree）、区间（Span）和注释（Annotation）。如图 2-31 所示是一个典型的监控树，从中可以看到所谓的监控树实际上就是一个同特定事件相关的所有消息，只不过这些消息是按照一定的规律以树的形式组织起来的。树中的每一个节点称为一个区间，区间实际上就是一条记录，所有这些记录

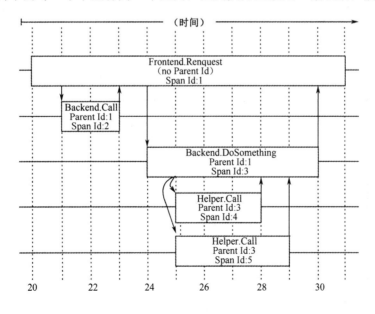

图 2-31　监控树

联系在一起就构成了对某个事件的完整监控。每个区间包括以下内容：区间名（Span Name）、区间 Id（Span Id）、父 Id（Parent Id）和监控 Id（Trace Id）。区间名主要是为了方便人们记忆和理解，因此要求这个区间名是人们可以读懂的。区间 Id 是为了在一棵监控树中区分不同的区间。父 Id 是区间中非常重要的一个内容，正是通过父 Id 才能够对树中不同区间的关系进行重建，没有父 Id 的区间称为根区间（Root Span）。图 2-31 中的 Frontend.Request 就是一个根区间。从图 2-31 中还能看出，区间的长度实际上包括了区间开始及结束的时间信息。

监控 Id 在图 2-31 中并没有列出，一棵监控树中所有区间的监控 Id 是相同的，这个监控 Id 是随机分配的，且在整个 Dapper 监控系统中是唯一的。正如区间 Id 是用来在某个监控树中区分不同的区间一样，监控 Id 是用来在整个 Dapper 监控系统中区分不同的监控的。注释主要用来辅助推断区间关系，也可以包含一些自定义的内容。图 2-32 展示了图 2-31 中区间 Helper.Call 的详细信息。

从图 2-32 中可以清楚地看到这个区间的区间名是"Helper.Call"，监控 Id 是 100，区间 Id 是 5，父 Id 是 3。一个区间既可以只有一台主机的信息，也可以包含来源于多个主机的信息；事实上，每个 RPC 区间都包含来自客户端（Client）和服务器端（Server）的注释，这使得双主机区间（Two-host Span）成为最常见的一种。图 2-32 中的区间就包含了来自客户端的注释信息，即"<Start>"、"Client Send"、"Client Recv"和"<End>"，也包含了来自服务器端的注释信息，即"Server Recv"、"foo"和"Server Send"。除了"foo"是用户自定义的注释，其他的注释信息都是和时间相关的信息。Dapper 不但支持用户以简单的文本方式进行注释，还支持以键/值对方式进行注释，这赋予了开发者更多的自由。

图 2-32　区间 Helper.Call 的详细信息

2. 监控信息的汇总

Dapper 对几乎所有的 Google 后台服务器进行监控。海量的消息记录必须通过一定的方式汇集在一起才能产生有效的监控信息。在实际中，Dapper 监控信息的汇总需要经过以下三个步骤，如图 2-33 所示。

（1）将区间的数据写入本地的日志文件。

（2）利用 Dapper 守护进程（Dapper Daemon）和 Dapper 收集器（Dapper Collectors）将所有机器上的本地日志文件汇总在一起。

（3）将汇总后的数据写入 BigTable 中。

图 2-33　监控信息的汇总

监控Id	区间12	区间23	区间34	区间45	区间56	…
123456	nil	nil	〈数据〉	〈数据〉	nil	…
246802	〈数据〉	nil	nil	nil	〈数据〉	…
357913	nil	〈数据〉	nil	nil	nil	…
…	…	…	…	…	…	…

BigTable

从图 2-33 中也很容易看出，（1）和（2）是读的过程，而（3）是一个写的过程。选择 BigTable 主要是因为区间的数目非常多，而且各区间的长度变化很大，BigTable 能够很好地支持这种很松散的表结构。在写入数据后的 BigTable 中，单独的一行表示一个记录，而一列则相当于一个区间。这些监控数据的汇总是单独进行的，而不是伴随系统对用户的应答一起返回的。如此选择主要有如下两个原因。首先，一个内置的汇总方案（监控数据随 RPC 应答头返回）会影响网络动态。一般来说，RPC 应答数据规模比较小，通常不超过 10KB。而区间数据往往非常庞大，如果将二者放在一起传输，会使这些 RPC 应答数据相对"矮化"，进而影响后期的分析。其次，内置的汇总方案需要保证所有的 RPC 都是完全嵌套的，但许多中间件系统在其所有的后台返回最终结果之前就对调用者返回结果，这样有些监控信息就无法被收集。基于这两个考虑，Google 选择将监控数据和应答信息分开传输。

安全问题是所有系统都必须考虑的问题，为了防止未授权用户对于 RPC 信息的访问，信息汇总过程中 Dapper 只存储 RPC 方法的名称却不存储任何 RPC 负载数据，取而代之的是，应用层注释提供了一种方便的选择机制（Opt-in Mechanism）：应用程序开发者可以将任何对后期分析有益的数据和区间关联起来。

2.6.3　关键性技术

前面提到了 Dapper 的三个基本设计目标，在这三个目标中，实现难度最大的是对应用层透明。为了达到既定设计目标，Google 不断进行创新，最终采用了一些关键性技术解决了存在的问题。这些关键性技术概括起来主要包括以下两个方面。

1．轻量级的核心功能库

这主要是为了实现对应用层透明，设计人员通过将 Dapper 的核心监控实现限制在一个由通用线程（Ubiquitous Threading）、控制流（Control Flow）和RPC 代码库（RPC

Library Code）组成的小规模库上实现了这个目标。其中最关键的代码基础是基本RPC、线程和控制流函数库的实现，主要功能是实现区间创建、抽样和在本地磁盘上记录日志。Dapper 核心功能的实现用 C++的话不超过 1000 行代码，而用 Java 则不到 800 行代码。键/值对方式注释功能的实现需要额外增加 500 行代码。将复杂的功能实现限制在一个轻量级的核心功能库中，保证了 Dapper 的监控过程基本对应用层透明。

2．二次抽样技术

监控开销的大小直接决定 Dapper 的成败，为了尽可能地减小开销，进而将 Dapper 广泛部署在 Google 中，设计人员设计了一种非常巧妙的二次抽样方案。二次抽样顾名思义包括两次抽样过程。Google 每天需要处理的请求量惊人，如果对所有的请求都进行监控的话，所产生的监控数据将会十分庞大，也不利于数据分析，因此，Dapper 对这些请求进行了抽样，只有被抽中的请求才会被监控。在实践中，Dapper 的设计人员发现了一个非常有意思的现象，那就是当抽样率低至 1/1024 时，也能够产生足够多的有效监控数据，即在 1024 个请求中抽取 1 个进行监控也是可行的，这种低抽样率有效的原因在于巨大的事件数量使关注的事件可能出现的足够多，从而可以捕获有效数据。这就是 Dapper 的第一次抽样。尽管采取抽样监控，所产生的数据量也是惊人的。根据 Dapper 设计人员的统计，Dapper 每天得到的监控数据量已经超过 1TB，如果将这些数据全部写入 BigTable 中，效率较低，而且 BigTable 的数据存储量有限，必须定期处理，只有较少数据能够保存更长的时间。对此，Dapper 设计人员设计了第二次抽样。这次抽样发生在数据写入 BigTable 之前，具体方法是将监控 Id 散列成一个标量 z，其中 $0 \leq z \leq 1$。如果某个区间的 z 小于事先定义好的汇总抽样系数（Collection Sampling Coefficient），则保留这个区间并将它写入 BigTable，否则丢弃不用。也就是说，在采样决策中利用 z 值来决定某个监控树是整棵保留还是整棵弃用。这种方法非常巧妙，因为在必要时只需改动 z 值就可以改变整个系统的写入数据量。二次抽样技术成功地解决了低开销及广泛可部署性的问题。

上面的两种技术手段解决了主要设计问题，使得 Dapper 在 Google 内部得到了广泛应用。Dapper 守护进程已成为 Google 镜像的一部分，因此 Google 所有的服务器上都运行了 Dapper。

2.6.4 常用 Dapper 工具

1．Dapper 存储 API

Dapper 的"存储 API"简称 DAPI，提供了对分散在区域 Dapper 存储库（DEPOTS）的监控记录（Trace Records）的直接访问。一般来说，有以下三种方式可以对这些记录进行访问。

（1）通过监控 Id 访问（Access by Trace Id）：利用全局唯一的监控 Id 直接访问所需的监控数据。

（2）块访问（Bulk Access）：DAPI 可以借助 MapReduce 来提供对数以十亿计的Dapper 监控数据的并行访问。用户覆写一个将 Dapper 监控作为其唯一参数的虚函数

（Virtual Function），在每次获取用户定义的时间窗口内的监控数据时，架构都将引用该函数。

（3）索引访问（Indexed Access）：Dapper 存储库支持单索引（Single Index），它被用来匹配一些常见的访问模式。该索引将常用的监控特征（Trace Features）映射到不同的 Dapper 监控中。因为监控 Id 的分配是伪随机的，所以这是快速访问特定服务或主机相关监控最好的方法。

根据不完全统计，目前大约有 3 个基于 DAPI 的持久应用程序、8 个额外的基于 DAPI 的按需分析工具及 15～20 个使用 DAPI 框架构建的一次性分析工具。

2．Dapper 用户界面

大部分用户在使用 Dapper 时都是通过基于 Web 的交互式用户界面进行的，图 2-34～图 2-38 显示其一般性的使用流程。

（1）首先用户需要选择监控对象，包括监控的起止时间、区分监控模式的信息（图 2-34 中是区间名）及一个衡量开销的标准（图 2-34 中是服务延迟）。

（2）如图 2-35 所示，一个大的性能表给出了所有同指定监控对象有关的分布式执行模式的简要情况。用户可以按其意愿对这些执行模式进行排序并选择某一个查看更多的细节。

（3）图 2-36 是某个选中的分布式执行模式，该执行模式以图形化描述呈现给用户。

图 2-34　监控对象选择

图 2-35　监控对象相关的执行模型

简化版调用树

前端

搜索

文档获取

事物1　　事物2　　帮助者1

帮助者2

图 2-36　特定的执行模式

（4）根据最初选择的开销度量标准，Dapper 会以频度直方图的形式将步骤（3）中选中的执行模式的开销分布展示出来，如图 2-37 所示。同时呈现给用户的还有一系列特殊的监控样例信息，这些信息落在直方图的不同部分。用户可以进一步选择这些监控样例。

（5）在用户选择了某个监控样例后，就会进入所谓的监控审查视图（Trace Inspection View）。图 2-38 是部分的监控审查视图，在这个视图中，最顶端是一条全局时间线（Global Time Line）。每一行是一棵监控树，选择 "+" 或 "−" 能够展开或折叠监控树。每棵监控树用嵌套的彩色长方形表示。每个 RPC 区间又被进一步分成花在服务器处理上的时间和花在网络通信上的时间。用户注释并未在图中显示出来，但它们可以按照逐个区间被选择包含在全局时间线上。

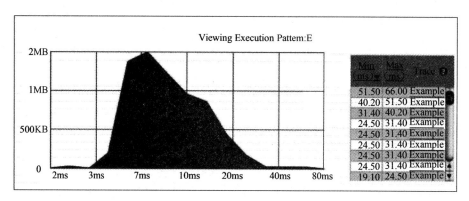

图 2-37　执行模式开销的频度直方图

图 2-38　监控审查视图

根据统计，一个普通的工作日内大概有 200 个不同的 Google 工程师在使用 Dapper 用户界面。

2.6.5　Dapper 使用经验

本节介绍在 Google 中使用 Dapper 的一些经验，通过这些经验可以看出在哪些场景中 Dapper 是最适用的。

1. 新服务部署中 Dapper 的使用

Google 的 AdWords 系统的构建围绕一个由关键字命中准则和相关的文字广告组成的大型数据库进行。在重新开发这个系统时，开发团队从原型系统直到最终版本的发布过程中，反复使用了 Dapper。开发团队利用 Dapper 对系统的延迟情况进行一系列的跟踪，进而发现存在的问题，最终证明 Dapper 对于 AdWords 系统的开发起到了至关重要的作用。

2．定位长尾延迟（Addressing Long Tail Latency）

Google 最重要的产品就是搜索引擎，由于规模庞大，对其进行调试是非常复杂的。当用户请求的延迟过大，即延迟时间处于延迟分布的长尾时，即使最有经验的工程师对这种端到端性能表现不好的根本原因也常常判断错误。通过图 2-39 不难发现，端到端性能和关键路径上的网络延迟有着极大的关系，因此发现关键路径上的网络延迟常常就能够发现端到端性能表现不佳的原因。利用 Dapper 恰恰能够比较准确地发现关键路径。

图 2-39　关键路径上的网络延迟对于端到端性能表现的影响

3．推断服务间的依存关系（Inferring Service Dependencies）

Google 的后台服务之间经常需要互相调用，当出现问题时需要确定该时刻哪些服务是相互依存的，因为这样有利于发现导致问题的真正原因。Google 的"服务依存关系"项目使用监控注释和 DPAI 的 MapReduce 接口实现了服务依存关系确定的自动化。

4．确定不同服务的网络使用情况

在 Dapper 出现之前，Google 的网管人员在网络出现故障时几乎没有可用的工具来确定到底是哪个部分的网络出现故障。而现在 Google 利用 Dapper 平台构建了一个连续不断更新的控制台，用来显示内部集群网络通信中最活跃的应用层终端。这样在出现问题时就可以最快地定位占用网络资源最多的几个服务。

5．分层的共享式存储系统

Google 中的许多存储系统都是由多个相对独立且具有复杂层次的分布式基础架构组成的。例如，Google App Engine 是构建在一个可扩展的实体存储系统之上的；而该实体存储系统则构建在底层的 BigTable 之上，展现出一些 RDBMS（关系型数据库管理系统）的功能；BigTable 又依次用到了 Chubby 和 GFS。在这样的层次式系统中，决定端用户的资源消耗模式并不总是那么简单。例如，由 BigTable 的单元引起的 GFS 高流量可能主要由一个用户或几个用户产生，但在 GFS 的层次上，这两种不同的使用模式是没法分开的。更进一步地，在没有 Dapper 之类的工具的情况下，对于这种共享式服务资源的争用也同样难以调试。

6．利用 Dapper 进行"火拼"（Firefighting with Dapper）

这里所谓的"火拼"是指处于危险状态的分布式系统的代表性活动。正在"火拼"中的 Dapper 用户需要访问最新的数据，却没有时间来编写新的 DAPI 代码或者等待周期性的报告，此时可以通过和 Dapper 守护进程的直接通信来将所需的最新数据汇总在一起。

Dapper 在 Google 内部取得了巨大的成功，虽然这种成功在一定程度上得益于 Google 内部系统的同构性，但 Dapper 设计人员的创新性设计才是系统取得成功的根本性因素。Google 的后台系统可以说是目前全球最大的一个云平台，借鉴 Dapper 的设计思想，读者一定能够为不同规模的云平台设计出合适的监控系统。

2.7 海量数据的交互式分析工具 Dremel

数据本身不会产生价值，只有经过分析才有可能产生价值。Google 公开了 MapReduce 计算框架之后，由于具有强大的数据分析和处理能力，其很快就被视为数据分析的一个实际标准，各种围绕 MapReduce 框架开发的软件和系统层出不穷。但是，随着互联网尤其是移动互联网的发展，数据种类和应用需求呈现爆炸式增长。MapReduce 作为一种面向批处理的框架，在很多应用领域已经不太适用。对此出现了两种应对思路：一种是对 MapReduce 进行改造，使其除了能进行批处理，还能进行其他类型的数据处理，比如处理流数据；另一种是完全抛开 MapReduce，根据具体的应用重新进行架构。后一种思路显然对问题的解决更彻底，但在很长时间里并没有出现能够弥补 MapReduce 缺失功能的框架，直到 Google 公开了 Dremel。

Dremel 早在 2006 年就开始在 Google 内部使用，但直到 2010 年的 VLDB（数据库方面国际三大顶级会议之一），Google 才公开了 Dremel 的实现。本节将详细介绍 Dremel 的实现，并对其产生的背景和具体的设计细节进行阐述。

2.7.1 产生背景

MapReduce 在处理数据时的确有其便捷性，但假设有以下这样一个应用场景：数据分析师在编写完一段代码之后，想立刻验证这段代码是否可以有效地从海量的数据集中提取有效的特征，于是他运行这段代码。如果是利用 MapReduce 的话，由于数据量巨大，很可能需要等待几个小时甚至更长时间才能出结果。假如发现代码的算法有问题，无法有效地提取特征，就需要重新修改代码并再次运行。这样的过程可能要反复好几次，总的耗时可能多达数天。这种情况下 MapReduce 的效率显然让人无法接受。类似这样的数据探索（Data Exploration）的应用在实际中是非常普遍的，很多时候用户更期望的是实时的数据交互，就像传统的 SQL 查询一样。用户希望提交完自己的请求之后，在一个相对可以接受的合理时间内系统就会返回结果，而不是像 MapReduce 这样，需要耗费很长的时间。

随着上述需求在 Google 内部越来越强烈，Google 的团队结合其自身的实际需求，借鉴搜索引擎和并行数据库的一些技术，开发了实时的交互式查询系统 Dremel。Dremel

支撑了 Google 内部的很多系统，典型的应用包括：

- Web 文档的分析；
- Android 市场的应用安装数据跟踪；
- Google 产品的错误报告；
- Google 图书的光学字符识别；
- 欺诈信息的分析；
- Google 地图的调试；
- BigTable 实例上的 Tablet 迁移；
- Google 分布式构建系统的测试结果分析；
- 磁盘 I/O 信息的统计；
- Google 数据中心上运行任务的资源监控；
- Google 代码库的符号和依赖关系分析。

Dremel 并不开源，但 Google 利用 Dremel 向外界用户提供 BigQuery 服务，读者可以通过体验 BigQuery 服务来感受 Dremel 的强大功能。正如 Google 的 MapReduce 被 Hadoop 复制一样，目前也有一些开源项目尝试复制 Dremel，比如 Apache 的 Drill 等。

2.7.2 数据模型

Google 的数据平台常常需要满足通用性，也就是不同平台之间能够很好地实现数据的交互处理。在这种情况下，想要实现上述场景中所说的实时交互查询，需要两方面的技术支撑：首先需要有一个统一的存储平台，能够实现高效的数据存储，Dremel 使用的底层数据存储平台是 GFS；其次需要有一个统一的数据存储格式，这样存储的数据才可以被不同的平台使用。而统一的数据存储格式的实现又包含两个方面的内容：数据模型及模型的具体实现。首先我们来看 Dremel 的数据模型。

关系型数据库中用关系模型对其存储的数据进行建模，统一的模型一定程度上简化了数据的存储和查询。但是，在现实的世界中，很多数据之间并没有严格的关系，它们更多的是一种松散和扁平的结构。很显然，此时关系模型就无法很好地进行建模。Google 在对其存储的数据进行仔细分析之后，发现嵌套数据模型（Nested Data Model）很适合 Google 的数据存储。在关系型数据库中，数据的存储方式一般有两种，较早期基本使用的都是行［关系型数据库中也称其为元组（Tuple）］存储，或者说是面向记录的存储。这种存储方式以行为单位，一行一行地存储数据。列存储则以属性为单位，每次存储一个属性，在应用时再将需要的属性重新组装成原始的记录。在关系型数据库中，列存储的研究已经相对成熟，但在嵌套数据模型中尚未有大规模的应用实例。Google 的 Dremel 是第一个在嵌套数据模型基础上实现列存储的系统。列存储的主要好处在于处理时只需要使用涉及的列数据，且列存储更利于数据压缩。图 2-40 是面向记录和面向列

图 2-40 面向记录和面向列的存储

的存储。

式（2-1）是嵌套数据模型的形式化定义，其中 τ 可以是原子类型（Atomic Type），也可以是记录类型（Record Type）。原子类型允许的取值类型包括整型、浮点型、字符串等，记录类型则可以包含多个域。A_i 代表记录类型数据的名称。记录类型数据包括三种类型：必须的（Required）、可重复的（Repeated）及可选的（Optional）。其中 Required 类型必须出现且仅能出现一次。

$$\tau = \mathrm{dom} \mid \left\langle A_1 : \tau\left[* \mid ?\right], \cdots, A_n : \tau\left[* \mid ?\right]\right\rangle \tag{2-1}$$

图 2-41 是一个记录类型文档的实例。其中，右上角的虚线框内是该文档的模式（Schema）定义。而 r_1 和 r_2 则是符合该模式的两条记录。r_1 和 r_2 中的属性是通过完整的路径来表示的，比如 Name.Language.Code。

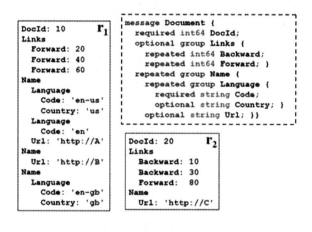

图 2-41　记录类型文档实例

图 2-41 中所定义的这种嵌套数据模型对于 Google 而言非常重要，因为这种定义方式与具体的语言和处理平台无关。利用该数据模型，可以使用 Java 语言，也可以使用 C++语言来处理数据，甚至可以用 Java 编写的 MapReduce 程序直接处理 C++语言产生的数据集。这种跨平台的优良特性正是 Google 所需要的。

2.7.3　嵌套式的列存储

关系型数据库中采用列存储有其便利之处，因为在不同列中相同位置的数据必然属于原数据库中的同一行，所以我们可以直接将每列的值按顺序排列下来，不用引入其他概念，也不会丢失数据信息。但是，针对 Google 的这种嵌套数据结构的列存储，数据本身之间的关系比关系型数据库要复杂。存储后的数据本身反映不出任何结构上的信息，因此存储中除了记录值，还要记录结构。另外，所有的列存储在应用时往往要涉及多个列，如何按照正确的顺序快速地进行数据重组也是列存储需要解决的问题。Dremel 从数据结构的表示等方面解决了上述问题。

1．数据结构的无损表示

在嵌套数据模型中，对于某个值，如图 2-41 中 r_1 的'en-us'和'en'，如果仅仅记录下来，根本无法判断这两个值对应的是 r_1 中的哪个位置，因为在 r_1 中 Name.Language.Code 出现了三次。为了准确地在存储中反映嵌套的结构，Dremel 定义了两个变量：r（Repetition Level，重复深度）和 d（Definition Level，定义深度）。重复深度和定义深度的直接定义比较晦涩，下面以图 2-41 中的记录 r_1 和 r_2 为例来解释这两个概念。从 r_1 中可以发现，Name.Language.Code 一共出现了三次，值分别为'en-us'、'en'和 'en-gb'。对照模式定义，不难发现在 Name.Language.Code 中，可重复的字段有 Name 和 Language，因此 Code 的重复深度的取值只可能为 0、1、2，其中 0 表示一个新记录的开始。沿着 r_1 的记录从上到下读取，当读取到'en-us'时，我们尚没有看见 Name 和 Language 重复出现（这两个字段都是第一次出现），所以'en-us'的 r 值取 0。接着往下读取，'en'出现的时候，Language 出现了第二次，也就是说重复了。因为 Language 在 Name.Language.Code 路径中的位置排在第二，所以'en'的 r 值取 2。当读取到'en-gb'时，Name 重复（此 Name 后 Language 只出现过一次，没有重复），Name 在 Name.Language.Code 中排第一位，所以 r 值取 1。因此，r_1 中 Code 的值的重复深度分别是 0、2、1。简单来说，重复深度记录的是该列的值是在哪一个级别上重复的。

要注意第二个 Name 在 r_1 中没有包含任何 Code 值。为了确定'en-gb'出现在第三个 Name 中而不是第二个，系统会添加一个 NULL 值在'en'和 'en-gb'之间（见图 2-42）。由于在模式定义中，Language 字段中的 Code 字段是必需的，所以它的缺失意味着 Language 也没有定义。

从上述过程可以看出，Dremel 的重复深度跟树的深度概念不太一样。树每向下延伸一层，深度就增加一层。但是，Dremel 中重复深度的定义并不考虑非 Repeated 类型的字段，因为 Required 和 Optional 类型的值不可能重复，所以只考虑 Repeated 类型字段出现的情况就可以完整表达嵌套结构中字段的重复情况。

重复深度主要关注的是 Repeated 类型，而定义深度同时关注 Repeated 类型和 Optional 类型。定义深度表示"值的路径中有多少可以不被定义（因为 Repeated 类型或 Optional 类型的字段实际是有定义的）"。以 Name.Language.Country 路径为例，按照模式定义，Name、Language 和 Country 三个字段均属于可有可无型，所以其重复深度的可能取值为 0、1、2、3。Name.Language.Country 在 r_1 中一共有 4 个定义，值分别为'us'、NULL、NULL 和'gb'。对于'us'，Name、Language、Country 都是有定义的，所以'us'的 d 值为 3。同理，第一个 NULL 的 d 值为 2，第二个 NULL 的 d 值为 1，'gb'的 d 值为 3。图 2-42 列出了记录 r_1 和 r_2 的完整 r 值与 d 值。

每一列最终会被存储为块（Block）的集合，每个块包含重复深度和定义深度且包含字段值。NULL 没有明确存储，因为它们可以根据定义深度确定：定义深度小于 Repeated 和 Optional 字段数量之和就意味着这是一个 NULL。Required 字段的值不需要存储定义深度。类似地，重复深度只在必要时存储。例如，定义深度为 0 意味着重复深度为 0，所以后者可省略。

2. 高效的数据编码

虽然从理论上已经完成了嵌套结构的无损表示，但实际中如何将一行行的记录表示成如图 2-42 所示的结构仍是一个挑战。计算重复深度和定义深度的基础算法如图 2-43 所示。

算法遍历记录结构，然后计算每个列值的深度（包括重复深度和定义深度，下同），即使对 NULL 也不例外。Google 经常会出现模式包含成千上万的字段，却仅有几百个在记录中被使用的情况。因此需要尽可能廉价地处理缺失字段。Dremel 利用图 2-43 的算法创建一个树状结构，树的节点为字段 writer，它的结构与模式中的字段层级匹配。核心的想法是只在字段 writer 有自己的数据时执行更新，非绝对必要时不尝试往下传递父节点状态。子节点 writer 继承父节点的深度值。当任意值被添加时，子节点 writer 将深度值同步到父节点。

DocId		
value	r	d
10	0	0
20	0	0

Name.Url		
value	r	d
htttp://A	0	2
htttp://B	1	2
NULL	1	1
htttp://C	0	2

Links.Forward		
value	r	d
20	0	2
40	1	2
60	1	2
80	0	2

Links.Backward		
value	r	d
NULL	0	1
10	0	2
30	1	2

Name.Language.Code		
value	r	d
en-us	0	2
en	2	2
NULL	1	1
en-gb	1	2
NULL	0	1

Name.Language.Country		
value	r	d
us	0	3
NULL	2	2
NULL	1	1
gb	1	3
NULL	0	1

图 2-42　记录 r_1 和 r_2 的完整 r 值和 d 值

```
1  procedure DissectRecord(RecordDecoder decoder,
2              FieldWriter writer, int repetitionLevel):
3    Add current repetitionLevel and definition level to writer
4    seenFields = {} // empty set of integers
5    while decoder has more field values
6      FieldWriter chWriter =
7        child of writer for field read by decoder
8      int chRepetitionLevel = repetitionLevel
9      if set seenFields contains field ID of chWriter
10       chRepetitionLevel = tree depth of chWriter
11     else
12       Add field ID of chWriter to seenFields
13     end if
14     if chWriter corresponds to an atomic field
15       Write value of current field read by decoder
16         using chWriter at chRepetitionLevel
17     else
18       DissectRecord(new RecordDecoder for nested record
19         read by decoder, chWriter, chRepetitionLevel)
20     end if
21   end while
22 end procedure
```

图 2-43　计算重复深度和定义深度的基础算法

3. 数据重组

无论何种模型，只要采用列存储，在使用时就需要考虑数据重组问题。简单来说，就是将查询涉及的列取出，然后将其按照原始记录的顺序组装起来，让用户感觉好像数据库中仅存在这些查询涉及的列一样。Dremel 数据重组方法的核心思想是：为每个字段创建一个有限状态机（FSM），读取字段值和重复深度，然后顺序地将值添加到输出结果上。一个字段的 FSM 状态对应这个字段的读取

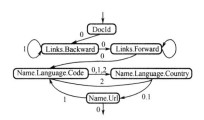

图 2-44　r_1 对应的 FSM

器。重复深度驱动状态变迁。一旦一个读取器获取了一个值，就去查看下一个值的重复深度来决定状态如何变化、跳转到哪个读取器。一个 FSM 状态变化的始终就是一条记录装配的全过程。以图 2-41 中的 r_1 为例，其所对应的 FSM 如图 2-44 所示。

结合图 2-42 中相关字段的内容，可以构建 r_1 的完整数据重组过程，如表 2-3 所示。

表 2-3　r_1 的完整数据重组过程

当前 FSM	写入值	下一个重复深度值	动作
DocId（开始）	10	0	跳转至 Links.Backward
Links.Backward	NULL	0	跳转至 Links.Forward
Links.Forward	20	1	停留在 Links.Forward
Links.Forward	40	1	停留在 Links.Forward
Links.Forward	60	0	跳转至 Name.Language.Code
Name.Language.Code	en-us	2	跳转至 Name.Language.Country
Name.Language.Country	us	2	跳转至 Name.Language.Code
Name.Language.Code	en	1	跳转至 Name.Language.Country
Name.Language.Country	NULL	1	跳转至 Name.Url
Name.Url	http://A	1	跳转至 Name.Language.Code
Name.Language.Code	NULL	1	跳转至 Name.Language.Country
Name.Language.Country	NULL	1	跳转至 Name.Url
Name.Url	http://B	1	跳转至 Name.Language.Code
Name.Language.Code	en-gb	0	跳转至 Name.Language.Country
Name.Language.Country	gb	0	跳转至 Name.Url
Name.Url	NULL	0	结束

如果具体的查询中不涉及所有列，而是仅涉及很少的列的话，上述数据重组的过程会更加便利，比如图 2-45 中仅仅涉及 DocId 和 Name.Language.Country 的 FSM。

图 2-46 是 FSM 的构造算法，核心思想如下：设置 t 为当前字段读取器的当前值 f 所返回的下一个重复深度；在模式树中，找到它在深度 t 的祖先，然后选择该祖先节点的第一个叶子字段 n；由此得到一个 FSM 状态变化 $(f,t)\text{->}n$。例如，如果 $t=1$ 为 $f=$Name.Language.Country 读取的下一个重复深度，它的祖先重复深度为 1 的是 Name，而 Name 的第一个叶子字段是 $n=$Name.Url，这就形成了图 2-44 中 Name.Language.Country 遇

到 1 跳转到 Name.Url 的过程。

图 2-45　DocId 和 Name.Language.Country 的 FSM

```
1  Record AssembleRecord(FieldReaders[] readers):
2    record = create a new record
3    lastReader = select the root field reader in readers
4    reader = readers[0]
5    while reader has data
6      Fetch next value from reader
7      if current value is not NULL
8        MoveToLevel(tree level of reader, reader)
9        Append reader's value to record
10     else
11       MoveToLevel(full definition level of reader, reader)
12     end if
13     reader = reader that FSM transitions to
14        when reading next repetition level from reader
15     ReturnToLevel(tree level of reader)
16   end while
17   ReturnToLevel(0)
18   End all nested records
19   return record
20 end procedure
21
22 MoveToLevel(int newLevel, FieldReader nextReader):
23   End nested records up to the level of the lowest common ancestor
24      of lastReader and nextReader.
25   Start nested records from the level of the lowest common ancestor
26      up to newLevel.
27   Set lastReader to the one at newLevel.
28 end procedure
29
30 ReturnToLevel(int newLevel) {
31   End nested records up to newLevel.
32   Set lastReader to the one at newLevel.
33 end procedure
```

图 2-46　FSM 的构造算法

2.7.4　查询语言与执行

Dremel 的查询语言是基于 SQL 的，这点跟 Hive 很像。这种抽象大大降低了用户的使用门槛，提高了系统的易用性。Dremel 的 SQL 查询输入的是一个或多个嵌套结构的表及相应的模式，而输出的结果是一个嵌套结构的表及相应的模式。

图 2-47 是一个典型的 SQL 查询语句实例，图中显示了查询语言、查询结果模式及最终输出的数据模式。图 2-47 中的查询执行在图 2-41 中的 $t = \{r_1, r_2\}$ 上，实际执行了投

影（Projection）、选择（Selection）和记录内聚合（Within-record Aggregation）等操作。查询会最终根据某种规则产生一个嵌套结构的数据，不需要用户在 SQL 中自己来指明该规则。

为了具体解释图 2-47 中的查询，考虑其 SQL 语句中的选择和投影两个操作。在选择操作（WHERE 子句）中，可以将一个嵌套记录想象为一个树结构，树中每个节点的标签对应字段的名字。选择操作就是对不满足指定条件的分支进行剪枝。因此，在图 2-47 的例子中，只有当 Name.Url 非空且满足正则表达式 "'^http'" 时才被保留。接下来的投影操作中，SELECT 子句中的每个标量表达式都会投影为一个值，此值的嵌套深度和表达式中重复字段最多的保持一致。所以，Str 值的嵌套深度与 Name.Language.Code 相同。COUNT 部分完成记录内聚合，每个 Name 子记录都会执行此聚合。将 Name.Language.Code 出现的 COUNT 投影为每个 Name 下的 Cnt 值，它是一个非负的 64 位整型。

```
SELECT DocId AS Id,
  COUNT(Name.Language.Code) WITHIN Name AS Cnt,
  Name.Url + ',' + Name.Language.Code AS Str
FROM t
WHERE REGEXP(Name.Url, '^http') AND DocId < 20;
```

```
Id: 10                    t₁      message QueryResult {
Name                                required int64 Id;
  Cnt: 2                            repeated group Name {
  Language                            optional uint64 Cnt;
    Str: 'http://A,en-us'            repeated group Language {
    Str: 'http://A,en'                 optional string Str; }}}
Name
  Cnt: 0
```

图 2-47　Dremel 的 SQL 查询语句实例

Dremel 的类 SQL 语言支持嵌套子查询、记录内聚合、Top-k、Join、用户自定义函数等操作类型。

在了解 Dremel 的 SQL 查询语言之后，我们来看看具体的查询在系统中是如何执行的。如图 2-48 所示，Dremel 利用多层级服务树（Multi-level Service Tree）的概念来执行查询操作。Dremel 的查询流程非常清晰，根服务器接收客户端发出的请求，读取相应的元数据，然后将请求转发至中间服务器。中间服务器负责查询中间结果的聚集，而执行的数据来源则主要由叶子服务器负责。叶子服务器既可以读取其本地的数据，也可以向统一的存储层发出数据请求来获取数据。

大多数的 Dremel 查询都是简单的聚集操作（不涉及 Join 等复杂操作），具体的执行过程比较容易理解。从图 2-48 来看，向下的箭头主要执行的是查询重写（Rewrite）过程，而向上的箭头主要是查询执行和聚集的过程。以如下的一个典型的查询为例：

$$\text{SELECT A, COUNT(B) FROM T GROUP BY A} \tag{2-2}$$

当系统接收到这个查询请求之后，沿着多层级服务树从上到下不断地执行查询重写。首先将式（2-2）重写成式（2-3）的形式：

$$\text{SELECT A, COUNT(c) FROM （R1 1UNION ALL} \cdots \text{R1 } n\text{）GROUP BY A} \tag{2-3}$$

其中，R1 i 是树中第 1 层的节点 $1 \sim n$ 返回的子查询结果（根节点是第 0 层，其下一层是第 1 层）。R1 i 的查询表达式如式（2-4）所示：

$$\text{R1 } i = \text{SELECT A, COUNT(B) AS c FROM T1 } i \text{ GROUP BY A} \tag{2-4}$$

图 2-48　查询执行的基本架构

Dremel 中的数据都是分布式存储的，因此每一层查询涉及的数据实际都被水平划分后存储在多个服务器上。式（2-4）中的 T1 i 表示 T1 的第 i 个分区的数据。接下来的第 2 层直到叶子节点都将进行类似的查询重写。在每个部分得到子查询结果之后，会依次从下到上执行一个查询结果聚集的过程，直到得到最后的结果并返回给用户。

Dremel 是一个多用户系统，因此同一时刻往往会有多个用户进行查询。为了维护系统的性能稳定，需要查询分发器（Query Dispatcher）来进行负载均衡。同时查询分发器还负责系统的容错，当某个节点的执行时间过长时，会分配其他节点来执行该任务。执行时间信息由查询分发器维护的一个直方图来体现。

查询分发器有一个很重要的参数，它表示在返回结果之前一定要扫描百分之多少的子表，Google 的使用经验表明，设置这个参数为较小的值（比如 98%而不是 100%，也就是说不需要扫描完所有的数据）通常能显著地提升执行速度。

2.7.5　性能分析

由于 Dremel 并不开源，我们只能通过 Google 论文中的分析大致了解其性能。Google 的实验数据集如表 2-4 所示。

表 2-4　实验数据集

表名	记录数/亿条	规模（未压缩）/TB	域数目	数据中心	复制因子
T1	850	87	270	A	3
T2	240	13	530	A	3
T3	40	70	1200	A	3
T4	>10000	105	50	B	3
T5	>10000	20	50	B	2

图 2-49 展现了面向记录存储和面向列存储的 MapReduce 任务与 Dremel 的执行时间对比。所有的任务均运行在 3000 个工作节点上。在实验中，Dremel 和 MapReduce-面向列存储，实际仅读取大约 0.5TB 的压缩列数据，而 MapReduce-面向记录存储则读取 87TB 数据（也就是读取了全部数据）。如图 2-49 所示，MapReduce 从面向记录存储转换到面向列存储后性能提升了一个数量级（从小时到分钟），而使用 Dremel 则又提升了一个数量级（从分钟到秒）。更多的性能分析此处不再赘述，有兴趣的读者可以查阅原论文。

图 2-49　面向记录存储和面向列存储的 MapReduce 任务与 Dremel 的执行时间对比

Dremel 和 MapReduce 并不是互相替代的，而是相互补充的技术，在不同的应用场景下各有其用武之地。Drill 的设计目标就是复制一个开源的 Dremel，但从目前来看，该项目无论是进展还是影响力都达不到 Hadoop 的高度。希望未来能出现一个真正有影响力的开源系统来实现 Dremel 的主要功能并被广泛采用。

2.8　内存大数据分析系统 PowerDrill

Dremel 的推出，在一定程度上减轻了 Google 内部对于 MapReduce 的依赖。但是，随着数据量的增加和对数据分析时效性的要求越来越高，Dremel 在有些场景下也显得不太适用，为此 Google 研发了内部代号为 PowerDrill 的系统。该系统从 2008 年年底开始部署，2009 年中旬开始在 Google 内部公开使用。到了 2012 年，Google 在 VLDB 会议上公开了 PowerDrill 的部分实现。根据 Google 的说法，该系统在相对特定的数据集上，可以比 Dremel 处理得更快。由于 Google 主要公开的是 PowerDrill 的存储部分，因此本节主要介绍 PowerDrill 为了达到更快的处理速度所采用的存储方案及相关的优化等。

2.8.1　产生背景与设计目标

用户对于实时的交互式数据查询和分析一直都有很高的要求，尤其是在一些数据探索（Data Exploration）的场景，完成一项任务之前需要先向系统发出请求，根据得到的结果来修正查询内容，并再次向系统发出新的查询，如此反复的过程可能要进行很多次。很显然 MapReduce 无法实现这种程度的交互式查询。Dremel 可以在一定程度上实现实时的交互式查询，但随着数据规模的增大和 Google 内部对 ad hoc 查询（席查询）需求的增多，Google 设计和开发了新的交互式查询系统 PowerDrill。进行 ad hoc 查询时，用户根据自己的需求，灵活地选择查询条件，系统根据用户的选择生成相应的统计结果。通常的查询在系统设计和实施时是已知的，所以我们可以在系统构建时通过建立索引、分区等技术来优化这些查询，达到提高查询效率的目的。但是，ad hoc 查询是用户在使用时临时产生的，系统无法预先优化这些查询，因此需要通过其他技术手段来实现高效的 ad hoc 查询。

通过对内部数据和查询类型的分析，PowerDrill 开发团队得出了以下两个假设结论，整个系统的开发和优化都基于这两个假设。

（1）绝大多数的查询是类似和一致的。

（2）存储系统中的表只有一小部分是被经常使用的，绝大部分的表使用频率不高。

在这两个假设的指导下，为了实现高效查询，PowerDrill 开发团队主要考虑如下两方面的内容。

（1）如何尽可能在查询中略去不需要的数据分块。

（2）如何尽可能地减少数据在内存中的占用，占用越少意味着越多的数据可以被加载至内存进行处理。

与 Dremel 数据处理方式不同的是，PowerDrill 需要尽可能地将数据加载至内存，在某种程度上，其计算方式更接近内存计算。PowerDrill 整个系统实际分为以下三个部分。

（1）Web UI，用于和用户进行交互。

（2）一个抽象层，用户的命令会被转换成 SQL，然后根据不同的需求，这些命令会被发送至不同的终端，比如 Dremel、BigTable 等。

（3）列式存储。

Google 的论文中仅涉及列存储部分，因此下面主要介绍列存储的基本数据结构及为了实现高效查询所采取的优化策略。

2.8.2　基本数据结构

列存储主要有两个好处：减少查询涉及的数据量及便于数据压缩。传统的关系型数据库一般通过索引来减少查询中用到的数据量，但在 ad hoc 查询这样的场景下，索引基本不起作用。PowerDrill 采用的方式是对数据进行分块，对块数据设计巧妙的数据结构，使得在查询时可以确定不需要的块并直接略去，这样就大大减少了所需的数据量。关于分块的内容会在 2.8.3 节介绍，下面首先介绍块数据的数据结构。

图 2-50 是一张存储搜索关键字（Search String）的表，清楚阐述了 PowerDrill 采用的数据结构，其简单来说就是一个双层数据字典结构。图 2-50 中假设表的数据已经被分成 3 个块，分别是 Chunk 0、Chunk 1 和 Chunk 2。图 2-50 最左侧是一个全局字典表，存储的是全局 Id（Global-id）和搜索关键字的对应关系。全局字典表的右侧是 3 个块的数据，对于每个块，主要由两部分组成：块字典和块元素。块字典记录的是块 Id（Chunk-id）和全局 Id 的映射关系，而块元素记录的是块中存储数据的块 Id（注意不是全局 Id）。在具体查询时需要完成两层的数据映射才能得到真实的数据值。比如 Chunk 0 中有一个块 Id 为 3，查块字典得到其全局 Id 为 5，再查询全局字典表得到其真实值为 ebay。反过来，从真实值查询其对应的块 Id 也是类似的过程。需要说明的是，图 2-50 仅仅说明了数据结

构，具体实现时根据不同的应用场景可以采用前缀树（Trie）或其他合适的方法。

全局字典表		Chunk 0			Chunk 1			Chunk 2		
Id	Search String	Chunk-dict $ch_0.$dict		Elements $ch_0.$elems	Chunk-dict $ch_1.$diet		Elements $ch_1.$elems	Chunk-dict $ch_2.$diet		Elements $ch_2.$elems
0	ab in den Urlaub	Id	Global-id		Id	Global-id		Id	Global-id	
1	amazon	0	1	3	0	0	5	0	1	0
2	cheap tickets	1	2	2	1	1	2	1	3	0
3	chaussures	2	4	0	2	5	1	2	5	2
4	cheap flights	3	5	4	3	6	4	3	10	4
5	ebay	4	12	0	4	7	3	4	10	3
6	faschingskosttime			0	5	8	0			4
7	immobilienscout			2			0			4
8	karnevalskosttime			1			1			5
9	la redoute			3			5			2
10	pages jaunes			2			5			1
11	voyanges snfc						5			
12	yellow pages									

图 2-50　一张存储搜索关键字的表

2.8.3　性能优化

PowerDrill 系统更关心查询的时效性，如果对于任何查询，都需要从磁盘上将数据加载至内存，势必会严重影响查询效率。因此，在基本的数据结构之上进行全面的优化，使得尽可能多的数据能够常驻内存，才是性能得到显著提升的关键因素。在实际的开发中，PowerDrill 开发团队采用了多种优化技术，它们虽然不是全新的方法，但组合起来对 PowerDrill 系统性能的提升还是很显著的。下面分别对这些优化进行简要的介绍。

1. 数据分块

由于传统索引对于 PowerDrill 的查询场景作用不是很大，因此一个很自然的考虑就是对数据进行分块，然后通过一些方法过滤查询中不需要的数据块来减少数据量。数据分块的另一个好处就是防止单个数据表过大，导致性能下降。基本上现代的数据库系统都是支持数据分区的，常见的分区方法有范围分区（Range Partitioning）、散列分区（Hash Partitioning）等。PowerDrill 实际上采用的是一种组合范围分区（Composite Range Partitioning）方法。大致的方法是：由领域专家确定若干个划分的域（需要是有序的，一般是 3～5 个域），然后依次利用这几个域（要求该域至少有两个以上的不同属性值）对数据进行划分，可以设定一个阈值，比如 50000，当每个块的行数达到这个阈值时就停止划分，否则可以进一步划分。PowerDrill 采用的数据分块方法简单实用，但由于域的确定需要领域专家，因此这种方法在实际使用中还有一定的局限性。

2. 数据编码的优化

在实际存储中选择合适的编码方式也很重要。最简单的自然是统一编码，比如对所有的块 Id 都采用 32 位的整型来记录。但是，这种方法会带来空间上的浪费。例如，一个块中仅有 1 个不同值，那我们实际只需要记录块中的记录数即可；如果有两个不同值，1 比特位也就足够了；依次类推，对于不同的块，如果我们可以确定块中不同值的数量，那么就可以根据这个数量值来选择可变的比特位来记录块 Id。统计一组数中不同值的个数有一个专有名词，称为"基数估计"。对于小规模的数据集，可以比较容易地统计精确的基数。但是，在大数据的环境下，精确的基数统计非常耗时，因此能保证一定精度的基数估计就可以满足实际的需求。基数估计的方法很多，大多利用了散列函数的一些特性，Google 内部使用的是一种称为 Hyperloglog 的基数估计方法的变种。

3．全局字典优化

对于 Google 的生产环境来说，全局字典是非常庞大的，因此有必要对全局字典进行优化。在优化中主要利用了以下两个特性。

（1）全局字典是有序的。

（2）排序后的数据常常有共同的前缀。

基于这两个特性，前缀树是一个不错的选择。实际使用中为了进一步减少查询中需要加载到内存的全局字典，对全局字典又进行了分块，因为不同的值使用的频率是不一样的，将最常用的值组织成一个块，将全局字典中剩余的值再组织成其他若干块，这样就能保证每次涉及的块较少。除此之外，对每个全局字典块还会维护一个布隆过滤器，以便快速确定某个值是否在字典中。

4．压缩算法

上面提到过列存储的优势之一就是便于数据压缩，当然不同的压缩算法在执行效率上是有差别的。Google 曾经对一些主流的压缩算法做过简单的测试，性能对比如表 2-5 所示。

表 2-5　主流压缩算法性能对比

算法	压缩后剩余数据百分比	编码速度	解码速度
GZIP	13.4%	21 MB/s	118 MB/s
LZO	20.5%	135 MB/s	410 MB/s
Zippy/Snappy	22.2%	172 MB/s	409 MB/s

虽然 Zippy 是 Google 自己开发的压缩算法，但 PowerDrill 开发团队在经过测试之后，最终选择了 LZO 算法的一个变种作为实际生产环境中的压缩算法，可能是因为 LZO 算法整体表现比较均衡。但是，对 LZO 算法具体做了何种改动，Google 的论文中并没有提及。

不管压缩算法的解压缩速度多快，总会消耗一定的物理资源与时间。对此 PowerDrill 采用了一种冷热数据分别对待的策略，即在内存中保有压缩和未压缩的数据，根据需要对数据进行压缩和解压缩。在冷热数据切换时，比较常用的是 LRU 算法。但是，PowerDrill 开发团队认为直接的 LRU 算法效果还不是很理想，为此他们采用了一种启发式的缓存策略来代替原始的 LRU 算法。

5．行的重排

研究表明，在列存储中，对行进行适当的重排不会影响结果且会提高压缩效率。这个是比较好理解的，以图 2-51 为例。

假设图 2-51 中左侧是原始的数据顺序，而右侧是重排后的，

图 2-51　行的重排

从直观上感觉肯定是右侧的更利于数据压缩。下面解释为什么这种重排会提高压缩效率及如何实现这种重排。

数据压缩的算法有很多，比较常用的一种称为游程编码（Run-Length Encoding，RLE），又称行程长度编码，其好处是压缩和解压缩都非常快。RLE 算法将数据压缩成三元组的形式。比如 AAAABBBBBBCCCCCC 这样一个包含 16 条数据的某列数值，RLE 算法会将它压缩成形如"[实际值,起始位置,个数]"的三元组，所以上面的数值会压缩成[A,1,4]、[B,5,6]、[C,11,6]的格式，从而比原始的数据占用更少的空间。由于 RLE 算法的特点，相邻数据之间越相似，压缩效果越好，因此数据往往需要重新排序以得到更好的结果。这就是图 2-51 中右侧的数据会有更好压缩效果的原因。

虽然知道重排可以提高压缩效率，但是，实际的重排过程并不是那么容易的。数据重排的过程等效于著名的 TSP（旅行商）问题，也就是说这是一个 NP 难问题。为什么数据重排的过程等效于 TSP 问题呢？首先我们来看汉明距离（Hamming Distance）的定义。在信息论中，两个等长字符串之间的汉明距离是两个字符串对应位置的不同字符的个数。

例如，图 2-52（a）中的字符串 010 和 011的汉明距离就为 1，因为它们只是第 3 个位置上的字符不同。假设将图 2-52（a）中每一行的字符串看作汉明空间的一个点，则图 2-52（b）中表示这 3 行字符串（3 个点）的访问顺序，即从 010 到 011（距离为 1），再到 100（距离为 3），总距离为 4。这也是使这 3 个点在汉明空间取得最小总距离的访问顺序。根据 RLE 算

```
0 1 0
0 1 1
1 0 0
```

（a）字符串　　　　（b）汉明空间

图 2-52　字符串的汉明距离

法，保证相邻两行之间的距离之和最小就能够保证高效的压缩。这实际上相当于寻找一种重排方案，使得重排后的数据从第一行一直遍历到最后一行，每次计算相邻两行的距离，最后累加值最小，这显然就是一个 TSP 问题。但是，由于 TSP 问题是一个 NP 难问题，PowerDrill 在实际生产环境中采用了一个比较简单的启发式方法来进行数据的重排，即对数据分块时选定的那几个域按照字典序进行排序来得到重排的结果。

2.8.4　性能分析与对比

PowerDrill 在 Google 内部已经被使用了一段时间，令我们比较关注的是以下两组数字。

（1）在查询过程中，平均 92.41%的数据被略去，5.02%的数据会直接被缓存命中，一般仅须扫描 2.66%的数据即可得到查询结果。这说明 PowerDrill 的数据分块策略是比较成功的。

（2）虽然 PowerDrill 的设计目标是将尽可能多的数据加载进内存，使得查询能够直接利用内存中的数据完成，但实际使用过程中不可避免地会有查询需要访问磁盘。根据Google 自己的统计，超过 70%的查询是不需要从磁盘访问任何数据的，这些查询的平均访问延迟大约是 25s。96.5%的查询需要访问的磁盘量不超过 1GB。图 2-53 是查询延迟

和访问磁盘数据量的关系，其中横轴表示访问数据量（单位：GB），纵轴表示延迟时间（单位：s）。

图 2-53　查询延迟和访问磁盘数据量的关系

由于均采用列存储，因此 PowerDrill 不可避免地被拿来和 Dremel 做对比，但实际上除了都采用列存储，二者并没有什么特别共同的地方，相反有不少区别。

（1）两者的设计目标不同，Dremel 用来处理非常大量的数据集（指数据集的数量和每个数据集的规模都大），而 PowerDrill 用来分析少量的核心数据集（指每个数据集的规模大，但数据集的数量不多）。

（2）两者的基本设计理念不同，主要有以下方面。

① Dremel 处理的数据来自外存，PowerDrill 处理的数据尽可能地存于内存。

② Dremel 未进行数据分区，分析时要扫描所有需要的列；PowerDrill 使用了组合范围分区，分析时可以跳过很多不需要的分区。

③ Dremel 数据通常不需要加载，增加数据很方便；PowerDrill 数据需要加载，增加数据相对不便。

总的来看，PowerDrill 涉及的技术手段并无特别新颖之处，大多是对已有技术手段的直接采用或改进。

2.9　Google 应用程序引擎

如同 Amazon 给开发人员配置了一台可以在上面安装许多软件的虚拟机一样（参见第3章），Google 应用程序引擎（Google App Engine）为用户提供了两种云计算服务：一种是 App Engine 标准环境，它可以运行应用实例但仅支持特定版本的指定编程语言的沙盒环境；另一种是 App Engine 柔性环境，它运行在 Compute Engine 虚拟机上的 Docker 容器中，支持绝大部分编程语言且不限制版本，与虚拟专用服务器（VPS）比较类似。

2.9.1　Google App Engine 简介

Google 公司发展迅速，不断推出自己的新产品，比如 Google 搜索、Google Map、

Google Earth、Google AdSense、Google Reader 等。在推出自己产品的同时，Google 倾力打造了一个平台来集成自己的服务并供开发人员使用，这就是 Google App Engine。

起初，Google 仅推出了一个运行在自身基础设施之上的 PaaS 平台。用户通过 Google 指定的编程语言来访问 Google 给出的应用程序 API，以此完成应用程序的功能。这就是现在的 Google App Engine 标准环境，该环境又分为第一代与第二代版本。其中第一代环境仅支持 Python2.7、Java 8 与 PHP 5.5，并且仅可以使用 App Engine 提供的 API 来完成开发，如 Blobstore API、Datastore API、Deferred API 等。随后，Google 又为用户打造了第二代环境，扩展了一些语言的版本，如 Python3、Java11/17 等。第二代环境支持所有第一代环境的功能及 API 接口，并且为用户提供了一些运行在 Google 基础设施上的更为流行的开源库。但是，无论是第一代还是第二代，App Engine 标准环境都是一个 PaaS 平台，不支持用户开发与运行指定编程语言以外的程序，并且不支持除给定 API 外的扩展库。

之后，随着 Docker 与基于容器的虚拟化的流行，Google 又推出了基于 Docker 的 App Engine 柔性环境。用户可以通过使用 Docker 容器来部署任意的应用，而不仅仅是使用 Python、Java、PHP、Go 这些语言，甚至可以使用 C++这种原生编程语言。简单来说，App Engine 标准环境为用户提供了一个应用沙盒，而 App Engine 柔性环境则为用户提供了一个类似于虚拟机的虚拟容器。

无论是哪种环境，Google App Engine 都可以让开发人员在 Google 的基础架构上便捷地开发与运行网络应用程序。除此之外，Google 也为这些应用程序提供了动态扩容功能，使得应用程序可根据访问量和数据存储需要的增长轻松进行扩展。使用 Google App Engine，开发人员将不再需要维护服务器，只需要上传应用程序，它便可立即为用户提供服务。

在 Google App Engine 中，开发人员可以使用 appspot.com 域上的免费域名为应用程序提供服务，也可以使用 Google 企业应用套件从自己的域为它提供服务。开发人员可以与全世界的人共享自己的应用程序，也可以限制为只有自己组织内的成员可以访问其应用程序。

除此之外，开发人员还可以免费使用 Google App Engine。开发人员注册一个免费账户即可开发和发布应用程序，而且不需要承担任何费用和责任。

Google App Engine 的整体架构如图 2-54 所示。Google App Engine 的架构可以分成四部分：前端和静态文件负责将请求转发给应用服务器并进行负载均衡及静态文件的传输；应用服务器则能同时运行多个应用的运行时（Runtime）；服务器群提供了一些服务，主要有内存缓存（Memcache）、图片操作（Images）、URL 抓取（URLfetch）、用户服务和数据存储（Data Store）等；Google App Engine 还有一个应用管理节点，主要负责应用的启停和计费。

Google App Engine 有一些基本概念，比如应用程序环境、沙盒、Python 运行时环境、数据库、Google 账户、App Engine 服务、开发流程、配额和限制等，总体而言，每个开发程序都将涉及这些概念。每个开发程序有自身的应用程序环境（这个环境由 Google App Engine 提供），该环境对应用程序提供了一些基本的支持，使应用程序可以在 Google App Engine 上正常运行。除此之外，Google App Engine 为每个应用程序提供了一个安全运行环境（沙盒），该沙盒可以保证每个应用程序能够安全地隔离运行。现阶段，Google App Engine 支持 Java 和 Python 语言，通过 Google App Engine 的 Java 运行时环境，可以使用标准 Java 技术构建应用程序。开发程序时还可能用到 Python 运行时环境，该环境包括 Python 运行库等模块，并且 Google App Engine 还提供了一个由 Python 语言编写的网络应用程序框架 Webapp。Google App Engine 上开发的应用程序使用的是 Data Store 数据库，该数据库不同于日常使用的 Oracle、SQL Server 等数据库。它是一个分布式存储数据库，可以随着应用程序访问量的增加而增加。使用 Google App Engine 开发应用程序必须拥有一个 Google 账户，有了该账户之后才可以在 Google App Engine 上运行开发的程序。为了简化开发流程，Google App Engine 提供了一些服务，这些服务统称为 App Engine 服务。使用 Google App Engine 开发应用程序必须遵守一定的开发流程。Google App Engine 为每个 Google 账户用户提供了一些免费的空间与流量支持，但免费的空间与流量有一定的配额和限制。

通过对这些概念的了解，可深入理解 Google App Engine。

图 2-54　Google App Engine 的整体架构

2.9.2　应用程序环境

Google App Engine 目前支持两种运行环境，分别为标准环境与柔性环境。其中标准环境与本书第三版中介绍的应用程序环境类似，但一些功能已经有了更新。柔性环境是一个运行在 Google Compute Engine 虚拟机上的 Docker 容器，它支持更自由的功能与自定义环境。

1．App Engine 标准环境

App Engine 标准环境是一个沙盒环境，它有着自身的应用程序环境，包括以下

特性。

（1）动态网络服务功能。能够完全支持常用的网络技术。

（2）具有持久的存储空间。在这个空间里平台可以支持一些基本操作，如查询、分类等操作。

（3）具有自主平衡网络和系统的负载、自动进行扩展的功能。

（4）可以对用户的身份进行验证，并且支持使用 Google 账户发送邮件。

（5）有一个功能完整的本地开发环境，可以在自身的计算机上模拟 Google App Engine 环境。

（6）支持在指定时间或定期触发事件的计划任务。

基于这样的环境支持，Google App Engine 可以在负载很高和数据量极大的情况下轻松构建安全运行的应用程序。

最开始 Google App Engine 只支持 Python 开发语言，后来逐渐加入了对 Java、PHP、Node.js、Go 等语言的支持。目前，Google App Engine 的标准环境支持 Python 3.7~3.11、Java 8/11/17、Node.js 10/12/16/18/20、PHP 7.2/7.3/7.4/8.1/8.2、Go 1.12~1.21 等开发语言。

Python 运行时环境包括 Python 标准库，开发人员可以调用库中的方法来实现程序功能，但不能使用沙盒限制的库方法。这些受限制的库方法包括尝试打开套接字、对文件进行写入操作等。为了便于编程，Google App Engine 设计人员将一些模块禁用了，被禁用的这些模块的主要功能是不受运行时环境的标准库支持的，因此，开发人员在导入这些模块的代码时程序将给出错误提示。

在 Python 运行时环境中，应用程序只能以 Python 语言编写，扩展代码中若有 C 语言，则应用程序将不受系统支持（可以通过 App Engine 柔性环境来获得支持）。Python 环境为开发平台中的数据库、Google 账户、URL 抓取和电子邮件服务等提供了丰富的 Python API。此外，Google App Engine 还提供了一个简单的 Python 网络应用程序框架，这个框架称为 Webapp。借助这个框架，开发人员可以轻松构建自己的应用程序。为了方便开发，Google App Engine 还包括了 Django 网络应用程序框架，在开发过程中，可以将 Django 与 Google App Engine 配合使用。

沙盒是 Google App Engine 虚拟出的一个环境，类似于 PC 所使用的虚拟机。在这个环境中，用户可以开发自己的应用程序，沙盒将用户应用程序隔离在自身的安全可靠的环境中，该环境和网络服务器的硬件、系统及物理位置完全无关，并且沙盒仅提供对基础操作系统的有限访问权限。

沙盒还可以对用户进行如下限制。

（1）用户的应用程序只能通过 Google App Engine 提供的 URL 抓取 API 和电子邮件服务 API 来访问互联网中的其他计算机，并且其他计算机如果请求与该应用程序相连接，只能在标准接口上通过 HTTP 或 HTTPS 进行。

（2）应用程序无法对 Google App Engine 的文件系统进行写入操作，只能读取应用程序代码上的文件，并且该应用程序必须使用 Google App Engine 的数据存储数据库来存储应用程序运行期间持续存在的数据。

（3）应用程序只有在响应网络请求时才运行，并且这个响应时间必须极短，在几秒之内必须完成。与此同时，请求处理的程序不能在自己的响应发送后产生子进程或执行代码。

简言之，沙盒给开发人员提供了一个虚拟的环境，这个环境使应用程序与其他开发人员开发的程序相隔离，从而保证每个开发人员都可以安全地开发自己的应用程序。

在标准环境中，开发人员开发程序必须使用 Google App Engine SDK，即 Google App Engine 软件开发套件。可以先下载这个套件到自己的本地计算机上，然后进行开发和运行。使用 SDK 时，可以在本地计算机上模拟包括所有 Google App Engine 服务的网络服务器应用程序，该 SDK 包括 Google App Engine 中的所有 API 和库。该网络服务器还可以模拟沙盒环境，这些沙盒环境用来检查是否存在禁用的模块被导入的情况，以及对不允许访问的系统资源尝试访问等情况。

Google App Engine SDK 可以使用 Python 2.7 或 3.7+进行开发，可以在装有对应版本的 Python 的任何平台上运行，包括 Windows、macOS X 和 Linux 等，开发人员可以在 Python 网站上获取适合自己系统的 Python。

该开发套件还包括将应用程序上传到 Google App Engine 的工具上。开发人员创建自己应用程序的代码、静态文件和配置文件之后，就可以运行这个工具来将数据上传到平台上。在上传过程中，该工具还将提示开发人员输入 Google 账户、电子邮件地址及密码等信息。

Google App Engine 管理系统中有一个管理控制台，这个管理控制台有一个网络接口，用于管理在 Google App Engine 上运行的应用程序。开发人员可以使用管理控制台来创建应用程序、配置域名、更改应用程序当前的版本、检查访问权限和错误日志，以及浏览应用程序数据库等。

2．App Engine 柔性环境

App Engine 柔性环境以 Compute Engine 为基础，可以在平衡负载的同时自动伸缩应用。用户可以通过从开源社区获取 Docker 镜像的方式获取官方运行时环境或者自己定制一个运行时环境。

Google App Engine 柔性环境有以下特性。

（1）自定义基础架构：用户可以使用自定义库，通过 SSH 调试并部署自己的 Docker 容器。

（2）性能选择：用户可以指定应用的每个实例需要多少 CPU 和内存，App Engine 柔性环境会为用户自动配置必要的基础架构。

（3）原生功能支持：微服务、授权、SQL 和 NoSQL 数据库、流量拆分、日志记录、版本控制、安全扫描和内容分发网络均能享受原生支持。

（4）托管虚拟机：App Engine 负责对 Compute Engine 虚拟机进行托管，以确保以下操作。实例定期接受运行状况检查，在需要时得到修复，并与项目内的其他服务位于同一位置。在有向后兼容的关键补丁时，底层操作系统会自动更新。虚拟机实例将根据项目设置，自动分配到适当的地理区域。Google 的管理服务能确保一个项目的所有虚拟机实例位于同一位置，以实现最佳性能。虚拟机实例会每周重启。在重启期间，

Google 的管理服务会进行所有必要的操作系统更新和安全更新。用户始终拥有 Compute Engine 虚拟机实例的根权限。默认情况下，App Engine 柔性环境会停用对虚拟机实例的 SSH 访问权限。但是，用户可以自行启用对应用虚拟机实例的根权限。

2.9.3　Google App Engine 服务

Google App Engine 为用户提供了基于多种语言的不同服务。这些服务可以帮助开发人员在管理应用程序的同时执行常规操作。虽然 Google App Engine 目前已经支持多种语言，但 Python 仍旧是其主要的开发语言，官方为其提供了丰富的接口及详尽的文档。

从 2020 年 1 月 1 日起，Python 社区将不再为 Python 2.7 提供更新服务、修复错误或修补安全问题。所以 Google App Engine 也已经不建议用户使用基于 Python 2.7 版本的 App Engine API。Google 官方网站上给出了将 Python 2 应用迁移到 Python 3 的方法，以及基于 Python 3 的 App Engine API。

一些旧版本的 API 仍然可以使用，但官方不保证每个接口都有其 Python 3 的版本。因此有些服务需要迁移到 Google Cloud 中或者通过第三方服务移植到 Python 3 中。以下以本书旧版的内容为脉络给出 App Engine API 的大致介绍，同时也会给出将该服务迁移到 Python 3 中的方法。

1．图像操作 API

开发的应用程序可以使用 Google App Engine 提供的图像操作 API 对图像进行操作，使用该 API 可以对 JPEG 和 PNG 格式的图像进行缩放、裁剪、旋转和翻转等操作。

1）Image 类

Image 类来自 google.appengine.api.images 模块，该类可以用来封装图像信息及转换该图像，转换时可以使用 execute_transforms() 方法；可以使用 class Image(image_data) 来构造函数，参数 image_data 表示字节字符串（str）格式的图像数据；可以采用 PNG、JPEG、TIFF 或 ICO 等格式对图像数据进行编码。

Image 类中主要有如下实例方法。

（1）resize(width=0,height=0)：该方法用来缩放图像，可以将图像缩小或放大到参数指定的宽度或者高度。参数 width 和 height 都以像素数量来表示，并且必须是 int 型或 long 型。

（2）crop(left_x, top_y, right_x, bottom_y)：该方法可以将图像裁剪到指定边界框的大小，并且裁剪后以相同的格式返回转换的图像。参数 left_x 表示边界框的左边界，top_y 表示边界框的上边界，right_x 表示边界框的右边界，bottom_y 表示边界框的下边界。以上四个参数均采用指定为 float 类型值的从 0.0 到 1.0 的图像宽度的比例（其中 float 类型值包括了 0.0 和 1.0）。

（3）rotate(image_data,degrees,output_encoding=images.PNG)：该方法用来旋转图像。参数 degrees 表示图像旋转的量，采用的形式是度数，且这个度数必须是 90° 的倍数，数据格式必须为 int 型或 long 型，使用该函数对图像进行旋转是沿顺时针方向执行的。image_data 指要旋转的图像是 JPEG、GIF、BMP、TIFF 或者 ICO 等格式的字节字符串（str）。output_encoding 指旋转后图像的格式，可以是 images.PNG 或 images.JPEG

格式，默认的格式是 images.PNG。

（4）horizontal_flip(image_data,output_encoding=images.PNG)：该方法表示对图像进行水平翻转。参数 image_data 表示要翻转的图像是 JPEG、PNG、TIFF 或 ICO 格式的字节字符串（str）。output_encoding 参数表示翻转后的图像的格式，可以是 images.PNG 或 images.JPEG，默认的格式是 images.PNG。

（5）vertical_flip(image_data,output_encoding=images.PNG)：该方法表示垂直地翻转图像，并且翻转后的图像与以前的格式一样。

2）exception 类

google.appengine.api.images 包主要为用户提供了以下 exception 类。

（1）exception Error()：这是该包中所有异常的基类。

（2）exception TransformationError()：表示尝试转换图像时发生错误。

（3）exception BadRequestError()：表示转换参数无效。

3）迁移到 Python 3

官方文档中建议，用户可以通过 Cloud Storage 或者第三方内容分发网络来处理图片存储与传输的逻辑。而对于图片的处理，如剪切、缩放、旋转、绘图等，则需要使用第三方图片处理库如 Pillow 或者 ImageMagick 的 Python 接口。

（1）Pillow：Pillow 是 Python 2 内置的图像处理库 PIL 的替代版本。它为 Python 3.x 版本提供了丰富的图像处理功能，如改变图像大小、旋转图像、图像格式转换、色场空间转换、图像增强、直方图处理、插值和滤波等。

Pillow 需要使用 pip install pillow 来安装，而使用的时候，依旧需要使用 import PIL 而不是 import Pillow。Pillow 库有二十多个模块，还支持非常多的插件，其中最常用的是 Image 模块中同名的 Image 类，其他很多模块都是在 Image 模块的基础上对图像做进一步的特殊处理。

（2）ImageMagick：ImageMagick 是一个基于 Apache 2.0 许可证的开源免费软件。它拥有十分强大的图像处理功能，可以用来读、写和处理超过 90 种图片文件，包括 TIFF、JPEG、GIF、PNG、PDF、PhotoCD 等格式。它还支持与图片相关的操作，如将 PDF 文件转为图片。ImageMagick 的源代码主要由 C 与 C++编写，并且为 Python、Perl、Java、PHP、Ruby 等语言提供了编程接口。

Python 可以通过安装第三方库 wand 来简便地调用 ImageMagick 的功能。wand 是基于 ctypes 的针对 ImageMagick 软件的简单 Python 绑定，支持 Python 2.7 和 Python 3.3+。需要注意的是，wand 并没有提供全部的 ImageMagick 功能接口，也就是说用户无法通过 wand 来使用 ImageMagick 的全部功能。

ImageMagick 需要使用软件安装包来安装或者使用操作系统提供的包管理工具，如 apt（Ubuntu）、rpm（CentOS）、dpkg（Debian）等。而 wand 可以使用 Python 的包管理工具 pip 来安装，如：pip install wand。

2. 邮件 API

Google App Engine 为开发的应用程序提供了电子邮件服务。邮件 API 为用户提供了两种方式来发送电子邮件，分别是 mail.send_mail()函数和 EmailMessage 类。发送电子邮件时可以发送附件，为了安全考虑，用户发送的附件必须是所允许的文件类型。

1）允许的附件类型

允许作为电子邮件附件的 MIME 类型及相对应的文件扩展名主要有：图像格式包括 BMP、GIF、JPEG、JPG、JPE、PNG、TIFF、TIF、WBMP，文本格式包括 CSS、CSV、HTM、HTML、TEXT、TXT、ASC、DIFF、POT，应用程序格式包括 PDF、RSS。

2）EmailMessage 类

邮件 API 中的 EmailMessage 类由 google.appengine.api.mail 包提供。EmailMessage 实例代表那些要使用 Google App Engine 邮件服务来发送的电子邮件，电子邮件中有一组字段，这组字段可以使用构造函数进行初始化。

（1）构造函数。在构造函数 class EmailMessage(**kw)中，邮件的字段可以使用传递到构造函数的关键字参数进行初始化，并且字段还可以在构造之后对实例的属性进行设置，也可以通过 initialize()方法设置。

（2）实例方法。check_initialized()方法用来检查 EmailMessage 类是否已经进行了正确的初始化，以便发送邮件。若邮件成功发送，则该方法不会返回错误，否则会抛出与其找到的第一个问题对应的错误。

initialize(**kw)方法只对 EmailMessage 是否进行了正确的初始化进行判断，如果是则返回 True，执行与 check_initialized()一样的操作，区别只是不抛出错误。

send()方法用来发送电子邮件。

（3）函数。google.appengine.api.mail 包为邮件 API 主要提供了以下函数。

① Is_email_valid(email_address)：如果参数 email_address 是有效的电子邮件地址，则函数返回 True。该函数会执行与 check_email_valid 相同的检查，但不会抛出异常。

② send_mail(sender, to, subject, body, **kw)：创建并发送一封电子邮件。sender、to、subject 和 body 参数是邮件必填的字段。其他的字段也可以指定为关键字参数。

（4）异常。google.appengine.api.mail 包为邮件 API 主要提供了以下 exception 类。

① exception Error()：这是该包中所有异常的基类。

② exception BadRequestError()：表示邮件服务以无效为理由拒绝 EmailMessage。

③ exception InvalidEmailError()：表示该电子邮件的地址无效。电子邮件地址字段仅接受有效的电子邮件地址，如 sender 或 to。

3）迁移到 Python 3

在 Python 3.7+版本中，官方建议使用 SendGrid、Mailgun 或者 Mailjet 等第三方邮件提供程序来处理邮件。

SendGrid、Mailgun、Mailjet 等都是电子邮件服务平台，它们为用户提供收发邮件的服务，也是云计算服务提供平台。它们可为 Windows Azure、AWS、Google App Engine 等环境提供邮件收发功能。一些针对 Python、Go、Java 等语言的示例代码可从 GitHub 或者这些平台的官方文档中获取。

3．Memcache API

高性能的网络应用程序一般在运行之前需要使用分布式内存数据缓存（Memcache），或者用分布式内存数据缓存来代替某些任务的稳定持久存储，Google App Engine 为用户提供了这样一个高性能的内存键/值缓存，可以使用应用程序的实例来访问这个缓存。Memcache 适合存储永久性功能和事务性功能的数据，如可以将临时数据或数据库数据复制到缓存以进行高速访问。

Memcache API 提供了一个基于类的接口，以便和其他 Memcache API 相兼容。这里Client 类由 google.appengine.api.memcache 包提供。

1）构造函数

class Client()产生与 Memcache 服务通信的客户端。

2）实例方法

构造 Client 实例主要有以下几种方法。

（1）set(key, value, time=0, min_compress_len=0)：该方法用来设置键的值，与先前缓存中的内容无关。其中参数 key 表示要设置的键，key 可以是字符串或（哈希值,字符串）格式的元组；参数 value 表示要设置的值；参数 time 指可选的过期时间，可以是相对当前时间的秒数（最多 1 个月），也可以是绝对 UNIX 时间戳的时间；min_compress_len 是为了与旧版函数兼容而保留的参数，目前没有任何意义。

（2）get(key)：该方法用来在 Memcache 中查找一个键。参数 key 指明要在 Memcache 中查找的键，key 可以是字符串或（哈希值,字符串）格式的元组。如果在 Memcache 中找到键，则返回值为该键的值，否则返回 None。

（3）delete(key, seconds=0)：该方法用来从 Memcache 删除键。参数 key 指要删除的键，可以是字符串或（哈希值,字符串）格式的元组；参数 seconds 用来锁定被删除的项目使该项目在一定时间内不能被重新添加至 Memcache，其值可以是从当前时间开始的增量，也可以是绝对 UNIX 时间戳时间，默认情况下值为 0。

（4）add(key, value, time=0, min_compress_len=0)：该方法用来设置值，但只在项目没有处于 Memcache 时设置。参数 key 指要设置的键，它可以是字符串或（哈希值,字符串）格式的元组；参数 value 是指要设置的值；参数 time 指可选的过期时间，可以是相对当前时间的秒数，也可以是绝对 UNIX 时间戳时间；参数 min_compress_len 同上，没有任何意义。

（5）replace(key, value, time=0, min_compress_len=0)：该方法用来替换键的值。参数key 指要设置的键，可以是字符串或（哈希值,字符串）格式的元组；参数 value 指要设置的值；参数 time 指可选的过期时间，可以是相对当前时间的秒数，也可以是绝对UNIX 时间戳时间；参数 min_compress_len 同上，没有任何意义。

（6）incr(key, delta=1)：该方法可以自动增加键的值。在内部，值是无符号的 64bit整数，同时 Memcache 不会检查 64bit 溢出，如果值过大则会换行。这里的键必须已存在于缓存中才能增加值。初始化计数器时可以使用 set()进行初始值的设置。参数 key 指要增加的键，key 可以是字符串或（哈希值,字符串）格式的元组；参数 delta 值作为键的增加量的非负整数值（int 型或 long 型），默认值为 1。

（7）decr(key, delta=1)：该方法可以自动减小键的值。在内部，值是无符号的 64bit 整数，并且 Memcache 不检查 64bit 溢出，若值过大则会换行。初始化计数器时可以使用 set()进行初始值的设置。参数 key 指要减小的键，可以是字符串或（哈希值,字符串）格式的元组；参数 delta 是键的减小量的非负整数值（int 型或 long 型），默认值为 1。

（8）flush_all()：该方法用来删除 Memcache 中的所有内容。若成功则返回 True；若是 RPC 或服务器错误，则返回 False。

（9）get_stats()：该方法可获取该应用程序的 Memcache 统计信息。函数的返回值是将统计信息名称映射到相关值的参照表。

3）迁移到 Python 3

对于明确需要使用 Memcache 的应用，官方提供了 Memorystore for Redis 完全托管式服务。该服务由 Redis 内存数据存储提供支持，以构建提供亚毫秒级数据访问的应用缓存。

但是，如果 Python 2 应用使用 Memcache 仅仅是为了减少 NDB 或者 Cloud NDB 的请求延迟时间，则可以用 Cloud NDB 对 Redis 的内置支持，而不是使用 Memcache 或者 Memorystore for Redis。

需要注意的是，与 Memcache 不同，Memorystore for Redis 不提供免费支持，也就是说，用户必须支付一定费用才能使用该服务，无论规模大小。

4．用户 API

Google App Engine 的功能和账号是集成的，因此应用程序可以让用户使用自己的 Google 账户登录。

1）User 对象

用户 API 主要是通过 User 类来实现其功能的，每个 User 类的对象代表一个用户。User 对象是唯一且可比较的，若两个对象相同，则这两个对象代表同一个用户。开发的应用程序可通过调用 users.get_current_user()函数来访问当前用户的 User 对象，也可以利用电子邮件地址来构造 User 对象。

2）登录网址

用户 API 提供了函数来构建到 Google 账户的网址，这样 Google 账户允许用户登录或退出，并重新定向到用户的应用程序。登录或退出目标网址可以使用 users.create_login_url()和 users.create_logout_url()。

3）User 类

User 类的一个对象代表具有 Google 账户的一个用户，User 类是由 google.appengine.api. users 模块提供的。

（1）构造函数。class User(email=None)这个函数代表具有 Google 账户的用户。函数中的参数 email 表示用户的电子邮件地址，默认为当前用户。若系统没有指定电子邮件地址，并且当前用户没有登录，那么系统将抛出 UserNotFoundError 错误。

系统在创建 User 对象时，不检查这个电子邮件地址是否有效。若该 User 对象的电子邮件地址不是有效的，则该 User 对象仍然可能存储在数据库中，但不会与真正的用户相匹配。

（2）实例方法。User 实例主要提供以下方法。

① nickname()：用来返回用户的"昵称"。

② email()：用来返回用户的电子邮件地址。

（3）函数。google.appengine.api.users 包主要提供以下函数。

① create_login_url(dest_url)：用来返回一个网址。当用户访问这个网址时，它将提示用户使用自己的 Google 账户登录，并将用户重新定向到指定的 dest_url 网址。其中 dest_url 可以是完整的网址，也可以是相对于应用程序的域的路径。

② create_logout_url(dest_url)：用来返回一个网址。当用户访问这个网址时会注销这个用户，然后将用户重新定位到指定的 dest_url 网址。其中参数 dest_url 可以是完整的网址，也可以是相对于应用程序的域的路径。

③ get_current_user()：若用户已登录，则该函数返回当前用户的 User 对象；若用户未登录，返回 None。

（4）异常。google.appengine.api.users 包主要提供以下 exception 类。

① exception Error()：表示这个包中所有异常的基类。

② exception UserNotFoundError()：若用户没有提供电子邮件地址，且当前用户未登录，则系统将由 User 构造函数抛出异常。

③ exception RedirectTooLongError()：表示 create_login_url() 或 create_logout_url() 函数的重定向网址的长度超过了所允许的最大长度。

4）迁移到 Python 3

如需替代 User API，则用户可以使用任何基于 HTTP 的身份验证机制，下面给出几种示例。

① OAuth 2.0 和 OpenID Connect：用于使用用户选定的提供商的联合身份服务。Google 是 OpenID Connect 身份提供商之一，用户也可在其他提供商中进行选择。

② Firebase 身份验证：使用用户名/密码及 Google、Facebook、Twitter 等联合身份服务进行身份验证。

③ Google Identity Platform：提供诸多 Google 用户账号身份验证和授权选项。

④ Auth0：通过多个身份提供商和单点登录功能进行身份验证。

5. 数据库 API

从 Python 2.7 版本开始，Google App Engine 便为用户提供了两种比较类似但底层实现并不相同的分布式数据存储服务。这些服务包含查询引擎与事务功能等接口，并且数据库的规模可以随访问量的上升而扩大。它们分别是 DB 服务（通过 google.appengine.ext.db 访问）与 NDB 服务（通过 Python 模块 ndb 访问）。

Google App Engine 数据库和传统的关系型数据库不同，该数据库中的数据对象有一个类和一组属性。数据库中的查询可以检索按照属性值过滤的实体，也可以检索按照分类指定种类的实体，其中属性值可以是任何一种受系统数据库支持的属性值类型。

Google App Engine 的数据库使用了简单的 API 来为用户提供查询引擎和事务存储服务，并且这些服务都运行在 Google 的可扩展结构上。在 Google App Engine 中，Python 接口包含了数据建模 API 和类似于 SQL 的一种查询语言（称为 GQL）。这些 API 和 GQL 查询语言，极大地方便了用户开发可扩展数据库的应用程序。

Google App Engine 的数据库 API 拥有一个用于定义数据模型的机制。这里 Model 用来描述实体的类型（包括其属性的类型和配置）。数据库 API 提供两种查询接口：查询对象接口和 GQL 查询语言。查询的结果以 Model 类的实例形式返回实体，这些 Model 类可以被修改并放到数据库中。

1）Model 类

Model 类是数据模型定义的超类，由 google.appengine.ext.db 包提供。

Model 类的构造函数定义：class Model(parent=None, key_name=None, **kw)。其中，参数 parent 用来作为新实体的父实体的 Model 实例或 Key 实例；参数 key_name 是新实体的名称，并且 key_name 的值不得以数字开头，也不能采用"_*_"的形式，存储为 Unicode 字符串，str 值转换为 ASCII 文本；参数"**kw"表示实例属性的初始值，作为关键字参数。

（1）类方法。Model 类主要提供以下类方法。

① Model.get(keys)：用来获取指定 Key 对象的 Model 实例，键值必须代表 Model 类的实例。若程序提供的键类型不符合，则系统抛出 KindError。参数 keys 指 Key 对象或 Key 对象的列表，还可以是 Key 对象的字符串版本或字符串列表。

② Model.all()：返回一个 Query 对象，包含了数据库中该 Model 类对应的所有实例。

③ Model.gql(query_string, *args, **kwds)：用来对该 Model 类的实例执行 GQL 查询。其中，参数 query_string 指明 GQL 查询中"SELECT * FROM model"后的部分；参数"*args"用于位置参数绑定，类似于 GqlQuery 构造函数；参数"**kwds"表示关键字参数绑定，类似于 GqlQuery 构造函数。

（2）实例方法。Model 实例主要有以下方法。

① key()：返回该 Model 实例在数据库中的键。在输入数据库之前，Model 实例没有键。在实例拥有键之前调用 key()会抛出 NotSavedError 错误。

② put()：将 Model 实例存储在数据库中。如果 Model 实例是新创建的且之前从未存储过，则该方法会在数据库中创建新的数据实体；否则，该方法会用当前属性值更新数据实体。该方法会返回存储的实体的键值。

③ delete()：用来从数据库中删除 Model 实例。如果实例从未被输入数据库，则删除不会起任何作用。

2）Property 类

Property 类也是一个超类，用来对数据模型的属性进行定义。它可以定义属性值的类型、值的验证方式及在数据库中的存储方式等，Property 类由 google.appengine.ext.db 包提供。

（1）类构造函数。Property 类的构造函数定义：class Property(verbose_name=None, name=None, default=None, required=False, validator= None, choices=None)。这是 Model 属性定义的超类。其中，参数 verbose_name 表示用户友好的属性名称，属性构造函数的第一个参数必须始终是这个参数；参数 name 表示属性的存储名称，默认情况下，该名称表示属性的名称；参数 default 指属性的默认值，若属性值从未被指定或值是 None，则该属性值被视为默认值；参数 required 若是 True，则属性值不能为 None，Model 实例必须要利用构造函数来初始化所有必需的属性，这样创建实例时才不会缺少值；参数 validator 表示分配属性值的时候应该调用用来验证值的函数，函数将该属性值作为唯一的参数；参数 choices 表示可接受的属性值的列表，如果设置了该参数，则不能给属性分配该列表以外的其他值。

（2）类属性。Property 类下面的子类可以定义下面的属性。

data_type 属性用来接收作为 Python 自有值的 Python 数据类型或类。

（3）实例方法。Property 类实例主要具有以下方法。

① default_value()：返回属性的默认值。其中，基础实施方案使用的是传递到构造函数 default 参数的值。

② validate(value)：表示属性的完整验证程序。若 value 值有效，则函数返回该值。程序的基础实施方案将会检查以下的内容：value 值是否为 None；若已经根据选择的内容对属性进行了设置，那么该值是否是一个有效的选择（choices 参数）；若这个值存在，那么该值是否已经通过自定义的程序的验证（validator 参数）。

③ empty(value)：若这个属性类型的 value 使用的是空值，那么该应用程序将返回 True。

3）Query 类

Query 类是一个数据库查询的接口，程序可以使用对象和方法来准备这个查询。Query 类由 google.appengine.ext.db 包提供。

（1）构造函数。Query 类的构造函数的定义：class Query(model_class)。该函数主要表示使用对象和方法来准备数据查询的接口，由构造函数返回的 Query 实例表示的是对该类型的所有实体的查询。该函数中的参数 model_class 代表了查询的数据库实体类型的 Model（或者 Expando）类。

（2）实例方法。Query 类主要有以下几种实例方法。

① filter(property_operator, value)：对属性的条件进行过滤，并加到该查询中，因而该查询只会返回满足所有属性条件的实体。参数 property_operator 包含了属性名称和比较运算符的字符串，并且支持下列的比较运算符：<、<=、=、>=、>。参数 value 用来代表比较过程中所用的置于表达式右侧的值。

② order(property)：用来给结果添加排序，并且结果将根据添加的顺序进行排列。参数 property 表示的是一个字符串，是要排序的属性的名称，若要将排列顺序改为降序，可以在名称前加上一个连字符（-），若不加表示进行升序排列。

③ ancestor(ancestor)：对祖先条件进行过滤，并且将它加入查询，该查询只会返回以这个祖先条件为过滤器的那些实体。参数 ancestor 代表的是该祖先的 Model 实例或 Key 实例。

④ get()：执行查询，然后返回第一个结果。若这个查询没有返回任何结果，则会返回 None。

⑤ fetch(limit, offset=0)：执行查询，然后返回结果。参数 limit 是必须有的一个参数，表示要返回的结果的数量。若满足条件的结果数量不够，则返回的结果或许会少于 limit 个。参数 offset 表示要跳过的结果的数量，返回值是一个 Model 实例列表，也可能是一个空的列表。

⑥ count(limit)：返回这个查询所抓取的结果的数量。参数 limit 表示要计数的结果的最大值。

4）GqlQuery 类

GqlQuery 类是一种使用了 Google App Engine 查询语言（GQL）的数据库查询接口。GqlQuery 类由 google.appengine.ext.db 包提供。

（1）构造函数。GqlQuery 类的构造函数定义：class GqlQuery(query_string, *args, **kwds)，该函数使用的是 GQL 的 Query 对象。参数 query_string 表示以“SELECT * FROM model-name”开头的完整 GQL 语句；参数“*args”表示位置参数绑定；参数“**kwds”表示关键字参数绑定。

（2）实例方法。GqlQuery 实例主要有以下方法。

① bind(*args, **kwds)：重新绑定参数进行查询。新的查询将会在重新绑定参数之后第一次访问结束时执行。参数“*args”表示新位置参数绑定；参数“**kwds”表示新关键字参数绑定。

② get()：执行查询，并且返回第一个结果。若查询之后没有返回结果就返回 None。

③ fetch(limit, offset=0)：执行查询，然后返回结果。参数 limit 表示程序将要返回的结果的数量，是必需的参数。当结果数未知时，可以迭代地使用 GqlQuery 对象，而不是使用 fetch()方法来从查询结果中获取每个结果。参数 offset 指要跳过的结果的数量，返回的值是一个 Model 实例列表，也可能是一个空的列表。

④ count(limit)：返回该查询抓取的结果的数量。count()比那些通过常量系数进行检索的速度要快一些。参数 limit 表示要计数的结果的最大值。

5）Key 类

Key 类的实例代表的是数据库实体的唯一键，Key 类由 google.appengine.ext.db 包提供。

（1）构造函数：class Key(encoded=None)。该函数表示的是数据库对象的唯一键。用户可以将 Key 对象传递到 str()（或调用对象的_str_()方法），也可以把键编码成字符串。参数 encoded 表示 Key 实例的 str 形式。

（2）类方法。Key 类提供以下类方法。

Key.from_path(*args, **kwds)方法表示从一个或者多个实体键的祖先路径来构建新的 Key 对象。这里的路径代表的是实体中父子关系的层次结构，每一个实体都由实体的类型及其数字 ID 或键名来代表。参数“*args”是从根实体到主题的路径；参数“**kwds”是关键字参数。

（3）实例方法。Key 实例主要有以下方法。

① app()：返回存储数据实体的应用程序的名称。

② kind()：以字符串形式返回数据实体的类型。

③ id()：以整数形式返回数据实体的数字 ID，若实体没有数字 ID，则返回 None。

④ name()：返回数据实体的名称，若实体没有名称，则返回 None。

（4）函数。google.appengine.ext.db 包主要提供以下函数。

① get(keys)：用于获取任何 Model 类指定键的实体。其中，参数 keys 表示 Key 对象或 Key 对象的列表。

② put(models)：将一个或多个 Model 实例放置到数据库中。参数 models 表示要存储的 Model 实例或 Model 实例的列表。

③ delete(models)：从数据库中删除一个或多个 Model 实例。参数 models 表示要删除的 Model 实例、实体的键，或者 Model 实例列表，也可以是实体的键列表。

④ run_in_transaction(function, *args, **kwargs)：用于在一个事务中运行包含数据库更新的函数。若代码在事务处理过程中抛出异常，则事务中进行的所有数据库更新都将回滚。参数 function 指要在数据库事务中运行的函数；参数 "*args" 指传递到函数的位置参数；参数 "**kwargs" 指传递到函数的关键字参数。

6）NDB 服务简介

Google Datastore NDB 服务可以让 App Engine Python 应用连接到 Datastore。它基于旧版 DB Datastore 库构建，并添加了以下的数据存储功能。

（1）允许实体具有嵌套结构的 StructuredProperty 类。

（2）集成的自动缓存，通常通过上下文缓存和 Memcache 提供快速且所需资源少的读取。

（3）除了同步 API，还提供了支持并发操作的异步 API。

7）从 DB 服务迁移到 NDB 服务

NDB 与旧版的 DB 模块虽然底层结构不同，但使用起来十分相似，这意味着用户不需要对数据存储区执行任何转换操作，并且可以放心地将 NDB 与 ext.db 代码搭配在一起使用。不过它们之间还有一些比较明显的差异，具体如下。

（1）NDB 是类型敏感的。例如，在 DB 中，当需要键时，用户也可以传递实体或字符串；而在 NDB 中，则必须传递键。

（2）NDB 是数量敏感的。例如，在 DB 中，db.put()采用一个实体或一系列实体。在 NDB 中，用户可以使用 entity.put()放置单个实体，但只能使用 ndb.put_multi(<list>)来放置一系列实体。

（3）NDB 更倾向于提供对象方法而非全局函数。例如，NDB 会使用 key.get()和 entity.put()，而不使用 db.get(key)和 db.put(entity)。

（4）NDB 尽量不提供两个不同的 API 做同样的事情。

8）在 Python 3 版本中迁移到 Cloud NDB 上

在 Python 3 中，用户可以继续使用 DB 服务或者 NDB 服务，也可以迁移到

Datastore 模式的 Firestore 或者 Cloud NDB 上来实现数据持久性。

Firestore 是 Datastore 的最新版本，与 Datastore 相比，它引入了多项改进功能。例如：具有高度一致性的新存储层；集合和文档数据模型；实时更新；移动和 Web 客户端等。它为用户提供了 Datastore 工作模式来兼容旧版本的 Datastore 逻辑，但这样会导致一些较新的功能无法被使用。Firestore 是 NoSQL 数据库，与传统的关系型数据库有所不同。

Cloud NDB 是 App Engine NDB 的替代版本。Cloud NDB 可以访问 App Engine NDB 创建的任何数据，但 App Engine NDB 无法访问某些 Cloud NDB 创建的数据。所以升级到 Cloud NDB 的行为是单向的。如果没有特殊需求，不建议将 App Engine NDB 升级至 Cloud NDB，因为 App Engine NDB 同时为用户提供了 Python 2.7 版本和 Python 3 版本的支持。

习题

1．Google 云计算技术包括哪些内容？
2．当前主流分布式文件系统有哪些？各有什么优缺点？
3．GFS 采用了哪些容错措施来确保整个系统的可靠性？
4．MapReduce 与传统的分布式程序设计相比有何优点？
5．Chubby 的设计目标是什么？Paxos 算法在 Chubby 中起什么作用？
6．阐述 BigTable 的数据模型和系统架构。
7．分布式存储系统 Megastore 的核心技术是什么？
8．分布式监控系统 Dapper 的关键技术是什么？
9．相比于行存储，列存储有哪些优点？
10．为什么 MapReduce 不适合实时数据处理？
11．简单阐述 Dremel 如何实现数据的无损表示。
12．PowerDrill 能实现高效的数据处理，在存储部分主要依赖哪两方面的技术？
13．Google App Engine 提供了哪些服务？
14．Google App Engine 的沙盒对开发人员有哪些限制？

第3章 Amazon 云计算 AWS

Amazon 凭借在电子商务中积累的大量基础性设施和各类先进技术，很早地进入了云计算领域，并在提供计算、存储等服务方面处于领先地位。在此基础上，Amazon 还不断地进行技术创新，开发并提供了一系列新颖且实用的云计算服务，赢得了巨大的用户群体。这些云计算服务共同构成了 Amazon 的云计算服务平台 Amazon Web Service（AWS）。目前，AWS 提供的服务主要包括：弹性计算云、简单存储服务、简单数据库服务、简单队列服务、弹性 MapReduce 服务、内容推送服务、电子商务服务等。这些服务涵盖了云计算的各方面，用户可以根据需要从中选取一个或多个云计算服务来构建自己的应用程序，并能够按需获取资源且具有很高的可扩展性及灵活性。

本章详细介绍 AWS 的基础存储架构 Dynamo 及各项主要服务，重点剖析其中所涉及的核心概念、重要技术和基本原理。本章不介绍 AWS 中各类服务的具体使用方法，感兴趣的读者可以参考 Amazon 的相关技术文档。

3.1 基础存储架构 Dynamo

当 Web 服务刚刚兴起时，各种平台大多采用关系型数据库进行数据存储。但是，由于 Web 数据中大部分为半结构化数据且数据量巨大，关系型数据库无法满足其存储要求，很多服务商都设计并开发了自己的存储系统。其中，Amazon 的 Dynamo 是非常具有代表性的一种存储架构，被作为状态管理组件用于 AWS 的很多系统中。2007 年，Amazon 将 Dynamo 以论文形式发表，引起了广泛的关注，并被作为其他云存储架构的基础和参照，如最初由 Facebook 开发的开源分布式数据库 Cassandra。

3.1.1 Dynamo 概况

作为目前世界上最主要的电子商务提供商之一，Amazon 的系统每天要接收全球数以百万计的服务请求。亚马逊在业务发展期间面临一些问题，主要受限于关系型数据库的可扩展性和高可用性，因此研发了一套新的、基于 KV 存储模型的数据库，将之命名为 Dynamo。图 3-1 展示了面向服务的 Amazon 平台的基本架构。

为了保证其稳定性，Amazon 的系统采用完全的分布式、去中心化的架构。其中，作为底层存储架构的 Dynamo 也采用了无中心的模式。相较于传统的关系型数据库 MySQL，Dynamo 的功能目标与之有一些细小的差别：Dynamo 只支持简单的键/值（key/value）方式的数据存储，不支持复杂的查询。Amazon 的业务场景多数情况并不需要支持复杂查询，却要求必要的单节点故障容错性、数据最终一致性（牺牲数据强一致，优先保障可用性）、较强的可扩展性等，比如 Amazon 的购物车、S3 等服务。

Dynamo 中存储的是数据值的原始形式，即按位存储，并不解析数据的具体内容，这也使 Dynamo 几乎可以存储所有类型的数据。

图 3-1　面向服务的 Amazon 平台的基本架构

Dynamo 内部有 3 个层面的概念：

（1）key-value：key 唯一标识一个数据对象，value 标识数据对象实体，通过对 key 操作来完成对数据对象的读写操作。

（2）节点（Node）：节点是指一个物理主机。在每个节点上，会有 3 个必备组件：请求协调器（Request Coordination）、成员资格及错误检测、本地持久化引擎（Local Persistence Engine），这些组件都由 Java 实现。本地持久化引擎支持不同的存储引擎，最主要的引擎是 Berkeley Database Transactional Data Store（存储数百 KB 的对象更合适），其他还有 BDB（Java Edtion）、MySQL 及一致性内存 Cache。本地持久化引擎组件是一个可插拔的持久化组件，应用程序可以根据需要选择最合适的存储引擎。例如：如果存储对象为数千字节，则可以选择 BDB；如果存储对象更大，则可以选择 MySQL。

（3）实例（Instance）：实例从应用的角度来看就是服务，提供 I/O 功能。每个实例由一组节点组成，这些节点可能位于不同的 IDC，这样一个 IDC 出现问题也不会导致数据丢失，这样会有更好的容灾和可靠性。

因此，Dynamo 展示的是一种 NoSQL 数据库的设计思想和实现方案，它是一个由多节点实例组成的集群，每个节点由三个模块组成，分别是请求协调器、成员资格及错误检测、本地持久化引擎，其中，本地持久化引擎即插即用，可以支持不同的存储介质，如 BDB、MySQL 等。

3.1.2 Dynamo 架构的主要技术

Dynamo 在设计时被定位为一个基于分布式存储架构的，高可靠、高可用且具有良好容错性的系统。表 3-1 列举了 Dynamo 设计时需要解决的主要问题及所采取的相关技术。

表 3-1　Dynamo 需要解决的主要问题及采取的相关技术

问题	采取的相关技术
数据均衡分布	改进的一致性哈希算法（采用了虚拟节点技术）
数据备份	参数可调的弱 Quorum 机制
数据冲突处理	向量时钟（Vector Clock）
成员资格及错误检测	基于 Gossip 协议的成员资格及错误检测
临时故障处理	数据回传机制（Hinted Handoff）
永久性故障处理	Merkle 哈希树（二叉树的复制）

如图 3-1 所示，Dynamo 中的存储节点呈无中心的环状分布，其中包含两个基本概念：preference list 和 coordinator。preference list 是存储与某个特定键值相对应的数据的节点列表，coordinator 是执行一次读或写操作的节点。通常，coordinator 是 preference list 上的第一个节点。

1．数据均衡分布的问题

Dynamo 采用了分布式的数据存储架构，均衡的数据分布可以保证负载平衡和系统良好的扩展性。因此，如何保证各节点上数据的均衡性是影响 Dynamo 性能的关键问题。Dynamo 中使用改进后的一致性哈希算法，并在此基础上进行数据备份，以提高系统的可用性。

1）一致性哈希算法

一致性哈希算法是目前主流的分布式哈希表（Distributed Hash Table，DHT）协议之一，于 1997 年由麻省理工学院提出。一致性哈希算法通过修正简单哈希算法，解决了网络中的热点问题，使得 DHT 可以真正地应用于 P2P 环境中。一致性哈希算法的基本过程为：对于系统中的每个设备节点，为其分配一个随机的标记，这些标记可以构成一个哈希环；在存储数据时，计算出数据中键的哈希值，将其存放到哈希环顺时针方向上第一个标记大于或等于键的哈希值所在的设备节点上。图 3-2 所示为基于一致性哈希算法进行数据存储的示例。对于给定的数据对象，计算其键的哈希值，沿顺时针方向找到的第一个设备节点为节点 2，因此将该数据对象存放在节点 2 上。

一致性哈希算法除了能够保证哈希运算结果充分分散到整个环上，还能保证在添加或删除设备节点时只会影响其在哈希环中的前驱设备节点，而不会对其他设备节点产生影响。如图 3-2 和图 3-3 所示，当在节点 2 和节点 3 之间增加节点 5 之后，原来存储在节点 3 上的部分数据会被迁移到节点 5 中，但对节点 1、节点 2 和节点 4 没有影响。同样，如果从图 3-3 中删除节点 5，原来存储在节点 5 上的数据会迁移到节点 3 上，对节点 1、节点 2 和节点 4 也没有影响。这表明一致性哈希算法可以大大降低在添加或删除节点时引起的节点间的数据传输开销。

图 3-2　基于一致性哈希算法进行数据存储示例　　　　图 3-3　添加节点示意

2）改进的一致性哈希算法

一致性哈希算法在设备节点数量较少的情况下，有可能造成环上节点分布不均衡，并且没有考虑哈希环上不同设备节点的性能差异。为了解决这些问题，Dynamo 中引入了虚拟节点的概念。每个虚拟节点都隶属于某一个实际的物理节点，一个物理节点根据其性能的差异被分为一个或多个虚拟节点。各虚拟节点的能力基本相当，并随机分布在哈希环上。如图 3-4 所示，在存储数据时，数据对象先按照其键的哈希值被分配到某个虚拟节点上，并存储在该虚拟节点所对应的物理节点中。

图 3-4　Dynamo 中的虚拟节点和物理节点

为了进一步提高数据分布的均衡性，如图 3-5 所示，Dynamo 将整个哈希环划分成 Q 等份，每个等份称为一个数据分区（Partition）。假设系统中共有 S 个虚拟节点，且满足 $Q \gg S$，则每个虚拟节点负责的数据分区数为 $V=Q/S$。在存储数据时，每个数据会被先分配到某个数据分区，再根据负责该数据分区的虚拟节点确定其所存储的物理节点。采用数据分区的好处有两点。首先，在虚拟节点数量较少时，随机将数据分配到虚拟节点上可能会引起数据分布的不均衡。由于数据分区的数量远大于虚拟节点的数量，可以减少数据分布不均衡的可能性。其次，采用数据分区后，在添加或删除设备节点时，会引起较少的数据传输。以添加设备节点为例，为简化讨论，假设该设备节点包含 N 个虚拟节点。虽然在添加该设备节点时会使每个原有虚拟节点负责的数据分区数量从 Q/S 变为 $Q/(S+N)$，但实际上每个原有的虚拟节点只需要将 $Q/S-Q/(S+N)$ 个数据分区移到新的虚拟节点上，总的数据传输量为 $QN/(S+N)$。因此，在添加节点的过程中，只是改变了少量数据分区所属的虚拟节点，而大多数数据分区并不需要改变。这样就可以在很小的数据传输代价下，保证整个系统中数据分布的均衡性。需要注意的是，随着节点的增加，特别是 S 接近 Q 后，Dynamo 的性能会急剧下降，因此需要选择好 Q 的值。

图 3-5　Dynamo 节点划分方式示意图

3）虚拟节点

虚拟节点的分配有如下两种方式。

随机分配：该方法可以保证负载分配得比较平均，但这个方法的问题是可控性较差，新节点加入或离开系统时，集群原有节点都需要扫描所有的数据，从而找出新节点的数据，Merkle 树也要全部更新；另外，增量归档、备份变得几乎不可能。

数据范围等分+随机分配：将数据的哈希空间等分为 $Q=N \times S$ 份（N=机器个数，S=每台机器的虚拟节点数），然后每台机器随机选择 S 个分割点作为 Token，每台机器对各数据范围分别维护一棵 Merkle 树。新节点加入和离开时只需要对涉及的部分进行数据同步。

2．数据备份

为了提高数据的可用性，在存储每个数据对象时，Dynamo 保存了其多个副本作为冗余备份。假设每个数据对象保存在系统中的副本数为 N（通常为 3），考虑存在节点失效的情况，preference list 中节点的个数大于 N，并且为实际的物理节点。在 Dynamo 中，每个数据的副本备份存储在哈希环顺时针方向上该数据所在虚拟节点的后继节点中。如图 3-5 所示，某个数据对象的键为 k，其数据存储在虚拟节点 A 中，则其数据副本将按顺时针方向存储在虚拟节点 B、C 上。数据备份在存储数据时进行，会使每次写操作的时延变长。因此，Dynamo 对写操作进行优化，保证一个副本必须写入硬盘，其他副本只要写入节点的内存即返回写成功。这样既保证了副本的数量，又减少了时延。根据这个规定，每个虚拟节点上实际存储了分配给它及分配给它的前 N-1 个前驱虚拟节点的数据。Amazon 保证相邻的虚拟节点分别位于不同的区域，这样即便某个数据中心由于自然灾害或断电整体瘫痪，仍然可以保证其他数据中心中保存了数据的备份。

Dynamo 在产生 N 个数据副本时采用了参数可调的弱 Quorum（Sloppy Quorum）机制。该机制中涉及三个参数 W、R、N，其中，W 表示一次成功的写操作至少需要写入的副本数；R 表示一次成功读操作须由服务器返回给用户的最小副本数；N 表示每个数据存储的副本数。只要满足 $R+W>N$ 的要求，Dynamo 就保证当存在故障的节点数量不超过 1 个时，用户至少可以获得一个最新的数据副本。通过配置 R 和 W，可以调节系统的性能。如果要求较高的读效率，则可以设置 $R=1$，$W=N$；如果要求较高的写效率，则可以设置 $R=N$，$W=1$；如果希望在读/写效率中取得平衡，以 $N=3$ 为例，则可以设置 $R=2$，$W=2$。此外，通过配置 R 和 W，还可以在系统的可用性和容错性之间取得平衡。例如，当 $N=3$ 时，如果丢失一些最后的更新并不会造成太大影响，则可以使 $R=1$，$W=1$。

3．数据冲突问题

分布式系统架构中通常需要考虑三个因素：可靠性（Reliability）、可用性（Availability）和一致性（Consistency）。但是，这三者不能同时满足，最多只能实现其中的两个。Dynamo 根据其业务特点，选择通过牺牲一致性来保证系统的可靠性和可用性。Dynamo 中没有采用强一致性（Strong Consistency）模型，而采用了最终一致性（Eventual Consistency）模型。后者不要求各数据副本在更新过程中始终保持一致，只需要最终时刻所有数据副本能够保证一致性。Dynamo 中可能出现同一个数据被多个节点同时更新的情况，且无法保证数据副本的更新顺序，这有可能导致数据冲突。为了解决该问题，Dynamo 中采用了向量时钟技术。

图 3-6 所示为向量时钟的一个示例。Dynamo 中的向量时钟通过[node,counter]来表示。其中，

图 3-6　向量时钟示例

node 表示操作节点；counter 是其对应的计数器，初始值为 0，节点每进行一次更新操作，则计数器加 1。

在图 3-6 中，节点 Sx 首先对数据对象 D 进行一次更新操作，产生第一个版本 D1([Sx,1])，其中操作节点为 Sx，计数器的值为 1。接着，Sx 进行第二次操作，产生第二个版本 D2([Sx,2])，其中操作节点不变，计数器加 1。之后，节点 Sy 和 Sz 同时对该数据对象进行更新操作，Sy 将自身的信息加入时钟向量，产生了新的版本 D3([Sx,2], [Sy,1])；同样，Sz 产生了新的版本 D4([Sx,2], [Sz,1])。此时，对于同一个数据对象 D，Dynamo 中存在两个相互冲突的版本。如果节点 Sx 需要再次更新数据对象 D，它将会同时获得两个数据版本，并通过解决数据冲突来获得最终版本，如 D5([Sx,2], [Sy,1], [Sz,1])。常用的解决冲突的方案有两种：一种是通过客户端由用户来解决，如购物车应用；另一种是系统自动选择时间戳最近的版本，但由于集群内的各节点并不能严格保证时钟同步，因此不能完全保证最终版本的准确性。需要注意的是，向量时钟的数量是有限制的，当超过限制时将会根据时间戳删除最早的向量时钟。

4．成员资格及错误检测

由于 Dynamo 采用了无中心的架构，每个成员节点都需要保存其他节点的路由信息，以保障系统中各节点之间数据转发顺畅。但是，由于机器或人为的因素，Dynamo 中添加或删除节点的情况时常发生。为了保证每个节点都能拥有最新的成员节点信息，Dynamo 中采用了一种类似于 Gossip 协议的技术，要求每个节点相隔固定时间（1s）从其他节点中任意选择一个进行通信。

如果通信时连接成功，双方将交换各自保存的系统中节点的负载、路由等信息。在交换信息时，一个节点 A 先将保存的所有节点版本发送给对方节点 B；节点 B 将接收到的节点版本与自身保存的节点版本相比对，将比 A 中新的节点信息发送给 A，同时告知 A 需要将哪些节点信息发过来；节点 A 收到节点 B 的回复后，更新自身的节点信息，并将 B 索要的节点信息发给 B；节点 B 接收 A 发来的节点信息，并更新自身的节点信息。这样，节点 A 和节点 B 就完成了节点信息的互换，同时更新了各自保存的节点信息。

Dynamo 还通过 Gossip 协议来实现错误检测。任何节点向其他节点发起通信后，如果对方没有回应，则认为对方节点失效，并选择别的节点进行通信。发起通信的节点会定期向失效节点发出消息，如果对方有回应，则可以重新建立通信。

为了避免新加入的节点不能及时发现其他新加入的节点，Dynamo 中设置了一些种子节点（Seed Node）。如图 3-7 所示，种子节点和所有的节点都有联系。当新节点加入时，它扮演一个中介的角色，使新加入节点之间互相感知。

Gossip 过程是由种子节点发起的，当一个种子节点有状态需要更新到网络中的其他节点时，它会随机选择周围几个节点散播消息，收到消息的节点也会重复该过程，直至最终网络中所有的节点都收到了消息。这个过程可能需要一定的时间，由于不能保证某个时刻所有节点都收到消息，但理论上最终所有节点都会收到消息，因此 Gossip 协议是一个最终一致性协议。

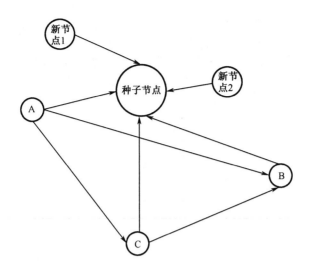

图 3-7　基于 Gossip 协议的成员资格检测机制

假如一个新节点加入节点总数为 N 的系统，并以最优的方式进行传播（每次通信的两个节点都是第一次交换新节点信息），那么将新节点信息传遍整个系统需要的时间复杂度为 $\log N$。如图 3-8 所示，自底向上每一层代表一次随机通信。第一层节点 1 将信息交换给节点 2；第二层节点 1 和 2 同时开始随机选择其他节点交换信息，比如节点 1 向节点 3 发送信息，节点 2 向节点 4 发送信息；以此类推，直到 N 个节点全部传遍。整个过程形成一个倒的二叉树，树高为 $\log N$。显然，当 N 的值很大时，传播时间就会变得很长，因此，Dynamo 中的节点数不能太多。根据 Amazon 的实际经验，当节点数 N 为数千时，Dynamo 的效率是非常高的；但当节点数 N 增加到数万后，效率就会急剧下降。为此，Amazon 采用了分层 Dynamo 架构来解决该问题。

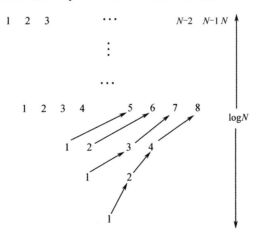

图 3-8　基于 Gossip 协议的最优传遍路径

Dynamo 通过 Gossip 协议做了如下两件事情。

（1）系统中的每个节点都会定期（比如 1s）通过 Gossip 协议同其他节点交换集群

信息，并相互更新各自落后的节点版本信息，如果发现某个节点很长时间都没有状态更新，则认为该节点已经下线了。

（2）如果某节点 a 重启，其他持有节点 a 数据副本的节点能通过 Gossip 协议发现，并将副本数据归还节点 a，这种机制叫作数据回传。

5．容错机制

Dynamo 采用了廉价的服务器作为硬件设施，并将物理节点失效作为常态来处理。Dynamo 的容错机制中包括了对临时故障和永久性故障的处理机制。

1）临时故障处理机制

Dynamo 中某个节点如果由于机器假死等因素无法与其他节点通信，则会被其他节点认为失效。这种故障是临时的，被认为失效的节点会在后期的闲聊中被发现并重新使用。为了处理临时失效的节点，Dynamo 中采用了一种带监听的数据回传机制。假设数据副本的数量为 N，当写入某个数据时，如果 preference list 中前 N 个节点中某个节点失效，则会在 preference list 中第 $N+1$ 个节点的临时空间内记录需要在失效节点上写入的数据。同时，第 $N+1$ 个节点需要记录失效节点的位置，并对失效的节点进行监测。一旦失效的节点重新可用，第 $N+1$ 个节点会将保存的临时数据回传给该节点，并删除临时空间中的数据。图 3-9 展示了 Dynamo 中临时故障的处理机制。当虚拟节点 A 失效后，会将数据临时存放在节点 D 的临时空间中，并在节点 A 重新可用后，由节点 D 将数据回传给节点 A。

图 3-9　Dynamo 中临时故障的处理机制

2）永久性故障处理机制

在节点失效超过了设定时间后，如果没有发现节点可以重用，则 Dynamo 会认定该节点出现了永久性故障，如磁盘损坏等。此时，Dynamo 需要从其他数据副本进行数据同步。在同步过程中，为了保障数据传输的有效性，Dynamo 采用 Merkle 哈希树技术来加快检测和减少数据传输量。Merkle 哈希树可以为二叉树或多叉树，其中每个叶子节点的值为单个数据文件的哈希值，非叶子节点的值为该节点所有子节点组合后的哈希值。当采用 Merkle 哈希树检测数据是否一致时，系统会先比较根节点的值，如果值相同则说明所有数据一致；否则，继续比较，直到遇到哈希值不同的叶子节点为止。

如图 3-10 所示，Merkle 哈希树 A 和 B 的根节点值不同。进一步比较其子节点，发现左子节点的值相同，表明左子节点所覆盖的所有叶子节点对应的数据文件一致；而右子节点的值不同，则进一步比较其子节点，如此下去，直至发现原来在 A 中值为 11 的叶子节点在 B 中变成了 17，表明该叶子节点对应的数据需要重新同步。通过对每个节点上每个区间的数据构建 Merkle 哈希树，Dynamo 可以快速地进行数据比对，检测数据的一致性，并大大减少需要传输的数据量，提高系统效率。

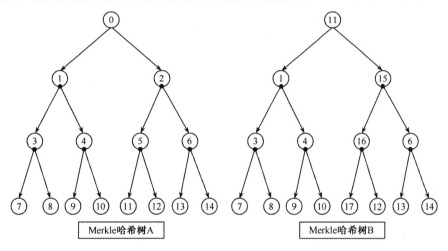

图 3-10　Merkle 哈希树

3.2　弹性计算云

弹性计算云（Elastic Compute Cloud，EC2）服务是 AWS 的重要组成部分，用于提供大小可调节的计算容量。用户可以像使用自己的本地 PC 或物理服务器一样，在云上使用弹性云服务器。该服务器可以根据业务需求和伸缩策略，为用户自动调整计算资源。用户可以根据自身需要自定义服务器配置，灵活地选择所需的内存、CPU、带宽等配置。弹性云服务器是一种可随时自助获取、可弹性伸缩的云服务器，可以帮助用户打造可靠、安全、灵活、高效的应用环境。它为用户提供了许多非常有价值的特性，包括低成本、灵活性、安全性、易用性和容错性等。借助 Amazon EC2，用户可以在不需要硬件投入的情况下，快速开发和部署应用程序，并方便地配置和管理。

3.2.1　EC2 的基本架构

图 3-11 展示了 EC2 的基本架构，主要包括了 Amazon 机器映象、实例、存储模块等组成部分，并能与 S3 等其他 Amazon 云计算服务结合使用。

图 3-11　EC2 的基本架构

1．Amazon 机器映象

Amazon 机器映像（Amazon Machine Image，AMI）是包含了操作系统、服务器程序、应用程序等软件配置的模板，可以用于启动不同实例，进而像传统的主机一样提供服务。因此，当用户使用 EC2 服务去创建自己的应用程序时，首先需要构建或获取相应的 AMI。Amazon 为用户提供了四种获取 AMI 的途径：用户可以免费使用 Amazon 提供的公共 AMI，或者根据自身需要定制一个或多个私有 AMI；此外，用户还可以向开发者付费购买 AMI，或者使用其他开发者分享的共享 AMI。构建好的 AMI 分为 Amaznon 弹性块存储支持和实例存储支持两类，所启动的实例的根设备分别为 Amazon 弹性块存储卷和实例存储卷，后者依据 Amazon S3 中存储的模板而创建。

2．实例

EC2 中的实例由 AMI 启动，可以像传统的主机一样提供服务。同一个 AMI 可以用于创建具有不同计算和存储能力的实例。目前，Amazon 提供了多种不同类型的实例，分别在计算、GPU、内存、存储、网络、费用等方面进行了优化。这些实例类型面向不同的用户需求。例如：构建基因组分析等科学计算应用的用户可以选择计算优化型实例；构建数据仓储应用的用户可以选择存储优化型实例；构建吞吐量很小的应用的用户可以选择费用很低的微型实例。此外，Amazon 还允许用户在应用程序的需求发生变更时对实例的类型进行调整，从而实现按需付费。

除了可以选择不同的实例类型，Amazon EC2 还为实例提供了许多附加功能，帮助用户更好地部署和管理应用程序。例如，用户可以通过弹性块存储优化来获得专用的吞吐量，借助增强型联网来提高网络传输性能，甚至使用专用硬件把自己的实例与其他用户的实例进行物理隔离。

3．存储模块

除了少数实例类型，每个实例自身携带一个存储模块，用于临时存储用户数据。但是，存储模块中的数据仅在实例的生命周期内存在；如果实例出现故障或被终止，数据将会丢失。因此，如果希望存储的数据时间与实例的生命周期无关，可以采用弹性块存储（Elastic Block Store，EBS）或 S3（参见 3.3 节）进行数据存储。

EBS 卷的设计与物理硬盘相似，其大小由用户设定，目前提供的容量从 1GB 到 1TB 不等。同一个实例可以连接多个 EBS 卷，每个 EBS 卷在同一时刻只能连接一个实例，但用户可以将 EBS 卷从所连接的实例断开，并连接到另一个实例上。EBS 卷适用于数据需要细粒度地频繁访问并持久保存的情形，适合作为文件系统或数据库的主存储。

快照功能是 EBS 的特色功能之一，用于在 S3 中存储 Amazon EBS 卷的时间点副本。快照备份采用了增量备份的方式，仅保存上一次快照后更改的数据块；同样，删除快照时也仅删除该快照专有的数据块。快照包含了从拍摄时间起的所有信息，可以作为创建新的 Amazon EBS 的起点。

3.2.2　EC2 的关键技术

1．地理区域和可用区域

AWS 中采用了两种区域（Zone）：地理区域（Region Zone）和可用区域（Availability Zone）。其中，地理区域是按照实际的地理位置划分的。目前，Amazon 在全世界共有 10 个地理区域（简称地域），包括：美东（北弗吉尼亚）、美西（俄勒冈）、美西（北加利福尼亚）、欧洲（爱尔兰）、亚太（新加坡）、亚太（东京）、亚太（悉尼）、南美（圣保罗）、美西服务政府的 GovCloud 和中国（北京）。不同地域之间完全隔离，以保证不同地域间最大程度的稳定性和容错性。所以一般情况下，不同地域的云产品不能通过内网通信。不同地域之间的云产品可以使用弹性公网 IP 地址通过公网进行通信。而可用区域则根据是否有独立的供电系统和冷却系统等划分，这样某个可用区域的供电系统或冷却系统错误就不会影响其他可用区域，通常将每个数据中心看作一个可用区域。

图 3-12 展示了两者之间的关系。一个地域一般由多个相互独立的可用区域组成，可用区域之间一般都会间隔一定距离且不超过一定距离，通常是几十千米。EC2 系统中包含多个地域，而每个地域中又包含多个可用区域。为了确保系统的稳定性，用户最好将自己的多个实例分布在不同的可用区域和地域中。这样在某个区域出现问题时可以用别的实例代替，从而最大限度地保证了用户利益。

2．EC2 的通信机制

在 EC2 服务中，系统各模块之间及系统和外界之间的信息交互是通过 IP 地址进行的。EC2 中的 IP 地址包括三大类：公共 IP 地址（Public IP Address）、私有 IP 地址（Private IP Address）及弹性 IP 地址（Elastic IP Address）。EC2 的实例一旦被创建就会被动态地分配两个 IP 地址，即公共 IP 地址和私有 IP 地址。公共 IP 地址用于实例和外界进行通信，私有 IP 地址用于实例之间的通信。公共 IP 地址和私有 IP 地址之间通过网络地址转换（Network Address Translation，NAT）技术实现相互之间的转换。公共 IP 地址和特定的实例相对应，在某个实例终结或被弹性 IP 地址替代之前，公共 IP 地址会一直存在，实例通过这个公共 IP 地址和外界进行通信。私有 IP 地址也和某个特定的实例相对应，它由动态主机配置协议（DHCP）分配产生。每个账号现在有 5 个弹性 IP 地址。实例启动时，会被分配公共 IP 地址与私有 IP 地址，公共 IP 地址是与特定的实例进行绑定的，每次启动实例时，这个公共 IP 地址是会发生变化的。因此，实例中的应用可能无法访问网络。将弹性 IP 地址关联到实例，就能保证服务不间断。弹性 IP 地址是与账户绑定的。如果弹性 IP 地址未与实例关联，会产生费用。

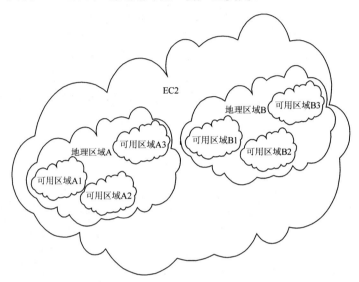

图 3-12　EC2 中区域间的关系

3．弹性负载平衡（Elastic Load Balancing）

弹性负载平衡功能允许 EC2 实例自动分发应用流量，从而保证工作负载不会超过现有能力，并且在一定程度上支持容错。弹性负载平衡功能可以识别应用实例的状态，当一个应用运行不佳时，它会自动将流量路由到状态较好的实例资源上，直到前者恢复正常才会重新分配流量到这个应用的实例上。

4．监测服务（CloudWatch）

Amazon CloudWatch 提供了 AWS 资源的可视化监测功能，包括 EC2 实例状态、资源利用率、需求状况、CPU 利用率、磁盘读取、写入和网络流量等指标。使用 CloudWatch 时，用户只需要选择 EC2 实例，设定监测时间，CloudWatch 就可以自动收集和存储监测数据。用户可以通过 AWS 服务管理控制台或命令行工具来维护和处理这些监测数据。

5．自动缩放（AutoScaling）

自动缩放可以按照用户自定义的条件，自动调整 EC2 的计算能力。在需求高峰期，该功能可以确保 EC2 实例的处理能力无缝增大；在需求下降时，该功能自动缩小 EC2 实例规模以降低成本。自动缩放功能特别适合周期性变化的应用程序，它由 CloudWatch

自动启动。

6. 服务管理控制台（AWS Management Console）

服务管理控制台是一种基于 Web 的控制环境，可用于启动、管理 EC2 实例和提供各种管理工具及 API。图 3-13 展示了各项技术通过互相配合来实现 EC2 的可扩展性和可靠性。

图 3-13　各项技术通过互相配合来实现 EC2 的可扩展性和可靠性

3.2.3　EC2 的安全及容错机制

对网络传输中的数据进行控制的一个非常有效的办法是配置防火墙，但是传统的防火墙的规则是建立在 IP 地址、子网范围等基础之上的。EC2 的特点之一就是允许用户随时更新实例状态，用户可以随时加入或删除实例，实例状态的动态变化方便了用户，但给防火墙的配置带来了麻烦。因此，EC2 采用了安全组（Security Group）技术。安全组是一组规则，用户利用这些规则来决定哪些网络流量会被实例接收，其他则全部拒绝。当用户的实例被创建时，如果没有指定安全组，则系统自动将该实例分配给一个默认组（Default Group）。默认组只接收组内成员的消息，拒绝其他任何消息。当一个组的规则改变后，改变的规则自动适用于组中所有的成员。

用户在访问 EC2 服务器时需要使用 SSH（Secure Shell）密钥对（Key Pair）来登录。图 3-14 展示了使用 SSH 访问 EC2 服务器的流程。SSH 是目前对网络上传输的数据进行加密的一种很可靠的协议，当用户创建一个密钥对时，密钥对的名称（Key Pair Name）和公钥（Public Key）会被存储在 EC2 服务器中。在用户创建新的实例时，EC2 服务器会将它保存的信息复制一份放在实例的元数据（Metadata）中，然后用户使用自己保存的私钥（Private Key）就可以安全地登录 EC2 服务器并使用相关服务。

在 EC2 的容错机制中，使用弹性 IP 地址是非常有效的一种方法。在创建实例时，系统会分配一个公共 IP 地址和一个私有 IP 地址给实例。用户是通过互联网利用公共 IP 地址访问实例的，但每次启动实例时这个公共 IP 地址都会变化。而 DNS 解析器中的 IP 地址和 DNS 名称的映射关系的更新大概需要 24 小时，为了解决这个问题，EC2 引入了弹性 IP 地址的概念。弹性 IP 地址和用户账号绑定，而不是和某个特定的实例绑定，这给系统的容错带来极大的方便，每个账号默认绑定 5 个弹性 IP 地址。当系统正在使用的实例出现故障时，用户只需要将弹性 IP 地址通过 NAT 技术转换为新实例所对应的私有 IP 地址，这样就将弹性 IP 地址与新的实例关联起来，访问服务时不会感觉到任何差异。这也是前面建议在不同的区域建立实例的原因，当某一区域出现问题时可以直接用其他区域的实例来代替。因为所有区域的实例都出现故障的概率几乎为零，所以通过弹性 IP 地址改变映射关系总可以保证有实例可用。

图 3-14　用户使用 SSH 访问 EC2 服务器的流程

3.3　简单存储服务

简单存储服务（Simple Storage Services，S3）构架在 Dynamo 之上，用于提供任意类型文件的临时或永久性存储。它可以实现通过键/值的方式把一个对象存储在网络空间，常用于互联网多媒体对象如视频、图像等的存储。S3 的总体设计目标是可靠、易用及低成本。

3.3.1　S3 的基本概念和操作

S3 存储和检索的资产称为对象（Object）。对象存储在桶（Bucket）中。可以用硬盘进行类比：对象就像文件，存储段就像文件夹（或目录）。与硬盘一样，对象和存储段也可以通过统一资源标识符（Uniform Resource Identifier，URI）查找。图 3-15 展示了 S3 存储系统的基本结构。

1．桶

桶是用于存储对象的容器，其作用类似于文件夹，但桶不可以被嵌套，即在桶中不能创建桶。目前，Amazon 限制了每个用户创建桶的数量，但没有限制每个桶中对象的数量。桶的名称要求在整个 Amazon S3 的服务器中是全局唯一的，以避免在 S3 中数据共享时出现相互冲突的情况。在对桶命名时，建议采用符合 DNS 要求的命名规则，以便与 CloudFront 等其他 AWS 服务配合使用。

2．对象

对象是 S3 的基本存储单元，主要由数据和元数据组成。数据可以是任意类型，但大小会受到对象最大容量的限制。元数据是数据内容的附加描述信息，通过名称-值集合的形式来定义，可以是系统默认的元数据（System Metadata）或用户指定的自定义元数据（User Metadata）。表 3-2 展示了 S3 中系统默认的元数据。

图 3-15　S3 存储系统的基本结构

表 3-2　S3 中系统默认的元数据

元数据名称	名称含义
last-modified	对象被最后修改的时间
ETag	利用 MD5 哈希算法得出的对象值
Content-Type	对象的 MIME（多功能网际邮件扩充协议）类型，默认为二进制/八位组
Content-Length	对象数据长度，以字节为单位

每个对象在所在的桶中有唯一的键。通过将桶名和键相结合的方式，可以标识每个对象。键在对象创建后无法被更改，即重命名对于 S3 中的对象是无效的。

S3 中对象的存储在默认情况下是不进行版本控制的，但 S3 中提供了版本控制的功能，用于存档早期版本的对象或者防止对象被误删。版本控制只能对桶内所有的对象启用，无法具体对某个对象启用。在对某个桶启用版本控制后，桶内会出现键相同但版本号不同的对象，此时对象需要通过"桶名+键+版本号"的形式来唯一标识。

3．基本操作

S3 中支持对桶和对象的操作，主要包括：Get、Put、List、Delete 和 Head。表 3-3 列出了 S3 的五种操作。

表 3-3　S3 的五种操作

操作目标	Get	Put	List	Delete	Head
桶	获取桶中对象	创建或更新桶	列出桶中所有键	删除桶	—
对象	获取对象数据和元数据	创建或更新对象	—	删除对象	获取对象元数据

3.3.2　S3 的数据一致性模型

与 Dynamo 相同，S3 中采用了最终一致性模型。图 3-16 所示为 S3 中数据最终一致性模型示意。在数据被充分传播到所有的存放节点之前，服务器返回给用户的仍是原数据，此时用户操作可能会出现如下几种情况。

（1）写入一个新的对象并立即读取它，服务器可能返回"键不存在"。

（2）写入一个新的对象并立即列出桶中已有的对象，该对象可能不会出现在列表中。

（3）用新数据替换现有的对象并立即读取它，服务器可能会返回原数据。

（4）删除现有的对象并立即读取它，服务器可能会返回被删除的数据。

（5）删除现有的对象并立即列出桶中的所有对象，服务器可能会列出被删除的对象。

图 3-16　S3 中数据最终一致性模型示意

3.3.3　S3 的安全措施

对于用户尤其是商业用户来说，系统的易用性是其考虑的一方面，但最终决定是否使用 S3 的通常是 S3 的安全程度。S3 向用户提供包括身份认证（Authentication）和访问控制列表的双重安全机制。

1．身份认证

S3 中使用基于 HMAC-SHA1 的数字签名方式来确定用户身份。HMAC-SHA1 是一种安全的基于加密哈希函数和共享密钥的消息认证协议，它可以有效地防止数据在传输过程中被截获和篡改，维护了数据的完整性、可靠性和安全性。HMAC-SHA1 消息认证机制的成功在于一个加密的哈希函数、一个加密的随机密钥和一个安全的密钥交换机制。在新用户注册时，Amazon 会给每个用户分配一个 Access Key ID 和一个 Secret Access Key。Access Key ID 是一个 20 位的由字母和数字组成的串，Secret Access Key 是一个 40 位的字符串。Access Key ID 用来确定服务请求的发送者，而 Secret Access Key 则参与数字签名过程，用来证明用户是发送服务请求的账户的合法拥有者。S3 数字签名具体实现过程如图 3-17 所示。

图 3-17　S3 数字签名具体实现过程

S3 用户首先发出服务请求，系统会自动生成一个服务请求字符串。HMAC 函数的主要功能是计算用户的服务请求字符串和 Secret Access Key 生成的数字签名，并将这个签名和服务请求字符串一起传给 S3 服务器。当服务器接收到信息后会从中分离出用户的 Access Key ID，通过查询 S3 数据库得到用户的 Secret Access Key。然后利用和上面相同的过程生成一个数字签名，并将其和用户发送的数字签名做比对，相同则通过验证，反之拒绝。

2. 访问控制列表

访问控制列表（Access Control List，ACL）是 S3 提供的可供用户自行定义的访问控制策略列表。很多时候用户希望将自己的文件和别人共享但又不想未经授权的用户进入，此时可以根据需要设置合适的访问控制列表。S3 的访问控制策略（Access Control Policy，ACP）提供表 3-4 所列的五种访问权限。

表 3-4　S3 的访问控制策略提供的五种访问权限

权限	允许操作目标	具体权限内容
READ	桶	列出已有桶
	对象	读取数据及元数据
WRITE	桶	创建、覆写、删除桶中对象
READ_ACP	桶	读取桶的 ACL
	对象	读取对象的 ACL

续表

权　　限	允许操作目标	具体权限内容
WRITE_ACP	桶	覆写桶的 ACP
	对象	覆写对象的 ACP
FULL_CONTROL	桶	允许进行以上所有操作，是 S3 提供的最高权限
	对象	

需要注意的是，桶和对象的 ACL 是各自独立的，对桶有某种访问权限不代表对桶中的对象也具有相同的权限，也就是说 S3 的 ACL 不具有继承性。

S3 中有三大类型的授权用户，分别是所有者（Owner）、个人授权用户（User）和组授权用户（Group）。

1）所有者

所有者是桶或对象的创建者，默认具有 WRITE_ACP 权限。所有者本身也要服从 ACL，如果该所有者没有 READ_ACP，则无法读取 ACL。但是，所有者可以通过覆写相应桶或对象的 ACP 获取想要的权限，从这个意义上来说，所有者默认就是最高权限拥有者。

2）个人授权用户

这包括两种授权方式：一种是通过电子邮件地址授权（User by Email），即授权给和某个特定电子邮件地址绑定的 AWS 用户；另一种是通过用户 ID 授权（User by Canonical Representation），这种方式是直接授权给拥有某个特定 AWS ID 的用户。后一种方式比较麻烦，因为 ID 是一个不规则的字符串，用户在授权的过程中容易出错。值得注意的是，通过电子邮件地址授权的方式最终还是在 S3 服务器内部转换成通过相应的用户 ID 进行授权。

3）组授权用户

这包括两种类型：一种是 AWS 用户组（AWS User Group），它将授权分发给所有 AWS 账户拥有者；另一种是所有用户组（All User Group），这是一种有着很大潜在危险的授权方式，因为它允许匿名访问，所以不建议使用这种方式。

3.4　非关系型数据库服务

与 S3 不同，非关系型数据库服务主要用于存储结构化的数据，并为这些数据提供查找、删除等基本的数据库功能。AWS 中提供的非关系型数据库服务主要包括 SimpleDB 和 DynamoDB。

3.4.1　与传统关系型数据库的比较

非关系型数据库与传统关系型数据库相比，有以下区别。

1. 数据模型

关系型数据库对数据有严格的约束，包括数据之间的关系和数据的完整性。例如，关系型数据库中某个属性的数据类型是确定的（如整数、字符串等），数据的范围是确定的（如 0～1023 等）。而在非关系型数据库的 key-value 存储形式中，key 和 value 可以使用任意的数据类型。

2．数据处理

关系型数据库满足 CAP 原则的 C 和 A，在 P 方面很弱，所以其在可扩展性方面面临很多问题。非关系型数据库满足 CAP 原则的 A 和 P，而在 C 方面比较弱，所以其无法满足 ACID 的要求。

3．接口层

关系型数据库都是以 SQL 语言对数据进行访问的，其提供了强大的查询功能，并便于在各种关系型数据库间移植。非关系型数据库对数据的操作大多通过 API 来实现，支持简单的查询功能，且由于不同数据库之间 API 不同，移植性较差。

综上所述，关系型数据库具有高一致性，在 ACID 方面很强，移植性很高；但在可扩展性方面能力较弱，只能通过提高服务器的配置来提高处理能力。非关系型数据库具有很高的可扩展性，可以通过增加服务器数量来不断扩大存储规模，具有很好的并发处理能力；但由于缺乏数据一致性保证，因此处理事务性问题能力较弱，并且难以处理跨表、跨服务器的查询。

3.4.2　SimpleDB

SimpleDB 基本结构如图 3-18 所示，包含了域、条目、属性、值等概念。

图 3-18　SimpleDB 的基本结构

1．域（Domain）

域是用于存放具有一定关联关系的数据的容器，其中的数据以 UTF-8 编码的字符串形式存储。每个用户账户中的域名必须是唯一的，且域名长度为 3～255 个字符。每个域中数据的大小具有一定的限制，因此通常将不同特征的数据放入不同的域中；对于 Web 数据等不易划分的数据，可以利用哈希函数将其散列到不同的域中。域的划分也会为数据操作带来一些限制。例如，SimpleDB 中的数据库操作以域为基本单位，即所有的查询只能在一个域内进行，而不允许在域间进行。因此，是否划分域需要综合多种因素考虑。

2．条目（Item）

条目对应着一条记录，通过一系列属性来描述，即条目是属性的集合。在每个域中，条目名必须是唯一的。与关系型数据库不同，SimpleDB 中不需要事先定义条目的模式，即条目由哪些属性来描述。这使 SimpleDB 在操作上具有极大的灵活性，用户可以随时创建、删除及修改条目的内容。

3．属性（Attribute）

属性是条目的特征，每个属性都用于对条目某方面的特性进行概括性描述。每个条目可以有多个属性。属性的操作相对自由，当某个条目需要新的属性时，只需要将该属性添加进去，而不用考虑该属性是否与域中的其他条目相关。

4．值（Value）

值用于描述某个条目在某个属性上的具体内容。SimpleDB 中允许多值属性，即一个条目的一个属性中可以有多个值。多值属性可以带来很大的便利性。例如，某类商品除颜色外其他参数完全一致，此时可以通过在颜色属性中存放多个值来使用一个条目表示该商品，而不需要像关系型数据库中那样建立多条记录。图 3-19 显示了 SimpleDB 的树状组织方式，从中可以看出 SimpleDB 对多值属性的支持。

图 3-19　SimpleDB 的树状组织方式

SimpleDB 在使用过程中会有一些限制。例如，SimpleDB 中每个属性值的大小不能超过 1KB，这个限制使得 SimpleDB 存储的数据范围极其有限。常用的解决方案是将相对大的数据存储在 S3 中，在 SimpleDB 中只保存指向某个特定文件位置的指针。图 3-20 展示了 SimpleDB 与其他 AWS 组件综合使用的方式。

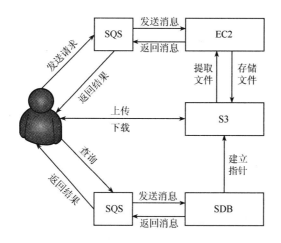

图 3-20　Simple DB 与其他 AWS 组件综合使用的方式

SimpleDB 中的数据都以字符串形式存储，使得查询操作采取的是词典顺序，直接使用会出现一些问题。常见的解决方式包括在整数之前补零、对负整数集添加正向偏移量、采用 ISO 8601 格式对日期进行转换等。

此外，SimpleDB 为了提高系统可用性，采取了最终一致性数据模型，并为每次操作设定了一个阈值，当操作时间超过该阈值时，系统会向用户返回错误。

3.4.3　DynamoDB

DynamoDB 是 Amazon 在 SimpleDB 之后提供的非关系型数据库服务。它在设计上既延续了 SimpleDB 的优点，又解决了 SimpleDB 中存在的部分问题。

DynamoDB 以表为基本单位，表中的条目同样不需要预先定义的模式，即每个条目可以具有不同的属性。与 SimpleDB 不同，DynamoDB 中取消了对表中数据大小的限制，这使用户可以将表的容量设置成任意需要的大小，并由系统自动分配到多个服务器上。在数据一致性方面，DynamoDB 不再固定使用最终一致性模型，而是允许用户选择弱一致性模型或者强一致性模型。此外，DynamoDB 还在硬件方面进行了优化，采用固态硬盘作为支撑，并根据用户设定的读/写流量限制来确定数据分布的硬盘数量，以确保每次请求的性能都是高效且稳定的。

3.4.4　SimpleDB 和 DynamoDB 的比较

SimpleDB 和 DynamoDB 都是 Amazon 提供的非关系型数据库服务。DynamoDB 的数据模型可以说是 BigTable 与 Oracle NoSQL 的融合。系统首先分成多张表（Table）。表中的记录拥有单属性简单哈希主键或两属性哈希与范围组合主键。SimpleDB 中限制了每张表的大小，更适合小规模负载的工作；SimpleDB 会自动对所有属性进行索引，提供了更加强大的查询功能。与之相比，DynamoDB 支持自动将数据和负载分布到多个服务器上，并未限制存储在单个表中数据量的大小，适用于较大规模负载的工作。

3.5 关系型数据库服务

非关系型数据库在处理 ACID 类问题时存在一些先天性的不足，为了满足相关应用的需求，Amazon 提供了关系型数据库服务（Relational Database Service，RDS）。

3.5.1 RDS 的基本原理

Amazon RDS 将 MySQL 数据库移植到集群中，在一定的范围内解决了关系型数据库的可扩展性问题。

集群 MySQL 采用了 Share-Nothing 架构，如图 3-21 所示。每台数据库服务器都是完全独立的计算机系统，通过网络相连，不共享任何资源。这是一个具有较高可扩展性的架构，当数据库处理能力不足时，可以通过增加服务器数量来提高处理能力，同时多个服务器也增加了数据库并发访问的能力。

集群 MySQL 通过表单划分（Sharding）的方式将一张大表划分为若干小表，分别存储在不同的数据库服务器上，这样就从逻辑上保证了数据库的可扩展性。但是，表单的划分没有固定的方式，主要根据业务的需要

图 3-21　Share-Nothing 架构

进行针对性的划分，这就对数据库的管理人员提出了非常高的要求，如果划分得不科学，则查询经常会跨表单和服务器，性能就会严重下降。

集群 MySQL 通过主从备份和读副本技术提高可靠性及数据处理能力，如图 3-22 所示。Master A 为主数据库，Master B 为从数据库，组成主从备份。如果 Master B 检测到 Master A 瘫痪，则立刻接替 Master A 的位置，成为主数据库，并会重新创建一个从数据库。在数据库升级时，先对从数据库进行升级，然后将从数据库转变为主数据库，再对

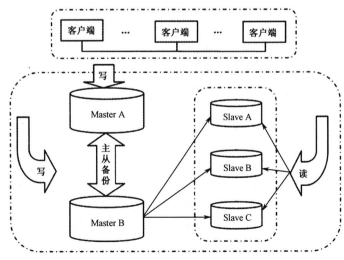

图 3-22　集群 MySQL

新的从数据库进行升级，这样就可以实现数据库的实时升级，保证业务的连续性。为了提高数据库的并发处理能力，集群 MySQL 设置了若干读副本（Slave），顾名思义，读副本中的数据只能读，不能写，写操作只能由主数据库来完成。

3.5.2　RDS 的使用

从用户和开发者的角度来看，RDS 和一个远程 MySQL 关系型数据库没什么两样。Amazon 将 RDS 中的 MySQL 服务器实例称作 DB 实例，通过基于 Web 的 API 进行创建和管理，其余的操作可以通过标准的 MySQL 通信协议完成。创建 DB 实例时需要指定一些属性来确定其行为和能力，如 Class 属性决定了所创建的 DB 实例可用的内存和处理能力。Amazon 以 ECU（Elastic Compute Unit）作为计算能力的单位（1 个 ECU 差不多相当于 1 个 1.0GHz 2007 Xeon 处理器），用户可以创建拥有 1.7GB 内存和 1 ECU 的小型 DB 实例或拥有 68GB 内存和 26 ECU 的超级大型 DB 实例。创建 DB 实例时还需要定义可用的存储，存储范围为 5～1024GB，RDS 数据库中的表最大可以达到 1TB。

可以通过两种工具对 RDS 进行操作：命令行工具和兼容的 MySQL 客户端程序。命令行工具是 Amazon 提供的 Java 应用套装，负责进行 DB 实例的管理，比如创建、参数调整、删除等，可以从 Amazon 网站下载。MySQL 客户端程序是可以与 MySQL 服务器进行通信的应用程序，如 MySQL Administrator 客户端。

3.6　简单队列服务

要想构建一个灵活且可扩展的系统，低耦合度是很有必要的。因为只有系统各组件之间的关联度尽可能低，才可以根据系统需要随时从系统中增加或者删除某些组件。但是，松散的耦合度也带来了组件之间的通信问题，如何实现安全、高效的通信是设计一个低耦合度的分布式系统所必须考虑的问题。简单队列服务（Simple Queue Service，SQS）是 Amazon 为了解决其云计算平台之间不同组件的通信而专门设计开发的。

3.6.1　SQS 的基本模型

图 3-23 展示了 SQS 的基本模型。SQS 由三个基本部分组成：系统组件（Component）、队列（Queue）和消息（Message）。系统组件是 SQS 的服务对象，而 SQS 则是组件之间沟通的桥梁。组件在这里有双重角色，它既可以是消息的发送者，也可以是消息的接收者。

在 SQS 中，消息和队列是最重要的两个概念。消息是发送者创建的具有一定格式的文本数据，接收对象可以是一个或多个组件。消息的大小是有限制的，目前 Amazon 规定每条消息不得超过 8KB，但对消息的数量并未做限制。队列是存放消息的容器，类似于 S3 中的桶，队列的数目也是任意的，创建队列时用户必须给其指定一个在 SQS 账户内唯一的名称。当需要定位某个队列时，采用 URL 方式进行访问，URL 是系统自动给创建的队列分配的。队列在传递消息时会尽可能实现"先进先出"，但无法保证先进入的消息一定会最先被投递给指定的接收者。不过 SQS 允许用户在消息中添加有关的序列数据，对数据发送顺序要求比较高的用户可以在发送消息之前向其中加入相关信息。与队列相比，消息涉及的内容更多，需要考虑的问题更复杂。下面就消息的内容进行分析。

图 3-23　SQS 的基本模型

3.6.2　SQS 的消息

1．消息的格式

消息由以下四部分组成。

（1）消息 ID（Message ID）：由系统返回给用户，用来标识队列中的不同消息。

（2）接收句柄（Receipt Handle）：当从队列中接收消息时，就会从消息那里得到一个接收句柄，这个句柄可以用来对消息进行删除等操作。

（3）消息体（Body）：消息的正文部分，需要注意的是消息存放的是文本数据且不能是 URL 编码方式。

（4）消息体 MD5 摘要（MD5 of Body）：消息体字符串的 MD5 校验和。

2．消息取样

队列中的消息是被冗余存储的，同一个消息会存放在系统的多个服务器上，其目的是保证系统的高可用性，但这会给用户查询队列中的消息带来麻烦。为了解决该问题，SQS 采用了基于加权随机分布（Weighted Random Distribution）的消息取样，当用户发出查询队列中消息的命令后，系统在所有的服务器上基于加权随机分布随机地选出部分服务器，然后返回这些服务器上保存的所查询的队列消息副本。图 3-24 所示为基于加权随机分布的消息取样示意。

当消息数量较少时，SQS 进行消息取样时可能会出现返回结果不准确的现象。如图 3-24 中，队列中实际包含了 A、B、C、D 四个消息，但返回给用户的只有 A、B、C 三个消息。但是，由于消息采样具有随机性，只要用户一直查询下去，总会查询到所有的消息。

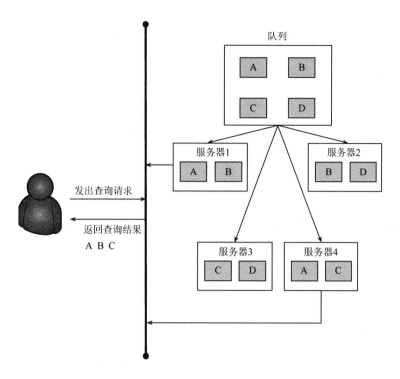

图 3-24　基于加权随机分布的消息取样示意

3. 消息的可见性超时值及生命周期

在 SQS 中，消息是否被接收是由用户自己确认的。当用户执行删除操作后，系统就会认为用户已经准确地接收到消息，将队列中的消息彻底删除。如果用户未接收到数据或接收到数据但没有执行删除操作，SQS 将在队列中保留该消息。为了保证其他组件不会看见用户的消息，SQS 会将该消息阻塞，也就相当于给消息加了一把锁。但是，这把锁并不会一直锁住消息，因为系统保留消息的目的是给用户重传数据。为此 SQS 引入了可见性超时值（Visibility Timeout）。可见性表明该消息可以被所有的组件查看，可见性超时值相当于一个计时器，在设定好的时间内，发给用户的消息对于其他所有的组件是不可见的。如果在计时器到时之前用户一直未执行删除操作，则到时之后 SQS 会将该消息的状态变成可见并给用户重传这个消息。可见性超时值可以由用户自行设置，用户可以根据自己操作的需要改变这个值。经验表明，太长或太短的超时值都是不合适的。除了在计时器开始计时前改变设置，在计时器计时的过程中还可以对计时器进行两种操作：扩展（Extend）和终止（Terminate）。扩展就是将计时器按照新设定的值重新计时，终止就是将当前的计时过程终止，直接将消息由不可见变为可见。这两个操作的设置都只是临时性设置，不会被系统保存。消息从产生并发送至队列一直到其从队列中被删除的全过程称为消息的生命周期（Life Cycle）。如果消息在队列中存放的时间超过 4 天，SQS 也会自动将其删除。图 3-25 是消息的可见性超时值及生命周期示意。

图 3-25　消息可见性超时值及生命周期示意

3.7　内容推送服务

内容推送服务 CloudFront 是基于 Amazon 云计算平台实现的内容分发网络（Content Delivery Network，CDN）。借助 Amazon 部署在世界各地的边缘节点，用户可以快速、高效地对由 CloudFront 提供服务的网站进行访问。

3.7.1　CDN

传统的网络服务模式中，用户和内容提供商位于服务的两端，网络服务提供商将两者联系起来。在这种情况下，网络服务提供商仅仅起"桥梁"作用。图 3-26 是传统用户访问网站的模式。

图 3-26　传统用户访问网站的模式

用户在发出服务请求后，经过 DNS 服务器进行域名解析，得到所访问网站的真实 IP，然后利用该 IP 访问网站。在这种模式中，世界各地的访问者都必须直接和网站服务器连接才可以访问相关内容，存在明显的缺陷。首先，网站服务器可以容纳的访问量是有限的，一旦发生突发事件，如率先发布了某个重大消息或遭受 DDOS（分布式拒绝服务攻击），网站的流量会在短时间内急剧上升，带来的必然结果就是访问速度下降，更有甚者直接导致网站瘫痪。其次，这种模式没有考虑访问者的地域问题，会造成与网站服务器处于不同地域的用户访问速度很慢甚至无法访问。最后，使用不同网络服务提供商提供服务的用户之间的互访速度也会受到限制。

为了解决这些问题，CDN 技术通过将网站内容发布到靠近用户的边缘节点，使不同地域的用户在访问相同网页时可以就近获取。这样既可以减轻源服务器的负担，又可以减少整个网络中流量分布不均的情况，进而改善整个网络性能。所谓的边缘节点是CDN 服务提供商经过精心挑选的距离用户非常近的服务器节点，仅"一跳"（Single Hop）之遥。用户在访问该节点时无须经过多个路由器，访问时间大大缩短。CDN 是通过在现有的网络上增加一层网络架构来实现的。图 3-27 是使用了 CDN 后用户访问网站的基本流程。

如图 3-27 所示，DNS 服务器在对域名进行解析时不再向用户返回网站服务器的IP，而是返回了由智能 DNS 负载均衡系统选定的某个边缘节点的 IP。用户利用这个 IP来访问边缘节点，然后该节点通过其内部 DNS 服务器解析出真实的网站 IP 并发出请求来获取用户所需的页面，请求成功后向用户显示该页面并加以保存，以便用户再次访问时可以直接读取。这种访问模式的好处主要有以下几点。

（1）将网站的服务流量以比较均匀的方式分散到边缘节点中，减轻了网站源服务器的负担。

（2）由于边缘节点与访问者的地理位置较近，访问速度快。

（3）智能 DNS 负载均衡系统和各边缘节点之间始终保持着通信联系，可以确保分配给用户的边缘节点始终可用且在允许的流量范围内。

图 3-27　使用 CDN 后用户访问网站的基本流程

CDN 的实现需要多种网络技术的支持，主要包括以下几种。

（1）负载均衡技术。负载均衡就是将流量均匀地分发到可以完成相同功能的若干服务器上，在减轻服务器压力的同时避免了单一网络通道的流量拥堵。

（2）分布式存储。在使用 CDN 服务之后，网站的内容不再单一地被保存在源服务器上，多个边缘节点中都可能保存相应的副本。如何对网页内容进行分发及如何保证边缘节点内容的时效性都是需要考虑的问题。

（3）缓存技术。缓存技术通过将内容存储在本地或者网络服务提供商的服务器上来改善用户的响应时间。

目前国内一些大的门户网站如新浪、网易等都已经采用了 CDN，用户无论在何地访问这些网站可能都感觉不到网络拥堵的情况。但是，对一些经济实力有限的中小企业来说，资金的限制使它们无法大规模地使用普通的 CDN 服务，CloudFront 的推出无疑给这些企业带来了便利。下面就简单介绍 CloudFront 这种云端的 CDN。

3.7.2　CloudFront

CloudFront 正是通过 Amazon 设在全球的边缘节点来实现 CDN 的，但较普通的 CDN 而言，它的优势无疑是巨大的。首先，CloudFront 的收费方式和 Amazon 的其他云计算收费方式一样，是按用户实际使用的服务来收费的，这尤其适合那些资金缺乏的中小企业；其次，CloudFront 的使用非常简单，只要配合 S3 再加上几个简单的设置就可以完成 CDN 的部署。下面先介绍 CloudFront 中的几个基本概念。

1．对象（Object）

对象就是希望利用 CloudFront 进行分发的任意一个文件，但该文件首先须满足两个条件：一个是必须存储在 S3 中；另一个是它必须被设置为公开可读（Publicly Readable）。一般来说，通过 CloudFront 分发网页中的静态内容比较合适。

2．源服务器（Origin Server）

源服务器就是存储需要分发文件的位置，对 CloudFront 服务而言就是 S3 中的桶。

3．分发（Distribution）

分发的作用是在 CloudFront 服务和源服务器之间建立一条通道，告诉 CloudFront 需要对这个源服务器上的文件使用 CloudFront 服务，所以要使用 CloudFront 必须要创建新的分发并将分发和指定的源服务器做关联，这种关联关系一旦建立就不可更改。每个用户最多可以创建 100 个分发，在创建时可以设置分发的状态为启用（Enabled）或禁用（Disabled），这两种状态之间可以任意切换。

4．别名指向（CNAME）

用户在使用 CloudFront 服务之后，系统会自动给用户分配一个域名，以便用户使用这个新域名对源服务器中的文件进行引用，而不是使用 S3 中原来使用的引用方式。别名指向实际上就是这个系统分配给用户域名的一个别名。举个简单的例子：假设用户需要对 S3 中的文件 pic.jpg 进行分发，系统分配的域名是 http://abc.cloudfront.net，那么如果不使用别名指向，用户看到的该文件的链接就会是 http://abc.cloudfront.net/pic.jpg，这显然不能满足很多用户的需求，他们希望所有的链接看起来都像是由自己的网站发布的，这时用户就可以使用别名指向。假设想使用的别名指向是 http://chinacloud.cn，那么用户访问时所见到的最终链接地址就是 http://chinacloud.cn/pic.jpg。这项功能是相当实用的，多数用户都会选择使用它。

5．边缘节点位置（Edge Location）

边缘节点位置就是实际的边缘节点服务器的位置，目前 Amazon 在全球共有 14 个边缘节点，分布在美国、欧洲和亚洲。

6．有效期（Expiration）

有效期就是文件副本在边缘节点上的存放时间，默认的是 24 小时，用户可以对这个值进行设置，但不能低于 24 小时，当时间到了之后，边缘节点就会自动删除文件副本。

图 3-28 是 CloudFront 的基本架构。

图 3-28　CloudFront 的基本架构

从图 3-28 中可以看出，CloudFront 在此处就相当于 CDN 中的智能 DNS 负载均衡系统，用户实际是和 CloudFront 进行服务交互的，而不是直接和 S3 中的原始文件进行交互。这样既保证了 CloudFront 和 S3 的相对独立性，又使访问效率得以提高。

CloudFront 服务的安全措施也至关重要。除了所有 AWS 共有的安全措施，CloudFront 还向用户提供了访问日志，访问日志会记录所有通过 CloudFront 服务访问用户分发的文件的行为，用户可以自行决定是否启用这项功能。访问日志本身并不会阻止某些非法用户的访问，它主要用来对访问者行为进行分析，以便发现某些漏洞，进而采取更严密的措施保证系统安全。CloudFront 与其他一些 AWS 不同的是，它只接受以安全的 HTTPS 方式访问，而不接受以 HTTP 方式访问，这又进一步提高了安全性。

3.8　其他 Amazon 云计算服务

3.8.1　运维基础架构

为了更好、更方便地使用各种云服务，Amazon 提供了快速应用部署 Elastic Beanstalk 和服务模板 CloudFormation 两种服务。

AWS Elastic Beanstalk 是一种简化在 AWS 上部署和管理应用程序的服务。用户只需要上传自己的程序，系统会自动地进行需求分配、负载均衡、自动缩放、监督检测等一些具体部署。在使用 AWS Elastic Beanstalk 的同时，用户可以随时对其使用的资源和程序进行访问。而传统的程序容器或以平台为服务的解决方案，在减少编程工作量的同时大大减弱了开发者的灵活性和对资源的控制能力，开发者只能使用供应商提供的接口来控制资源。目前 AWS Elastic Beanstalk 仅针对 Java 开发者提供支持。

Elastic Beanstalk 虚拟机是一种运行 Apache Web Server、Tomcat 和 the Enterprise Edition of the Java Platform 的 AMI 虚拟机，具有以下特点。

（1）Elastic Beanstalk 构筑于 AWS 之上，因此它具有 Amazon EC2、负载均衡、云监控、自动缩放等全部的特性。

（2）通过 Elastic Beanstalk，用户可以采用多种方式对其程序进行控制和参数设置，也可以通过登录 EC2 实例来处理程序出现的问题，或者采用 Elastic Beanstalk AMI 提供的默认处理方式。

（3）Elastic Beanstalk 为每个应用运行多个 EC2 实例，提高程序的可靠性。

（4）利用 Elastic Beanstalk 部署的用户程序，可以调用部署在其他 EC2 实例上的程序，并能保证时延。

AWS CloudFormation 的功能是为开发者和系统管理员提供一个简化的、可视的 AWS 资源调用方式。开发者可以直接利用 CloudFormation 提供的模板或自己创建的模板方便地建立自己的服务，这些模板包含了 AWS 资源及相关参数的设置、应用程序的调用方式。用户不需要了解 AWS 的资源及相互依赖关系，CloudFormation 可以自动地处理。

3.8.2 DNS 服务 Route53

传统的 DNS 服务器都面临着域名对应的 IP 地址变更后可能传播得非常缓慢的问题。为了很好地解决这个问题，Amazon 提供了云中的 DNS 服务 Route53。

Route53 是用来管理 DNS、处理 DNS 请求的全新 AWS。该服务运行在 Amazon 的云中，提供了 DNS 授权服务器的功能，可以通过 REST API 进行访问，这个 API 允许用户创建管理区（Zone），并在区中保存 DNS 记录。创建管理区的时候，Route53 同时分配多个域名服务器来处理域名的请求，这些域名都是与用户创建的管理区关联的。Route53 可以为运行在 Amazon 云中的域名、互联网中的域名，或者是两种相混合的域名提供服务。

为了提供高可用、低延迟的 DNS 服务，Amazon 在全球分布了多台服务器。Route53 会把 DNS 请求路由到最近的服务器，以便快速地响应用户请求。

3.8.3 虚拟私有云 VPC

Amazon 虚拟私有云（Virtual Private Cloud，VPC）是一个安全的、可靠的、可以无缝连接企业现有的基础设施和 Amazon 云平台的技术。如图 3-29 所示为 VPC 示意。VPC 将企业现有网络和 AWS 计算资源链接成一个虚拟专用网络资源，提供强大的网络功能，如安全检测、防火墙和入侵检测等。对于一些小规模或初创的企业来说，维护和管理自己的 IT 基础设施往往会分散企业注意力，减弱企业竞争力和提供服务的能力。通过 Amazon VPC，企业可以很容易地获得需要的基础资源，有效地控制成本、节省时间。

图 3-29　VPC 示意

3.8.4　简单通知服务和简单邮件服务

简单通知服务（Simple Notification Service，SNS）是一种 Web 服务，提供方便的信息发布平台，具有高的可扩展性和成本优势。应用程序可以通过 SNS 发布消息，快速地传送给用户或其他应用程序的开发者。无须其他中间件和管理程序的辅助，用户可以直接通过 SNS 来创建高可靠性、事件驱动的工作流程和信息应用，使得通过网络进行大规模的计算和程序开发变得更容易。SNS 潜在的用途包括监控应用、工作流系统、移动应用等。例如，当运行在 EC2 上的应用程序发布更新版本时，可以通过发布事件 SNS 信息来传递给其他应用程序或终端用户。此外，用户可以用 SNS 作为 Amazon SQS 的传输协议，将 SQS 消息传递到消息队列，保证消息的传递和持久性。未来，Amazon 的 SNS 将整合到 Amazon S3 和 Simple DB 等其他 AWS 服务中。

Amazon 简单邮件服务（Simple Email Service，SES）是一个简单的高扩展性和具有成本优势的电子邮件发送服务。SES 消除了建立企业内部电子邮件系统的复杂性，节省了设计、开发、安装和运行第三方电子邮件系统的费用。通过简单的 API 调用，企业就可以获得高品质的电子邮件系统，将高效率、低成本的优势转移到用户身上。同时 SES 采用了内容过滤技术，有力地阻止了垃圾邮件。

3.8.5　弹性 MapReduce 服务

MapReduce 是一种便捷的分布式计算框架，最早由 Google 提出。它采用了"分而治之"的思想，将复杂的分布式计算分解为 Map 和 Reduce 两个操作，对用户屏蔽了底层的资源管理。将 MapReduce 部署在 Amazon EC2 上，可以在拥有底层资源的高扩展性和可用性的同时，获取实现分布式计算的便捷性。在 Amazon 推出弹性 MapReduce 服务之前，已经有人成功地通过在 EC2 上部署 Hadoop 实现了 MapReduce 的功能，现在 Amazon 将这项服务整合到 AWS 中，为需要进行海量数据处理的用户提供了极大便利。用户可以忽略服务器及软件部署的细节问题，将主要精力集中在对数据的处理和研究上。MapReduce 及 Hadoop 的相关内容在本书其他部分有详细介绍，这里不再重复，本节重点介绍 Amazon 的弹性 MapReduce 实现方式。

Amazon 的弹性 MapReduce 是通过 EC2 和 S3 来实现的，其基本架构如图 3-30 所示。

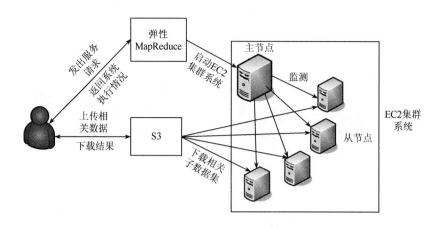

图 3-30　弹性 MapReduce 基本架构

　　用户在使用弹性 MapReduce 时，首先要将相关数据上传至 S3，在 Amazon 弹性 MapReduce 中，S3 作为原始数据和处理结果的存储系统。需要上传的相关数据中既包括用户待处理的数据，又包括一个 Mapper 和一个 Reducer 执行代码。Mapper 和 Reducer 分别实现了 MapReduce 中的 Map（映射）和 Reduce（化简）功能。这两个功能对实现的语言并没有限制，用户可以根据自己的习惯选择。在弹性 MapReduce 内部也有一些 Amazon 提供给用户的默认 Mapper 和 Reducer。相关数据上传成功后，用户就可以向系统发出一个服务请求，系统接收到请求后就会启动一个由一定数量的 EC2 实例组成的集群系统，集群中的实例数量和实例类型可由用户自行设置。为了使集群的效率达到最高，用户在使用前最好做相关测试以确定需要的实例数量和类型。EC2 集群系统采用主/从（Master/Slave）模式，即系统中有一个主节点和若干数量的从节点，主/从节点上都运行着 Hadoop。主节点上的 Hadoop 在主节点接受启动集群的服务请求后，将 S3 中的待处理数据划分成若干子数据集；从节点在 S3 中下载相关子数据集，包括划分好的待处理数据的子集、一个 Mapper 及一个 Reducer；接下来，每个从节点都独自处理分发到的子数据集。整个运行过程在主节点的监测之下，每个从节点需要向主节点发送运行状态元数据（Status Metadata）。处理完的结果将被再次汇总至 S3，此时弹性 MapReduce 服务会通知用户数据处理完毕，用户直接从 S3 上下载最终结果即可。

　　从上面的处理过程可以看出，弹性 MapReduce 的运行过程非常简单，用户根本不需要考虑计算中涉及的服务器部署、维护及软件环境的配置。除了这些基本的设置不需要用户处理，Amazon 在可靠性、数据安全等方面也采取了和其他云计算服务类似的措施。例如，为了保证高可靠性，子数据集不是被分发到一个从节点，而是被分发到多个从节点，这样保证单个从节点的失败不会影响最后结果。Amazon 允许用户在上传数据前对数据进行加密并通过安全的 HTTPS 协议上传数据。弹性 MapReduce 中的实例被划分成两个安全组：一个是主节点安全组，另一个是从节点安全组。Amazon 提供了诸如此类的一系列完善的用户安全服务。在弹性 MapReduce 中，有一个概念需要特别注意：任务流（Job Flow）。任务流实际上是由一系列前后相关的处理过程组成的，可以与线性链表的结构类比，除了第一个节点和最后一个节点，每个节点既是前一个节点的后继也是后一个节点的前驱。同样的道理，任务流中除了第一个任务和最后一个任务，其他的任务既作为上一个任务的输出也作为下一个任务的输入。Amazon 的弹性 MapReduce 将数据的实际计算过程都看成任务流中的某一个步骤。

3.8.6　电子商务服务 DevPay、FPS 和简单支付服务

Amazon 在其最擅长的电子商务领域先后推出了一系列服务，其中比较有代表性的是 DevPay、灵活支付服务（Flexible Payments Service，FPS）和简单支付服务。

1. DevPay

DevPay 是 Amazon 推出的主要针对开发者的软件销售及账户管理平台。开发者将自己开发的付费 AMI 和基于 S3 的相关产品通过 DevPay 平台发布，用户则通过 DevPay 浏览包括软件功能和价格在内的相关信息，并通过 DevPay 进行购买。开发者通过 DevPay 提供的账户管理功能对自己的账户及产品进行管理，可以进行诸如查看使用产品的用户情况、修改产品价格等操作。Amazon Payments 属于第三方支付平台，DevPay 中的所有的交易都通过 Payments 完成。

开发者和用户都可以从 DevPay 中受益，用户可以利用开发者开发的软件更加方便地使用包括 EC2、S3 在内的 Amazon 云计算服务；开发者则可以在 Amazon 的巨大用户群体中推广自己的产品，还能利用 Amazon 先进的支付手段来降低开发难度，并能有效地保证资金安全。图 3-31 是 DevPay 服务的基本架构。

开发者首先在 DevPay 上将自己希望发布的产品进行注册。DevPay 允许开发者发布的产品目前只有两类：一类是付费 AMI，另一类是基于 S3 服务开发的产品。用户在产品成功发布后就可通过有关页面看到产品的信息。成功购买产品后，用户就会收到 Amazon 发出的电子账单，用户可以立即或稍后通过 Amazon Payments 进行支付，Amazon Payments 扣除交易费用后将余额支

图 3-31　DevPay 服务的基本架构

付给开发者。在每月的固定时间，开发者还需要向 Amazon 支付使用 DevPay 的费用，关于收费情况将在稍后介绍。需要注意的是，用户会收到系统产生的一个激活码，用户在使用产品之前需要利用这个激活码来激活产品。

在 DevPay 服务中，计费包括两部分：开发者向用户收取的费用和 DevPay 向开发者收取的费用。整个计费系统如图 3-32 所示。

根据规定，开发者可以向用户收取的费用包括三种：一次性注册费（One-time Sign-up Charge）、月租（Monthly Charge）、服务使用费（Usage-based Charges）。开发者可以根据自身的情况从这三种费用中选取若干种对用户收取费用，并可以根据需要通过 DevPay 随时改变自己产品的定价策略。

AWS 服务使用费是用户使用开发者产品过程中引发的相关 AWS 服务费用，比如使

用基于 S3 的产品产生的每月的存储费、数据上传及下载的费用。用户在使用开发者的产品后就不需要再支付这些费用，因为这些费用将由开发者支付，DevPay 在开发者额外获取的费用（Value-Add）中收取百分之三的服务费。另外，对于每个用户，Devpay 将向开发者征收 0.3 美元的交易费，用户数是按实际使用的用户数目来计算的。如果用户不支付或只支付了一部分费用，DevPay 有另外的计费方式，限于篇幅这里不再介绍。

图 3-32　DevPay 计费系统

2. FPS

FPS 并不是 Amazon 推出的第一项支付服务，但有别于其他的支付服务，FPS 的特色体现在它的灵活性上。FPS 允许用户根据需要和实际情况对支付服务进行各种个性化的设置，使其和用户的电子商务平台更加契合。为了实现这种灵活性，FPS 将网上交易中可能出现的交易类型进行了细化，并在此基础上将 FPS 划分成五种类型，这五种类型及其适用范围如表 3-5 所示。

表 3-5　FPS 服务类型及其适用范围

FPS 服务类型	适用范围
Amazon FPS Basic Quick Start	一次性的交易
Amazon FPS Advanced Quick Start	买卖双方多次或重复交易
Amazon FPS Marketplace Quick Start	有中介参与的三方交易
Amazon FPS Aggregated Payments Quick Start	将数个小额交易集合成单个交易
Amazon FPS Account Management Quick Start	账户管理

在这五种类型中，FPS Account Management Quick Start 主要是便于用户对自己的 FPS 账户进行管理，并不直接和支付发生关系，概念相对简单，这里不展开介绍。下面主要介绍其他四种类型的 FPS。FPS 中有三种身份的参与者，分别是 Sender、Recipient、Caller。Sender 是消费者，是相关产品或服务费用的支付者；Recipient 是销售者，它接受消费者支付的费用；Caller 扮演的是资金流动的中介者角色，它的作用是将资金从 Sender 转移到 Recipient。在实际的商品交易过程中，这三者之间的身份界限有时并不那么清晰，但用户不能既是 Sender 又是 Recipient，也就是说资金不能从用户

流向其自身。和 DevPay 一样，FPS 中的资金流动也是通过 Amazon Payments 实现的，所以使用 FPS 的用户也需要拥有一个 Amazon Payments 账户。

顾客在使用了 FPS 的网站上购买产品或服务的基本流程如图 3-33 所示。

图 3-33　顾客在使用了 FPS 的网站上购买产品或服务的基本流程

整个购买流程由包括顾客在内的四部分组成，其中和顾客直接发生关系的有两个部分，分别是商品网页和 CBUI。商品网页很好理解，顾客在该网页上选购产品。CBUI 是 Co-Branded User Interface 的简写，也就是联合品牌标志用户界面。CBUI 上有商家及 Amazon Payments 双重品牌标志，这样做的目的是保持购物过程中顾客体验的一致性。如果不使用 CBUI，顾客在付款时忽然跳转到一个完全没有该商家标志的支付网页，可能会产生一种不信任感。当顾客在 CBUI 对所购买的商品做出确认并付款后，系统向顾客返回一个事先设定好的表示交易成功的界面，同时系统会向商品网页返回支付信息。支付信息中有一个称为 Payment Token 的 ID，这个 ID 非常重要，因为它包含了顾客购买产品数量、产品类型等交易信息，通过这个 ID 可以区分 FPS 的服务类型。Payment Token 有以下几种。

（1）Single-use：一次性交易中所需的 Token。

（2）Recurring-use：每隔固定的间隔时间就对购买进行确认所需的 Token。例如，顾客在网上订阅了一份周报，那么就需要使用 Recurring-use Token 每隔一周对付款做出确认。

（3）Multi-use：可以在多次交易中使用的 Token。Recurring-use Token 是 Multi-use Token 的一种。

（4）Prepaid：使用预付款方式进行交易所需的 Token。顾客首先预付一定的款项，下次交易时产生的费用直接从预付款中扣除，直到预付款为零。这类似于在超市购买消费卡。

（5）Postpaid：使用赊账方式进行交易所需的 Token。顾客在购买商品时不是直接付款，而是采取了赊账的方式进行消费，等到了赊账的限额或到了买卖双方商定的额度时，顾客一次性付清所有费用。这和使用信用卡透支消费类似。

（6）Editing：对已存在的 Token 修改时所需的 Token。

不同类型的 FPS 中会返回不同的 Payment Token，这就是几种 FPS 最主要的区别。图 3-34 显示了不同的 FPS 可能返回的 Payment Token。

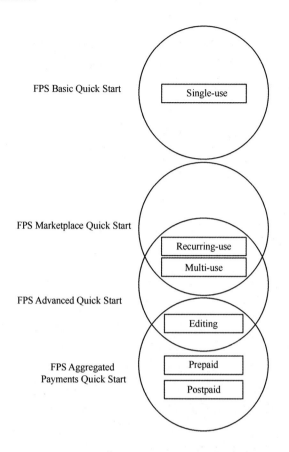

图 3-34 不同 FPS 可能返回的 Payment Token

在收到 Payment Token 后，商品网页会向 FPS 发出支付请求，成功之后顾客的付款就转移到销售者的账户上。

FPS 还向开发者提供了一个沙盒（Sandbox）用来做测试，在正式使用 FPS 之前利用沙盒进行测试是非常有必要的，而且不会产生任何费用。

3．简单支付服务

简单支付服务是一种允许顾客使用其 Amazon 账户进行支付的服务，商家只需要在相应的 Web 支付页面放置合适的按钮就可以使顾客利用其 Amazon 账户对商品进行支付。目前简单支付服务有五种常用的支付按钮，按钮类型及其功能如表 3-6 所示。

表 3-6　简单支付服务常用支付按钮类型及其功能

按钮类型	功能
Standard Button	普通的一次性购物
Marketplace Button	作为交易的中介者
Basic Donation Button	允许在美国的通过美国国税局认证的非营利性组织募集捐款
Marketplace-Enabled Donation Button	允许第三方机构代表非营利性组织来募集捐款
Subscription Button	通过该按钮可以收取类似订阅费的重复性费用，还可以利用该按钮对顾客提供免费试用服务或进行产品介绍

简单支付服务的功能和 FPS 类似，但和 FPS 相比，它最大的优势就是简单。FPS 允许开发者自行定制其支付页面，可以实现各种复杂的支付方式，但高度的灵活性带来的必然是实现上的复杂性。FPS 需要用户具有一定的编程经验，而简单支付服务对用户的编程技术几乎没有要求，简单支付服务流程如图 3-35 所示。

图 3-35 简单支付服务流程

从图 3-35 中可以看出，简单支付服务的使用者只需要简单地了解一些网页开发技术即可，使用者不需要编写任何代码就可以实现常用的基本支付服务。和 FPS 类似的是，使用简单支付服务也需要一个 Amazon Payments 账户及一个用于测试的 Amazon 沙盒账户。简单支付服务同样提供 FPS 中的 CBUI 来保证顾客购物体验的一致性。

总的来讲，对于支付服务有着较高要求的用户可以选择 FPS，若只是简单地完成一些日常支付服务，则推荐使用简单支付服务。两种服务的适用范围不同，用户根据需要自行选择。

3.8.7 Amazon 执行网络服务

Amazon 执行网络服务（Fulfillment Web Service，FWS）是一个非常有用的代理订单执行网络服务，简单来说它的作用就是产品存储及销售业务的托管，也可直接理解为 Amazon 替用户销售产品。该项服务主要面向中小企业，这些企业受限于自身厂房和配送渠道，可以将自己的产品全权委托给 Amazon，由 Amazon 帮助其完成产品存储及销售过程。FWS 分成两部分：Inbound 和 Outbound。Inbound 对应着用户将自己的产品运送到 Amazon 的存储中心的过程。当这些产品顺利到达后，用户就可以使用相关的 Inbound API 来管理自己的产品，发布产品相关的信息并跟踪产品的存储和销售状况。Outbound 则对应着顾客购买产品后的一系列流程。如果用户是在 Amazon 上售卖自己的产品，则不用考虑 Outbound，因为 Amazon 会自动替用户完成这些功能，否则用户就需要利用 Outbound API 自行处理 Outbound 流程。FWS 流程如图 3-36 所示。

图 3-36 FWS 流程

3.8.8 土耳其机器人

Amazon 的土耳其机器人是一个特殊的服务，采用了众包（Crowdsourcing）的思想。和 EC2 等服务聚集大量的计算机不同的是，土耳其机器人聚集的是人这种特殊的"计算工具"，所以将土耳其机器人称为"人计算"似乎更为恰当。土耳其机器人中涉及的概念主要有以下几个。

（1）发布者（Requester）：任务的发布者可以是个人也可以是某个组织。

（2）HIT：是 Human Intelligence Task 的简写。HIT 就是发布者发布的任务，HIT 有一个时间限制，在该时间内接受该任务是有效的，否则无效。同时 HIT 还规定了接受任务者完成任务的时间。

（3）接受者（Worker）：对于同一个 HIT，每个接受者只能完成一次。

（4）监督（Assignment）：可以用来监督 HIT 的完成情况，对每个接受者都会创建一个监督。

（5）奖励（Reward）：接受者成功完成 HIT 后需要支付给其奖励。

土耳其机器人的基本工作流程如图 3-37 所示。首先是任务的发布，在任务发布后，全球各地的土耳其机器人服务的使用者就会在网页上看到该任务，如果觉得各方面都合适，他们会接受这个任务。任务发布者可以从中挑选适当的人来完成任务，在完成的过程中可以对其完成情况进行监督。任务完成后，只要检验合格，任务发布者就需要向完成者支付事先约定好的报酬。

例如，用户有一篇很长的稿件需要翻译，用户可以约定好报酬和截止时间后将该任务发布到土耳其机器人的网页上。如果报酬合适，

图 3-37　土耳其机器人基本工作流程

则会有人接受任务，用户可以将该稿件分成几个部分，然后指定几个人各自翻译其中的某一部分，最后只需要将其合并到一起即可。Amazon 土耳其机器人将人从烦琐的工作中解放出来，使一件工作集合全球人的智慧来完成，效率得以提高，工作结果得到改进。

3.8.9　数据仓库服务 Redshift

Amazon Redshift 是一种完全托管的 PB 级数据仓库服务，其费用不到大多数其他数据仓库解决方案成本的十分之一。除了降低数据仓库的成本，Redshift 还可以通过简单的 API 调用进行扩展或缩减，自动进行修补，并自动或根据用户定义进行备份。此外，Redshift 还提供了对大规模数据进行快速分析的功能，可以实现对多个物理资源上数据的分布式并行查询。

与传统的数据仓库和数据库相比，Redshift 具有如下特点。

首先，Redshift 采用了列式数据存储，更加适用于数据仓库存储及分析。在数据仓库中，查询会涉及对大型数据集进行聚合。由于仅对查询中所涉及的列进行处理，且数据按列顺序存储在介质上，因此系统所需的 I/O 会少得多，有助于提高查询性能。

其次，Redshift 采用了多种压缩技术，并对加载的数据自动选择最合适的压缩方

案，从而实现更好的压缩效果。一方面，列式数据组织将相同类型的数据顺序存储在一起，有助于进行数据压缩；另一方面，与传统的关系型数据存储相比，Redshift 可以实现更高的压缩比，且不需要索引或具体化视图，所使用的空间更少。

最后，Redshift 具有大规模并行处理能力。Redshift 会使用 Round-Robin 算法在所有节点之间自动分配数据及查询负载，使得在数据仓库规模扩大的同时，保持快速查询的性能。

3.8.10　流服务

很多应用程序需要从分散且数量众多的数据源中收集数据。这要求开发人员实现大规模的汇聚网络以进行数据收集，并采用弹性处理框架来适应数据量的变化。为了满足这类需求，Amazon 提供了一系列的数据流服务，其中包括应用流服务 AppStream 和数据流服务 Kinesis。

1．应用流服务 AppStream

随着移动互联网的发展，应用程序通常适用于不同的终端设备，如台式计算机、笔记本电脑、平板电脑、智能手机等。这些设备在硬件配置上存在较大的差异，为此，应用开发人员通常需要面临一个困难的抉择：是适应尽可能多的设备而牺牲部分用户体验，还是保持用户体验但只适应一部分设备。

为了解决该问题，Amazon 提供了应用流服务 AppStream。AppStream 允许开发人员将应用程序部署在 AWS 的基础设施上，并以流传输的方式发送到不同的终端设备上。这样，AppStream 就在应用程序和设备之间形成了一个代理。应用程序在云中运行，它可以根据需要随时扩展计算和存储资源；而对于终端设备，只需要处理简单的显示数据流，而不需要针对不同的应用程序配备相应的处理元件。这使得一些原先只能在特定设备上运行的应用程序，如图形计算密集型应用程序（原先只能在配备特殊 GPU 的设备上运行）也能够在智能手机、平板电脑等设备上正常运行。同时，AppStream 只将数据传送到不同终端设备上的浏览器或客户端程序，避免了对应用程序本身的修改。

此外，AppStream 还可以与 Amazon WorkSpaces 虚拟桌面进行结合，以满足企业用户的需求，甚至在此基础上对数据流进行分析，用于金融、医疗等领域。

2．数据流服务 Kinesis

Amazon Kinesis 是一种完全托管的数据流服务，用于实时地处理快速流转的数据。它可以调集弹性网络服务来处理单一或分布式的大容量数据流，适用于网站点击、金融信息分析、社交媒体、运行日志等大规模数据传输和事务处理应用。

Kinesis 可以轻松实时地处理快速流转的数据，其基本功能是数据流的输入与输出。每个数据流由"碎片"组成，"碎片"每秒最多可以收集 1MB 数据，并以每秒 2MB 的速度向连接到 Kinesis 的应用程序提供数据。用户可以通过拆分或合并"碎片"来动态调整数据流，不需要重新启动数据流，也不会影响向 Kinesis 提供数据的数据源。调整一个数据流通常需要几秒，并且一次只能调整一个数据流。

Kinesis 允许定义任意数量的数据源，并与任意数量的处理相关联。为提高可靠性，用户可以在多个可用区域上复制数据流。数据流会在这些可用区域上存储 24 小时。在此期间，数据可以被读取、重读、回填和分析，或者迁移到 S3、DynamoDB、Redshift 等长期存储。

3.8.11　三维建模服务 Sumerian

Amazon Sumerian 是一组基于浏览器的工具，即使用户不是编程或 3D 图形专业人员，也可以轻松创建高质量的 VR、AR 和 3D 应用程序。借助 Sumerian，用户可以在不经历任何编程的情况下构建交互式 3D 场景、在浏览器中对其测试，并将其发布，以便其他人立即使用。此外，Sumerian 还提供包括简单形状、3D 模型、Hosts、纹理和脚本的库。

使用 Sumerian 轻松创建 3D 场景并将其嵌入现有网页中。Sumerian 编辑器提供了现成的场景模板和直观的拖放工具，使内容创建者、设计师和开发人员都可以构建交互式场景。具备现有 HTML、CSS 和 JavaScript 专业知识的开发人员还可以编写自定义脚本来支持更复杂的交互。

Sumerian 利用 AWS 的强大功能，创建更智能、更吸引人的前端体验。用户可使用 Amazon Lex 轻松将对话界面嵌入场景中，并使用 AWS Amplify 将场景嵌入 Web 应用程序中。用户可直接在 Sumerian 中使用适用于 JavaScript 的 AWS 开发工具包来与其 AWS 资源进行交互，如在 Amazon DynamoDB 中存储数据或使用 AWS Lambda 执行业务逻辑流程。

Sumerian 采用最新的 WebGL 和 WebXR 标准，可直接在 Web 浏览器中创建沉浸式体验，并可通过简单的 URL 在几秒钟内进行访问，同时能够在适用于 AR/VR 的主要硬件平台上运行。一次构建场景，可将其部署到任何地方。

3.8.12　区块链应用 Managed Blockchain

Amazon Managed Blockchain 是一项完全托管的服务，可以使用流行的开源框架 Hyperledger Fabric 和 Ethereum 轻松加入公共网络或创建和管理可扩展的私有网络。

Managed Blockchain 可以将区块链网络活动的不可变副本复制到 Amazon Quantum Ledger Database（QLDB）。QLDB 是一个完全托管的分类账数据库，提供了一个透明、不可变、可以用加密方式验证的事务日志，且该事务日志由一家可信的中央机构拥有。Amazon QLDB 可用于跟踪每次的应用程序数据更改，并不断维护完整且可验证的更改历史记录。

Managed Blockchain 实现了这样一些应用程序的构建：可以多方执行事务，不需要受信任的中央机构。目前，使用现有技术构建可扩展的区块链网络的设置复杂且难以管理。要创建区块链网络，每个网络成员需要手动预置硬件、安装软件、创建和管理用于访问控制的证书，以及配置网络组件。区块链网络运行后，需要持续监控基础架构并根据变化（如事务请求增加或新成员加入/离开网络）进行调整。Managed Blockchain 是一项完全托管的服务，用户只需轻点几下鼠标即可加入公共网络或者设置和管理可扩展的私有网络。Managed Blockchain 省去了创建网络或加入公共网络所需的开销，并可自动扩展以满足数千个应用程序运行数百万个事务的需求。

3.9　AWS 应用实例

3.9.1　照片和视频共享网站 SmugMug

SmugMug 作为在线照片和视频共享网站，目前拥有数百万名用户并存储了数十亿张照片和视频。在公司发展初期，SmugMug 为避免承担巨额的基础设施开销，采用自己构建数据中心和使用 Amazon S3 相结合的方式。SmugMug 将少量最热门的照片保留在自己的服务器上，剩下的照片迁移到 S3 服务器中存储，照片迁移过程仅花费了一周的时间。

图 3-38 展示了采用 Amazon S3 后的 SmugMug 基本架构。虽然 SmugMug 提供了利用 API 直接对存储在 S3 中的照片进行访问的方式，超过 99% 的用户依然采用访问 SmugMug 的方式处理照片，照片存储的方式对于用户是透明的。目前，SmugMug 已经将所有数据从传统数据中心迁入 S3 中。除了 Amanzon S3，SmugMug 还采用 EC2 进行照片处理，并采用 Amazon CloudSearch 来支持用户在照片和视频中进行搜索。

图 3-38　SmugMug 基本架构

此外，SmugMug 构建了自己的队列服务和控制器，它们能与 AWS 很好地协作，使得系统中的大部分操作都能够自动完成。

AWS 的使用使 SmugMug 可以避免基础设施的建设和维护，仅需要几十名人员就可以完成所有工作，保证了公司的快速发展。

3.9.2　视频制作网站 Animoto

Animoto 根据用户上传的图片、视频片段和音乐，自动编辑生成专业水准的视频，并且让用户与其好友分享。目前，Animoto 已经拥有数百万名用户，并累积制作了数千万条视频。在初创时期，由于 Facebook 用户开始使用 Animoto 服务，Animoto 的用户数量在短期内由数千人上升到几十万人，需要公司将服务器能力提高 100 倍。为了解决资金和技术方面的困难，Animoto 采用了 AWS 服务来支持自身的应用，短期内便获得了所需要的计算资源，而每台服务器每小时的费用仅为 10 美分。

图 3-39 展示了 Animoto 的基本架构。AWS 所提供的 S3 和 SQS 等服务对于用户而言是完全透明的，用户的所有操作通过 Animoto 转到 AWS 中完成。这种方式为 Animoto 提供了具有很高伸缩性和灵活性的基础设施。

图 3-39　Animoto 的基本架构

3.9.3　网站排名公司 Alexa

Alexa 是一家专注于世界网站排名的公司。它通过其发布的 Alexa Toolbar 来对网民的浏览习惯进行监测，安装有 Alexa Toolbar 的用户在浏览每个网页时都会自动向 Alexa 发回一串代码，对这段代码进行分析之后，Alexa 就会得到用户的访问信息。其通过统计一定时间内全球网站的访问记录来对各大网站进行排名。在此基础上，Alexa 通过向客户提供各种网络服务来迅速扩展其业务。

为了提高服务质量和降低开发管理成本，Alexa 使用了大量的 AWS 服务，包括 EC2、S3、SimpleDB、SQS 等。这些 AWS 服务为 Alexa 的高容量 Web 服务提供了可扩展的基础设施。在 Alexa 的 Web 服务中，Site Thumbnail 帮助开发人员直接将网站首页的缩略图嵌入其网站或应用程序中。这项服务会涉及大量缩略图像的存储和查询。Alexa 使用 S3 存储缩略图像，并利用 SimpleDB 对缩略图像进行自动索引和高效查询。目前，Alexa 在 S3 中存储的缩略图像已经达到了数百万张，每天对其执行几百万次的查询。Web Search 是 Alexa 提供的另一项 Web 服务，它支持用户使用 Alexa 尚未索引的条件创建自定义筛选条件，如查找包含特定 HTML 标记、链接或图像的文档。Alexa 使用 EC2 来运行 Hadoop 集群，将中间状态/日志数据存储在 SimpleDB 中，并且选用 S3 存储/检索输入数据集和输出数据集。

3.10　小结

Amazon 并不是 IT 设备制造商或者软件开发企业，其之所以能够在云计算领域保持领先，源于它的先发优势和丰富的服务。不难发现，Amazon 以 Dynamo 架构为核心，在 EC2、S3、SDB 等服务的基础上，不断推出新的云服务来满足用户的各类需求。基于这些服务，用户可以在无须购置和维护基础设置的情况下，快捷地构建应用程序，并且方便地进行部署和管理。

习题

1．在 Dynamo 中添加一个新的节点时，原先各节点保存的数据是否需要改变？如果改变，应该如何变化？

2．Merkle 哈希树的创建需要较大的时间开销。频繁地重建 Merkle 哈希树会对系统造成很大的负担。假设 Merkle 哈希树的叶子节点表示的是数据分区的哈希值，请设计一个 Merkle 哈希树重建方案，尽量减少 Merkle 哈希树的重建工作。

3．私有 IP 地址、公共 IP 地址和弹性 IP 地址的区别是什么？

4．地理区域和可用区域有哪些区别？

5．简单存储服务与传统的文件系统有哪些区别？

6．简单阐述 SQS 在 Amazon 云计算中的作用。

7．如何理解传统数据库在可扩展性方面的能力较弱？

8．非关系型数据库是如何解决可扩展性问题的？

9．简述 Share-Nothing 架构的特点。

10．简述 AWS 如何支持在线数据流应用。

11．描述一个基于 Amazon AWS 的应用实例。

第 4 章　微软云计算 Microsoft Azure

微软的商业模式建立在个人计算机（PC）时代，在网络时代软件免费的商业模式的推动下，微软也推出了自己的云计算平台。在微软 PDC2008 年度大会上，微软首席软件架构师 Ray Ozzie 隆重宣布了微软云计算战略及微软云计算服务平台——Windows Azure Service Platform。微软中国于 2014 年 3 月底宣布由世纪互联负责运营中国大陆地区的微软 Windows Azure 公有云平台及服务。Windows Azure 平台的最新版本允许用户使用非微软编程语言和框架开发自己的应用程序，不但支持传统的微软编程语言和开发平台（如 C#和.NET 平台），还支持 PHP、Python、Java、Node.js 和 Ruby 等多种非微软编程语言和架构。由于 Windows Azure 并不局限于 Windows 操作系统，2014 年 4 月，微软将云计算操作系统 Windows Azure 更名为 Microsoft Azure。2016 年，微软推出 Azure Functions 服务以支持无服务器的应用，同时推出 Service Fabric 以支持微服务的开发。本章着重介绍微软的云计算操作系统、云数据库和基础架构服务等组件。

4.1　微软云计算平台

传统的企业和用户在开发及部署自己的应用程序时，主要有两种方式：一种是购买和维护自己的基础设施——如服务器、各种桌面软件等，这需要耗费大量的资金和维护精力；另一种是租用服务器或租用虚拟主机，这种方式大大降低了在人力和资金上的投入，但对后台服务器的控制权也随之降低，有时会受到其他应用程序的影响。微软的云计算技术有效结合了上述两种方式的优点。微软云计算平台提供了可以通过互联网访问的基础设施，包括处理器、存储设施、服务等，用户也可以将他们的应用程序和数据部署在微软云计算平台上。另外，在开发本地运行的应用程序时，用户也可以在云中存储数据或依赖其他的云计算基础设施服务。由于微软云计算平台依赖微软强大的分布式集群，因此其能够提供强大的计算能力和存储能力，并具有很好的稳定性和可靠性。同时微软云计算平台采用量入为出的方式，用户只需要按照他们动态使用的计算和存储资源来付费。所谓动态是指用户可以根据需要利用云提供商提供的巨大的数据中心和丰富的服务，轻易地扩展自己的应用程序，这个费用相比建设和维护峰值负载规模的庞大的服务器群更低，这样可以为应用程序开发商大大节约成本。

微软云计算平台 Microsoft Azure 提供平台即服务（PaaS）、基础设施即服务（IaaS）和软件即服务（SaaS），并支持多种不同的编程语言、工具和框架，包括特定于微软及第三方的软件和系统。目前，微软已连续发布了多个版本，很多特性和服务仍然在不断完善及改进。Microsoft Azure 平台包括 4 个组成部分，如图 4-1 所示。

（1）Microsoft Azure。位于微软云计算平台底层，是微软云计算技术的核心。它作为微软云计算操作系统，提供了一个在微软数据中心服务器上运行应用程序和存储数据的多种操作系统环境。它支持开源软件和系统在内的多种服务器操作系统、各类编程语言、框架、软件包、开发工具、数据库及客户端设备。

（2）Azure SQL。它是云中的关系型数据库服务，基于 Microsoft SQL Server 引擎，能够处理任务关键型工作负荷。Azure SQL 在多个服务级别提供可预测的性能、支持在不停机的情况下进行缩放、内置业务连续性和数据保护，这些功能几乎都不需要管理。

（3）Azure Service Fabric。它是一个分布式计算平台，使构建、部署和操作始终处于开启状态的任务关键型微服务应用程序（容器化和非容器化）变得更容易。开发人员可以专注于构建微服务，而 Azure Service Fabric 解决了如应用程序的生命周期管理、编排、可用性和可伸缩性等难题。

（4）Azure Marketplace。它提供来自微软和合作伙伴的数千个业界领先的应用程序与服务，经过认证和优化，可在 Azure 上运行。Azure Marketplace 使用户可以轻松、自信、快速地找到、尝试和购买所需的解决方案。

图 4-1　Microsoft Azure 平台体系架构

上述四个部分均运行在微软已运行的 54 个数据中心上。这些数据中心分别部署在北美洲（18 个）、欧洲（14 个）、亚洲（15 个）、澳洲（4 个）、南美洲（1 个）和非洲（2 个）。开发者能够通过微软云计算平台指定某个数据中心来运行应用程序和存储数据。创建 Azure 应用程序时，无论是移动应用程序、Web 应用程序还是数据库存储，都要求用户指定区域数据中心。为应用程序选择正确的数据中心，需要考虑以下三个方面。

（1）性能：应该为访问应用程序的用户选择最近的数据中心。性能可能受到希望访问应用程序的用户的相对位置的影响。如果用户更靠近数据中心，性能将会更好。

（2）成本：根据用户选择的数据中心，托管应用程序的价格也可能会增加或减少。价格实际上可以根据数据库托管位置或应用程序使用的任何其他服务而有所不同。用户应该为应用程序正在使用的所有服务选择相同的位置。如果它们保存在单独的数据中心中，则每次事务将收取费用；但如果保存在同一数据中心中，则不会收取任何额外费用。

（3）法律：法律因国而异，部分区域会执行一些限制信息共享的法规，影响数据中心的开发与使用。

4.2 微软云操作系统 Microsoft Azure

4.2.1 Microsoft Azure 概述

Microsoft Azure 是微软云计算战略的核心——云计算操作系统。不同于微软以前的战略，即向用户提供软件，用户在自己的机器上安装和运行这些软件，Microsoft Azure 是一个服务平台，用户利用该平台，通过互联网访问微软数据中心，运行 Windows 应用程序和存储应用程序数据，这些应用程序可以向用户提供服务。Microsoft Azure 提供了托管的、可扩展的、按需应用的计算和存储资源，同时还提供了云平台管理和动态分配资源的控制手段。Microsoft Azure 最新版本包含 5 个部分，如图 4-2 所示。

图 4-2   Microsoft Azure 体系架构

（1）计算服务。计算服务为在 Azure 平台中运行的应用提供支持，尽管 Microsoft Azure 编程模型与本地 Windows Server 模型不一样，但这些应用通常被认为是在一个 Windows Server 环境下运行的。这些应用可以在.NET 框架中使用 C#、Visual Basic 语言创建，或者在非.NET 框架下使用 C++、Java 和其他语言创建。可以使用 Visual Studio 或其他开发工具，也可以自由使用 WCF（Windows Communication Foundation）、ASP.NET 和 PHP 等技术。

（2）存储服务。Microsoft Azure 存储服务主要用来存储二进制和结构化的数据，允许存储大型二进制对象（Binary Large Objects，Blobs），同时提供消息队列（Queue），用于 Microsoft Azure 应用组件间的通信，还提供一种表形式（Table）存储结构化数据。Microsoft Azure 应用和本地应用都能够通过 REST 协议访问 Microsoft Azure 存储服务。

（3）Fabric 控制器。Fabric 控制器主要用来部署、管理和监控应用。Fabric 控制器的作用主要是将单个 Microsoft Azure 数据中心的机器整合成一个整体。Microsoft Azure 计算服务和存储服务建立在这个整合的资源池上。

（4）内容分发网络（Content Delivery Network，CDN）。其主要作用是通过维持世界各地数据的缓存副本，提高全球用户访问 Microsoft Azure 存储中的二进制数据的速度。

（5）Connect。其在本地计算机和 Microsoft Azure 之间创建 IP 级连接，使本地应用和 Azure 平台相连。

下面对上述 Microsoft Azure 的 5 个组成部分做具体的介绍。

4.2.2　Microsoft Azure 计算服务

Microsoft Azure 计算服务可以支持运行有大量并行用户的大型应用程序。Microsoft Azure 计算服务是一种按需计算服务，用于运行基于云的应用程序。它提供磁盘、处理器、内存、网络和操作系统等计算资源。资源按需提供，通常在几分钟甚至几秒内可用。用户只需要为使用的资源付费，并且只在使用它们时付费。Microsoft Azure 支持用于开发和测试、运行应用程序及扩展数据中心的多种计算解决方案。该服务支持 Linux、Windows Server、SQL Server、Oracle、IBM 和 SAP。Microsoft Azure 还提供了许多可运行虚拟机的服务。每种服务根据用户的需求提供不同的选项。一些重要的服务包括虚拟机、容器实例、应用服务和无服务器计算等。

1. 虚拟机

虚拟机（VM）是物理计算机的软件模拟。它包括虚拟处理器、内存、存储和网络资源。虚拟机托管一个操作系统，用户可以像使用物理计算机一样安装和运行软件。使用远程桌面客户端时，用户可以像坐在终端前面一样使用和控制虚拟机。使用 Azure 虚拟机，可以在云中创建和使用虚拟机。虚拟机提供基础设施即服务（IaaS），并可以让用户按不同方式使用。在需要完全控制操作系统和环境时，虚拟机是一种理想的选择。就像物理计算机一样，可以自定义在虚拟机上运行的所有软件。使用 Azure 虚拟机可以灵活进行虚拟化，而无须购买和维护运行虚拟机的物理硬件，但仍需要配置、更新和维护在虚拟机上运行的软件。

选择预配置的虚拟机映像时，可以在几分钟内创建和预配虚拟机。选择映像是创建虚拟机时需要做出的最重要的决策之一。映像是用于创建虚拟机的模板。这些模板已经包括操作系统及其他软件，如开发工具或 Web 托管环境。

虚拟机应用场景如下。

（1）在测试和开发过程中。虚拟机提供快速简便的方法来创建不同的操作系统和应用程序配置。测试和开发人员可以在不需要这些虚拟机时轻松地将其删除。

（2）在云中运行应用程序时。与创建传统的基础结构来运行应用程序相比，在公有云中运行部分应用程序可以带来巨大的经济优势。例如，应用程序可能需要处理需求波动，在不需要虚拟机时关闭虚拟机，或者快速启动虚拟机以满足需求的突然增加，这意味着用户只需要为所使用的资源付费。

（3）将数据中心扩展至云时。通过在 Azure 中创建虚拟网络并将虚拟机添加到该虚拟网络，组织可以扩展自身的本地网络的功能。SharePoint 这类应用程序可以在 Azure 上运行，而不是在本地运行。这种安排方式下的部署比在本地环境中更容易或更便宜。

（4）在灾难恢复期间。正如在云中运行特定类型的应用程序并将本地网络扩展到云一样，可以通过使用基于 IaaS 的灾难恢复方法显著降低成本。如果主数据中心发生故障，可以通过创建在 Azure 上的虚拟机来运行关键应用程序，然后在主数据中心恢复运行时将其关闭。

（5）使用虚拟机迁移到云。从物理服务器迁移到云（也称为直接迁移）时，虚拟机也是一个绝佳选择。可以创建物理服务器的映像并将其托管在虚拟机中，几乎不需要进行任何更改。就像物理本地服务器一样，用户必须维护虚拟机，更新已安装的操作系统及其运行的软件。

虚拟机缩放：Azure 可以运行单个虚拟机来执行测试、开发或小任务，或者可以将虚拟机组合在一起以提供高可用性、可伸缩性和冗余。无论有何种正常运行时间需求，Azure 都有可以满足这些需求的多种功能。这些功能包括：虚拟机规模集和 Azure Batch。

虚拟机规模集是一种 Azure 计算资源，可用于部署和管理一组相同的虚拟机。虚拟机规模集旨在在所有虚拟机配置相同的情况下，实现真正意义上的自动缩放，无须对虚拟机进行预配。出于此原因，可以更方便地构建面向大型计算、大数据、容器化工作负荷的大规模服务。随着需求的增加，可以添加更多的虚拟机实例。随着需求的下降，可以删除虚拟机实例。此过程可通过手动、自动或两者结合的方式实现。虚拟机规模集让用户能够在几分钟内集中管理、配置和更新大量虚拟机，以提供高可用的应用程序；可以根据需求或定义的计划自动增减虚拟机实例的数目。使用虚拟机规模集可以创建并管理一组完全相同的、负载均衡的虚拟机。假设运行一个网站，科学家可在其中上传需要处理的天文图像，如果复制了虚拟机，则通常需要配置一个额外的服务以在网站的多个实例之间进行路由请求，此时虚拟机规模集可以提供帮助。

Azure Batch 使大规模并行和高性能计算批处理作业能够缩放到数十、数百或数千个虚拟机。准备好运行作业时，Azure Batch 将：启动计算虚拟机池，安装应用程序和暂存数据，使用尽可能多的任务运行作业，识别故障，重新排队工作，以及工作完成后减少池中的虚拟机规模。在某些情况下，可能需要原始计算能力或超级计算机级别的计算能力，Azure 也提供这些功能。

2. 容器和 Kubernetes

虽然相较于物理硬件必需的成本，虚拟机是降低成本的极佳方法，但受限于每个虚拟机只能使用单个操作系统这一事实。如果想要在单个主机上运行应用程序的多个实例，则容器是绝佳的选择。容器实例和 Kubernetes 服务是可用于部署及管理容器的 Azure 计算资源。容器是轻型的虚拟化应用程序环境。它的设计旨在实现快速创建、横向扩展和动态停止。可以在单个主机上运行容器化应用程序的多个实例。

容器是虚拟化环境。类似于在单个物理主机上运行多个虚拟机，可以在单个物理或虚拟主机上运行多个容器。与虚拟机需要管理操作系统不同，不用管理容器的操作系统。虚拟机就像可以连接和管理的操作系统的实例，但容器是轻型的。虽然可在应用程序需求增加的情况下创建和部署虚拟机，但容器的作用旨在使用户能够响应基于需求的更改。使用容器，可以在系统出现崩溃或硬件中断时快速重启。最常见的容器引擎之一是由 Azure 支持的 Docker。

容器通过容器业务流程协调程序进行管理，该程序可以根据需要启动、停止和横向扩展应用程序实例。可以通过 Azure 容器实例和 Azure Kubernetes 服务两种方式来管理 Azure 中的 Docker 和基于微软的容器。

Azure 容器实例提供了在 Azure 中运行容器的最简捷的方式，既无须管理任何虚拟机，又不必采用任何其他服务。它是一种平台即服务（PaaS）产品/服务，可用于上传容器并直接运行。

自动化和管理大量容器及与之交互的任务称为"业务流程"。Azure Kubernetes 服务是面向容器的完整业务流程服务，包含分布式体系结构和大量容器。当前，Kubernetes 支持 GCE、vShpere、CoreOS、OpenShift、Azure 等平台，除此之外，也可以直接运行在物理机上。Kubernetes 是一个开放的容器调度管理平台，不限定任何一种言语，支持 Java/C++/Go/Python 等各类应用程序。Kubernetes 是一个完备的分布式系统支持平台，支持多层安全防护、准入机制、多租户应用支撑、透明的服务注册、服务发现、内建负载均衡、强大的故障发现和自我修复机制、服务滚动升级和在线扩容、可扩展的资源自动调度机制，具有多粒度的资源配额管理能力和完善的管理工具，包括开发、测试、部署、运维监控。

容器通常用于通过使用微服务体系结构来创建解决方案。在这种体系结构中，可以将解决方案拆分为各较小的独立部分。例如，可以将网站拆分为三个容器，一个用于托管前端，一个用于托管后端，第三个用于存储。这样可将应用的各部分拆分成可以独立维护、缩放或更新的逻辑部分。假设网站后端已达到容量，但前端和存储的容量尚不紧张，则可以选择：单独缩放后端以提高性能，或者使用其他存储服务，或者替换存储容器，而不会影响应用程序的其余部分。

3. 应用服务

利用 Azure 应用服务，可快速生成、部署和缩放任何平台上运行的企业级 Web 应用、移动应用和 API 应用，在使用完全托管的平台执行基础结构维护的同时，可以满足严苛的性能、可伸缩性、安全性和合规性要求。应用服务是一种 PaaS。使用应用服务可以采用所选编程语言生成和托管 Web 应用、后台作业、移动后端及 RESTful API，而无须管理基础结构。它提供自动缩放和高可用性。应用服务支持 Windows 和 Linux，并支持从 GitHub、Azure DevOps 或任何 Git 存储库进行自动部署，以支持连续部署模型。用户可通过此 PaaS 环境重点关注网站和 API 逻辑，同时由 Azure 负责维护用于运行和缩放 Web 应用的基础结构。

用户需要为应用程序使用的 Azure 计算资源付费，应用程序则根据用户选择的应用服务计划处理请求。应用服务计划决定了为主机投入多少硬件。例如，应用服务计划确定主机是专用硬件还是共享硬件，以及为它保留的内存量，甚至有一个免费层供用户来托管流量较低的小型站点。

借助应用服务，可托管最常见的应用服务样式，如 Web 应用、API 应用、Web 作业和移动应用。应用服务在处理托管 Web 访问应用时，需要处理大部分的基础结构决策：

- 将部署和管理集成到平台内；

- 可以保护终结点；
- 可以快速扩展站点，以便处理高流量负载；
- 内置的负载均衡和流量管理器可提供高可用性。

所有这些应用样式都托管在相同的基础结构中，并共享这些权益。这种灵活性使应用服务成了托管面向 Web 的应用程序的最佳选择。

Web 应用：应用服务提供对使用 ASP.NET、ASP.NET Core、Java、Ruby、Node.js、PHP 或 Python 托管 Web 应用的全面支持。可以选择 Windows 或 Linux 作为主机操作系统。

API 应用：就像托管网站一样，可以使用自己选择的语言和框架生成基于 REST 的 Web API。用户将获得全面的 Swagger 支持，并且能够在 Azure 市场中打包和发布 API。可以从任何基于 HTTP 或 HTTPS 的客户端使用生成的应用。

Web 作业：可以使用 Web 作业功能，在与 Web 应用、API 应用或移动应用相同的上下文中运行程序（.exe、Java、PHP、Python 或 Node.js）或脚本（.cmd、.bat、PowerShell 或 Bash）。可以对其进行计划，也可通过触发器运行。Web 作业通常作为应用程序逻辑的一部分运行后台任务。

移动应用：使用应用服务的移动应用功能来快速生成适用于 iOS 和 Android 应用的后端。只需要在 Azure 门户中单击几次，便可以：将移动应用数据存储在基于云的 SQL 数据库中；针对常见的社交提供程序对客户进行身份验证，如 MSA、Google、Twitter 和 Facebook；发送推送通知；在 C#或 Node.js 中执行自定义后端逻辑。移动应用端提供了对本机 iOS 和 Android、Xamarin 及 React 本机应用的 SDK 支持。

4．无服务器计算

无服务器计算是对服务器、基础结构和操作系统的抽象。有了无服务器计算，Azure 将负责管理服务器基础结构和按需分配资源及解除分配；无须负责基础结构；系统自动处理缩放和性能；只需要为具体使用过的资源付费；甚至没有必要保留容量。

无服务器计算包括服务器抽象、事件驱动缩放和微额账单。

服务器抽象：无服务器计算会对运行的服务器进行抽象。永远不需要显式保留服务器实例。每个函数的执行可以在不同的计算实例上运行。此执行上下文对代码是透明的。采用无服务器体系结构，代码部署后，在运行的同时可获得高可用性。

事件驱动缩放：无服务器计算非常适合响应传入事件的工作负载。事件包括计时器、HTTP、队列，还有很多其他触发器。开发者不再编写整个应用程序，而是编写一个函数，使其包含有关其触发器及绑定的代码和元数据。平台会自动安排函数运行，并根据传入事件的速率调整计算实例的数目。触发器定义函数的调用方式。绑定提供从代码内连接到服务的声明性方式。

微额账单：传统计算对一段时间进行计费，如用户按月或按年为网站托管付费。这种计费方法非常方便，但并不总是经济高效的。即使用户的网站一天只点击了一次，仍然需要为一整天的可用性付费。采用无服务器计算，用户只需要为其代码运行的时间付费。如果未执行任何活动的函数，则无须付费。例如，如果代码一天运行一次，一次两分钟，则计费时只考虑这一次执行，且计算时间为两分钟。

Azure 有两种无服务器计算实现方式。

- 函数：函数可以执行几乎任何现代语言的代码。
- 逻辑应用：逻辑应用在基于 Web 的设计器中设计，可执行由 Azure 服务触发的逻辑而无须编写代码。

若只关心运行服务的代码，而不关心基础平台或基础结构，则函数是理想选择。函数需要执行工作以响应事件（通常通过 REST 请求）、计时器或来自其他 Azure 服务的消息，并且该工作在几秒或更短时间内快速完成时，通常会用到函数。函数会自动按需缩放，所以当需求变化时，它是可靠的选择。借助函数，Azure 会在触发代码时运行代码，并在函数完成时自动释放资源。在此模型中，只需要为函数运行时使用的 CPU 时间付费。函数可以是无状态或有状态的。如果函数是无状态的（默认情况下），其行为与每次响应事件时都重启函数的效果一样；如果函数是有状态的，则通过函数传递一个上下文来跟踪先前的活动。

函数是无服务器计算的关键组成部分。它也是运行所有类型代码的常规计算平台。如果开发人员的应用需求发生变化，可以将项目部署到无服务器环境中。这种灵活性使开发人员可以管理缩放、在虚拟网络上运行甚至完全隔离函数。

逻辑应用类似于函数。二者都可以基于事件触发逻辑。函数执行代码时，逻辑应用执行从预定义逻辑块构建的工作流，这些工作流旨在自动完成业务方案。每个逻辑应用工作流都从触发器开始，在发生特定事件或新的可用数据符合特定条件的情况下触发。许多触发器包括基本的计划功能，可以让开发人员指定工作负载的运行频率。每当触发器触发时，逻辑应用引擎都会创建一个逻辑应用实例来运行工作流中的操作。这些操作可包括数据转换和流控制，如条件语句、开关语句、循环和分支。可以在 Azure 门户或 Visual Studio 中使用可视化设计器创建逻辑应用工作流。工作流将保存为具有已知工作流架构的 JSON 文件。Azure 提供了 200 多个不同的连接器和处理块来与不同服务交互，这些资源包括最常见的企业应用。如果未涵盖需要与之进行交互的服务，Azure 还可以构建自定义连接器和工作流步骤，然后使用可视设计器将连接器和处理块链接在一起。可以通过工作流来传递数据，从而执行自定义处理，通常完全不需要编写任何代码。

函数和逻辑应用都可以创建复杂的业务流程。业务流程是函数或步骤的集合，执行这些函数或步骤来完成复杂任务。借助函数，可以编写代码来完成每个步骤。借助逻辑应用，可以使用 GUI 来定义操作及它们之间的相关方式。在构建业务流程、从逻辑应用中调用函数及从函数中调用逻辑应用时，可以混合使用各种服务。

Azure 提供多种方式来托管应用程序代码。图 4-3 将帮助用户选择应用程序的计算服务。如果应用程序包括多个工作负荷，则可以单独评估每个工作负荷。完整的解决方案可能会合并两个或更多个计算服务。

4.2.3　Microsoft Azure 存储服务

Microsoft Azure 存储服务依靠微软数据中心，允许用户在云端存储应用程序数据。应用程序可以存储任何数量的数据，并且可以存储任意长的时间，用户可以在任何时间、任何地方访问自己的数据。Microsoft Azure 存储服务目前提供了四种主要的数据存储结构，即 Blob 类型、Table 类型、Queue 类型和 File 类型，如图 4-4 所示。

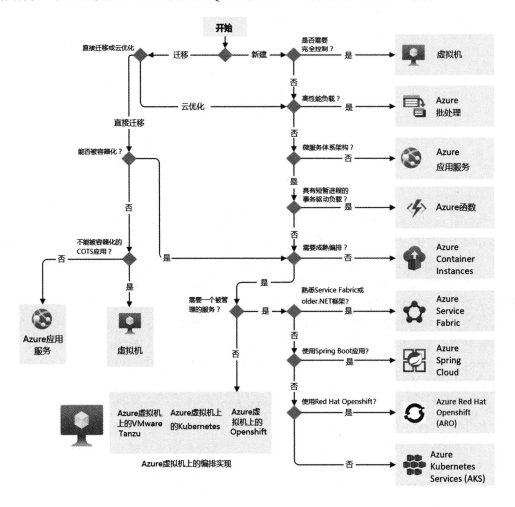

图 4-3　Microsoft Azure 计算服务选择过程

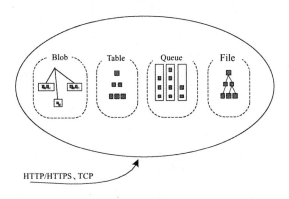

图 4-4　Microsoft Azure 存储服务

Blob 类型存储二进制数据，可以存储大型的无结构数据，容量巨大，能够满足海量数据存储需求。Table 类型能够提供更加结构化的数据存储，但它不同于关系型数据库管理系统中的二维关系表，查询语言也不是大家熟悉的关系查询语言 SQL。Queue 类型的作用和微软消息队列（MSMQ）相近，用来支持在 Microsoft Azure 应用程序组件之间进行通信。File 类型使用标准 SMB 2.1 协议支持 Microsoft Azure 虚拟机和云服务，可通过装载的共享在应用程序组件之间共享文件数据，本地应用程序可通过文件存储 API 来访问共享中的文件数据。

1．全局命名空间

Microsoft Azure Storage（简记为 WAS）实现了一个单一的全局命名空间，使得用户从世界任何地方都可以一致地存储和访问云中数据，并且存储容量可以随时间推移任意增长。存储名空间被划分为三部分：账户名（AccountName）、分区名（PartitionName）和对象名（ObjectName），所有的数据都通过如下的 URI 形式访问：

http(s)://AccountName.<service>.core.windows.net/PartitionName/ObjectName

账户名是 DNS 主机名的一部分，是客户为访问存储而选择的账户名。账户名的 DNS 翻译可定位数据存储的数据中心和主存储集群，该账户的所有请求将会访问这个主位置的数据。一个应用可能使用多个账户名来将它的数据存储在不同的位置。

使用账户名定位存储集群后，分区名用来在集群内将数据访问请求进一步定位到存储节点。

对象名则用来对分区中的多个对象进行区分。对一些类型的数据，当分区名可以唯一标识账户里的对象时，对象名就变得可要可不要了。

这种命名方法使 WAS 可以弹性地支持它的四种数据抽象类型。对于 Blob，一个全 Blob 名字是分区名；Table 中每行的主键由分区名和对象名两个属性组成，这允许应用将表中的行分组到同一个分区来执行原子事务；Queue 名是分区名，每个消息由一个对象名来唯一标识；File 服务中的分区名唯一标识数据卷，而由对象名来唯一标识文件名或目录名。

2．体系架构

WAS 的一个重要特征是能够存储和访问达到甚至超过 EB 级的海量数据，其产品系统由存储域（Storage Stamp）和位置服务（Location Service）构成，如图 4-5 所示。

存储域是由 N 个装满存储节点的存储柜构成的一个集群，每个存储柜都有单独的冗余网络和电源来实现容错保护机制。每个集群拥有 10～20 个存储柜，每个存储柜由 18 个挂满磁盘的存储节点构成。第一代存储域大概可存储 2PB 的数据量，下一代会有 30PB 的容量。

为了降低云存储服务的成本，需要保持尽可能高的存储配置资源利用率，目标是保持存储域在容量、事务和带宽上有大约 70%的使用率，并尽量避免超过 80%，因为要保持 20%的空间来加快寻道速度，提高磁盘吞吐率，以及在存储柜失效时接管存储服务。当一个存储域的利用率达到 70%时，位置服务就利用域间复制将账户迁移到其他不同的存储域上。

图 4-5　Microsoft Azure Storage 体系架构

位置服务管理所有的存储域；同时负责不同的存储域之间的账户名空间管理，把账户分配到各存储域上，并实现跨存储域管理这些账户来支持灾难恢复和负载平衡。它自身也放在两个不同的地理位置以实现自身的容灾。

WAS 在美洲、欧洲、亚洲和澳洲 4 个地域的多个位置提供存储服务。每个地方都是一个拥有一栋或者数栋大楼的数据中心，每个数据中心有多个存储域。为了提供附加的存储容量，位置服务可以很容易地增加新地区、地区内的新位置或者位置上的新存储域。因此，为了增加存储容量，可以在期望位置的数据中心配置一个或多个存储域，并将它们加到位置服务中。位置服务可以为用户分配新存储账户到这些新存储域，也可以把存储账户从已有的存储域迁移到新的存储域来保持负载平衡。

3．存储域的层次结构

如图 4-5 所示，存储域包括以下 3 层。

（1）文件流层。该层的存储数据在硬盘上，负责在多个服务器间分布和复制数据来保持存储域中数据的可用性。文件流层被认为是存储域内的分布式文件系统层。它将文件理解为流，能够知道如何存储它们、如何复制它们，但不能理解更高级别的数据对象结构或它们的语义。虽然数据存储在文件流层，但只能通过分区层来访问它们。事实上，分区服务器和文件流服务器一起部署在每个存储节点上。

（2）分区层。该层负责管理和理解上层数据抽象类型（Blob、Table、Queue 和 File），提供一个可扩展的命名空间，保证数据对象事务处理顺序和强一致性，在数据流层之上存储数据，缓存数据对象来减少磁盘 I/O。该层的另一个任务是实现存储域内的可扩展性，管理分区服务器所服务的分区名。此外，它也在服务器间自动地实现分区名负载平衡。

（3）前端。其由一组无状态服务器构成，以处理访问请求。一旦接收到一个请求，该层便会查找账户名，认证请求，再把请求路由到分区层的服务器。这个系统保持一个分区图来追踪分区服务器对应的分区名范围。前端服务器会缓存分区图，并用它来决定每个请求发往哪个分区服务器。有时候为了提高效率，其也会直接访问文件流层的数据，并缓存频繁访问的数据。

4. 双复制引擎

为了实现数据的高可用性，WAS 通过在文件流层进行数据域内复制和在分区层进行数据域间复制，实现必要的数据容灾保护机制。

（1）域内复制。WAS 在文件流层实现同步复制，保证存储域内的所有数据写在其内部是可靠的；在磁盘、节点和存储柜失效时，保证跨不同存储节点有足够多的数据副本。域内复制在文件流层的用户写请求的关键路径上实现。只有域内复制操作完成，才会给用户返回写成功。

（2）域间复制。WAS 在分区层实现跨存储域的异步复制。域间复制不在用户请求关键路径上实现，是在后台完成的。这种复制在对象级进行，对给定账户的整个对象或最近的差分更新进行复制。域间复制可通过保持账户数据在两个位置存放副本来实现容灾和账户数据在域间的迁移。通过位置服务来配置账户的域间复制。

这两种复制方式被分到两个不同层的一个原因是：域内复制专门为硬件失效而设计，在大规模系统内这类失效比较普遍，而域间复制提供跨地域冗余来防止地域灾难，这种情况一般不多出现。这样就使用户请求关键路径上的低延迟域内复制至关重要，而域间复制在充分使用网络带宽的条件下，保持可接受的复制延迟。另一个原因是，这两层所维护的命名空间问题。文件流层的域内复制所管理的数据量受单个存储域容量的限制，所有的元状态都可以被缓存在内存中，保证 WAS 提供快速健壮的存储响应；相对而言，域间复制可以和位置服务结合起来，提供跨数据中心的数据处理。

5. 文件流层

文件流层提供一个只为分区层使用的内部接口，具有类似文件系统的名空间和应用接口，但所有的写只能追加。用户可允许对称为流（Stream）的大文件进行打开、关闭、删除、重命名、读、追加写及合并等操作。一系列追加的块（Block）被称为区块（Extent），流就是一连串有序区块的指针列表。

如图 4-6 所示，文件流层包括流管理器（Stream Manager，SM）和区块节点（Extent Node，EN）两大部分。

（1）流管理器。流管理器负责管理文件流的命名空间、流到区块的映射，以及区块到存储节点的分配信息。流管理器是一个标准的 Paxos 集群，脱离客户端请求的关键路径。流管理器周期性地同步区块节点的状态和节点上所存的区块，并保持区块有期望的副本数目。由于只跟踪单个存储域内的文件流和区块的信息，而对底层的块信息一无所知，因此存放在流管理器内存中的状态信息量足够小。

（2）区块节点。每个区块节点保存流管理器分配的区块副本和相应的数据块。区块节点不知道上层的流信息，只处理区块和块的信息。在节点服务器内，磁盘上的每个区块是一个文件，存有数据块及其校验和，并有一个索引来建立区块到块的偏移和相应文件位置的映射。区域节点根据客户端发送的写请求，与其他节点交互复制块，或者根据流管理器的请求创建已有副本的额外副本。当区块不被流所引用时，流管理器对区块进行垃圾回收，并通知区块节点回收相应的空间。

图 4-6　文件流层的体系结构

流只能够追加写，已有的数据不能再修改。追加写是以数据块为单位的原子操作，也可以一次追加写多个块。客户端可以指定区块的目标大小，区块被数据块填满后，就以块边界进行封装。区块封装后就不能再被追加写，当追加新的数据块时，就必须添加新的区块。

每个追加写操作将相应的区块复制三份，分别存放在不同的区块节点上。客户端发送所有的写请求到主区块节点，但可以从任意一份副本读取数据，即使副本存于没封装的区块内。如图 4-6 所示，WAS 追加写的操作流程如下。

步骤 1：客户端将追加写请求发送到主区块节点（简称主节点），主节点确定追加写在区块内的偏移量。

步骤 2：当同一区块有多个并发追加写请求时，对所有追加写请求进行排序。

步骤 3：发送追加写请求到两个次区块节点（简称次节点），并附上选定的区块偏移量。

步骤 4：当三个区块节点都成功追加写内容到磁盘后，反馈写成功消息给客户端。

文件流层与分区层可以进行交互。分区层有以下两种不同的读模式。

（1）从已知位置读记录。如果文件流层成功地返回三个副本的追加写，分区层将根据返回的位置信息，读取行和 Blob 这两种类型的数据流。域内复制机制保证对三个副本的读操作都可以获得相同的数据内容。

（2）在分区加载中顺序地读流中的所有记录。在分区层中，元数据和确认日志这两种额外的文件流可以从起始点到最后一个记录顺序地读取。分区服务器发送一个确认日志检验给文件流最后一个区块的主节点，检验区块的所有副本是否可用和它们是否有相同的长度。如果不能通过检验，则区块是封装的，并且在分区加载中只读由流管理器封装的副本。这确保分区加载能够看到它的所有数据和相同视图，即使是重复加载从流最后区块的不同封装副本读取的同一分区。

文件流层支持读操作负载平衡。每个区块节点对读请求的响应有一个时间限制，如果区块节点不能在规定的时间段内响应区块的读请求，客户端就会立即收到反馈，并允许客户端从其他存有相同副本的区块节点中读取区块，使读操作能够快速完成。

WAS 也可采用其他机制来提高存储可靠性。为了减少存储代价，利用纠删码来处理 Blob 存储的封装区块。将一个区块划分为 N 个大小相同的块，再使用 Reed-Solomon 编码生成额外的 M 个纠错块，只要在这 $M+N$ 个数据块中，丢失块数不超过 M，WAS 就可以将整个区块恢复出来。

为了在保持数据持久性的同时获得好的系统性能，文件流层让每个区块节点保留一个磁盘或者固态硬盘来充当日志盘，记录节点所有追加写操作的日志信息。在区块节点内数据的追加写操作步骤如下。

步骤 1：将所有数据追加写到日志盘。

步骤 2：对数据盘上的区块追加写请求进行排队。

步骤 3：如果日志操作先完成，则数据被缓存在内存中。

步骤 4：一旦写成功就返回。

6．分区层

分区层存储不同类型的对象，并理解对于给定的对象类型进行事务处理的意义。分区层能够提供：不同存储对象类型的数据模型，不同类型对象处理的逻辑和语义，大规模扩展的对象命名空间，跨多个可用分区服务器访问对象的负载平衡，以及访问对象的事务排序和强一致性。

分区层提供一种重要的内部数据结构——对象表（Object Table）。对象表可动态地划分为多个分区段（Range Partition），并将这些分区段分散到同一存储域中的多个分区服务器上。分区段是对象表内从低键值到高键值的一连串行内容。对象表的所有分区段是不重叠的。

在分区层中，有各种类型的对象表：账户表保存存储域内每个分配账户的元数据和配置；Blob 表保存存储域内所有账户的 Blob 对象；实体表保存存储域内所有账户的全部实体行；消息表保存存储域内所有账户的消息队列；格式表跟踪所有对象表的格式；分区映射表记录全部对象表的分区段和每个分区段所在的分区服务器，这个表被前端服务器用来指导请求到相应分区服务器的路由。

如图 4-7 所示，分区层包括三个主要的体系结构模块：一个分区管理器（PM）、多个分区服务器（PS）和一个锁服务。

（1）分区管理器。分区管理器负责保存对象表到分区段的划分和每个分区段到相应分区服务器的分配情况。分区管理器将每个存储域内的对象表分成 N 个分区段，跟踪每个分区表的划分情况及其分配到的分区服务器。分区管理器将分配信息保存在分区映射表中。分区管理器确保每个分区段被分配到一个活动分区服务器，并且两个分区段不会重叠地分配到同一服务器。它也负责分区服务器之间的负载平衡。每个存储域的分区管理器运行多个实例，并且它们所争用的主锁由锁服务提供。带租约的分区管理器是控制分区层的活跃管理器。

（2）分区服务器。分区服务器负责处理由分区管理器分配给它的一组分区段的请求。分区服务器将分区的所有持久状态保存进文件流，并维护一个保存分区状态的内存缓存来提高效率。该系统保证没有两个分区服务器可以通过锁服务租赁在同一时间服务于相同的分区段。允许分区服务器为它所服务的分区段提供强一致性和并发事务的排序，以及同时并发服务来自不同分区段的对象表。目前，在任何时候分区服务器可同时服务平均 10 个分区段。

图 4-7　分区层体系结构

（3）锁服务。Paxos 锁服务用于分区服务器的主服务器选举。此外，每个分区服务器为服务分区也保持锁服务租赁。当分区服务器得到一个新分配段时，只要分区服务器持有其租赁，就会开始服务新的分区段。

为了将负载分散到多个分区服务器和控制存储域内分区的总数，分区管理器可执行以下三种操作。

（1）负载平衡。当给定的分区管理器负载过高时，将一个或多个分区段重新分配到其他负载较低的分区服务器。

（2）划分。当单个分区段负载过高时，将其划分为两个或更多小的不重叠的分区段，并重新分配它们到两个或更多的分区服务器，以保持系统负载平衡。

（3）合并。将负载低的分区段合并为对象表中的一个连续键值段，并让存储域内的分区服务器数与分区段数保持在一定的比例范围内。

为了支持分区层的负载平衡，需要跟踪每个分区段的负载及每个分区服务器的整体负载。这两种负载包括事务数/秒、平均未决事务计数、节流率、CPU 使用率、网络使用率、请求延迟及分区段的数据大小。分区管理器保持每个分区服务器的心跳服务。此信息被传递回分区管理器来回应心跳。如果分区管理器看到一个负载过高的分区段，那么它将决定划分该分区，并发送一个命令到分区服务器进行拆分。相反，如果一个分区服务器有太高的负荷，但单个分区段没有过高负载，则分区管理器将从分区服务器取一个或多个分区段，并将它们重新分配到一个负载较低的分区服务器。

为了平衡一个分区段的负载，分区管理器发送一个卸载命令到分区服务器，卸载之前，在分区段写一个当前的检查点。一旦完成，分区服务器的 ACK 返回分区管理器，表明卸载完成。然后，分区管理器将分配分区段到新的分区服务器，并更新分区映射表到新的分区服务器的映射。新的分区服务器加载和启动分区段服务流。因为提交日志很小及卸载前的检查点处理，所以分区段对新分区服务器的加载非常快。

WAS 的分区服务器跟踪分区段内负载高的键值范围，并以此来确定分区段内的哪些键值需要被拆分。为了将一个分区段 B 拆分为两个新的分区段 C 和 D，需要进行下列步骤。

步骤 1：分区管理器通知分区服务器将分区段 B 拆分为分区段 C 和 D。

步骤 2：分区服务器处理分区段 B 的检查点，再暂停相应的服务请求。

步骤 3：分区服务器使用一种称为"MultiModify"的特殊流操作处理分区段 B 的每个流，并分别生成与分区段 B 中区块顺序相同的流子集分区段 C 和 D，再追加分区段 C 和 D 的新分区键值范围到它们的元数据流。

步骤 4：分区服务器开始将服务请求发送至新的分区段 C 和 D。

步骤 5：分区服务器通知分区管理器拆分操作完成，分区管理器更新分区映射表和相应的元数据信息，并将其中一个拆分的分区迁移到一个不同的分区服务器。

分区管理器可以选择两个分区名范围不重叠的低负载分区段 C 和 D，将它们合并为一个新的分区段 E，具体步骤如下。

步骤 1：分区管理器将分区段 C 和 D 迁移到同一个分区服务器上，并通知该分区服务器将分区段 C 和 D 合并为分区段 E。

步骤 2：分区服务器为分区段 C 和 D 设置一个检查点，然后暂停相应的服务请求。

步骤 3：分区服务器使用 MultiModify 流命令创建一个新的确认日志和分区段 E 的数据流，在新的确认日志中分区段 E 的区块顺序是分区段 C 原来的区块顺序后跟分区段 D 原来的区块顺序。

步骤 4：分区服务器构建分区段 E 的元数据流，包含新确认日志和数据流的名字。分区段 E 的键值范围、确认日志的首尾指针和数据索引都是从分区段 C 和 D 派生出来的。

步骤 5：分区段 E 的新元数据流能被正确地加载，分区服务器开始发送合并后新分区段的服务请求。

步骤 6：分区管理器更新分区映射表和相应的元数据信息。

4.2.4　Microsoft Azure Connect

虽然云计算发展迅速，但是用户在本地的应用程序和数据可能还会继续使用，将本地环境和 Microsoft Azure 环境连接起来显得尤为重要。

Microsoft Azure Connect 被设计用来实现上述需求的功能。Connect 在 Microsoft Azure 应用和本地运行的机器之间建立一个基于 IPsec 协议的连接，使两者更容易结合起来使用，如图 4-8 所示。

图 4-8 中，当本地计算机需要连接到 Microsoft Azure 应用时，需要在本地计算机上安装一个终端代理。由于该技术依赖 IPv6，因此终端代理仅对 Windows Server 2008、Windows Server 2008R2、Windows Vista 和 Windows 7 适用。Microsoft Azure 应用实例需

要配置以方便和 Microsoft Azure Connect 工作。一旦这些工作完成，终端代理使用 IPsec 协议连接应用中的一个具体的 Role。

图 4-8　基于 IPsec 协议的连接

需要注意的是，Connect 不是一个成熟的 VPN（Virtual Private Network），只是一个简单的解决方案。创建 Connect 并不需要与网络管理员进行约定，所有 IPsec 协议的配置工作均由 Connect 完成。一旦 Connect 创建完成，Microsoft Azure 应用中的 Role 将会和本地的机器一样显示在同一个 IP 网络中，并允许以下两个事件。

（1）Microsoft Azure 应用能够直接访问本地的数据库。例如，某个组织机构需要将现有的由 ASP.NET 创建的 Windows Server 应用移动到 Microsoft Azure Web Role 中去。如果这个应用使用的数据库需要保留在本地机器上，那么 Microsoft Azure Connect 的连接能够使运行在 Microsoft Azure 上的应用正常访问本地数据库，甚至使用的连接字符串都不需要改变。

（2）Microsoft Azure 应用能够区域连接到本地环境。本地用户能够以单一登录的方式登录到云应用中，应用也能够使用现有活动目录账户和组织进行访问控制。

4.2.5　Microsoft Azure CDN

4.2.3 节介绍的 Blob 存储类型可以存储来自不同地方的访问信息。若要将一个视频应用提供给全球的 Flash、Silverlight 或 HTML5 用户，可以使用 Blob 进行存储。

为了提高访问性能，Microsoft Azure 提供了一个内容分发网络（Content Delivery Network，CDN）。这个 CDN 存储了距离用户较近的站点的 Blob 副本，如图 4-9 所示。需要注意的是，Blob 所存放的容器都能够被标记为 Private 或 Public READ。对于"Private"容器中的 Blob，所有存储账户的读写请求都必须标记。而"Public READ"容器中的 Blob，允许任何应用读数据。Microsoft Azure CDN 只对"Public READ"容器起作用。

用户第一次访问 Blob 时，CDN 存储了 Blob 的副本，存放的地点与用户在地理位置上比较靠近。当这个 Blob 被第二次访问时，它的内容将来自缓存，而不是来自离它位置较远的原始数据。

图 4-9　Microsoft Azure CDN 信息访问

　　例如，Microsoft Azure 提供一个体育事件的视频，当第一个用户访问视频时，用户不会从 CDN 中获益，因为 Blob 还没有缓存一个离用户近点的位置，而同一地理位置的其他用户将会从 CDN 中获得更好的性能，同时缓存副本可以使视频加载得更快。

4.2.6　Fabric 控制器

　　Microsoft Azure 的所有应用和存储的数据都是基于微软数据中心的。在数据中心中，Microsoft Azure 的机器集合和运行在这些机器上的软件均由 Fabric 控制器控制，如图 4-10 所示。

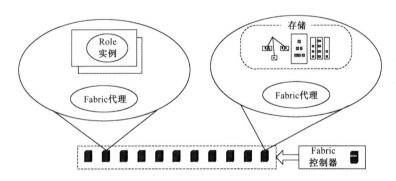

图 4-10　Fabric 控制器

　　Fabric 控制器是一个分布式应用，拥有计算机、交换机、负载均衡器等各种资源。在 Role 实例中，需要安装 Fabric 代理，每台机器的 Fabric 控制器均可以与 Fabric 代理进行通信。Fabric 控制器同样知道运行在其上的每个 Microsoft Azure 应用，但数据管理和复制的详细过程对于 Fabric 控制器而言是不可知的，这是因为 Fabric 控制器将 Microsoft Azure 存储作为另一个应用。

　　Fabric 控制器作用很广，它可以控制所有运行的应用。Fabric 控制器通常依赖 Microsoft Azure 应用上传的配置信息决定新应用运行的位置，选择物理服务器来最优化硬件的使用。基于 XML 描述的配置文件提供了一个应用需要的 Web Role 实例数量、Worker Role 实例数量等。当 Fabric 控制器部署一个新的应用时，使用配置文件决定需要创建的虚拟机的数量。

Fabric 控制器在创建虚拟机后，还监控虚拟机。例如，如果应用需要 5 个 Web Role 实例，运行的过程中有一个出故障，Fabric 控制器将自动地创建一个新的实例。类似地，如果一个正在运行的虚拟机突然宕机，Fabric 控制器将会在另外的机器上开始一个新的 Role 实例，同时重新设置负载均衡器作为必需的指针来指向这个新的虚拟机。

Microsoft Azure 提供给开发者 5 种规格的虚拟机，如表 4-1 所示。

表 4-1　虚拟机规格说明

规格	配置情况	存储容量
Extra-small	单核、1.0GHz CPU、768MB 内存、I/O 性能低	200GB 实例存储容量
Small	单核、1.6GHz CPU、1.75GB 内存、I/O 性能中等	225GB 实例存储容量
Medium	双核、1.6GHz CPU、3.5GB 内存、I/O 性能高	490GB 实例存储容量
Large	四核、1.6GHz CPU、7GB 内存、I/O 性能高	1000GB 实例存储容量
Extra-large	八核、1.6GHz CPU、14GB 内存、I/O 性能高	2048GB 实例存储容量

其中，每个 Extra-small 实例均与其他的 Extra-small 实例共享一个处理器内核；对于其他规格的虚拟机，每个实例都有一个或多个专有的内核。这意味着应用性能是可以预计的，可执行的实例的长度是没有限制的。比如在计算π时，Worker Role 实例可以将π的值精确计算到百万位。

对于 Web Role 和 Worker Role 而言，Fabric 控制器能够管理它们每个实例中的操作系统，包括更新操作系统补丁和其他操作系统软件。这使开发者只关心开发应用的过程，而不需要管理平台本身。对于每个运行的 Role 而言，Fabric 控制器总是假设至少有两个实例运行，这样关掉其中一个来更新软件不会导致整个应用关闭。需要注意的是，在任何 Microsoft Azure Role 上只运行一个实例不是一个好的选择。

4.3　微软云关系数据库 SQL Azure

4.3.1　SQL Azure 概述

SQL Azure 是微软的云中关系型数据库，是基于 SQL Server 技术构建的，主要为用户提供数据应用。SQL Azure 数据库简化了多数据库的供应和部署，开发人员无须安装、设置数据库软件，也不需要进行数据库补丁升级或数据库管理。同时，SQL Azure 还为用户提供了内置的高可用性和容错能力。

SQL Azure 提供了关系型数据库存储服务，包含三部分，如图 4-11 所示。

1. SQL Azure 数据库

SQL Azure 数据库提供了一个云端的 DBMS，这使本地应用和云应用可以在微软数据中心的服务器上存储数据。和其他的云技术一样，用户按需付费，最主要的费用是操作费用，而不是磁盘和 DBMS 软件投入的费用。

2. SQL Azure 报表服务

SQL Azure 报表服务（SQL Azure Reporting Service）是 SQL Server Reporting Service（SSRS）的云化版本，主要是用 SQL Azure 数据库提供报表服务，允许在云数据中创建

标准的 SSRS 报表。

图 4-11　SQL Azure 体系架构

3．SQL Azure 数据同步

SQL Azure 数据同步（SQL Azure Data Syn）允许同步 SQL Azure 数据库和本地 SQL Server 数据库中的数据，也能够在不同的微软数据中心之间同步不同的 SQL Azure 数据库。

4.3.2　SQL Azure 关键技术

在本地数据库中，DBMS 起到了十分重要的作用。对于用户而言，管理功能在云中实现起来非常困难，微软通过 SQL Azure 数据库在云中实现了这一功能。在 SQL Azure 中，数据库规模的扩展也由 SQL Azure 数据库完成。SQL Azure 除了提供 SQL Azure 数据库服务，还提供报表服务和数据同步服务。

1．SQL Azure 数据库

SQL Azure 数据库是 SQL Azure 的一种云服务，提供了核心的 SQL Server 数据库功能，基本架构如图 4-12 所示。SQL Azure 数据库支持 TDS（Tabular Data Stream，表型数据流）和 Transact-SQL（T-SQL），用户可以使用现有技术在 T-SQL 上进行开发，还可以使用与现有的本地数据库软件相对应的关系型数据模型。SQL Azure 数据库提供的是一个基于云的数据库管理系统，能够整合现有工具集并对应用用户的本地软件。

图 4-12　SQL Azure 数据库基本架构

图 4-12 中，在创建一个部署在 Microsoft Azure 的应用时，用户使用了 SQL Azure 数据库，这个应用可以运行在企业数据中心或移动设备上。上述应用通常使用 TDS 或 OData 协议来访问本地的 SQL Server 数据库，因而 SQL Azure 数据库应用能够使用任何现有的 SQL Server 客户端，这些客户端包括 Entity Framework、ADO.NET、ODBC 和 PHP 等。SQL Azure 和 SQL Server 看起来并没有太大的差别，也可以使用 SQL Server 中的大量工具，比如 SQL Server Management Studio、SQL Server Integration Services 和大量数据副本备份的 BCP。

每个 SQL Azure 账户都拥有一个或多个逻辑服务器，这些逻辑服务器可以组织账户数据和账单，但这些服务器并不是真正意义上的 SQL Server 实例。每台服务器都拥有多个 SQL Azure 数据库，每个 SQL Azure 数据库均可以达到 50GB。用户可以自由地使用 SQL Azure 数据库，能够在某个 SQL Azure 数据库中存放另一个数据库的快照以实现整个数据库的备份。

SQL Azure 与 SQL Server 有一些差别。SQL Azure 省略了 SQL Server 中的一些技术，比如 SQL CLR（Current Language Runtime，公共语言运行时）、全文本搜索技术等。SQL Azure 中用户没有底层管理功能，所有管理功能都由微软实现，这样用户不能直接关闭自身运行的系统，也不能管理运行应用的硬件设施。但是，相比 SQL Server 所提供的单个实例而言，SQL Azure 运行环境比较稳定，应用获取的服务也比较健壮。出于可靠性的考虑，SQL Azure 数据库与 Microsoft Azure 存储服务一样，存储的所有数据均备份了 3 份。

2．SQL Azure 报表服务

用户使用 SQL Azure 数据库存储数据时，通常需要 SQL Azure 数据库支持报表功能。在 SQL Azure 中，SQL Azure 报表服务实现了这一个功能，它是基于 SSRS 实现的。

现在 SQL Azure 报表服务主要有两个使用场景。第一，SQL Azure 报表服务创建的报表可以发布到某一个门户上，云端用户可以访问这个门户的报表，也可以通过 URL 地址直接访问报表；第二，ISV（Independent Software Vendor，独立的软件开发商）能够嵌入发布到 SQL Azure 报表门户的报表，这些门户来自不同的应用，包括 Microsoft Azure 应用。ISV 可以使用 Visual Studio 标准的 ReportViewer 控件，这与将本地报表嵌入到应用中没有任何差别。

SQL Azure 报表服务与存储在 SQL Azure 数据库中的数据相互作用。SQL Azure 使用的报表可以通过 Business Intelligence Developer Studio 创建。SQL Azure 报表服务与 SSRS 的报表格式是相同的，都使用微软定义的 RDL（Report Definition Language）。

需要注意的是，SQL Azure 报表服务并没有实现本地情况下 SSRS 提供的所有的功能。比如，当前的 SQL Azure 报表服务并不支持调度和订阅功能，这使报表每隔一定的时间将会运行和分发一次。

3．SQL Azure 数据同步

互联网上的应用可以访问 SQL Azure 数据库中存储的数据。为了提高存储数据的访问性能，同时确保网络发生故障时应用仍然能够访问数据库，需要在本地拥有 SQL Azure 的数据库副本，微软使用了 SQL Azure 数据同步技术，如图 4-13 所示。

图 4-13　SQL Azure 数据同步

该技术主要包括以下两个方面。

（1）SQL Azure 数据库与 SQL Server 数据库之间的数据同步。用户选择这类同步的原因有很多，除了前面提到的网络故障等因素，数据调度也需要数据副本在某一区域范围内，同时需要防止某些操作失误所带来的数据丢失。这时用户可以通过 SQL Azure 数据库与 SQL Server 数据库的信息同步在本地数据库保存副本。

（2）SQL Azure 数据库之间的同步。某些 ISV 或全球化的企业需要创建一个应用，为了满足高性能的需求，应用的创建者也许会选择在三个不同的 Microsoft Azure 数据中心（比如，北美数据中心、欧洲数据中心、亚洲数据中心）运行这个应用。如果这个应用将数据存放在 SQL Azure 数据库中，需要使用 SQL Azure 数据同步服务保持三个数据中心之间的信息同步。

SQL Azure 数据同步服务使用"轮辐式"（hub-and-spoke）模型，所有的变化将会首先被复制到 SQL Azure 数据库的"hub"上，然后再传送到其他"spoke"上。这些"spoke"成员可以是一个 SQL Azure 数据库，也可以是本地 SQL Server 数据库。上述的同步过程可以同步整个数据库，也可以只同步有更新的数据库表格。

4.3.3　SQL Azure 和 SQL Server 对比

SQL Azure 是云中的关系型数据库，和本地的 SQL Server 数据库有很多相似的地方。比如，SQL Azure 提供了一个 TDS 接口供基于 T-SQL 的数据库访问，这和 SQL Server 中的实例访问数据库情况是相似的。SQL Azure 和 SQL Server 也有一些不同之处。在 SQL Azure 中，由于物理管理工作是由微软进行的，因此在管理、服务提供、T-SQL 支持和编程方式等方面，其与 SQL Server 有所不同。

1．物理管理和逻辑管理

SQL Azure 在管理上突出强调了物理管理，DBA（Database Administrator，数据库管理员）在管理 SQL Azure 数据应用方面仍然发挥着很积极的作用。DBA 管理模式创建、统计、索引优化、查询优化，同时还进行安全管理（包括登录安全、用户安全和创建角色安全等）。

SQL Azure DBA 和 SQL Server DBA 在物理管理方面存在很大的差异。SQL Azure 能够自动复制所有存储的数据以提供高可用性，还可以管理负载均衡、故障转移等功能。

用户不能管理 SQL Azure 的物理资源，比如用户不能指定数据库索引所在的物理硬盘或者文件组，物理资源由微软自行管理。同样，由于无法访问计算机文件系统，SQL Azure 不能使用 SQL Server 备份机制，所有的数据都是自动复制备份的。

2．服务提供

在部署本地 SQL Server 时，需要准备和配置所需要的硬件与软件，这些工作一般由 DBA 或 IT 部门完成。而使用 SQL Azure 时，这些任务均由 SQL Azure 服务程序来执行。

用户在 Microsoft Azure 平台上创建一个账户后，便可以使用 SQL Azure 数据库，同时还可以访问所有提供的服务，如 Microsoft Azure、.NET 服务和 SQL Azure 等服务。用户通过这些服务可以创建和管理用户的订阅。

每个 SQL Azure 订阅都会绑定微软数据中心的某个 SQL Azure 服务器。SQL Azure 服务器上通常定义了一组数据库。为了提供负载均衡和高可用性，SQL Azure 服务器上的数据库通常会在数据中心其他物理机上进行备份。

3．T-SQL 支持

大多数 SQL Server T-SQL 语句都有一些参数，用户通过这些参数可以指定文件组或物理文件的路径。由于这些参数依赖物理配置，在 SQL Azure 中由微软进行物理资源的管理，因此这些类型的参数并不适用于 SQL Azure。

4．特征和类型

SQL Azure 不支持 SQL Server 的所有特征和数据类型。当前版本的 SQL Azure 不支持分析、复制、报表和服务代理等服务。

SQL Azure 提供物理管理，会锁住任何试图操作物理资源的命令语句，比如 Resource Governor、文件组管理和一些物理服务器 DDL 语句等。另外，有一些操作是不允许的，比如设置服务器选项和 SQL 追踪标签、使用 SQL Server 分析器或使用“数据库引擎优化顾问”。

4.4　Microsoft Azure Service Fabric

4.4.1　Service Fabric 概述

如图 4-14 所示，Service Fabric 是一个分布式系统平台，可方便用户打包、部署和管理可缩放且可靠的容器与微服务。Service Fabric 几秒内就可以高密度部署应用程序，即每台计算机部署成百上千个应用程序或容器。使用 Service Fabric，可以在同一个应用程序中将进程中的服务和容器中的服务混用。Service Fabric 还解决了开发和管理云原生应用程序面临的重大难题。Service Fabric 提供了一种复杂的轻型运行时，可支持无状态服务和有状态服务。它的一个重要差异化因素是高度支持使用 Service Fabric 内置编程模型或容器化有状态服务生成有状态服务。用户可以使用 Service Fabric 编程模型或运行以任何语言或代码编写的容器化有状态服务。Service Fabric 为云应用程序（包括容器）的整个应用程序生命周期和 CI/CD 提供支持：从开发到部署，到日常监视、管理和维护，再到最终解除授权。Service Fabric 与 Azure Pipelines、Jenkins 和 Octopus Deploy 等 CI/CD 工具集成，并可与其他任何常用的 CI/CD 工具配合使用。

图 4-14　Service Fabric 体系架构

除了 Azure，还可以在包括本地和其他公有云上的 Windows Server 与 Linux 上创建 Service Fabric 群集。Service Fabric SDK 中的开发环境与生产环境完全相同，都不涉及模拟器。也就是说，在本地开发群集上运行的内容是部署到其他环境群集上的内容。Service Fabric 为当今很多微软服务提供技术支持，包括 Azure SQL 数据库、Azure Cosmos DB、Cortana、Microsoft Power BI、Microsoft Intune、Azure 事件中心、Azure IoT 中心、Dynamics 365、Skype for Business 及其他许多核心 Azure 服务。Service Fabric 资源提供程序在所有 Azure 区域中都可用，并符合所有 Azure 合规性认证，包括 SOC、ISO、PCI DSS、HIPAA 和 GDPR。

4.4.2　Service Fabric 体系结构

Service Fabric 是利用分层子系统生成的。如图 4-15 所示为 Service Fabric 的主要子系统。在分布式系统中，在群集中的节点之间进行安全通信的能力至关重要。堆栈底部是传输子系统，它在节点之间提供安全的通信。传输子系统之上是联合子系统，它将不同节点聚集为一个单一实体（名为群集），以便 Service Fabric 可以检测失败、执行群首选举并提供一致性路由。联合子系统之上是可靠性子系统，它通过如复制、资源管理和故障转移等机制负责 Service Fabri 服务的可靠性。联合子系统之上还有宿主子系统，它管理单个节点上的应用程序的生命周期。管理子系统管理应用程序和服务的生命周期。可测试性子系统可帮助应用程序开发人员在将应用程序和服务部署到生产环境之前和之后通过模拟失败测试其服务。Service Fabric 能够通过其通信子系统来解析服务位置。向开发人员公开的应用程序编程模型则位于这些子系统及用于启用工具的应用程序模型之上。

图 4-15 Service Fabric 的主要子系统

1. 传输子系统

传输子系统实现点对点数据报信道。此信道用于 Service Fabric 群集内部的通信及 Service Fabric 群集与客户端之间的通信。它支持单向和请求答复通信模式，为联合层中的广播和多播提供了基础。传输子系统通过使用 X509 证书或 Windows 安全性来保护通信安全。此子系统供 Service Fabric 内部使用，应用程序编程的开发人员不可直接进行访问。

2. 联合子系统

为了推论出分布式系统中的一组节点，需要一致的系统视图。联合子系统使用传输子系统提供的通信基元，并将各节点拼接为它可进行推论的单个统一群集。它提供其他子系统所需的系统基元——失败检测、群首选举和一致性路由。联合子系统构建在具有 128 位令牌空间的分布式哈希表基础上。该子系统在节点上方创建一个环形拓扑，环中的每个节点拥有一部分令牌空间。对于失败检测，该层使用基于信号检测和仲裁的租用机制。此外，联合子系统还通过复杂连接和偏离协议保证在任意时刻都只有一个令牌所有者退出。这提供了群首选举和一致性路由保证。

3. 可靠性子系统

可靠性子系统通过使用复制器、故障转移管理器和 Resource Manager 提供一种机制，使得 Service Fabric 服务的状态高度可用。

复制器确保主副本中的状态更改会自动复制到辅助副本，从而维护服务副本集中主副本和辅助副本之间的一致性。复制器负责副本集中副本间的仲裁管理。它与故障转移管理器进行交互以获取要复制的操作列表，重新配置代理为其提供副本集的配置。该配置指示操作需要复制哪些副本。Service Fabric 提供名为 Fabric Replicator 的默认复制器，编程模型 API 可使用它来使服务状态高度可用和高度可靠。

故障转移管理器确保向群集添加节点或从群集中删除节点时，会自动在可用节点间重新分发负载。如果群集中的节点失败，群集会自动重新配置服务副本以维持可用性。

Resource Manager 跨集群中的故障域放置服务副本，并确保所有故障转移单元均可运行。Resource Manager 还会平衡群集节点基础共享池中的服务资源，从而获得最佳的统一负载分布。

4. 管理子系统

管理子系统提供端到端服务和应用程序生命周期管理。借助 PowerShell cmdlet 和管理 API，可以预配、部署、修补、升级和取消预配应用程序，而不会降低可用性。管理子系统通过以下服务执行此功能。

群集管理器：这是与可靠性子系统中故障转移管理器交互的主服务，能够基于服务放置约束在节点上放置应用程序。Resource Manager 确保约束永远不会中断。群集管理器管理应用程序从设置到取消设置的生命周期。它与运行状况管理器集成，可确保在升级期间，从语义运行状况的角度来看应用程序的可用性不会丢失。

运行状况管理器：此服务对应用程序、服务和群集实体启用运行状况监视。群集实体（如节点、服务分区和副本）可以报告运行状况信息，此信息随后聚合到集中式运行状况存储中。此类运行状况信息构成了跨群集中多个节点分布的服务和节点的总体时间点运行状况快照，方便用户采取任何所需的纠正措施。借助运行状况查询 API，可以查询向运行状况管理器报告的运行状况事件。运行状况查询 API 为特定群集实体返回运行状况存储中的原始运行状况数据，或已解释的聚合运行状况数据。

映像存储区：此服务提供存储和分发应用程序二进制文件的功能。此服务提供简单的分布式文件存储，可将应用程序上传到该存储中或从该存储中下载应用程序。

5. 宿主子系统

群集管理器通知宿主子系统（在每个节点上运行）需要为特定节点管理的服务。托管单元管理相应节点上应用程序的生命周期。它与可靠性和运行状况组件交互，可确保副本正确放置且正常运行。

6. 通信子系统

通信子系统通过命名服务提供群集内部的可靠消息传送和服务发现。命名服务将服务名称解析到群集中的某个位置，并允许用户管理服务名称和属性。使用命名服务，客户端可以安全地与群集中任意一个节点进行通信，以解析服务名称并检索服务元数据。使用一个简单的命名客户端 API，Service Fabric 的用户可以开发服务和客户端，这些服务和客户端能够解析当前网络位置，而不受节点动态性或群集重设大小的影响。

7. 可测试性子系统

可测试性子系统是一套专为测试建立于 Service Fabric 基础上的服务而设计的工具。这些工具让开发人员能够轻松地引发有意义的故障及运行测试方案来执行和验证服务在整个生命周期内要经历的大量状态及转换，所有一切都以受控且安全的方式进行。可测试性子系统还提供了一种机制来运行更长时间的测试，可在不丢失可用性的情况下循环访问各种可能的故障。这可以提供生产环境中的测试。

4.4.3　Service Fabric 群集

Service Fabric 群集是一组通过网络连接在一起的虚拟机或物理计算机，微服务会在其中部署和管理。群集可以扩展到成千上万台计算机。构成群集的计算机或虚拟机称为节点。需要为每个节点分配节点名称（字符串）。节点具有各种特征，如放置属性。每个计算机或虚拟机都有一个自动启动 Windows 服务 FabricHost.exe，此服务在引导时开始运行，然后启动两个可执行文件：Fabric.exe 和 FabricGateway.exe。这两个可执行文件构成了节点。在开发或测试方案中，可以通过运行 Fabric.exe 和 FabricGateway.exe 的多个实例，在单台计算机或虚拟机上托管多个节点。

命名应用程序是由执行一个或多个特定功能的命名服务组成的集合。服务执行完整且独立的功能（它们可以独立于其他服务启动和运行），并由代码、配置和数据组成。将应用程序包复制到映像存储后，可以通过指定应用程序包的应用程序类型（使用其名称/版本）在群集内创建应用程序的实例。为每个应用程序类型实例分配一个如下的URI 名称：fabric:/MyNamedApp。在群集中，可以从单个应用程序类型创建多个命名应用程序，也可以从不同的应用程序类型创建命名应用程序。可单独管理每个命名应用程序并设置其版本。

创建命名应用程序后，可以通过指定服务类型（使用其名称/版本），在群集中创建应用程序服务类型之一的实例（命名服务）。需要为每个服务类型实例分配一个 URI 名称，该名称归并到实例的命名应用程序的 URI 之下。例如，如果在命名应用程序"MyNamedApp"中创建命名服务"MyDatabase"，则 URI 类似于：fabric:/MyNamedApp/MyDatabase。在一个命名应用程序中可以创建一个或多个命名服务。每个命名服务可以有自身的分区方案和实例/副本计数。

有两种服务类型：无状态服务和有状态服务。无状态服务不在服务中存储状态。无状态服务根本没有持久性状态存储，或者将持久性状态存储在外部存储服务中，如存储在 Azure 存储、Azure SQL 数据库或 Azure Cosmos DB 中。有状态服务将状态存储在服务内，并使用 Reliable Collections 或 Reliable Actors 编程模型来管理状态。

创建命名服务时，需要指定一个分区方案。包含大量状态的服务将跨分区拆分数据。每个分区负责服务完整状态的一部分（分布在群集的节点上）。图 4-16 所示为应用程序和服务实例、分区与副本之间的关系。

图 4-16　应用程序和服务实例、分区与副本之间的关系

1. 分区、缩放和可用性

分区并不是 Service Fabric 所独有的。一种众所周知的分区形式是数据分区，也称为分片。包含大量状态的有状态服务跨分区拆分数据。每个分区负责服务完整状态的一部分。每个分区的副本分布在群集的节点上，以便命名服务状态进行缩放。随着数据需求的增长，分区也会增长，Service Fabric 会在节点间重新平衡分区，以便高效利用硬件资源。如果向群集添加新节点，Service Fabric 会在新添加的节点间重新平衡分区副本。应用程序总体性能提高，访问内存的争用减少。如果没有高效使用群集中的节点，可以减少群集中节点的数量。Service Fabric 会再次在减少的节点间重新平衡分区副本以更加充分地使用每个节点上的硬件。

在分区中，无状态命名服务具有实例，而有状态命名服务具有副本。通常，无状态命名服务只有一个分区，因为它们没有内部状态，尽管有例外。分区实例提供可用性。如果一个实例失败，其他实例可继续正常运行，然后 Service Fabric 会创建新的实例。有状态命名服务在副本中保持其状态，每个分区都有自己的副本集。在一个副本上执行读取和写入操作。因写入操作发生的状态更改会复制到其他多个副本。如果某个副本失败，Service Fabric 将从现有副本创建新副本。

2. Service Fabric 微服务

使用 Service Fabric 可以生成包含微服务或容器的应用程序。无状态微服务（例如，协议网关和 Web 代理）不在请求及服务对请求的响应之外维持可变状态。Azure 云服务辅助角色是无状态服务的一个示例。有状态微服务（如用户账户、数据库、设备、购物车、队列）维护除请求及其响应之外的可变、授权状态。当今的互联网规模应用程序包含无状态微服务和有状态微服务的组合。

为何要将有状态微服务和无状态微服务一同使用？有以下两个主要原因。

（1）在同一台计算机上禁用代码和数据，可以生成高吞吐量、低延迟、容错联机事务处理（OLTP）服务。一些实例包括互动商店、搜索、物联网（IoT）系统、交易系统、信用卡处理和欺诈检测系统，以及个人档案管理。

（2）可以简化应用程序设计。使用有状态微服务时，无需其他队列和缓存，而这些在传统上是处理纯无状态应用程序的可用性和延迟要求所必需的。有状态微服务原本就具有高可用性和低延迟，减少了在应用程序中要作为一个整体进行管理的移动部件的数量。

3. 编程模型

Service Fabric 提供了多种方法来编写和管理服务。服务可以使用 Service Fabric API 来充分利用平台的功能和应用程序框架。服务还可以是采用任何语言编写的任意编译可执行程序，并在 Service Fabric 群集上托管。

- 容器。默认情况下，Service Fabric 以进程形式部署和激活服务。Service Fabric 还可以在容器中部署服务。重要的是，可以在同一应用程序中混合使用进程中的服务和容器中的服务。Service Fabric 支持在 Windows Server 2016 上部署 Linux 容器和 Windows 容器。可以在容器中部署现有应用程序、无状态服务或有状态服务。

- Reliable Services。Reliable Services 是一个用于编写服务的轻型框架，这些服务与 Service Fabric 平台集成且受益于完整的平台功能集。Reliable Services 可以是无状态的（与大多数服务平台类似，如 Web 服务器或 Azure 云服务中的辅助角色），此时状态保存在外部解决方案中，如 Azure DB 或 Azure 表存储。Reliable Services 也可以是有状态的，此时状态使用 Reliable Collections 直接保存在服务中。通过复制使状态具有高可用性，以及通过分区来分布状态，所有状态均由 Service Fabric 自动管理。
- Reliable Actors。Reliable Actors 框架在 Reliable Services 的基础上构建，是根据执行组件设计模式实现虚拟执行组件模式的应用程序框架。Reliable Actors 框架使用称为执行组件的单线程执行的独立的计算单元和状态。Reliable Actors 框架为执行组件提供内置通信，以及提供预设的状态暂留和扩展配置。
- ASP.NET Core。Service Fabric 与 ASP.NET Core 集成，作为用于生成 Web 和 API 应用程序的第一类编程模型。在 Service Fabric 中可通过以下两种不同方法使用 ASP.NET Core：①作为来宾可执行文件托管，这主要用于在 Service Fabric 上运行现有的 ASP.NET Core 应用程序，无须更改代码；②在 Reliable Services 内部运行，这可改善与 Service Fabric 运行时的集成，实现有状态 ASP.NET Core 服务。
- 来宾可执行文件。来宾可执行文件是（采用任何语言编写的）任意现有可执行文件，并在 Service Fabric 群集及其他服务上托管。来宾可执行文件不直接与 Service Fabric API 集成。不过，它们仍受益于平台提供的功能，如自定义运行状况和负载报表及服务可发现性（通过调用 REST API）。它们还具有完整的应用程序生命周期支持。

4. 应用程序生命周期

与其他平台一样，Service Fabric 上的应用程序通常会经历以下几个阶段：设计、开发、测试、部署、升级、维护和删除。Service Fabric 为云应用程序的整个应用程序生命周期提供一流的支持：从开发、部署到日常管理和维护，再到最终解除授权。服务模型使多个不同角色可以独立参与应用程序生命周期。《Service Fabric 应用程序生命周期》一文提供了有关 API 的概述，以及在 Service Fabric 应用程序生命周期的各个阶段，它们是如何被不同角色所使用的。

可以使用 PowerShell cmdlet、CLI 命令、C# API、Java API 和 REST API 管理整个应用生命周期，还可以使用 Azure Pipelines 或 Jenkins 等工具来设置持续集成/持续部署管道。

5. 测试应用程序和服务

若要创建真正的云规模服务，务必确保应用程序和服务能够经受住现实中发生的故障。故障分析服务是在 Service Fabric 基础上专为测试服务构建的。借助故障分析服务，可以引入有意义的故障，并对应用程序运行完整的测试方案。这些故障和方案执行并验证服务在整个生命周期内要经历的大量状态和转换，所有一切都以受控、安全且一致的方式进行。操作使用单独故障针对某个服务进行测试。服务开发人员可将这些操作用作构造块来编写复杂的方案。模拟故障的示例如下。

- 重新启动一个节点以模拟任意数量的重启计算机或虚拟机。
- 移动有状态服务的一个副本以模拟负载均衡、故障转移或应用程序升级。
- 在一个有状态服务上调用仲裁丢失以创建一种因没有"足够"的"备份"或辅助副本来接收新的数据而无法继续写操作的情形。
- 在一个有状态服务上调用数据丢失以创建一种所有内存中的状态都被完全清除的情形。

方案是由一个或多个操作组成的复杂操作。故障分析服务提供以下两种内置的完整方案。

- 混沌方案：在整个群集模拟连续交叉出现的故障（包括常规故障和非常规故障），时间跨度很长。
- 故障转移方案：混沌测试方案针对特定服务分区的一个版本，同时不影响其他服务。

6. Azure 上的群集

在 Azure 上运行 Service Fabric 群集可提供与其他 Azure 功能和服务的集成，这样可使群集的操作和管理更容易且更可靠。群集是 Azure Resource Manager 资源，因此可以像 Azure 中的其他资源一样对群集进行建模。Resource Manager 还可以轻松管理群集作为单个单元使用的所有资源。Azure 上的群集已集成了 Azure 诊断和 Azure Monitor 日志。群集节点类型是虚拟机规模集，因此自动缩放功能是内置的。

可以通过 Azure 门户、模板或 Visual Studio 在 Azure 上创建群集。如同在 Windows 上一样，可以使用 Linux 上的 Service Fabric 在 Linux 上构建、部署和管理高可用性、高度可缩放的应用程序。Service Fabric 框架（Reliable Services 和 Reliable Actors）除了可在 C#（.NET Core）中使用，也能在 Java on Linux 中使用，并且可以使用任何语言或框架来构建来宾可执行的服务，还支持协调 Docker 容器。Docker 容器可以运行使用 Service Fabric 框架的来宾可执行文件或本机 Service Fabric 服务。

Service Fabric 提供了一个安装包，用于在本地或者任何云提供程序上创建独立的 Service Fabric 群集。使用独立群集可随时随地托管群集。如果数据受符合性或法规约束，或者需要将数据保留在本地，可以托管自己的群集和应用程序。Service Fabric 应用程序可在多个托管环境中运行，而不发生任何变化。因此，在应用程序生成方面的知识在各托管环境中都适用。

群集安全性必须保护群集以防止未经授权的用户连接到群集，特别是群集上正在运行生产工作负荷时。虽然可以创建不安全的群集，但这样做会导致在向公共互联网公开管理终结点时，匿名用户可与它建立连接。无法在不安全的群集上启用安全性：群集安全性在群集创建时启用。群集安全方案包括：节点到节点安全性、客户端到节点安全性、Service Fabric 基于角色的访问控制。

微软会定期发布新版本的 Service Fabric 运行时。在群集上执行运行时或结构升级，以便始终运行受支持的版本。除了结构升级，还可以更新群集配置（如证书或应用程序端口）。Service Fabric 群集是用户拥有的、部分由微软管理的资源。微软负责修补基础 OS 并在群集上执行结构升级。当微软发布新版本时，可以将群集设置为接收自动结构升级，或者选择所需的受支持的结构版本。可通过 Azure 门户或 Resource Manager 设置结构和配置升级。

7. 运行状况监视

Service Fabric 引入了运行状况模型，用于在特定实体上标记不正常的群集和应用程序状态（如群集节点和服务副本）。运行状况模型使用运行状况报告器（系统组件和监视器）。其目标是实现轻松快捷的诊断和修复。服务写入程序需要预先考虑运行状况和如何设计运行状况报告。应报告任何可能会影响运行状况的条件，尤其是当它有助于标记接近根源的问题时。在生产中大规模启动并运行服务后，运行状况信息可以减少调试和调查工作所需的时间与精力。

Service Fabric 报告器可监视感兴趣的已标识条件。它们会根据其本地视图报告这些条件。运行状况存储可汇总所有报告器发送的运行状况数据，从而确定实体的全局运行状况是否正常。运行状况报告的质量决定了群集运行状况视图的准确性。错误显示不正常问题的误报会对升级或其他使用运行状况数据的服务产生负面影响。修复服务和警报机制就是此类服务的例子。因此，提供报表时须多加考量，才能让其以尽可能最佳的方式捕获感兴趣的条件。

可以基于以下内容完成报告。

- 受监视的 Service Fabric 服务副本或实例。
- 内部监视器部署为 Service Fabric 服务（如可监视状态和问题报告的 Service Fabric 无状态服务）。可以在所有节点上部署监视器，也可以将监视器与受监视的服务关联。
- 在 Service Fabric 节点上运行，但未以 Service Fabric 服务形式实现的内部监视器。
- 从 Service Fabric 群集外探测资源的外部监视器（如 Gomez 之类的监视服务）。

Service Fabric 组件报告包含群集中所有实体的运行状况。系统运行状况报告提供有关群集和应用程序功能的可见性，并且通过运行状况标记问题。对于应用程序和服务，系统运行状况报告从 Service Fabric 运行时的角度验证实体得到实现且正常运行。报告不对服务的业务逻辑进行任何运行状况监视，也不检测已停止响应的进程。若要添加特定于服务逻辑的运行状况信息，可在服务中执行自定义运行状况报告。

Service Fabric 提供了以下多种方式查看在运行状况存储中聚合的运行状况报告。

- Service Fabric Explorer 或其他可视化工具。
- 运行状况查询（通过 PowerShell、CLI、C# FabricClient API 和 Java FabricClient API 或 REST API）。
- 常规查询，返回将运行状况作为属性之一的实体的列表（通过 PowerShell、CLI、API 或 REST API）。

8. 监视和诊断

监视和诊断对任何环境中的开发、测试和部署应用程序与服务都至关重要。如果规划与实施的监视和诊断有助于确保应用程序及服务在本地开发环境或在生产环境中按预期工作，则 Service Fabric 解决方案可以发挥最大的作用。

监视和诊断的主要目标如下。

- 检测和诊断硬件与基础结构问题。
- 检测软件和应用问题，缩短服务停机时间。
- 了解资源消耗情况，帮助推动运营决策。
- 优化应用程序、服务和基础结构性能。
- 生成业务见解并确定改进区域。

监视和诊断的整体工作流程分为以下三个步骤。

（1）事件生成：包括基础结构（群集）、平台和应用程序/服务级别的事件（日志、跟踪、自定义事件）。

（2）事件聚合：需要先收集和聚合生成的事件才能显示这些事件。

（3）分析：需要使事件可视化并能够以某种格式访问事件，以便按需进行分析和显示。

4.5　Microsoft Azure Marketplace

在本地计算机上，不是所有的应用都是定制的，用户通常也会购买很多应用。许多组织除了购买应用，有时候也会购买数据集。随着云计算越来越受关注，微软提供了 Microsoft Azure Marketplace 以方便用户寻找、购买云应用和数据集。

目前，Microsoft Azure Marketplace 由以下两个部分组成。

（1）DataMarket。内容提供者通过 DataMarket 可以提供交易的数据集。用户可以浏览这些数据集，并购买他们感兴趣的数据集。无论是定制的应用还是现有的应用（比如 Microsoft Excel），都可以通过 REST 请求或 OData 门户访问这些数据。

（2）AppMarket。云应用创建者通过 AppMarket 可以将应用展现给潜在的用户。目前 AppMarket 尚未实现，微软只是将其列入了研究计划。

现今社会中，购买应用已经变得十分普遍，而购买数据却没有那么广泛。很多公司均出售各种各样的数据。DataMarket 可以查找内容提供者存储的所有种类的数据，同时检查这些数据是否满足用户的需求。图 4-17 所示为 DataMarket 信息访问过程。

应用和用户都可以通过 DataMarket 访问信息。DataMarket 中存在一个服务资源管理器，它是一个 Microsoft Azure 应用，用户通过这个资源管理器可以查看所有可用的数据集，然后购买需要的数据。应用可以通过 REST 或者 OData 请求访问数据，数据集通常使用 Microsoft Azure 存储服务或者 SQL Azure 数据库进行存储。当然，数据集也可以存放在外部内容提供者处。

图 4-17 DataMarket 信息访问过程

4.6 Microsoft Azure 服务平台

Microsoft Azure 云计算服务平台现在已经包含如下服务：网站、VM、云服务、移动服务、大数据处理、媒体服务、物联网平台及人工智能服务。

4.6.1 网站

Microsoft Azure 网站服务能够帮助开发者快速在 Azure 平台上部署网站。Microsoft Azure 网站服务在虚拟机内运行 Windows Server 和互联网信息服务（IIS）。如图 4-18 所示，一个单一的虚拟机往往包含由多个用户创建的多个网站，尽管各网站运行自己的虚拟机是可能的。网站服务支持三种主要情景：构建静态 Web 网站、配置流行的开源应用和创建 Web 应用。

构建静态 Web 网站只需要复制 HTML 和其他 Web 内容的文件到一个特定的目录，然后 IIS 可为用户提供这些文件服务。Microsoft Azure 网站服务更像一个标准的 IIS 环境，可直接完成这个工作。

网站服务也能支持一些流行的开源应用，包括 Drupal、WordPress 等。用户可以从菜单中选择一种应用自动安装，并让其可用。由于大量的应用使用 MySQL，因此第三方公司 ClearDB 可以通过 Microsoft Azure 平台提供 MySQL 服务。

开发者也可以通过网站服务创建 Web 应用。这些技术支持使用 ASP.NET、PHP 和 Node.js 创建应用。应用可以使用固定会话，现有的应用不修改即可迁移到云平台。

构建在网站服务上的应用可以自由使用其他 Microsoft Azure 部件，如 Service Bus、SQL Database 和 Blob 存储。用户可以在不同的虚拟机上运行一个应用的多个副本，网站服务可以在多个虚拟机之间自动负载平衡。

图 4-18　Microsoft Azure 网站服务

如图 4-18 所示，用户可以上载代码和其他 Web 内容到网站服务。一个简单的 Web 网站可使用 FTP 或微软 WebDeploy 技术。网站服务也支持从源控制系统上载代码，如 Git、Team Foundation Service（TFS）和基于云的 TFS。

4.6.2　虚拟机

Microsoft Azure 虚拟机服务让开发者、IT 操作人员和其他用户可以在云中创建及使用虚拟机，提供一种基础框架即服务的云计算模式。

如图 4-19 所示，用户可以通过 Microsoft Azure 管理门户网站或者基于 REST 的 Microsoft Azure 服务管理 API 创建虚拟机。管理门户网站可以通过各种流行的浏览器访问，包括 IE、Mozilla 和 Chrome 等；微软也提供针对 Windows、Linux 和 Macintosh 操作系统的客户端脚本工具以支持 REST 访问接口。

图 4-19　Microsoft Azure 虚拟机服务

当登录 Microsoft Azure 云计算平台创建一个新的虚拟机时，需要选择一个虚拟硬盘

（VHD）来管理虚拟机镜像。虚拟硬盘存放在 Microsoft Azure 的 Blob 存储中，用户可以选择上载自己的虚拟硬盘，或者使用 Window Azure 提供的虚拟机模型标准库。标准库中的虚拟硬盘包括 Windows Server 2008 R2、配置 SQL Server 的 Windows Server 2008 R2 和 Windows Server 2012 版本镜像。同时，它还提供 SUSE、Ubuntu 和 CentOS 等 Linux 版本镜像。

Microsoft Azure 创建虚拟机，不仅可以按需指定使用虚拟硬盘的类型，还可以按需选择虚拟机的 CPU、内存、I/O 性能及磁盘容量等配置。另外，用户还可以选择将新建的虚拟机运行在美洲、欧洲、澳洲或亚洲的数据中心。一旦虚拟机运行，用户就按小时计费；删除虚拟机后，用户停止付费。付费的多少由系统时钟来决定，并不依赖虚拟机运行负载的高低。

每个运行的虚拟机有一个相关的操作系统盘和至少一个数据盘。每个盘实际存放在一个 Blob 中，Microsoft Azure 通过在单个数据中心内部或在多个数据中心之间复制 Blob 来支持数据容灾。虚拟机服务监控每个虚拟机的硬件设施。如果一个虚拟机所在的物理服务器失效，Microsoft Azure 平台获知这一信息，并在另一台物理机上启动相同的虚拟机；如果权限许可，用户也可以从操作系统盘中复制一个修改后的虚拟硬盘，将其运行在用户可信的数据中心或者使用别的云服务提供商。

运行的虚拟机可以使用管理门户网站、PowerShell 及其他脚本工具，或者直接通过 REST 接口管理；与微软合作的第三方公司，如 RightScale 和 ScaleXtreme，也利用 REST 接口提供管理服务。

Microsoft Azure 虚拟机服务可以通过许多不同方式使用，最主要包括以下四种场合。

（1）开发和测试。开发组往往需要具有特定配置的虚拟机来创建应用。Microsoft Azure 虚拟机服务提供了一种直接和经济的方式来创建、使用和删除虚拟机。

（2）云中的应用。一些应用运行在公有云中将更经济实惠。尽管购买足够的机器来构建自己的数据中心以运行应用是可行的，但大量的机器在很长一段时间内很可能是空闲的。Microsoft Azure 让用户可以关掉空闲的机器，只为需要运行的虚拟机付费。

（3）扩展自己的数据中心到公有云。通过 Microsoft Azure 虚拟网络，用户可以创建一个虚拟网络，使一组 Microsoft Azure 虚拟机看起来像自身网络的一部分。这样使一些 Microsoft Azure 应用，相比运行在自身的数据中心，更容易配置和更经济。

（4）容灾。Microsoft Azure 虚拟机支持基础框架即服务的容灾，让用户在真正需要时按需支付计算资源，而不是构建一个很少使用的持续运转备份数据中心。如果主数据中心停止运行，用户可以在 Microsoft Azure 上创建一些虚拟机来运行必需的应用，并可在不需要时关闭这些虚拟机。

4.6.3　云服务

云服务提供 PaaS 的云计算模式。该技术支持高度可用的且可无限缩放的应用程序和服务，支持多层方案、自动化部署和灵活缩放。云服务也依靠虚拟机创建，它提供两种不同的虚拟机选择：一种是运行在配置 IIS 的 Windows Server 上的 Web Role 实例；另一种是运行在未配置 IIS 的 Windows Server 上的 Worker Role 实例。一个云服务应用常常同时使用这两者。

　　如图 4-20 所示，单一应用中的所有虚拟机运行在相同的云服务中。用户通过单一公共 IP 地址访问应用，随着访问请求数的变化，同一应用的多个虚拟机自动负载均衡。与 Microsoft Azure 虚拟机服务一样，云服务也采用同样的方式避免单点硬件失效。云服务不仅检测硬件失效，还检测虚拟机和应用失效。在每个 Web Role 和 Worker Role 中，云服务都有一个代理来支持失效时创建新的虚拟机和应用实例。

图 4-20　Microsoft Azure 云服务

　　云服务虚拟机有别于使用 Microsoft Azure 虚拟机模型创建的虚拟机。Microsoft Azure 本身管理它们，执行如安装操作系统修补程序并自动推出新修补的映像等操作。用户不需要创建虚拟机，只需要配置应用所需虚拟机的计算和存储能力。如果用户的应用需要处理更高的负载，可以申请更多的虚拟机，Microsoft Azure 将创建这些实例；如果应用负载降低，用户可以关闭这些实例，并停止支付相应的云服务成本。

　　在任意 Web Role 或 Worker Role 实例失效时，构建在云服务中的应用应该正确地运行。因此，云服务应用不应该保留所运行虚拟机文件系统的状态。不同于 Microsoft Azure 虚拟机服务创建的虚拟机，云服务虚拟机的写操作不是持久的，而是显式地写所有状态到 SQL Database、Blob、表或其他外部存储中。采用这种方式构建应用，使得云服务应用更容易扩展和更能抵抗失效。

4.6.4　移动服务

Microsoft Azure 移动服务可通过使用 Microsoft Azure 创建高性能的移动应用程序。移动服务使连接扩展云后端到用户的客户端和手机应用变得非常简单。它允许用户轻松地在云中存储结构化数据，且可跨设备和用户，通过用户认证整合服务，同时通过推送通知发布更新，支持 SQL Database、Mobile 服务，并可以快速生成 Windows Phone、Android 或者 iOS 应用程序项目。

　　移动服务提供一组 Microsoft Azure 服务，这些服务为用户的应用程序实现后端功能。移动服务在 Microsoft Azure 中提供以下后端功能，以便支持用户的应用程序。

（1）客户端库支持在多种设备上开发移动应用程序。

（2）可以很轻松地对表进行设置和管理，以便存储应用程序数据。

（3）与通知服务相集成，以便向用户的应用程序提供推送通知。

（4）与已知的标识提供程序相集成，以便进行身份验证。

（5）精确控制对表的访问权限的授权。

（6）支持脚本，以便将业务逻辑注入数据访问操作。

（7）与其他云服务相集成。

（8）支持对移动服务实例进行缩放。

（9）服务监视和日志记录。

使用 Microsoft Azure 移动服务将数据存储到云上已经非常简单。当用户创建一个 Microsoft Azure 移动服务后，自动将它与 Microsoft Azure 上的 SQL 数据库相关联. Microsoft Azure 移动服务后台便会提供内置支持，允许远程应用程序从云中安全存储和检索数据（利用基于 JASON 的 OData 格式，使用安全 REST 端点），不需要用户编写和部署任何定制的服务代码。Microsoft Azure 中的内置管理支持创建表格、浏览数据、设置索引和控制访问权限。

Microsoft Azure 移动服务也使整合用户认证及在应用中推送通知变得简单化。用户能利用这些特性对查询自己存储在云中的数据的使用者进行身份认证及访问控制，同时当这些数据改变时用户会收到推送通知。Microsoft Azure 移动服务支持"服务脚本"的概念（执行小模块的服务器端脚本来响应操作），这使这些方案的实现变得很简单。

Microsoft Azure 移动服务现在允许每个 Microsoft Azure 用户免费创建和运行最多 10 个移动服务，共享/多租托管环境。这就提供了一个简单的方法，使用户在使用 Microsoft Azure 移动服务连接数据库的情况下不花任何费用来开始自己的项目。Microsoft Azure 按照每小时所使用的计算功能来计费，允许用户根据自己的需要扩大或减少资源的使用。

4.6.5　大数据处理

Microsoft Azure 提供海量数据处理能力，可以从数据中获取可执行洞察力，利用完全兼容的企业准备就绪 Hadoop 服务。PaaS 产品/服务提供了简单的管理，并与 Active Directory 和 System Center 集成。

传统的关系型数据分析可以使用 SQL Server Analysis Services 等工具来处理，但在整个数字世界中，大量的数据是非关系型数据，传统的数据分析工具难以有效地分析处理这些数据。近年来一种新兴的开源技术——Hadoop，在物理机或者虚拟机集群上通过并行处理大数据，能够有效地解决这一问题。Hadoop 使用的机器越多，就能越快地完成工作。在公有云中按需创建虚拟机运行 Hadoop，不但能够避免大量专用服务器长期处于空闲状态而引起的资源浪费，更能减少因移动数据产生的问题。

Microsoft Azure 支持 Hadoop 服务来进行大数据处理，主要的服务组成部分如图 4-21 所示。为了使用 Microsoft Azure 的 Hadoop 服务，需要指定所需的虚拟机数量，在云平台上创建一个 Hadoop 集群。相比于用户自己构建一个 Hadoop 集群，Microsoft Azure 将让用户更简便地完成这一任务。当任务完成不需要集群时，可以将其关闭。

　　一个 Hadoop 应用往往被称为一个作业，它使用 MapReduce 编程模型。一个 MapReduce 作业逻辑上在多个虚拟机上同时运行；通过数据并行处理，Hadoop 较单机策略分析数据更快。在 Microsoft Azure 平台上，MapReduce 作业处理的数据往往存放在 Blob 存储中。不同于传统 Hadoop 的 MapReduce 作业将数据存放在 HDFS 上，Microsoft Azure 的 Hadoop 平台使用 Blob 存储代替 HDFS API 来实现数据管理功能。然而，在逻辑上，MapReduce 作业像访问一般的 HDFS 文件一样访问 Blob 存储上的数据流。为了支持多个作业运行在同一数据集上，Microsoft Azure 的 Hadoop 允许将数据从 Blob 存储复制到在虚拟机上运行的完整 HDFS 上。

图 4-21　Microsoft Azure 大数据处理

　　MapReduce 作业一般采用 Java 实现。微软也增加了使用 C#、F#和 JavaScript 语言实现的功能。除了 HDFS 和 MapReduce，Microsoft Azure 平台的 Hadoop 服务还支持大数据分析语言 Pig、类 SQL 处理语言 Hive、机器学习库 Mahout 和图像挖掘系统 Pegasus 等技术。

4.6.6　媒体服务

　　Microsoft Azure 媒体服务是一个 PaaS 平台，用来为用户部署和提供媒体解决方案，具有灵活性、可缩放性和可靠性，可以为全球用户提供高质量的媒体体验。如图 4-22 所示，媒体发布者（如广播员、网络操作员、内容发布者和企业等）可以在云端部署媒体工作流，Microsoft Azure 媒体服务提供包括内容注入、编码和格式转换、内容保护、内容分析、按需流和实时流等功能。媒体服务平台可通过标准应用程序接口单独调用媒体服务，以便与私有云的应用程序和服务轻松集成。支持的客户端连接设备包括 Xbox、Windows Phone、Windows PC、智能 TV、机顶盒，以及 MacOS、iOS、Android 设备，为用户提供出租免费订阅和购买广告支持等应用需求。

为了访问这些服务，需要创建一个供媒体服务使用的 Microsoft Azure 账户。启用账户可允许存储与媒体内容和处理工作相关的元数据。一旦启动了媒体服务并创建了希望上传的内容，就可以使用媒体服务软件开发工具（SDK）.NET 版或 Microsoft Azure Media Service REST API 来连接服务和内容。上传大量的内容非常耗费时间，但是微软公司与第三方合作伙伴已开发出优化的上传工具。

在云计算中运行媒体服务的一个优势就是可以利用多台服务器进行处理工作。Microsoft Azure 媒体服务支持多种格式的编码、增加水印及使用 Microsoft PlayReady Protection 进行内容加密。媒体服务使用了一个工作抽象，后者由一组适用于内容的任务组成。通过采用这个方法，可以在一个单一逻辑处理中执行多个处理步骤。

图 4-22　Microsoft Azure 媒体服务

在内容被处理过之后，它被永久地存储在 WAS 中。通过 URL 访问内容，客户端应用程序就可以直接访问内容。媒体服务也支持访问控制。

4.6.7　物联网平台

Azure 物联网（IoT）平台是微软托管的云服务的集合，这些服务用于连接、监视和控制数十亿项 IoT 资产。更简单地讲，IoT 解决方案由一台或多台 IoT 设备构成，这些设备与云中托管的一个或多个后端服务通信。IoT 设备通常包括一块装有传感器的电路板，这些传感器使用 WiFi 连接到互联网。

如图 4-23，不同的制造商提供多种设备用于构建解决方案，与 Azure IoT 中心配合使用的设备要经过有关认证。对于原型制作，可以使用 MXChip IoT DevKit 或 Raspberry Pi 等设备。DevKit 包含内置的温度传感器、压力传感器、湿度传感器，以及陀螺仪、加速度传感器和磁力计。Raspberry Pi 允许连接多种不同类型的传感器。

图 4-23　Azure IoT 技术、服务与解决方案

微软提供开源设备 SDK 用于构建在设备上运行的应用。这些 SDK 可以简化并加速 IoT 解决方案的开发。通常，IoT 设备将来自传感器的遥测数据发送到云中的后端服务。但是，也可以实现其他类型的通信，如在后端服务中将命令发送到设备。IoT 设备 SDK 和 IoT 中心支持常用的通信协议，如 HTTP、MQTT 和 AMQP。相比于其他客户端（如浏览器和移动应用），IoT 设备有不同的特征。设备 SDK 可帮助以安全可靠的方式将设备连接到后端服务。具体而言，IoT 设备具有以下特征。

- 通常是无人操作的嵌入式系统（与电话不同）。
- 可以部署到物理访问昂贵的远程位置。
- 可能只能通过解决方案后端来访问。
- 能力和处理资源可能都有限。
- 网络连接可能不稳定、缓慢或昂贵。
- 可能需要使用专属、自定义或行业特定的应用程序协议。

在 IoT 解决方案中，后端服务提供如下功能。

- 接收大规模的来自设备的遥测数据，并确定如何处理和存储该数据。
- 通过分析遥测数据为用户提供见解，不管是实时的还是事后的。
- 从云向特定设备发送命令。
- 预配设备并控制哪些设备可以连接到基础结构。
- 控制设备状态并监视设备活动。
- 管理设备上安装的固件。

当后端服务识别到异常时，可以自动将一条命令发回给设备，以采取纠正措施。此过程在设备和云之间产生一个自动反馈循环，大大提高了解决方案的效率。

4.6.8 人工智能服务

Azure 在为开发人员提供一系列人工智能（AI）服务方面处于领先地位。但是，当选择过多时，就很难辨别哪些是可以使用的最佳服务，以及何时使用。在可用服务范围

内，Azure 提供了超过 35 项针对 AI 和机器学习（ML）的服务。这些服务的范围从现成的 RESTful API 到可用于使用自己的数据从头创建 AI 模型的服务和 SDK。Azure 上的 AI 和 ML 服务满足所有需求，包括预构建的 AI 服务，可以通过一些 RESTful API 调用将这些服务集成到解决方案中。如果特定需求要求自定义 ML 模型，那么也有一些工具和服务可以生成和使用这些模型。开放性一直是 Azure 平台的核心原则，AI 平台允许用户使用当前使用的任何工具集或框架，并且仍可以利用 Azure AI 服务来端到端简化 ML 工作流。

为简单起见，可以将 AI 服务分为三个高级别类别：AI 应用和代理、知识挖掘和机器学习。

AI 应用和代理：AI 应用和代理是微软认知服务及 Azure 机器人服务提供的服务子集。微软认知服务是预构建的 AI 服务，开发人员只需要调用几个 RESTful API，就可以在其应用和服务中快速添加智能功能。其中一些服务提供自定义选项来满足规范需求，但它们主要由微软开发、训练和托管的模型提供支持，因此实际上不需要从头开始开发模型。Azure 机器人服务由微软 Bot Framework 平台提供支持，它提供了快速开始运行机器人的方法，可以使用微软认知服务或 Azure 的其他 AI 服务对其进行扩展。开发人员还可以集成自己开发的任何 AI 服务。语音和语言认知服务也称为与 Azure 机器人服务结合使用的对话 AI 服务。

知识挖掘：知识挖掘是 Azure AI 平台的一个分支，其中智能信息提取是从结构化和非结构化数据中呈现见解的关键通道。Azure 搜索（及其认知技能）和 Azure 表单识别器服务是此类服务的两个杰出示例。

机器学习：AI 应用和代理及知识挖掘均包括预构建的 AI 服务。但是 Azure AI 平台包含定制服务，让任何数据科学家都有"宾至如归"的感受。机器学习类别包括微软 AI 平台服务，可以使 ML 模型栩栩如生。Azure 服务帮助管理 ML 试验，从数据准备到测试和管理训练，再到运行时评估。它们还提供灵活的计算目标选项，因此开发人员可以只关注试验代码，而不必担心基础结构、平台和可伸缩性。Azure 机器学习工作室、自动化机器学习服务（也包括 SDK）、Azure Notebooks 和 Azure 机器学习服务提供平台工具和服务，使开发更加高效。

习题

1．微软云计算平台包含几部分？每部分的作用是什么？

2．Microsoft Azure 存储服务提供了几种类型的存储方式？阐述每种存储方式主要的存储对象。

3．阐述 Web Role 实例和 Worker Role 实例之间的通信机制。

4．SQL Azure 数据同步技术主要有几种？分别如何实现？

5．阐述 SQL Azure 和 SQL Server 的相同点与不同点。

6．Service Fabric 的体系架构及各子系统功能是什么？

7．利用 Visual Studio 开发一个简单的应用程序，并将其部署到 Microsoft Azure 平台上。

8．Microsoft Azure 是如何支持大数据处理的？

第 5 章　Hadoop 3.0：主流开源云架构

自从云计算的概念被提出，不断地有 IT 厂商推出自己的云计算平台。Amazon 的 AWS、微软的 Azure 和 IBM 的蓝云等都是云计算的典型代表，但它们都是商业性平台，对于想要继续研究和发展云计算技术的个人及科研团体来说，无法获得更多的了解，Hadoop 的出现给研究者带来了希望。本章将重点介绍开源云架构 Hadoop 3.0，以及 Hadoop 3.0 的生态圈产品。

5.1　挑战与对策

据不完全统计，全球数据总量在 2011 年就达到了 2.1ZB，2020 年达到 44ZB；我国数据总量 2020 年已达 8060EB，占全球的 18%。受疫情影响，全球传统产业正加速数字化转型，IDC 更是预计 2025 年全球数据总量将超过 50ZB（50 万亿 GB），这相当于届时全球每人平均拥有 5.5TB 的数据量。大数据给存储和计算带来了巨大的挑战，下面给出一个场景和三类问题，请读者在此场景下讨论并解决这三类问题。

5.1.1　问题概述

【例 5-1】假设现有一些配置完全相同的机器：cslave0～cslaveN、cmaster0、cmaster1，并且每台机器都有 1 个双核 CPU、5GB 硬盘。现有两个大小都是 2GB 的文件 file0 和 file1。

第一类问题，存储。

问题①：将 file0 和 file1 存入两台不同机器，但要求对外显示它们存于同一硬盘空间。

问题②：不考虑问题①，现有一新文件 file2，大小为 6GB，要求存入机器后对外显示依旧为一个完整文件。

第二类问题，计算。

问题③：在问题①下，统计 file0 和 file1 这两个文件里每个单词出现的次数。

第三类问题，可靠性。

问题④：假设用于解决上述问题的机器宕机了，问如何保证数据不丢失。

为求简单明了，上述场景与问题的描述可能不够完善，读者也暂不需要考虑诸如数据库、压缩存储、NFS 等方案，把思路放在分布式上，下面给出最直观的解答。

5.1.2　常规解决方案

问题①解答：取两台机器 cslave0 和 cslave1，cslave0 存储 file0，cslave1 存储 file1。

问题解决了吗？显然没有，虽然 file0 和 file1 都存储了下来，但对外显示时它们并非存储于同一个硬盘空间，似乎除非将两个硬盘连接到一起，才能解决这个问题，可是这两个硬盘明显属于两台不同的机器。

问题②解答：将 file2 拆成两个大小分别为 3GB 的文件 file2-a 和 file2-b，将 file2-a 存入 cslave0，将 file2-b 存入 cslave1。

和问题①一样，我们成功地存储了"大"文件 file2，但本来一个文件，存入后对外显示时成了两个不同的文件。

问题③解答：

步骤一，将 cslave1 上的 file1 复制一份到 cslave0 上，这样 cslave0 上同时存有 file0 和 file1；

步骤二，编写一简单程序，程序里使用 HashMap<String, Integer>，顺序读取文件，判断新读取的单词是否存在于 HashMap 中，存在则 Integer+1，不存在则在 HashMap 里加入这个新单词，Integer 设置为 1，记此程序为 WordCount；

步骤三，将此程序 WordCount 放在 cslave0 上执行，得出结果。

统计单词个数问题被我们解决了，如果现实问题真是如此，上述方案简单明了，易于操作，的确是个好方法。可是假如数据分布在 100 台机器上，每台机器存的不是 2GB 而是 1TB 的文件，仅仅数据复制这一步，就需要花去几天时间，并且普通服务器一般配置 2TB 硬盘空间，单台服务器不可能存下 200TB 数据，大数据环境下已不可能依赖单台服务器存储和处理数据了。

对于问题④，最直观的想法是对每台机器都做磁盘冗余阵列（RAID），购买更稳定的硬件，配置最好的机房、最稳定的网络。

硬件要提供极高的稳定性，这点没错，但我们不能"千方百计"地依赖硬件的可靠性，最好能在存储和计算这两端都做些冗余，从软件层预防和处理硬件失效。

5.1.3 分布式下的解决方案

上述方案并没有真正解决问题，下面介绍的分布式方案也是 Hadoop 的架构思路，读者须仔细研读，重点理解其架构思想，至于有些不好理解的地方，暂不必追究，后面章节将深入讲解。

1．分布式存储

对于第一类存储问题，若能将多台机器的硬盘以某种方式连接到一起，则问题迎刃而解。取机器 cslave0、cslave1 和 cmaster0，按照"客户端—服务器"模式构建分布式存储集群，让 cmaster0 管理 cslave0 和 cslave1。规定 cmaster0 为 Store Master，cslave0、cslave1 为 Store Slave，Store Master 不存储数据，统一管理所有 Store Slave 的硬盘空间，Store Slave 作为存储节点，由 Store Master 管理，用来存储真实数据（见图 5-1）。

经过上述方式构建后的集群，对内，由于采用"客户端—服务器"模式（客户端主动连接，服务器被动接受，并且客户端取得服务的方式相同），只要保证 Store Master 正常工作，客户很容易通过增减 Store Slave 的方式，实现硬盘存储空间的弹性伸缩，甚至可以使硬盘空间变得无限大；对外，整个集群就像一台机器、一片云，硬盘显示为统一存储空间，文件接口统一，外部接入程序向前、向后兼容性高。

图 5-1　分布式存储架构思路

以此方式新构建的文件系统称为分布式文件系统（Distributed File System，DFS），这个 DFS 可以解决问题①、问题②。Hadoop 分布式文件系统（Hadoop DFS，HDFS）的架构思路和上述过程类似。

2．分布式计算

针对第二类计算问题，数据量少时怎么折腾都行，但当数据量达到 TB 规模时，不可能每次都将数据复制到同一台机器计算，先不论单机能否存下 TB 级数据，仅复制这一步就需要 10 分钟以上的时间，这在"实时计算，秒级反馈"的当今应用模式下是不可容忍的。Google 关于 MapReduce 的论文给出观点"移动计算比移动数据更划算"，试想一下，数据动辄就是几 TB，而代码一般才几 MB，如果每次都将程序分发至存储数据的机器上执行，而不是移动数据，计算效率将大大提高。采用分布式计算思想解决问题③，先给出如下思路。

首先引入 <key,value> 对，其简称 kv 对，大量半结构化数据都可以表示成这种形式，其中 value 为 key 对应的值，且 key、value 都可以是复合类型。

假定 cslave0 存储 file0，cslave1 存储 file1，file0 和 file1 的内容分别为"china cstor china"和"cstor china cstor"。首先，在 cslave0 与 cslave1 上，针对各自存储的文件分别独立执行 WordCount 程序（单词计数），结果记成"<key,value>"形式，其中，key 为单词，value 为此 key 出现次数，如<cstor,2>表示单词 cstor 出现两次。其次，规定 key=china 的<key,value>对前往 cslave0 进行合并计算，key=cstor 的<key,value>对前往 cslave1 进行合并计算。再次，cslave0 和 cslave1 分别独立计算合并中间结果，并得出最终结果。最后，将结果（依旧为<key,value>时形式）存入 DFS（见图 5-2）。

根据图 5-2，处理过程可大致分为三步：本地计算（Map）、洗牌（Shuffle）和合并计算（Reduce）。三个过程构建如下。

取新机器 cmaster1，按照"客户端—服务器"方式构建由机器 cslave0、cslave1 和 cmaster1 组成的分布式计算集群。规定 cmaster1 为 Compute Master，cslave0 和 cslave1 为 Compute Slave，Compute Master 不执行具体计算任务，主要负责分配计算任务和过程监管，Compute Slave 负责具体计算任务，并且还要不断向 Compute Master 汇报计算进度（见图 5-3）。

图 5-2   WordCount 分布式计算思路

图 5-3   分布式计算架构思路

按照"移动计算比移动数据更划算"的思想，cslave0 最好处理存于本机硬盘上的 file0，而不是将 file1（通过网络）从 cslave1 调过来再处理 file1；同样，cslave1 处理存在 cslave1 上的 file1，这就是所谓的"本地计算"（见图 5-4）。Hadoop 将此过程称为分布式计算的本地计算阶段。

图 5-4   本地计算

上述本地计算阶段结束后，cslave0～cslave1 分别有中间结果<cstor,2><china,1> 和 <cstor,1><china,2>。至此，虽已成功实现了本地计算，但只是算出中间结果，单词计数问题依旧没有解决。容易看出，将这两个中间结果合并，即最终结果。于是我们自然想到将 cslave1 上的中间结果复制到 cslave0，在 cslave0 上进行合并计算，可是这个合并是单机的，那如何能够实现"合并"过程也由多机执行呢？

为此引入洗牌过程，即规定将 key 值相同的 kv 对，通过网络发往同一台机器。易知，只要规定的规则相同，那同一个 key 所对应的 kv 对（不管它们原来在哪台机器）经规则后必发往同一台机器。

经过洗牌后，cslave0 上有<china,2><china,1>，cslave1 上有<cstor,1><cstor,2>，下面进行合并计算。

合并计算过程稍微微妙些，首先，每台机器将各自 kv 对中的 value 连接成一个链表，如<china,2><china,1>经连接后成为<china,[1,2]>，而 cslave1 中则成为<cstor,[1,2]>；其次，着各台机器可对<key,valuelist>进行业务处理（如相加）；最后，将得出的结果存于 DFS，这里若每个合并计算得出的结果都存成一个单独文件，则存储结果文件的过程是并行的。容易看出，无论是本地计算、洗牌还是合并计算，甚至是存储结果，在每个阶段都是并行的，整个过程则构成一个有向无环图（DAG），称本地计算—洗牌—合并计算过程为 MapReduce 分布式计算过程，也称 MapReduce（见图 5-5）。

图 5-5　MapReduce 分布式计算完整形式

上述分布式计算架构的思想和 Hadoop 的 MapReduce 分布式计算的架构基本相似。至此，已介绍了分布式存储和分布式计算两种架构思路，但 Hadoop 的分布式存储分布式和计算还能解决硬件失效问题，正如例 5-1 中问题④，下面给出解答。

3. 冗余存储与冗余计算

分布式下采用冗余解决可靠性问题，上述过程构建的 DFS 对外是一个统一文件系统，但对内文件都是存储在具体机器上的，我们只要保证存于 cslave0 上的数据同时还存于别的机器上，那么即使 cslave0 宕机，数据依旧不会丢失。

存储时，引入新机器 cslave2 和 cslave3，将存于 cslave0 的 file0 同样存于 cslave2，存于 cslave1 的 file1 同样存于 cslave3。同 cslave0～cslave1 一样，cslave2～cslave3 的存

储空间也由 cmaster0 统一管理，而 cmaster0 既知道它们是同一份数据，又要求所有数据都得这样存储。用这种办法，即使 cslave0 宕机，数据依旧不会丢失，从而用冗余存储来解决硬件失效问题。

计算时，cslave0～cslave3 的计算任务统一由 cmaster1 指派。以 file0 为例，file0 存于 cslave0 和 cslave2，启动计算时，cmaster1 要求 cslave0 和 cslave2 都计算本地的 file0，期间若 cslave0 宕机，由于 cslave2 正常计算，cslave0 的失败对整个计算过程并无太大影响；若 cslave0 与 cslave2 都正常计算，并未出现故障，则 cmaster1 选中先结束的那台机器的计算结果，并停止另一台机器里还在计算的进程。

通过冗余存储，不仅提高了分布式存储的可靠性，还提高了分布式计算的可靠性。

5.1.4　小结

本节通过问答方式，引出了分布式存储和分布式计算的架构思路，这也是 Hadoop 的 HDFS 和 MapReduce 的架构思路。当然，现实中 Hadoop 的实现机制更加复杂，比如它的存储与计算都以块为单位，机架感知、调度策略、推测执行等都有其精妙之处，但其架构的基本思路和本节很类似，读者可通过本节深入浅出地理解分布式存储和分布式计算的架构思路，而不是一开始就陷入一堆细节，不知所云，后面将深入介绍 Hadoop 架构。

请注意，分布式存储和分布式计算这两者本质上一点关系都没有，它们各自可以独立存在。完全可以使用 DFS 存储一个大文件，计算时可采用普通单机计算方式，通过网络将数据顺序读入单机内存，计算完后即丢弃，因为输出结果毕竟很小。也完全可以指定 MapReduce 来处理单机上的某个大文件，每个 MapReduce 通过网络平均调取并处理该文件的一部分，最后将结果再顺序存于单机上的一个结果集里。同时，我们也应认识到，当 MapReduce 运行于 HDFS 上时，相互间性能能发挥到最佳。

5.2　Hadoop 3.0 简述

5.2.1　Hadoop 发展

2002 年，资深搜索引擎专家 Doug Cutting 发起开源搜索引擎项目 Nutch，但在 Nutch 开发过程中，团队始终无法有效地将计算任务分配到多台计算机上。2004 年前后，Google 陆续发表关于 GFS、MapReduce 和 BigTable 的三篇论文。Nutch 开发团队借鉴了 GFS 和 MapReduce 的思想，实现了 Nutch 版的 NDFS 和 MapReduce。2005 年 Doug Cutting 团队将 Nutch 捐献给世界顶级开源组织 Apache。由于 Nutch 侧重搜索，而 NDFS 和 MapReduce 则更像分布式基础架构，2006 年，开发人员将 NDFS 和 MapReduce 移出 Nutch，形成独立项目，称为 Hadoop。2008 年，Hadoop 已成为 Apache 的顶级项目。

随着技术和实践的发展，Hadoop 本身也在发展并完善着，产业界称 Hadoop0.X（0.23.X 除外）和 1.X 为 Hadoop 1.0，称 Hadoop 2.X（含 0.23.X）为 Hadoop 2.0，称 Hadoop3.X 为 Hadoop3.0。Hadoop 2.0 相对 Hadoop 1.0 在架构上有较大变化，Hadoop 3.0

则是 Hadoop 2.0 的进一步完善。

对应单台计算机"存储""计算"两大功能模块，并行计算机集群（本章即 Hadoop）显然至少也得具备分布式存储和分布式计算两个模块。实际也是如此，Hadoop1.0 主要包括三大模块（Common、HDFS、MapReduce），Hadoop2.0 完善至四大模块（Common、HDFS、YARN、MapReduce），Hadoop3.0 则进一步扩展至 Common、HDFS、YARN、MapReduce、Ozone 五大模块。且从最初版到现在（2023 年 6 月）最新的 3.3.5 版，每个模块含义均未变化。

（1）Hadoop Common：支持 Hadoop 其他模块的公用组件。

（2）Hadoop Distributed File System (HDFS)：分布式文件系统（第一代存储）。

（3）Hadoop YARN：分布式资源管理和任务调度器（分布式操作系统）。

（4）Hadoop MapReduce：（能够运行在 YARN 上的）分布式计算框架。

（5）Hadoop Ozone：分布式对象存储（第二代存储）。

Common 是联系其他 4 个模块的纽带，它一方面为其他组件提供一些公用 jar 包，另一方面是程序员访问其他模块的接口。HDFS 模块主要提供分布式存储服务。YARN 一是管理整个集群所有计算资源（如 CPU、网络），二是管理集群中各类计算任务（如两个任务哪个先执行、资源怎么分、是否执行结束）。MapReduce 是 Google MapReduce 算法的代码实现，其是复杂并行计算的简化实现，使用者需将自身任务按照 MapReduce 模式来写才能真正发挥该模型的并行效能。Ozone 由腾讯捐赠 Apache，相当于 HDFS 的下一个版本，能够有效解决小文件存储问题，目前 Ozone 已从 Hadoop 中独立出来，发展成一个独立的顶级项目。

为便于叙述，如不特别说明，本章所指 Hadoop 均为 Hadoop3.0。

5.2.2　Hadoop 3.0 生态圈项目

作为 Google 云计算的开源实现，Hadoop 中的 HDFS 和 MapReduce，分别对应 Google 的 GFS 和 MapReduce。HBase 对应 Google 云计算的另一个核心技术 BigTable，但 HBase 本身不属于 Hadoop，而是 Hadoop 生态圈项目。从表 5-1 可以看出 Google 云计算组件和 Hadoop 生态圈组件之间的对应关系。

表 5-1　Hadoop 生态圈组件与 Google 云计算组件对应关系

Hadoop 生态圈组件	Google 云计算组件
Hadoop HDFS	Google GFS
Hadoop MapReduce	Google MapReduce
HBase	Google BigTable
ZooKeeper	Google Chubby
Pig	Google Sawzall

虽然 Hadoop 项目从 Google 云计算发展而来，但 Hadoop 及其相关项目并不拘泥于 Google 云计算技术。近几年工业界围绕 Hadoop 进行了大量的产品研发，图 5-6 为当前 Hadoop 生态圈的主要组件及其层次关系。

业务常见的 Hadoop 相关大数据产品如下。

（1）分布式文件系统：Apache HDFS、Red Hat GlusterFS、Quantcast File System（QFS）、Ceph Filesystem、Lustre、Alluxio、GridGain、XtreemFS。

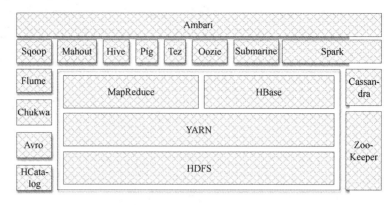

图 5-6　Hadoop 生态圈主要组件及其层次关系

（2）分布式程序框架：Apache Ignite、Apache MapReduce、Apache Pig、JAQL、Apache Spark、Apache Storm、Apache Flink、Apache Apex、Netflix PigPen、AMPLab SIMR、Facebook Corona、Apache REEF、Apache Twill、Damballa Parkour、Apache Hama、Datasalt Pangool、Apache Tez、Apache DataFu、Pydoop、Kangaroo、TinkerPop、Pachyderm MapReduce、Apache Beam。

（3）分布式 NoSQL 数据库：一是基于列存储，如 Apache HBase、Apache Cassandra、Hypertable、Apache Accumulo、Apache Kudu、Apache Parquet；二是基于文件存储，如 MongoDB、RethinkDB、ArangoDB；三是采用流式模型，如 Redis DataBase、LinkedIn Voldemort、RocksDB、OpenTSDB；四是采用图式模型，如 ArangoDB、Neo4j、TitanDB。

（4）分布式 NewSQL 数据库：TokuDB、HandlerSocket、Akiban Server、Drizzle、Haeinsa、SenseiDB、Sky、BayesDB、InfluxDB。

（5）基于 Hadoop 的 SQL 引擎：Apache Hive、Apache HCatalog、Apache Trafodion、Apache HAWQ、Apache Drill、Cloudera Impala、Facebook Presto、Datasalt Splout SQL、Apache Tajo、Apache Phoenix、Apache MRQL、Kylin。

（6）大数据传输工具：Apache Flume、Apache Sqoop、Facebook Scribe、Apache Chukwa、Apache Kafka、Netflix Suro、Apache Samza、Cloudera Morphline、HIHO、Apache NiFi、Apache ManifoldCF。

（7）分布式基础服务工具：Apache Thrift、Apache ZooKeeper、Apache Avro、Apache Curator、Apache karaf、Twitter Elephant Bird、LinkedIn Norbert。

（8）调度器和数据流编排器：Apache Oozie、LinkedIn Azkaban、Apache Falcon、Schedoscope。

（9）机器学习工具：Apache Mahout、WEKA、Cloudera Oryx、Deeplearning4j、MADlib、H2O、Sparkling Water、Apache SystemML。

（10）大数据集群性能基准测试工具集：Apache Hadoop Benchmarking、Yahoo Gridmix3、PUMA Benchmarking、Berkeley SWIM Benchmark、Intel HiBench、Apache Yetus。

（11）大数据安全组件：Apache Sentry、Apache Knox Gateway、Apache Ranger。

（12）元数据管理工具：Metascope。

（13）大数据组件部署工具：Apache Ambari、Cloudera HUE、Apache Mesos、Myriad、Marathon、Brooklyn、Hortonworks HOYA、Apache Helix、Apache Bigtop、Buildoop、Deploop、SequenceIQ Cloudbreak、Apache Eagle。

（14）大数据应用程序：Apache Nutch、Sphinx Search Server、Apache OODT、HIPI Library、PivotalR。

（15）开发框架：Jumbune、Spring XD、Cask Data Application Platform。

（16）不便分类的大数据工具：Apache Fluo、Twitter Summingbird、Apache Kiji、S4 Yahoo、Metamarkers Druid、Concurrent Cascading、Concurrent Lingual、Concurrent Pattern、Apache Giraph、Talend、Akka Toolkit、Eclipse BIRT、Spango BI、Jedox Palo、Twitter Finagle、Intel GraphBuilder、Apache Tika、Apache Zeppelin、Hydrosphere Mist。

5.2.3　Hadoop 应用

作为云计算技术的开源实现，Hadoop 已应用于信息产业的方方面面，部分示例如下。

1．构建大型分布式集群

Hadoop 最直接的应用就是构建大型分布式集群，提供海量存储和计算服务，全球中小企业内部基本上都使用 Hadoop+Spark 搭建大数据框架。

2．数据仓库

除在线的实时数据外，当前，其他大部分数据（如系统运行日志、需归档的往期业务数据）均可存储于构建在 HDFS 之上的数据仓库及数据库产品。在此种架构下，管理人员可通过 Hive、Spark SQL、HBase 等实现数据的统一存储和并行分析。

3．数据挖掘

大数据环境下的数据挖掘其实并没有太大改变，但大数据给数据挖掘的预处理工具出了难题。受限于硬盘性能和内存大小，普通服务器读取 1TB 数据至少需要 20 分钟，但 Hadoop 是每台机器读取 $1/n$ TB，加上共享集群内存和 CPU，实际处理时间何止快 n 倍。

Hadoop 已广泛应用于在线旅游、移动数据、电子商务、基础架构管理、图像处理、诈骗检测、医疗保健等方方面面，随着大数据和云计算技术与工业进一步融合，Hadoop 相关大数据产品应用将更加广泛。

5.3　Hadoop 3.0 部署

安装 Hadoop 是学习与应用 Hadoop 的必由之路，也是拦路虎，令初学者望而却步。本节将深入浅出地介绍 Hadoop 3.0 部署，期望能把读者引入 Hadoop 的精彩世界。

5.3.1　部署综述

1．部署方式

Hadoop 主要有两种安装方式，即传统解压包方式和 Linux 标准方式。早期的 Hadoop 都是采用直接解压 Hadoop-x.gz 包方式部署的，近年来由于大数据组件越来越多，相互兼容性、配置复杂性越来越高，加之商业公司包装整合，已逐步形成标准 Linux 部署方式。相对来说，Linux 标准方式简单易用，而传统解压包方式则烦琐易错；Linux 标准方式隐藏了太多细节，而传统解压包方式有助于读者深入理解 Hadoop，编者建议在采用 Linux 标准方式部署前，先学习传统解压包方式。5.3.2 节以传统解压包方式部署 Hadoop，Ambari、CloudManager、Hortonworks 等工具以 Linux 标准方式部署 Hadoop，读者可比较二者的区别。

安装 Hadoop 的同时，还要明确工作环境的构建模式。Hadoop 部署环境分为单机模式、伪分布模式和分布式模式三种。单机模式不需要与其他节点交互，因此不需要使用 HDFS，直接读写本地的文件系统，该模式主要用于开发调试 MapReduce 程序的应用逻辑。伪分布模式也是在一台单机上运行的，但是用不同的进程模仿分布式运行中的各类节点。分布式模式则在不同的机器上部署系统。本节使用分布式模式进行部署。

2．部署步骤

无论是传统解压包方式还是 Linux 标准方式，部署 Hadoop 时都大概分为如下几个步骤。

（1）制定部署规划。
（2）准备机器。
（3）准备机器软件环境。
（4）下载 Hadoop。
（5）解压 Hadoop。
（6）配置 Hadoop。
（7）启动 Hadoop。
（8）测试 Hadoop。

这里称步骤（2）、步骤（3）为部署前工作，步骤（5）～步骤（7）为 Hadoop 部署，步骤（8）为 Hadoop 测试。最重要的是步骤（1），其为 Hadoop 部署指明了方向。根据上述划分，Hadoop 部署步骤又可简述如下。

（1）制定部署规划。
（2）部署前工作。
（3）部署 Hadoop。
（4）测试 Hadoop。

无论是传统解压包方式，还是 Linux 标准方式，均按照如上步骤执行，请读者务必从宏观角度掌握部署步骤。

3．准备环境

准备环境是指准备机器和准备机器软件环境，即部署前工作，本质上说，Hadoop 部署和这一步无关，但大部分用户或是没有 Linux 环境，或是刚安装 Linux，直接使用 刚安装的 Linux 来部署完全模式的 Hadoop 是不可能实现的，用户必须做些诸如修改机 器名、添加域名映射等工作（当然，若有 DNS 服务器，可以不添加域名映射）后才可 部署。

1）版本约定

本章在虚拟机上部署 Hadoop 集群，具体构成为，在一台安装 Windows10 系统的笔 记本电脑上安装 VMware 虚拟机，通过 VMware 虚拟化平台新建 3 台 CentOS 虚拟机， 在这 3 台虚拟机上部署 Hadoop 集群。本章实验过程中的相关软件版本约定如表 5-2 所示。

表 5-2　Hadoop 云计算系统与 Google 云计算系统软件版本约定

角色	数量	配置	版本
实体笔记本电脑	1 台	6G 内存、200G 硬盘	操作系统为 Windows 10 教育版
虚拟化平台	/	/	VMware® Workstation 16 Pro
CentOS 虚拟机	3 台	1G 内存、20G 硬盘	CentOS Linux release 7.7.1908
Hadoop	/	/	Hadoop-3.3.1.tar.gz
Java	/	/	jdk-8u301-linux-x64.rpm

读者可在 Apache、CentOS、Oracle、VMware 等官网下载相关软件。除 VMware 需 要注册外，其余软件均无须注册即可使用。

软件版本兼容方面：Hadoop 3.0.x 至 3.2.x 要求 Java 8；Hadoop 2.7.x 至 2.10.x 要求 Java7 或 Java8；Hadoop 3.3 及后续版本要求 Java8 或 Java11。Windows10、VMware、 CentOS 方面，建议选择次最新版。

2）硬件环境

由于分布式计算需要用到很多机器，部署时用户须提供多台机器，至于提供几台， 须根据部署规划确定，如后面传统解压包方式的部署规划中指明使用 3 台机器，而标准 Linux 方式的部署规划则要求使用 6 台机器。

实际上，分布式模式部署 Hadoop 时，最少需要 2 台机器（一个主节点，一个从节 点）即可实现完全分布模式部署，而使用多台机器部署（一个主节点，多个从节点）， 会使这种分布式模式体现得"更加充分"，这二者并无本质区别。读者可以根据自身情 况，做出符合当前实际的部署规划，其他部署步骤相同。单机硬件方面，每台机器最低 要求有 1GB 内存，20GB 硬盘空间。

需要特别说明的是，分布式模式部署中需要使用的机器并非一定是物理实体机器， 实际上，用户可以提供 2 台或多台实体机器，也可以提供 2 台或多台虚拟机，即用户可 以使用虚拟化技术，将 1 台机器虚拟成 2 台或多台机器，并且虚拟后的机器和实体机器 使用上无任何区别，用户可认为此虚拟机就是实体机器。实验中使用虚拟机。

【例 5-2】机器 A 的配置为 6GB 内存、双核、200GB 硬盘，主机操作系统为 64 位

Windows10，现要求使用 VMware 将此机器虚拟成 3 台 CentOS 机器，即 cmaster、cslave0、cslave1。

解答：用户须下载并安装 VMware，接着使用 VMware 安装 CentOS。正如在 Windows10 上安装其他软件一样，用户根据实际情况，大体步骤如下。

步骤 1，下载 VMware Workstation：搜索并下载 VMware Workstation。

步骤 2，安装 VMware Workstation：在 Windows10 系统下正常安装 VMware Workstation 软件。

步骤 3，下载 CentOS：到 CentOS 官网下载 64 位的 CentOS，本章使用 CentOS 7.7。

步骤 4，新建 CentOS 虚拟机：打开 VMware Workstation→File（文件）→New Virtual Machine Wizard（新建虚拟向导）→Typical（推荐）→Installer disc image file（iso）（实验中选中 CentOS-7-x86_64-DVD-1908.iso）→填写用户名与密码（用户名建议使用 joe，密码建议使用 123123）→填入机器名 cmaster→Finish。

步骤 5，重复步骤 4，填入机器名 cslave0，接着安装直至结束；再次重复步骤 4，填入机器名 cslave1，接着安装直至结束。

上述步骤 4 中使用 VMware 新装了 cmaster，步骤 5 其实跟步骤 4 一样，只是机器名改成了 cslave0 和 cslave1，至此，windiows10 下已新装了 3 台 CentOS 机器。

需要注意的是，此处的 cmaster 只是 VMware 面板对此机器的称号，并不是此机器真实的机器名，实际上新安装 CentOS 的机器名统一为"localhost.localdomain"，也就是这 3 台机器真实的机器名都是"localhost.localdomain"，而不是 cmaster 或 cslave，它们只是 VMware 面板对这些机器的称呼。

采用虚拟化技术时，最稀缺的是内存资源，根据编者经验，如果 windows10 机器内存仅为 2GB，则其下 VMware 可启动 1 台 CentOS；若内存为 4GB，则 VMware 可同时启动 3 台 CentOS；若内存为 6GB，则 VMware 可同时启动 5 台 CentOS。此外，32 位的 windows10 仅支持 2GB 内存，如果内存大于 2GB，须使用 64 位 windows 10 系统。

3）软件环境

新建的 CentOS 虚拟机不可以直接部署 Hadoop，需要做些设置后才可部署，其中，必须设置项为：修改机器名，添加域名映射，关闭防火墙，安装 JDK。

【例 5-3】现有 1 台刚装好 CentOS7.7 系统的机器，且装机时用户名为 joe，要求将此机器名修改为 cmaster，添加域名映射，关闭防火墙，安装 JDK。

解答：修改机器名、添加域名映射、关闭防火墙和安装 JDK 这 4 个操作是 Hadoop 部署前必须做的事情，请务必做完这 4 个操作后再部署 Hadoop，读者可参考如下命令完成这 4 个操作。

（1）修改机器名。

```
[joe@localhost ~]$ su - root                                    #切换成 root 用户修改机器名
[root@localhost ~]# hostnamectl set-hostname cmaster           #设置机器名命令
```

需使用"su - root"切换成 root 用户后，才有权限修改机器名，新建的 CentOS 虚拟机 root 密码同 joe，均为 123123。上述第 2 行命令为设置主机名，注意重启机器后更名操作才会生效，用户须通过此命令修改集群中所有机器的机器名，重启后，本机唯一正式机器名为 cmaster。

（2）添加域名映射。

首先使用如下命令查看本机 IP 地址，这里以 cmaster 机器为例。

| [root@cmaster ~]# ifconfig | #查看 cmaster 机器 IP 地址 |

假如看到此机器的 IP 地址为"192.168.1.100"，机器名为 cmaster，则域名映射命令如下。

| 192.168.1.100　cmaster |

接着以 root 权限编辑域名映射文件"/etc/hosts"，将上述内容加入此文件。

| [root@cmaster ~]# vim /etc/hosts | #编辑域名映射文件 |

vim 是 CentOS 自带的文本编辑命令，其主要有"读、写、命令"3 种模式，请读者自学。

（3）关闭防火墙。

CentOS 的防火墙 iptables 默认情况下会阻止机器间通信，最优措施是仅放行 Hadoop 使用的通信端口，为简单起见，本节直接永久关闭防火墙，关闭命令必须以 root 权限执行，命令如下（执行命令后务必重启机器才可生效）。

| [root@cmaster ~]# systemctl　disable　firewalld | #永久关闭 iptables，重启后生效 |

（4）安装 JDK。

Hadoop 依赖 JDK，且对 JDK 版本有严格要求，本章使用 jdk-8u301-linux-x64.rpm。打开刚才已经安装的 CentOS 机器，将 jdk-8u301-linux-x64.rpm 复制至虚拟机下某位置（实验中为文件夹"/home/joe/"下面），安装命令必须以 root 权限执行。

[root@cmaster ~]# java	#查看 Java 是否安装
[root@cmaster ~]# java　-version	#查看是否是 openjdk
[root@cmaster ~]# rpm　-ivh　/home/joe/jdk-8u301-linux-x64.rpm	#以 root 权限 rpm 方式安装 JDK
[root@cmaster ~]# java	#验证 Java 是否安装成功
[root@cmaster ~]# java　-version	#再次核验 JDK 版本

RPM 命令会自动设置 JAVA_HOME，无须读者手动添加。RPM 命令会自动使用高版本 Oracle-JDK 替换低版本 openjdk，故即使命令执行前发现是低版本 openjdk，读者也无须手动卸载。

备注：读者可以使用如下第 1 条命令，以 root 权限设置虚拟机启动时默认关闭桌面，这样可以节省内存；需要使用桌面时，以 joe 用户执行如下第 2 条命令。

| [root@cmaster ~]# systemctl　set-default　multi-user.target |
| [joe@cmaster ~]$　startx |

【例 5-4】现有 3 台机器，且都刚安装好 CentOS 系统，安装系统时用户名皆为 joe，要求将此 3 台机器的名字分别修改为 cmaster、cslave0 和 cslave1，接着添加集群域名映射，关闭防火强，并安装 JDK。

解答：除添加集群域名映射外，其他 3 项均按例 5-3 根据实际在每台机器上执行即可，请读者自行完成并确保正确执行。"集群域名映射"需分别在 3 台机器上添加，首先登录到每台机器上，查看这 3 台机器对应的 IP 地址。

[root@cmaster ~]# ifconfig	#查看 cmaster 机器 IP 地址
[root@cslave0 ~]# ifconfig	#查看 cslave0 机器 IP 地址
[root@cslave1 ~]# ifconfig	#查看 cslave1 机器 IP 地址

假定这 3 台机器对应的 IP 地址如下。

192.168.1.100	cmaster
192.168.1.101	cslave0
192.168.1.102	cslave1

接着分别以 root 权限编辑每台机器的"/etc/hosts"文件，将上述内容追加进此文件，3 台机器都要追加。注意，是"追加"而不是"覆盖"，hosts 文件内原有内容不可删除，若原内容中有与上述内容相同的部分，则注意更新。

[root@cmaster ~]# vim /etc/hosts	#编辑 cmaster 的域名映射文件
[root@cslave0 ~]# vim /etc/hosts	#编辑 cslave0 的域名映射文件
[root@cslave1 ~]# vim /etc/hosts	#编辑 cslave1 的域名映射文件

添加域名映射后，用户就可以在 cmaster 上直接 ping 另外 2 台机器的机器名了，一个示例如下。

| [root@cmaster ~]# ping cslave1 | #在 cmaster 上 ping 机器 cslave1 |

由于 VMware 下新建的虚拟机默认均动态自动分配 IP。重启虚拟机后，本机 IP 地址可能发生改变，导致集群无法启动。该情况是常见问题，实验中的解决方法是，将 3 台机器的"/etc/hosts"文件中对应的"IP   hostname"更新成最新 IP，注意 3 台机器均需更新。业界正规解决方法是为每台机器均设置静态 IP。由于该方法复杂，实验中不采用，此处省略。

4．关于 Hadoop 依赖软件

Hadoop 部署前提仅是必须以"root 权限"完成"修改机器名、添加域名映射、关闭防火墙和安装 JDK"这 4 个操作，其他均不是必须操作。

Hadoop 与 SSH 无任何关系，部署 Hadoop 无须设置 SSH。许多人都认为部署 Hadoop 需要建立集群 SSH 无密钥认证，事实上并不是这样的，SSH 只是给 start-yarn.sh、start-x.sh、stop-x.sh 等几个脚本使用（这几个脚本会读取 slave 文件，跨本机到 slave 文件所列机器上去远程执行命令）。Hadoop 本身是一堆 Java 代码，而 Java 代码执行时只依赖 JDK，并不依赖 SSH 命令，更不可能依赖 SSH 软件，只是运维时为了方便启动或关闭整个集群，才须打通 SSH。实验中不会涉及任何 SSH 操作，无须打通 SSH，无须安装 SSH。

5.3.2 传统解压包方式部署

相对于 Linux 标准方式，以传统解压包方式部署 Hadoop 有利于用户深入理解 Hadoop 体系架构，建议先采用传统解压包方式部署 Hadoop，熟悉后再采用 Linux 标准方式部署 Hadoop。以下将采用例题的方式，在 3 台机器上部署 Hadoop。

【例 5-5】现有 3 台机器，且它们都刚装好 64 位 CentOS7.7，安装系统时用户名为 joe，请按要求完成：①修改 3 台机器名为 cmaster、cslave0、cslave1，并添加域名映射、关闭防火墙、安装 JDK；②将 cmaster 作为主节点，cslave0 和 cslave1 作为从节

点，部署 Hadoop。

解答：根据前面介绍的部署步骤，读者可按如下步骤完成部署。

（1）制定部署规划。

按题目要求，此 Hadoop 集群为 3 台机器（cmaster、cslave0 和 cslave1），其中 cmaster 作为主节点，cslave0 和 cslave1 作为从节点。

（2）准备机器。

请读者准备 3 台机器，可以是实体机也可以是虚拟机。实验中按照【例 5-2】新建 3 台 VM。

（3）准备机器软件环境。

3 台机器都要完成：修改机器名、添加域名映射、关闭防火墙和安装 JDK。这几步请参考【例 5-3】与【例 5-4】完成。

（4）下载 Hadoop。

依次定位 Apache 仓库 http://archive.apache.org/dist、Hadoop 目录、core 目录，下载 Hadoop-3.3.1.tar.gz，以 joe 用户身份，将 Hadoop 分别复制到 3 台机器上。

（5）解压 Hadoop。

分别以 joe 用户登录 3 台机器，每台都执行如下命令解压 Hadoop 文件。

```
[joe@cmaster ~]# tar  -zxvf  /home/joe/Hadoop-3.3.1.tar.gz      #cmaster 上 joe 用户解压 Hadoop
[joe@cslave0 ~]# tar  -zxvf  /home/joe/Hadoop-3.3.1.tar.gz      #cslave0 上 joe 用户解压 Hadoop
[joe@cslave1 ~]# tar  -zxvf  /home/joe/Hadoop-3.3.1.tar.gz      #cslave1 上 joe 用户解压 Hadoop
```

（6）配置 Hadoop（3 台机器都要配置，且配置相同）。

一是告知 Hadoop 本机 JAVA_HOME。编辑文件"/home/joe/Hadoop-3.3.1/etc/Hadoop/Hadoop-env.sh"，找到如下行。

```
export JAVA_HOME=${JAVA_HOME}
```

有时其前会有#，类似如下，此时需删除#（#为注释符）。

```
# export JAVA_HOME=${JAVA_HOME}
```

将此行内容修改如下。

```
export JAVA_HOME=/usr/java/jdk1.8.0_301-amd64
```

这里的"/usr/java/jdk1.8.0_301-amd64"就是以 RPM 方式安装 JDK 时的默认路径，如有不同，读者需根据实际情况调整。注意 3 台机器都要执行上述操作。

二是配置 HDFS 参数。编辑文件"/home/joe/Hadoop-3.3.1/etc/Hadoop/coresite.xml"，并将如下内容嵌入此文件的 configuration 标签间。和上一个操作相同，3 台机器都要执行此操作。

```
<property><name>Hadoop.tmp.dir</name><value>/home/joe/cloudData</value></property>
<property><name>fs.defaultFS</name><value>hdfs://cmaster:8020</value></property>
```

三是配置 YARN 参数。编辑"/home/joe/Hadoop-3.3.1/etc/Hadoop/yarn-site.xml"，并将如下内容嵌入此文件的 configuration 标签间。同样，3 台机器都要执行此操作。

```
<property><name>yarn.resourcemanager.hostname</name><value>cmaster</value></property>
<property><name>yarn.nodemanager.aux-services</name><value>mapreduce_shuffle</value></property>
```

四是配置 MapReduce 和 JobHistory 参数。将文件"/home/joe/Hadoop-3.3.1/etc/Hadoop/

mapred-site.xml.template"重命名为"/home/joe/Hadoop-3.3.1/etc/Hadoop/mapred-site.xml"。若文件"mapred-site.xml"已存在，则无须重命名。接着编辑此文件，将如下内容嵌入此文件的 configuration 标签间。3 台机器都要执行此操作。如下第 1 行为 MapReduce 配置项，第 2、3 行为 JobHistory 配置项。

```
<property><name>mapreduce.framework.name</name><value>yarn</value></property>
<property><name>mapreduce.jobhistory.address</name><value>cmaster:10020</value></property>
<property><name>mapreduce.jobhistory.webapp.address</name><value>cmaster:19888</value></property>
```

请读者注意，cmaster、cslave0、cslave1 上都要执行"（6）"中的操作，且配置相同，请读者自行完成，并确保操作正确。

（7）格式化 HDFS 主节点的元数据存储空间。

以 joe 用户登录主节点 cmaster，执行 HDFS 格式化命令，格式化主节点命名空间。

```
[joe@cmaster ~]#   /home/joe/Hadoop-3.3.1/bin/hdfs   namenode   -format
```

注意，此命令只在此处执行一次，后续启动集群时，无须再执行。若执行了该命令，则集群中已存储的全部数据将丢失。换言之，若再次执行，则集群就是一个新集群。

（8）启动 Hadoop 集群。

一是启动 HDFS 集群。在主节点 cmaster 上启动 HDFS 存储主服务 namenode（下述第 1 条命令），在 cslave0、cslave1 上启动 HDFS 存储从服务 datanode（下述第 2、3 条命令）。

```
[joe@cmaster ~]#   /home/joe/Hadoop-3.3.1/bin/hdfs   --daemon   start   namenode
[joe@cslave0 ~]#   /home/joe/Hadoop-3.3.1/bin/hdfs   --daemon   start   datanode
[joe@cslave1 ~]#   /home/joe/Hadoop-3.3.1/bin/hdfs   --daemon   start   datanode
```

二是启动 YARN 集群。在主节点 cmaster 上启动 YARN 资源管理主服务 resourcemanager（下述第 1 条命令），在 cslave0、cslave1 上执行 YARN 资源管理从服务 nodemanager（下述第 2、3 条命令）。

```
[joe@cmaster ~]$ /home/joe/Hadoop-3.3.1/bin/yarn   --daemon   start   resourcemanager
[joe@cslave0 ~]$ /home/joe/Hadoop-3.3.1/bin/yarn   --daemon   start   nodemanager
[joe@cslave1 ~]$ /home/joe/Hadoop-3.3.1/bin/yarn   --daemon   start   nodemanager
```

三是启动 JobHistory 服务。在主节点 cmaster 上启动 JobHistory 服务。

```
[joe@cmaster ~]$ /home/joe/Hadoop-3.3.1/bin/mapred   --daemon   start   historyserver
```

（9）测试 Hadoop。

一是页面验证。HDFS 集群地址为"cmaster:9870"（见图 5-7），YARN 集群地址为"cmaster:8088"（见图 5-8），JobHistory 服务地址为"cmaster:19888"（见图 5-9）。选择集群中任意一个节点，启动 CentOS 默认浏览器 Firefox，在地址栏中输入如上地址，即可查看集群信息。另外，用 VMware 宿主机（也就是装 VMware 的 Windows10 实体机）也可查看该地址。若使用机器名查看，则需将 3 台机器的主机名与 IP 地址映射关系写入"C:\Windows\System32\drivers\etc\hosts"；若使用 IP 地址查看，则不用写 Windows10 域名映射文件。

图 5-7　HDFS 集群页面

图 5-8　YARN 集群页面

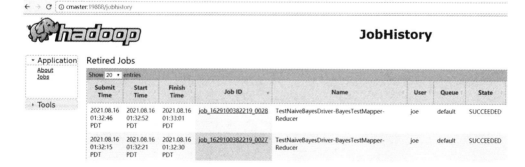

图 5-9　JobHistory 页面

二是进程验证。分别在 3 台机器上执行如下命令，查看 Hadoop 服务是否已启动。jps 和 ps 两个命令都可用于查看 Java 进程，效果相同。

```
[joe@cmaster ~]$  /usr/java/jdk1.8.0_301-amd64/bin/jps
[joe@cmaster ~]$  ps  -ef | grep  java
```

```
[joe@cslave0 ~]$   /usr/java/jdk1.8.0_301-amd64/bin/jps
[joe@cslave1 ~]$   ps  -ef | grep  java
```

可在 cmaster 上看到类似的如下信息。

```
17858 JobHistoryServer
16775 ResourceManager
16543 NameNode
```

而 cslave0 和 cslave1 上看到类似的如下信息。

```
16416 DataNode                                          #存储从服务
16762 NodeManager                                       #资源管理从服务
```

在集群 Web 界面能看到，进程也能显示出来，但并不代表集群已部署成功。编者遇到一个典型的例子是这些都显示出来了，但做 MapReduce 程序时出错了，因此还要进一步用程序验证集群，详见例 5-6。

【例 5-6】使用刚创建的集群，完成下列要求：①使用 Hadoop 命令在集群中新建文件夹"/in"；②将 cmaster 上文件夹"/home/joe/Hadoop-3.3.1/etc/Hadoop/"里的所有文件上传至集群的文件夹"/in"下；③使用示例程序 WordCount 统计"/in"下每个单词出现的次数，并将结果存入"/out"目录。

解答：在 cmaster 上，以 joe 用户按如下步骤执行即可。

```
[joe@cmaster ~]$ /home/joe/Hadoop-3.3.1/bin/hdfs   dfs  -mkdir  /in
[joe@cmaster ~]$ /home/joe/Hadoop-3.3.1/bin/hdfs   dfs  -put  /home/joe/Hadoop-3.3.1/licenses-binary/*.txt  /in
```

如上第 1 条命令为在 HDFS 上（而非执行该命令的这台机器）根目录"/"新建文件夹"in"。命令执行后，打开"cmaster:9870"并依次单击"Utilities""Browse the filesystem"选项，将会看到新建文件夹"/in"。第 2 条命令为将 cmaster 本地文件夹"/home/joe/Hadoop-3.3.1/"下以 txt 结尾的所有文件上传到 HDFS 集群文件夹"/in"下，"*"为正则表达式，表示所有。命令执行后，打开"cmaster:9870"并依次单击"Utilities""Browse the filesystem""/in"选项，将会看到 HDFS 上"/in"文件夹下的所有文件。

再执行如下命令（注意该语句一行写不完时，以"\"另起一行），向 YARN 集群提交 MapReduce 计算程序 WordCount（见图 5-10）。该命令使用 Hadoop 命令，向 YARN 集群提交 Hadoop-mapreduce-examples-3.3.1.jar 程序包，该程序包指定入口函数为 wordcount，入口函数第一入参为"/in"，即 HDFS 集群中的"/in"目录作为输入；第二入参为"/out/wc-01"，即在 HDFS 集群新建文件作为计算程序的输出。

```
[joe@cmaster ~]$   /home/joe/Hadoop-3.3.1/bin/Hadoop   jar   \
/home/joe/Hadoop-3.3.1/share/hadoop/mapreduce/Hadoop-mapreduce-examples-3.3.1.jar   \
wordcount   /in   /out/wc-01
```

此时用浏览器迅速打开"cmaster:8088"，将会看到 Web 界面上显示正在运行的 WordCount 信息。命令执行后，打开"cmaster:9870"，单击"Utilities""Browse the filesystem""/out/wc-01/part-r-00000"选项将会看到程序处理结果。

读者也可使用 HDFS 自带 Shell 查看输入和输出，对应的 Shell 命令分别如下。

```
[joe@cmaster ~]#   /home/joe/Hadoop-3.3.1/bin/hdfs   dfs  -cat   /in/*
[joe@cmaster ~]#   /home/joe/Hadoop-3.3.1/bin/hdfs   dfs   -cat   /out/wc-01/*
```

```
[joe@cmaster ~]$ /home/joe/hadoop-3.3.1/bin/Hadoop   jar    \
> /home/joe/Hadoop-3.3.1/share/hadoop/mapreduce/Hadoop-mapreduce-examples-3.3.1.jar   \
> wordcount    /in    /out/wc-01
00:33:49,840 INFO mapreduce.Job:  map 40% reduce 0%
00:33:51,861 INFO mapreduce.Job:  map 42% reduce 0%
00:33:53,894 INFO mapreduce.Job:  map 44% reduce 0%
00:33:54,910 INFO mapreduce.Job:  map 44% reduce 15%
00:34:16,186 INFO mapreduce.Job:  map 56% reduce 15%
00:34:17,244 INFO mapreduce.Job:  map 70% reduce 15%
00:34:19,598 INFO mapreduce.Job:  map 72% reduce 15%
00:34:20,605 INFO mapreduce.Job:  map 74% reduce 15%
00:34:21,629 INFO mapreduce.Job:  map 74% reduce 25%
00:34:33,106 INFO mapreduce.Job:  map 81% reduce 25%
00:34:38,199 INFO mapreduce.Job:  map 84% reduce 25%
00:34:40,209 INFO mapreduce.Job:  map 84% reduce 28%
00:34:56,316 INFO mapreduce.Job:  map 93% reduce 28%
00:34:57,321 INFO mapreduce.Job:  map 95% reduce 28%
00:34:58,327 INFO mapreduce.Job:  map 98% reduce 32%
00:34:59,336 INFO mapreduce.Job:  map 100% reduce 32%
00:35:00,356 INFO mapreduce.Job:  map 100% reduce 100%
00:35:01,372 INFO mapreduce.Job:  Job job_1628578857401_0001 completed successfully
00:35:01,481 INFO mapreduce.Job: Counters: 55
le System Counters
       FILE: Number of bytes read=122287
       FILE: Number of bytes written=12241096
       FILE: Number of read operations=0
       FILE: Number of large read operations=0
       FILE: Number of write operations=0
       HDFS: Number of bytes read=133554
       HDFS: Number of bytes written=24966
       HDFS: Number of read operations=134
       HDFS: Number of large read operations=0
```

图 5-10　通过 Shell 命令行提交 MapReduce 任务的运行过程

如下命令为使用 HDFS 命令删除 HDFS 集群上的"/out"文件夹。

[joe@cmaster ~]$ /home/joe/Hadoop-3.3.1/bin/hdfs dfs -rm -f -r /out

至此，Hadoop 集群部署才算真正完毕。细心的读者会发现，实验中无"打通 SSH""配置 SSH"相关操作，读者应当明白打通 SSH 只是为了使用 sbin/start-x.sh 相关脚本，并不是 Hadoop 的必需配置项，Hadoop 依赖的只是 Oracle 版 JDK。

【例 5-7】关闭例 5-6 中的 Hadoop 集群，即分别关闭 HDFS 集群、YARN 集群、JobHistory 服务。

一是关闭 HDFS 集群。主节点 cmaster 停止 namenode 进程（下述第 1 条命令），从节点 cslave0、cslave1 均停止 datanode 进程（下述第 2、3 条命令）。

[joe@cmaster ~]$ /home/joe/Hadoop-3.3.1/bin/hdfs   --daemon   stop   namenode
[joe@cslave0 ~]$ /home/joe/Hadoop-3.3.1/bin/hdfs   --daemon   stop   datanode
[joe@cslave1 ~]$ /home/joe/Hadoop-3.3.1/bin/hdfs   --daemon   stop   datanode

二是关闭 YARN 集群。主节点 cmaster 停止 resourcemanager 进程（下述第 1 条命令），从节点 cslave0、cslave1 均停止 nodemanager 进程（下述第 2、3 条命令）。

[joe@cmaster ~]$ /home/joe/Hadoop-3.3.1/bin/yarn   --daemon   stop   resourcemanager
[joe@cslave0 ~]$ /home/joe/Hadoop-3.3.1/bin/yarn   --daemon   stop   nodemanager
[joe@cslave1 ~]$ /home/joe/Hadoop-3.3.1/bin/yarn   --daemon   stop   nodemanager

三是关闭 MapReduce 的 JobHistory 进程，命令如下。

[joe@cmaster ~]$ /home/joe/Hadoop-3.3.1/bin/mapred --daemon stop historyserver

通过上述分布式模式集群部署实验可以看出，Hadoop 本身部署起来很简单，其大量工作其实是前期的准备 3 台 CentOS 机器和进行单台 CentOS 机器的环境配置，Hadoop 部署本身只进行"解压、修改配置文件、格式化、启动、验证"。关于 Linux 命令问题，请读者参考 Linux 书籍。

5.4　Hadoop 3.0 体系架构

Hadoop 3.0 的核心组件为 Common、HDFS、YARN、MapReduce、Ozone，其中 Ozone 已从 Hadoop 中剥离出来成为一个独立项目。这几个组件中，实际对外服务的组件是 HDFS、YARN 和 Ozone，Common 主要为其他模块提供基础能力，MapReduce 本质上是按照 YARN 模式编写的一个 MapReduce 编程模板，本节主要介绍前 4 个模块。

5.4.1　公共组件 Common

Common 的定位是其他模块的公共组件，其定义了程序员取得集群服务的编程接口，为其他模块提供公用 API。它里面定义的一些功能一般对其他模块都有效，通过设计方式，降低了 Hadoop 设计的复杂性，减少了其他模块之间的耦合性，大大增强了 Hadoop 的健壮性。

Common 不仅包含了大量常用 API，同时提供了微集群、本地库、超级用户、服务器认证和 HTTP 认证等功能。下面简要介绍 Hadoop 功能中的基本模块。

1．常见公共编程接口

下面是 Common 模块里最常用的几个包。

org.apache.Hadoop.conf：定义了 Hadoop 全局配置文件类。

org.apache.Hadoop.fs：是 HDFS 文件系统接口。

org.apache.Hadoop.contrib：是第三方组织贡献的工具包，包含多个实用工具。

org.apache.Hadoop.crypto：提供加解密工具。

org.apache.Hadoop.filecache：用于缓存应用程序所需的文件(文本、jar 文件等)。

org.apache.Hadoop.ha：是集群高可用性的一个具体实现。

org.apache.Hadoop.util：是 Hadoop 常用工具包。

org.apache.Hadoop.examples：是 Hadoop 示例代码包。

以 Configuration 为例，它是 conf 包下定义的类，用于指定 Hadoop 的某些配置参数，而 HDFS 中的配置文件类是 HdfsConfiguration 类，YARN 中则是 YarnConfiguration，HdfsConfiguration 与 YarnConfiguration 皆继承自 Configuration，它们两者之间并没有关系。读者只需要定义 Configuration 实例，即可以在 HDFS 与 YARN 中同时使用，这样大大方便了客户端编程，同时降低了 Hadoop 设计的复杂性。

2．微集群功能

该模块用于帮助用户快速体验 Hadoop 集群。使用类似如下命令时，用户可以通过一个命令启动和停止集群，且无须设置环境变量和配置文件。该命令执行后会启动一套完整的 HDFS、YARN 集群。

```
[joe@cmaster ~]$ /home/joe/Hadoop-3.3.1/bin/mapred minicluster  -rmport RM_PORT  -jhsport JHS_PORT
```

3．公平呼叫队列

对于 Hadoop 服务器组件，特别是 HDFS 的 NameNode，客户端的 RPC 负载非常重。默认情况下，所有客户端请求都通过先进先出队列进行路由，并按请求到达的顺序提供服务。遇到某一耗时较长的请求时，容易造成新增请求长时间等待而得不到响应的情况。Hadoop 提供了公平呼叫队列来灵活改变相关权限。

读者可通过模仿 core-default.xml 文件中的 callqueue 相关参数，然后设置 core-site.xml 实现个性化配置。

4. Hadoop 本地库

Hadoop 是使用 Java 语言开发的，但诸如压缩处理等需求和操作，并不适合使用 Java。为进一步提升部分应用的性能，Hadoop 引入了本地库（Native Libraries）的概念，通过本地库，Hadoop 可以更加高效地执行某些操作。

Hadoop3.0 中，本地库主要包括压缩算法（bzip2、lz4、zlib）、HDFS 原生读写、CRC32 冗余校验，且当前仅支持 Linux 系统。读者打开解压后的 Hadoop，进入 lib 和 native 目录就能看到 Hadoop 可以使用的一些本地库文件。

Hadoop 默认开启本地库功能，读者可通过模仿 core-default.xml 文件中的 native 相关参数，然后设置 core-site.xml 来实现个性化配置。

5. 用户代理

Hadoop3.0 下用户有严格的权限管理，但有时普通用户需要暂时使用超级用户的权限执行某些功能，此模块提供 superuser 模拟其他用户的能力，这点类似于 Linux 的命令"sudou username"。假设现在需要以用户 joe 的身份访问 HDFS 并提交任务，但 Hadoop 集群并没有给用户 joe 建立任何认证，此时就需要 joe 借用 superuser 用户的认证来访问集群。换句话说，superuser 在模拟 joe 用户。当然，我们必须事先在配置文件里声明允许 superuser 模拟 joe 用户。

读者可通过查阅 Hadoop 官方文件，找到并模仿 Proxy User 相关配置，然后设置 core-site.xml 来实现个性化配置。

6. 机架感知

Hadoop 组件支持机架感知功能。例如，HDFS 可通过将一个块副本放在不同的机架上来实现数据容错。该功能主要通过配置网络拓扑相关参数实现。读者可通过模仿 core-default.xml 文件中的 topology 相关参数，然后设置 core-site.xml 实现个性化配置。

7. 安全模式

恶意用户可以通过模拟 DataNode，主动连接 NameNode 来发起攻击，非授权用户可以任意向 YARN 提交含有恶意代码的任务。为确保用户安全、授权安全，Hadoop 集成第三方安全认证服务 Kerberos 来提供 Hadoop 的整体安全性。

默认情况下，Kerberos 安全认证服务并未开启，读者可通过模仿 core-default.xml 文件中的 security 相关参数，然后设置 core-site.xml 实现个性化配置。

8. 服务认证

在没有引入 Kerberos 之前，Hadoop 通过 ACL 方式来确保 Hadoop 集群安全。启动 ACL 功能后，只有符合 ACL 规则的用户、服务才能接入集群。例如，MapReduce 集群可以通过 ACL 设置只允许特定机器、特定组用户提交作业。建议中小集群使用 ACL 安全认证，大中型商业集群使用 Kerberos 安全认证。

读者可通过模仿 Hadoop-policy.xml 文件中的 acl 相关参数，设置自己文件中的相关参数来实现个性化配置。

9. HTTP 认证

默认情况下，Hadoop 各模块 Web 页面是可以任意访问的，比如可以在任何地方打开 HDFS 的主页面，而这个页面里甚至有指向真实数据的链接，这给 Hadoop 安全带来了很大隐患。

为实现 Hadoop 各 Web 页面的访问安全：一是开启 Kerberos 认证，可通过 Kerberos 实现 Hadoop 各类 Web 页面的安全访问；二是开启 web-consoles 认证，开启 web-consoles 后，浏览器访问 Web 页面时，需要输入用户名和密码。

两种认证方式均可通过模仿 core-default.xml 文件中的 http 相关参数，然后设置 core-site.xml 实现个性化配置。Kerberos 认证方式适合大中型商业集群，中小集群建议采用 web-consoles。

5.4.2　分布式文件系统 HDFS

Hadoop 的分布式文件系统 HDFS 可以部署在廉价硬件之上，能够高容错、可靠地存储海量数据（可以达到 PB 级）。它还可以和 YARN 中的 MapReduce 编程模型很好地结合，为应用程序提供高吞吐量的数据访问，适用于大数据集应用程序。

1. 定位

HDFS 的定位是提供高容错、高扩展、高可靠的分布式存储服务，并提供服务访问接口（如 API、管理员接口）。为提高扩展性，HDFS 采用了 master/slave 架构来构建分布式存储集群，这种架构很容易向集群中任意添加或删除 slave。HDFS 中用一系列块来存储一个文件，并且每个块都可以设置多个副本。采用这种块复制机制，即使集群中某个 slave 宕机，也不会丢失数据，这大大增强了 HDFS 的可靠性。由于存在单 master 节点故障，近年来围绕主节点 master 衍生出许多可靠性组件。

2. HDFS 体系架构

理解 HDFS 架构是理解 HDFS 的关键，下面对于 HDFS 架构的介绍，只保留了 HDFS 最关键的两个实体 NameNode 和 DataNode，而在介绍的 HDFS 典型拓扑中，除了最关键的两个实体，新增加的实体都是功能或可靠性增强型组件，并不是必需的。

1）HDFS 架构

HDFS 采用 master/slave 架构来构建分布式存储服务，这种体系很容易向集群中添加或删除 slave，这样既提高了 HDFS 的可扩展性又简化了架构设计。另外，为优化存储颗粒度，HDFS 里将文件分块存储，即将一个文件按固定块长（默认 128MB）划分为一系列块，集群中，master 运行主进程 NameNode，其他所有 slave 都运行从属进程 DataNode。NameNode 统一管理所有 slave 的 DataNode 存储空间，但它不进行数据存储，它只存储集群的元数据信息（如文件块位置、大小、拥有者信息）。DataNode 以块为单位存储实际的数据。客户端联系 NameNode 以获取文件的元数据，而进行真正的文件 I/O 操作时，客户端直接和 DataNode 交互。

　　NameNode 就是主控制服务器，负责维护文件系统的命名空间并协调客户端对文件的访问，记录命名空间内的任何改动或命名空间本身的属性改动。DataNode 负责它们所在的物理节点上的存储管理，HDFS 开放文件系统的命名空间，以便让用户以文件的形式存储数据。HDFS 的数据都是"一次写入、多次读取"的，典型的块大小是 128MB，通常以 128MB 为一个分割单位，将 HDFS 的文件切分成不同的数据块（Block），每个数据块尽可能地分散存储于不同的 DataNode 中。NameNode 执行文件系统的命名空间操作，比如打开、关闭、重命名文件或目录，还决定数据块到 DataNode 的映射。DataNode 负责处理客户的读写请求，依照 NameNode 的命令，执行数据块的创建、复制、删除等工作。图 5-11 是 HDFS 的结构示意图。例如，客户端要访问一个文件，首先，客户端从 NameNode 获得组成文件的数据块的位置列表，也就是知道数据块被存储在哪些 DataNode 上，然后客户端直接从 DataNode 上读取文件数据。NameNode 不参与文件的传输。

图 5-11　HDFS 的结构示意图

　　NameNode 使用事务日志（EditLog）记录 HDFS 元数据的变化，使用映像文件（FsImage）存储文件系统的命名空间，包含文件的映射、文件的属性信息等。事务日志和映像文件都存储在 NameNode 的本地文件系统中。

　　NameNode 启动时，从磁盘中读取映像文件和事务日志，把事务日志的事务都应用到内存中的映像文件上，然后将新的元数据刷新到本地磁盘新的映像文件中，这样可以截去旧的事务日志，这个过程称为检查点（Checkpoint）。HDFS 还有 SecondaryNameNode 节点，它辅助 NameNode 处理映像文件和事务日志。NameNode 启动的时候合并映像文件和事务日志，而 SecondaryNameNode 会周期性地从 NameNode 上复制映像文件和事务日志到临时目录，合并生成新的映像文件后再重新上传到 NameNode，NameNode 更新映像文件并清理事务日志，使得事务日志的大小始终控制在可配置的限度下。

2）HDFS 典型拓扑

HDFS 典型拓扑包含如下两种。

（1）一般拓扑（见图 5-12）：只有单个 NameNode 节点，使用 SecondaryNameNode 或 BackupNode 节点实时获取 NameNode 元数据信息，备份元数据。

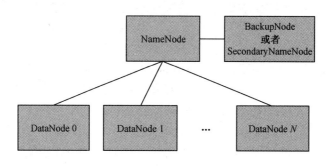

图 5-12　HDFS 一般拓扑

（2）商用拓扑（见图 5-13）：有两个 NameNode 节点，并使用 ZooKeeper 实现 NameNode 节点间的热切换。

ZooKeeper 集群：至少三个 ZooKeeper 实体，用来选举 ActiveNameNode。

JournalNode 集群：至少三个，用于与两个 NameNode 交换数据，也可使用 NFS。

HTTPFS：提供 Web 端读写 HDFS 功能。

从架构上看，HDFS 存在单点故障，无论是一般拓扑还是商用拓扑，新增的实体几乎都是增强 NameNode 可靠性的组件，当然这里的 ZooKeeper 集群还可以用于 HBase。

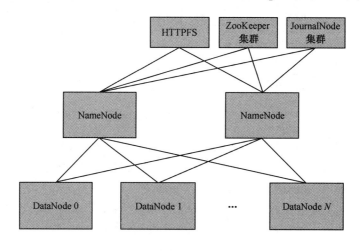

图 5-13　HDFS 商用拓扑

3．HDFS 内部特性

（1）冗余备份。HDFS 将每个文件存储成一系列数据块，默认块大小为 128MB（可配置）。为了容错，文件的所有数据块都会有副本（副本数量即复制因子，可配置）。HDFS 的文件都是一次性写入的，并且严格限制为任何时候都只有一个写用户。

DataNode 使用本地文件系统存储 HDFS 的数据，但是它对 HDFS 的文件一无所知，只是用一个个文件存储 HDFS 的每个数据块。当 DataNode 启动时，它会遍历本地文件系统，产生一份 HDFS 数据块和本地文件对应关系的列表，并把这个报告发给 NameNode，这就是块报告（Block Report）。块报告包括了 DataNode 上所有块的列表。

（2）副本存放。HDFS 集群一般运行在多个机架上，不同机架上机器的通信需要通过交换机。通常情况下，副本的存放策略很关键，机架内节点之间的带宽比跨机架节点之间的带宽要高，它能影响 HDFS 的可靠性和性能。HDFS 采用机架感知策略来改进数据的可靠性、可用性和网络带宽的利用率。通过机架感知，NameNode 可以确定每个 DataNode 所属的机架 ID。一般情况下，当复制因子是 3 时，HDFS 的部署策略是将一个副本存放在本地机架的节点上，一个副本放在同一机架的另一个节点上，最后一个副本放在不同机架的节点上。机架的错误远比节点的错误少，这个策略可以防止整个机架失效时数据丢失，提高数据的可靠性和可用性，同时保证性能。图 5-14 体现了复制因子为 3 的情况下，各数据块的分布情况。

图 5-14　复制因子为 3 时的数据块分布情况

（3）副本选择。HDFS 会尽量使用离程序最近的副本来满足用户请求，这样可以减少总带宽消耗和读延时。如果在读取程序的同一个机架上有一个副本，那么就使用这个副本；如果 HDFS 机群跨了多个数据中心，那么读取程序将优先考虑本地数据中心的副本。HDFS 的架构支持数据均衡策略。如果某个 DataNode 的剩余磁盘空间下降到一定程度，按照均衡策略，系统会自动把数据从这个 DataNode 移动到其他节点。当对某个文件有很高的需求时，系统可能会启动一个计划创建该文件的新副本，并重新平衡集群中的其他数据。

（4）心跳检测。NameNode 周期性地从集群中的每个 DataNode 接收心跳包和块报告，收到心跳包说明该 DataNode 工作正常。NameNode 会标记最近没有心跳的 DataNode 为死机，不会发给它们任何新的 I/O 请求。任何存储在死机的 DataNode 的数据将不再有效，DataNode 的死机会造成一些数据块的副本数下降并低于指定值。NameNode 会不断检测这些需要复制的数据块，并在需要的时候重新复制。重新复制的引发因素可能有多种，比如 DataNode 不可用、数据副本损坏、DataNode 上的磁盘错误或复制因子增大等。

（5）数据完整性检测。多种原因可能造成从 DataNode 获取的数据块损坏。HDFS 客户端软件实现了对 HDFS 文件内容的校验和检查（Checksum）。在创建 HDFS 文件时，计算每个数据块的校验和，并将校验和作为一个单独的隐藏文件保存在命名空间下。当客户端获取文件后，它会检查从 DataNode 获得的数据块对应的校验和是否和隐藏文件中的相同，如果不同，客户端就会判定数据块有损坏，并从其他 DataNode 获取该数据块的副本。

（6）元数据磁盘失效。映像文件和事务日志是 HDFS 的核心数据结构。如果这些文件损坏，会导致 HDFS 不可用。NameNode 可以配置为支持维护映像文件和事务日志的多个副本，任何对映像文件或事务日志的修改，都将同步到它们的副本上。这样会降低 NameNode 处理命名空间事务的速度，然而这个代价是可以接受的，因为 HDFS 是数据密集的，而非元数据密集的。当 NameNode 重新启动时，总是选择最新的一致的映像文件和事务日志。

（7）简单一致性模型、流式数据访问。HDFS 的应用程序一般对文件实行一次写、多次读的访问模式。文件一旦创建、写入和关闭之后就不需要再更改了。这样就简化了数据一致性问题，使高吞吐量的数据访问成为可能；运行在 HDFS 上的应用主要以流式读为主，可做批量处理。HDFS 集群更适合高吞吐量类型数据的访问场景。

（8）客户端缓存。客户端创建文件的请求不是立即到达 NameNode 的，HDFS 客户端先把数据缓存到本地的一个临时文件，程序的写操作透明地重定向到这个临时文件。当这个临时文件累积的数据超过一个块的大小（128MB）时，客户端才会联系 NameNode。NameNode 在文件系统中插入文件名，给它分配一个数据块，告诉客户端 DataNode 的 ID 和目标数据块 ID，这样客户端就把数据从本地缓存刷新到指定的数据块中。当文件关闭后，临时文件中剩余的未刷新数据也会被传输到 DataNode 中，然后客户端告诉 NameNode 文件已关闭，此时 NameNode 才将文件创建操作写入日志进行存储。如果 NameNode 在文件关闭之前死机，那么文件将会丢失。如果不采用客户端缓存，网络速度和拥塞都会对输出产生很大的影响。

（9）流水线复制。当客户端准备写数据到 HDFS 的文件中时，就像前面介绍的那样，数据一开始会写入本地临时文件。假设该文件的复制因子是 3，当本地临时文件累积到一个数据块的大小时，客户端会从 NameNode 获取一个副本存放的 DataNode 列表，列表中的 DataNode 都将保存那个数据块的一个副本。客户端首先向第一个 DataNode 传输数据，第一个 DataNode 一小块一小块（4KB）地接收数据，并在写入本地库的同时，把接收到的数据传输给列表中的第二个 DataNode；第二个 DataNode 以同样的方式边收边传，把数据传输给第三个 DataNode；第三个 DataNode 把数据写入本地库。DataNode 从前一个节点接收数据的同时，即时把数据传给后面的节点，这就是流水线复制。

（10）架构特征。硬件错误是常态而不是异常。HDFS 被设计为运行在普通硬件上，所以硬件故障是很正常的。HDFS 可能由成百上千的服务器构成，每个服务器上都存储着文件系统的部分数据，而 HDFS 的每个组件随时都有可能出现故障。因此，检测错误并快速自动恢复是 HDFS 最核心的设计目标。

（11）超大规模数据集。一般企业级的文件大小可能都在 TB 级甚至 PB 级，HDFS 支持大文件存储，而且提供整体上高的数据传输带宽。一个单一的 HDFS 实例应该能支撑数以千万计的文件，并且能在一个集群里扩展到数百个节点。

4. HDFS 对外功能

除了提供分布式存储这一最主要的功能，HDFS 还提供了下述常用功能。

（1）NameNode 高可靠性。由于 master/slave 架构天生存在单 master 缺陷，因此，HDFS 里可以配置两个甚至更多 NameNode。一般部署时，常用的 SecondaryNameNode 或 BackupNode 只是确保存储于 NameNode 的元数据多处存储，不提供 NameNode 的其他功能；双 NameNode 时，一旦正在服务的 NameNode 失效，备份的 NameNode 会瞬间替换失效的 NameNode，提供存储主服务。

（2）HDFS 快照。快照支持存储某个时间点的数据复制，当 HDFS 数据损坏时，可以回滚到过去一个已知正确的时间点。

（3）元数据管理与恢复工具。用户可以使用"hdfs oiv"和"hdfs oev"命令，管理修复 fsimage 与 edits，fsimage 存储了 HDFS 元数据信息，而 edits 存储了最近用户对集群的更改信息。

（4）HDFS 安全性。一是 ACL 访问控制，符合 Hadoop-policy.xml 策略的，才可访问 HDFS 服务；二是开启 Kerberos 认证，通过 Kerberos 认证后的服务与用户才可访问 HDFS；三是开启 web-consoles 认证，页面访问时需提供认证信息。

（5）HDFS 配额功能。此功能类似于 Linux 配额管理，主要管理目录或文件配额大小。

（6）HDFS C 语言接口。其提供了 C 语言操作的 HDFS 接口。

（7）HDFS Short-Circuit 功能。在 HDFS 服务里，对于数据的读操作都需要通过 DataNode，也就是当客户端想要读取某个文件时，DataNode 首先从磁盘读取数据，接着通过 TCP 端口将这些数据发送到客户端。而所谓的 Short-Circuit 指的是读时绕开 DataNode，即客户端直接读取硬盘上的数据。显然，只有当客户端和 DataNode 是同一台机器时，才可以实现 Short-Circuit，但由于 MapReduce 里的 Map 阶段一般都处理本机数据，这一改进将大大提高数据处理效率。

（8）WebHdfs。此功能可用 Web 方式操作 HDFS。在以前的版本中，若需要在 HDFS 里新建目录并写入数据，一般都通过命令行接口或编程接口实现，而现在，使用 WebHdfs，可直接在 Web 里对 HDFS 进行插、删、改、查操作，提高了效率。

5.4.3　分布式操作系统 YARN

操作系统的基本功能是：管理计算机资源、提供用户（包括程序）接口、执行用户程序。YARN 本质上是一个分布式操作系统，其功能和上述类似：管理整个集群的计算资源（CPU、内存、网络等）、提供用户程序访问系统资源的 API、执行程序。

1. 体系架构

1）YARN 架构

YARN 的主要思想是将 Hadoop1.0 版 JobTracker 的两大功能——资源管理和任务调

度拆分成两个独立的进程，即将原 JobTracker 里的资源管理模块独立成一个全局资源管理进程 ResourceManager，将任务调度模块独立成任务管理进程 ApplicationMaster。而 Hadoop1.0 里的 TaskTracker 则发展成 NodeManager。

　　YARN 依旧是 master/slave 架构，主进程 ResourceManager 是整个集群的资源仲裁中心，从进程 NodeManager 管理本机资源，ResourceManager 和从属节点的进程 NodeManager 组成了 Hadoop 3.0 的分布式数据计算框架（见图 5-15）。

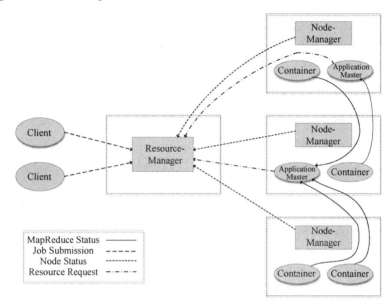

图 5-15　YARN 体系架构

2）YARN 执行过程

YARN 在执行时包含以下独立实体（见图 5-16）。

Client：客户端，负责向集群提交作业。

ResourceManager：集群主进程，仲裁中心，负责集群资源管理和任务调度。

Scheduler：资源仲裁模块。

ApplicationManager：选定，启动和监管 ApplicationMaster。

NodeManager：集群从进程，管理监视 Container，执行具体任务。

Container：本机资源集合体，如某 Container 为 4 个 CPU、8GB 内存。

ApplicationMaster：任务执行和监管中心。

（1）作业提交。Client 向主进程 ResourceManager 的 ApplicationManager 模块提交任务（见图 5-16 中①），ApplicationManager 按某种策略选中某 NodeManager 的某 Container 来执行此应用程序的 ApplicationMaster（见图 5-16 中②）。

（2）任务分配。ApplicationMaster 向 Scheduler 申请资源（见图 5-16 中③），Scheduler 根据所有 NodeManager 发送过来的资源信息（见图 5-16 中④）和集群指定的调度策略，以 Container 为单位给 ApplicationMaster 分配计算资源（见图 5-16 中⑤）。

（3）任务执行。ApplicationMaster 向选定的 NodeManager 发送任务信息（包括程序代码、数据位置等信息），通知选中的 NodeManager，让其启动本 NodeManager 管理的 Container 计算任务（见图 5-16 中⑥）。

（4）进度和状态更新。处于计算状态的 Container 向其所在 NodeManager 汇报计算进度，NodeManager 则通过心跳包将这些信息再汇报给 ApplicationMaster，ApplicationMaster 再根据汇总过来的信息，给出任务进度。

（5）任务完成。所有任务完成后，信息一层层向上汇报到 ApplicationMaster，ApplicationMaster 再将结束信息汇报给 ApplicationManager 模块，ApplicationManager 通知 Client 任务结束。

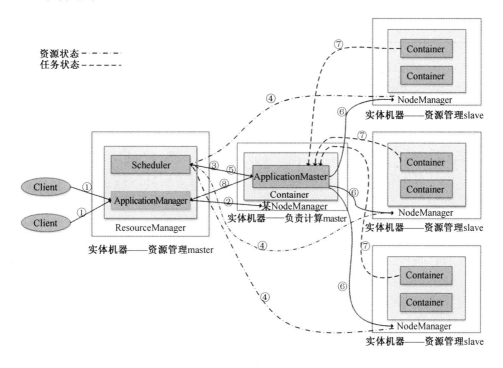

图 5-16　YARN 任务执行过程

上述过程是任务成功执行时的执行步骤，还有可能是任务失败，此时如果是 ApplicationMaster 失败，则 ApplicationManager 会重新选择一个 Container 再次执行此任务对应的 ApplicationMaster；如果是计算节点（某个 Container，甚至是 NodeManager）失败，则 ApplicationMaster 首先向 Scheduler 申请资源，接着根据申请到的资源重新分配失败节点上的任务。

从 YARN 架构和 YARN 任务执行过程能看出 YARN 具有巨大优势，Scheduler 是个纯粹的资源仲裁中心，它根据集群资源状况以 Container 为单位分配资源，但不负责监管任务，也不负责重启任务，从而优化 Scheduler 设计，明确角色；ApplicationManager 将任务接下后，随即将任务扔给 ApplicationMaster，本身只监管 ApplicationMaster，大大减轻了工作量；ApplicationMaster 则更像 MRv1（经典 MapReduce 框架）里的 JobTracker，负责任务整体执行，并且它可以是集群中任意一个 NodeManager 下的

Container。 YARN 的 设 计 大 大 减 轻 了 ResourceManager 的 资 源 消 耗 ， 并 且 ApplicationMaster 可分布于集群中任意一台机器，在设计上更加优美。

3）YARN 典型拓扑

除了 ResourceManager 和 NodeManager 两个实体，YARN 还包括 WebAppProxyServer 和 JobHistoryServer 两个实体（见图 5-17）。在实际部署时，可以选定三台服务器，分别独立部署 ResourceManager、WebAppProxyServer 和 JobHistoryServer，余下的服务器都部署 NodeManager，这四个实体都会在部署的机器上启动其命令的守护进程。但 WebAppProxyServer 和 JobHistoryServer 只负责一些"补强"功能，不是计算框架必须部署的组件，下面简单介绍这两个实体。

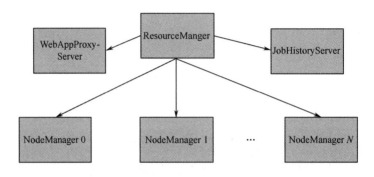

图 5-17　YARN 典型拓扑

（1）JobHistoryServer 服务：主要用于管理已完成的 YARN 任务。在 MRv1 里，历史任务的日志和执行时的各种统计信息统一由 JobTracker 管理，可以通过 JobTracker 的 Web 界面找到以往所有的 MapReduce 任务，且可查看此任务的日志和统计信息。

YARN 对于历史任务的管理和 MRv1 完全不同，为进一步减轻 ResourceManager 负载，简 化 主 进 程 设 计 ， YARN 将 管 理 历 史 任 务 的 功 能 抽 象 成 一 个 独 立 实 体 JobHistoryServer。当任务完成时（无论成功与否），ApplicationMaster 将任务输出的日志信息和统计信息写入 HDFS 的固定位置，JobHistoryServer 通过读取并解析这个位置上的文件来显示集群中已执行过的任务。可以通过点击 http://ResourceManagerURL 页面的历史任务链接查看历史任务信息，也可以通过点击 http://jobhistoryURL 查看日志任务。注意，所有关于 JobHistory Server 的配置都在 mapred-site.xml 里。

（2）WebAppProxyServer 服务：主要用于代理任务执行时的 Web 页面。 WebAppProxyServer 也属于 YARN，默认情况下它作为 ResourceManager 的一部分运行于 ResourceManager 进程内，但可以将它配置为以独立的方式运行，其属性在 yarn-site.xml 文件里配置。通过使用代理，不仅进一步减轻了 ResourceManager 的压力，还减少了 YARN 受到的 Web 攻击。

在 YARN 体系里，ApplicationMaster 负责监管具体 MapReduce 任务执行的全过程，它会将从 Container 收集的任务执行信息汇总并显示到一个 Web 界面上，接着将此链接发送给 ResourceManager。对于用户来说，一般相信 http://ResourceManagerURL 提供的任务信息是正确的，也相信它提供的链接是安全的，但现实中，如果运行 ApplicationMaster 的用户是恶意用户，那给 ResourceManager 的这个链接可能就是非安全的链接。

一方面，Web 代理会警告用户单击的链接可能存在危险；另一方面，Proxy 也降低了恶意 AM 链接对用户造成的影响。我们知道，大多数 Web 认证都是基于 Cookie 认证的，当用户访问 http://ResourceManagerURL 时，Web 代理会从登录的用户信息里剥离出用户 Cookie 信息，接着修改这个用户 Cookie，只保留里面的登录用户名。当用这种"精心设计"后的 Cookie 来访问可能含有恶意的链接时，即使恶意链接获取了用户的 Cookie，此时它获取的 Cookie 已不是原来的 Cookie 了，这样可以大大减少恶意链接上的代码（如 js 代码）对用户的破坏行为。

通过使用 Web 代理，YARN 只是降低了 Web 攻击的可能性，并没有彻底解决恶意链接问题，当前的 Web 代理还不能有效解决这个问题。

2．编程模板

ApplicationMaster 是一个可变更的部分，只要实现不同的 ApplicationMaster，就可以实现不同的编程模式，如果将 ApplicationMaster 看成一种编程模板，那么 MapReduce 模板对应 MapReduce 类型的 ApplicationMaster，DistributedShell 模板对应 DistributedShell 类型的 ApplicationMaster。只要按照 YARN 规则编写，用户即可实现本人定制程序在 YARN 集群运行，即实现自定义程序并行化。

没有 YARN 之前，用户想要实现自定义程序多机并行化基本是不可能的。注意，MPI 等并行程序不但晦涩难懂，还极易出错，仅能实现多线程的本机并行化，Hadoop1.0 只能实现 MapReduce 并行化。

1）示例模板

YARN 的示例编程为"DistributedShell"，该程序可以将给定的 Shell 命令分布到机器执行，代码与执行过程详见 5.5.5 节。

2）MapReduce 模板

MapReduce 把运行在大规模集群上的并行计算过程抽象为两个函数：Map 和 Reduce，也就是映射和化简。简单说，MapReduce 就是"任务的分解与结果的汇总"。Map 把任务分解成多个任务，Reduce 把分解后多任务处理的结果汇总起来，得到最终结果。

对适合用 MapReduce 处理的任务有一个基本要求：待处理的数据集可以分解成许多小的数据集，而且每一个小数据集都可以完全并行地处理。

图 5-18 介绍了用 MapReduce 处理大数据集的过程。一个 MapReduce 操作分为两个阶段：映射阶段和化简阶段。

在映射阶段，MapReduce 框架将用户输入的数据分割为 M 个片段，对应 M 个 Map 任务。每一个 Map 操作的输入是数据片段中的键值对<K1,V1>集合，Map 操作调用用户定义的 Map 函数，输出一个中间态的键值对<K2,V2> 集合。接着，按照中间态的 K2 将输出的数据集进行排序，并生成一个新的<K2,list(V2)>元组，这样可以使对应同一个键的所有值都在一起。然后，按照 K2 的范围将这些元组分割为 R 个片段，对应 Reduce 任务的数目。

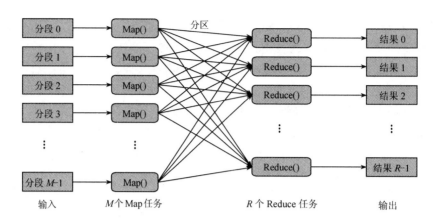

图 5-18　MapReduce 处理大数据集的过程

在化简阶段，每一个 Reduce 操作的输入是一个<K2,list(V2)>片段，Reduce 操作调用用户定义的 Reduce 函数，生成用户需要的键值对<K3,V3>并输出。

3. 任务调度策略

任务调度策略是 YARN 的一个核心功能，YARN 目前配有容量调度算法（CapacityScheduler）和公平调度算法（FairScheduler）两种调度策略。ResourceManager 通过 Scheduler 模块实现任务调度，Scheduler 支持热插拔，用户可以通过调整调度策略调整任务优先级和资源配置。在实现 YARN 协议的前提下，用户甚至可以开发一套新的调度策略，在 YARN 配置文件里指定即可。

1）CapacityScheduler

CapacityScheduler 是 Hadoop3.0 默认的任务调度算法，是一种多用户、多任务调度策略，以队列为单位划分任务，以 Container 为单位分配资源，为多个用户共享集群资源提供安全可靠的保障。

一般情况下，各组织的硬件资源量都略高于业务最高峰时的需求量，但业务高峰期一般是一个或多个时间段，这样平均下来，硬件资源的平均利用率并不高，并且有些组织或组织内部的不同部门可能会建立本部门的分布式集群，这些都可能导致资源过剩。通过共建集群的方式，不但可以提高资源利用率，还能在必要时使用更多的集群资源，同时，组织机构间共建集群也大大降低了运维成本。但问题是，每个组织，为确保其业务高峰时的服务稳定性，一般不会同意共享集群资源。那是否有方法让它们在共享一个集群的同时，又能满足其业务高峰时的服务要求呢？

CapacityScheduler 就是一种满足此需求的调度策略，对于已经分配固定资源的用户 A 和 B，如 A 配置了集群 70%的资源量，那么即使 B 提交的作业排起很长的等待队列，而 A 此时却没有任何任务，CapacityScheduler 也不允许 B 使用超过集群 30%的资源，当然在实际使用中，其支持弹性配置。

CapacityScheduler 通过队列来划分资源，队列间的关系类似一棵多叉树，队列间一层层继承，根队列称为 root 队列。YARN 初次启动时，默认启动队列为 root.default 队列。下面通过一个具体的例子来理解多级队列。

【例 5-8】某三个组织机构 companyA、companyB 和 institutionC 欲共同组建一个 Hadoop 集群 DataCenterABC。高峰时，companyA 需要使用 60 台服务器，companyB 需要使用 30 台，而 institutionC 需要使用 10 台，如何配置多级队列来满足各组织的需求？若 companyA 下有算法部和研发部，当算法部 A_algorithm 需使用 90%的资源，研发部 A_RD 使用 10%的资源时，又如何分配？在上述条件下，若 A_algorithm 只允许 joe、joe 和 hue 用户，并且每个用户至少配置本部门 30%的资源，又如何配置多级队列？

解答：多级队列对应的配置文件为 capacity-scheduler.xml，它和其他 Hadoop 配置文件在同一个目录下。

第一问解答如下：在 capacity-scheduler.xml 中配置如下多级队列，其中配置 capacity 时，可以使用 double 类型的数字，用户需确保三个组织的资源使用总和为 100。

```
<property>
  <name>yarn.scheduler.capacity.root.queues</name>
  <value>companyA,companyB,institutionC</value>
</property>
<property>
    <name>yarn.scheduler.capacity.root.companyA.capacity</name>
    <value>60</value>
</property>
<property>
    <name>yarn.scheduler.capacity.root.companyB.capacity</name>
    <value>30</value>
</property>
<property>
    <name>yarn.scheduler.capacity.root.institutionC.capacity</name>
    <value>10</value>
</property>
```

对于第二问，创建继承自 root.companyA 的新队列，用户需确保本层队列容量和为 100。

```
<property>
  <name>yarn.scheduler.capacity.root.companyA.queues</name>
  <value>A_algorithm,A_RD</value>
</property>
<property>
    <name>yarn.scheduler.capacity.root.companyA. A_algorithm.capacity</name>
    <value>90</value>
</property>
<property>
    <name>yarn.scheduler.capacity.root.companyB. A_RD.capacity</name>
    <value>10</value>
</property>
```

对于第三问，针对 A_algorithm 队列，指定授权访问用户，可参考如下配置。

```
<property>
  <name>yarn.scheduler.capacity.root.companyA.A_algorithm.acl_submit_applications</name>
```

```
    <value>joe,joe,hue</value>
</property>
<property>
    <name>yarn.scheduler.capacity.root.companyA.A_algorithm.minimum-user-limit-percent</name>
    <value>30</value>
</property>
```

CapacityScheduler 具有多用户、多队列、基于资源、基于容量、弹性、安全等特点。定位到 yarn-site.xml 中的"scheduler.class"可知，YARN 默认指定该算法作为调度策略。用户可以通过模仿 capacity-scheduler.xml 相关配置，然后根据需要设置相关参数，以实现该调度算法的个性化配置。

2）FairScheduler

FairScheduler 是一种允许多个 YARN 任务公平使用集群资源的可插拔式调度策略。当集群资源满足所有提交的任务时，FairScheduler 会将资源分配给集群中的所有任务；而当集群资源受限时，FairScheduler 会将正在执行任务释放的部分资源分配给等待队列里的任务，而不是用此资源继续执行原任务。通过这种方式，从宏观上看，集群资源公平地被每个任务所拥有，它不仅可以让短作业在合理的时间内完成，也避免了长作业长期得不到执行的尴尬局面。

读者需配置 yarn-site.xml 的如下参数，指定 YARN 启用 FairScheduler。若需自定义该调度策略，则需打开 Hadoop 官方文档，定位到 FairScheduler 部分，模仿 fair 参数设置，然后在 yarn-site.xml 中进行配置。也可参考示例配置"share/Hadoop/tools/sls/sample-conf/fair-scheduler.xml"。

```
<property>
    <name>yarn.scheduler.capacity.root.companyB. A_RD.capacity</name>
    <value>10</value>
</property>
```

配置好后，无须其他工作，FairScheduler 支持动态更新，默认情况下，YARN 每隔10 秒会重读 yarn-site.xml，实现队列的动态加载。

5.5 Hadoop 3.0 访问接口

Hadoop 3.0 分为相互独立的几个模块，访问各模块的方式也是相互独立的，每个模块均可分为浏览器、Shell、程序 3 种访问方式。

5.5.1 配置项接口

解压 Hadoop-3.3.1.tar.gz 后，得到文件夹 Hadoop-3.3.1。
目录"etc/Hadoop"为个性化配置 Hadoop 相关文件；
目录"bin"为 Hadoop 命令接口；
目录"sbin"为整个集群命令接口；
目录"lib/native"为本库相关文件；

目录"licenses-binary"为软件授权；

目录"share/Hadoop"为已编译好的 Hadoop 二进制执行包；

目录"share/doc"为 Hadoop 相关 API 和学习文档。

继续解压文件"share/Hadoop/client/Hadoop-client-api-3.3.1.jar"，得到 core-default.xml、mapred-default.xml、yarn-default.xml。解压文件"share/Hadoop/hdfs/Hadoop-hdfs-3.3.1.jar"，得到 hdfs-default.xml。打开这 4 个文件，可看到 Hadoop 最重要的 4 个默认配置文件，里面内容为已定义好的 Hadoop 默认配置项目。

对应上述 4 个默认配置文件，定位到"/etc/Hadoop"，可看到 core-site.xml、hdfs-site.xml、yarn-site.xml、mapred-site.xml。读者可模仿前期已解压的 4 个 default.xml 文件，将想个性化调整的配置项写入对应的 site.xml 文档中，即可实现相应参数的定制调整。

5.5.2　浏览器接口

如前文所述，下面为 Hadoop 主要服务的 http 默认访问地址：

HDFS 主进程 NameNode 默认 Web 地址为 http://namenode_host:9870；

YARN 主进程 ResourceManager 默认 Web 地址为 http://resourcemanager_host:8088；

MapReduce JobHistoryServer 默认 Web 地址为 http://jobhistory_host:8088；

DataNode 默认 http 端口为 9864，默认 https 端口为 50475；

SecondaryNameNode 默认 http 端口为 9868，默认 https 端口为 9869。

除上述地址外，读者可以按照 5.5.1 所述，打开 core-site.xml、hdfs-site.xml、yarn-site.xml、mapred-site.xml，查找 http、address 等关键字，找到 IPC、SecondaryNameNode、BackupNode 等访问地址。

5.5.3　命令行接口

Shell 接口不仅用于管理员管理集群的常用命令，也用于普通用户提交任务、查看任务状态等，下面给出各模块的 Shell 命令的简单介绍。

1. HDFS

以传统解压包方式部署时，其执行方式是 HADOOP_HOME/bin/hdfs；当以分布式模式部署时，使用 HDFS 用户执行 hdfs 即可（见图 5-19）。

每一条命令还包含很多子命令，读者可以进一步了解各命令。这些命令主要可以分为两类——管理员命令和用户命令，管理员可以使用命令前台启动 NameNode、DataNode 等，也可以管理 DFS 进行集群数据均衡化（balancer）、检测文件系统（fsck）等操作。

2. YARN

以传统解压包方式部署时，其执行方式是 HADOOP_HOME/bin/yarn；当以分布式模式部署时，使用 YARN 用户执行 yarn 即可（见图 5-20）。

每一条命令都包含若干条子命令，YARN 的 Shell 命令也主要分为用户命令和管理员命令两种。用户可以使用 jar <jar 包>提交 YARN 作业，可以使用 application 查看当前任务，还可以使用 logs 查看某具体 Container 执行的上下文。管理员则可以使用 rmadmin 管理 YARN 队列，更新节点信息，使用 ResourceManager 等前台开启 YARN 相关进程。

图 5-19   hdfs 命令行

图 5-20   yarn 命令行

3. Hadoop

以传统解压包方式部署时，其执行方式是 HADOOP_HOME/bin/Hadoop；当以分布式模式部署时，在终端直接执行 hadoop（见图 5-21）。

图 5-21   hadoop 命令行

从图 5-21 的提示可以看出，这个脚本既包含 HDFS 里最常用的命令 fs（HDFS 里的 dfs），又包含 YARN 里最常用的命令 jar，可以说它是 HDFS 和 YARN 的结合体。

此外，distcp 用 MapReduce 来实现两个 Hadoop 集群之间的大规模数据复制。archive 用 MapReduce 任务重新整理原来的 HDFS 文件，经优化后的 archive 文件有利于优化文件存储，也有利于 NameNode 对元数据的存储。

4．其他常用命令

以传统解压包方式部署时，上述三个 Shell 命令主要存放在 HADOOP_HOME/bin 目录下；而以 Linux 标准方式部署时，Hadoop 各个文件会打散到整个系统中，比如脚本命令放在/usr/bin 目录下，日志文件放在/var/log 目录下，配置文件放在/etc/conf 目录下。

当以传统解压包方式部署时，除了 HADOOP_HOME/bin 目录下的 Shell 脚本，它还在 HADOOP_HOME/sbin 目录下提供了一些其他 Shell 命令，下面简单介绍一下这些命令。

从图 5-22 可以看到，sbin/目录下的脚本主要分为两种类型：启停服务脚本和管理服务脚本。其中，脚本 Hadoop-daemon.sh 可单独用于启动本机服务，方便本机调试；start/stop 类脚本适用于管理整个集群。读者只要在命令行下直接使用这些脚本，其会自动提示使用方法。

图 5-22　Hadoop 常用脚本

5.5.4　HDFS 编程

使用 Java 处理文件时，首先新建 File 类，接着可以使用 File 类方法对文件句柄进行相关操作，也可以针对这个 File 类新建各种流，对文件内容进行操作。

同样，编写 HDFS 代码操作 HDFS 里的文件时，也是这个思路，只不过 HDFS 需先加载配置文件。在进行任何操作之前，我们都要实例化配置文件。HDFS 的编程思路大概如下。

1. HDFS 编程基础

（1）读取配置文件 Configuration。Hadoop 的每一个实体（Common，HDFS，YARN）都有与其相对应的配置文件，Configuration 类是联系几个配置文件的统一接口。当执行代码 Configuration conf = new Configuration()时，程序会获取本机 Hadoop 的本地配置文件，比如此时的 conf 对象中，已经包含了诸如 NameNode 位置信息 fs.defaultFS 的属性值。

此外，Hadoop 各模块间传递的一切值都必须通过 Configuration 类实现，比如想在 Reduce 类里获取用户设置的 int 型参数 size，代码如下。

```
conf.setInt("MainMethodProvidedParametersxx",78532);
```

Reduce 函数端获取的代码如下。

```
int size=context.getConfiguration().getInt("MainMethodProvidedParametersxx", 0)
```

其他方式均无法获取程序设置的参数，若想实现参数设置最好使用 Configuration 类的 get 和 set 方法。

（2）取得 HDFS 文件系统接口。在 Hadoop 源代码中，HDFS 相关代码大多存放在 org.apache.Hadoop.hdfs 包里，比如 HDFS 架构中最主要的两个类 namenode.java 和 datanode.java 存放在 org.apache.Hadoop.hdfs.server 包里。但是，编写代码操作 HDFS 中的文件时，不可以调用这些代码，而是通过 org.apache.Hadoop.fs 包里的 FileSystem 类实现（见图 5-23）。

图 5-23　FileSystem 类和 HDFS 的关系图

FileSystem 类是 Hadoop 访问文件系统的抽象类，它不仅可以获取 HDFS 文件系统服务，也可以获取其他文件系统（比如本地文件系统）服务，为程序员访问各类文件系统提供统一接口。Common 还提供了一些处理 HDFS 文件的常用流，比如 fs 包下的 FSDataInputStream、io 包下的缓冲流 DataInputBuffer、util 包下的 LineReader 等，用户可以将它们和 Java 流相互配合使用。

2．HDFS 编程实例

【例 5-9】请编写一个简单程序，要求实现在 HDFS 里新建文件 myfile，并且写入内容"china cstor cstor cstor china"。

代码如下。

```
public class Write {
    public static void main(String[] args) throws IOException {
        Configuration conf = new Configuration();              //实例化配置文件
        Path inFile = new Path("/user/joe/myfile");            //命名一个文件
        FileSystem hdfs = FileSystem.get(conf);                //获取文件系统
        FSDataOutputStream outputStream = hdfs.create(inFile); //获取文件流
        outputStream.writeUTF("china cstor cstor cstor china");    //使用流向文件里写内容
        outputStream.flush();
        outputStream.close();
    }
}
```

假定程序打包后称为 hdfsOperate.jar，并假定以 joe 用户执行程序，主类为 Write，主类前为包名，则命令执行如下。

```
[joe@cmaster ~]$ Hadoop  jar  hdfsOperate.jar  cn.cstor.data.Hadoop.hdfs.write.Write
```

成功执行上述命令后，读者可使用如下两种方式确认文件已经写入 HDFS。

第一种方式：使用 Shell 接口，以 joe 用户执行如下命令。

```
[joe@cmaster ~]$ hdfs dfs -cat ls                                    #类似于 Linux 的 ls，列举 HDFS 文件
[joe@cmaster ~]$ hdfs dfs -cat myfile                                #类似于 Linux 的 cat，查看文件
```

第二种方式：使用 Web 接口，从浏览器地址栏打开 http://namenodeHostName:9870，单击 Browse the filesystem，进入文件系统，接着查看文件/user/joe/myfile 即可。

【例 5-10】请编写一个简单程序，要求输出 HDFS 中刚写入的文件 myfile 的内容。

代码如下。

```
public class Read {
    public static void main(String[] args) throws IOException {
        Configuration conf = new Configuration();
        Path inFile = new Path("/user/joe/myfile");                  //HDFS 里欲读取文件的绝对路径
        FileSystem hdfs = FileSystem.get(conf);
        FSDataInputStream inputStream = hdfs.open(inFile);           //获取输出流
        System.out.println("myfile: "+inputStream.readUTF());       //使用输出流读取文件
        inputStream.close();
    }
}
```

下面是命令执行方式及其结果。

```
[joe@cmaster ~]# Hadoop jar hdfsOperate.jar cn.cstor.data.Hadoop.hdfs.read.Read
myfile: china cstor cstor cstor china
```

【例 5-11】请编写一个简单代码，要求输出 HDFS 中文件 myfile 的相关属性（如文件大小、拥有者、集群副本数、最近修改时间等）。

代码如下。

```
public class Status {
    public static void main(String[] args) throws Exception {
        Configuration conf = new Configuration();
        Path file = new Path("/user/joe/myfile");
        System.out.println("FileName: " + file.getName());
        FileSystem hdfs = file.getFileSystem(conf);
        FileStatus[] fileStatus = hdfs.listStatus(file);
        for (FileStatus status : fileStatus) {
            System.out.println("FileOwner: "+status.getOwner());
            System.out.println("FileReplication: "+status.getReplication());
            System.out.println("FileModificationTime: "+new Date(status.getModificationTime()));
            System.out.println("FileBlockSize: "+status.getBlockSize());        }
    }
}
```

程序执行方式及其结果如下。

```
[joe@cmaster ~] Hadoop jar hdfsOperate.jar cn.cstor.data.Hadoop.hdfs.file.Status
FileName: myfile
```

FileOwner: joe

FileReplication: 3

FileModificationTime: Tue Nov 12 05:24:02 PST 2013

上面我们通过 3 个例子介绍了 HDFS 文件最常用的操作，但这仅仅是 3 个小演示程序，读者在真正处理 HDFS 文件流时，可以使用缓冲流将底层文件流一层层包装，这样可以大大提高读取效率。

5.5.5　YARN 编程

YARN 是一个资源管理框架，由 ResourceManager（RM）和 NodeManager（NM）组成。但 RM 和 NM 不参与计算逻辑，计算逻辑代码由 ApplicationMaster 和 Client 实现，具体计算时则由集群中的 ApplicationMaster 与 Container 完成。

称由 ApplicationMaster 和 Client 组成的处理逻辑相同的一类任务为一个逻辑实体，逻辑实体可以定义为 Map 型、MapReduce 型和 MapReduceMap 型，甚至对于没有任何输入/输出的 CPU 密集型任务，只要编写相应的逻辑实体即可。YARN 编程突破了 MapReduce 编程的局限。

1. 概念和流程

在资源管理框架中，RM 负责资源分配，NM 负责管理本地资源。在计算框架中，Client 负责提交任务，RM 启动任务对应的 ApplicationMaster，ApplicationMaster 再向 RM 申请资源，并与 NM 协商启动 Container 执行任务。

1）编程时使用的协议

（1）ApplicationClientProtocol：Client<-->RM。

Client 通知 RM 启动任务（如要求 RM 启动 ApplicationMaster）、获取任务状态或终止任务时使用的协议。

（2）ApplicationMasterProtocol：ApplicationMaster<-->RM。

ApplicationMaster 向 RM 注册/注销申请资源时用到的协议。

（3）ContainerManager：ApplicationMaster<-->NM。

ApplicationMaster 启动/停止获取 NM 上的 Container 状态信息时所用的协议。

2）一个 YARN 任务的执行流程简析

Client 提交任务时，通过调用 ApplicationClientProtocol#getNewApplication 从 RM 获取一个 ApplicationId，然后通过 ApplicationClientProtocol#submitApplication 提交任务。作为 submitApplication 方法的一部分，Client 还必须提供充足的信息，以便 RM 首先启动一个 Container 来执行此次任务对应的 ApplicationMaster。

接着，RM 会选定一个 Container 来启动 ApplicationMaster。ApplicationMaster 负责此次任务处理的全过程。它首先调用 ApplicationMasterProtocol#Register ApplicationMaster 向 RM 完成注册。为了完成任务，它使用 ApplicationMasterProtocol# allocate 向 RM 申请 Container，而当收到 RM 分配的 Container 后，ApplicationMaster 使用 ContainerManager# startContainer 启动这个 Container 来执行本次任务。作为启动 Container 的一部分，ApplicationMaster 必须指定 ContainerLaunchContext，它包含了用户处理代码、启动命令、

环境变量等信息。当任务完成时，ApplicationMaster 需向 RM 注销自己，这个动作可通过调用 ApplicationMasterProtocol# finishApplicationMaster 完成。

在任务运行过程中，ApplicationMaster 会通过心跳包与 RM 保持通信，心跳不仅告知 RM ApplicationMaster 还存活着，同时也充当两者之间的消息通道。如果一段时间，RM 未收到 ApplicationMaster 心跳包，则认为 ApplicationMaster 死掉，RM 会重启一个 ApplicationMaster 或让任务失败。此外，Client 可以通过询问 RM 或直接询问 ApplicationMaster 获 取 任 务 状 态 信 息， 甚 至 调 用 ApplicationClientProtocol# forceKillApplication 终止任务。

3）编程步骤小结

（1）Client。

步骤 1：获取 ApplicationId。

步骤 2：提交任务。

（2）ApplicationMaster。

步骤 1：注册。

步骤 2：申请资源。

步骤 3：启动 Container。

步骤 4：重复步骤 2、步骤 3，直至任务完成。

步骤 5：注销。

容易看出，在实现 YARN 协议的基础上，只要编写符合一定逻辑的 ApplicationMaster 和 Client，就能实现一个"自己的"分布式处理过程，在这个用户"本土"分布式处理过程中，资源分配已经由 YARN 实现了，但用户必须编写复杂的 ApplicationMaster 来实现任务分解、逻辑处理等。编写一个性能高、通用性强的 ApplicationMaster 是件不容易的事，一般由专业人员编写，YARN 提供了三个 ApplicationMaster 实现：DistributedShell、unmanaged-am-launcher 和 MapReduce，下面主要介绍 DistributedShell 和 MapReduce。

2. 实例分析——DistributedShell

DistributedShell 是 YARN 自带的一个应用程序编程实例，相当于 YARN 编程中的"Hello World"，它的功能是并行执行用户提交的 Shell 命令或 Shell 脚本。

从 Hadoop 官方网站下载 Hadoop-3.3.1-src.tar.gz（Hadoop 源代码包）并解压后，依次进入 Hadoop-yarn-project\Hadoop-yarn\Hadoop-yarn-applications，可看到 YARN 自带的两个 YARN 编程实例。

DistributedShell 中主要包含两个类：Client 和 ApplicationMaster。其中，Client 主要向 RM 提交任务；ApplicationMaster 则须向 RM 申请资源，并与 NM 协商启动 Container 来完成任务。

（1）Client 类最主要的代码如下。

```
YarnClient yarnClient = YarnClient.createYarnClient();      //新建 YARN 客户端
yarnClient.start();                                         //启动 YARN 客户端
YarnClientApplication app = yarnClient.createApplication(); //获取提交程序句柄
```

```
ApplicationSubmissionContext appContext=app.getApplicationSubmissionContext();   //获取上下文句柄
ApplicationId appId = appContext.getApplicationId(); //获取 RM 分配的 appId
appContext.setResource(capability);    //设置任务其他信息举例
appContext.setQueue(amQueue);
appContext.setPriority(priority);


//实例化 ApplicationMaster 对应的 Container
ContainerLaunchContext amContainer = Records.newRecord(ContainerLaunchContext.class);
amContainer.setCommands(commands);              //参数 commands 为用户预执行的 Shell 命令
appContext.setAMContainerSpec(amContainer);    //指定 ApplicationMaster 的 Container
yarnClient.submitApplication(appContext);        //提交作业
```

从代码中能看到，关于 RPC 的代码已经被上一层代码封装了，Client 编程简单地说就是获取 YarnClientApplication，然后设置 ApplicationSubmissionContext，最后提交任务。

（2）ApplicationMaster 类最主要的代码如下。

```
//新建 RM 代理
AMRMClientAsync amRMClient = AMRMClientAsync.createAMRMClientAsync(1000, allocListener);
amRMClient.init(conf);
amRMClient.start();
//向 RM 注册
amRMClient.registerApplicationMaster(appMasterHostname, appMasterRpcPort,appMasterTrackingUrl);
containerListener = createNMCallbackHandler();
//新建 NM 代理
NMClientAsync nmClientAsync = new NMClientAsyncImpl(containerListener);
nmClientAsync.init(conf);
nmClientAsync.start();
//向 RM 申请资源
for (int i = 0; i < numTotalContainers; ++i) {
                ContainerRequest containerAsk = setupContainerAskForRM();
                        amRMClient.addContainerRequest(containerAsk);
}
numRequestedContainers.set(numTotalContainers);
//设置 Container 上下文
ContainerLaunchContext ctx = Records.newRecord(ContainerLaunchContext.class);
ctx.setCommands(commands);
//要求 NM 启动 Container
nmClientAsync.startContainerAsync(container, ctx);
//containerListener 汇报此 NM 完成任务后，关闭此 NM
nmClientAsync.stop();
//向 RM 注销
amRMClient.unregisterApplicationMaster(appStatus, appMessage, null);
amRMClient.stop();
```

源代码中 ApplicationMaster 相关的代码有上千行，上述代码给出了源代码中最重要的几个步骤。

默认情况下 YARN 包里已经有 DistributedShell 的代码了，可以使用任何用户执行如下命令。

```
$Hadoop jar /usr/lib/Hadoop-yarn/Hadoop-yarn-applications-distributedshell.jar
> org.apache.Hadoop.yarn.applications.distributedshell.Client
> -jar /usr/lib/Hadoop-yarn/Hadoop-yarn-applications-distributedshell.jar
> -shell_command '/bin/date' -num_containers 100
```

3. 实例分析——MapReduce

1）概述

YARN 下的 MapReduce 和 MRv1 里的 MapReduce 相同，是 Google MapReduce 思想的实现，不同的是，YARN 下的编程不只有 MapReduce 这一种模式。如果我们将 MapReduce 看成一种编程模型，那么在 MRv1 下，只有这一种模型，可是 YARN 下可以有各种各样的编程模型，比如 DistributedShell 形式、MapReduce 形式。尽管编程形式多了，但 MapReduce 依旧是分布式编程首选的模型。

与 DistributedShell 相同，编写 MapReduce 程序的基本步骤如下。

（1）编写 Client：默认实现类 MRClientService。

（2）编写 ApplicationMaster：默认实现类 MRAppMaster。

Hadoop 开发人员为 MapReduce 编程模型开发了 Client 和 ApplicationMaster，默认实现了 MRClientService 和 MRAppMaster，MRv1 版本的 MapReduce 代码在 YARN 中是兼容的，用户只要重新编译一下即可。

有了高效的 MRClientService 和 MRAppMaster，用户编写 MapReduce 就简单得多了，可依旧使用以前的 MapReduce 开发流程，下面具体介绍。

2）MapReduce 编程步骤

MapReduce 编程模型简单，在实际操作时，最常用的编程步骤如下。

步骤 1，确定<key,value>对。

<key,value>对是 MapReduce 编程框架中基本的数据单元，其中 key 实现了 WritableComparable 接口，value 实现了 Writable 接口，这使得框架可以对其序列化并可以对 key 执行排序。

步骤 2，确定输入类。

InputFormat、InputSplit、RecordReader 是数据输入的主要编程接口。InputFormat 主要实现的功能是将输入数据分切成多个块，每个块都是 InputSplit 类型；而 RecordReader 负责将每个 InputSplit 块分解成多个<key1,value1>对传送给 Map 任务。

步骤 3，Mapper 阶段。

此阶段涉及的编程接口主要有 Mapper、Reducer、Partitioner。实现 Mapper 接口主要是实现其 Map 方法，Map 主要用来处理输入<key1,value1>对并产生输出<key2,value2>对。在 Map 处理过<key1,value1>对之后，可以实现一个 Combiner 类，对 Map 的输出进行初步的规约操作，此类实现了 Reducer 接口。而 Partitioner 接口主要是根据 Map 的输出<key2,value2>对的值，将其分发给不同的 Reduce 任务。

步骤 4，Reducer 阶段。

此阶段需要实现 Reducer 接口，主要是实现 Reduce 方法，框架将 Map 输出的中间结果根据相同的 key2 组合成<key2,list(value2)>对，作为 Reduce 方法的输入数据并对其进行处理，同时产生输出数据<key3,value3>对。

步骤 5，数据输出。

数据输出阶段主要实现两个编程接口，其中 FileOutputFormat 接口用来将数据输出到文件，RecordWriter 接口负责输出一个<key,value>对。

我们可将上述过程简单概括如下（见图 5-24）。

步骤 1，实例化配置文件类。

步骤 2，实例化 Job 类。

步骤 3，编写输入格式。

步骤 4，编写 Map 类。

步骤 5，编写 Partitioner 类。

步骤 6，编写 Reduce 类。

步骤 7，编写 OutputFormat 类。

步骤 8，提交任务。

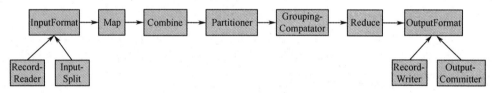

图 5-24　MapReduce 编程过程

但是，用户在编写 MapReduce 程序时，并没有这么复杂，"好像"只需编写 Map 类与 Reduce 类，那是因为框架默认制定了其他类。MapReduce 框架的默认类统计如表 5-3 所示。

表 5-3　MapReduce 框架的默认类

规定接口	默认类
InputFormat	TextInputFormat
RecordReader	LineRecordReader
InputSplit	FileSplit
Map	IdentityMapper
Combine	不使用
Partitioner	HashPartitioner
GroupingCompatator	不使用
Reduce	IdentityReducer
OutputFormat	FileOutputFormat
RecordWriter	LineRecordWriter
OutputCommitter	FileOutputCommitter

在用户不做任何显示设置的情况下，MapReduce 框架就已经默认使用上述类了，故在最简单的情况下，用户只需编写 Map 类和 Reduce 类，即可完成任务。下面介绍最常用的几个过程。

3）MapReduce 编程示例——WordCount

下面是 MapReduce 自带的最简单的代码，MapReduce 算法实现了统计文章中单词出现的次数，源代码如下。

```java
public class WordCount {
    //定义 Map 类，一般继承自 Mapper 类，里面实现读取单词，写出<单词,1>
    public static class TokenizerMapper extends Mapper<Object, Text, Text, IntWritable> {
    private final static IntWritable one = new IntWritable(1);
    private Text word = new Text();
    //Map 方法，划分一行文本，读一单词写出一个<单词,1>
    public void map(Object key, Text value, Context context)throws IOException, InterruptedException {
        StringTokenizer itr = new StringTokenizer(value.toString());
        while (itr.hasMoreTokens()) {
        word.set(itr.nextToken());
        context.write(word, one);//写出<单词,1>
    }}}
    //定义 reduce 类，对相同的单词，把它们<k,VList>中的 VList 值全部相加
    public static class IntSumReducer extends Reducer<Text, IntWritable, Text, IntWritable> {
    private IntWritable result = new IntWritable();
    public void reduce(Text key, Iterable<IntWritable> values,Context context)
                                throws IOException, InterruptedException {
        int sum = 0;
        for (IntWritable val : values) {
            sum += val.get();//相当于<cstor,1><cstor,1>，将两个 1 相加
        }
        result.set(sum);
        context.write(key, result);//写出这个单词和这个单词出现的次数<单词，单词出现次数>
    }}
    public static void main(String[] args) throws Exception {//主方法，函数入口
    Configuration conf = new Configuration();              //实例化配置文件类
    Job job = new Job(conf, "WordCount");                  //实例化 Job 类
    job.setInputFormatClass(TextInputFormat.class);       //指定使用默认输入格式类
    TextInputFormat.setInputPaths(job, inputPaths);       //设置待处理文件的位置
    job.setJarByClass(WordCount.class);                   //设置主类名
    job.setMapperClass(TokenizerMapper.class);           //指定使用上述自定义 Map 类
    job.setMapOutputKeyClass(Text.class);                //指定 Map 类输出的<k,v>，k 类型
    job.setMapOutputValueClass(IntWritable.class);       //指定 Map 类输出的<k,v>，v 类型
    job.setPartitionerClass(HashPartitioner.class);      //指定使用默认的 HashPartitioner 类
    job.setReducerClass(IntSumReducer.class);            //指定使用上述自定义 Reduce 类
    job.setNumReduceTasks(Integer.parseInt(numOfReducer)); //指定 Reduce 个数
    job.setOutputKeyClass(Text.class);                   //指定 Reduce 类输出的<k,v>，k 类型
```

```
job.setOutputValueClass(Text.class);              //指定 Reduce 类输出的<k,v>，v 类型
job.setOutputFormatClass(TextOutputFormat.class); //指定使用默认输出格式类
TextOutputFormat.setOutputPath(job, outputDir);   //设置输出结果文件的位置
System.exit(job.waitForCompletion(true) ? 0 : 1); //提交任务并监控任务状态
}}
```

4）MapReduce 编程示例——矩阵相乘

【例 5-12】请使用 MapReduce 编程模型实现矩阵相乘。

解答：一般来说，矩阵相乘就是左矩阵乘右矩阵，结果为积矩阵，左矩阵的列数与右矩阵的行数相等，设左矩阵为 $a×b$ 矩阵，右矩阵为 $b×c$ 矩阵，左矩阵的行与右矩阵的列对应元素乘积之和为积矩阵中的元素值。本例中的矩阵相乘也按这种传统算法，左矩阵的一行和右矩阵的一列组成一个 InputSplit，其存储 b 个<key,value>对，key 存储积矩阵元素的位置，value 为生成一个积矩阵元素的 b 个数据对中的一个；Map 方法用于计算一个<key,value>对的 value 中数据对的积；而 Reduce 方法用于计算 key 值相同的所有积的和。本例中的矩阵为整数矩阵。

（1）根据以上分析，程序中将使用如下类。

matrix 类用于存储矩阵。

IntPair 类实现 WritableComparable 接口，用于存储整数对。

matrixInputSplit 类继承了 InputSplit 接口，每个 matrixInputSplit 包括 b 个<key,value>对，用来生成一个积矩阵元素。key 和 value 都为 IntPair 类型，key 存储的是积矩阵元素的位置，value 为生成一个积矩阵元素的 b 个数据对中的一个。

继承 InputFormat 的 matrixInputFormat 类，用于数据输入。

matrixRecordReader 类继承了 RecordReader 接口，MapReduce 框架调用此类生成<key,value>对并赋给 Map 方法。

主类为 matrixMulti，其内置类 MatrixMapper 继承自 Mapper 类，并重写覆盖了 Map 方法，类似地，FirstPartitioner、MatrixReducer 也是如此。在 main 函数中，需要设置一系列的类，详细内容参考源代码。

MultipleOutputFormat 类用于向文件输出结果。

LineRecordWriter 类被 MultipleOutputFormat 中的方法调用，向文件输出一个结果<key,value>对。

（2）代码片段。

matrixInputFormat 类的代码如下。

```
public class matrixInputFormat extends InputFormat<IntPair, IntPair> {
    public matrix[] m=new matrix[2];//新建两个 matrix 实例，m[0]为左矩阵，m[1] 为右矩阵
    public List<InputSplit> getSplits(JobContext context) throws IOException, InterruptedException {
        //从文件里读取矩阵填充 m[0]、 m[1]，文件在 HDFS 中
        int NumOfFiles = readFile(context);
        for(int n=0;n<row;n++){// row 为 m[0]的行数
        for(int m=0;m<col;m++){// col 为 m[1]的列数
            // 以 m[0]的第 n 行与 m[1]的第 m 列为参数实例化一个 matrixInputSplit
            matrixInputSplit split = new matrixInputSplit(n,this.m[0],m,this.m[1]);
```

```
            splits.add(split);
        }
    }
    return splits;
}
```

matrixMulti 类的代码如下。

```
public class matrixMulti {
public static class MatrixMapper extends Mapper<IntPair, IntPair, IntPair, IntWritable> {
    public void map(IntPair key, IntPair value, Context context) throws IOException,
            InterruptedException {
                int left=value.getLeft();
                int right=value.getRight();
                intWritable result=new IntWritable(left*right);
                context.write(key, result);
        }
}
    public static class FirstPartitioner extends Partitioner<IntPair,IntWritable>{
public int getPartition(IntPair key, IntWritable value, int numPartitions) {
        //按 key 的左值即行号分配<key,value>对到对应的 Reduce 任务，numPartitions 为
        //Reduce 任务的个数
            int abs=Math.abs(key.getLeft()) % numPartitions;
            return abs;
        }
}
public static class MatrixReducer extends Reducer<IntPair, IntWritable, IntPair, IntWritable> {
    private IntWritable result = new IntWritable();
        public void reduce(IntPair key, Iterable<IntWritable> values, Context context)
            throws IOException, InterruptedException {
            int sum = 0;
            for (IntWritable val : values){
                int v=val.get();
                sum += v;   }//对 key 值相同的 value 求和
                result.set(sum);
                context.write(key, result);
            }
        }
    }
}
```

（3）程序的运行过程。

程序从文件中读出数据到内存，生成 matrix 实例，通过组合左矩阵的行与右矩阵的列生成 $a \times c$ 个 matrixInputSplit。

一个 Mapper 任务对一个 matrixInputSplit 中的每个<key1,value1>对调用一次 Map 方法，对 value1 中的两个整数相乘。输入的<key1,value1>对中 key1 和 value1 的类型均为 IntPair，其输出为<key1,value2>对，key1 不变，value2 为 IntWritable 类型，值为 value1

中的两个整数的乘积。

MapReduce 框架调用 FirstPartitioner 类的 getPartition 方法将 Map 的输出<key1,value2>对分配给指定的 Reducer 任务（任务个数可以在配置文件中设置）。

Reducer 任务对 key1 值相同的所有 value2 求和，得出积矩阵中的元素 k 的值。其输入为<key1,list(value2)>对，输出为<key1,value3>对，key1 不变，value3 为 IntWritable 类型，值为 key1 值相同的所有 value2 的和。

MapReduce 框架实例化一个 MultipleOutputFormat 类，将结果输出到文件。

（4）程序执行过程。

程序执行需要两个参数：输入目录和输出目录，如图 5-25 所示首行的 input、output。

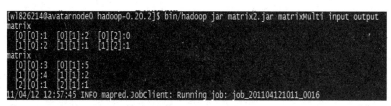

图 5-25　操作界面

5.6　Hadoop 3.0 生态组件

随着大数据和云计算时代的到来，越来越多的业务需要在分布式环境下才能解决。虽然 Hadoop 为大数据处理提供了基本手段，但实际业务中还需要大量其他工具（组件），这些组件几乎都是围绕 Hadoop 并为解决特定领域问题而构建的。当处理实际业务时，选择合适的组件能大大提高开发周期。对于大部分组件，用户只需了解此组件用来处理哪种类型的问题即可，在实际工作中使用时再深入研究。

5.6.1　组件简介

1. 组件介绍

Hadoop3.0 生态圈中的各组件按功能可以分成下述几种类型（见图 5-26）。

图 5-26　Hadoop 生态圈分类

分布式存储：HDFS。

　　分布式操作系统：YARN。

　　分布式处理算法：MapReduce。

　　分布式锁服务：ZooKeeper。

　　分布式数据库：HBase、Cassandra。

　　工作流引擎：Oozie（图 5-26 中未列出）。

　　高层语言：Pig、Hive。

　　机器学习库：Mahout、Giraph。

　　数据传输工具：Flume、Avro、Chukwa、Sqoop。

　　集群管理工作：Ambari。

　　组件间版本依赖处理工具：BigTop。

　　需要注意的是，同一种类型的组件，其应用场景也可以是不一样的，如数据传输组件 Flume 与 Sqoop，虽都是数据传输型工具，但其应用场景明显不同：Flume 典型应用是将生产机日志实时传输至 HDFS，Sqoop 则实现关系型数据库与 HDFS 间的数据传输。

　　下面简单介绍一些常见组件。

　　（1）ZooKeeper：一个为分布式应用所设计的分布式、开源的协调服务，它主要用来解决多个分布式应用遇到的互斥协作与通信问题，能大大简化分布式应用协调及其管理的难度。

　　（2）HBase：一种高可靠性、高性能、面向列、可伸缩的分布式存储系统，利用 HBase 技术可在廉价 PC 服务器上搭建大规模的结构化存储集群。

　　（3）Pig：基于 Hadoop 的大规模数据分析工具，它提供类 SQL 类型语言，该语言的编译器会把用户写好的 Pig 型类 SQL 脚本转换为一系列经过优化的 MapReduce 操作并负责向集群提交任务。

　　（4）Hive：基于 Hadoop 的一个数据仓库工具，可以将结构化的数据文件映射为一张数据库表，通过类 SQL 语句快速实现简单的 MapReduce 统计，不必开发专门的 MapReduce 应用，适用于数据仓库的统计分析。

　　（5）Oozie：提供工作流引擎服务，用于管理和协调运行在 Hadoop 平台上的各类型任务（HDFS、Pig、MapReduce 、Shell、Java 等）。

　　（6）Flume：分布式日志数据聚合与传输工具，可用于日志数据收集、处理和传输，功能类似于 Chukwa，但比 Chukwa 更小巧实用。

　　（7）Mahout：基于 Hadoop 的机器学习和数据挖掘的一个分布式程序库，提供了大量机器学习算法的 MapReduce 实现，并提供了一系列工具，简化了从建模到测试的流程。

　　（8）Sqoop：用来将 Hadoop 和关系型数据库中的数据相互转移的工具，使用它可将一个关系型数据库（MySQL、Oracle、Postgres 等）中的数据导入 Hadoop 的 HDFS 中，也可以将 HDFS 的数据导入关系型数据库中。

　　（9）Cassandra：一套开源分布式 NoSQL 数据库系统，最初由 Facebook 开发，用于存储简单格式的数据，集 Google BigTable 的数据模型与 Amazon Dynamo 的完全分布式架构于一身。

（10）Avro：数据序列化系统，用于大批量数据的实时动态交换，是新的数据序列化与传输工具，估计会逐步取代 Hadoop 原有的 RPC 机制。

（11）Ambari：Hadoop 及其组件的 Web 工具，提供 Hadoop 集群的部署、管理和监控等功能，为运维人员管理 Hadoop 集群提供了强大的 Web 界面。

（12）Chukwa：分布式的数据收集与传输系统，可以将各种类型的数据收集与导入 Hadoop。

（13）Giraph：基于 Hadoop 的分布式迭代图处理系统，灵感来自 BSP (Bulk Synchronous Parallel) 和 Google 的 Pregel。

（14）BigTop：针对 Hadoop 及其周边组件的打包、分发和测试工具，解决组件间版本依赖、冲突问题，实际上当用户用 rpm 或 yum 方式部署时，脚本内部会用到它。

2. 部署综述

Hadoop3.0 及相关组件有"手工部署""工具部署"两种部署方式。5.3 节已详细介绍了手工部署方式，本节简单介绍工具部署方式，5.6 节其余组件均采用手工部署方式部署。

Hadoop3.0 的重要组件已达 10 余个，相关组件更多达 50 余个，给软件兼容配置带来巨大挑战。以（A、B、C）3 个组件为例，每个组件指定的 JDK 版本可能不同，A 组件要求高版本的 B、低版本 C，而低版本 C 又要求低版本的 B。实际上，各组件之间有兼容系列，Ambari 即维持兼容版本。

开源社区 Apache 发布 Hadoop 相关组件后，商业公司 Cloudera 和 Hortonworks（现两公司已合并）会进行封装加强，然后进行商业行为。Ambari 是一个 Hadoop 相关大数据组件统一安装、管理、查看、应用的大数据统一管理组件。Hortonworks 开发了 Ambari 并于 2016 年捐赠给 Apache。

Ambari 由 Java、Python 等语言编写，不能直接下载使用，需要下载源代码进行本地编译后才可使用。Ambari 部署集群的步骤较为复杂，设置项多。下面仅介绍大概工作过程，请读者根据 Ambari 官网最新文档操作。Ambari 相关资料主要参考 Apache 官网、Hortonworks 官网。

1. 部署前环境设置

Ambari 是 master/slave 架构，选定 1 台 CentOS 机作为部署 Ambari 的主节点，部署 Ambari Server 服务。该机及集群内所有机器都要进行环境设置后才可部署 Ambari。

必须开展的环境设置包括：修改机器名、添加域名映射、关闭防火墙、安装 JDK、关闭 SELinux、安装 maven、安装 rpm-build、安装 brunch、安装 Python 和 Python setuptools、安装 g++（gcc-c++），而且必须确保版本正确，请读者参考官网文档。

2. 下载并编译 Ambari 源代码

具体代码如下。

```
[root@cmaster ~]# wget https://www-eu.apache.org/dist/ambari/ambari-2.7.5/apache-ambari-2.7.5-src.tar.gz
[root@cmaster ~]# tar xfvz apache-ambari-2.7.5-src.tar.gz
[root@cmaster ~]# cd apache-ambari-2.7.5-src
```

```
[root@cmaster ~]# mvn versions:set -DnewVersion=2.7.5.0.0

[root@cmaster ~]# pushd ambari-metrics
[root@cmaster ~]# mvn versions:set -DnewVersion=2.7.5.0.0
[root@cmaster ~]# popd
```

以 root 权限执行，完成上述下载、解压、设置后，直接执行如下 mvn 编译命令。

```
[root@cmaster ~]# mvn -B clean install rpm:rpm -DnewVersion=2.7.5.0.0
-DbuildNumber=5895e4ed6b30a2da8a90fee2403b6cab91d19972 -DskipTests -Dpython.ver="python >= 2.6"
```

3. 安装 Ambari Server

以 root 权限，在主节点上安装 Ambari Server 服务。

```
[root@cmaster ~]# yum install ambari-server*.rpm
```

4. 初始化设置 Ambari Server

具体代码如下。

```
[root@cmaster ~]#　ambari-server setup
```

5. 启动 Ambari Server

具体代码如下。

```
[root@cmaster ~]#　ambari-server start
```

6. 所有从节点安装 Ambari Agent

将主节点上已编译好的 Ambari 安装包复制到所有从节点上，然后在每台从节点上执行如下 Agent 安装命令。编译好的 Agent 安装包默认位于 "ambari-agent/target/rpm/ambari-agent/RPMS/x86_64/"。

```
[root@cslaveX ~]#　yum install ambari-agent*.rpm
```

7. 告诉每个 Agent 主节点是谁

设置每个从节点 "/etc/ambari-agent/ambari.ini"，告知该从节点 Ambari 的主服务地址。编者的 Ambari 主服务为 cmaster 机，故有如下设置。

```
...
[server]
hostname=cmaster
...
```

8. 启动 Agent

所有从节点均要启动 Ambari Agent 服务，依旧以 root 权限操作。

```
[root@cslaveX ~]#　yum install ambari-agent*.rpm
```

9. 使用 Ambari Web UI 部署集群

打开 http://cmaster:8080（见图 5-27），默认用户名和密码均为 admin。部署集群时，可以选择手工验证，SSH 不适用。当然，也可以提前打通所有机器的 SSH 无密钥认证，这样部署集群时，可使用 SSH 自动验证。如图 5-27 所示为 Amber 安装集群时的页面示例。

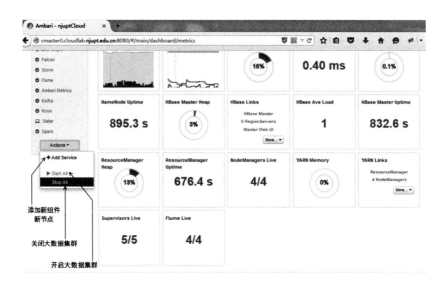

图 5-27　Ambari 安装集群时的页面示例

使用 Ambari 工具部署 Hadoop 及相关组件的难点在于：一是提供机器集群；二是部署前每台机器的环境设置；三是编译 Ambari 源代码。只有这 3 步做成功了，才到最后 1 步，即安装 Ambari 和使用 Ambari 部署集群。

第一步难点是，至少要有 3 台以上的 CentOS7 机，且这几台虚拟机均是纯净的，没有经过各种设置。第二步难点是，必须按照 Ambari 官方文档要求，设置每台机器的环境，且必须正确设置。第三步难点是，maven（一款自动打包编译工具）在编译过程中会自动到国外网站下载各种配件，由于国内网络限制，这一步要么特别慢，要么部分配件无法下载。

传统解压包方式部署 Hadoop3.0 适用于中小型试验类集群，建议大中型商用集群以 Ambari 方式部署。

5.6.2　Hive

Hive 是一个构建在 Hadoop 上的数据仓库框架，它起源于 Facebook 内部信息处理平台。由于需要处理大量社会网络数据，考虑扩展性，Facebook 最终选择 Hadoop 作为存储和处理平台。Hive 的设计目的是让 Facebook 内精通 SQL（但 Java 编程能力相对较弱）的分析师能够以类 SQL 的方式查询存放在 HDFS 上的大规模数据集。

1. Hive 定义

1）Hive 基本框架

Hive 包含用户接口、元数据库、解析器和数据仓库等组件，其体系架构如图 5-28 所示。

（1）用户接口：包括 Hive CLI、ODBC 客户端、Web 接口等。

（2）Thrift 服务器：当 Hive 以服务器模式运行时，供客户端连接。

（3）元数据库：Hive 元数据（如表信息）的集中存放地。

（4）解析器：包括解释器、编译器、优化器、执行器，将 Hive 语句翻译成 MapReduce 操作。

（5）Hadoop：底层分布式存储和计算引擎。

图 5-28　Hive 体系架构

2）Hive 语法

Hive 的 SQL 称为 HiveQL，它与大部分的 SQL 语法兼容，但是并不完全类似 SQL，如 HiveQL 不支持更新操作，以及 MAP 和 REDUCE 子句等受 Hadoop 平台特性 的影响，但可使用 Hive 进行常规查询。下面简单介绍一下 Hive 的数据类型与常用操作 和函数。本节不介绍 Hive 表类型、桶和分区等高级特性。

（1）数据类型。Hive 支持基本类型和复杂类型，基本类型主要有数值型、布尔型和 字符串；复杂类型为 ARRAY、MAP 和 STRUCT。

（2）操作和函数。HiveQL 操作符类似于 SQL 操作符，如关系操作（如 x='a'）、算术 操作（如加法 x+1）、逻辑操作（如逻辑或 x or y），这些操作符使用起来和 SQL 一样。 Hive 提供了数理统计、字符串操作、条件操作等大量的内置函数，用户可在 Hive Shell 端 中输入"SHOW FUNCTION"获取函数列表。此外，用户还可以自己编写函数。

2. Hive 部署

相对于其他组件，Hive 部署要复杂得多，按 Metastore 存储位置的不同，其部署模 式分为内嵌模式、本地模式和完全远程模式三种。当使用完全远程模式时，可以让很多 用户同时访问并操作 Hive，并且此模式还提供各类接口。下面简单介绍这三种模式。

（1）内嵌模式。此模式是安装时的默认部署模式，此时元数据存储在一个内存数据 库 Derby 中，并且所有组件（如数据库、元数据服务）都运行在同一个进程内（见图 5- 29）。这种模式下，一段时间内只支持一个活动用户。此模式配置简单，所需机器较 少。为描述简单，本节使用此模式。

（2）本地模式。此模式时 Hive 元数据服务依旧运行在 Hive 服务的主进程中，但元数 据存储在独立数据库中（可以是远程机器）（见图 5-30）。当涉及元数据操作时，Hive 服务中的元数据服务模块会通过 JDBC 和存储于第三方独立数据库中的元数据进行交互。

图 5-29　内嵌模式示例　　　　　　　　　　图 5-30　本地模式示例

（3）完全远程模式。此时，元数据服务以独立进程运行，并且元数据存储在一个独立的数据库里（见图 5-31）。HiveServer2、HCatalog、Cloudera ImpalaTM 等其他进程可以使用 Thrift 客户端通过网络来获取元数据服务。而 Metastore 服务则通过 JDBC 和存储在数据库（如 MySQL）里的 Metastore 交互。其实，这也是典型的网站架构模式，前台页面给出查询语句，中间层使用 Thrift 网络 API 将查询传到 Metastore 服务，接着 Metastore 服务根据查询得出相应结果，并给出回应。

可以采用"手工部署""Ambari 工具部署"两种方式部署 Hive，本章采用手工部署，且使用最简单的内嵌模式。内嵌模式时，Hive 只相当于 Hadoop 的一个客户端，因此只需在任意一个客户端上部署解压配置即可。本节在 cslave2 上部署 Hive。Hive 依赖 Hadoop。Hadoop 主服务在 cmaster 上，从服务在 cslave0～cslave2 上。

图 5-31　完全远程模式示例

1）下载软件包

依次定位到"http://archive.apache.org/dist/""hive/""hive-3.1.2/"，下载 apache-hive-3.1.2-bin.tar.gz。

2）部署前提

一是准备集群。使用前期已准备好的 4 台 CentOS7 虚拟机（cmaster、cslave0～cslave2）。二是设置单机。每台机器均按照例 5-3 进行单机设置。三是设置集群。按照例 5-4 进行集群设置，添加集群域名映射。四是部署 Hadoop 集群。Hadoop（HDFS 和 YARN）主服务在 cmaster 上，从服务在 cslave0～cslave2 上。

3）部署规划

在 cslave2 上部署 Hive。

4）解压 Hive

将 apache-hive-3.1.2-bin.tar.gz 复制到 cslave2 文件夹"/home/joe"下，以 joe 用户在 cslave2 上解压。

```
[joe@cslave2 ~]$ tar   -zxvf   /home/joe/apache-hive-3.1.2-bin.tar.gz
```

5）配置 Hive

将文件"/home/joe/apache-hive-3.1.2-bin/conf/hive-env.sh.template"重命名为 hive-env.sh，且依旧放在原文件夹下。编辑该文件，写入 JAVA_HOME、HADOOP_HOME。编者将如下内容写入 hive-env.sh 文件。

```
HADOOP_HOME=/home/joe/Hadoop-3.3.1/
JAVA_HOME=/usr/java/jdk1.8.0_301-amd64/
```

6）初始化 Hive 元数据库 Derby

```
[joe@cslave2 ~]$ /home/joe/apache-hive-3.1.2-bin/bin/schematool  -initSchema -dbType  derby
```

至此完成 Hive 部署。内嵌模式时，Hive 是 Hadoop 的一个客户端，"解压""告知其 Hadoop 与 Java 环境位置""初始化 Derby"即可，无须配置 hive-site.xml，也无须手工在 HDFS 里建立 Hive 默认目录。hive-default.xml 默认参数符合需求，Hive 会自动在 HDFS 里新建需要的目录。

3. Hive 编程

Hive 提供了强大的访问接口，从图 5-28 中即可看出 Hive 提供的诸多接口，此外也可以通过 HCatalog、Pig、Beeline 等访问 Hive。

【例 5-13】按要求完成问题：①进入 Hive 命令行接口，获取 Hive 函数列表并单独查询 count 函数的用法；②在 Hive 里新建 stu 表，并将表 5-4 中的数据载入 Hive 里的 member 表中；③查询 member 表中的所有记录，查询 member 表中 gender 值为 1 的记录，查询 member 表中 gender 值为 1 且 age 值为 23 的记录，统计 member 表中男性和女性出现的总次数。

表 5-4　结构化表 member

id	name	gender	age	edu	prof	income
201401	aa	0	21	e0	p3	m
201402	bb	1	22	e1	p2	1
201403	cc	1	23	e2	p1	m

解答：执行 Hive 语句的前提是启动 Hadoop 集群。在主节点 cmaster 上启动主服务，在从节点 cslave0~cslave2 上启动从服务。

```
[joe@cmaster ~]$ /home/joe/Hadoop-3.3.1/bin/hdfs   --daemon   start   namenode
[joe@cmaster ~]$ /home/joe/Hadoop-3.3.1/bin/yarn   --daemon   start   resourcemanager
[joe@cslave0~2 ~]$ /home/joe/Hadoop-3.3.1/bin/hdfs   --daemon   start   datanode
[joe@cslave0~2 ~]$ /home/joe/Hadoop-3.3.1/bin/yarn   --daemon   start   nodemanager
```

启动 Hadoop 集群后，使用如下命令进入 Hive 命令行，并查看 Hive 帮助文档。

```
[joe@cslave2 ~]$ /home/joe/apache-hive-3.1.2-bin/bin/hive            #进入 Hive 命令行
```

```
hive>show functions;                                            #获取 Hive 所有函数列表
hive>describe function count;                                   #查看 count 函数用法
```

对于问题②，先准备数据，即在 cslave2 上新建文件"/home/joe/member.txt"，写入如下内容，注意记录间为换行符，字段间以 Tab 键分割。

```
201401 aa 0 21 e0 p3 m
201402 bb 1 22 e1 p2 l
201403 cc 1 22 e2 p1 m
```

下面建表时将赋予各字段合适的含义与类型，由于较为简单，请直接参考下面语句，这里不再赘述。

```
hive>show tables;                                #查看当前 Hive 仓库中的所有表（以确定当前无 member 表）
hive>create table member (id int,name string,gender tinyint,age tinyint,edu string,prof string,income
string)row format delimited fields terminated by '\t';        #使用合适字段与类型，新建 member 表
hive>show tables;                                #再次查看，将显示 member 表
hive>load data local inpath '/home/joe/member.txt' into table member;     #本地文件 member.txt 载入
HDFS
hive>select * from member;                                      #查看表中所有记录
hive>select * from member where gender=1;                       #查看表中 gender 值为 1 的记录
hive>select * from member where gender=1 AND age=23; #查看表中 gender 值为 1 且 age 为 23 的记录
hive>select gender,count(*) from member group by gender;        #统计男女出现的总次数
hive>drop table member;                                         #删除 member 表
hive>quit;                                                      #退出 Hive 命令行接口
```

Hive 将 Hadoop 抽象成了 SQL 类型的数据仓库。执行"select…group by gender"时会促发 MapReduce 任务。执行过程中，从浏览器打开"http://cmaster:8088"，可看到 Hive 提交的 MapReduce 任务，打开"http://cmaster:9870"，接着依次定位"Utilities""Browse the file system""/user/hive/warehouse/"，可查看相关表。

5.6.3 Spark

Spark 是一个由加州大学伯克利分校开发的内存型计算框架，设计之初是为了处理迭代型机器学习任务。目前 Spark 上已经集成了数据仓库、流处理、图计算等多种实用工具，是大数据领域完整的全栈计算平台。下面先介绍 Spark 的基本理论，接着在实战环节给出 Spark 核心弹性分布式数据集（Resilient Distributed Datasets，RDD）的大量编程实例，以让读者以最快的方式学习 Spark。

1. Spark 定义

1）Spark 组成

Spark 是一个高速的通用型集群计算框架，其中内嵌了一个用于执行 DAG（有向无环图）的工作流引擎，能够将 DAG 型 Spark-App 拆分成 Task 序列并在底层框架上并行运行。在程序接口层，Spark 为当前主流语言都提供了编程接口，如用户可以使用 Java、Scala、Python、R 等高级语音直接编写 Spark-App。此外，在核心层之上，Spark 还提供了诸如 SQL、MLlib、GraphX、Streaming 等专用组件（见图 5-32），这些组件内置了大量专用算法，充分利用这些组件，能够大大加快 Spark-App 的开发进度。

图 5-32 Spark 生态圈

一般称 Spark Core 为 Spark，从图 5-32 可以看出，Spark（Spark Core）处于存储层和高层组件层的中间，定位为计算引擎，核心功能是并行化执行用户提交的 DAG 型 Spark-App。

（1）HDFS。Hadoop 从诞生至今，计算框架从无发展到 Mesos，再到 YARN，并行化范式由 M-S-R 发展到 DAG 型 M-S-R，唯一未曾改变的就是 HDFS。虽然 HDFS 在小文件存储上的确存在性能缺陷，但无疑 HDFS 已经成为分布式存储的事实标准，故在 Spark 开发过程中，开发者并未开发一套独立的分布式底层存储系统，而是直接使用了 HDFS。当然，Spark 也可以运行在本地文件系统或内存型文件系统（如 Tachyon）上，不过在典型应用模式中，持久层依旧是 HDFS。

（2）Spark。Spark（图 5-32 中的 Spark Core）的核心功能是将用户提交的 DAG 型 Spark-App 任务拆分成 Task 序列并在底层框架上并行执行。例如，用户提交的某作业经抽象后的执行操作流为"Map→Reduce→Reduce→Map→Reduce"，使用 Spark 时只需几条简单语句即可处理完成。为实现此功能，Spark 提供了任务调度、任务分解、内存管理、故障恢复、I/O 等功能。编程接口方面，Spark 通过 RDD 将框架功能和操作函数优雅地结合起来，大大方便了用户编程。

（3）Spark SQL。在 Spark 早期开发过程中，为支持结构化查询，开发人员在 Spark 和 Hive 基础上开发了结构化查询模块，称为 Shark。不过由于 Shark 的编译器和优化器都依赖 Hive，Shark 不得不维护一套 Hive 分支，执行速度也受到 Hive 编译器的制约，目前已停止开发。Spark SQL 的功能和 Shark 类似，不过它直接使用了 Catalyst 作为查询优化器，不再依赖 Hive 解析器，其底层也直接使用 Spark 作为执行引擎。通过对 Shark 进行重构，不仅使用户能够直接在 Spark 上书写标准的 SQL 语句，大大加快了 SQL 的执行速度，还为 Spark SQL 的发展拓展了广阔空间。

（4）Spark Streaming。Streaming 是一个基于 Spark Core 开发的可扩展、高通用性、容错率高的实时数据流处理框架。Streaming 的数据源可以是 Kafka、Flume、Twitter、ZeroMQ、Kinesis 甚至是 TCP Socket。在 Streaming 中，可以通过复杂的高层函数直接处理这些数据。在完成数据转换（过滤、整合等）后，Streaming 会将数据自动输出到持久层。目前 Streaming 支持的持久层为 HDFS、数据库和实时控制台。特别地，用户可以在数据流上使用 MLlib 和 GraphX 里的所有算法。

（5）MLlib。MLlib 是 Spark 上的一个机器学习库，其设计目标是开发一套高可用性、高扩展性的并行机器学习库，以方便用户直接调用。目前 MLlib 下已经开发了大量常见机器学习算法（如 classification、regression、clustering、collaborative filtering、dimensionality reduction 等）。为方便用户使用，MLlib 还提供了一套实用工具集（如低层的优化原语工具类、高层管道工具类、矩阵转换工具类等）。用户可直接调用 MLlib 中已经开发好的机器学习算法，比如编者直接使用 MLlib 里的 SVM 来并行化训练 Parkinson 数据集。事实证明，用 Spark 训练时其性能非常优秀。

（6）GraphX。GraphX 是 Spark 上的一个图处理和图并行化计算的全新组件。为实现图计算，GraphX 引入了一个继承自 RDD 的新抽象数据集——Graph，该类是一个有向的带权图谱，用户可以自定义 Graph 的顶点和边属性。目前，GraphX 已经开发了一系列图基本操作（如 subgraph、joinVertices、aggregateMessages 等）和一些优化的 Pregel 变体 API。用户只要将样本数据填充到 I/O 类（GraphX 提供，如矩阵），然后直接调用图算法，即可完成图的并行化计算。

2）Spark 计算模型

通过上面的介绍，读者应该能够大致了解 Spark 的主要功能及其所处位置，不过好像 MapReduce 框架也基于 HDFS 的 M-S-R 型计算框架，那 Spark 和 Hadoop、Spark 和 MapReduce 框架有何关系？

（1）并行化范式最小单元。尽管实用型的数据处理流表现出的处理过程具有一定的复杂性，不过，仔细分析其中的并行化部分，会发现基本的并行化方式相当固定，即 M 范式、M-S-R 范式、BSP 范式（见图 5-33）。实际上，所有的并行化任务都是这三大范式或这三大范式的组合范式，Spark 和 MapReduce 框架一样，都是 M-S-R 范式的代码实现。

（a）M 范式

图 5-33　三大并行范式示意

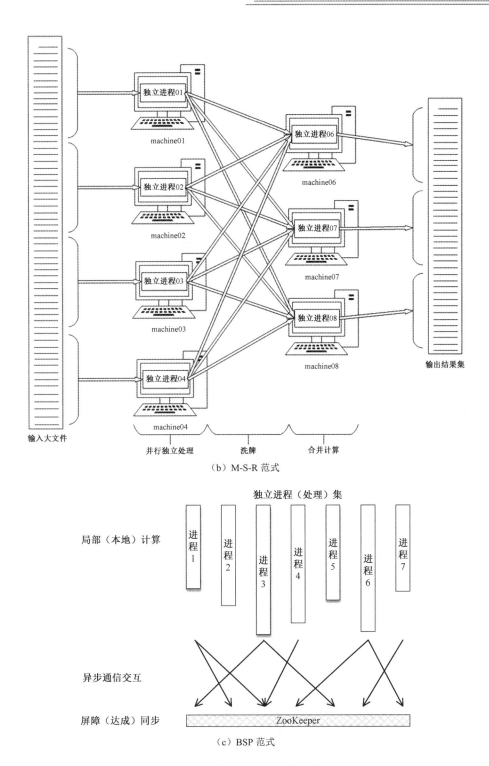

（b）M-S-R 范式

图 5-33　三大并行范式示意（续）

（2）Hadoop 和 MapReduce。Hadoop 是大数据的一整套解决方案体，它主要包括分布式存储 HDFS、分布式资源管理器 YARN 和分布式计算引擎 MapReduce 框架。就像一个大学可以包含三个学院一样，Hadoop 只是这些组件的合称。

实际上，Hadoop 中的 MapReduce 框架就是 Apache 针对 M-S-R 范式的代码实现。显然，并不是只允许 Apache 对 M-S-R 范式进行代码实现，其他组织也可以。加州大学伯克利分校在充分借鉴其他框架优点、避开其缺点的情况下，开发了 Spark 框架。

当 MapReduce 框架执行类似"Map→Reduce→Map→Reduce"型任务时，其实质上还是将任务拆分成两个 MapReduce，集群中的某特定处理节点上会依次启动四个进程处理该任务。Spark 原生支持 DAG 型作业，并且在集群中某特定处理节点上，整个过程始终只有一个 Executor 进程，其内部使用线程来处理各模块。

比如现有这样一场景：对三个原始文件 rawFilex、rawFiley、rawFilez，按要求将 rawFiley 进行一次处理后和 rawFilex 进行 union；接着将 union 后的结果和 rawFilez 按 key 值洗牌后的结果进行 join，记 join 后输出的结果文件为 resultFile。

对于上述问题，实际上 MapReduce 和 Spark 的处理机制是一样的，都是该分几步就分几步，不同的是，Spark 将这些步骤合并到了一个平台下，MapReduce 框架则需要使用多个 MapReduce-App（简写为 MR-App）才可解决。

（1）采用 MapReduce。当使用 MapReduce 处理上述问题时，需要四个 MapReduce 串联起来才能完成任务：第一个单 Map 将 rawFiley 转为 tmpResult1，第二个单 Map 将 tmpResult1 和 rawFilex 转换成 tmpResult2，第三个完整 MapReduce 将 rawFilez 转换成 tmpResult3，最后，再写一个 MapReduce 将 tmpResult2 和 tmpResult3 结合并将结果转换成最终结果 resultFile。各 MR-App 及其依赖关系如图 5-34 所示。由于 Hadoop 不支持 DAG 型 MapReduce，故当执行上述 MR-App 时，需要依赖第三方软件或附加代码将这四个 MR-App 粘合成一个处理流，常见的粘合工具为 Tez、Oozie、Java、Shell、Python，推荐使用 Oozie 和 Tez。

（2）采用 Spark。当使用 Spark 处理上述问题时，只需四条语句即可完成处理。和 Hadoop 不同，Spark 原生支持 DAG 型 M-S-R 任务，且其内置的 DAGSchedule 还能自动对上述任务进程进行优化。图 5-35 为使用 Spark 时的程序执行步骤。

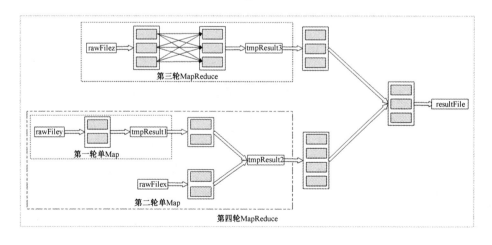

图 5-34　各 MR-App 及其依赖关系

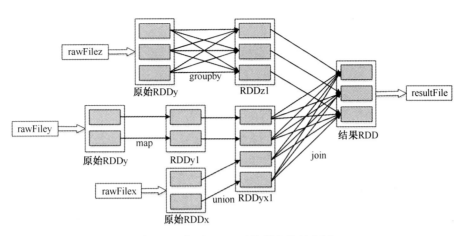

图 5-35　使用 Spark 时的程序执行步骤

Spark 和 MapReduce 比较如下。一是进程启动次数。单个 MR-App 只执行一次 M-S-R，而单个 Spark-App 则可执行多次 M-S-R。实际上 Spark-App 都可拆分成一个个独立的 MR-App。简单地说，Spark 内嵌 DAG 执行器，可原生高效执行 DAG 型 MapReduce 任务。二是中间文件处置方式。当 Spark 执行 DAG 型 MapReduce 任务时，其 Map 与 Reduce 结果不存入 HDFS，依旧存至内存。

3）Spark 体系架构

同大多数分布式系统一样，Spark 也采用两层的 master/slave 架构：第一层为集群资源管理层，第二层为 Spark-App 执行层。

（1）集群资源管理层。典型的集群管理模式都采用 master/slave 架构，Spark 的 Standalone 集群资源管理器也不例外。其主服务就称为 Master，从服务则称为 Worker。单机上的驻守进程 Worker 主要负责管理本机资源。集群资源整合者 Master 进程则主要负责汇总各 Worker 进程汇报的单机资源（见图 5-36）。

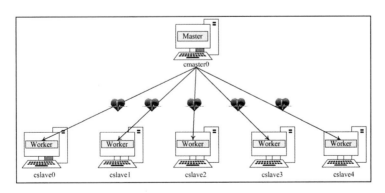

图 5-36　Standalone 集群资源管理器

实际上，Master 进程还提供 Web-UI 功能、Spark-App 注册功能、任务调度功能。特别是 Spark-App 注册功能，它是客户提交程序的入口。Worker 进程还提供启动和监管 Executor 进程的功能。

（2）Spark-App 执行层。在集群上执行 Spark-App 时，其执行过程依旧采用 master/slave 架构，即 master 机负责控制程序的整体执行流，slave 机负责具体执行某个任务（由 master 分配给自己）。

Spark-App 执行层就采用 master/slave 架构，其 master 服务称为 Driver，slave 服务称为 Executor。Driver 进程主要负责控制程序的整个执行流（见图 5-37），各 Executor 进程负责并行执行某个具体任务（由 Driver 分配）。

实际上，在 Client 提交 Spark-App 之前，该 Spark 集群中不存在 Driver 和 Executor 进程，只存在 Master/Worker 进程。当 Client 向 Master 提交任务且该 Spark 集群接受并执行新任务后，Worker 才会启动 Executor 来执行用户任务。

如图 5-38 所示为正在执行 2 个 Spark 任务的 Spark 集群，该集群有 3 层含义：一是常驻 Spark 集群；二是 iclient0 关联的 Spark-App1；三是 iclient1 关联的 Spark-App2。

图 5-37　Spark-App 执行层

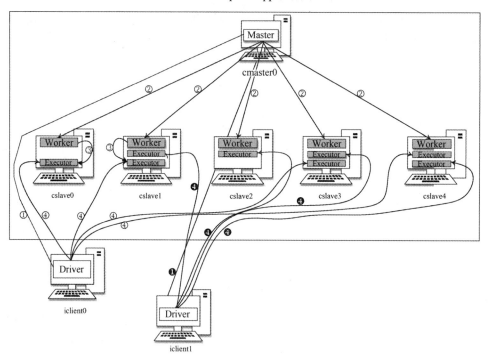

图 5-38　正在执行 2 个 Spark 任务的 Spark 集群

2．Spark 部署

可以采用"手工部署""Ambari 工具部署"两种方式部署 Spark，本章采用手工部署。Spark 采用 master/slave 架构，cmaster 上部署主服务，cslave0～cslave2 上部署从服务。生产环境下一般指定 Spark 使用 HDFS。HDFS 主服务在 cmaster 上，从服务在 cslave0～cslave2 上。

1）下载软件包

依次定位到"http://archive.apache.org/dist/""spark/""spark-3.1.2/"，下载 spark-3.1.2-bin-Hadoop3.2.tgz。

2）部署前提

一是准备集群。使用前期已准备好的 4 台 CentOS7 虚拟机（cmaster、cslave0～cslave2）。二是设置单机。每台机器均按照例 5-3 进行单机设置。三是设置集群。按照例 5-4 进行集群设置，添加集群域名映射。四是部署 HDFS 集群。HDFS 主服务在 cmaster 上，从服务在 cslave0～cslave2 上。

3）部署规划

cmaster 部署 Spark 主服务 Master，cslave0～cslave2 部署 Spark 从服务 Worker。

4）解压 Spark

将 spark-3.1.2-bin-Hadoop3.2.tgz 分别复制到 cmaster、cslave0～cslave2 的文件夹"/home/joe"下，以 joe 用户分别解压。

```
[joe@cmaster ~]$ tar   -zxvf   /home/joe/spark-3.1.2-bin-Hadoop3.2.tgz
[joe@cslave0 ~]$ tar   -zxvf   /home/joe/spark-3.1.2-bin-Hadoop3.2.tgz
[joe@cslave1 ~]$ tar   -zxvf   /home/joe/spark-3.1.2-bin-Hadoop3.2.tgz
[joe@cslave2 ~]$ tar   -zxvf   /home/joe/spark-3.1.2-bin-Hadoop3.2.tgz
```

5）设置 Spark 环境变量

将文件"/home/joe/spark-3.1.2-bin-Hadoop3.2/conf/spark-env.sh.template"重命名为 spark-env.sh，且依旧放在 conf 目录下。编辑该文件，将 JAVA_HOME、HADOOP_HOME 写入该文件。编者将如下内容写入该文件。

```
export   HADOOP_HOME=/home/joe/Hadoop-3.3.1/
export   HADOOP_CONF_DIR=/home/joe/Hadoop-3.3.1/etc/Hadoop/
export   JAVA_HOME=/usr/java/jdk1.8.0_301-amd64/
```

其中，"/usr/java/jdk1.8.0_301-amd64"为编者 jdk 安装目录，"/home/joe/Hadoop-3.3.1/"为 Hadoop 安装目录，若读者与该目录不相同，请修改。注意 4 台机器均需执行相同配置。另外，spark-3.1.2-bin-Hadoop3.2 中要求的 Hadoop3.2 与编者的 Hadoop-3.3.1 不冲突，可以使用。

6）配置 Spark

一是设置 Spark 使用 HDFS。Spark 默认不使用 HDFS，设置 Spark 使用 HDFS 非常简单，在"/home/joe/spark-3.1.2-bin-Hadoop3.2/conf/spark-env.sh"下引入 Hadoop 配置文件即可，即将如下内容添加到 spark-env.sh。

```
export    HADOOP_CONF_DIR=/home/joe/Hadoop-3.3.1/etc/Hadoop/
```

显然在步骤 5）中已经对环境变量进行了设置，需注意的是，4 台机器均需做相同配置。

二是设置 Spark 区分主从服务。启动时指定即可，自然启动主服务，启动从服务时在命令行里告知从服务主服务的地址即可。

7）启动 Spark 集群

一是启动 HDFS。既然已经配置了 Spark 使用 HDFS，显然启动 Spark 前得启动 HDFS。对于 HDFS，主节点启动主服务 NameNode，从节点启动从服务 DataNode。

```
[joe@cmaster ~]$    /home/joe/Hadoop-3.3.1/bin/hdfs   --daemon   start   namenode
[joe@cslave0~2 ~]$   /home/joe/Hadoop-3.3.1/bin/hdfs   --daemon   start   datanode
```

二是启动 Spark。主节点 cmaster 启动 Spark 主服务 Master（如下第 1 条命令），从节点 cslave0～cslave2 启动 Spark 从服务 Worker（如下第 2～4 条命令）。以 joe 用户分别在各机上执行。

```
[joe@cmaster ~]$    /home/joe/spark-3.1.2-bin-Hadoop3.2/sbin/start-master.sh
[joe@cslave0 ~]$    /home/joe/spark-3.1.2-bin-Hadoop3.2/sbin/start-worker.sh    spark://cmaster:7077
[joe@cslave1 ~]$    /home/joe/spark-3.1.2-bin-Hadoop3.2/sbin/start-worker.sh    spark://cmaster:7077
[joe@cslave2 ~]$    /home/joe/spark-3.1.2-bin-Hadoop3.2/sbin/start-worker.sh    spark://cmaster:7077
```

如上命令中，cmaster 自然启动 Master 服务；启动从服务时，必须制定 Master 服务，以 cslave0 为例，告知该 Worker 服务 Master 服务的地址为 spark://cmaster:7077。

8）验证 Spark 是否成功启动

一是浏览器验证。用户可在浏览器里输入地址 http://cmaster:8080（见图 5-39），即可看到 Spark 的 Web UI。此页面上包含了 Spark 集群主节点、从节点等各类统计信息。

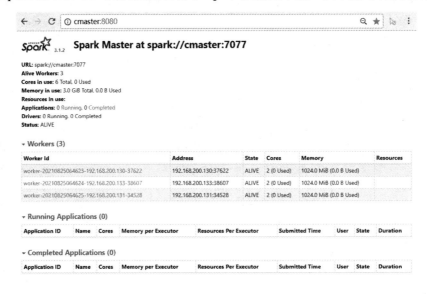

图 5-39   Spark 集群页面

二是验证进程。在 Spark 集群启动后，用户可以通过在 cmaster 和 cslave0～cslave2

上分别执行"/usr/java/jdk1.8.0_301-amd64/bin/jps"命令查看对应进程，即主节点进程为
Master，从节点进程为 Worker。

三是验证提交 Spark-App。当用户拥有了自己的一个 Spark 集群后，最想做的事可
能就是向 Spark 集群提交 Spark-App 了。Spark-App 的经典实例是计算圆周率 PI，下面
的 Shell 命令在 cslave2 上完成，以 joe 用户向 Spark 集群的 Master 服务（spark://cmaster://
7077）提交 Spark Pi。集群中各从节点会启动 Executor 进程来执行此任务。

```
[joe@cslave2 ~]$ /home/joe/spark-3.1.2-bin-Hadoop3.2/bin/spark-submit   \
--master spark://cmaster:7077   --class org.apache.spark.examples.SparkPi   \
/home/joe/spark-3.1.2-bin-Hadoop3.2/examples/jars/spark-examples_2.12-3.1.2.jar
```

在上述命令执行过程中，迅速打开浏览器，输入"http://cmaster:8080"，可以查看任
务执行情况。

9）关闭 Spark 集群

Spark 集群关闭命令为主节点关闭主服务，为从节点关闭从服务。关闭从节点时无
须指定主服务。

```
[joe@cmaster ~]$   /home/joe/spark-3.1.2-bin-Hadoop3.2/sbin/stop-master.sh
[joe@cslave0 ~]$   /home/joe/spark-3.1.2-bin-Hadoop3.2/sbin/stop-worker.sh
[joe@cslave1 ~]$   /home/joe/spark-3.1.2-bin-Hadoop3.2/sbin/stop-worker.sh
[joe@cslave2 ~]$   /home/joe/spark-3.1.2-bin-Hadoop3.2/sbin/stop-worker.sh
```

3. Spark 编程

【例 5-14】列举 Spark 主要访问接口。

解答：Spark 主要访问接口有 Web、命令行和编程接口，可以通过 Python、R、
Shell、SQL 等方式进入命令行和编程接口。

（1）管理集群接口。在 bin 和 sbin 目录下，有 start、stop 等各类命令脚本。

（2）提交任务接口。编译好的程序，可通过如下方式提交至 Spark 集群执行。

```
[joe@cslave2 ~]$ /home/joe/spark-3.1.2-bin-Hadoop3.2/bin/spark-submit    --help
```

（3）pyspark 接口。其用于以 Python 语言交互式方式编写并执行 Spark-App。下面
的命令用于进入交互式执行器，进入执行器后，可编写 Python 语句实时操作 Spark。注
意书写命令时，必须写明"--master spark://cmaster:7077"，否则 pyspark 会默认进入单机
模式，而不会进入集群模式。cslave2 需安装 Python。

```
[joe@cslave2 ~]$ /home/joe/spark-3.1.2-bin-Hadoop3.2/bin/pyspark   --master   spark://cmaster:7077
```

（4）SparkR 接口。其用于以交互式方式编写并执行 Spark-App，且书写语法为 R。
下面的命令用于进入交互式执行器，进入执行器后，数据分析师可编写 R 语句实时操作
Spark。注意书写命令时，必须写明"--master spark://cmaster:7077"，否则 sparkR 会默认
进入单机模式，而不会进入集群模式。cslave2 需安装 R。

```
[joe@cslave2 ~]$ /home/joe/spark-3.1.2-bin-Hadoop3.2/bin/sparkR   --master   spark://cmaster:7077
```

（5）Spark-Shell 接口。其用于以交互式方式编写并执行 Spark-App，且书写语法为
Scala。下面的命令用于进入交互式执行器，进入执行器后，数据分析师可用 Scala 语句
以交互式方式编写并执行 Spark-App。注意书写命令时，必须写明"--master

spark://cmaster:7077"，否则 Spark-Shell 会默认进入单机模式，而不会进入集群模式。由于 Spark 就是使用 Scala 开发的，而 Scala 实际上就是在 JVM 中执行的，故无须安装 Scala。

```
[joe@cslave2 ~]$ /home/joe/spark-3.1.2-bin-Hadoop3.2/bin/spark-shell  --master spark://cmaster:7077
```

（6）Spark-SQL 接口。其用于以交互式方式编写并执行 Spark SQL，且书写语法类 SQL。下面的命令用于进入交互式执行器，进入执行器后，数据分析师可用类 SQL 语句以交互式方式编写并执行 Spark-App。注意书写命令时，必须写明"--master spark://cmaster:7077"，否则 Spark-Shell 会默认进入单机模式，而不会进入集群模式。由于默认安装的 Spark 已经包含了 Spark SQL，故无须再安装其他组件，直接执行即可。

```
[joe@cslave2 ~]$ /home/joe/spark-3.1.2-bin-Hadoop3.2/bin/spark-sql  --master  spark://cmaster:7077
```

【例 5-15】使用 Spark 实现一个 MapReduce 版的 WordCount 程序，计算 HDFS 上文件中每个单词出现的次数。计算文件完整路径为"hdfs://cmaster:8020/in/"，计算结果输出至控制台。

解答：一是准备输入文件。使用如下命令，将本地文件上传至 HDFS，为后续计算程序提供输入文件。如果文件已存在，则相应调整。

```
[joe@cmaster ~]$ /home/joe/Hadoop-3.3.1/bin/hdfs  dfs  -mkdir  /in
[joe@cmaster ~]$ /home/joe/Hadoop-3.3.1/bin/hdfs  dfs  -put  /home/joe/Hadoop-3.3.1/licenses-binary/*.txt  /in
```

二是提交 Spark 版的 WordCount 任务。使用 Shell 命令向集群提交 Spark-App。

```
[joe@cslave2 ~]$ /home/joe/spark-3.1.2-bin-Hadoop3.2/bin/spark-submit  \
--master spark://cmaster:7077  --class org.apache.spark.examples.JavaWordCount  \
/home/joe/spark-3.1.2-bin-Hadoop3.2/examples/jars/spark-examples_2.12-3.1.2.jar  /in
```

上面的命令实现调用 WrodCount 程序，计算 HDFS 上的文件"hdfs://cmaster:8020/in/"，计算结果直接输出到控制台。显然，在配置 Spark 使用 HDFS 后，若需要 Spark-App 计算 HDFS 上的文件，在程序里指明 HDFS 上文件的路径即可，无须其他配置。在上述命令执行过程中，迅速打开浏览器，输入"http://cmaster:8080"，可以查看任务执行情况。

【例 5-16】给出不同 Spark 版本的 WordCount 代码，可以使用 Java 代码实现。

解答：如下为 Spark 上一个版本的 WordCount 代码。

```
package edu.njupt
import org.apache.spark.SparkConf
import org.apache.spark.SparkContext
import org.apache.spark.SparkContext._
object WordCount {
  def main(args: Array[String]) {
    val conf = new SparkConf()
    val sc = new SparkContext(conf)
    val line = sc.textFile(args(0))
//输出至控制台
    line.flatMap(_.split(" ")).map((_, 1)).reduceByKey(_+_).collect().foreach(println)
存储至 HDFS
//line.flatMap(_.split(" ")).map((_, 1)).reduceByKey(_+_).saveAsTextFile(args(1))
    sc.stop()
```

```
    }
  }
```

如下为 Spark 上另一个版本的 WordCount 代码。

```
object WordCount{
    def main(args: Array[String]): Unit = {
        val conf = new SparkConf()
        val sc: SparkContext = new SparkContext(conf)
        val rawFile = sc.textFile(args(0))
        val partitions: Array[Partition] = rawFile.partitions
rawFile.flatMap(line => line.split(" ")).map(word => (word, 1)).groupByKey().map((P: (String,
Iterable[Int])) => (P._1, P._2.sum)).saveAsTextFile(args(1))
        sc.stop()
    }
}
```

虽然后一个版本的 WordCount 代码比前一个稍显复杂，但实际上，这两个代码功能
是一样的，从理解角度上说，第二个 WordCount 代码更利于理解。稍加分析，可以看出：
reduceByKey()等同于 groupByKey().map()。

5.6.4　ZooKeeper

当一条消息在网络中的两个节点之间传送时，由于可能会出现各种问题，发送者无
法知道接收者是否已经接收到这条消息。例如，在接收者还未接收到消息前，发生网络
中断；再比如接收者接收到消息后发生网络中断。这就是部分失败，即在分布式环境下
甚至不知道一个操作是否已经失败。发送者能够获取真实情况的唯一途径是重新连接接
收者，并向它发出询问。

由于部分失败是分布式系统的固有特征，因此编写分布式程序显得相当困难，而本
节所介绍的 ZooKeeper 就是用来解决这类问题的。

1. ZooKeeper 定义

ZooKeeper（又称分布式锁）是由开源组织 Apache 开发的一个高效、可靠的分布式
协调服务。其是 Google Chubby 的开源实现，起初由雅虎开发，于 2008 年被捐赠给
Apache，当前稳定版为 3.6.3。

1）ZooKeeper 工作过程

如图 5-40 所示，假设机器 A 中的进程 P_a 须向机器 B 中的进程 P_b 发送一个消息，使
用 ZooKeeper 实现时，具体过程是：P_a 产生这条消息后将此消息注册到 ZooKeeper 中，
P_b 需要这条消息时直接从 ZooKeeper 中读取即可。

从此工作过程可以看出，ZooKeeper 提供了松耦合交互方式，即交互双方不必同时
存在，也不用彼此了解。比如 P_a 在 ZooKeeper 中留下一条消息后，进程 P_a 结束，此后
进程 P_a 才刚开始启动。

值得注意的是，ZooKeeper 服务本身也是不可靠的，比如运行 ZooKeeper 服务的机器
宕机，则此服务将失效。为提高 ZooKeeper 的可靠性，在使用时，ZooKeeper 本身一般都

以集群方式部署（见图 5-41），其内部实现细节参考下面的 ZooKeeper 工作原理。

2）ZooKeeper 工作原理

集群中各台机器上的 ZooKeeper 服务启动后，它们首先会从中选择一个作为领导者，其他则作为追随者。如图 5-41 中 ZooKeeper0、ZooKeeper1 与 ZooKeeper2 启动后，三者会采取投票方式，以少数服从多数原则从中选取一个领导者。当发生客户端读写操作时，规定读操作可以在各节点上实现，写操作则必须发送至领导者，并经领导者同意才可执行。

ZooKeeper 集群内选取领导时，内部采用的是原子广播协议，此协议是对 Paxos 算法的修改与实现。集群内各 ZooKeeper 服务选举领导的核心思想是：由某个新加入的服务器发起一次选举，如果该服务器获得 $n/2+1$ 票，则此服务器将成为整个 ZooKeeper 集群的领导者。当领导者服务器发生故障时，剩下的追随者将进行新一轮领导者选举。因此，集群中 ZooKeeper 的个数必须以奇数（3,5,7,9…）出现，并且当构建 ZooKeeper 集群时，最少需要 3 个节点。

图 5-40　ZooKeeper 服务方式　　　　图 5-41　ZooKeeper 服务体

2. ZooKeeper 部署

要使用 ZooKeeper 服务，首先需要部署 ZooKeeper。可以使用"手工部署""Ambari 工具部署"两种方式进行部署，本章采用手工部署。

由于 ZooKeeper 采用对等结构，故在部署 ZooKeeper 时无须指定主从，只在配置文件里写明各 ZooKeeper 所在机的地址即可。此外，由于 ZooKeeper 也要使用本地文件系统来存储数据，故还要指定 ZooKeeper 的本地存储目录。下面是在 cslave0、cslave1、cslave2 这 3 台机器上部署 ZooKeeper 的详细过程。

1）下载软件包

依次定位到"http://archive.apache.org/dist/""zookeeper/""zookeeper-3.6.3/"，下载 apache-zookeeper-3.6.3-bin.tar.gz。

2）部署前提

一是准备集群。使用前期已准备好的 3 台 CentOS7 虚拟机（cslave0、cslave1、cslave2）。二是设置单机。每台机器均按照例 5-3 进行单机设置。三是设置集群。按照例 5-4 进行集群设置，添加集群域名映射。

3）部署规划

在 cslave0、cslave1、cslave2 上部署 ZooKeeper 服务。

4）解压 ZooKeeper

以 joe 用户将压缩文件复制至 cslave0～cslave2"/home/joe"文件夹下，以 joe 用户解压。

```
[joe@cslave0 ~]$   tar   -zxvf   /home/joe/apache-zookeeper-3.6.3-bin.tar.gz
[joe@cslave1 ~]$   tar   -zxvf   /home/joe/apache-zookeeper-3.6.3-bin.tar.gz
[joe@cslave2 ~]$   tar   -zxvf   /home/joe/apache-zookeeper-3.6.3-bin.tar.gz
```

5）配置 ZooKeeper

在 conf 文件夹下新建 zoo.cfg 并写入如下内容。

```
tickTime=2000
dataDir=/home/joe/cloudData/zkp
clientPort=2181
initLimit=5
syncLimit=2
server.1=cslave0:2888:3888
server.2=cslave1:2888:3888
server.3=cslave2:2888:3888
```

配置文件 zoo.cfg 里默认的存储目录为"dataDir=/tmp/zookeeper"，由于机器重启后，系统会自动清空"/tmp"目录下的文件，故重新指定了目录。ZooKeeper 集群可以是一个节点，也可以是多个节点（奇数），此处配置的 ZooKeeper 集群为 3 个节点。

6）新建并填写各机 ID

在配置的 ZooKeeper 数据存储目录（当前为"dataDir=/home/joe/cloudData/zkp"）中新建文件 myid。3 台机器按 cslave0、cslave1 和 cslave2 的先后顺序分别写入"1"、"2"和"3"。

```
[joe@cslave0 zkp]$   cat   /home/joe/cloudData/zkp/myid
1
[joe@cslave1 zkp]$   cat   /home/joe/cloudData/zkp/myid
2
[joe@cslave2 zkp]$   cat   /home/joe/cloudData/zkp/myid
3
```

7）确定存在数据存储目录和 myid 文件

由于编者配置的 ZooKeeper 数据存储目录为"dataDir=/home/joe/CloudData/zkp"，因此在启动 ZooKeeper 之前，请读者确定 cslave0、cslave1、cslave2 这 3 台机器已存在目录"/home/joe/cloudData/zkp"和文件"/home/allen/joe/cloudData/myid"。

8）启动 ZooKeeper 集群

使用下述命令启动 ZooKeeper。

```
[joe@cslave0 ~]$ /home/joe/apache-zookeeper-3.6.3-bin/bin/zkServer.sh   start
[joe@cslave1 ~]$ /home/joe/apache-zookeeper-3.6.3-bin/bin/zkServer.sh   start
[joe@cslave2 ~]$ /home/joe/apache-zookeeper-3.6.3-bin/bin/zkServer.sh   start
```

显然，从 ZooKeeper 的部署和启动可以看出，ZooKeeper 采用对等结构，不过实际上，ZooKeeper 内部还是存在领导和被领导关系。进程启动后，它们之间会自动选举出一个领导者，其他两个 ZooKeeper 则成为追随者，选举的原则很简单，就是少数服从多数原则，这就是在 ZooKeeper 集群中，节点数总是奇数的原因。

9）查看 ZooKeeper 是否部署成功

```
$ netstat -an|grep 3888            #cslave0、cslave1、cslave2 均执行
$ netstat -an|grep 2888            #cslave0、cslave1、cslave2 均执行
```

执行此命令后，用户可以看到，各 ZooKeeper 间正在使用端口通信（选举领导者等），用户还可以使用 jps 命令查看 ZooKeeper 服务进程，代码如下。

```
$ /usr/java/jdk1.8.0_301-amd64/bin/jps            #cslave0、cslave1、cslave2 均执行
```

用户能看到 org.apache.zookeeper.server.quorum.QuorumPeerMain，表示 ZooKeeper 服务已经启动。

虽然在 ZooKeeper 集群内，各 ZooKeeper 有领导者和追随者之分，但在部署时没有 master/slave 之分，即在部署和使用时，可以将各台机器的 ZooKeeper 服务看成对等实体，直接部署与使用即可，无须关心 ZooKeeper 集群内部如何选举领导者、谁是领导者。

10）关闭 ZooKeeper 集群

可使用如下命令关闭 ZooKeeper 服务（3 台机器均要执行）。

```
[joe@cslave0 ~]$ /home/joe/apache-zookeeper-3.6.3-bin/bin/zkServer.sh   stop
[joe@cslave1 ~]$ /home/joe/apache-zookeeper-3.6.3-bin/bin/zkServer.sh   stop
[joe@cslave2 ~]$ /home/joe/apache-zookeeper-3.6.3-bin/bin/zkServer.sh   stop
```

3. ZooKeeper 编程

ZooKeeper 主要提供了 Shell 接口和编程接口，其中 Shell 接口提供了管理 ZooKeeper 最常用的操作，编程接口则更加灵活，比如使用 ZooKeeper 实现前述进程 P_a 与 P_b 通信等。

【例 5-17】按要求完成任务：①分别使用命令行接口和 API 接口，在 ZooKeeper 存储树中新建一节点并存入信息；②假设机器 cslave0 上有进程 P_a，机器 cslave2 上有进程 P_b，使用 ZooKeeper 实现进程 P_a 与 P_b 相互协作。

解答：对于任务①，下面用 ZooKeeper 命令行接口，在根目录（/）下新建节点 cstorShell，并存入信息 chinaCstorShell。为简单起见，此操作直接在 cslave0 上进行，过程代码如下。

```
[joe@cslave0 ~]$ /home/joe/apache-zookeeper-3.6.3-bin/bin/zkCli.sh   #cslave0 进入 ZooKeeper 命令行
[zk: localhost:2181(CONNECTED) 0] ls /                     #查看当前 ZooKeeper 的目录结构
[zk: localhost:2181(CONNECTED) 0] create /cstorShell chinaCstorShell
[zk: localhost:2181(CONNECTED) 0] ls /                     #查看当前 ZooKeeper 的目录结构
[zk: localhost:2181(CONNECTED) 0] ls /cstorShell           #查看 cstorShell 节点的目录结构
[zk: localhost:2181(CONNECTED) 0] get /cstorShell          #获取 cstorShell 的节点信息
```

```
[zk: localhost:2181(CONNECTED) 0] delete  /cstorShell          #删除 cstorShell 节点
[zk: localhost:2181(CONNECTED) 0] ls /
[zk: localhost:2181(CONNECTED) 0] help                          #查看所有命令及其帮助
[zk: localhost:2181(CONNECTED) 0] quit                          #退出 ZooKeeper 命令行接口
```

其中，"create…"一句含义为"创建节点 cstorShell，并赋予此节点信息 chinaCstorShell"。

使用 API 时，程序具有更大的灵活性，下面的代码主要实现在根目录下新建节点 cstorJava，并存入信息 chinaCstorJava。

```
public class Pa implements Watcher{
private static final int SESSION_TIMEOUT=5000;    //连接超时时间
private ZooKeeper zk;                             //ZooKeeper 实例
private CountDownLatch connectedSignal=new CountDownLatch(1);    //同步辅助线程类
public void connect(String hosts)throws IOException,InterruptedException{//连接 ZooKeeper
zk=new ZooKeeper(hosts, SESSION_TIMEOUT, this);
connectedSignal.await();}
public void process(WatchedEvent event) {
if (event.getState()==KeeperState.SyncConnected) {
connectedSignal.countDown();}}
public void create(String groupName)throws KeeperException,InterruptedException{
String path="/"+groupName;
String creatp;
creatp=zk.create(path,"chinaCstorJava".getBytes(),Ids.OPEN_ACL_UNSAFE,CreateMode.PERSISTENT);
System.out.println("Created "+createdPath);}
public void close()throws InterruptedException{zk.close();}
public static void main(String[] args) throws Exception {Pa pa=new Pa();
pa.connect("cslave0");
pa.create("cstorJava");
pa.close();}}
```

假定此程序打包好后名为 ZDemo.jar，存放于 /home/joe 目录下，包名为 com.cstore.book.zkp，并且规定在 cslave0 上执行，执行命令如下。执行后，用户可进入 ZooKeeper 命令行，使用"ls /"查看结果。

```
[joe@cslave0 ~]# java -cp /home/joe/ZDemo.jar com.cstore.book.zkp.Pa       #cslave0 执行 Pa 进程
```

对于任务②，不妨假设 cslave0 上的进程 P_a 向 ZooKeeper 新建目录 cstorJava，并存入信息 chinaCstorJava，此后进程 P_a 结束。此时 cslave2 上启动进程 P_b，读取 ZooKeeper 目录中的 cstorJava 节点及其信息，结束。直接使用第一个任务中的 P_a 类，现在新建 P_b 类，只要将 P_a 类中的 P_a 换成 P_b，并将 create 方法换成下面的 getData 方法即可。

```
public void getData(String groupName)throws KeeperException,InterruptedException{
String path="/"+groupName;
String data=new String(zk.getData(path, false, null));
System.out.println("ZNode: "+groupName+"\n"+"Its data: "+data);}
```

在 cslave0 上执行完 P_a 进程后，在 cslave2 上执行 P_b 进程即可。

```
[joe@cslave2 ~]# java -cp /home/joe/ZDemo.jar com.cstore.book.zkp.Pb       #cslave2 上执行 Pb 进程
```

5.6.5　HBase

2006 年，Google 发表 BigTable 相关论文。同年末，微软旗下的自然语言搜索公司 Powerset 出于处理大数据的需求，参照论文开发了 HBase 项目，并于 2008 年将 HBase 捐赠给 Apache。2010 年，HBase 成为 Apache 的顶级项目。

HBase 是基于 Hadoop 的面向列存储的开源分布式数据库，它以 Google 的 BigTable 为原型，设计并实现了具有高可靠性、高性能、列存储、可伸缩、实时读写特性的分布式数据库系统。HBase 不仅在设计上不同于一般的关系型数据库，适合存储非结构化数据，而且是基于列的而不是基于行的。就像 BigTable 利用 GFS（Google 文件系统）所提供的分布式存储一样，HBase 在 Hadoop 之上提供了类似 BigTable 的能力。

1. HBase 定义

HBase 是以列存储数据的，下面给出 HBase 中的数据存储模型，接着简单介绍 HBase 的体系架构。

1）HBase 数据模型

数据库一般以表的形式存储结构化数据，HBase 也以表的形式存储数据。用户对数据的组织形式称为数据的逻辑模型，HBase 里数据在 HDFS 上的具体存储形式则称为数据的物理模型。

（1）逻辑模型。HBase 以表的形式存储数据，每个表由行和列组成，每个列属于一个特定的列族（Column Family）。表中的行和列确定的存储单元称为一个元素（Cell），每个元素保存了同一份数据的多个版本，由时间戳（Time Stamp）来标识。表 5-5 给出了 HBase 表逻辑视图示例，表中仅有一行数据，行的唯一标识为 com.cstor.www，对这行数据的每一次逻辑修改都有一个时间戳关联对应。表中共有四列：contents:html，anchor:cstorsi.com，anchor:my.look.ca，mime:type，每一列以前缀的方式给出其所属的列族。

表 5-5　HBase 表逻辑视图示例

行键	时间戳	列族 contents	列族 anchor	列族 mime
"com.cstor.www"	t9		anchor:cstorsi.com= "CSTOR"	
	t8		anchor:my.look.ca="CSTOR.com"	
	t6	contents:html="\<html>…"		mime:type="text/html"
	t5	contents:html="\<html>…"		
	t6	contents:html="\<html>…"		

行键是数据行在表中的唯一标识，并作为检索记录的主键。在 HBase 中访问表中的行只有三种方式：通过单个行键访问、给定行键的范围访问、全表扫描。行键可以是任意字符串，默认按字段顺序进行存储。

表中的列定义为：\<family>:\<qualifier>（\<列族>:\<限定符>），如 contents:html。通过列族和限定符可以唯一指定一个数据的存储列。

时间戳对应着每次数据操作所关联的时间，可以由系统自动生成，也可以由用户显式地赋值。如果应用程序需要避免数据版本冲突，则必须显式地生成时间戳。HBase 提供了两个版本的回收方式：一是对每个数据单元，只存储指定个数的最新版本；二是保存最近一段时间内的版本（如七天），客户端可以按需查询。

元素由行键、列（<列族>:<限定符>）和时间戳唯一确定，元素中的数据以字节码的形式存储，没有类型之分。

（2）物理模型。HBase 是按照列存储的稀疏行/列矩阵，其物理模型实际上就是把概念模型中的一个行进行分割，并按照列族存储，如表 5-6 所示。从表中可以看出，表中的空值是不被存储的，所以查询时间戳为 t8 的 contents:html 将返回 null。如果没有指明时间戳，则返回指定列的最新数据值；如果不指明时间戳时查询 contents:，将返回 t6 时刻的数据。容易看出，可以随时向表中的任何一个列添加新列，而不需要事先声明。

表 5-6　HBase 表物理存储示例

行键	时间戳	列族 contents
	t6	contents:html="<html>…"
"com.cstor.www"	t5	contents:html="<html>…"
	t3	contents:html="<html>…"

行键	时间戳	列族 anchor
	t9	anchor:cstorsi.com= "CSTOR"
"com.cstor.www"	t8	anchor:my.look.ca= "CSTOR.com"

行键	时间戳	列族 mime
"com.cstor.www"	t6	mime:type="text/html"

2）HBase 架构

HBase 采用 master/slave 架构，图 5-42 是 HBase 的体系架构，主服务称为 HMaster，从服务称为 HRegionServer，底层采用 HDFS 存储数据。为提供高可靠性，HBase 可以有

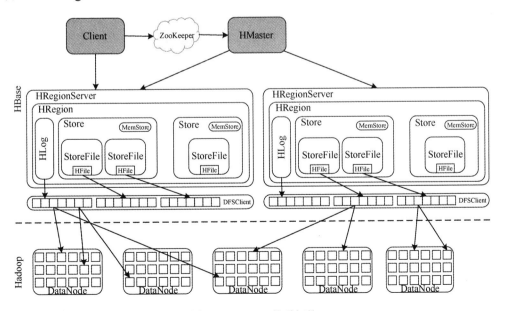

图 5-42　HBase 体系架构

多个 HMaster，但同一时刻只可能有一个 HMaster 作为主服务，为此 HBase 使用了 ZooKeeper 来选定 master，下面简单介绍体系架构中的各实体。

（1）Client。Client 使用 HBase 的 RPC 机制与 HMaster 和 HRegionServer 进行通信。对于管理类操作，Client 与 HMaster 进行 RPC；对于数据读写类操作，Client 与 HRegionServer 进行 RPC。

（2）ZooKeeper。ZooKeeper 中存储了 ROOT 表的地址、HMaster 的地址和 HRegionServer 的地址。通过 ZooKeeper，HMaster 可以随时感知各 HRegionServer 的健康状态。此外，ZooKeeper 也避免了 HMaster 的单点故障问题，HBase 中可以启动多个 HMaster，通过 ZooKeeper 的选举机制能够确保只有一个为当前整个 HBase 集群的 master。

（3）HMaster。HMaster 即 HBase 主节点，集群中每个时刻只有一个 HMaster 运行，HMaster 将 Region 分配给 HRegionServer，协调 HRegionServer 的负载并维护集群状态。HMaster 对外不提供数据服务，HRegionServer 负责所有 Region 的读写请求。如果 HRegionServer 发生故障终止，HMaster 会通过 ZooKeeper 感知到，HMaster 会根据相应的 Log 文件将失效的 Region 重新分配。此外，HMaster 还管理用户对表的增、删、改、查操作。

（4）HRegionServer。HRegionServer 主要负责响应用户 I/O 请求，向 HDFS 文件系统中读写数据，其内部管理了一系列 HRegion 对象。当 StoreFile 大小超过一定阈值后，会触发 Split 操作，即将当前 Region 拆分成两个 Region，父 Region 会下线，新 Split 出的两个子 Region 会被 HMaster 分配到相应的 HRegionServer 上。

2．HBase 部署

可以采用"手工部署""Ambari 工具部署"两种方式部署 HBase，本章采用手工部署。HBase 采用 master/slave 架构，cmaster 上部署主服务，cslave0～cslave2 上部署从服务。HBase 依赖 ZooKeeper 和 HDFS。HDFS 主服务在 cmaster 上，从服务在 cslave0～cslave2 上。HBase 内嵌 ZooKeeper，HBase 可以使用第三方 ZooKeeper 集群，也可以使用内嵌的 ZooKeeper。本章使用 HBase 内嵌的 ZooKeeper，ZooKeeper 服务在 cslave0～cslave 2 上。

1）下载软件包

依次定位到"http://archive.apache.org/dist/""hbase/""2.3.6/"，下载 hbase-2.3.6-bin.tar.gz。

2）部署前提

一是准备集群。使用前期已准备好的 4 台 CentOS7 虚拟机（cmaster、cslave0～cslave2）。二是设置单机。每台机器均按照例 5-3 进行单机设置。三是设置集群。按照例 5-4 进行集群设置，添加集群域名映射。四是部署 Hadoop 集群。Hadoop 主服务在 cmaster 上，从服务在 cslave0～cslave2 上。五是部署 ZooKeeper 集群。ZooKeeper 服务在 cslave0～cslave2 上。

3）部署规划

在 cmaster 上部署 HBase 主服务，在 cslave0～cslave2 上部署 HBase 从服务。

4）解压 HBase

将 hbase-2.3.6-bin.tar.gz 分别复制到 cmaster、cslave0～cslave2 文件夹"/home/joe"下，以 joe 用户分别解压。

```
[joe@cmaster ~]$ tar   -zxvf   /home/joe/hbase-2.3.6-bin.tar.gz
[joe@cslave0 ~]$ tar   -zxvf   /home/joe/hbase-2.3.6-bin.tar.gz
[joe@cslave1 ~]$ tar   -zxvf   /home/joe/hbase-2.3.6-bin.tar.gz
[joe@cslave2 ~]$ tar   -zxvf   /home/joe/hbase-2.3.6-bin.tar.gz
```

5）指定 JDK 环境变量

编辑"/home/joe/hbase-2.3.6/conf/hbase-env.sh"，定位到如下一行。

```
# export JAVA_HOME=/usr/java/jdk1.8.0/
```

将其更改为如下内容。

```
export JAVA_HOME=/usr/java/jdk1.8.0_301-amd64
```

其中，"/usr/java/jdk1.8.0_301-amd64"为编者 JDK 安装目录，若读者该目录与此不相同，请修改。4 台机器均需执行相同配置。

6）配置 HBase

编辑"/home/joe/hbase-2.3.6/conf/hbase-site.xml"文件，删除原有内容，将下述内容加入该文件。4 台机器均需执行相同配置。

```
<property><name>hbase.cluster.distributed</name><value>true</value></property>
<property><name>hbase.rootdir</name><value>hdfs://cmaster:8020/user/hbase</value></property>
<property><name>hbase.zookeeper.quorum</name><value>cslave0,cslave1,cslave2</value></property>
<property><name>hbase.zookeeper.property.dataDir</name><value>/home/joe/cloudData/hzkp</value></property>
```

7）配置 HBase

编辑文件"/home/joe/hbase-2.3.6/conf/regionservers"，删除该文件的原有内容，写入如下新内容。4 台机器均需执行相同配置。

```
cslave0
cslave1
cslave2
```

8）确保正确使用 ZooKeeper

实验中使用 HBase 内嵌的 ZooKeeper，如上配置已指定内嵌 ZooKeeper 集群在 cslave0～cslave2 上，ZooKeeper 数据存储目录为"/home/joe/cloudData/hzkp"，无须新建 hzkp 目录和 myid 文件。至此 HBase 配置结束。

9）启动 HBase 集群

启动 HBase 的前提是启动 HDFS 和 ZooKeeper（此处使用 HBase 内嵌的 ZooKeeper）。

一是启动 HDFS 集群。使用如下命令，以 joe 用户，在主节点 cmaster 上启动 HDFS 存储主服务 NameNode（下述第 1 条命令），在 cslave0～cslave2 上启动 HDFS 存储从服务 DataNode（下述第 2～4 条命令）。

```
[joe@cmaster ~]#   /home/joe/Hadoop-3.3.1/bin/hdfs   --daemon   start   namenode
[joe@cslave0 ~]#   /home/joe/Hadoop-3.3.1/bin/hdfs   --daemon   start   datanode
```

```
[joe@cslave1 ~]#   /home/joe/Hadoop-3.3.1/bin/hdfs   --daemon   start   datanode
[joe@cslave2 ~]#   /home/joe/Hadoop-3.3.1/bin/hdfs   --daemon   start   datanode
```

二是启动内嵌的 ZooKeeper 集群。使用如下命令，以 joe 用户，在 cslave0～cslave2 上分别启动 ZooKeeper。

```
[joe@cslave0 ~]$   /home/joe/hbase-2.3.6/bin/hbase-daemon.sh   start   zookeeper
[joe@cslave1 ~]$   /home/joe/hbase-2.3.6/bin/hbase-daemon.sh   start   zookeeper
[joe@cslave2 ~]$   /home/joe/hbase-2.3.6/bin/hbase-daemon.sh   start   zookeeper
```

三是启动 HBase 集群。以 joe 用户，在 cmaster 上启动 HBase 主服务 HMaster（下述第 1 条命令），在 cslave0～cslave2 机器上分别启动 HBase 从服务 HRegionServer（下述第 2～4 条命令）。

```
[joe@cmaster ~]#   /home/joe/hbase-2.3.6/bin/hbase-daemon.sh   start   master
[joe@cslave0 ~]$   /home/joe/hbase-2.3.6/bin/hbase-daemon.sh   start   regionserver
[joe@cslave1 ~]$   /home/joe/hbase-2.3.6/bin/hbase-daemon.sh   start   regionserver
[joe@cslave2 ~]$   /home/joe/hbase-2.3.6/bin/hbase-daemon.sh   start   regionserver
```

10）验证 HBase 是否成功启动

一是网页验证。在浏览器里输入地址"http://cmaster:16010"，即可看到 HBase 的 Web UI，此页面上包含了 HBase 集群主节点、从节点等各类统计信息（见图 5-43）。HRegionServer 的 Web UI 位置为"http://HRegionServerIP:16030"，读者可打开任意 slave 机器的 HRegionServer Web UI。

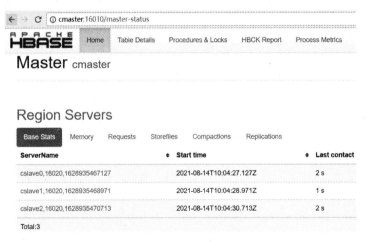

图 5-43　HBase 集群页面

二是进程验证。在 HBase 集群启动后，在 cmaster 和 cslave0～cslave2 上分别执行如下 jps 命令查看对应进程，cmaster 将显示进程为 HMaster 和 NameNode，cslave0～cslave2 的进程为 HRegionServer、HQuorumPeer、DataNode。

```
$  /usr/java/jdk1.8.0_301-amd64/bin/jps
```

11）关闭 HBase 集群

可使用下述命令关闭 HBase 集群，不同机器执行的命令可能不同。注意执行顺序。

```
[joe@cslave0 ~]$ /home/joe/hbase-2.3.6/bin/hbase-daemon.sh   stop   regionserver
```

```
[joe@cslave1 ~]$ /home/joe/hbase-2.3.6/bin/hbase-daemon.sh    stop    regionserver
[joe@cslave2 ~]$ /home/joe/hbase-2.3.6/bin/hbase-daemon.sh    stop    regionserver
[joe@cmaster ~]$ /home/joe/hbase-2.3.6/bin/hbase-daemon.sh    stop    master

[joe@cslave0 ~]$ /home/joe/hbase-2.3.6/bin/hbase-daemon.sh    stop    zookeeper
[joe@cslave1 ~]$ /home/joe/hbase-2.3.6/bin/hbase-daemon.sh    stop    zookeeper
[joe@cslave2 ~]$ /home/joe/hbase-2.3.6/bin/hbase-daemon.sh    stop    zookeeper
```

3．HBase 编程

HBase 提供了诸多访问接口，下面简单罗列各种访问接口。

（1）Native Java API：最常规和高效的访问方式，适合 Hadoop MapReduce Job 并行批处理 HBase 表数据。

（2）HBase Shell：HBase 的命令行工具，最简单的接口，适合管理、测试时使用。

（3）Thrift Gateway：利用 Thrift 序列化技术，支持 C++、PHP、Python 等多种语言，适合其他异构系统在线访问 HBase 表数据。

（4）REST Gateway：支持 REST 风格的 HTTP API 访问 HBase，解除了语言限制。

（5）Pig：可以使用 Pig Latin 流式编程语言操作 HBase 中的数据，和 Hive 类似，最终也是编译成 MapReduce Job 来处理 HBase 表数据，适合做数据统计。

（6）Hive：同 Pig 类似，可以使用类 SQL 的 HiveQL 语言处理 HBase 表中的数据，当然最终依旧是 HDFS 与 MapReduce 操作。

【例 5-18】按要求完成任务：①假定 MySQL 里有 member 表（同 Hive 示例中使用的表，见表 5-4），要求使用 HBase 的 Shell 接口，在 HBase 中新建并存储此表；②简述 HBase 是否适合存储任务①中的结构化数据，并简单叙述 HBase 与关系型数据库的区别。

解答：HBase 是按列存储的分布式数据库，它有一个列族的概念。对应表 5-7，这里的列族应当是什么呢？这需要我们做进一步抽象，下面将 name、gender、age 这三个字段抽象为个人属性（personalAttr），edu、prof、income 抽象为社会属性（socialAttr），personalAttr 列族包含 name、gender 和 age 三个限定符；同理 socialAttr 列族包含 edu、prof、income 三个限定符，表 5-7 是针对表 5-4 的进一步逻辑抽象。

表 5-7　HBase 里 member 表的逻辑模型

行键	列键					
	列族 personalAttr			列族 socialAttr		
id	name	gender	age	edu	prof	income
201401	aa	0	21	e0	p3	M
201402	bb	1	22	e1	p2	L
201403	cc	1	23	e2	P1	M

按上述思路，在 cslave2 上依次执行如下命令。

```
[joe@cslave2 ~]$ /home/joe/hbase-2.3.6/bin/hbase    shell                  #进入 HBase 命令行
hbase(main):001:0> list                                                     #查看所有表
hbase(main):002:0> create 'member','id','personalAttr','socialAttr'         #创建 member 表
```

```
hbase(main):003:0> list
hbase(main):004:0> scan 'member'                                            #查看 member 表的内容
hbase(main):005:0> put 'member','201401','personalAttr:name','aa'           #向 member 表中插入数据
hbase(main):006:0> put 'member','201401','personalAttr:gender','0'
hbase(main):007:0> put 'member','201401','personalAttr:age','21'
hbase(main):008:0> put 'member','201401','socialAttr:edu','e0'
hbase(main):009:0> put 'member','201401','socialAttr: prof','p3'
hbase(main):010:0> put 'member','201401','socialAttr:imcome','m'
hbase(main):011:0> scan 'member'
hbase(main):012:0> disable 'member'                                         #废弃 member 表
hbase(main):013:0> drop 'member'                                            #删除 member 表
hbase(main):014:0> quit
```

在上述命令执行过程中，可在浏览器里打开"http://cmaster:16010"，在该地址中可看到新建的表。此外，读者也可打开"http://cmaster:9870"，接着依次定位"Utilities→Browse the file system"，进入目录"/user/hbase/data/default"下，即可查看刚才新建的表在 HDFS 中的痕迹。

HBase 里的数据依旧可以看成<key,value>对，只是它的 value 可以是一个 List，即<key,valueList>（<key,value1,…,value$N$>），如表中的<id,[personalAttr,socialAttr]>。每个列族也是一个 List，比如列族 personalAttr 包含三个限定符 name、gender、age。读者也可以只定义一个列族，比如列族 info，此列族下包含六个限定符。

显然表 5-7 中 id 数量众多，且其结构定义完整。事实上，HBase 并不适合存储这类结构化数据，HBase 设计之初是为了存储互联网上大量的半结构化数据（见表 5-5）。例如，例 5-18 中用户甚至可以插入'member','201401','socialAttr:country','china'，而表中并没有定义 country 字段，但 HBase 里可以随意插入，这是它的巨大优势。下面简单罗列 HBase 和关系型数据库的区别。

HBase 只提供字符串这一种数据类型，其他数据类型的操作只能靠用户自行处理，而关系型数据库有丰富的数据类型；HBase 数据操作只有很简单的插入、查询、删除、修改、清空等操作，不能实现表与表的关联操作，而关系型数据库有大量此类 SQL 语句和函数；HBase 基于列存储，每个列族都由几个文件保存，不同列族的文件是分离的，关系型数据库基于表格设计和行模式保存；在修改和删除数据实现上，HBase 是插入带有特殊标记的新记录，而关系型数据库是进行数据内容的替换和修改；HBase 为分布式而设计，可通过增加机器实现性能和数据增长，而关系型数据库很难做到这一点。

5.6.6 Mahout

Mahout 是基于 Hadoop 平台的机器学习工具，其将主流机器学习算法进行了 MapReduce 改造，同时提供了大量数据处理工具包。通过 Mahout 提供的数据处理工具与机器学习算法，用户能够很方便地实现从模型构建到性能测试等一系列步骤。

1. Mahout 定义

目前 Mahout 主要包含分类、聚类和协同过滤三种类型的算法，需要注意的是，Mahout 算法处理的数据必须是矩阵类型的二进制数据，若数据为文本类型，用户须通

过 Mahout 提供的数据转换工具完成转换，接着使用相关算法训练模型、做出预测。

用户可以把 Mahout 看成一个 Hadoop 客户端，只是这个客户端包含了大量的机器学习 jar 包。作为 Hadoop 的一个客户端，Mahout 只需部署在集群中或集群外的 slave 上。

2．Mahout 部署

可以采用"手工部署""Ambari 工具部署"两种方式部署 Mahout，本章采用手工部署。Mahout 相当于 Hadoop 的一个客户端，因此只需在任意一个客户端上部署解压配置即可，本节在 cslave2 上部署 Mahout。Mahout 依赖 Hadoop。Hadoop 主服务在 cmaster 上，从服务在 cslave0～cslave2 上。

1）下载软件包

依次定位到" http://archive.apache.org/dist/ "" mahout/ "" 0.13.0/ "，下载 apache-mahout-distribution-0.13.0.tar.gz。

2）部署前提

一是准备集群。使用前期已准备好的 4 台 CentOS7 虚拟机（cmaster、cslave0～cslave2）。二是设置单机。每台机器均按照例 5-3 进行单机设置。三是设置集群。按照例 5-4 进行集群设置，添加集群域名映射。四是部署 Hadoop 集群。Hadoop（HDFS 和 YARN）主服务在 cmaster 上，从服务在 cslave0～cslave2 上。

3）部署规划

在 cslave2 上部署 Mahout。

4）解压 Mahout

将 apache-mahout-distribution-0.13.0.tar.gz 复制到 cslave2 文件夹"/home/joe"下，以 joe 用户在 cslave2 上解压。

```
[joe@cslave2 ~]$ tar   -zxvf   /home/joe/apache-mahout-distribution-0.13.0.tar.gz
```

5）配置 Mahout

编辑"/home/joe/apache-mahout-distribution-0.13.0/bin/mahout"，将 JAVA_HOME、HADOOP_HOME 写入该文件最前面。编者将如下内容写入 Mahout 文件最前面。注意是新增内容而不是覆盖，是在开头新增而不是在结尾。

```
HADOOP_HOME=/home/joe/Hadoop-3.3.1/
JAVA_HOME=/usr/java/jdk1.8.0_301-amd64/
```

至此完成 Mahout 部署。Mahout 是 Hadoop 的一个客户端，只需要"解压""告知其 Hadoop 与 Java 的环境位置"，无须其他配置。

3．Mahout 编程

Mahout 提供了程序和命令行接口，通过参考 Mahout 已有的大量机器学习算法，程序员也可实现将某算法并行化。

【例 5-19】要求以 joe 用户运行 Mahout 示例程序 naivebayes，到互联网下载数据集，上传至 HDFS，建立学习器，训练学习器，最后使用测试数据对此学习器进行性能测试。

解答：首先须下载训练数据集和测试数据，接着运行训练 MapReduce 和测试 MapReduce，Mahout 里的算法要求输入格式为 value 和向量格式的二进制数据，故中间还须加一些步骤，将数据转换成要求格式的数据。下面的脚本 naivebayes.sh 可以完成这些操作。

一是编写脚本。其主要包括"下载数据集""上传数据集""数据预处理""训练模型""预测"等步骤。

```sh
#!/bin/sh
#新建本地目录，用于存放下载的数据集
cd  ~/
mkdir  -p  /home/joe/mahout/20news-bydate  /home/joe/mahout/20news-all
#新建 HDFS 目录，用于存放下载的数据集
/home/joe/Hadoop-3.3.1/bin/hdfs  dfs  -mkdir  -p  mahout
#下载数据集
curl  http://people.csail.mit.edu/jrennie/20Newsgroups/20news-bydate.tar.gz  \
-o  /home/joe/mahout/20news-bydate.tar.gz
#将数据集解压、合并，并上传至 HDFS
cd  /home/joe/mahout/20news-bydate
tar  -xzf  /home/joe/mahout/20news-bydate.tar.gz
cd  ~/
cp  -R  /home/joe/mahout/20news-bydate/*/*  /home/joe/mahout/20news-all
/home/joe/Hadoop-3.3.1/bin/hdfs  dfs  -put  \
/home/joe/mahout/20news-all  mahout/20news-all
#使用工具类 seqdirectory 将文本数据转换成二进制数据
cd  ~/
/home/joe/apache-mahout-distribution-0.13.0/bin/mahout  \
seqdirectory -i mahout/20news-all -o mahout/20news-seq  -ow
#使用工具类 seq2sparse 将二进制数据转换成算法能处理的向量格式的二进制数据
/home/joe/apache-mahout-distribution-0.13.0/bin/mahout  seq2sparse  -i  \
mahout/20news-seq -o mahout/20news-vectors -lnorm  -nv  -wt  tfidf
#将总数据随机分成两部分，第一部分约占总数据的 80%，用来训练模型
#剩下的约 20%作为测试数据，用来测试模型
/home/joe/apache-mahout-distribution-0.13.0/bin/mahout  split  -I  \
mahout/20news-vectors/tfidf-vectors  --trainingOutput  mahout/20news-train-vectors \
--testOutput  mahout/20news-test-vectors  \
--randomSelectionPct 40 --overwrite --sequenceFiles -xm sequential
#训练 Bayes 模型
/home/joe/apache-mahout-distribution-0.13.0/bin/mahout  traiInb  -i  \
mahout/20news-train-vectors -o mahout/model -li mahout/labelindex -ow
#使用训练数据集对模型进行自我测试（可能会产生过拟合）
/home/joe/apache-mahout-distribution-0.13.0/bin/mahout  teItnb  -i  \
mahout/20news-train-vectors -m mahout/model -l mahout/labelindex  \
-ow  -o  mahout/20news-testing
#使用测试数据对模型进行测试
```

```
/home/joe/apache-mahout-distribution-0.13.0/bin/mahout    tIstnb    -i    \
mahout/20news-test-vectors    -m    mahout/model    -l    mahout/labelindex    \
-ow    -o    mahout/20news-testing
```

如上是一个完整脚本，在 cslave2 上以 joe 用户身份执行，且只能执行一次。再次执行时，必须删除前一次执行时的数据痕迹。

二是分布执行。复制一句执行一句，请读者自行操作。上传 HDFS、训练数据集等步骤执行时可能很耗时，屏幕可能长时间无反应，注意此时并不是程序出错。任务执行过程中，在浏览器中打开 "http://cmaster:8088"，可看到 Mahout 提交的 MapReduce 任务，打开 "http://cmaster:9870"，接着依次定位 "Utilities" "Browse the file system" "/user/joe/mahout/" 可查看相关表。

三是统一执行。首先使用如下命令删除分布执行时的各类临时文件。

```
[joe@cslave2 ~]$    rm    -rf    /home/joe/mahout/
[joe@cslave2 ~]$    /home/joe/Hadoop-3.3.1/bin/hdfs    dfs    -rm    -r    -f    mahout
```

然后如下所示将执行脚本全部写入一个文件，命名为 naivebayes.sh，并存储于 cslave2 的 "/home/joe" 文件夹下。授予该脚本执行权限，然后执行该脚本。脚本中上传 HDFS、训练数据集等步骤执行时间可能很长，屏幕可能长时间无反应，注意此时并不是程序出错。

```
[joe@cslave2 ~]$    chmod    +x    /home/joe/naivebayes.sh
[joe@cslave2 ~]$    sh    /home/joe/naivebayes.sh
```

该脚本首先到外网下载数据集，脚本执行时会启动一系列 MapReduce 任务。任务执行过程中，在浏览器中打开 "http://cmaster:8088"，可看到 Mahout 提交的 MapReduce 任务，打开 "http://cmaster:9870"，接着依次定位 "Utilities" "Browse the file system" "/user/joe/mahout/" 可查看相关表。

5.6.7　Redis

1．Redis 定义

Redis（Remote Dictionary Server），即远程字典服务，是一个使用 C 语言编写的内存型数据库，主要存储字典类、日志类、key-value 类数据。从 2010 年 3 月 15 日起，Redis 的开发工作由 VMware 主持。从 2013 年 5 月开始，Redis 的开发由 Pivotal 赞助。

Redis 数据以<key,value>存储，常见的 value 类型包括 String（字符串）、List（链表）、Set（集合）、Hash（哈希）。这些数据类型都支持推送/弹出、添加/删除、交集、并集、差集等原子类型操作。Redis 默认将数据缓存在内存中，同时周期性地把更新的数据写入磁盘或者把修改操作写入追加的记录文件（见图 5-44）。

Redis 支持主流开发语言，可通过 Java、C/C++、C#、PHP、JavaScript、Perl、Object-C、Python、Ruby、Erlang 等语言访问接口。Redis 支持主从同步，可以实现集群部署。数据可以从主服务器向任意数量的从服务器上同步，从服务器可以是关联其他从服务器的主服务器。

2. Redis 部署

可以采用"传统部署""标准部署"两种方式部署 Redis，本节采用传统方式手工部署。Redis 采用 master/slave 架构，本节仅以单机模式演示 Redis，在 cmaster 上部署 Redis 数据库，在 cslave2 上安装 Redis 客户端。

图 5-44　Redis 体系架构

1）下载软件包

依次定位到"https://redis.io/""download"，下载 redis-6.2.5.tar.gz。

2）部署前提

一是准备单机。使用前期已准备好的 cmaster、cslave2。二是设置单机。按照例 5-3 进行单机设置。三是设置集群。按照例 5-4 进行集群设置，添加集群域名映射。

3）部署规划

本节仅以单机模式演示 Redis。在 cmaster 上部署 Redis 数据库，在 cslave2 上安装 Redis 客户端。

4）解压 Redis

将 redis-6.2.5.tar.gz 分别复制到 cmaster、cslave2 的文件夹"/home/joe"下，以 joe 用户分别解压。

```
[joe@cmaster ~]$ tar   -zxvf   /home/joe/redis-6.2.5.tar.gz
[joe@cslave2 ~]$ tar   -zxvf   /home/joe/redis-6.2.5.tar.gz
```

5）编译 Redis 源代码

以 joe 用户在 cmaster、cslave2 上编译 Redis。进入 redis-6.2.5 目录，执行 make 命令编译 Redis 源代码。

```
[joe@cmaster ~]$   cd   redis-6.2.5/
```

```
[joe@cmaster redis-6.2.5]$  make
[joe@cslave2 ~]$  cd  redis-6.2.5/
[joe@cslave2 redis-6.2.5]$  make
```

6）设置 Redis 主服务配置文件

以 joe 用户在 cmaster 上编辑文件 "/home/joe/redis-6.2.5/redis.conf"，找到如下这行。注意仅在 cmaster 上配置，cslave2 上不做配置。

```
bind  127.0.0.1  -::1
```

将 "127.0.0.1" 换成 cmaster。编者换成如下内容。

```
bind  cmaster  -::1
```

7）启动 Redis

以 joe 用户在 cmaster 上启动 Redis。注意仅在 cmaster 上操作，在 cslave2 上不操作。

```
[joe@cmaster ~]$ /home/joe/redis-6.2.5/src/redis-server    /home/joe/redis-6.2.5/redis.conf  &
```

8）验证 Redis 是否成功启动

在 cmaster 上使用 ps 命令，可以查看正在运行的 Redis 进程。

```
[joe@cmaster ~]$  ps  -ef  |  grep  redis
```

9）关闭 Redis

可以使用如下命令关闭 Redis。以 joe 用户在 cmaster 上执行。

```
[joe@cmaster ~]$  /home/joe/redis-6.2.5/src/redis-cli  -h  cmaster  shutdown
```

关闭后再使用 ps 命令就看不到 Redis 进程了。

3．Redis 编程

【例 5-20】在 cslave2 上访问 cmaster 上部署的 Redis，并写入数据{city、（shanghai,beijing,suzhou,nanjing,hangzhou）}。

解答：在 cslave2 上，启动 Redis 命令行客户端，并指定该客户端指向 cmaster 上正在运行的 Redis 数据库。

执行下述命令的前提是，cslave1 上已经启动了 Redis 服务。set 为写入，get 为读取。

```
[joe@cslave2 ~]$ /home/joe/redis-6.2.5/src/redis-cli  -h  cmaster
cmaster:6379> set  city  shanghai,beijing,suzhou,nanjing,hangzhou
cmaster:6379> get  city
"shanghai,beijing,suzhou,nanjing,hangzhou"
cmaster:6379> quit
[joe@cslave2 ~]$
```

【例 5-21】在 MapReduce 程序里访问 cmaster 上部署的 Redis，并读取数据 key 值为 city 的 value 值。

解答：将 MapReduce 读取的文件当作大表，将 Redis 读取的文件当作小表。该程序即实现遍历大表数据，比对小表。大表可以大到 TB 级。有人说小表放内存更合理，当小表大小达到 GB 级别时，放内存不合理，放第三方 Redis 更方便且访问更快。程序访问 Redis 时要先引入 Jedis 包。

如下为 MapReduce 程序访问 Redis 的关键代码。注意要先在 setup 里实例化 Redis。

```
import redis.clients.jedis.Jedis;
public class LargeMemory {
public static class TokenizerMapper extends Mapper<Object, Text, Text, IntWritable> {
private final static IntWritable one = new IntWritable(1);
Jedis jedis = null;
protected void setup(Context context) throws IOException, InterruptedException {
jedis = new Jedis(context.getConfiguration().get("redisIP"));
System.out.println("setup ok *^_^* ");}
public void map(Object key, Text value, Context context) throws IOException, InterruptedException {
String[] values = value.toString().split(" ");
for (int i = 0; i < values.length; i++) {
if (jedis.get("city").equals(values[i])) {
context.write(new Text(values[i]), one);}}}}
public static class IntSumReducer extends Reducer<Text, IntWritable, Text, IntWritable> {
private IntWritable result = new IntWritable();
public void reduce(Text key, Iterable<IntWritable> values, Context context)
throws IOException, InterruptedException {
int sum = 0;
for (IntWritable val : values) {
sum += val.get();}
result.set(sum);
context.write(key, result);}}
public static void main(String[] args) throws Exception {
Configuration conf = new Configuration();
conf.set("redisIP", args[0]);
Job job = Job.getInstance(conf, "RedisDemo");
job.setJarByClass(LargeMemory.class);
job.setMapperClass(TokenizerMapper.class);
job.setReducerClass(IntSumReducer.class);
job.setMapOutputKeyClass(Text.class);
job.setMapOutputValueClass(IntWritable.class);
job.setOutputKeyClass(Text.class);
job.setOutputValueClass(IntWritable.class);
FileInputFormat.addInputPath(job, new Path(args[1]));
FileOutputFormat.setOutputPath(job, new Path(args[2]));
System.exit(job.waitForCompletion(true) ? 0 : 1);}}
```

【例 5-22】在 Spark 程序里访问 cmaster 上部署的 Redis，并读取数据 key 值为 city 的 value 值。

解答：将 Spark 读取的文件当作大表，将 Redis 读取的文件当作小表。该程序即实现遍历大表数据，比对小表。如下为在 Spark 交互执行器里连接 Redis 的代码。sc.parallelize 执行时为并行化操作。

```
scala> import redis.clients.jedis.Jedis
scala> var jd=new Jedis("cmaster",6379)
```

```
scala> var str=jd.get("city")
scala> var strList=str.split(",")
scala> val a = sc.parallelize(strList, 3)
scala> val b = a.keyBy(_.length)
scala> b.collect
res0: Array[(Int, String)] = Array((2,shanghai), (2,beijing), (2,suzhou), (2,nanjing), (2,hangzhou))
```

4．MariaDB 入门

企业常用数据库架构为：使用 MariaDB 作为生产库，使用 PostgreSQL 作为分析库，使用 Redis 作为分析库的辅助库，使用 Spark 作为计算引擎，使用 Hive 作为数据仓库，使用 HDFS 作为存储。

MariaDB 为 MySQL 数据库的开源分支，常用于中小型企业，主要用于存储用户注册、产品列表、业务交易等核心业务数据。下面简单介绍 MariaDB 的安装和使用。

1）安装 MariaDB

可以采用"传统部署""标准部署"两种方式部署 MariaDB，本章采用标准方式部署。

（1）部署前提。一是准备单机。使用前期已准备好的 cmaster。二是设置单机。按照例 5-3 进行单机设置。

（2）部署规划。MariaDB 为单机架构，本节在 cmaster 上部署 MariaDB。

（3）安装 MariaDB。在 cmaster 上以 root 用户执行安装命令。注意是 root 用户。

```
[root@cmaster ~]# yum install mariadb-server mariadb-client
```

（4）设置开机自动启动 MariaDB 并启动数据库。下述第 1 条命令为设置开机自动启动，第 2 条命令为关闭 MariaDB，第 3 条命令为开启 MariaDB，第 4 条命令为查看状况。注意这 4 个命令均以 root 用户执行。

```
[root@cmaster ~]# systemctl enable mariadb
[root@cmaster ~]# systemctl stop mariadb
[root@cmaster ~]# systemctl start mariadb
[root@cmaster ~]# systemctl statue mariadb
```

（5）初始化 MariaDB。该命令会提示输入密码，第一次初始化 MariaDB 时，没有密码，直接回车即可。其他配置正常设置即可。注意以 root 用户执行。

```
[root@cmaster ~]# mysql_secure_installation
```

（6）验证 MariaDB。一是登录数据库并操作相关表，详见后续内容。二是使用"systemctl statue mariadb"查看进程状态。

2）登录 MariaDB

在 MariaDB 开启情况下，以 root 用户执行如下命令，输入刚才设置的密码，即可登录 MariaDB。

```
[root@cmaster ~]# mysql -u root -p
```

3）使用数据库

如下为 MariaDB 的常见操作。

```
[root@cmaster ~]# mysql -u root -p
```

```
MariaDB [(none)]>  show   databases;
MariaDB [(none)]>  create  database  njuedu;
MariaDB [(none)]>  use  njuedu;
```

使用如下语句新建 courses 表。

```
create  table  courses(
id INT  NOT NULL  AUTO_INCREMENT,
name  CHAR(40)  NOT  NULL,
grade  FLOAT  NOT  NULL,
info  CHAR(100)  NULL,
PRIMARY  KEY(id));
```

使用如下语句向该表里插入数据。

```
INSERT  INTO  courses(id,name,grade,info) VALUES(4,'Mathematics',3,'Advanced mathematics');
INSERT  INTO  courses(name,info,id,grade) VALUES('Database','MariaDB',2,3);
```

使用如下语句查看表中数据。

```
MariaDB [njuedu]>  select  *  from  courses;
MariaDB [njuedu]>  exit;
```

MariaDB 功能非常强大，请读者深入学习。

5.6.8 Kafka

Kafka 是由 LinkedIn 公司开发的一个分布式、多分区、多副本、多订阅者的分布式日志系统，可以用于 Web/Nginx 日志、访问日志、消息服务等，LinkedIn 于 2010 年将其捐赠给 Apache。目前其主要用于日志收集系统和消息系统。

1. Kafka 定义

一个消息系统负责将数据从一个应用传递到另一个应用，应用只需关注数据，无须关注数据在两个或多个应用间是如何传递的。分布式消息传递基于可靠的消息队列，在客户端应用和消息系统之间异步传递消息。业界主要有"点对点传递模式"和"发布-订阅模式"两种消息传递模式。Kafka 就是一种发布-订阅模式（见图 5-45）。

在发布-订阅模式中，消息被持久化到一个 Topic 中。与点对点消息系统不同的是，消费者可以订阅一个或多个 Topic，消费者可以消费该 Topic 中的所有数据，同一条数据可以被多个消费者消费，数据被消费后不会立马被删除。在发布-订阅模式中，消息的生产者称为发布者（Publisher），消费者称为订阅者（Subscriber）。发布者发送到 Topic 的消息，只有订阅了 Topic 的订阅者才会收到。

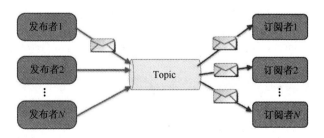

图 5-45 发布-订阅模式

Kafka 主要由 Producer、Broker、Consumer 等部分组成（见图 5-46），功能如下。

（1）Broker。Kafka 集群包含一个或多个服务器，服务器节点称为 Broker。Broker 存储 Topic 的数据。一个 Topic 会有多个 Partition，这些 Partition 会分散到各 Broker 里。

（2）Topic。每条发布到 Kafka 集群的消息都有一个类别，这个类别被称为 Topic。物理上不同 Topic 的消息是分开存储的，但逻辑上用户只需指定消息的 Topic 即可生产或消费 Topic，无须关心数据存于何处。

（3）Partition。Topic 中的数据分割为一个或多个 Partition。每个 Topic 至少有一个 Partition。

（4）Producer。Producer 即数据的发布者，该角色将消息发布到 Kafka 的 Topic 中。Broker 接收到 Producer 发送的消息后，将该消息追加到当前用于追加数据的 Segment 文件中。Producer 发送的消息存储到一个 Partition 中，Producer 也可以指定数据存储的 Partition。

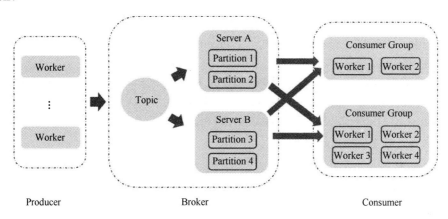

图 5-46　Kafka 数据流体系架构

（5）Consumer。Consumer 可以从 Broker 中读取数据。Consumer 可以消费多个 Topic 中的数据。

（6）Consumer Group。每个 Consumer 属于一个特定的 Consumer Group（可为每个 Consumer 指定 Group Name，若不指定 Group Name 则属于默认的 Group）。

（7）Leader。每个 Partition 有多个副本，其中有且仅有一个作为 Leader。Leader 是当前负责数据读写的 Partition。

（8）Follower。Follower 跟随 Leader，所有写请求都通过 Leader 路由，数据变更会广播给所有 Follower，Follower 与 Leader 保持数据同步。如果 Leader 失效，则从 Follower 中选举一个新的 Leader。当 Follower 与 Leader 卡住或者同步太慢时，Leader 会把这个 Follower 从"in sync replicas"（ISR）列表中删除，重新创建一个 Follower。

2. Kafka 部署

可以采用"手工部署""Ambari 工具部署"两种方式部署 Kafka，本章采用手工部署。Kafka 为对等架构，下面在 cslave0、cslave2 上部署 Kafka。Kafka 依赖 ZooKeeper，我们使用的 Kafka 自带 ZooKeeper，且 ZooKeeper 服务部署在 cslave0～cslave2 上。

1）下载软件包

依次定位到"http://archive.apache.org/dist/""kafka/""2.7.1/"，下载 kafka_2.13-2.7.1.tgz。

2）部署前提

一是准备集群。使用前期已准备好的 3 台 CentOS7 虚拟机（cslave0～cslave2）。二是设置单机。每台机器均按照例 5-3 进行单机设置。三是设置集群。按照例 5-4 进行集群设置，添加集群域名映射。四是选择 ZooKeeper 集群。使用 Kafka 自带的 ZooKeeper 服务，ZooKeeper 为对等架构，部署在 cslave0～cslave2 上。

3）部署规划

在 cslave0、cslave2 上部署 Kafka。在 cslave0～cslave2 上部署 Kafka 自带的 ZooKeeper。

4）解压 Kafka

将 kafka_2.13-2.7.1.tgz 分别复制到 cslave0～cslave2 的文件夹"/home/joe"下，以 joe 用户分别解压。

```
[joe@cslave0 ~]$ tar   -zxvf   /home/joe/kafka_2.13-2.7.1.tgz
[joe@cslave1 ~]$ tar   -zxvf   /home/joe/kafka_2.13-2.7.1.tgz
[joe@cslave2 ~]$ tar   -zxvf   /home/joe/kafka_2.13-2.7.1.tgz
```

5）启动自带 ZooKeeper 集群

一是配置 ZooKeeper 集群参数。编辑文件"/home/joe/kafka_2.13-2.7.1/config/zookeeper.properties"，将 ZooKeeper 集群参数写入该文件。注意 cslave0～cslave2 这 3 台机器均需配置。

```
dataDir=/home/joe/cloudData/kzkp/data
dataLogDir=/home/joe/cloudData/kzkp/logs
clientPort=2181
maxClientCnxns=100
tickTime=2000
initLimit=10
syncLimit=5
server.1=cslave0:2888:3888
server.2=cslave1:2888:3888
server.3=cslave2:2888:3888
```

二是新建 ZooKeeper 目录。在 3 台机器上均新建目录"/home/joe/cloudData/kzkp/data/""/home/joe/cloudData/kzkp/logs/"，作为 ZooKeeper 的工作目录。注意 3 台机器都需新建。

三是指定 myid 编号。3 台机器上均新建文件"/home/joe/cloudData/kzkp/data/myid"，且这 3 个 myid 分别写上标号。

```
[joe@cslave0 ~]$ cat   /home/joe/cloudData/kzkp/data/myid
1
[joe@cslave1 ~]$ cat   /home/joe/cloudData/kzkp/data/myid
```

```
2
[joe@cslave2 ~]$ cat   /home/joe/cloudData/kzkp/data/myid
3
```

四是启动自带的 ZooKeeper 集群。以 joe 用户使用如下命令，启动 ZooKeeper 集群。cslave0～cslave2 均执行。

```
[joe@cslave0 ~]$   /home/joe/kafka_2.13-2.7.1/bin/zookeeper-server-start.sh   \
/home/joe/kafka_2.13-2.7.1/config/zookeeper.properties   &
[joe@cslave1 ~]$   /home/joe/kafka_2.13-2.7.1/bin/zookeeper-server-start.sh   \
/home/joe/kafka_2.13-2.7.1/config/zookeeper.properties   &
[joe@cslave2 ~]$   /home/joe/kafka_2.13-2.7.1/bin/zookeeper-server-start.sh   \
/home/joe/kafka_2.13-2.7.1/config/zookeeper.properties   &
```

五是查看 ZooKeeper 是否启动成功。使用 jps 和 netstat 命令，查验集群是否成功启动，详见 5.6.4 节。

```
netstat -anlp | grep 2181
netstat -anlp | grep 2888
netstat -anlp | grep 3888
```

6）设置 Kafka 集群参数

将如下内容写入 cslave0 的"/home/joe/kafka_2.13-2.7.1/config/server.properties"下。

```
broker.id=0
host.name=cslave0
log.dirs=/home/joe/cloudData/kf/logs
zookeeper.connect=cslave0:2181,cslave1:2181,cslave2:2181
```

将如下内容写入 cslave1 的"/home/joe/kafka_2.13-2.7.1/config/server.properties"下。

```
broker.id=1
host.name=cslave1
log.dirs=/home/joe/cloudData/kf/logs
zookeeper.connect=cslave0:2181,cslave1:2181,cslave2:2181
```

将如下内容写入 cslave2 的"/home/joe/kafka_2.13-2.7.1/config/server.properties"下。

```
broker.id=2
host.name=cslave0
log.dirs=/home/joe/cloudData/kf/logs
zookeeper.connect=cslave0:2181,cslave1:2181,cslave2:2181
```

显然，cslave0～cslave2 对应的 broker.id、host.name 不相同。

7）新建 Kafka 工作目录

在 cslave0～cslave2 这 3 台机器上均新建"/home/joe/cloudData/kf/logs"目录。

8）启动 Kafka

Kafka 集群依赖 ZooKeeper 集群，先启动 ZooKeeper 集群，再启动 Kafka 集群。

一是启动自带的 ZooKeeper 集群。cslave0～cslave2 均执行。

二是启动 Kafka 集群。在 cslave0～cslave2 上启动 Kafka。

```
[joe@cslave0 ~]$   /home/joe/kafka_2.13-2.7.1/bin/kafka-server-start.sh   \
```

```
-daemon   /home/joe/kafka_2.13-2.7.1/config/server.properties   &
[joe@cslave1 ~]$   /home/joe/kafka_2.13-2.7.1/bin/kafka-server-start.sh   \
-daemon   /home/joe/kafka_2.13-2.7.1/config/server.properties   &
[joe@cslave2 ~]$   /home/joe/kafka_2.13-2.7.1/bin/kafka-server-start.sh   \
-daemon   /home/joe/kafka_2.13-2.7.1/config/server.properties   &
```

9）验证是否启动成功

在 cslave0～cslave2 上使用如下 jps 命令，若能看到名为"Kafka"的进程，则说明启动成功。

```
/usr/java/jdk1.8.0_301-amd64/bin/jps
```

10）关闭 Kafka 集群

如下分别为 Kafka 和 ZooKeeper 的关闭命令。注意，关闭 Kafka 命令在 cslave0～cslave2 上执行；关闭 ZooKeeper 命令也在这 3 台机器上执行。

```
$   /home/joe/kafka_2.13-2.7.1/bin/kafka-server-stop.sh
$   /home/joe/kafka_2.13-2.7.1/bin/zookeeper-server-stop.sh
```

3．Kafka 编程

【例 5-23】请使用 cslave0 产生一个 Topic，指定 cslave0 作为 Producer，对该 Topic 不间断写入数据。指定 cslave2 作为该 Topic 的 Consumer，读取该 Topic 产生的实时数据。

解答：在 cslave0～cslave2 上启动 Kafka。根据需要，cslave0 角色是 Producer，cslave2 角色是 Consumer。如下命令为本例的执行步骤。执行下述命令之前，请确保 cslave0～cslave2 3 台机器均已启动 Kafka。

一是在 cslave0 上新建 Topic。首先新建 Topic，并命名为 testAACC。

```
[joe@cslave0 ~]$   /home/joe/kafka_2.13-2.7.1/bin/kafka-topics.sh   --list   --zookeeper   cslave1:2181
[joe@cslave0 ~]$   /home/joe/kafka_2.13-2.7.1/bin/kafka-topics.sh   --create   --zookeeper   cslave1:2181   \
--replication-factor   3   --partitions   3   --topic   testAACC
[joe@cslave0 ~]$   /home/joe/kafka_2.13-2.7.1/bin/kafka-topics.sh   --list   --zookeeper   cslave1:2181
```

二是在 cslave2 上启动 Kafka 消费数据。在 cslave2 上启动 Kafka Consumer，指向 testAACC，读取该 Topic 上的数据。

```
[joe@cslave2 ~]$   /home/joe/kafka_2.13-2.7.1/bin/kafka-console-consumer.sh   \
--bootstrap-server   cslave1:9092   --from-beginning   --topic   testAACC
```

三是在 cslave0 上启动 Kafka 生产数据。在 cslave0 上，使用 joe 用户进入 Producer 命令行，"任意输入数据" → "按回车键"，"任意输入数据" → "按回车键"，重复这个步骤。

```
[joe@cslave0 ~]$   /home/joe/kafka_2.13-2.7.1/bin/kafka-console-producer.sh   \
--broker-list   cslave1:9092   --topic   testAACC
```

上述后两个命令执行时，会进入交互模式。首先是 cslave0 作为 Producer 新建了 Topic 并不断向里面写入数据；然后是 cslave2 作为 Consumer 实时读取该 Topic 内的数据。测试完后，同时按"Ctrl"和"C"键退出 Kafka 交互式命令行。

另外，bin 目录下为 Kafka 的常见命令，请读者自学。

```
[joe@cslave0 ~]$  /home/joe/kafka_2.13-2.7.1/bin/kafka-topics.sh
[joe@cslave0 ~]$  /home/joe/kafka_2.13-2.7.1/bin/kafka-topics.sh  \
--delete --zookeeper cslave1:2181 --topic testAACC
```

5.6.9　Flink

1. Flink 定义

Flink 是由开源软件组织 Apache 开发的大数据流处理框架，其核心是用 Java 和 Scala 编写的分布式流式数据处理引擎。用户可以使用 Flink 框架以并行和流水线方式执行任意流式数据程序。Flink 支持迭代任务、批处理、交互式程序。Flink 程序可以以独立模式运行（如本节），也可以在 YARN、Mesos、Kubernetes（K8s）等框架下运行（见图 5-47）。

图 5-47　Flink 数据流体系架构

Flink 程序由流和转换组成，其数据流可以是有界的，也可以是无界的。数据流编程模型在有限和无限数据集上提供单次事件处理。如下主要从整个数据运行流程角度简单介绍 Flink。

（1）数据流的运行流程。Flink 程序在执行后被映射到数据流，每个 Flink 数据流以一个或多个源（数据输入，如消息队列或文件系统）开始，并以一个或多个接收器（数据输出，如消息队列、文件系统或数据库等）结束。Flink 可以对流执行任意数量的变换，这些流可以被编排为有向无环数据流图，允许应用程序分支和合并数据流。

（2）数据源和接收器。Flink 支持 Apache Kafka、Amazon Kinesis、HDFS 和 Apache Cassandra 等常规数据源，用户也可以自定义数据源。

（3）数据流状态。一是检查点和容错。检查点是应用程序状态及数据流中任意一个执行步骤的自动异步快照。Flink 支持设置检查点，在发生故障的情况下，启用了检查点的 Flink 程序能够恢复到上一个检查点。二是保存点。本质上 Flink 保存点就是用户自定义的检查点，用户可以生成保存点，停止正在运行的 Flink 程序，然后恢复流程。该功能非常实用，如管理者可以在不丢失应用程序状态的情况下对 Flink 程序或 Flink 集群进行更新。

（4）数据流 API。常见的数据流处理函数为过滤器、聚合和窗口函数等 20 余种类型，支持 Java、Scala、Python、SQL 语言。

（5）数据集 API。Flink 数据集 API 在概念上与数据流 API 类似。Flink 可以对数据集进行处理，常见数据集处理函数为过滤器、聚合和窗口函数等 20 余种类型，支持 Java、Scala、Python、SQL 语言。

（6）表 API 和 SQL。类似 SQL 的表达式语言，可以用于处理关系流，也可以嵌入 Flink 的 Java 和 Scala 数据集及数据流 API 中进行融合处理。用户可以从外部数据源或现有数据流和数据集中创建 Flink 表。Flink 表处理支持选择、聚合和连接关系运算。Flink 表也支持常规 SQL 查询。

2. Flink 部署

可以采用"手工部署""Ambari 工具部署"两种方式部署 Flink，本节采用手工部署方式。Flink 为 master/slave 架构，主服务为 StandaloneSessionClusterEntrypoint，从服务为 TaskManagerRunner。本节在 cmaster 上部署主服务，在 cslave0～cslave2 上部署从服务。

1）下载软件包

依次定位到"http://archive.apache.org/dist/""flink/""flink-1.13.2/"，下载 flink-1.13.2-bin-scala_2.11.tgz。

2）部署前提

一是准备集群。使用前期已准备好的 4 台 CentOS7 虚拟机（cmaster、cslave0～cslave2）。二是设置单机。每台机器均按照例 5-3 进行单机设置。三是设置集群。按照例 5-4 进行集群设置，添加集群域名映射。

3）部署规划

在 cmaster 上部署 Flink 主服务，在 cslave0～cslave2 上部署 Flink 从服务。

4）解压 Flink

将 flink-1.13.2-bin-scala_2.11.tgz 分别复制到 cmaster、cslave0～cslave2 的文件夹"/home/joe"下。接着分别以 joe 用户解压。

```
[joe@cmaster ~]$ tar   -zxvf   /home/joe/flink-1.13.2-bin-scala_2.11.tgz
[joe@cslave0 ~]$ tar   -zxvf   /home/joe/flink-1.13.2-bin-scala_2.11.tgz
[joe@cslave1 ~]$ tar   -zxvf   /home/joe/flink-1.13.2-bin-scala_2.11.tgz
[joe@cslave2 ~]$ tar   -zxvf   /home/joe/flink-1.13.2-bin-scala_2.11.tgz
```

5）指定 Java 和 Hadoop 工作环境

在 4 台机器上，以 joe 用户编辑"/home/joe/flink-1.13.2/bin/config.sh"文件，将 JAVA_HOME、HADOOP_HOME 写入该文件最前面。编者将如下内容写入 config.sh 文件最前面。注意，是新增内容而不是覆盖，是在文件开头新增而不是在结尾，是 4 台机器都配置而不是单独一台。

```
HADOOP_HOME=/home/joe/Hadoop-3.3.1/
JAVA_HOME=/usr/java/jdk1.8.0_301-amd64/
```

6）配置 Flink 集群参数

在 4 台机器上，以 joe 用户编辑"/home/joe/flink-1.13.2/conf/flink-conf.yaml"文件，

定位到如下内容。注意，是 4 台机器都配置而不是单独一台。

jobmanager.rpc.address: localhost

将"localhost"改成"cmaster"即可。编者将该行内容替换如下。

jobmanager.rpc.address: cmaster

7）启动 Flink 集群

以 joe 用户在 cmaster 上启动 Flink 主服务 StandaloneSessionClusterEntrypoint（第 1 条命令），在 cslave0～cslave2 上分别启动 Flink 从服务 TaskManagerRunner（第 2～4 条命令）。

```
[joe@cmaster ~]$    /home/joe/flink-1.13.2/bin/jobmanager.sh    start
[joe@cslave0 ~]$    /home/joe/flink-1.13.2/bin/taskmanager.sh    start
[joe@cslave1 ~]$    /home/joe/flink-1.13.2/bin/taskmanager.sh    start
[joe@cslave2 ~]$    /home/joe/flink-1.13.2/bin/taskmanager.sh    start
```

8）验证 Flink 是否成功启动

一是网页验证。在浏览器里输入地址"http://cmaster:8081"，即可看到 Flink 的 Web UI，此页面上包含了 Flink 集群概况、主节点、从节点、任务等各类统计信息（见图 5-48）。

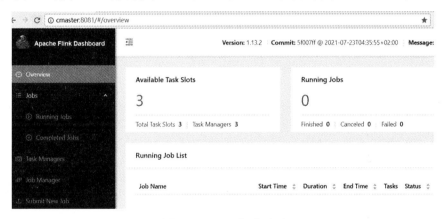

图 5-48　Flink 集群页面

二是查看进程。执行如下 jps 命令，可查看 Flink 集群各机的进程。其中，可在 cmaster 上看到 Flink 主进程 StandaloneSessionClusterEntrypoint，在 cslave0～cslave2 上看到 Flink 从进程 TaskManagerRunner。

/usr/java/jdk1.8.0_301-amd64/bin/jps

9）关闭 Flink 集群

如下为 Flink 集群关闭方式。关闭 Flink 主服务，关闭 Flink 从服务。

```
[joe@cmaster ~]$    /home/joe/flink-1.13.2/bin/jobmanager.sh    stop
[joe@cslave0 ~]$    /home/joe/flink-1.13.2/bin/taskmanager.sh    stop
[joe@cslave1 ~]$    /home/joe/flink-1.13.2/bin/taskmanager.sh    stop
[joe@cslave2 ~]$    /home/joe/flink-1.13.2/bin/taskmanager.sh    stop
```

3．Flink 编程

Flink 支持命令行接口、程序接口、Web 页面接口。

常用的交互式命令行接口为 Scala、Python、SQL。

程序接口为 Scala、Python、Java。

Web 页面接口为 http://cmaster:8081。

本节简单演示 Scala 交互式命令行接口。

【例 5-24】从 cslave2 上分别进入 Flink 集群的 Scala、Python 和 SQL 命令行接口。以 Scala 接口为例，从 cslave2 节点上向 Flink 集群提交 WordCount 任务。

解答：在 cslave2 上执行如下命令，分别进入 Scala、Python、SQL 交互式命令行接口；分别使用 ":q" "quit()" "quit" 退出响应交互式命令行接口。

```
[joe@cslave2 ~]$    /home/joe/flink-1.13.2/bin/start-scala-shell.sh remote cmaster 8081
scala> :q
```

```
[joe@cslave2 ~]$    /home/joe/flink-1.13.2/bin/pyflink-shell.sh remote cmaster 8081
>>> quit()
```

```
[joe@cslave2 ~]$    /home/joe/flink-1.13.2/bin/sql-client.sh
Flink SQL> help;
Flink SQL> quit;
```

在 cslave2 上进入 Scala 交互式命令行接口。执行如下程序，首先使用 fromElements 主动生产数据，然后使用 flatMap 函数、map 函数、sum 函数完成 WordCount 程序，具体程序如下。

```
[joe@cslave2 ~]$    /home/joe/flink-1.13.2/bin/start-scala-shell.sh remote cmaster 8081
scala> val text = benv.fromElements("gg ff ee dd cc bb aa","aa bb 77 66","77 66 55 44 33 22 11")
scala> val counts=text.flatMap{_.toLowerCase.split("\\W+")}.map{(_,1)}.groupBy(0).sum(1)
scala> counts.print()
scala> :q
```

执行过程中，在浏览器中打开 "http://cmaster:8081"，从 Running Jobs 栏目可看到正在执行的 Flink 任务。若看不到则说明任务已执行结束，可从 Completed Jobs 栏目查找。

5.6.10 Flume

Flume 是一个分布式高性能、高可靠的数据传输工具，它可用简单的方式将不同数据源的数据导入某个或多个数据中心，典型应用是将众多生产机器的日志数据实时导入 HDFS。除了简单的数据传输功能，Flume 更像一个智能的路由器，内部提供了强大的分用、复用、断网续存功能。

这里以 Flume 1.9.0 版本为例介绍 Flume。

1. Flume 定义

1）Flume 逻辑结构

Flume 的核心思想是数据流，即数据从哪儿来、到哪儿去，中间需不需要经过谁。比如将生产机器 WebA 和 WebB 的日志数据实时导入 HDFS，须在 WebA、WebB 和集群中部署 Flume，WebA 与 WebB 上的 Flume 负责读取并实时发送日志，集群中的 Flume

则负责接收数据并将数据写入 HDFS（见图 5-49）。

图 5-49　Flume 典型应用

用户可以将 Flume 看成两台机器之间通过网络互相传送数据，甚至用户自己可以使用 netty 写一个类似程序（实际上 Flume 内部也是封装 netty 实现的），不同之处在于 Flume 定制了大量的数据源（如 Thrift、Shell）与数据汇（如 Thrift、HDFS、HBase），用户只要简单配置即可使用。此外，通过使用"管道"，Flume 能够确保不丢失一条数据，提供了数据的高可靠性，即使在断网的情况下，Flume 也会将数据先存入"管道"，待网络恢复后重新发送。图 5-50 是 Flume 逻辑图。

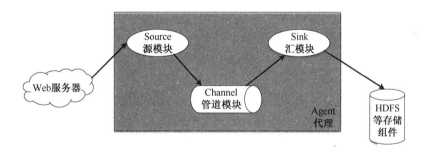

图 5-50　Flume 逻辑图

2）Flume 组成

Flume 包含 Source、Channel 和 Sink 三个组成部分，且这三部分是相互关联的，使用时需在配置文件里申明这三部分，并指定所属关系，下面简单介绍这三个组件。

（1）Source。它负责读取原始数据，目前 Flume 支持 Avro、Thrift、Exec、JMS、Spooling Directory、Taildir、Twitter 1% firehose (实验性)、Kafka、NetCat TCP、NetCat UDP、Sequence Generator、Syslogs、HTTP、Stress、Legacys、Scribe 等大量类型，甚至用户可以自定义 Source，使用时在配置文件里声明即可。

（2）Channel。它负责保存从 Source 端传来的数据，目前 Flume 包含 6 种类型的

Channel，即 Memory、JDBC、Kafka、File、Spillable Memory、Pseudo Transaction 类型。当传输数据量特别大时，用户应当考虑使用 File Channel，当然用户也可以自定义 Channel，同 Source 一样，使用时，在配置文件中指定即可。此外，Flume 的分用、复用和过滤功能即在于此，通过定义并控制多个相互无关的 Channel，可以实现将数据发往不同地点且互不干涉。

（3）Sink。它负责从 Channel 中取出数据并发送，Flume 当前支持 HDFS、Hive、Logger、Avro、Thrift、IRC、File Roll、Null、HBase、MorphlineSolr、ElasticSearch、Kite Dataset、Kafka、HTTP 等大量类型的 Sink。用户可以自定义 Sink 类型。其实这些 Sink 内部都是使用 netty 来发送数据的，只是发送的协议不同而已。

Flume 将 Source、Channel 和 Sink 构成的统一体称为 Agent，启动时须以 Agent 为单位启动 Flume。

2. Flume 部署

所谓的数据流向至少包括"数据源头""数据目标"两个角色，复杂的数据流量可以包括上百个处理节点。Flume 的部署和数据流向密切相关。本节以一个真实数据流向为例，介绍 Flume 部署。该实例主要实现"将 cslave2 上的数据实时导入 HDFS"。

可以采用"手工部署""Ambari 工具部署"两种方式部署 Flume，本章采用手工部署方式。Flume 的部署和数据流向密切相关，根据需求"将 cslave2 上的数据实时导入 HDFS"，则在数据源头 cslave2 上部署 Flume，在数据目标 HDFS 集群内的任意 1 台机器上部署 Flume 即可，此处选择 cmaster 机器。根据需求，还需部署 HDFS 集群。HDFS 主服务在 cmaster 上，从服务在 cslave0～cslave2 上。

1）下载软件包

依次定位到"http://archive.apache.org/dist/""flume/""1.9.0/"，下载 apache-flume-1.9.0-bin.tar.gz。

2）部署前提

一是准备集群。使用前期已准备好的 4 台 CentOS7 虚拟机（cmaster、cslave0～cslave2）。二是设置单机。每台机器均按照例 5-3 进行单机设置。三是设置集群。按照例 5-4 进行集群设置，添加集群域名映射。四是部署 HDFS 集群。HDFS 主服务在 cmaster 上，从服务在 cslave0～cslave2 上。

3）部署规划

在 cmaster、cslave2 上部署 Flume 从服务。

4）解压 Flume

将 apache-flume-1.9.0-bin.tar.gz 分别复制到 cmaster、cslave2 上的文件夹"/home/joe"下，以 joe 用户分别解压。

```
[joe@cmaster ~]$ tar  -zxvf  /home/joe/apache-flume-1.9.0-bin.tar.gz
[joe@cslave2 ~]$ tar  -zxvf  /home/joe/apache-flume-1.9.0-bin.tar.gz
```

5）设置环境变量

将文件"/home/joe/apache-flume-1.9.0-bin/conf/flume-env.sh.template"重命名为 flume-env.sh，且依旧放在 conf 目录下。编辑该文件，将 JAVA_HOME、HADOOP_HOME 写入该文件。编者将如下内容写入该文件。

```
export HADOOP_HOME=/home/joe/Hadoop-3.3.1/
export JAVA_HOME=/usr/java/jdk1.8.0_301-amd64/
```

其中，"/usr/java/jdk1.8.0_301-amd64"为编者的 JDK 安装目录，"/home/joe/Hadoop-3.3.1/"为 Hadoop 安装目录，若读者该目录与此不相同，请修改。注意，cmaster 与 cslave2 机器均需执行相同配置。

3. Flume 编程

Flume 提供了命令行接口和程序接口，但 Flume 使用方式比较特别，无论是命令行接口还是程序接口，都必须使用 Flume 配置文档，这也是 Flume 架构思想之一——配置型工具。

【例 5-25】按要求完成任务：①进入 Flume 命令行，查看常用命令；②要求发送端 cslave2 使用 telnet 向 cmaster 发送数据，而接收端 cmaster 开启 44444 端口接收数据，并将收到的数据显示于命令行；③要求发送端 cslave2 将本地文件 "/home/joe/source.txt" 发往接收端 cmaster，而接收端 cmaster 将这些数据存入 HDFS；④根据任务③，接收端 cmaster 开启接收数据的 Flume 服务，既然此服务能接收 cslave2 发来的数据，它必然也可以接收 iHacker 机器（黑客）发来的数据，请思考如何尽量减少端口攻击，并保证数据安全。

解答：对于任务①，直接在 cslave2 上执行如下命令即可。

```
[joe@cmaster ~]$ /home/joe/apache-flume-1.9.0-bin/bin/flume-ng          #查看 Flume 常用命令
```

对于任务②：首先需要在 cmaster 上按要求配置并开启 Flume（作为接收进程被动接收数据），接着在 cslave2 上使用 telnet 向 cmaster 发送数据，具体过程参见如下几步。

一是配置并开启接收端。以 joe 用户，在 cmaster 上新建文件 "/home/joe/apache-flume-1.9.0-bin/conf/flume-conf.example"，并填入如下内容。写入后再查看该文件，注意除注释行外，其余行前无 "#"。

```
# 命令此处 agent 名为 a1，并命名此 a1 的 sources 为 r1，channels 为 c1，sinks 为 k1
a1.sources = r1
a1.channels = c1
a1.sinks = k1
# 定义 sources 相关属性：此 sources 在 cmaster 上开启 44444 端口，接收以 netcat 协议发来的数据
a1.sources.r1.type = netcat
a1.sources.r1.bind = cmaster
a1.sources.r1.port = 44444
# 定义 channels 及其相关属性，此处指定此次服务使用 memory 暂存数据
a1.channels.c1.type = memory
a1.channels.c1.capacity = 1000
a1.channels.c1.transactionCapacity = 100
# 定义此 sink 为 logger 类型 sink，即指定 sink 直接将收到的数据输出到控制台
a1.sinks.k1.type = logger
# 将 sources 关联到 channels，channels 关联到 sinks 上
a1.sources.r1.channels = c1
a1.sinks.k1.channel = c1
```

接着在 cmaster 上使用此配置以前台方式开启 Flume 服务。

```
[joe@cmaster ~]$ /home/joe/apache-flume-1.9.0-bin/bin/flume-ng    agent    \
--conf   /home/joe/apache-flume-1.9.0-bin/conf/  \
--conf-file   /home/joe/apache-flume-1.9.0-bin/conf/flume-conf.example   \
--name a1 -Dflume.root.logger=INFO,console
```

此时，接收端 cmaster 已经配置好并开启了，接下来需要开启发送端。

二是配置并开启发送端。以 joe 用户在 cslave2 上执行如下语句。

```
[joe@cslave2 ~]# telnet  cmaster  44444
```

此时向此命令行里随意输入数据并按回车键，telnet 会将这些数据发往 cmaster，再次回到 cmaster 上执行命令的那个终端，会发现刚才在 cslave2 里输入的数据发送到了 cmaster 的终端里。如果想退出 cslave2 终端里的 telnet，按"Ctrl+]"组合键（同时按住 Ctrl 键和]键），回到 telnet 后输入"quit"命令按回车键即可。按"Ctrl+C"组合键，可退出 cmaster 上的 Flume。

对于任务③：步骤较多，分别如下。

一是配置并开启接收端。在 cmaster 上新建文件"/home/joe/apache-flume-1.9.0-bin/conf/flume-conf.hdfs"，并填入如下内容。写入后再查看下该文件，注意除注释行外，其余行前无"#"。

```
# 命令此处 agent 名为 a1，并命名此 a1 的 sources 为 r1，channels 为 c1，sinks 为 k1
a1.sources = r1
a1.sinks = k1
a1.channels = c1
# 定义 sources 类型及其相关属性
# 即此 sources 为 avro 类型，且其在 cmaster 上开启 4141 端口，接收以 avro 协议发来的数据
a1.sources.r1.type = avro
a1.sources.r1.bind = cmaster
a1.sources.r1.port = 4141
# 定义 channels 类型及其相关属性，此处指定此次服务使用 memory 暂存数据
a1.channels.c1.type = memory
# 定义此 sink 为 hdfs 类型的 sink，且此 sink 将接收的数据以文本方式存入 hdfs 指定目录
a1.sinks.k1.type = hdfs
a1.sinks.k1.hdfs.path = /user/joe/flume/cstorArchive
a1.sinks.k1.hdfs.fileType = DataStream
# 将 sources 关联到 channels，channels 关联到 sinks 上
a1.sources.r1.channels = c1
a1.sinks.k1.channel = c1
```

二是配置并开启发送端。在 cslave2 上新建文件"/home/joe/businessLog"，并填入如下内容。

```
aaaaaaaaaaaaaaaaa
bbbbbbbbbbbbbbbbb
ccccccccccccccccc
1111111111111111
2222222222222222
3333333333333333
```

在 cslave2 上还要新建文件"/home/joe/apache-flume-1.9.0-bin/conf/flume-conf.exce"，
并填入如下内容。写入后再查看该文件，注意除注释行外，其余行前无"#"。

```
# 命令此处 agent 名为 a1，并命名此 a1 的 sources 为 r1，channels 为 c1，sinks 为 k1
a1.sources = r1
a1.channels = c1
a1.sinks = k1
# 定义 sources 类型及其相关属性，此 sources 为 exce 类型
# 其使用 Linux cat 命令读取文件/home/joe/businessLog，接着将读取到的内容写入 channels
a1.sources.r1.type = exec
a1.sources.r1.command = cat    /home/joe/businessLog
# 定义 channels 及其相关属性，此处指定此次服务使用 memory 暂存数据
a1.channels.c1.type = memory
# 定义此 sink 为 avro 类型的 sink，即其用 avro 协议将 channels 里的数据发往 cmaster 的 4141 端口
a1.sinks.k1.type = avro
a1.sinks.k1.hostname = cmaster
a1.sinks.k1.port = 4141
# 将 sources 关联到 channels，channels 关联到 sinks 上
a1.sources.r1.channels = c1
a1.sinks.k1.channel = c1
```

至此，发送端 cslave2 和接收端的 Flume 都已配置完成。现在需要做的是在 HDFS
上新建目录，并分别开启接收端 Flume 服务和发送端 Flume 服务，步骤如下。

三是新建 HDFS 目录。由于 cmaster 上的 Flume 要向 HDFS 目录写入内容，那显然
就得有这个目录。注意，执行下述命令的前提是，已启动 HDFS 集群。

```
[joe@cmaster ~]$ /home/joe/Hadoop-3.3.1/bin/hdfs dfs -mkdir -p flume #HDFS 新建/user/joe/flume
```

四是启动接收 Flume。在 cmaster 上开启 Flume，其中"flume-ng … a1"命令表示使
用 flume-conf.hdfs 配置启动 Flume，参数 a1 即配置文件里第一行定义的那个 a1。

```
[joe@cmaster ~]$ /home/joe/apache-flume-1.9.0-bin/bin/flume-ng    agent    \
--conf   /home/joe/apache-flume-1.9.0-bin/conf   \
--conf-file   /home/joe/apache-flume-1.9.0-bin/conf/flume-conf.hdfs   --name   a1
```

五是启动发送 Flume。在 cslave2 上开启发送进程，与上一条命令类似，这里的 a1
即 flume-conf.exce 中定义的 a1。

```
[joe@cslave2 ~]$   /home/joe/apache-flume-1.9.0-bin/bin/flume-ng    agent    \
--conf   /home/joe/apache-flume-1.9.0-bin/conf   \
--conf-file   /home/joe/apache-flume-1.9.0-bin/conf/flume-conf.exce   --name   a1
```

任务执行过程中，在浏览器中打开"http://cmaster:9870"，接着依次定位"Utilities"
"Browse the file system""/user/joe/flume/cstorArchive"，将会看到从 cslave2 上传送过来
的文件，默认名称为"FlumeData.时间戳"。

对于任务④，其属于开放性问题，请读者参考官方文档，讨论并解决。

5.6.11　Pig

Pig 是一个构建在 Hadoop 之上，用来处理大规模数据集的脚本语言平台。其设计思

想来源于 Google 的 Sawzall，最初由雅虎团队开发，于 2008 年 9 月被捐赠给 Apache。程序员或分析师只需要根据业务逻辑写好数据流处理脚本，Pig 会将写好的数据流处理脚本翻译成多个 HDFS、Map 和 Reduce 操作。通过这种方式，Pig 为 Hadoop 提供了更高层次的抽象，将程序员从具体的编程中解放出来。

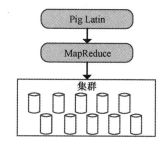

图 5-51　Pig 基本框架

1. Pig 定义

1）Pig 基本框架

Pig 相当于一个 Hadoop 的客户端，它先连接到 Hadoop 集群，之后才能在集群上进行各种操作。Pig 的基本框架如图 5-51 所示。

Pig 包括两部分：一部分是用于描述数据流的语言，称为 Pig Latin；另一部分则是用于运行 Pig Latin 程序的执行环境。Pig Latin 程序由一系列的操作和变换组成，Pig 内部解释器会将这些变换和操作转换成一系列的 HDFS 操作和 MapReduce 作业，这些操作整体上描述了一个数据流。

当需要处理海量数据时，先用 Pig Latin 语言编写 Pig Latin 数据流处理脚本，然后在 Pig 中执行 Pig Latin 程序，Pig 会自动将 Pig Latin 脚本翻译成 MapReduce 作业，上传到集群，并启动执行。对用户来说，底层的 MapReduce 工作完全是透明的，用户只需要了解 SQL-Like 的 Pig Latin 语法，就可以驱动强大的集群。但 Pig 并不适合所有的数据处理任务，和 MapReduce 一样，它是为数据批处理而设计的。如果只想查询大数据集中的一小部分数据，Pig 的实现不会很好，因为它要扫描整个数据集或绝大部分数据。

2）Pig 语法

Pig Latin 是 Pig 的专用语言，它是类似于 SQL 的面向数据流的语言，这套脚本语言提供了对数据进行排序、过滤、求和、分组、关联等各种操作。此外，用户还可以自定义一些函数，以满足某些特殊的数据处理要求。

（1）Pig Latin 数据类型如下。

基本数据类型：和大部分程序语言类似，Pig 的基本数据类型为 int、long、float、double、chararray 和 bytearray。

复杂数据类型：字符串或基本数据类型与字符串的组合，主要包含下述四种。

Filed：存放一个原子类型的数据，如一个字符串或一个数字等，如'lucy'。

Tuple：Filed 的序列，其中每个 Filed 可以是任何一种基本类型，如（'lucy', '1234'）。

Bag：Tuple 集合。每个 Tuple 可以包含不同数目、不同类型的 Filed，如（'lucy', '1234'）或（'jack'（'ipod', 'apple'））。

Map：一组键值对的组合，在一个关系中的键值对必须是唯一的，如 [name#Mike,phone#18362100000]。

（2）Pig Latin 运算符：Pig Latin 提供了算术、比较、关系等运算符，这些运算符的含义和用法与其他语言（C，Java）相差不大。其中，算术运算符主要包括加（+）、减

（−）、乘（*）、除（/）、取余（%）和三目运算符（?:），比较运算符主要包括等于（==）、不等（!=）。

（3）Pig Latin 函数：Pig Latin 是由一系列函数（命令）构成的数据处理流，这些函数或是内置的或是用户自定义的。表 5-8 是 Pig 常用的几个命令。

表 5-8　Pig 常用命令

操作名称	功能
LOAD	载入待处理数据
FOREACH	逐行处理 Tuple
FILTER	过滤不满足条件的 Tuple
DUMP	将结果输出到屏幕
STORE	将结果保存到文件

2. Pig 部署

可以采用"手工部署""Ambari 工具部署"两种方式部署 Pig，本章采用手工部署方式。Pig 只相当于 Hadoop 的一个客户端，用户所写的 Pig Latin 脚本经翻译器翻译后再提交集群执行，故只要在客户机上部署 Pig 即可。Pig 依赖 Hadoop。Hadoop 主服务在 cmaster 上，从服务在 cslave0～cslave2 上。

1）下载软件包

依次定位到"http://archive.apache.org/dist/""pig/""pig-0.17.0/"，下载 pig-0.17.0.tar.gz。

2）部署前提

一是准备集群。使用前期已准备好的 4 台 CentOS7 虚拟机（cmaster、cslave0～cslave2）。二是设置单机。每台机器均按照例 5-3 进行单机设置。三是设置集群。按照例 5-4 进行集群设置，添加集群域名映射。四是部署 Hadoop 集群。Hadoop（HDFS 和 YARN）主服务在 cmaster 上，从服务在 cslave0～cslave2 上。

3）部署规划

在 cslave2 上部署 Pig。

4）解压 Pig

将 pig-0.17.0.tar.gz 复制到 cslave2 文件夹"/home/joe"下，以 joe 用户在 cslave2 上解压。

```
[joe@cslave2 ~]$ tar   -zxvf   /home/joe/pig-0.17.0.tar.gz
```

5）配置 Pig

编辑"/home/joe/pig-0.17.0/bin/pig"文件，将 JAVA_HOME、HADOOP_HOME 写入该文件最前面。编者将如下内容写入 pig 文件最前面。注意是新增内容而不是覆盖，是在开头新增而不是在结尾。

```
HADOOP_HOME=/home/joe/Hadoop-3.3.1/
JAVA_HOME=/usr/java/jdk1.8.0_301-amd64/
```

至此完成 Pig 部署。本质上 Pig 就是 Hadoop 的一个客户端，"解压""告知其 Hadoop 与 Java 的环境位置"即可。

3. Pig 编程

Pig 提供了类 Shell 方式的访问接口，用户在 Linux Shell 下输入 pig，然后按回车键即可进入 Pig 命令行接口（grunt）。

【例 5-26】按要求完成任务：①进入 Pig 命令行接口，查看并练习常用命令；②使用 Pig Latin 实现 WordCount。

解答：对于任务①，在 Pig 命令行中输入 help 即可。对于任务②，假定 cmaster 上存在用户 joe，并且 joe 用户在 HDFS 里有文件夹 input（相对路径为 input，绝对路径为/user/joe/input），此目录下有一些文本文件，现用 Pig 实现此文件夹下所有文件里的单词计数。

以 joe 用户，使用如下命令进入 Pig 命令行模式，并指定 Pig 连接 Hadoop 集群；进入 Pig 命令行后，输入"help"列举常见命令，输入"quit"退出 Pig 命令行。

```
[joe@cslave2 ~]$ /home/joe/pig-0.17.0/bin/pig  -x  mapreduce
grunt> help;                                              #查看 Pig 操作
grunt> quit;                                              #退出 Pig 命令行
```

如下程序为使用 Pig 实现 MapReduce 版的 WordCount 任务，执行之前一是启动 HDFS 与 YARN 集群，二是将本地文件导入 HDFS，让 Pig 程序能找到。

```
[joe@cmaster ~]$ /home/joe/Hadoop-3.3.1/bin/hdfs  --daemon  start  namenode
[joe@cmaster ~]$ /home/joe/Hadoop-3.3.1/bin/yarn  --daemon  start  resourcemanager

[joe@cslave0~2 ~]$ /home/joe/Hadoop-3.3.1/bin/hdfs  --daemon  start  datanode
[joe@cslave0~2 ~]$ /home/joe/Hadoop-3.3.1/bin/yarn  --daemon  start  nodemanager

[joe@cmaster ~]$ /home/joe/Hadoop-3.3.1/bin/hdfs  dfs  -mkdir  /in
[joe@cmaster ~]$ /home/joe/Hadoop-3.3.1/bin/hdfs  dfs  -put  /home/joe/Hadoop-3.3.1/licenses-binary/*.txt  /in
```

如上前 2 条命令在 cmaster 上执行，中间 2 条分别在 cslave0～cslave2 上执行，最后 2 条为 Pig 版 WordCount 的准备输入文件，在 4 台机器的任意一台上均可执行。如下为 Pig 版 WordCount 程序。

```
[root@iClient ~]# /home/joe/pig-0.17.0/bin/pig  -x  mapreduce      #进入 joe 用户的 Pig 命令行
grunt> help;                                              #查看 Pig 操作
grunt> A = load '/in';                                    #载入待处理文件夹 input
grunt> B = foreach A generate flatten(TOKENIZE((chararray)$0)) as word;   #划分单词
grunt> C = group B by word;                               #指定按单词聚合，即同一个单词到一起
grunt> D = foreach C generate COUNT(B),group;            #同一个单词的出现次数相加
grunt> store D into '/out/wc-19';                         #将处理好的文件存于 HDFS 的/out/wc-19
grunt> dump D into ;                                      #将处理结果 D 输出到屏幕
grunt> quit;                                              #退出 Pig 命令行
```

用户可以将结果存入 HDFS，也可以将结果输出到屏幕上。只有最后两条语句才会触发 MapReduce 程序，这种"懒"策略有利于提高集群利用率。执行过程中，在浏览器中打

开"http://cmaster:8088"，可以看到 Pig 提交的 MapReduce 任务；打开"http://cmaster:9870"，接着依次定位"Utilities""Browse the file system""/out/wc-19"，可查看执行结果。

习题

1．简述 Hadoop 1.0、Hadoop 2.0、Hadoop3.0 的优缺点，思考为什么要升级。

2．简述 Hadoop 生态圈产品的区别与联系，思考为什么会出现这些产品。

3．简述 Hadoop 及其生态圈产品的安全机制，试着找出其风险漏洞。

4．简述 YARN 的编程过程，简述 MapReduce、Spark 的编程过程，思考三者有何关系。

5．简述数据"生产、收集、传输、存储、分析、应用"每个阶段的典型开源软件。

6．简述单独部署 ZooKeeper、部署 HBase 和部署 Kafka 时，有何区别。

第6章 虚拟化技术

虚拟化技术是伴随着计算机的出现而产生和发展起来的，虚拟化意味着对计算机资源的抽象。在云计算概念提出以后，虚拟化技术可以用来对数据中心的各种资源进行虚拟化和管理，可以实现服务器虚拟化、存储虚拟化、网络虚拟化和桌面虚拟化。虚拟化技术已经成为构建云计算环境的一项关键技术。本章从服务器虚拟化、存储虚拟化、网络虚拟化和桌面虚拟化四个方面介绍虚拟化技术在云计算中的地位及应用，并以VMware 公司的部分产品作为例子，介绍虚拟化的一些实现方法。

6.1 虚拟化技术简介

20 世纪 60 年代，IBM 公司推出虚拟化技术，主要用于当时的 IBM 大型机的服务器虚拟化。虚拟化技术的核心思想是利用软件或固件管理程序构成虚拟化层，把物理资源映射为虚拟资源。在虚拟资源上可以安装和部署多个虚拟机，实现多用户共享物理资源。

云计算中运用虚拟化技术主要体现在对数据中心的虚拟化上。数据中心是云计算技术的核心。近十年来，数据中心规模不断增大，成本逐渐上升，管理日趋复杂。数据中心在为运营商带来巨大利益的同时，也带来了管理和运营等方面的重大挑战。

传统的数据中心网络不能满足网络高速、扁平、虚拟化的要求。传统的数据中心采用的多种技术，以及业务之间的孤立性，使数据中心网络结构复杂，存在相对独立的三张网（数据网、存储网和高性能计算网），以及多个对外 I/O 接口。在这些对外 I/O 接口中，数据中心的前端访问接口通常采用以太网进行互连，构成高速的数据网络；数据中心后端的存储则多采用 NAS、FCSAN 等接口；服务器的并行计算和高性能计算则采用低延迟接口和架构，如 InfiniBand 接口。以上这些因素，导致服务器之间存在操作系统和上层软件异构、接口与数据格式不统一等问题。

随着云计算的发展，传统的数据中心逐渐过渡到虚拟数据中心，即采用虚拟化技术将原来数据中心的物理资源抽象整合。数据中心的虚拟化可以实现资源的动态分配和调度，提高现有资源的利用率和服务可靠性；可以提供自动化的服务开通能力，降低运维成本；具有有效的安全机制和可靠性机制，可以满足公众客户和企业客户的安全需求；方便系统升级、迁移和改造。

数据中心的虚拟化是通过服务器虚拟化、存储虚拟化和网络虚拟化实现的。服务器虚拟化在云计算中是最重要和最关键的，是将一个或多个物理服务器虚拟成多个逻辑上的服务器，集中管理，能跨越物理平台而不受物理平台的限制。存储虚拟化是把分布的异构存储设备统一为一个或几个大的存储池，方便用户使用和管理。网络虚拟化是在底层物理网络和网络用户之间增加一个抽象层，该抽象层向下对物理网络资源进行分割，向上提供虚拟网络。

6.2　服务器虚拟化

目前，服务器虚拟化的概念并不统一。实际上，服务器虚拟化技术有两个方向：一个是把一个物理的服务器虚拟成若干独立的逻辑服务器，比如分区；另一个是把若干分散的物理服务器虚拟为一个大的逻辑服务器，比如网格技术。本章主要关注第一个方向，即服务器虚拟化通过虚拟化层的实现使多个虚拟机在同一物理机上独立并行运行。每个虚拟机都有自己的一套虚拟硬件，可以在这些硬件中加载操作系统和应用程序。不同的虚拟机加载的操作系统和应用程序可以是不同的。无论实际上采用了什么样的物理硬件，操作系统都将它们视为一组一致的、标准化的硬件。

6.2.1　服务器虚拟化的层次

不同的分类角度决定了虚拟化技术不同的分类方法。根据虚拟化层实现方式的不同，本书的服务器虚拟化方式分为寄居虚拟化和裸机虚拟化两种。

1. 寄居虚拟化

寄居虚拟化的虚拟化层一般称为虚拟机监控器（VMM）。VMM 安装在已有的主机操作系统（宿主操作系统）上（见图 6-1），通过宿主操作系统来管理和访问各类资源（如文件和各类 I/O 设备等）。这类虚拟化架构系统损耗比较大。就操作系统层的虚拟化而言，没有独立的 Hypervisor 层。主机操作系统负责在多个虚拟服务器之间分配硬件资源，并且让这些服务器彼此独立。如果使用操作系统层虚拟化，所有虚拟服务器必须运行同一操作系统（不过每个实例有各自的应用程序和用户账户）。虽然操作系统层虚拟化的灵活性比较差，但本机速度性能比较好。此外，由于架构在所有虚拟服务器上，使用单一标准的操作系统，管理起来比异构环境要容易。

图 6-1　寄居虚拟化架构

2. 裸机虚拟化

裸机虚拟化不需要在服务器上先安装操作系统，而是直接将 VMM 安装在服务器硬件设备中。本质上该架构中的 VMM 可以认为是一个操作系统［一般称为 Hypervisor（见图 6-2）］，只不过是非常轻量级的操作系统（实现核心功能）。Hypervisor 实现从虚拟资源到物理资源的映射。当虚拟机中的操作系统通过特权指令访问关键系统资源时，Hypervisor 将接管其请求，并进行相应的模拟处理。为了使这种机制有效地运行，每条特权指令的执行都需要产生自陷，以便

图 6-2 裸机虚拟化架构

Hypervisor 能够捕获该指令，使 VMM 能够模拟执行相应的指令。Hypervisor 模拟特权指令的执行，并将处理结果返回给指定的客户虚拟系统，实现了不同虚拟机的运行上下文保护与切换，从而虚拟出多个硬件系统，保证了各客户虚拟系统的有效隔离。

然而，x86 体系结构的处理器并不是完全支持虚拟化的，某些 x86 特权指令在低特权级上下文执行时不能产生自陷，导致 VMM 无法直接捕获特权指令。目前，针对这一问题的解决方案主要有基于动态指令转换或硬件辅助的完全虚拟化技术和半虚拟化技术。完全虚拟化技术是对真实物理服务器的完整模拟，在上层操作系统看来，虚拟机与物理平台没有区别，操作系统察觉不到是否运行在虚拟平台之上，也无须进行任何更改。因此，完全虚拟化技术具有很好的兼容性，在服务器虚拟化中得到广泛应用。半虚拟化技术通过修改操作系统代码使特权指令产生自陷。半虚拟化技术最初由 Denali 和 Xen 项目在 x86 体系结构上实现。通过对客户操作系统的内核进行适当的修改，其能够在 VMM 的管理下尽可能地直接访问本地硬件平台。半虚拟化技术降低了由于虚拟化而产生的系统性能损失。

6.2.2 服务器虚拟化的底层实现

1. CPU 虚拟化

CPU 虚拟化技术把物理 CPU 抽象成虚拟 CPU，任意时刻，一个物理 CPU 只能运行一个虚拟 CPU 指令。每个客户操作系统可以使用一个或多个虚拟 CPU，在各操作系统之间，虚拟 CPU 的运行相互隔离，互不影响。

CPU 虚拟化需要解决正确运行和调度两个关键问题。虚拟 CPU 的正确运行是要保证虚拟机指令正确运行，即操作系统要在虚拟化环境中执行特权指令功能，而且各虚拟机之间不能相互影响。现有的实现技术包括模拟执行和监控执行。调度问题是指 VMM 决定当前哪个虚拟 CPU 在物理 CPU 上运行，要保证隔离性、公平性和性能。

2. 内存虚拟化

内存虚拟化也是 VMM 的主要功能之一。内存虚拟化技术把物理内存统一管理，包装成多个虚拟的物理内存提供给若干虚拟机使用，每个虚拟机拥有各自独立的内存空间。内存虚拟化的思路主要是分块共享，内存共享的核心思想是内存页面的写时复制

（Copy on Write）。VMM 完成并维护物理机内存和虚拟机所使用的内存的映射关系。与真实的物理机相比，虚拟内存的管理包括 3 种地址：机器地址、物理地址和虚拟地址。一般来说，虚拟机与虚拟机、虚拟机与 VMM 之间的内存要相互隔离。

3. I/O 设备虚拟化

I/O 设备的异构性和多样性，导致 I/O 设备的虚拟化相较于 CPU 及内存的虚拟化要困难和复杂。I/O 设备虚拟化技术把真实的设备统一管理起来，包装成多个虚拟设备给若干个虚拟机使用，响应每个虚拟机的设备访问请求和 I/O 请求。I/O 设备虚拟化同样是由 VMM 管理的，主要有全虚拟化、半虚拟化和软件模拟三种思路。目前主流的 I/O 设备虚拟化大多是通过软件模拟方式实现的。

6.2.3 虚拟机迁移

虚拟机迁移是将虚拟机实例从源宿主机迁移到目标宿主机，并且在目标宿主机上将虚拟机运行状态恢复到与迁移之前相同的状态，以便能够继续完成应用程序的任务。虚拟机迁移对云计算具有重大的意义，可以保证云端的负载均衡，提高系统的容错率，并在发生故障时有效恢复。从是否有计划的角度看，虚拟机迁移包括有计划迁移和针对突发事件的迁移两种。从虚拟机迁移的源与目的地角度来看，虚拟机迁移包括物理机到虚拟机的迁移（Physical-to-Virtual，P2V）、虚拟机到虚拟机的迁移（Virtual-to-Virtual，V2V）、虚拟机到物理机的迁移（Virtual-to-Physical，V2P）。

1. 虚拟机动态迁移

在云计算中，虚拟机到虚拟机的迁移是人们关注的重点。实时迁移（Live Migration），就是在保持虚拟机运行的同时，把它从一个计算机迁移到另一个计算机，并在目的计算机恢复运行的技术。动态实时迁移对云计算来讲至关重要，这是因为：第一，云计算中心的物理服务器负载经常处于动态变化中，当一台物理服务器负载过大时，如某时出现一个用户请求高峰期，若此刻不可能提供额外的物理服务器，管理员可以将其上面的虚拟机迁移至其他服务器，达到负载平衡；第二，云计算中心的物理服务器有时候需要定期进行升级维护，当升级维护服务器时，管理员可以将其上面的虚拟机迁移至其他服务器，等升级维护完成之后，再把虚拟机迁移回来，如图 6-3 所示。

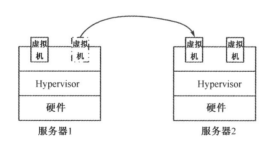

图 6-3 虚拟机迁移示意

虚拟机的迁移包括它的完整状态和资源的迁移，为了保证迁移后的虚拟机能够在新的计算机上恢复且继续运行，必须向目的计算机传送足够多的信息，如磁盘、内存、

CPU 状态、I/O 设备等。其中，内存的迁移最有难度和挑战性，因为内存中的信息必不可少且数据量比较大；CPU 状态和 I/O 设备虽然也很重要，但它们只占迁移总数据量很少的一部分；磁盘的迁移最为简单，在局域网内可以通过 NFS（Network File System）的方式共享，而非真正迁移。

2. 迁移的步骤

虚拟机的迁移是通过源计算机和目的计算机之间的交互完成的，若把迁移的发起者即源计算机记为主机 A（hostA），目的计算机记为主机 B（hostB），迁移的一般过程可以分为以下 6 个步骤。

步骤 1：预迁移（Pre-Migration）。主机 A 打算迁移其上的一个虚拟机，首先选择一个目的计算机作为此虚拟机的新主机。

步骤 2：预定资源（Reservation）。主机 A 向主机 B 发起迁移请求，先确认 B 是否有必需的资源，若有，则预定这些资源；若没有，此虚拟机仍在主机 A 中运行，可以继续选择其他计算机作为目的计算机。

步骤 3：预复制（Interative Pre-Copy）。在这一阶段，此虚拟机仍然运行，主机 A 以迭代的方式将此虚拟机的内存页复制到主机 B 上。在第一轮迭代中，所有的页都要从 A 传送到 B，以后的迭代只复制前一轮传送过程中被修改过的页。

步骤 4：停机复制（Stop-and-Copy）。停止主机 A 上的虚拟机，把它的网络连接重定向到 B。CPU 状态和前一轮传送过程中修改过的页都在这个步骤被传送。最后，主机 A 和主机 B 上有一致的虚拟机映像。

步骤 5：提交（Commitment）。主机 B 通知 A 已经成功收到了虚拟机的映像，主机 A 对这个消息进行确认，然后主机 A 可以抛弃或销毁其上的此虚拟机。

步骤 6：启动（Activation）。启动迁移到 B 上的虚拟机，迁移后使用目的计算机的设备驱动，广播新的 IP 地址。

3. 迁移的内容

1）内存的迁移

内存的迁移是虚拟机迁移最困难的部分。理论上，为了实现虚拟机的实时迁移，一个完整的内存迁移过程可以分为以下三个阶段。

第一阶段，Push 阶段。在虚拟机运行的同时，将它的一些内存页通过网络复制到目的计算机上。为了保证内容的一致性，被修改过的页需要重传。

第二阶段，Stop-and-Copy 阶段。虚拟机停止工作，把剩下的页复制到目的计算机上，然后在目的计算机上启动新的虚拟机。

第三阶段，Pull 阶段。新的虚拟机在运行过程中，如果访问到未被复制的页，就会出现页错误并从原来的虚拟机处把该页复制过来。

实际上，迁移内存没有必要同时包含上述三个阶段，目前大部分的迁移策略只包含其中的一个或者两个阶段。

单纯的 Stop-and-Copy 阶段其实就是静态迁移（Static Migration），也就是先暂停被迁移的虚拟机，然后把内存页复制到目的计算机，最后启动新的虚拟机。这种方法比较简单，总迁移时间也最短，但太长的停机时间显然是无法接受的，停机时间和总迁移时间都与分配给被迁移虚拟机的物理内存的大小呈正比，因此这并不是一种理想的方法。

Stop-and-Copy 和 Pull 阶段结合也是一种迁移方案。首先在 Stop-and-Copy 阶段只把关键的、必要的页复制到目的计算机上，其次在目的计算机上启动虚拟机，剩下的页只有在需要使用的时候才复制过去。这种方案的停机时间很短，但总迁移时间很长，而且如果很多页都要在 Pull 阶段复制的话，那么由此造成的性能下降也是不可接受的。

Push 和 Stop-and-Copy 阶段结合是第三种内存迁移方案，Xen 采用的就是这种方案。其思想是采用预复制方法，在 Push 阶段将内存页以迭代方式一轮一轮复制到目的计算机上，第一轮复制所有的页，第二轮只复制在第一轮迭代过程中修改过的页，以此类推，第 n 轮复制的是在第 $n-1$ 轮迭代过程中修改过的页。当脏页的数目达到某个常数或者迭代达到一定次数时，预复制阶段结束，进入 Stop-and-Copy 阶段。这时停机并把剩下的脏页，以及运行状态等信息都复制过去。预复制方法很好地平衡了停机时间和总迁移时间之间的矛盾，是一种比较理想的实时迁移内存的方法。但由于每次更新的页面都要重传，因此对于那些改动比较频繁的页来说，更适合在停机阶段，而不是预复制阶段传送。这些改动频繁的页被称为工作集（Writable Working Set，WWS）。为了保证迁移的效率和整体性能，需要一种算法来测定工作集，以避免反复重传。另外，这种方法可能会占用大量的网络带宽，对其他服务造成影响。

2）网络资源的迁移

虚拟机这种系统级别的封装方式意味着迁移时虚拟机的所有网络设备，包括协议状态（如 TCP 连接状态）及 IP 地址都要随之一起迁移。在局域网内，可以通过发送 ARP 重定向包将虚拟机的 IP 地址与目的计算机的 MAC 地址绑定，之后的所有包就可以发送到目的计算机上。

3）存储设备的迁移

迁移存储设备最大的障碍在于需要占用大量时间和网络带宽，通常的解决办法是以共享的方式共享数据和文件系统，而非真正迁移。目前大多数集群使用 NAS（Network Attached Storage，网络连接存储）作为存储设备共享数据。NAS 实际上是一个带有瘦服务器的存储设备，其作用类似于一个专用的文件服务器。在局域网环境下，NAS 已经完全可以实现异构平台之间，如 NT、UNIX 等的数据级共享。基于以上考虑，Xen 并没有实现存储设备的迁移，实时迁移的对象必须共享文件系统。

6.2.4　隔离技术

虚拟机隔离是指虚拟机之间在没有授权许可的情况下，互相之间不可通信、不可联系的一种技术。从软件角度讲，互相隔离的虚拟机之间保持独立，如同一个完整的计算机；从硬件角度讲，被隔离的虚拟机相当于一台物理机，有自己的 CPU、内存、硬盘、I/O 等，它与宿主机之间保持互相独立的状态；从网络角度讲，被隔离的虚拟机如同物理机一样，既可以对外提供网络服务，也可以从外界接受网络服务。

虚拟机隔离是确保虚拟机之间安全与可靠性的一种重要手段，现有虚拟机隔离机制主要包括：网络隔离；构建虚拟机安全文件防护网；基于访问控制的逻辑隔离机制；通过硬件虚拟，让每个虚拟机无法突破 VMM 给出的资源限制；硬件提供的内存保护机制；进程地址空间的保护机制；IP 地址隔离。

1. 内存隔离

内存管理单元（Memory Management Unit，MMU）是 CPU 中用来管理虚拟存储器、物理存储器的控制线路，同时也负责将虚拟地址映射为物理地址，以及提供硬件机制的内存访问授权。以 Xen 为例，Xen 为了让内存可以被不同的虚拟机共享，在虚拟内存（也称虚拟地址）到机器内存（也称物理地址）之间引入了一层中间地址。客户操作系统看到的是这层中间地址，不是机器的实际地址，因此客户操作系统感觉自己的物理地址是从 0 开始的、"连续"的地址。实际上，Xen 将这层中间地址真正地映射到机器内存上却可以是不连续的，这样保证了所有的物理内存可被任意分配给不同的客户操作系统，其关系如图 6-4 所示。

虚拟内存　　　　伪物理内存　　　　机器内存

图 6-4　虚拟内存与机器内存的映射关系

为了区分这层中间地址，将这层中间地址称为伪物理地址或伪物理内存，而机器的实际地址（没有虚拟化时的物理地址）称为机器内存或机器地址。对于整个伪物理内存而言，在引入虚拟化技术后，其就不再属于 Xen 或任何一个操作系统了，在运行过程中也只能够使用其中的一部分，且不互相重叠，以达到隔离的目的。

VMM 使用分段和分页机制对自身的物理内存进行保护。x86 体系结构提供了支持分段机制的虚拟内存，这能够提供另一种形式的特权级分离。每个段包括基址、段限和一些属性位。基址和虚拟地址相加形成线性地址，段限决定了这个段中所能访问的线性空间的长度，属性位则标记了该段是否可读写、可执行，是代码段还是数据段等。代码段一般被标记为可读和可执行的，而数据段则被标记为可读和可写的。段的装载是经由段描述符完成的。段描述符存放在两张系统表中。装载的内容会被缓存直到下一次段的装载，这一属性被称为段缓存。

在虚拟化环境下，中断会打断客户操作系统的运行，接下来在 VMM 中执行中断处理程序。在中断处理程序执行完之后，VMM 必须能够重建客户机的初始状态。因为VMM 和客户操作系统共用同一地址空间，必须有一种机制来保证 VMM 所占据的那部分地址空间不被客户操作系统所访问。通过设定段描述符中的相关标记位，可以限定访问该段的特权级。

2. 网络隔离

网络隔离技术的目标是确保把有害的攻击隔离，在可信网络之外和保证可信网络内部信息不外泄的前提下，完成网间数据的安全交换。网络隔离技术是在原有安全技术的基础上发展起来的，它弥补了原有安全技术的不足，突出了自己的优势。

网络隔离的关键在于系统对通信数据的控制，即通过不可路由的协议来完成网间的数据交换。由于通信硬件设备工作在网络七层结构的最下层，并不能感知交换数据的机密性、完整性、可用性、可控性、抗抵赖性等安全要素，因此要通过访问控制、身份认证、加密签名等安全机制来实现，而这些机制的实现都是通过软件来实现的。

最新第五代隔离技术的实现原理是通过专用通信设备、专有安全协议和加密验证机制及应用层数据提取和鉴别认证技术，进行不同安全级别网络之间的数据交换，彻底阻断网络间的直接 TCP/IP 连接，同时对网间通信的双方、内容、过程施以严格的身份认证、内容过滤、安全审计等多种安全防护机制，从而保证了网间数据交换的安全、可控，杜绝了由于操作系统和网络协议自身漏洞带来的安全风险。

6.2.5　案例分析

VMware 公司推出了面向云计算的一系列产品和解决方案。基于已有的虚拟化技术和优势，VMware 提供了云基础架构及管理、云应用平台和终端用户计算等多个层次上的解决方案，主要支持企业级组织机构利用服务器虚拟化技术实现从目前的数据中心向云计算环境的转变。VMware 推出的 ESX 服务器属于裸金属架构的虚拟机。ESX 服务器直接安装在服务器硬件上，在硬件和操作系统之间插入了一个稳固的虚拟化层。下面介绍一下 VMware 开发的虚拟机迁移工具 VMotion 和存储迁移工具 Storage VMotion。

1. VMotion

VMotion 是 VMware 用于在数据中心的服务器之间进行虚拟机迁移的技术。利用 VMotion 将服务器、存储和网络设备完全虚拟化，能够将正在运行的整个虚拟机实时从一台服务器移到另一台服务器上。虚拟机的全部状态由存储在共享存储器上的一组文件进行封装，而 VMware 的群集文件系统允许源 ESX 服务器和目标 ESX 服务器同时访问这些虚拟机文件。虚拟机的活动内存和精确的执行状态可通过高速网络迅速传输。由于网络也被 ESX 服务器虚拟化，因此，虚拟机保留其网络标识和连接，从而确保实现无缝迁移。

虚拟机迁移过程中主要采用三项技术：①将虚拟机状态信息压缩存储在共享存储器的文件中；②将虚拟机的动态内存和执行状态通过高速网络在源 ESX 服务器和目标 ESX 服务器之间快速传输；③虚拟化网络以确保在迁移后虚拟机的网络身份和连接能保留。

2. Storage VMotion

Storage VMotion 用于实时迁移虚拟机的磁盘文件，以便满足对虚拟机磁盘文件的升级、维护和备份。Storage VMotion 的原理很简单，就是存储之间的转移。其在操作过程中采用 VMware 所开发的核心技术，如磁盘快照、REDO 记录、父/子磁盘关系，以及快照整合。

6.3 存储虚拟化

存储虚拟化是指将存储网络中的各分散且异构的存储设备按照一定的策略映射成一个统一的连续编址的逻辑存储空间（称为虚拟存储池）。虚拟存储池可跨多个存储子系统，并将访问接口提供给应用系统。逻辑卷与物理存储设备之间的映射操作是由置入存储网络中的专门的虚拟化引擎来实现和管理的。虚拟化引擎可以屏蔽所有存储设备的物理特性，使存储网络中的所有存储设备对应用服务器是透明的，应用服务器只与分配给它们的逻辑卷打交道，而不需要关心数据在哪个物理存储设备上。

存储虚拟化将系统中分散的存储资源整合起来，利用有限的物理资源提供大的虚拟存储空间，提高了存储资源利用率，降低了单位存储空间的成本，降低了存储管理的复杂性。在虚拟层通过使用数据镜像、数据校验和多路径等技术，提高了数据的可靠性及系统的可用性。同时，还可以利用负载均衡、数据迁移、数据块重组等技术提升系统的潜在性能。另外，存储虚拟化技术可以通过整合和重组底层物理资源，得到多种不同性能和可靠性的新的虚拟设备，以满足多种存储应用的需求。

6.3.1 存储虚拟化的一般模型

一般来说，虚拟化存储系统在原有存储系统的结构上增加了虚拟化层，将多个存储单元抽象成一个虚拟存储池。存储单元可以是异构的，也可以是直接的存储设备，还可以是基于网络的存储设备或系统。存储虚拟化的一般模型如图 6-5 所示。存储用户通过虚拟化层提供的接口向虚拟存储池提出虚拟请求，虚拟化层对这些请求进行处理后将相应的请求映射到具体的存储单元。使用虚拟化的存储系统的优势在于可以减少存储系统的管理开销，实现存储系统的数据共享，提供透明的高可靠性和可扩展性等。

图 6-5 存储虚拟化一般模型

6.3.2 存储虚拟化的实现方式

目前，实现存储虚拟化的方式主要有三种：基于主机的存储虚拟化、基于存储设备的存储虚拟化、基于网络的存储虚拟化。

1. 基于主机的存储虚拟化

基于主机的存储虚拟化，也称基于服务器的存储虚拟化或者基于系统卷管理器的存储虚拟化，其一般是通过逻辑卷管理来实现的。虚拟机为物理卷映射到逻辑卷提供了一个虚拟层。虚拟机的主要功能是在系统和应用级上完成多台主机之间的数据存储共享、存储资源管理（存储媒介、卷及文件管理）、数据复制及迁移、远程备份及灾难恢复等存储管理任务。基于主机的存储虚拟化不需要任何附加硬件。虚拟化层作为扩展的驱动模块，以软件的形式嵌入操作系统中，为连接到各种存储设备，如磁盘、磁盘阵列等，提供必要的控制功能。主机的操作系统就好像与一个单一的存储设备直接通信一样。

目前，已经有比较成熟的基于主机的存储虚拟化的软件产品，这些软件一般都提供了非常方便的图形化管理界面，可以很方便地进行存储虚拟化管理。从这一点上看，基于主机的存储虚拟化是一种性价比比较高的方式，但是，这种虚拟化方式往往具有可扩展性差、不支持异构平台等缺点。对于支持集群的虚拟化方式，为了确保元数据的一致性和完整性，往往需要在各主机间进行频繁的通信和采用锁机制，这就使性能下降，可扩展性也比较差。同时，由于其一般采用对称式的结构，很难支持异构平台，比如 CLVM 就只能支持特定版本的 Linux 平台。

2. 基于存储设备的存储虚拟化

基于存储设备的存储虚拟化，也称基于存储控制器的存储虚拟化。它主要是在存储设备的磁盘、适配器或者控制器上实现虚拟化功能。目前，有很多的存储设备（如磁盘阵列等）的内部都有功能比较强的处理器，且都带有专门的嵌入式系统，可以在存储子系统的内部进行存储虚拟化，对外提供虚拟化磁盘，比如支持 RAID 的磁盘阵列等。这类存储子系统与主机无关，对系统性能的影响比较小，也比较容易管理；同时，其对用户和管理人员都是透明的。

基于存储设备的存储虚拟化依赖提供相关功能的存储模块，往往需要第三方的虚拟软件，否则，其通常只能提供一种且不完全的存储虚拟化方式。对于由多家厂商提供异构的存储设备的 SAN 存储系统，基于存储设备的存储虚拟化方式的效果不是很好，而且这种设备往往规模有限且不能进行级连，这就使虚拟存储设备的可扩展性比较差。

3. 基于网络的存储虚拟化

基于网络的存储虚拟化方式是在网络设备上实现存储虚拟化功能，包括基于互联设备和基于路由器两种方式。基于互联设备的虚拟化方式能够在专用服务器上运行，它在标准操作系统中运行，和主机的虚拟存储一样具有易使用、设备便宜等优点。同样，它也具有一些缺点：由于基于互联设备的虚拟化方式需要一个运行在主机上的代理软件或基于主机的适配器，因此主机发生故障或者主机配置不合适都可能导致访问到不被保护的数据。基于路由器的虚拟化方式指的是在路由器固件上实现虚拟存储功能。为了截取网络中所有从主机到存储系统的命令，需要将路由器放置在每个主机与存储网络的数据通道之间。由于路由器能够为每台主机服务，大部分控制模块存储在路由器的固件里面。相对于上述几种方式，基于路由器的虚拟化方式在性能、效果和安全方面都要好一些。当然，基于路由器的虚拟化方式也有缺点：如果连接主机到存储网络的路由器出现故障，也可能使主机上的数据不能被访问。但是，只有与故障路由器连接在一起的主机才会受到影响，其余的主机还可以用其他路由器访问存储系统，且路由器的冗余还能够支持动态多路径。

6.3.3　案例分析

VMware 的 vSphere 产品支持多种不同的本地存储和网络存储的虚拟化，前面讲到的 VMotion、Storage VMotion 都用到了 VMware 的虚拟化共享存储技术。vSphere 提出了虚拟机文件系统（Virtual Machine File System，VMFS），允许来自多个不同主机服务器的并发访问，即允许多个物理主机同时读写同一存储器。VMFS 的功能主要包括以下三个。

（1）磁盘锁定技术。磁盘锁定技术是指锁定已启动的虚拟机的磁盘，以避免多台服务器同时启动同一虚拟机。如果物理主机出现故障，系统就释放该物理主机上每个虚拟机的磁盘锁定，以便这些虚拟机能够在其他物理主机上重新启动。

（2）故障一致性和恢复机制。故障一致性和恢复机制可以用于快速识别故障的根本原因，帮助虚拟机、物理主机和存储子系统从故障中恢复。该机制中包括了分布式日志、故障一致的虚拟机 I/O 路径和计算机状况快照等。

（3）裸机映射（RDM）。RDM 使虚拟机能够直接访问物理存储子系统（iSCSI 或光纤通道）上的 LUN（Logical Unit Number）。RDM 可以用于支持虚拟机中运行的 SAN 快照或其他分层应用程序，以及 Microsoft 群集服务。

VMware vSphere 存储架构由各种抽象层组成，这些抽象层隐藏并管理物理存储子系统之间的复杂性和差异，如图 6-6 所示。

图 6-6　VMware vSphere 存储架构

对于每个虚拟机内的应用程序和客户操作系统，存储子系统显示为与一个或多个虚拟 SCSI 磁盘相连的虚拟 SCSI 控制器。虚拟机只能发现并访问这些类型的 SCSI 控制器，包括 BusLogic 并行、LSI 逻辑并行、LSI 逻辑 SAS 和 VMware 准虚拟。虚拟 SCSI 磁盘通过数据中心的数据存储元素置备。数据存储就像一个存储设备，为多个物理主机上的虚拟机提供存储空间。数据存储抽象概念是一种模型，可将存储空间分配到虚拟机，使客户机不必使用复杂的基础物理存储技术。客户机虚拟机不对光纤通道 SAN、iSCSI SAN、直接连接存储器和 NAS 公开。

每个虚拟机被作为一组文件存储在数据存储的目录中。这类文件可以作为普通文件在客户机磁盘上进行操作，包括复制、移动、备份等。在无须关闭虚拟机的情况下，可向虚拟机添加新虚拟磁盘。此时，系统将在 VMFS 中创建虚拟磁盘文件（.vmdk 文件），从而为添加的虚拟磁盘或与虚拟机关联的现有虚拟磁盘文件提供新存储。每个数据存储都是存储设备上的物理 VMFS 卷。NAS 数据存储是带有 VMFS 特征的 NFS 卷，数据存储可以跨多个物理存储子系统。单个 VMFS 卷可包含物理主机上的本地 SCSI 磁盘阵列、光纤通道 SAN 磁盘场或 iSCSI SAN 磁盘场中的一个或多个 LUN。添加到任何物理存储子系统的新 LUN 可被检测到，并可供所有的现有数据存储或新数据存储使用。先前创建的存储器容量可以扩展，此时不必关闭物理主机或存储子系统。如果 VMFS 卷内的任何 LUN 出现故障或不可用，则只有那些与该 LUN 关联的虚拟机才受影响。

6.4　网络虚拟化

6.4.1　网络虚拟化简介

目前传统的数据中心由于多种技术和业务之间的孤立性，网络结构复杂。另外，数据中心内网络传输效率低。由于云计算技术的使用，虚拟数据中心中业务的集中度、服务的客户数量远超过传统的数据中心，因此对网络的高带宽、低拥塞提出更高的要求。

在使用云计算后，数据中心的网络需要解决数据中心内部数据同步传送的大流量、备份大流量、虚拟机迁移大流量等问题。同时，还需要采用统一的交换网络减少布线、维护工作量和扩容的成本。引入虚拟化技术之后，在不改变传统数据中心网络设计的物理拓扑和布线方式的前提下，可以实现网络各层的横向整合，形成一个统一的交换架构。数据中心网络虚拟化分为核心层、接入层和虚拟机三个方面的网络虚拟化。

1. 核心层网络虚拟化

核心层网络虚拟化，主要指的是数据中心核心网络设备的虚拟化。它要求核心层网络具备超大规模的数据交换能力，以及足够的万兆网络接入能力；提供虚拟机箱技术，简化设备管理，提高资源利用率，提高交换系统的灵活性和扩展性，为资源的灵活调度和动态伸缩提供支撑。其中，VPC（Virtual Port Channel）技术可以实现跨交换机的端口捆绑，这样在下级交换机上连属于不同机箱的虚拟交换机时，可以把分别连向不同机箱的万兆链路用于与 IEEE802.3ad 兼容的技术，从而实现以太网链路捆绑，提高冗余能力和链路互连带宽，简化网络维护。

2. 接入层网络虚拟化

接入层网络虚拟化可以实现数据中心接入层的分级设计。根据数据中心的走线要求，接入层交换机要求能够支持各种灵活的部署方式和新的以太网技术。目前无损以太网技术标准发展很快，包括拥塞通知（IEEE802.1Qau）、增强传输选择（ETS，IEEE802.1Qaz）、优先级流量控制（PFC，IEEE802.1Qbb）和链路发现协议（LLDP，IEEE802.1AB）。

3. 虚拟机网络虚拟化

虚拟机网络虚拟化包括虚拟网卡和虚拟交换机，在服务器内部虚拟出相应的交换机和网卡功能。虚拟网卡是在一个物理网卡上虚拟出多个逻辑独立的网卡，使得每个虚拟网卡具有独立的 MAC 地址、IP 地址，同时还可以在虚拟网卡之间实现一定的流量调度策略。虚拟交换机在主机内部提供了多个网卡的互联，以及为不同的网卡流量设定不同的 VLAN 标签功能，使得主机内部如同存在一台交换机，可以方便地将不同的网卡连接到不同的端口。因此，虚拟机网络虚拟化需要实现以下功能。

（1）虚拟机的双向访问控制和流量监控，包括深度包检测、端口镜像、端口远程镜像、流量统计。

（2）虚拟机的网络属性应包括 VLAN、QoS、ACL、带宽等。

（3）虚拟机的网络属性可以跟随虚拟机的迁移而动态迁移，不需要人工干预或静态配置，从而在虚拟机扩展和迁移过程中保障业务的持续性。

（4）虚拟机迁移时，与虚拟机相关的资源配置，如存储、网络配置也随之迁移；同时，保证迁移过程中业务不中断。

IEEE802.1QbgEVB（Edge Virtual Bridging）和 802.1QbhBPE（Bridge Port Extension）是为扩展虚拟数据中心中的交换机和网卡的功能而制定的，也称边缘网络虚拟化技术标准。802.1QbgEVB 要求所有虚拟机数据的交换（即使位于同一物理服务器内部）都通过外部网络进行，即外部网络能够支持虚拟交换功能，对于虚拟交换网络范围内的虚拟机动态迁移、调度信息，均通过 LLDP 扩展协议同步以简化运维。802.1QbhBPE 可以将远程交换机部署为虚拟环境中的策略控制交换机，而不是部署成邻近服务器机架的交换机，通过多个虚拟通道，让边缘虚拟桥将帧复制到一组远程端口，可以利用瀑布式的串联端口灵活地设计网络，从而更有效地为多播、广播和单播帧分配带宽。

6.4.2 案例分析：VMware 网络虚拟化

VMware 的网络虚拟化技术主要是通过 VMware vSphere 中的 vNetwork 网络元素实现的，其虚拟网络架构如图 6-7 所示。通过这些元素，部署在数据中心物理主机上的虚拟机可以像物理环境一样进行网络互连。vNetwork 的组件主要包括虚拟网络接口卡 vNIC、vNetwork 标准交换机 vSwitch 和 vNetwork 分布式交换机 dvSwitch。

1. vNIC

每个虚拟机都可以配置一个或者多个 vNIC。安装在虚拟机上的客户操作系统和应用程序利用通用的设备驱动程序与 vNIC 进行通信。从虚拟机的角度来看，客户操作系统中的通信过程就像真实的物理设备通信一样。而在虚拟机的外部，vNIC 拥有独立的 MAC 地址及一个或多个 IP 地址，且遵守标准的以太网协议。

2. vSwitch

vSwitch 用来满足不同的虚拟机与管理界面进行互连。vSwitch 的工作原理与以太网中第 2 层的物理交换机一样。每台服务器都有自己的 vSwitch。vSwitch 的一端是与虚拟机相连的端口组，另一端是与虚拟机所在服务器上的物理以太网适配器相连的上行链路。虚拟机通过与 vSwitch 上行链路相连的物理以太网适配器同外部环境连接。vSwitch 可将其上行链路连接到多个物理以太网适配器以启用网卡绑定。通过网卡绑定，两个或多个物理以太网适配器可用于分摊流量负载，或在出现物理以太网适配器硬件故障或网络故障时提供被动故障切换。

图 6-7　VMware 虚拟网络架构

3. dvSwitch

dvSwitch 是 vSphere 的新功能，如图 6-8 所示。dvSwitch 将原来分布在一台 ESX 主机上的交换机进行集成，成为一个单一的管理界面，在所有关联主机之间作为单个虚拟交换机使用。这使虚拟机可在跨多个主机进行迁移时确保其网络配置一致。与 vSwitch 一样，每个 dvSwitch 都是一种可供虚拟机使用的网络集线器。dvSwitch 可在虚拟机之间进行内部流量路由，或通过连接物理以太网适配器连接外部网络。可以为每个 vSwitch 分配一个或多个 dvPort 组，dvPort 组将多个端口聚合在一个通用配置下，并为连接标定网络的虚拟机提供稳定的定位点。

4. 端口组

端口组是虚拟环境特有的概念。端口组是一种策略设置机制，这些策略用于管理与端口组相连的网络。一个 vSwitch 可以有多个端口组。虚拟机不是将其 vNIC 连接到 vSwitch 上的特定端口，而是连接到端口组。与同一端口组相连的所有虚拟机均属于虚拟环境内的同一网络，即使它们属于不同的物理服务器。可将端口组配置为执行策略，以提供增强的网络安全、网络分段、更佳的性能、高可用性及流量管理。

图 6-8　分布式交换机

5. VLAN

VMware 的 VLAN 技术支持虚拟网络与物理网络 VLAN 的集成。专用 VLAN 可以在专用网络中使用 VLANID，而不必担心 VLANID 在较大型的网络中重复。流量调整定义平均带宽、峰值带宽和流量突发大小的 QoS 策略，设置策略以改进流量管理。网卡绑定为个别端口组或网络设置网卡绑定策略，以分摊流量负载或在出现硬件故障时提供故障切换。

6.5　桌面虚拟化

桌面虚拟化是指利用虚拟化技术将用户桌面的镜像文件存放到数据中心。从用户的角度看，每个桌面就像一个带有应用程序的操作系统，终端用户通过一个虚拟显示协议访问其桌面系统。当用户关闭系统的时候，通过第三方配置文件管理软件，可以做到用户个性化定制及保留用户的任何设置。桌面虚拟化对云计算用户来说是非常实用的，推动了云计算的发展。

6.5.1　桌面虚拟化简介

桌面虚拟化是一种基于中心服务器的计算机运作模型，沿用了传统瘦客户端模型，将所有桌面虚拟机在数据中心进行托管并统一管理，同时使用户能够获得完整的 PC 使用体验。网络管理员仅维护部署在中心服务器的系统即可，不需要再为客户端计算机的程序更新及软件升级带来的问题而担心。

桌面虚拟化技术和传统的远程桌面技术是有区别的，传统的远程桌面技术是接入一个真正安装在物理机器上的操作系统，仅能作为远程控制和远程访问的一种工具。虚拟化技术允许一台物理硬件同时安装多个操作系统，可以降低整体采购成本和运作维护成本，很大程度上提高了计算机的安全性及硬件系统的利用率。桌面虚拟化技术做到了收益大过采购成本，这也使得其逐渐推广成为必然。

第一代桌面虚拟化技术实现了在同一个独立的计算机硬件平台上同时安装多个操作系统，并同时运行这些操作系统，使得桌面虚拟化技术的大规模应用成为可能。桌面虚拟化的核心与关键，不是后台服务器虚拟化技术，而是让用户通过各种手段、在任何时间和任何地点、通过任何设备都能够访问自己的桌面，即远程网络访问的能力。

从用户角度讲，第一代桌面虚拟化技术使操作系统与硬件环境理想地实现了脱离，用户使用的计算环境不受物理机器的制约，每个人可能都会拥有多个桌面，而且随时随地都可以访问。对于网络管理员而言，其则实现了集中的控制。为了提高管理性，第二代桌面虚拟化技术进一步将桌面系统的运行环境与安装环境、应用与桌面配置文件进行了拆分，从而大大降低了管理复杂度与成本，提高了管理效率。

6.5.2　技术现状

伴随着虚拟化技术的蓬勃发展和用户需求的逐渐兴起，桌面虚拟化技术得到了极大的发展，给用户带来桌面应用的革命。但是，现阶段的桌面虚拟化技术并非完美，其部署仍然面临一定的风险。

桌面虚拟化技术还面临以下问题。

（1）集中管理问题。多个系统整合在一台服务器中，一旦服务器出现硬件故障，其上运行的多个系统都将停止运行，对其用户造成的影响和损失是巨大的。虚拟化的服务器合并程度越高，此风险也越大。

（2）集中存储问题。默认情况下，用户的数据保存在集中的服务器上，系统不知每个虚拟桌面会占用多少存储空间，这给服务器带来的存储压力是非常大的；不管分多少个虚拟机，每个虚拟机都还是建立在一台硬件服务器上的，互相之间再怎么隔离，用的还是同一个 CPU、同一个主板、同一个内存，如果其中一个环节出错，很可能就会导致"全盘皆输"。总的来说，使用虚拟机并不比使用物理主机具有更高的安全性和可靠性。若是服务器出现了致命的故障，用户的数据可能丢失，整个平台将面临灾难。

（3）虚拟化产品缺乏统一标准问题。由于各软件厂商在桌面虚拟化技术的标准上尚未达成共识，至今尚无虚拟化格式标准出现。各厂商的虚拟化产品间无法互通，一旦某个产品系列停止研发或其厂商倒闭，对应用户系统的持续运行、迁移和升级将会极其困难。

（4）网络负载压力问题。局域网一般不会存在太大问题，但是如果使用互联网就会出现很多技术难题。由于桌面虚拟化技术的实时性很强，如何减轻传输压力，是很重要的问题。虽然千兆以太网对数据中心来说是一项标准，但还没有广泛部署到桌面，目前的网络还达不到 VDI 对高带宽的要求。而且，如果用户使用的网络出现问题，通过桌面虚拟化发布的应用程序不能运行，则直接影响应用程序的使用，其对用户的影响也是无法估计的。

6.5.3 案例分析

VMware View 是 VMware 桌面虚拟化产品，通过 VMware View 能够在一台普通的物理服务器上虚拟出很多个虚拟桌面（Virtual Desktop）供远端的用户使用。

VMware View 的主要部件如下。

（1）View Connection Server：View 连接服务器，View 客户端通过它连接 View 代理，将接收到的远程桌面用户请求重定向到相应的虚拟桌面、物理桌面或终端服务器。

（2）View Manager Security Server：View 安全连接服务器，是可选组件。

（3）View Administrator Interface：View 管理接口程序，用于配置 View Connection Server、部署和管理虚拟桌面、控制用户身份验证。

（4）View 代理：View 代理程序，安装在虚拟桌面依托的虚拟机、物理机或终端服务器上，安装后提供服务，可由 View Manager 管理。该代理具备多种功能，如打印、远程 USB 运行和单点登录。因为 VMware vSphere Server 提供的虚拟机不包括声卡、USB 接口支持等，所以必须安装该软件，才可以将 VMware vSphere Server 提供的虚拟机连接到 View Client 相应设备上并显示、应用在客户端。

（5）View Client：View 客户端程序，安装在需要使用虚拟桌面的计算机上，通过它可以与 View Connection Server 通信，从而允许用户连接到虚拟桌面。

（6）View Client with Offline Desktop：也是 View 客户端程序，但该软件支持 View 脱机桌面，可以让用户下载 vSphere Server 中的虚拟机到本地运行。

（7）View Composer：安装在 vCenter Server 上的软件服务，可以通过 View Manager 使用"克隆链接"的虚拟机，这是 View4 提供的新功能。在以前的 View3 版本中，每个虚拟桌面只能使用一个独立的虚拟机，而添加该组件后，虚拟桌面可以使用"克隆链接"的虚拟机，这不仅提高了部署虚拟桌面的速度，也减少了 vSphere Server 的空间占用。

6.6 OpenStack 开源虚拟化平台

OpenStack 既是一个社区，也是一个项目和一个开源软件，提供了一个部署云的操作平台或工具集。用 OpenStack 易于构建虚拟计算或存储服务的云，既可以为公有云、私有云，也可以为大云、小云，提供可扩展、灵活的云计算。

Rackspace 公司和美国 NASA 是最早的主要的贡献者，Rackspace 公司贡献了自己的"云文件"平台（Swift）作为 OpenStack 对象存储部分，而美国 NASA 贡献了自己的"星云"平台（Nova）作为计算部分。

6.6.1　OpenStack 背景介绍

OpenStack 是一个免费的开源平台，帮助服务提供商实现类似于 Amazon EC2 和 S3 的基础设施服务。

1. OpenStack 定义

OpenStack 官方给出的定义：OpenStack 是一个管理计算、存储和网络资源的数据中心云计算开放平台，通过一个仪表板，为管理员提供了所有的管理控制，同时通过 Web 界面为其用户提供资源。OpenStack 是一个可以管理整个数据中心里大量资源池的云操作系统，包括计算、存储及网络资源。

2. OpenStack 的主要服务

OpenStack 有三个主要的服务成员：计算服务（Nova）、对象存储服务（Swift）、镜像服务（Glance）。图 6-9 描述了 OpenStack 的核心部件是如何工作的。

图 6-9　OpenStack 核心部件的工作流图

1）Nova

Nova 是 OpenStack 云计算架构的控制器，支持处理 OpenStack 云内实例生命周期所需的所有活动。Nova 作为管理平台管理着 OpenStack 云里的计算资源、网络、授权和扩展需求。

2）Swift

Swift 提供的对象存储服务，允许对文件进行存储或者检索（但不通过挂载文件服务器上目录的方式来实现）。Swift 为 OpenStack 提供了分布式的、最终一致的虚拟对象存储。Swift 有能力存储数十亿的对象，Swift 具有内置冗余、容错管理、存档、流媒体的功能。

3）Glance

Glance 提供了一个虚拟磁盘镜像的目录和存储仓库，可以提供对虚拟机镜像的存储和检索。这些磁盘镜像广泛应用于 Nova 组件中。Glance 能进行多个数据中心的镜像管理和租户私有镜像管理。目前，Glance 的镜像存储支持本地存储、NFS、Swift、Sheepdog 和 Ceph。

6.6.2 Nova

1. Nova 组件介绍

Nova 云架构包括以下主要组件。

1）APIServer（Nova-Api）

APIServer 对外提供一个与云基础设施交互的接口，也是外部可用于管理基础设施的唯一组件。其管理使用 EC2API，通过 Web Services 调用实现。APIServer 通过消息队列轮流与云基础设施的相关组件通信。

2）消息队列（RabbitMQ Server）

OpenStack 节点之间通过消息队列使用 AMQP（Advanced Message Queue Protocol）完成通信。Nova 通过异步调用请求响应，使用回调函数在收到响应时触发。因为使用了异步通信，所以不会有用户长时间卡在等待状态。这是有效的，因为许多 API 调用预期的行为都非常耗时，如加载一个实例，或者上传一个镜像。

3）Compute Worker（Nova-Compute）

Compute Worker 管理实例生命周期，通过消息队列接收实例生命周期管理的请求，并承担操作工作。一个典型生产环境的云部署中有一些 Compute Worker。一个实例部署在哪个可用的 Compute Worker 上取决于调度算法。

4）Network Controller（Nova-Network）

Network Controller 处理主机的网络配置，包括 IP 地址分配、为项目配置 VLAN、实现安全组、配置计算节点网络。

2. Libvirt 简介

Nova 通过独立的软件管理模块实现 XenServer、Hyper-V 和 VMWareESX 的调用与管理，同时对于其他的 Hypervisor，如 KVM、LXC、QEMU、UML 和 Xen 则通过 Libvirt 标准接口统一实现，其中 KVM 是 Nova-Compute 中 Libvirt 默认调用的底层虚拟化平台。为了更好地理解在 Nova 环境下 Libvirt 如何管理底层的 Hypervisor，先要了解 Libvirt 的体系结构与实现方法。

Libvirt 管理虚拟机和其他虚拟化功能，比如包含存储管理、网络管理的软件集合。它包括一个 API 库、一个守护程序（libvirtd）和一个命令行工具（virsh）。

1）Libvirt 主要支持的功能

- 虚拟机管理：包括不同的领域生命周期操作，比如启动、停止、暂停、保存、恢复和迁移，支持多种设备类型的热插拔操作，包括磁盘、网卡、内存和 CPU。

- 远程机器支持：只要机器上运行了 Libvirt Daemon，包括远程机器，所有的 Libvirt 功能就都可以访问和使用；支持多种网络远程传输；使用最简单的 SSH，不需要额外配置工作。
- 存储管理：任何运行了 Libvirt Daemon 的主机都可以用来管理不同类型的存储，创建不同格式的文件镜像（qcow2、vmdk、raw 等），挂接 NFS 共享，列出现有的 LVM 卷组，创建新的 LVM 卷组和逻辑卷，对未处理过的磁盘设备分区，挂接 iSCSI 共享等。

2）Libvirt 体系结构

为支持各种虚拟机监控程序的可扩展性，Libvirt 实施一种基于驱动程序的结构，该结构允许一种通用的 API 以通用方式为大量潜在的虚拟机监控程序提供服务。图 6-10 展示了 LibvirtAPI 与相关驱动程序的层次结构。

图 6-10　Libvirt 与相关驱动程序的层次结构

3）Libvirt 的控制方式

- 管理位于同一节点上的应用程序和域。管理应用程序通过 Libvirt 工作，以控制本地域，如图 6-11 所示。

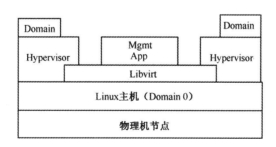

图 6-11　管理位于同一节点上的应用程序和域

- 管理位于不同节点上的应用程序和域。该模式使用一种运行于远程节点上，名为 Libvirt 的特殊守护进程。当在新节点上安装 Libvirt 时，该程序会自动启动，且可自动确定本地虚拟机监控程序，并为其安装驱动程序。该管理应用程序通过一种通用协议从本地 Libvirt 连接到远程 Libvirt，如图 6-12 所示。

图 6-12 管理位于不同节点上的应用程序和域

3. Nova 中的 RabbitMQ 解析

1）RabbitMQ

OpenStack Nova 系统目前主要采用 RabbitMQ 作为信息交换中枢。RabbitMQ 是一种处理消息验证、消息转换和消息路由的架构模式，它协调应用程序之间的信息通信，并使应用程序或者软件模块之间的相互意识最小化，有效实现解耦。

2）AMQP

AMQP 的目标是实现端到端的通信，那么必然涉及两个基本问题：AMQP 实现通信的因素是什么，以及 AMQP 实现通信的实体和机制是什么。

AMQP 是面向消息的一种应用程序之间的通信方法，也就是说，"消息"是 AMQP 实现通信的基本因素。AMQP 有两个核心要素——交换器（Exchange）与队列（Queue），通过消息的绑定与转发机制实现通信。

构成 AMQP 的三个关键要素的工作方式如图 6-13 所示。

图 6-13 消息、队列和交换器的工作方式

3）Nova 中的 RabbitMQ 应用

RabbitMQ 是 Nova 系统的信息中枢，目前 Nova 中的各模块通过 RabbitMQ 服务器以 RPC 的方式实现通信，而且各模块之间形成松耦合关联关系，在扩展性、安全性及性能方面均有优势。

4）RabbitMQ 的三种类型的交换器

（1）广播式（Fanout）交换器类型：该类交换器不分析所接收到消息中的 RoutingKey，默认将消息转发到所有与该交换器绑定的队列中去。广播式交换器转发效率最高，但是

安全性较低，消费者应用程序可获取本不属于自己的消息。

广播式交换器的工作方式如图 6-14 所示。

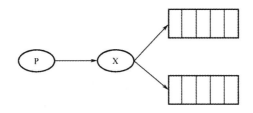

图 6-14　广播式交换器的工作方式

在程序中申明一个广播式交换器的代码如下。

```
channel.exchange_declare（exchange='Fanout',type='Fanout'）
```

（2）直接式（Direct）交换器类型：直接式交换器的转发效率较高，安全性较好，但是缺乏灵活性，系统配置量较大。

图 6-15 说明了直接式交换器的工作方式。Q1、Q2 两个队列与直接式交换器 X 绑定，Q1 的 BindingKey 是"orange"；Q2 有两个绑定，一个 BindingKey 是 black，另一个 BindingKey 是 green。在这样的关系下，一个带有"orange"RoutingKey 的消息发送到 X 交换器之后将会被 X 路由到队列 Q1，一个带有"black"或者"green"RoutingKey 的消息发送到 X 交换器之后会被路由到 Q2，而所有其他消息将会被丢掉。

图 6-15　直接式交换器的工作方式

（3）主题式（Topic）交换器类型：主题式交换器通过消息的 RoutingKey 与 BindingKey 的模式匹配，将消息转发至所有符合绑定规则的队列中（见图 6-16）。BindingKey 支持通配符，其中"*"匹配一个词组，"#"匹配多个词组（包括零个）。例如，BindingKey="*.Cloud.#"可转发 RoutingKey 为"OpenStack.Cloud.GD.GZ"、"OpenStack.Cloud.Beijing"及"OpenStack.Cloud"的消息，但是对于 RoutingKey="Cloud.GZ"的消息是无法匹配的。

Nova 基于 RabbitMQ 实现两种 RPC 调用：RPC.CALL 和 RPC.CAST。其中 RPC.CALL 基于请求与响应方式，RPC.CAST 只提供单向请求。

Nova 的各模块在逻辑功能上可以划分为两种：Invoker 和 Worker。其中，Invoker 模块的主要功能是向消息队列中发送系统请求消息，如 Nova-API 和 Nova-Scheduler；Worker 模块则从消息队列中获取 Invoker 模块发送的系统请求消息及向 Invoker 模块回复系统响应消息，如 Nova-Compute、Nova-Volume 和 Nova-Network。Invoker、Worker 与 RabbitMQ 中两种类型的交换器和队列之间的通信关系如图 6-17 所示。

图 6-16　主题式交换器的工作方式

图 6-17　Invoker、Worker 与两种类型的交换器和队列之间的通信关系

根据 Invoker 和 Worker 之间的通信关系可将 Nova 逻辑划分为两个交换域：Topic 交换域与 Direct 交换域，两个交换域之间并不是严格割裂的，在通信的流程上是深度嵌入的关系。Topic 交换域中的 Topic 消息生产者（Nova-API 或者 Nova-Scheduler）与 Topic 交换器生成逻辑链接，通过 RPC.CALL 或者 RPC.CAST 进程将系统请求消息发往 Topic 交换器。

RPC.CALL 调用流程如下（见图 6-18）。

- Invoker 端生成一个 Topic 消息生产者和一个 Direct 消息消费者。其中，Topic 消息生产者发送系统请求消息到 Topic 交换器，Direct 消息消费者等待响应消息。
- Topic 交换器根据消息的 RoutingKey 转发消息，Topic 消息消费者从相应的消息队列中接收消息，并传递给负责执行相关任务的 Worker。
- Worker 根据请求消息执行完任务之后，分配一个 Direct 消息生产者，Direct 消息生产者将响应消息发送到 Direct 交换器。
- Direct 交换器根据响应消息的 RoutingKey 将其转发至相应的消息队列，Direct 消息消费者接收并把它传递给 Invoker。

图 6-18　RPC.CALL 的调用流程

RPC.CAST 的调用流程与 RPC.CALL 类似，只是缺少了系统消息响应流程。一个 Topic 消息生产者发送系统请求消息到 Topic 交换器，Topic 交换器根据消息的 RoutingKey 将消息转发至共享消息队列，与共享消息队列相连的所有 Topic 消息消费者接收该系统请求消息，并把它传递给响应的 Worker 进行处理，其调用流程如图 6-19 所示。

图 6-19　RPC.CAST 的调用流程

6.6.3　Swift

Swift 是 OpenStack 开源云计算项目的子项目之一，是一个可扩展的对象存储系统，提供了强大的扩展性、冗余性和持久性。对象存储支持多种应用，如复制和存档数据、图像或视频服务、存储次级静态数据、开发数据存储整合的新应用、存储容量难以估计的数据，以及为 Web 应用创建基于云的弹性存储。本节将从架构、原理和实践等几方面介绍 Swift。

1. Swift 特性

OpenStack 官网中列举了 Swift 的 20 多个特性，其中最引人关注的是以下几个。

1）高数据持久性

我们从理论上测算过，Swift 在 5 个 Zone、5×10 个存储节点的环境下，数据复制份数为 3，数据持久性的 SLA 能达到 10 个 9。

2）完全对称的系统架构

"对称"意味着 Swift 中各节点可以完全对等，能极大地降低系统维护成本。

3）无限的可扩展性

这里的扩展性分为两方面：一是数据存储容量无限可扩展；二是 Swift 性能（如 QPS、吞吐量等）可线性提升。因为 Swift 是完全对称的架构，所以扩容只需要简单地新增机器，系统会自动完成数据迁移等工作，使各存储节点重新达到平衡状态。

4）无单点故障

Swift 的元数据存储是完全均匀随机分布的，并且与对象文件存储一样，元数据也会存储多份。整个 Swift 集群中没有一个角色是单点的，并且在架构和设计上保证无单点业务是有效的。

2. 应用场景

Swift 提供的服务与 Amazon S3 相同，适用于许多应用场景。最典型的应用是作为网盘类产品的存储引擎，还可以与镜像服务结合，为其存储镜像文件。另外，由于 Swift 的无限扩展能力，其也非常适于存储日志文件和数据备份仓库。

Swift 主要有三个组成部分：Proxy Server、Storage Server 和 Consistency Server。Swift 部署架构如图 6-20 所示，其中 Storage 和 Consistency 服务均允许在存储节点上。

图 6-20　Swift 部署架构

3. Swift 主要组件

1）Ring

Ring 是 Swift 最重要的组件，用于记录存储对象与物理位置间的映射关系。在涉及查询账户（Account）、容器（Container）、对象（Object）信息时，就需要查询集群的 Ring 信息。Ring 使用 Zone、Device、Partition 和 Replica 来维护这些映射信息。Ring 文件在系统初始化时创建，之后每次增减存储节点时，需要重新平衡一下 Ring 文件中的项目，以保证增减节点时，系统因此而发生迁移的文件数量最少。

2）Proxy Server

Proxy Server 是提供 Swift API 的服务器进程，负责 Swift 其余组件间的相互通信。

对于每个客户端的请求，它将在 Ring 中查询账户、容器或对象的位置，并且相应地转发请求。

3）Storage Server

Storage Server 提供了磁盘设备上的存储服务。Swift 中有三类存储服务器：账户、容器和对象。其中，容器服务器负责处理对象的列表，这些对象信息以 SQLite 数据库文件的形式存储。

4）Consistency Server

Swift 的 Consistency Server 可查找并解决由数据损坏和硬件故障引起的错误，主要存在三个服务器：Auditor、Updater 和 Replicator。Auditor 运行在每个 Swift 服务器的后台，持续地扫描磁盘来检测对象、容器和账号的完整性。如果发现数据损坏，Auditor 就会将该文件移动到隔离区域，然后由 Replicator 负责用一个完好的副本来替代该数据。图 6-21 给出了隔离对象的处理流图。

图 6-21　隔离对象的处理流图

4. Swift 基本原理

Swift 用到的算法和存储理论并不复杂，主要涉及以下几个概念。

1）数据一致性模型（Consistency Model）

按照 Eric Brewer 的 CAP（Consistency，Availability，Partition Tolerance）理论，因无法同时满足 3 个方面，Swift 放弃严格一致性（满足 ACID 事务级别），而采用最终一致性（Eventual Consistency）模型来达到高可用性和无限水平扩展能力。为了实现这一目标，Swift 采用 Quorum 协议。

（1）定义 N 为数据的副本总数，W 为写操作被确认接受的副本数量，R 为读操作的副本数量。

（2）强一致性：$R+W>N$，以保证对副本的读写操作会产生交集，从而保证可以读取最新版本；如果 $W=N$，$R=1$，则需要全部更新，适合大量读、少量写操作场景下的强一致性；如果 $R=N$，$W=1$，则只更新一个副本，通过读取全部副本来得到最新版本，适合大量写、少量读场景下的强一致性。

（3）弱一致性：*R+W<=N*，如果读写操作的副本集合不产生交集，就可能会读到脏数据；适合对一致性要求比较低的场景。

Swift 针对的是读写都比较频繁的场景，所以采用了比较折中的策略，即写操作需要满足至少一半以上成功（*W>N/2*），再保证读操作与写操作的副本集合至少产生一个交集，即 *R+W>N*。Swift 默认配置是 *N=3*，*W=2>N/2*，*R* 为 1 或 2，即每个对象会存在 3 个副本，这些副本会尽量被存储在不同区域的节点上；*W=2* 表示至少需要更新两个副本才算写成功；当 *R=1* 时，意味着某一个读操作成功便立刻返回，此种情况下可能会读取到旧版本（弱一致性模型）；当 *R=2* 时，需要通过在读操作请求头中增加 *x-newest=true* 参数来同时读取两个副本的元数据信息，然后比较时间戳来确定哪个是最新版本（强一致性模型）。如果数据中出现了不一致，后台服务进程会在一定的时间窗口内通过检测和复制协议来完成数据同步，从而保证达到最终一致性，如图 6-22 所示。

2）一致性散列（Consistent Hashing）

Swift 基于一致性散列技术，通过计算可将对象均匀分布到虚拟空间的虚拟节点上，在增加或删除节点时可大大减少需要移动的数据量。

如图 6-23 所示，以逆时针方向递增的散列空间长 4 字节，共 32 位，因此整数范围是[0, $2^{32}-1$]；将散列结果右移 *m* 位，可产生 2^{32-m} 个虚拟节点，如 *m=29* 时可产生 8 个虚拟节点。

图 6-22　数据一致性模型　　　　图 6-23　一致性散列

3）数据模型

Swift 采用层次数据模型，共设三层逻辑结构：账户/容器/对象，每层节点数均没有限制，可以任意扩展。这里的账户和个人账户不是一个概念，可理解为租户，用来做顶层的隔离机制，可以被多个个人账户共同使用；容器代表封装一组对象，类似文件夹或目录；叶子节点代表对象，由元数据和内容两部分组成，如图 6-24 所示。

4）环的数据结构

环是为了将虚拟节点（分区）映射到一组物理存储设备上，并提供一定的冗余度而设计的（见图 6-25），其数据结构由以下信息组成。

图 6-24 Swift 数据模型

图 6-25 环的数据结构

（1）存储设备列表，设备信息包括唯一标识号（id）、区域号（zone）、权重（weight）、IP 地址（ip）、端口（port）、设备名称（device）、元数据（metadata）。

（2）分区到设备的映射关系（replica2part2dev_id，数组）。

（3）计算分区号的位移（part_shift，整数）。

下面以查找一个对象的计算过程为例。

使用对象的层次结构账户/容器/对象作为键，使用 MD5 散列算法得到一个散列值，对该散列值的前 4 字节进行右移操作得到分区索引号，移动位数由 part_shift 指定；按照分区索引号在分区的设备映射表（replica2part2dev_id）里查找该对象所在分区对应的所有设备编号，这些设备会被尽量选择部署在不同区域内。区域只是个抽象概念，它可以是某台机器、某个机架，甚至是某个建筑内的机群，以提供最高级别的冗余性，建议至少部署 5 个区域。权重参数是个相对值，可以根据磁盘的大小来调节，权重越大表示可分配的空间越多，可部署更多的分区。

5）Replica

Swift 中引入了 Replica 的概念，其默认值为 3，理论依据主要来源于 NWR 策略（也叫 Quorum 协议）。N 越高，系统的维护成本和整体成本就越高，工业界通常把 N 设置为 3（3 个副本）。

6）区域

如果所有的节点都在一个机架或一个机房中，那么一旦发生断电、网络故障等事故，将导致用户无法访问，因此，需要一种机制对机器的物理位置进行隔离，以满足分区容忍性（CAP 理论中的 P）。环中引入了区域的概念，把集群的节点分配到每个区域中，其中，同一个分区的 Replica 不能同时放在同一个节点上或同一个区域内。

7）权重

环引入权重是为了当添加存储能力更大的节点时，分配到更多的分区。例如，2TB 容量的节点的分区数为 1TB 的两倍，那么就可以设置 2TB 的权重为 200，而 1TB 的权重为 100。

8）系统架构

如图 6-26 所示，Swift 采用完全对称、面向资源的分布式系统架构设计，所有组件都可扩展，避免因单点失效而扩散并影响整个系统运转；通信方式采用非阻塞式 I/O 模式，提高了系统的吞吐和响应能力。

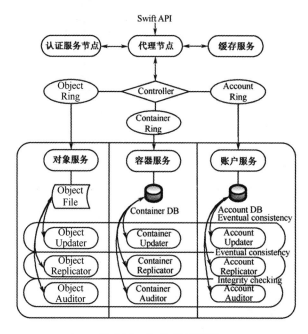

图 6-26　Swift 系统架构

5. 实例分析

图 6-27 是一种部署的 Swift 集群，集群中又分为 4 个区域，每个区域是一台存储服务器，每台服务器上由 12 块 2TB 的 SATA 磁盘组成，只有操作系统安装盘需要 RAID，其他盘作为存储节点，不需要 RAID。

Swift 采用完全对称的系统架构，在这个部署案例中得到了很好的体现。图 6-27 中每个存储服务器的角色是完全对等的，系统配置完全一样，均安装了所有 Swift 服务软件包，如 Proxy Server、Container Server 和 Account Server 等。上面的负载均衡器（Load Balancer）并不属于 Swift 的软件包，出于安全和性能的考虑，一般会在业务之前挡一层负载均衡器。当然可以去掉这层代理，由 Proxy Server 直接接收用户的请求，但这可能不太适合在生产环境中使用。

图 6-27 中分别表示了上传文件 PUT 和下载文件 GET 请求的数据流，两个请求操作的是同一个对象。上传文件时，PUT 请求通过负载均衡随机挑选一台 Proxy Server，将请求转发到后者，后者通过查询本地的 Ring 文件，选择 3 个不同区域中的后端来存储这个文件，同时将该文件向这三个存储节点发送。

图 6-27　一种部署的 Swift 集群

6.6.4　Glance

Glance 提供了一个虚拟磁盘镜像的目录和存储仓库，并且可以提供对虚拟机镜像的存储和检索。

1. Glance 的作用

Glance 作为 OpenStack 虚拟机的镜像（Image）服务，提供了一系列的 RESTAPI，用来管理、查询虚拟机的镜像。它支持多种后端存储介质，如用本地文件系统作为存储介质、用 Swift 作为存储介质或者用 S3 兼容的 API 作为存储介质。

图 6-28 描述了 Glance 与 Nova、Swift 的关系。

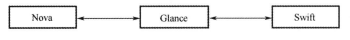

图 6-28　Glance 与 Nova、Swift 的关系

2. Glance 的组成部分

Glance 包括两个主要的部分，分别是 API Server 和 Registry Server。Glance 的设计，尽可能适合各种后端仓储和注册数据库方案。

glance-api 主要用来接收各种 API 调用请求，并提供相应的操作。

glacne-registry 用来和 MySQL 数据库进行交互，存储或者获取镜像的元数据。

6.7 超融合技术

6.7.1 概念

超融合是 2009 年由 Nutanix（路坦力）公司提出的。2011 年，Nutanix 推出首代超融合产品。2013 年，Nutanix、联想、华三等公司纷纷在中国推出超融合产品，超融合作为独立产品开始出现在中国市场。

超融合基础架构（简称超融合架构）是从英文 Hyper Converged Infrastructure（HCI）翻译而来的，其中"Hyper"即 Hypervisor 的缩写，虽然翻译为"超"，但实际上是虚拟化的意思。超融合架构指通过软件定义实现计算、存储、网络融合，实现以虚拟化为中心的软件定义数据中心的技术架构。超整合架构中，不仅一套单元设备具备计算、网络、存储虚拟化等资源和技术，多套设备还可以通过网络聚合实现模块化的无缝扩展，形成统一的资源池。

超融合架构通常在商用 x86 服务器上运行，近年来已成为 IT 基础架构领域最具颠覆性的架构之一。然而，超融合架构也有缺点：在业务量变大时，超融合架构中的计算和存储会争抢资源，一方资源需求骤升，会导致另一方枯竭，进而影响整体性能。

6.7.2 产生背景

1. 传统架构

传统的数据中心基础架构分为三层，采用集中式存储，如图 6-29 所示。

图 6-29 传统数据中心架构

由于服务器、网络和存储器分属不同厂商，各种设备的配置相互独立，管理割裂，缺少统一的集中化 IT 构建策略，无法对数据中心内的基础设施进行统一的监控、管理、报告和远程访问，传统架构维护和升级困难。

随着业务规模扩大，虚拟机和数据大量增加，传统架构的存储系统难以升级，如传统存储根据机头控制器的能力分为高、中、低三档存储，低端存储通常支持 200 块硬盘左右的扩展能力，中端存储通常支持 1000 块硬盘左右的扩展能力，高端存储通常支持 5000 块硬盘左右的扩展能力。集中式存储扩展性受限，低端存储无法升级为中高端存储，不能实现随着计算资源扩展而自由地横向扩展。

随着数据处理能力的加大，传统架构中的网络也成为传输的瓶颈。

2. 超融合架构

从 2012 年左右开始，企业级 SSD 逐渐成熟。10Gbit/s 的以太网普及成本下降，使分布式存储访问远程节点的性能与访问本地节点的性能差距大大缩小。8 核甚至 10 核以上的 CPU 也开始普及（截至 2022 年年底，市场上单核 CPU 核心可达 64 核），使服务器除了运行服务器虚拟化计算，还有能力运行分布式存储软件。

在此背景下，超融合架构应运而生，并不断演进，逐渐成为被越来越多人接受的主流基础架构建设方案。超融合架构将传统的三层架构变为两层，如图 6-30 所示。

图 6-30　超融合架构

在超融合架构中，以通用的 x86 服务器为标准载体，包含 CPU、内存、固态硬盘、机械硬盘等基本配件，为上层技术实现提供硬件资源。所有的 x86 服务器集成了安全、网络、计算、存储的功能，使用超融合虚拟化平台，把所有服务器上的网络、计算和存储资源组织在一起，形成虚拟化网络、虚拟计算池和虚拟存储池。服务器之间通过高速以太网连接在一起（如 10GE 交换机），通过计算、存储、网络、安全和管理的完全软件定义，即可替代复杂的传统基础架构，实现架构的极简化。

3. 二者对比

对比超融合架构与传统架构的投入成本，包括硬件成本、部署时间、资源利用率、维护和升级等几个方面，如表 6-1 所示。

表 6-1　超融合架构和传统架构对比

项目	传统架构	超融合架构
硬件成本	高	比传统架构降低 40%左右
部署时间	需要多厂商联调，至少一周	30 分钟部署，业务上线只需要 1 分钟
资源利用率	计算高，存储和网络低	高
维护和升级	工作量大，需要花费较大的精力和时间来排除故障；扩容节点受限	资源统一管理，操作简单，按需线性扩容，不受限制

由于超融合架构无须专用 SAN 存储及 SAN 存储设备，也无须使用大量 HDD 硬盘来堆叠所需要的 I/O 性能，因此在同样的性能要求下，超融合产品一般只需传统架构 60%的硬件设备；超融合架构实施快捷，时间成本和人力成本相对传统存储节省 80%左右；运维成本方面，超融合架构采用极其简便的运维方式，相对传统架构运维成本甚至

可以降低 80%以上。另外，在相同业务需求下，超融合架构需要更少的硬件，超融合一体机服务器甚至可以做到高密度整合、模块化配置，从而大幅度节省机柜占用空间，电能节省最高可达 40%。

超融合架构精简了传统 IT 系统的三层架构，采用标准服务器高速互联，即可同时实现计算、存储网络、存储设备的功能，不仅大幅降低了设备的使用量，同时使 IT 系统的建设运维更简单。用户只需部署好符合要求的服务器或者超融合一体机，很快就可以部署业务并上线。

超融合架构采用无中心的分布式架构，任意一个节点均可被无差别地替换；虚拟机 HA、数据多副本机制、系统自检自愈功能能够及时恢复因故障缺失的数据副本，使上层应用可以抵御多次多样的故障，获得持续不断的稳定服务能力。因此在可靠性方面，超融合架构具有明显的优势。在业务层面，超融合架构集成了虚拟化集群的虚拟机高可用优势，可以在保证存储安全的前提下，实现原生的跨主机故障切换转移；同时，可以基于虚拟化层的快照、克隆、导入技术，对业务虚拟机进行有效的逻辑备份。

6.7.3 超融合技术简介

1. 超融合单元

一个最小的超融合单元至少是 3 个服务器节点。分布式存储通过软件定义，采用投票算法来保证数据冗余和最终一致性，要求半数以上节点获得支持时才可以更新数据，也就是半数以上的服务器存活，这个集群才可以正常工作。

2. 分布式存储

业界典型的分布式存储技术主要有分布式文件系统存储、分布式对象存储和分布式块设备存储等几种形式。分布式存储技术及其相关产品已经日趋成熟，并在 IT 行业得到了广泛的使用和验证。简单来说，分布式存储就是将数据分散存储到多个数据存储服务器上。

传统架构需要集中式存储，要用到专门的存储网络（FC-SAN、NAS、DAS），要用到 RAID。在分布式超融合存储技术中，取而代之的是硬盘簇（Just a Bunch of Disks，JBOD），可使用 SSD 进行缓存以提高速度。数据先读写到 SSD 中，再写入机械硬盘区。最新的超融合技术使用 NVMe（支持更多的队列和指令，远远多于 SSD）或 PMEM（傲腾持久性内存，插在内存插槽上的闪存盘，在 2019 年由 Intel 提出）作为缓存盘，IOPS 有了质的提升。随着缓存盘的加入，数据有了压缩、快照、重删等特性。

分布式存储系统特点如下。

- 高性能：数据分散存放，通过全局负载均衡和分布式缓存技术提高 I/O 性能，采用 SSD 作为加速缓存，将虚拟机所有数据都实现本地化吞吐，因此单业务系统即可实现高速的 I/O 吞吐，多业务并发时的总体性能更是传统 IT 架构无法比拟的。
- 高可靠：采用集群管理方式，灵活配置多数据副本，不同数据副本存放在不同的机架、服务器和硬盘上，单个物理设备故障不影响业务的使用，系统检测到设备故障后可以自动重建数据副本。
- 高扩展：没有集中式存储控制器，支持平滑扩容，容量几乎不受限制。

- 易管理：存储软件直接部署在服务器上，没有单独的存储专用硬件设备，通过 Web 页面的方式进行存储管理，配置和维护简单。

3. 技术派系

从超融合技术的实现思路来看，可以分为两大派系，分别是软件派和软硬结合派。

软件派：使用纯软件实现超融合，使用分布式存储技术把所有服务器的磁盘集中到一起提供存储，代表厂商有 VMware、微软。这两家厂商自身不生产硬件，在标准 x86 服务器上安装其超融合软件，授权费用相对比较贵，开源的软件有 Proxmox 虚拟环境（PVE）。PVE 是一个开源免费的基于 Linux 的企业级虚拟化方案，内置了一套虚拟机管理工具，并提供了 Web 管理页面，如图 6-31 所示。

图 6-31　PVE 管理页面截图（部分）

软硬结合派：将硬件和超融合软件集成在一起。代表厂商有 Nutanix、戴尔、惠普、华为、联想、新华三、Smartx、深信服等，这些厂商之间的硬件互相不兼容。

4. 超融合架构部署

当用户需要进行新软件系统开发的时候，或者当传统的 IT 架构无法满足用户需求时，超融合架构逐渐进入企业，成为新选择。如果想要利用企业原来的多个服务器搭建超融合架构，则需选择软件派搭建。如果从头搭建超融合架构，则软件派和软硬结合派都可以选择。

部署前，需要根据业务发展预期确定硬件和软件的性能参数，然后对比不同厂商的产品。可以邀请不同厂商搭建测试环境，对比测试结果，最终选定符合要求的产品。

部署时，需要规划所需服务器（包括服务器个数及 CPU、内存、存储、网络等参数），安装虚拟化环境，设置网络，搭建集群，安装文件系统，创建虚拟机等。

环境搭建之后，若存在原有业务系统，则需要考虑对原有业务系统进行迁移。

最后是对超融合架构进行维护和监控。

习题

1. 虚拟化技术在云计算中的哪些地方发挥了关键作用？
2. 比较 VMware、Xen 等虚拟化产品的关键技术，以及其对云计算技术提供的支持。
3. 服务器虚拟化、存储虚拟化和网络虚拟化都有哪些实现方式？
4. 讨论桌面虚拟化的实现和作用。
5. OpenStack 是什么？
6. 总结 OpenStack 的主要组件及其功能。
7. 请根据学过的知识总结 OpenStack 各服务模块之间如何协同工作。
8. 请根据学过的知识概括 OpenStack 与 AWS 的异同。
9. 请对比超融合架构和传统架构的优缺点。

第7章　容器技术

近年来，容器技术及相关应用得到了国内外越来越多的关注。在国外，容器技术已经形成了较成熟的生态圈；在国内，金融企业、互联网企业、IT 企业积极投入容器技术的研发和应用推广，其发展势头迅猛。

容器技术通过在操作系统内核创建虚拟执行环境，打造共享 Host OS 的方法来实现取代多个 Guest OS 的功能，它能够有效地将操作系统资源进行划分，并在多个独立的分组之间平衡冲突资源使用需求问题。容器技术作为一种虚拟化沙盒技术，实现了应用程序与外界环境的隔离。这就好比一个装应用软件的箱子，箱子里面有软件所需要和依赖的库及各种配置，我们可以将这个箱子迁移至任何机器中且不影响应用软件的使用。传统虚拟化技术从操作系统层下手，目标是建立一个可以用来执行整套操作系统的沙盒独立执行环境，而容器技术则是通过整体打包应用程序所需要的相关程序代码、函数库、环境配置文件来建立沙盒执行环境。通俗地讲，虚拟化技术需要安装操作系统才能执行应用程序，容器技术则不需要安装操作系统就能执行应用程序。

本章将介绍容器技术发展进化的风雨历程，阐述容器的组织架构和技术基础，对比容器技术和虚拟机技术，探寻 Docker 和 Rkt 等典型容器技术案例及当下主流的容器编排技术应用。希望读者在学习后能够掌握容器技术的运行机理和典型应用。

7.1　容器技术简介

我们知道，海边码头利用标准化集装箱运载货物。集装箱的特色在于其格式划一，并可以层层重叠，所以可以大量放置在特别设计的远洋轮船中（早期航运是没有集装箱概念的，那时候货物堆放杂乱无章，很影响出货和运输效率）。有了集装箱，就可以更加快捷方便地为生产商提供廉价的运输服务。IT 世界里借鉴了这一理念。容器技术译自英文单词 Container，Container 一词意为集装箱、容器，翻译成"容器技术"更符合中文使用习惯。

容器是一种轻量级操作系统层面的虚拟机，它为应用软件及其依赖组件提供了一个资源独立的运行环境。本节将从容器技术的关键技术要点、优劣势、典型应用等角度全面介绍容器技术，并通过与虚拟机技术的对比更深入介绍容器技术的技术优势。

7.1.1　容器技术的发展历程

容器技术最早可以追溯到 1979 年 UNIX 系统中的 chroot，最初是为了方便切换 root 目录，为每个进程提供文件系统资源的隔离，这也是操作系统虚拟化思想的起源。

2000 年，BSD 吸收并改进了 chroot 技术，发布了 FreeBSD Jails。FreeBSD Jails 除

了有文件系统隔离，还添加了用户和网络资源等的隔离。每个 Jail 还能有一个独立 IP，进行一些相对独立的软件安装和配置操作。

2001 年，Linux 发布了 Linux Vserver，Linux VServer 依旧延续了 FreeBSD Jails 的思想，在一个操作系统上隔离文件系统、CPU 时间、网络地址和内存等资源，每个分区都称为一个 Security Context，内部的虚拟化系统称为 VPS。

2004 年，原 SUN 公司发布了 Solaris Containers，Solaris Containers 作为 Solaris 10 中的特性发布，包含了系统资源控制和 Zones 提供的二进制隔离。Zones 作为在操作系统实例内一个完全隔离的虚拟服务器存在。

2005 年，SWsoft 公司发布了 OpenVZ，OpenVZ 和 Solaris Containers 非常类似，通过打了补丁的 Linux 内核来提供虚拟化、隔离、资源管理和检查点。OpenVZ 标志着内核级别的虚拟化真正成为主流，之后不断有相关的技术被加入内核。

2006 年，Google 发布了 Process Containers，Process Containers 记录和隔离每个进程的资源使用（包括 CPU、内存、硬盘 I/O、网络等），后改名为 cgroups（Control Groups），并在 2007 年被加入 Linux 内核 2.6.24 版本中。

2008 年，出现了第一个比较完善的 LXC 容器技术，其基于已经被加入内核的 cgroups 和 Linux Namespace 实现。LXC 不需要打补丁，就能运行在任意 Vanilla 内核的 Linux 上，具备了 Linux 容器的雏形。

2011 年，CloudFoundry 发布了 Warden，与 LXC 不同，Warden 可以工作在任何操作系统上，作为守护进程运行，还提供了管理容器的 API，形成了较为完善的容器管理系统原型。

2013 年，Google 建立了开源的容器技术栈 lmctfy。Google 开启这个项目是为了通过容器实现高性能、高资源利用率，同时接近零开销的虚拟化技术。目前 Kubernetes 中的监控工具 cAdvisor 就起源于 lmctfy 项目。2015 年，Google 将 lmctfy 的核心技术贡献给了 Libcontainer。2013 年，Docker 诞生，Docker 最早是 dotCloud（Docker 公司的前身，是一家 PaaS 公司）内部的项目，和 Warden 类似，Docker 最初也用了 LXC，后来才用 Libcontainer 替换了 LXC。和其他容器技术不同的是，Docker 围绕容器构建了一套完整的生态，包括容器镜像标准、容器 Registry、REST API、CLI、容器集群管理工具 Docker Swarm 等。

2014 年，CoreOS 创建了 Rkt。它是为了改进 Docker 在安全方面的缺陷重写的一个容器引擎，相关容器工具产品包括：服务发现工具 etcd 和网络工具 Flannel 等。同年，Kubernetes 项目正式发布，容器技术开始和编排系统齐头并进。

2016 年，微软发布基于 Windows 的容器技术 Hyper-V Container，Hyper-V Container 原理和 Linux 下的容器技术类似，可以保证在某个容器里运行的进程与外界是隔离的，兼顾虚拟机的安全性和容器的轻量级。

2017—2018 年，容器生态开始规模化、规范化、商业化，AWS ECS，Google EKS，阿里 ACK、ASK 和 ECI，华为 CCI，Oracle Container Engine for Kubernetes，VMware，Red Hat 及 Rancher 开始提供基于 Kubernetes 的商业服务产品。

2017—2019 年，容器引擎技术飞速发展，新技术不断涌现。2017 年年底，Kata

Containers 社区成立；2018 年，Google 开源 gVisor 代码，AWS 开源 Firecracker，阿里云发布安全沙盒 1.0。

2020 年，容器引擎技术升级，Kata Containers 开始 2.0 版的架构升级完善，阿里云发布安全沙盒 2.0。

7.1.2　容器技术的架构

容器技术的基本架构如图 4-1 所示。

1. 服务器层

当运行容器镜像时，容器本身需要运行在传统操作系统之上，而这个操作系统既可以基于物理机，也可以基于虚拟机。服务器层包含了这两种场景，泛指容器运行的环境，同时容器并不关心服务器层如何提供和管理资源，它只期望能获得这些服务器资源。

2. 资源管理层

资源管理层包含了服务器、操作系统等资源的管理。其中，如果是物理服务器，则需要涉及物理机管理系统（如 Rocks 等）；如果是虚拟机，则需要使用虚拟化平台。

3. 运行引擎层

容器运行引擎层主要指常见的容器系统，包括 Docker、Rkt、Hyper、CRI-O。这些容器系统的共同作用包括启动容器镜像、运行容器应用和管理容器实例。运行引擎又可以分为管理程序和运行时环境两个模块。需要注意的是，运行引擎是单机程序，类似虚拟化软件的 KVM 和 Xen，不是集群分布式系统。引擎运行于服务器操作系统之上，接受上层集群系统的管理。

4. 集群管理

可以把容器的集群管理系统和针对虚拟机的集群管理系统画等号，它们都是通过一组服务器运行分布式应用。这两者的细微区别在于，虚拟机的集群管理系统需要运行在物理服务器上，而容器集群管理系统既可以运行在物理服务器上，也可以运行在虚拟机上。

图 7-1　容器技术基本架构

5. 应用层

应用层泛指所有运行于容器上的应用程序，以及所需的辅助系统，包括监控、日志、安全、编排、镜像仓库等。

7.1.3 容器的底层技术

容器底层的核心技术包括 Linux 上的命名空间、控制组、切根。

1. 命名空间（Namespaces）

命名空间是 Linux 内核的一个强大特性。每个容器都有自己单独的命名空间，运行在其中的应用都像是在独立的操作系统中运行一样。命名空间保证了容器之间彼此互不影响。

（1）pid：不同用户的进程就是通过 pid 命名空间隔离开的，且不同命名空间可以有相同的 pid。

（2）Net：网络隔离是通过 Net 实现的，每个 Net 有独立的网络设备、IP 地址、路由表、/proc/net 目录。这样每个容器的网络就能隔离开。

（3）IPC：容器中的进程交互还是采用了 Linux 常见的进程间交互（Interprocess Communication，IPC）方法，包括信号量、消息队列和共享内存等。然而，同虚拟机不同的是，容器的进程间交互实际上还是 host 上具有相同 pid 命名空间中的进程间交互，因此需要在 IPC 资源申请时加入命名空间信息，每个 IPC 资源有唯一的 32 位 id。

（4）Mount：类似 chroot，将一个进程放到一个特定的目录执行。Mount 允许不同命名空间的进程看到的文件结构不同，这样每个命名空间中的进程所看到的文件目录就被隔离开了。与 chroot 不同，每个命名空间中的容器在/proc/mounts 的信息只包含当前命名空间的挂载点。

（5）UTS：UTS 允许每个容器拥有独立的 hostname 和 domain name，使其在网络上可以被视作一个独立的节点而非主机上的一个进程。

（6）User：每个容器可以有不同的用户和组 id，也就是说可以在容器内用容器内部的用户执行程序而非主机上的用户。

2. 控制组（cgroups）

cgroups 是 Linux 内核提供的一种可以限制、记录、隔离进程组（Process Groups）所使用的物理资源的机制。

（1）任务（Task）：在 cgroups 中，任务就是系统的一个进程。

（2）控制族群（Control Group）：控制族群就是一组按照某种标准划分的进程。cgroups 中的资源控制都是以控制族群为单位实现的。一个进程可以加入某个控制族群，也可以从一个进程组迁移到另一个控制族群。一个进程组的进程可以使用 cgroups 以控制族群为单位分配的资源，同时受 cgroups 以控制族群为单位设定的限制。

（3）层级（Hierarchy）：控制族群可以组织成 Hierarchical 的形式，即一棵控制族群树。控制族群树上的子节点控制族群是父节点控制族群的孩子，继承父控制族群的特定属性。

（4）子系统（Subsystem）：一个子系统就是一个资源控制器。子系统必须附加到一个层级上才能起作用，一个子系统附加到某个层级以后，这个层级上的所有控制族群都受到这个子系统的控制。

3. 切根（chroot）

chroot（change to root）可以改变一个程序运行时参考的根目录的位置。chroot 机制是因为安全问题才被引入的，但在 LXC 中起到了举足轻重的作用，因为 chroot 机制可以指定虚拟根目录，让不同的容器在不同的根目录下工作。

7.1.4　容器的关键技术

1. 镜像

容器的镜像通常包括操作系统文件、应用本身的文件、应用所依赖的软件包和库文件。为了提高容器镜像的管理效率，容器的镜像采用分层的形式存放。容器的镜像底层通常是 Linux 的 rootfs 和系统文件，再往上是各种软件包层。这些文件层在叠加后成为完整的只读文件系统，最终挂载到容器里面。在运行过程中，容器应用往往需要写入文件数据，容器引擎为此需再创建一个可写层，加在镜像的只读文件系统上面。使用分层的容器镜像之后，镜像的下载和传输更加便利，因为只需要在宿主机上把缺少的镜像文件层次下载即可，无须传送整个镜像。

在 Linux 中，联合文件系统（UnionFS）能够把多个文件层叠加在一起，并透明地展现成一个完整的文件系统。常见的联合文件系统有 AUFS（Another Union File System）、Btrfs、OverlayFS 和 Device Mapper 等。

2. 运行时引擎

容器运行时引擎和容器镜像的关系类似于虚拟化软件和虚拟机镜像的关系。容器运行时引擎的技术标准主要由 OCI（Open Container Initiative）领导社区制定。目前，OCI 已经发布了容器运行时引擎的技术规范，并认可了 runC（Docker 公司提供）和 runV（Hyper 公司提供）两种合规的运行引擎。

3. 容器编排

容器编排工具通过对容器服务的编排，决定容器服务之间如何进行交互。容器编排工具一般要处理以下几方面内容。

（1）容器的启动：选择启动的机器、镜像和启动参数等。

（2）容器的应用部署：提供方法对应用进行部署。

（3）容器应用的在线升级：提供方法可以平滑地切换到应用新版本。

容器编排一般是通过描述性语言 YAML 或者 JSON 来定义编排内容的。目前，主要的编排工具有 Google Kubernetes、Docker Swarm、Apache Mesos 和 CoreOS Fleet 等。

4. 容器集群

容器集群是将多台物理机抽象为逻辑上单一调度实体的技术，为容器化的应用提供资源调度、服务发现、弹性伸缩、负载均衡等功能，同时监控和管理整个服务器集群，提供高质量、不间断的应用服务。容器集群主要包含以下技术。

（1）资源调度：主要以集中化的方式管理和调度资源，按需为容器提供 CPU、内存等资源。

（2）服务发现：通过全局可访问的注册中心使任何一个应用都能够获取当前环境的细节，自动加入当前的应用集群中。

（3）弹性伸缩：在资源层面，监控集群资源使用情况，自动增减主机资源；在应用层面，可通过策略自动增减应用实例来实现业务能力的弹性伸缩。

（4）负载均衡：当应用压力增加时，集群自动扩展服务，将负载均衡至每个运行节点；当某个节点出现故障时，应用实例重新部署运行到健康的节点上。

5. 服务注册和发现

在容器技术构建自动化运维场景中，服务注册和发现是重要的两个环节，一般通过一个全局性的配置服务来实现。其基本原理类似公告牌信息发布系统，A 服务（容器应用或者普通应用）启动后在配置服务器（公告牌）上注册一些对外信息（比如 IP 和端口），B 服务通过查询配置服务器（公告牌）来获取 A 服务注册的信息（IP 和端口）。

6. 热迁移

热迁移（Live Migration），又称为动态迁移或者实时迁移，是指将整个容器的运行时状态完整保存下来，同时可以快速地在其他主机或平台上恢复运行。容器热迁移主要应用在两个方面：一是当多个操作单元执行任务时，热迁移能迅速地复制与迁移容器，做到无感知运行作业；二是可以处理数据中心中集群的负载均衡，当大量数据涌来无法运行计算时，可利用热迁移创建多个容器处理运算任务，调节信息数据处理峰谷，配置管理负载均衡比例，降低应用延迟。

7.1.5 容器技术的优势和局限性

1. 容器技术的优势

（1）敏捷开发：容器技术最大的优势在于其快速的生成效率，轻量级的打包方式使其具有更好的性能和更小的规模，同时容器解决了应用程序的平台依赖和平台冲突问题，从而帮助开发人员更快地开发程序。每个容器可看作一个微服务，因此可以单独进行升级，不必担心同步问题。

（2）版本管理：容器中的镜像可被单独管理，因此可以追踪、记录、生成不同的容器版本，进而分析容器版本的差异。

（3）计算环境可移植：容器封装了与应用相关的依赖组件及操作系统信息，因此减少了应用在不同计算环境下的配置需求。例如，同一个镜像可应用于不同版本的 Linux 操作系统中，甚至可以在 Windows 或 Linux 环境之间轻松移植。

（4）标准化：容器通常基于开放标准设计，由 Google、Docker、CoreOS、IBM、微软、Red Hat 等厂商联合发起成立的 OCI 于 2016 年 4 月推出了第一个开放容器标准，该标准主要包括运行时标准和镜像标准。这极大地促进了容器技术和各类工具的标准化发展。

（5）安全性：容器间的进程及容器内外的进程是相互独立的。因此，每个容器的升级或修改对其他容器都是没有影响的。

（6）弹性伸缩：由于容器单元间相互独立，由统一的编排工具管理，且编排工具具备发现容器节点的功能，因此容器的弹性扩容可以在短时间内自动完成；同时，由于每个容器均为独立的个体，容器调用的资源和容器的使用由编排工具管理，因此减少某一个容器节点不影响整个容器系统的使用。

（7）高可用性：与弹性伸缩类似，在某一个容器节点出现故障时，容器编排工具能够及时发现节点的变化，并根据外部请求情况及时做出调整，不影响整个容器系统的使用，从而实现系统的高可用性。

（8）管理便利：容器技术可通过简单的命令行完成对单一容器的管理，完成对镜像的快速打包和迁移；同时能通过 Apache Mesos、Google Kubernetes 及 Docker Swarm 等工具实现对大规模容器集群的管理。

2. 容器技术的局限性

（1）性能：不管是虚拟机还是容器，都运用不同的技术对应用本身进行了一定程度的封装和隔离，在降低应用和应用之间及应用和环境之间的耦合性上做了很多努力。但是，随之而来的是产生了更多的网络连接转发及数据交互，这在低并发系统上表现不会太明显，而且往往不会成为一个应用的瓶颈（可能会分散在不同的虚拟机或者服务器上），但当同一虚拟机或者服务器下面的容器需要更高并发量支撑的时候，也就是并发问题成为应用瓶颈的时候，容器会将这个问题放大，所以，并不是所有的应用场景都适用容器技术。

（2）存储：容器的诞生并不是为操作系统抽象服务的，这是它和虚拟机最大的区别，这意味着容器天生为应用环境做更多的努力，容器的伸缩也基于容器的 disposable 特性。除了弹性伸缩，持久化存储是容器的另一个关键功能，用于确保容器中的数据可以长期保存而不会丢失或损坏。例如，Docker 容器提供的解决方案利用 Volume 接口形成数据的映射和转移，以实现数据持久化的目的。但是，这样也会造成一部分资源的浪费和更多交互的发生，不管是映射到宿主机上还是网络磁盘上，都是退而求其次的解决方案。

（3）兼容：容器版本在快速更新中，以 Docker 相关技术为例，每隔 1～3 个月就有版本的升级，一些核心模块依赖高版本内核，运维时存在版本兼容问题。

（4）管理：管理容器环境和应用也较为复杂，不仅需要多类技术支撑，包括容器管理、编排、应用打包、容器间的网络、数据快照等，还需要增加对容器的监控。

（5）安全：容器在应用过程中还需要考虑容器间、容器与系统间的性能隔离，考虑内核共享带来的安全隔离问题。

（6）使用习惯：容器使用习惯有别于主机或虚拟机，在应用过程中，大部分用户需要逐步引导才能适应容器的使用方式。

7.1.6　容器技术的典型应用

1. 容器与云计算

虚拟化是云计算的重要基础，容器定义了一套从构建到执行的标准化体系，改变了传统的虚拟化技术，深度影响了云计算领域，容器是云计算的未来。以 Docker 为代表的容器技术越来越深刻地影响云计算，也改变了日常的开发、运维和测试。相比于虚拟机，容器的轻量、快速启动和低开销，以及基于此的按业务打包和微服务模式，被用来改进 DevOps，很多场景下更适合做大规模集群管理和搭建灵活的分布式系统。通过深度整合 IaaS、PaaS 及容器技术，提供弹性计算、DevOps 工具链及微服务基础设施等服务，可帮助企业解决 IT、架构及运维等问题，使企业更聚焦于业务。

2. 容器与大数据

大数据平台如果能采用容器方式发布，与 Spark、Hadoop、Cassandra 等相关技术集成与对接，可降低整个系统的搭建难度，缩短交付和安装周期，减小安装失败的风险。容器化后，各类大数据平台组件可以轻松迁移，也能实现多复本控制和高可用。

3. 容器与物联网

物联网技术发展日新月异，而容器技术刚好遇到这样的机遇，将在几个方面促进物联网的发展。

首先，运用容器技术后，通过容器封装，可简化下载、安装部署、启动和后续应用更新，这将大大加速物联网应用的开发部署；其次，容器技术还可以满足物联网在自动监控、集中式维护管理方面的需求；最后，数据采集端环境千变万化，如果需要手动适配，工作量巨大，而采用容器技术，只要打包几类典型的容器镜像，如 ARM、x86/64 等，就可以事半功倍地实现终端的发布工作。

4. 容器与 SDN

随着容器部署规模的增大，跨主机、跨网络的容器迁移成为常态。而容器更多地关注轻量化本身，对于网络架构并没有太多关注。过于复杂的体系结构和管理过程，容易让整个容器网络和系统陷入不可控的非稳定状态。通过把 SDN 和 Overlay 网络结合，将控制转发分离、集中控制管理理念应用于容器网络，可以最大限度地增强容器网络的弹性伸缩能力和简化网络管理。

另外，SDN 与容器的配合，是相得益彰、互相促进的。业界的 SDN 控制器和系统一般都比较庞大，安装运行都极为复杂。通过 Docker 技术，能够实现 SDN 控制器的轻量级快速部署、安装、运行。

7.1.7 容器和虚拟机对比

容器技术一度被认为是虚拟化技术的替代品，容器作为"虚拟化 2.0"的概念获得企业和开发者的广泛关注。容器和虚拟机各具优势，二者或将形成一种互为补充的姿态，优化企业的 IT 体系。相关机构调查显示，超过 40%的企业选择用容器（以 Docker 为代表）是因为它们比虚拟机更便宜。而虚拟机能形成一个有效的、独立的真实机器的副本，相较传统物理机更节约资源，进而节约企业 TCO（总拥有成本），同样受到很多企业的欢迎。

总体而言，容器为应用程序提供了隔离的运行空间：每个容器内都包含一个独享的完整用户环境空间，并且一个容器内的变动不会影响其他容器的运行环境。为了能达到这种效果，容器技术使用了一系列的系统级别的机制，如利用 Linux Namespaces 来进行空间隔离，通过文件系统的挂载点来决定容器可以访问哪些文件，通过 cgroups 来确定每个容器可以利用多少资源。此外，容器之间共享同一个系统内核，这样当同一个库被多个容器使用时，内存的使用效率会得到提升。

对于系统虚拟化技术来说，虚拟层为用户提供了一个完整的虚拟机：包括内核在内的一个完整的系统镜像。CPU 虚拟化技术可以为每个用户提供一个独享且和其他用户隔离的系统环境，虚拟层可以为每个用户分配虚拟化后的 CPU、内存和 I/O 设备资源。

容器和虚拟机的区别体现在以下几个方面。

1）应用程序与操作系统

容器和虚拟机，一个运用于应用程序，另一个运用于操作系统，因此经常会看到一些企业应用程序运行在容器上而不是其虚拟机上。在虚拟机上使用容器有一些优点。

容器的优点之一是可以预留比虚拟机少的资源。请记住，容器本质上是单个应用程序，而虚拟机需要更多资源来运行整个操作系统。

如果需要运行 MySQL、Nginx 或其他服务，使用容器是非常有必要的。但是，如果需要在自己的服务器上运行完整的 LAMP 堆栈，则运行虚拟机更好。虚拟机有着更好的灵活性，可以供用户选择操作系统，并在用户认为合适的情况下进行升级。

2）用例场景

容器广受欢迎的重要原因之一就是使用 Linux 库版本。例如，假设用 Python 的特定版本来开发应用程序，当在运行应用程序的盒子上更新时，会突然发现 Python 版本发生了变化，导致应用程序无法正常工作。

使用容器还有一个好处是可以把一个应用程序放到一个容器中，然后在任何支持正在运行的容器类型的操作系统上运行它。例如，当在一个 Linux 发行版上运行某个应用程序时，通过使用容器，可以在各种不同的发行版环境中运行类似的应用程序。容器具有可移植性，可用于实现快速的跨发行版操作系统的部署操作。

3）安全性

相比较于真实物理机，虚拟机因 Hypervisor 层的存在，让普通用户也可以对虚拟机进行任何操作，无须担心对机器本身造成任何损害。对于企业而言，虚拟机经过四十余年的发展，已经成为一种成熟的 IT 技术，在隔离性、安全性上，虚拟机也显得更无可挑剔。

与容器相比，虚拟机能够提供更高的安全性。这并不是说容器不能被保护，而是说，默认地，虚拟机提供了更大的隔离。在运行容器时，可以采取一些措施来降低风险，包括避免超级用户权限，确保从可信来源获取容器，并且保持最新状态。有些容器是数字签名的，这有助于确定用户从可信来源获取容器。

4）敏捷性

当敏捷开发、微服务等概念逐渐深入时，轻量化已经成为一种新风向。容器直接建立在操作系统上，让秒级启动成为新常态，获得很多企业的认可。而模块化让扩展和迁移都更迅速、可靠，容器允许轻松将应用程序的功能拆分成多个独立容器，让容器轻量化的特点进一步凸显。

5）应用情况

从应用上看，容器和虚拟机都被用于提供一个"独立的机器"，但实际上不同用户是在同一台机器上运行操作的，只不过从一开始就进行了资源划分，各用户之间互不干扰。两者的不同点在于实现方法不同，虚拟机是在宿主机上运行一个操作系统，最小系统就是内核、文件系统等；而容器是在主机内核中进行资源的划分，如用户进程、网络、文件系统等。所有的容器都运行在一个操作系统上，因此与虚拟机相比，效率更高。

容器和虚拟机的区别如表 7-1 所示。

表 7-1　容器和虚拟机的区别

对比项	容器	虚拟机
启动速度	秒级	分钟级
复杂度	基于内核 Namespaces 技术，对现有基础设施侵入较少	部署复杂度较高，并且很多基础设施不兼容
执行性能	在内核中实现，所以性能几乎与原生一致	对比内核级实现，性能较差
可控性	依赖简单，与进程无本质区别	依赖复杂，并且存在跨部门问题
体积	与业务代码发布版本大小相当，MB 级别	GB 级别
并发性	可以启动几百、几千个容器	最多几十个虚拟机
资源利用率	高	低

7.2　Docker 技术

要将 Docker 技术的优势最大限度地发挥到大规模、大数据计算中，必须先了解 Docker 技术的本质、优势和使用方法，这样才能举一反三，充分挖掘 Docker 和容器技术的精髓，并创造性地应用到未来的分布式计算场景中。本节从开发者的角度介绍 Docker 的原理，并从使用者的角度介绍 Docker 的使用流程，以便帮助读者建立对 Docker 的感性认识。

7.2.1　Docker 是什么

2013 年，美国 DotCloud 公司推出了一款基于 Linux 内核容器技术的产品——Docker。这款基于开源项目的产品在 2015 年就已经风靡全球，得到了诸如 Google、Red Hat、IBM、微软、AWS、Pivotal 等知名互联网和云计算公司的大力支持与合作。Docker 以其轻便的计算、敏捷的发布、简易的管理特性，在美国已经获得了众多企业的广泛尝试和生产使用。2016 年，聊到大数据或云计算，Docker 已是必不可少的一个话题。在业界，Docker 技术也成为各云计算厂商（如 Google 云计算、AWS、阿里云等）的"必争之地"。

Docker 开源项目旨在为软件提供运行时的封装，以及资源分割和调度的基本单元。Docker 容器的本质是宿主机上的进程，通过一些 Linux 内核 API 的调用来实现操作系统级虚拟化。为了更好地了解 Docker，下面简要介绍 Docker 的内核原理。

1. 资源隔离

Docker 通过对应用程序的封装，实现了操作系统级虚拟化，一个运行在 Docker 中的应用程序无法看到宿主机上其他程序的运行状况、使用的文件、网络通信情况等。具体来说，Docker 实现了 5 种封装。

（1）文件系统挂载点的隔离：Docker 通过 Linux 内核的 Mount Namespace，使得不同 Mount Namespace 中的文件系统的根目录挂载在宿主机上的不同位置。

（2）pid 隔离：Docker 利用 pid Namespace 对进程实现 pid 的重新标号，两个不同 Namespace 下的进程可以有同样的 pid。每个 Namespace 会根据自己的计数程序为 Namespace 中的进程命名。

（3）网络隔离：Docker 通过 Network Namespace 技术提供了关于网络资源的隔离，包括网络设备、IP 协议栈、防火墙、/prod/net 目录等。Docker 通过创建虚拟 veth pair 的方式实现跨容器、主机与容器之间的通信。

（4）主机名和域名的隔离：通过使用 UTS Namespace，Docker 实现了主机名和域名的隔离。因此，每个 Docker 容器在运行时会有不同的主机名和域名，在网络上以一个独立的节点存在，而不是宿主机上的进程。

（5）IPC 的隔离：IPC 的资源包括信号量、共享内存和消息队列等，在同一个 IPC Namespace 下的进程彼此可见，但一个 IPC Namespace 下的进程看不到其他 Namespace 下的 IPC。

2. 资源分配与配额

通过使用 Namespace，Docker 将容器进行隔离，使得每个容器认为自己运行在一个单独的主机上。除此之外，Docker 利用 Linux 内核中的 cgroups 技术来限制在不同容器间的资源分配。具体来说，一个控制组就是一些进程的集合，这些进程都会被同样的资源分配策略限制。这些控制组会组成一个树形结构，子控制组会继承父控制组的策略约束。cgroups 提供如下功能。

（1）资源限制。cgroups 可以对某个控制组或容器设定内存使用上限。

（2）优先级控制。cgroups 可以为不同的控制组分配优先级，使用 CPU 或者硬盘 I/O。

（3）资源统计。cgroups 可以用来测量和监测系统的资源使用量。

（4）控制。cgroups 可以用来对容器和任务进行冻结、启停等。

3. 网络模型

大规模、大数据计算的分布式系统需要不同组件之间相互通信来协同作战，因此，基于 Docker 构建的大数据系统依赖 Docker 底层的网络通信模块。在 Docker 1.9 版本以前，Docker 的网络模型较为简单：Docker 会自动在宿主机上生成默认名为 docker0 的网桥，然后为每个运行的容器创建一个 vetch pair，并通过在宿主机上运行 Proxy 和修改 iptables 的规则来实现及控制容器与容器、容器与宿主机、容器与外界的通信。

由于 Docker 的网络隔离特性，在默认情况下，每个容器都运行在自己独立的网络空间里。需要在容器运行时或定义镜像规范时进行特殊的配置，这样才能使容器内部应用监听的端口同时暴露在宿主机上。在这个过程中，通过端口映射，可将容器内部网络命名空间中的应用程序监听端口（如 80）映射为宿主机上的任意（还未被占用的）端口（如 80 或 8080 等）。

从 Docker 1.9 版本开始，Docker 引入了更灵活的、可定制化的网络模块。例如，除了 Docker 自定义的、连接所有容器的网桥 docker0，用户可以通过命令行生成新的网桥，同时指定哪个容器与哪个网桥连接，从而可以更细粒度地进行容器间的链接控制。此外，Docker 还自带了 Overlay 网络模型，可以很好地与 Docker Swarm 工具（一种分布式 Docker 管理工具，具体请参见后续章节）整合。

7.2.2　Docker 的架构和流程

在了解了 Docker 的工作原理后，我们来看看 Docker 的系统架构和基于 Docker 进行开发、发布与计算的工作流程。

1. Docker 的系统架构简介

Docker 系统主要由 Docker Daemon、Docker Client、Docker Registry、Docker 镜像和 Docker 容器组成，如图 7-2 所示。

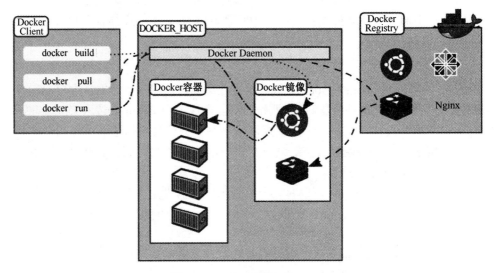

图 7-2　Docker 系统架构

（1）Docker Daemon：Docker Daemon 运行在每个宿主机中，负责对宿主机上的每个容器、镜像进行管理。

（2）Docker Client：Docker Client 体现为一个命令行工具，是用户与宿主机上的 Docker Daemon 及远程的 Docker Registry 进行交互的主要入口。

（3）Docker 镜像：一个 Docker 镜像是一个只读的模板（如 Ubuntu 镜像、Python 镜像、Tomcat 镜像等），它类似于传统的一个软件安装文件。通过 Docker 镜像可以产生具体的、运行的 Docker 容器。

（4）Docker Registry：Docker Registry 提供了存储和分发 Docker 镜像的仓库及服

务。Docker 官方提供一个公开的镜像仓库，企业可以根据自己的需求搭建私有的、本地化的镜像仓库。新开发的 Docker 镜像可以发布并存储到指定的 Docker Registry 中，供其他的用户或机器"下载"使用。

（5）Docker 容器：Docker 容器为应用程序的运行提供了一个载体，它包含了一个应用程序在运行时所需要的所有环境。每个 Docker 容器都是由一个 Docker 镜像生成的，被 Docker Daemon 所管理（启动、停止、删除等）。

2. Docker 的基本使用流程

下面通过一个简单的开发、发布和运行 Java Web 应用的例子来简要介绍基于 Docker 的工作流程。

（1）应用程序开发：开发者基于任意的语言开发应用逻辑，其结果是一个可以交付的代码或者二进制文件。以 Java 为例，一般以编译后生成的 WAR 包作为交付单元。

（2）书写 Dockerfile：在围绕 Docker 所设定的工作流程中，应用程序将不再直接运行在宿主机上，而是通过 Docker 进行封装，运行在 Docker 容器中（Docker 容器直接运行在宿主机上）。这个封装（或 Docker 化）的过程一般通过书写 Dockerfile 来完成。以 Java Web 应用为例，一个简单的 Dockerfile 的内容如下。

```
FROM jetty:latest
ADD ../app.war   /var/lib/jetty/webapps/
```

Dockerfile 是一系列的打包指令，表明该镜像中的应用在运行时所需要的所有环境和依赖（如这里所指明的 jetty 中间件）。具体的语法可参见 Docker 官方文档。

（3）构建 Docker 镜像：在有了 Dockerfile 之后，利用 Docker Client 命令行，根据 Dockerfile 生成对应的应用 Docker 镜像。例如：

```
docker build –t my-registry.domain.com/username/app:v1 .
```

运行上述命令后，会生成一个名为 my-registry.domain.com/username/app:v1 的 Docker 镜像，并存储在本地。具体的 Docker Client 命令行使用方法可参见 Docker 官方文档。

（4）发布 Docker 镜像：除非构建的 Docker 应用只需要在本地运行，一般情况下需要将 Docker 镜像上传到 Docker Registry 中（通过 Docker push 命令），以便于其在其他地方下载和运行。例如：

```
docker push my-registry.domain.com/username/app:v1
```

（5）下载并运行 Docker 镜像：在目标机器上，通过 Docker run 命令可以下载 Docker 镜像到本地并将其运行。此时所构建的一个 Docker 镜像将会衍生一个活跃的 Docker 容器。Docker run 命令中有非常多的参数来控制容器运行时的状态，具体可参考 Docker 的官方文档。例如：

```
docker run –d –P my-registry.domain.com/username/app:v1
```

7.2.3　Docker 的优势和局限性

1. Docker 的优势

在了解了 Docker 的基本起源、工作原理和使用流程之后，下面来总结一下 Docker 能为大数据提供哪些便利，以及为何容器技术在工业界大数据处理中获得了成功使用

（如 Google 和美国数据处理公司 BlueData）。

1）Docker 的隔离性

由于 Docker 会对容器内运行的应用程序进行资源限制（cgroups）和众多隔离（Namespaces），因此可以利用 Docker 来将多个大数据框架（如 Hadoop 或 Spark 等）同其他业务运行在一起。

以 Google 为例，Google 采用容器技术来运行其内部的所有应用，包括搜索、地图、邮件、视频等业务。而 Google 的大数据处理任务则以容器为载体，与众多面向用户的实时业务运行在同样的物理机集群中。通过对每个容器应用所能使用的 CPU、内存资源和优先级进行设置，可以保证实时面向用户的业务可以拥有绝对高的优先级和资源配额，而批处理的大数据任务会利用实时业务的低潮期"见缝插针"，从而完成分析任务。这样极大地节省了底层物理资源的成本，提高了资源使用率。

可以想象，如果没有面向容器的资源配额限制和容器间的隔离，如果将极耗物理资源的大数据业务与线上面向用户的业务运行在同样的物理主机或集群中，那么线上的业务将无法得到足够的资源，必将在性能和稳定性方面受到负面的影响。

2）Docker 的轻便性

在 Docker 问世之前，使用虚拟化技术也可以实现应用程序的隔离，因此，将应用和业务都运行在虚拟机中也可以实现上述物理资源共享和细粒度切分。然而，传统的虚拟化技术需要引入 Hypervisor 对虚拟机进行管理，同时在每个虚拟机中需要包含整个客户操作系统（见图 7-3），使得虚拟化或者虚拟机本身对物理资源的损耗是明显的。

图 7-3　虚拟机与容器的架构对比

相比之下，Docker 无须使用 Hypervisor 层，而是原生态地调用 Linux 内核 API。同时，不同的 Docker 容器间共享宿主机的内核，无须为每个容器复制一整套操作系统。这些特性使 Docker 对宿主机内存、CPU 的损耗相比于传统的虚拟机有了极大的改进，使得更多的宿主机资源可以更有效地服务于大数据分析业务。

3）Docker 的一致性

由于 Docker 将一个应用程序及它所需要的运行环境都打包封装到一个镜像或容器

里，因此，Docker 化的应用程序在一处打包好，便可稳定、可靠地运行在任何地方（具有 Linux 内核 3.10 版本的操作系统或主机上），而无须关心不同主机的操作系统和软件版本兼容性问题，也无须在不同的主机上都配置应用程序运行所需的环境。

这个特性使原本较难配置的大数据处理框架（如 Hadoop、Spark 等）现在可以先 Docker 化，进而以 Docker 应用的形式快速部署在任何场景。因此，可以想象，借助 Docker，用户可以先在本地的小规模机器集群中搭建整个大数据框架，然后快速地部署在生产级系统设施或者公有云上。

此外，Docker 的镜像封装和基于 Registry 的发布流程，使得开发、测试、发布流程可以变得异常敏捷，这也极大地帮助了开发者快速开发迭代大数据应用。

4）Docker 的快速性

由于 Docker 容器的本质就是宿主机上的进程，因此，启动 Docker 容器的速度是毫秒级（假设 Docker 镜像已经存在于本地）。相比之下，启动一个虚拟机则需要启动整个新的操作系统，其速度相比启动 Docker 要慢若干量级。

这个特性使大数据计算系统变得更加富有弹性和敏捷。对于实时大数据处理系统如 Spark，当业务量或数据量变大时，Docker 使秒级扩容成为可能：大数据调度管理系统可以快速在新的机器上启用新的计算实例来应对突发的计算任务。而传统的虚拟机启动慢、体积大，使得它的启动和传输都十分笨重。

2. Docker 的局限性

虽然 Docker 的上述特性为大数据处理带来了很多新的优势和使用场景，但 Docker 的本质仅仅是应用程序的一种封装格式、运行载体，是宿主机上的一个进程。在使用 Docker 进行大规模大数据分析时，不可避免地会遇到如下几类问题。

（1）跨主机的 Docker 容器如何协同作战、统一调度来为大数据服务？

（2）基于 Docker 的应用和分布式框架是否安全？

（3）基于 Docker 的系统应该如何运维和管理？

这些问题的答案都不在 Docker 本身，而是需要一个 Docker 上层的分布式管理框架来解决。后续章节会介绍这样的管理框架，下面先介绍 Docker 自身的局限性。

1）安全隐患

Docker 是"操作系统级虚拟化"，宿主机上的不同容器都会在底层共享宿主机上的系统内核、网络设备、硬件驱动等。相比之下，传统的虚拟化技术是"硬件虚拟化"，不同的虚拟机受到底层 Hypervisor 的管理，各自拥有一套完整的硬件驱动、操作系统等，因此，从理论上来讲可以提供更强的应用隔离性。下面列举当前 Docker 的主要隔离漏洞和隐患。

（1）磁盘使用隔离：Docker 容器内部的存储是不持久的，它会随着容器的停止而消失。为了解决这个问题，容器可以"外挂"使用宿主机的硬盘资源，而 Docker 对这个资源的隔离往往是缺失的。因此，一个恶意的或未经仔细设计的容器应用有可能会过度侵噬宿主机的硬盘资源而影响宿主机上的其他应用程序。

（2）网络流量隔离：Docker 容器最终使用的是宿主机的网络设备，而 Docker 对于容器网络流量使用量的控制较为缺失。因此，一个容器中的应用可以通过过度使用宿主机的网络带宽来对宿主机上的其他应用程序进行拒绝服务攻击，使其他程序无法正常使用宿主机网络。

（3）用户权限问题：出于技术原因，Docker 在 1.9 及之前版本尚不支持 User Namespace，因此，容器中的 root 就是宿主机上的 root。一旦容器应用的漏洞被开采，就会发生"容器逃逸"现象，这时被攻破的容器就可以通过其内部的 root 权限对整个宿主机系统造成影响。

最后需要注意的是，Docker 作为一项较新的技术，其发展是日新月异的。Docker 社区对安全问题也十分关注，很多新技术如 SELinux、AppArmor 等已经和 Docker 结合来不断提高其安全性。此外，在大数据应用中，所有的系统一般都运行在企业内部的网络和集群中，因此，减小了在系统中运行恶意程序的概率。最后，Docker 可以与上层的管理系统如 Kubernetes、Caicloud 等相结合来补足其自身安全机制的不足。

2）分布式应用的容器化

Docker 的理念是"一进程一镜像"，将一个系统按照细粒度的功能切分成若干模块（微服务），每个模块对应一个 Docker 镜像（容器）。这样为系统开发带来了极大的灵活性，不同的模块可以用不同的技术栈实现，由不同的技术人员维护，可以独立地进行快速升级和发布。然而，这样的架构也带来了额外的问题，诸如不同的模块之间如何通信、如何相连。

3）运维体系的改变

Docker 对应用程序进行了一层封装，因此，会在不少方面打破原来的运维方式。下面以广为使用的开源数据缓存服务 Redis 集群为例，列举一些在 Docker 化后管理 Redis 集群所需注意的事项，起到抛砖引玉的作用。

基于 Docker 的 Redis 组件的使用注意事项如下。

（1）Redis 容器的外部存储挂载：若 Redis 的 Persistence 模式开启，Redis 会定期将内存中的数据在硬盘上进行存储（以 Redis 的 RDB 模式为例，会自动在本地硬盘上生成一个名为 dump.rdb 的文件）。如果没有挂载外部存储，这些数据在 Docker 销毁后会消失。因此，如果需要数据持久化，必须使用外部存储挂载。

（2）Redis 不能运行在守护进程模式：Docker 的容器需要其中的主进程一直在前端运行，使用 Daemonize 模式会使容器在运行后立即退出。幸运的是，在 Redis 的配置文件中，Daemonize 模式默认关闭。如需运行 Daemon 模式，应在 Docker 层面通过-d 命令来进行。

（3）Redis 的日志文件目录应置为空：Docker 的容器所产生的日志会被系统自动接收和管理；若应用程序还按照传统方式直接写到文件中，该文件会被实际存储在 Docker 容器内。由于 Docker 容器内的数据并非持久化，该日志数据会在容器停止运行后消失。

（4）Redis 的端口映射：Docker 的容器在运行时默认会将容器内的应用端口映射成一个随机的主机端口，但这样会打破一些 Redis 服务。例如，Sentinel 需要根据默认端口规则（26379）进行自动发现。因此，在 Docker 下运行 Redis 一定要使用-p port:port 的格式来明确使用默认的 Redis 端口规则。

7.2.4　分布式 Docker 网络环境搭建

如前所述，Docker 的原生态网络通信是通过 NAT 和 Docker Proxy 来实现的；利用端口映射和修改宿主机的 iptables 规则实现了不同容器间、容器与外界的互相访问。然而，这样的 NAT 方式（SNAT 和 DNAT）不仅影响效率，同时还使容器内所看到的自己的 IP 地址和外部所见的该容器的 IP 地址不一致，阻碍了很多集群化功能的实现（如 Redis 集群、ElasticSearch 集群的自动组播发现需要基于默认端口规则），使一些现有的工具无法正常工作。例如，在一些自动服务注册和发现的应用中，容器中的应用在进行自动注册时只能看到自己内部的 IP 并将此 IP 注册，但其他外部的模块无法通过此 IP 访问该容器应用。

然而，大数据系统由于数据量大、计算量大的特性，必然需要通过由多个主机组成的一个集群来完成计算分析任务。因此，基于 Docker 来搭建一个大数据分析系统的必要前提就是保证多个 Docker 的跨主机通信能够畅通无阻、保持高效。为了解决 Docker 原生态网络通信的上述问题，云计算生态圈里涌现了一些优秀的分布式 Docker 网络配置和管理工具，如 Flannel、Weave、SocketPlane 等，其总体思想是基于物理网络在容器间构造一个 Overlay 网络。如前所述，从 Docker1.9 版本开始，Docker 的网络部分自成一体（Libnetwork），并支持复杂的 Overlay 模式。

Overlay 网络的总体思想是对原生态的网络数据包进行封装，这里又可分为在用户层进行封装（如 Weave、Flannel）和在内核层进行封装（如 SocketPlane）。下面以 Flannel 为例介绍。

1. Flannel 的 Overlay 设计

Flannel 在每个节点（主机）上运行一个守护进程（flanneld）。这个守护进程负责为每个节点分配一个子网段。该分配信息存储在 etcd 中（一种分布式存储方案）。同时，每个节点上的 Docker Daemon 会从该子网段中为主机上运行的容器分配一个 IP 地址。因此，容器中的应用所看到的 IP 地址和外部所看到的该容器的 IP 地址是一致的。

在转发报文时，Flannel 支持不同的后端策略，如主机网管模式、UDP 模式等。以 UDP 模式为例，Flannel 形成了一个 Overlay 网络，通过 TUN 设备对每个 IP 分片进行 UDP 包头封装（具体流程如图 7-4 所示）。

2. 容器 Overlay 网络系统设计原理

下面介绍设计一个 Overlay 网络系统的原理和要点。

（1）ARP：在经典的物理网络中，当一个主机 S 访问另一个主机 D 的时候，S 发出的第一个报文就是一个 ARP 请求的广播报文，交换机会在同一个子网内广播这个报文给所有的子网内节点。如果 D 在同一个子网内，它会接收这个请求并做出回复，使 S 和 D 后续可以通信。

在容器环境下，可以如实地把报文广播出去，并通过生成树算法来避免广播回路。此外，还可以通过 IP 组播的功能来处理 ARP 请求和响应。最后，还可以基于 SDN

对全局网络拓扑信息的把握，通过 SDN 控制器来实现 ARP 协议。

图 7-4　Flannel 的 Overlay 网络实现模式

（2）IP 层互通：在解决了两层网络的通信问题后，还需要解决容器与容器之间、容器与外网的互通问题。对于容器内的应用访问容器外的外网，一般可以采用 NAT 方式，使容器最终使用物理宿主机的网关。为了保证容器能够对外提供服务，可以采用类似 Docker 的端口映射方式实现 DNAT，并通过将容器连接到负载均衡设备对外提供服务。

7.3　Rocket（Rkt）技术简介

Docker 作为最成熟的跨平台、可移植且简单易用的容器解决方案，在容器发展进程中具有举足轻重的技术高度和市场份额，但随着版本的不断迭代和在开源社区的广泛应用开发，Docker 容器越发臃肿，系统设计的安全性和容器行业的标准化问题也日益突出，各类新兴容器技术应运而生，各互联网巨头不断推出自己的容器计划。

Docker 容器单元的成功推动了云计算和大数据产业的技术变革与进步，CoreOS 公司推出基于 Linux 内核的轻量级容器化操作系统，该操作系统专为云计算时代计算机集群基础设施建设而设计，同时具有一个显著的标签——专为容器设计的操作系统。一时间，Docker + CoreOS 成为云计算领域容器部署的黄金标杆。CoreOS 是 Docker 容器生态圈的重要一员，而 Docker 公司从基础单元到容器生态平台的发展野心促使 CoreOS 公司打造自己的容器引擎。2014 年 12 月，CoreOS 公司在 GitHub 上发布了一款容器引擎产品原型 Rocket（后来更名为 Rkt），其成为 Docker 的直接竞争者。

从容器生态圈的合作者到竞争者，Rkt 容器引擎的横空问世无疑撼动了如日中天的

Docker，Rkt 从 Docker 上继承了什么特性？针对安全性问题 Rkt 是如何改进的？CoreOS 公司在容器行业标准建立的过程中做了哪些努力？Rkt 和 Docker 到底孰优孰劣？Rkt 是否真的能够打破 Docker 在容器生态圈的垄断？本节将为读者解开这些疑惑。

7.3.1　Rkt 的标准化尝试

早在 Web 时代，整个行业围绕单独的 Web 浏览器转动，其占据了统治地位。一开始有 Netscape 的 Web，然后是 IE 的 Web，它们都没有过真的开放性和可互操作性。直到诸如 Firefox、Chrome、Safari 等其他浏览器涌现并占据不少的市场份额——此时，Web 标准才开始真正起作用。同理，随着标准化在容器生态中出现，Rkt 的存在变得更加重要：标准需要多样实现才会走向成功。

在容器技术发展和产业标准制定的过程中，CoreOS 公司始终是坚定的支持者和推动者，该公司致力于推动建立更加开放和中立的容器标准，其主导推行的开放容器标准 AppC 得到了 Red Hat、Google、VMware 等产业巨头的大力支持。CoreOS 公司在容器标准建立进程中的努力极大地促进了容器行业的规范发展。2015 年，由 Docker、IBM、微软、Red Hat 及 Google 等厂商组成的 OCI 联盟成立，并于 2016 年 4 月推出了第一个开放容器标准。

逐步发展壮大的 Docker 正在从一个单纯的容器工具成为自成一体的生态圈，而 Docker 的中心式管理方式对于绝大多数第三方的任务编排工具并不友好。正因如此，CoreOS 公司结合社区的容器实现，制定了开放容器规范，即 AppC，全称是 "Application Container Specification"（标准应用容器规范），旨在设计一种新式的跨平台容器在镜像格式、运行方式和服务发现机制等方面的标准。Rkt 是 AppC 规范的一个具体实现。

AppC 设计目标有以下特征。

（1）组件式工具：用于下载、安装和运行容器的操作工具应该相互独立可替换且可良好集成。

（2）镜像安全性：传输需要使用加密协议，容器工具应当含有验证机制和应用标识，避免来源不安全的镜像。

（3）去中心化：镜像发现应该使用分布式的检索和命名空间；支持多种协议，如 BitTorrent 协议，在私有环境中可以不用注册。

（4）开放性标准：容器镜像的格式与运行应该由社区制定和开发，不同的工具实现都能够运行此镜像文件。

AppC 约定的内容主要包括以下 4 个方面。

1. 容器的镜像格式

本质上说，容器镜像就是符合特定目录结构的文件压缩包。镜像中的内容在容器启动后被展开，然后复制到一个独立的命名空间内，并通过 cgroups 限制容器能够使用的系统资源。后面会详细介绍 AppC 规定的镜像目录结构，这里先指出一点，AppC 的镜像不支持像 Docker 那样的分层结构，这种设计简化了容器运行时的一些操作，但带来的弊端也是很明显的：无法复用镜像相同的部分。因此，其在磁盘空间的利用上造成了浪费，也增加了容器镜像在网络上的传输成本。

除了目录结构，镜像还需要一个描述镜像内容的文件，称为"镜像属性清单文件"（Image Manifest），其中定义的内容包括：镜像的作者信息、容器暴露的端口、暴露的挂载点、所需的系统资源（CPU/内存）等。此外，AppC 约定的属性清单中还会包含许多编排调度所需的信息，如容器运行所依赖的其他容器、容器的标签。

从这方面来说，AppC 镜像的信息量远远多于 Docker 镜像，相当于囊括了 Docker 镜像本身、Compose 编排配置及一部分 Docker 运行参数。

此外，AppC 也约定了镜像 ID 和签名的生成方法，后面会详细介绍镜像签名的生成方法。

2. 镜像的分发协议

镜像的分发协议主要是约定镜像下载使用的协议类型和 URL 的样式。AppC 的镜像 URL 采用类似 Docker 的 domain.com/image-name 的格式，但其实际处理方式有些不同。此外，在没有指定域名时，Docker 会默认在官方的 Docker Hub 寻找镜像；AppC 的镜像没有所谓"官方源"，因此也没有这样的规则。

Rkt/AppC 目前支持以下几种 URL 格式：

- <域名>/<镜像名>；
- <本地文件路径>；
- https://<完整网络路径>；
- http://<完整网络路径>；
- docker://<与 Docker 一样的镜像 URL>。

第一种方式是 AppC 推荐的镜像分发 URL，这种方式有点像 Docker Repository，但实际上只是 HTTPS 协议的简写方式。AppC 会根据指导的域名和路径依照约定的方式转换为完整 URL 地址，然后下载指定的镜像。

第二种方式相当于导入本地镜像。值得一提的是，即便使用本地镜像，AppC 同样要求镜像有签名认证，关于签名文件的细节在后面的内容里会详细讨论。

第三种和第四种方式都是直接通过完整 URL 获取镜像，规范中并不推荐直接这样使用裸的 HTTPS 协议的 URL，因为这种命名过于随意的镜像地址不利于镜像的管理和统一，特别是 HTTP 协议的 URL 更只应该在内网的环境中出现。

第五种方式不是 AppC 支持的协议类型，目前只有 Rkt 支持这种协议（本质上还是 HTTP 协议或 HTTPS 协议）。兼容 Docker 镜像的 URL，只需要在前面加上 docker://即可，下载后会自动转换为 AppC 镜像格式。由于 Docker 的镜像仓库不支持签名认证，使用这种 URL 时，用户需要显式地加上参数--insecure-skip-verify，允许使用未认证的镜像来源。

3. 容器的编排结构

AppC 中的容器编排和集群描述方式与 Kubernetes 十分相似，采用"容器组属性清单文件"（Pod Manifest）描述。其中沿用了 Kubernetes 中诸如 Pod、Label 等在集群中进行调度策略的规划和管理时使用的概念。

Pod 直译便是"豆荚",它指的是由一系列相互关联的容器组成的,能够对外提供独立服务功能的容器集合。例如,将用于数据收集功能的容器、用于缓存服务的容器及用于搜索服务的容器组合在一起,作为一个 Pod 提供完整的数据查询服务,暴露给外部用户。Pod 可以作为容器参与集群调度的单独集合提供给集群管理器,在如 Kubernetes 这样的集群管理模型中,Pod 实际上就是进行服务跨节点调度的最小单位。

Label 用于标示具有同一类特性的容器,为容器的过滤和选择提供了十分灵活的策略。许多集群管理器都能够在调度时利用指定标签对 Pod 进行筛选。

考虑到 CoreOS 公司与 Google 共同合作的背景(已经推出了 Tectonic CaaS 平台),这样的设计为 Kubernetes 未来与符合 AppC 的容器进行深度集成提供了良好的技术基础。

4. 容器的执行器

执行器,也就是像 Rkt 这样的容器工具。这个部分规范了设计符合 AppC 的容器执行器所需要遵循的原则和应该具备的功能。

例如,必须为每个容器提供唯一的 UUID;在容器的运行上下文中必须至少提供一个本地 Loopback 网卡,以及 0 个至多个其他 TCP/IP 网卡;应该将容器中的程序打印到 Stdout 和 Stderr 的日志来进行收集和展示等。

这个部分还详细约定了,对于镜像属性清单文件中的诸多属性,执行器应当如何处理。这些内容对大部分的使用者而言都只能作为参考,还是需要以具体实现的容器产品文档为准。

7.3.2 Rkt 是什么

Rkt 是一款与 Docker 具有相同的基础框架的容器引擎,两者都能帮助开发者将应用和依赖包打包到可移植容器中,简化搭建环境等烦琐的部署工作。Rkt 更加专注于解决安全、兼容、执行效率等方面的问题,在安全性、可组合性方面较 Docker 有较大的改进。而 Rkt 没有 Docker 那些为企业用户提供云服务加速工具、集群系统等"友好功能",从 Rkt 的角度出发,CoreOS 公司想做的是一个更纯粹的业界容器标准。

1. Rkt 的主要特征

Rkt 是一个专注于安全和开放标准的应用程序容器引擎,以其快速、可组合和安全地提供功能而闻名。Rkt 是一个占用空间小且高度稳定的应用平台,它引入的最初构想是为了与 CoreOS 操作系统进行协调,同时针对 Docker 的安全性和扩张性做出改进和权衡。

(1)应用程序容器:根据维基百科,"应用程序虚拟化是一种软件技术,它将计算机程序从其执行的底层操作系统中进行封装"。完全虚拟化的应用程序并不是按照传统的意义来安装的,尽管它仍然像以前一样被执行。应用程序在运行时表现得像直接与原始操作系统及其管理的所有资源进行交互,但可以在不同程度上进行隔离或沙盒处理。在这种情况下,术语"虚拟化"是指被封装的工件(应用程序),它与硬件虚拟化中"虚拟化"的含义[被抽象的物件(物理硬件)]完全不同。

Rkt 是一个典型的应用程序容器,它将服务作为单个进程打包和运行,从敏捷性角度来看,应用程序容器的设计模式让 Rkt 变得更加快速。从安全性角度来看,Rkt 将一个容器的进程与另一个容器及底层基础架构隔离开来，使得一个容器中的任何升级或更改都不会影响另一个容器。

（2）原生支持 Pod：Kubernetes 可管理云平台中多个主机上的容器化开源应用，它提供了应用部署、规划、更新、维护的相关机制，让部署容器化的应用变得简单且高效。在 Kubernetes 集群中，Pod 是所有业务类型的基础，它是一个或多个容器的组合。这些容器共享存储、网络和命名空间，以及运行的规范。在 Pod 中，所有容器都被统一安排和调度，并运行在共享的上下文中。对于具体应用而言，Pod 是它们的逻辑主机，Pod 包含与业务相关的多个应用容器。

Rkt 和 Kubernetes 联系更紧密，其基本执行单元是 Kubernetes 中的 Pod，将资源和用户应用连接在一起，这极大地促进了 Rkt 在主流容器平台上的推广与应用。

（3）安全性：Rkt 的开发原则是默认安全，具有一系列安全特征，如支持 SELinux、TPM 和在硬件隔离的虚拟机中运行。Rkt 包含权限拆分功能，旨在避免不必要的以 root 权限运行的操作，同时提供默认的签名验证与其他出于安全性考虑的先进功能。

（4）可组合性：Rkt 采用了无后台守护程序模式，意味着能够轻松集成到 systemd 与 upstart 等标准 init 系统中，或者 Nomad 与 Kubernetes 等集群编排系统中。

（5）开放标准和兼容性：Rkt 实现了 AppC，支持 CNI（Container Networking Interface）规范，规范了镜像格式 ACI（App Container Image）。

2. 与 Docker 一较高下

Rkt 和 Docker 之间的关键区别主要体现在以下方面。

（1）守护程序：Rocket 没有任何关联的守护程序，因此当用户运行"rocket run coreos/etcd"时，它将直接在启动它的进程下执行。Docker 守护程序是在主机操作系统上运行的服务，而该特定守护程序可以在 Linux 上运行，也可以在 macOS 和 Windows 上运行。

由于 Rkt 是应用程序容器运行时，因此其与 Docker 的另一个主要区别是 Rkt 可以在容器中运行多个应用程序。因此，可使用一个主动的监视初始化系统，该系统可确保在不止一次处理共享同一个容器时重新启动进程。

（2）容器图像安全性：在 Docker 中，有一个公共映像注册表，可以供下载和自定义。因此，有可能用一种恶意软件替换服务器映像，这将是巨大的隔离。但是，在 Rkt 中，签名验证已完成，因此一旦下载服务器映像，它将立即检查签名以验证其是否已被篡改。

Docker 从根目录运行其容器，这将成为超级用户特权，许多服务器所有者认为这会使事情变得复杂。在 Rkt 中，永远不会从 root 特权进程创建新容器，因此，即使发生容器中断，攻击者也将无法获得 root 特权。

（3）使用方便性：CoreOS 公司提供了一个构造平台，可对容器进行可视化管理，并为用户提供更好的易用性。Docker 具有用于管理 Docker 容器的基于 GUI 的管理器，称为 Kitematic。

（4）API 和可扩展性：Rkt 使用的 API 服务被设计为在没有 root 特权的情况下运行，并且具有只读接口。用于运行 Pod 的 API 服务是可选的，API 的启动或停止或崩溃不会影响任何 Pod 甚至图像。

Docker 有用于与 Docker 守护程序进行交互的 API，以及用于 Go 和 Python 的 SDK（称为 Docker Engine API）。通过 SDK，可以快速轻松地扩展和构建 Docker 应用程序。Docker Engine API 还是一个安静的 API，可以由 HTTP 客户端（如 curl 或 weget）访问。

（5）能力集：在容器平台中，Docker 和 Rkt 是主要参与者。Rkt 是更注重安全性的容器解决方案，它是基于 Linux 内核的开源轻量级 Linux 操作系统。在具有高级功能的Docker 中，Docker 数据中心解决方案提供了企业容器编排或分级安全功能或增强的应用程序管理功能。

（6）社区支持：由于其受欢迎程度和优势，Rkt 在用户和开源开发人员社区中发展了强大的力量，使大多数问题都得以解决。其有通用的文档支持。#Coseos IRC 频道上也有 CoreOS 用户论坛。Docker 由于拥有大量用户，也具有通用的社区支持。在 Docker官方网站上，可以了解有关 Docker 的更多信息，并了解很多问题及其社区支持。

（7）安全性：Rkt 借助 KVM 容器隔离、TPM 集成、SELinux 支持、镜像签名验证及权限拆分等功能，成为高安全要求使用场景下的重要容器引擎选项之一。在共用内核的前提下，Docker 主要通过内核的命名空间和 cgroups 两大特性达到容器隔离与资源限制的目的，命名空间实现轻量级的系统资源隔离，而 cgroups 可为每个容器公平分配系统资源，如 CPU 和内存等。在 Docker 中，每个容器还具有自己的网络堆栈，这意味着出错的容器将无法访问外部网络及另一个容器的接口。

7.3.3 Rkt 的基本使用方法

Rkt 预装在 CoreOS 系统中，也可以安装在其他 Linux 发行版中，下面以 CentOS 系统为例介绍 Rkt 容器的基本使用方法。安装时可以从 GitHub 网站下载软件包安装，也可以选择压缩包方式安装。

1）下载 Rkt 软件

```
wget https://github.com/rkt/rkt/releases/download/v1.29.0/rkt-v1.29.0.tar.gz
```

2）安装软件

绿色安装，将软件包解压至本地后就可以使用。

```
tar xzvf rkt-v1.29.0.tar.gz
cd rkt-v1.29.0
```

3）检查版本

```
rkt version
rkt Version: 1.29.0
appc Version: 0.8.11
Go Version: go1.8.3
Go OS/Arch: linux/amd64
```

执行 rkt version 命令后程序返回了 Rkt 工具和 AppC 的版本信息，表示软件已经正确安装了。

4）下载镜像

Rkt 对镜像的安全性要求较高，在镜像下载和运行前，需要添加镜像发布者的公共密钥，用来验证镜像信息，避免不安全的镜像来源。

下面的命令用于添加 CoreOS 的签名信息。

```
rkt trust --prefix=coreos.com/etcd
Prefix: "coreos.com/etcd"
Key: "https://coreos.com/dist/pubkeys/aci-pubkeys.gpg"
GPG key fingerprint is: 8B86 DE38 890D DB72 9186    7B02 5210 BD88 8818 2190
CoreOS ACI Builder
Are you sure you want to trust this key (yes/no)? yes
Trusting "https://coreos.com/dist/pubkeys/aci-pubkeys.gpg" for prefix "coreos.com/etcd".
Added key for prefix "coreos.com/etcd" at "/etc/rkt/trustedkeys/prefix.d/coreos.com/etcd/8b86de38890
ddb7291867b025210bd8888182190"
```

Rkt 使用 Content Addressable Storage（CAS）来在本地存放镜像。下载后的镜像会存放在/var/lib/rkt/cas/blob/sha512/仓库目录中，并以 SHA512 哈希值作为镜像的文件名。对于私有仓库，需要提供用户名和密码等认证信息；Rkt 支持通过配置文件提供多种认证信息。如下代码为在/etc/rkt/auth.d/目录下添加一个认证信息配置文件。

```
/etc/rkt/auth.d/coreos-basic.json:
{
"rktKind": "auth",
"rktVersion": "v1",
"domains": ["coreos.com", "tectonic.com"],
"type": "basic",
"credentials": {
"user": "foo",
"password": "bar"
}
}
```

Rkt 也可以支持下载运行 Docker 镜像，需要在镜像路径前面加上 docker://。由于 Docker 镜像是没有签名认证机制的，因此需要添加--insecure-options=image 参数。下面的命令为下载 Ubuntu 的 Docker 镜像。

```
rkt fetch --insecure-options=image docker://ubuntu
```

5）查询下载的镜像

使用"rkt image list"命令可以显示本地的镜像信息。

```
rkt image list
ID      NAME        SIZE        IMPORT TIME        LAST USED
sha512-e78ef9eacd30        registry-1.docker.io/library/ubuntu:latest        86MiB        27 seconds ago
27 seconds ago
```

6）运行容器

运行容器的命令是"rkt run"，参数是镜像的命名或者镜像的哈希值或者镜像的完整地址。

```
rkt run --interactive docker://ubuntu
root@rkt-05575170-463c-480e-bc69-54f964f85d1a:/#        Container        rkt-05575170-463c-480e-bc69-
54f964f85d1a terminated by signal KILL.
```

容器启动后会自动运行镜像制作时指定的入口程序，按 3 次"Ctrl+]"组合键会退出当前容器。"--interactive"表示启用交互模式，后台运行镜像需要使用"&"。

7）查询容器运行信息

查询容器运行信息的命令是"rkt list"。

```
rkt list
UUID      APP       IMAGE NAME STATE      CREATED STARTED       NETWORKS
4fa62eee          ubuntu   registry-1.docker.io/library/ubuntu:latest          running 23 seconds ago    23
seconds ago    default:ip4=172.16.28.7
```

8）更多功能

通过"rkt help"命令可以查询支持的命令和参数，常用的命令如下。

enter：进入容器的命名空间。

export：将容器内容输出至 ACI 文件中。

image rm：删除镜像。

rm：删除容器相关的资源和文件。

status：检查容器的状态。

stop：停止容器的运行。

7.4 其他容器技术

7.4.1 Garden 容器技术

2011 年，Cloud Foundry 启动了 Warden 项目。Warden 可以作为守护进程运行，并为容器管理提供高级 API，从而在任何操作系统上隔离环境。其以"Client/Server"模型开发，用于跨多个主机管理容器集合。Warden 还包括一个管理 cgroups、命名空间和进程生命周期的服务。

在 Cloud Foundry 的下一代 PaaS 项目 Diego 中，Pivotal 团队对于 Warden 进行了基于 Golang 的重构，并建立了一个独立的项目 Garden。在 Garden 中，容器管理的功能从 Server 代码里分离出来，即 Server 部分只负责接收协议请求，而原先的容器管理则交给 Backend 组件，包括将接收到的请求映射为 Linux 操作。

1. Garden 的基本架构

Garden 的基本架构如图 7-5 所示。

Garden 以 Go 语言对 Warden 进行重新编码，并为 Diego 提供容器技术。Garden 是一个与平台无关的高级 API，用于容器创建和管理，具有可插入的后端，可用于许多不同的平台和运行时。Docker 最成功的一点正是友好的 API 和以此为基础的扩展能力，值得注意的是，RESTful 风格的 API 也被引入 Garden 中。

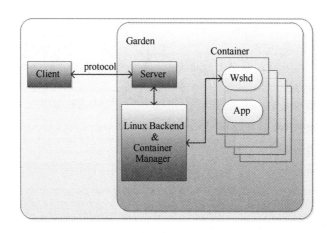

图 7-5　Garden 的基本架构

2. Garden 的内部组件

（1）Namespace：容器化应用依然通过 Namespace 来定义它所能使用的资源。最简单的例子是，应用的运行需要监听指定的端口，而传统方法中这个端口必须在全局的 host 网络 Namespace 上可见。为了避免应用互相之间出现端口冲突，Garden 服务需要设置一组 Namepace 来隔离每个应用的 IP 和 port（网络 Namespace）。需要再次强调，容器化的应用资源隔离不同于传统的虚拟化技术，虽然我们在说容器，但我们并没有去创建什么，而是为实实在在运行着的应用进程划分了属于自己的"命名空间"。

Garden 使用了除用户 Namespace 之外的所有 Namespace 技术。具体实现是使用挂载 Namespace 的方法来用用户目录替换原 host 的 root 文件系统（使用 pivot_root 指令），然后卸载这个 root 文件系统，使得从容器不会直接访问该目录。

（2）ResourceControl：被限制运行在 Namespace 中的应用可以在这个"匿名的操作系统"环境中自由地使用类似于 CPU 和 MEM 这样的资源，但应用仍然是直接访问系统设备的。Linux 提供了一系列 cgroups 来将进程划分为层级结构的组，然后将它们限制到不同的约束中。这些约束由 cgroups 中的 Resource Controllers 来实现并负责与 kernel 子系统进行交互。例如，Memory Resource Controller 可以限制 cgroups 中的进程在真实内存中使用的页数，从而确保这些进程在超出限制后被停止。

Garden 使用了五种资源控制：cpuset（CPUs and memory nodes）、cpu（CPU bandwidth）、cpuacct（CPU accounting）、devices（device access）和 memory（memoryusage），并通过这些资源控制堆为每一个容器设置一个 cgroups。所以，容器中的进程将被限制在 Resource Controllers 指定的资源数下运行。

此外，Garden 还使用 setrlimit 系统调用来控制容器中进程的资源使用；使用 setquota 来为容器中的用户设置配额。

（3）NetworkingFacilities：简单来说，每个容器都运行在独立的网络 Namespace 中，Garden 负责控制进出容器的网络流量。Garden 会创建一对 veth（虚拟网卡）设备，为它们分配 IP，然后将其中的一个放到容器的网络 Namespace 中。接下来，Garden 会设置 IP 路由表来保证 IP 包能够正确地传入或传出容器。最后，网络包过滤规则会为容器创建防火墙来限制 inbound 和 outbound 的流量。

7.4.2　Kata 容器技术

Kata 容器是一个由 OpenStack 基金会管理，但独立于 OpenStack 的开源项目，其整合了 Intel Clear Containers 和 Hyper runV 容器技术及相关资源，能够支持不同平台的硬件（x86、x64、ARM 等），并符合 OCI 规范，同时可以兼容 Kubernetes 的 CRI（Container Runtime Interface）规范。

Kata 最大的亮点是解决了传统容器共享内核的安全和隔离问题，办法是让每个容器运行在一个轻量级的虚拟机中，使用单独的内核。每个容器可以运行在自己的虚拟机中，并拥有自己的 Linux 内核。Kata 使用轻量级虚拟机来构建安全的容器运行时环境，这些虚拟机的性能如同容器，Kata 使用硬件虚拟化技术作为第二层防御，提供更强大的工作负载隔离，一个容器无法访问另一个容器的内存。

1. Kata 的基本架构

从 Docker 架构上看，Kata 和 runC 是平级的。Docker 只是管理容器生命周期的框架，最早使用 LXC 启动容器，然后使用的是 runC，现在也可以通过 Kata 完成此项工作。所以，Kata 可以当作 Docker 的一个插件，并可以通过 Docker 命令启动 Kata。

runC 是 Linux 上的运行时规范参考实现，它在生成容器时使用标准的 Linux 内核功能，比如 AppArmor、capabilities、控制组、seccomp、SELinux 和命名空间，以控制权限和进出容器的数据流动。Kata 容器通过将容器包装在虚拟机中对此进行了扩展。

Kata 和 runC 架构对比如图 7-6 所示。

（a）Kata　　　　　　　　　　　　　　　（b）runC

图 7-6　Kata 和 runC 架构对比

2. Kata 的内部组件

下面介绍 Kata 的四个组件：Agent、Shim、Proxy 和 Runtime，每创建一个容器就会创建一个 Proxy、Agent 和 Shim，而 Runtime 只有一个。

（1）Agent：Kata-Agent 运行在 guest 中，管理容器和处理容器的运行。Kata-Agent 的执行单元是定义了一系列命名空间的沙盒。每个虚拟机可以运行多个容器，支持 Kubernetes 一个 Pod 运行多个容器的需求。不过在目前的 Docker 中，Kata-Runtime 只支持一个 Pod 运行一个容器。Kata-Agent 通过 gRPC 和其他 Kata 组件通信。Kata-Agent 使用 libcontainer 管理容器的生命周期，也就复用了 runC 的大部分代码。

（2）Runtime：Kata-Runtime 是一个 OCI 兼容的容器运行时，负责处理 OCI 运行时规范指定的所有命令并启动 Kata-Shim 实例。Kata-Runtime 的配置文件是/usr/share/defaults/kata-containers/configuration.toml，可以根据实际需求修改，以下摘取了一部分参数。

```
[hypervisor.qemu]
path = "/usr/bin/qemu-lite-system-x86_64"
kernel = "/usr/share/kata-containers/vmlinuz.container"
initrd = "/usr/share/kata-containers/kata-containers-initrd.img"
machine_type = "pc"
kernel_params = ""
firmware = ""
machine_accelerators=""
default_vcpus = 1
default_maxvcpus = 0
default_bridges = 1
block_device_driver = "virtio-scsi"
[proxy.kata]
path = "/usr/libexec/kata-containers/kata-proxy"
[shim.kata]
path = "/usr/libexec/kata-containers/kata-shim"
[runtime]
internetworking_model="macvtap"
```

① machine_type：Kata 容器支持多种机器类型，如 x86 上的 pc、q35，ARM 上的 virt，IBM Power 上的 pseries，默认是 pc。

② internetworking_model：虚拟机和容器之间的连接方式，除了 macvtap，也可以配置成 bridge，但 bridge 不能工作在 macvlan 和 ipvlan 场景下。

（3）Proxy：Kata-Proxy 给多个 Kata-Shim 和 Kata-Runtime 客户端提供对 Kata-Agent 的访问，它的主要作用是在每个 Kata-Shim 和 Kata-Agent 之间路由 I/O 流和信号。Kata-Proxy 连接到 Kata-Agent 的 UNIX 域套接字上，这个套接字是在 Kata-Proxy 启动时由 Kata-Runtime 提供的。

（4）Shim：Runtime 运行在宿主机上，不能直接监控运行在虚拟机里的进程，最多只能看到 QEMU 进程。所以，对 Kata 容器来说，Kata-Shim 扮演了监控容器进程的角色。Kata-Shim 需要处理容器的所有 I/O 流，包括 stdout、stdin 和 stderr，以及转发所有要发送出去的信号。

7.5 容器编排系统

在现代开发中，整体式的应用早已成为过去时，如今的应用由数十乃至数百个松散结合的容器式组件构成，而这些组件需要通过相互间的协同合作来使既定的应用按照设计运作。Docker 等主流容器工具都包含很多工具来满足单个主机的容器生命周期管理需求，但面对容器集群化管理显得办法不多，容器编排工具应运而生。

容器编排是指对单独组件和应用层的工作进行组织的流程。容器编排工具通过对容器服务的编排，决定容器服务之间如何进行交互，允许用户指导容器部署与自动更新、运行状况监控及故障转移等步骤。虽然诸如 Apache Mesos、Google Kubernetes 及 Docker Swarm 等容器编排平台均有其特定的容器管理方法，但所有的容器编排引擎均可让用户控制容器启动和停止的时间、将其分组合到集群中，以及协调应用组合的流程。

本节将一一介绍当前主流的容器编排工具。

7.5.1　Google Kubernetes

Docker 解决了打包和隔离的问题，但在 Docker 集群中仍需要解决调度、生命周期、健康状况、服务发现和容器的监控、认证、聚合等问题，Google Kubernetes 的出现为这些问题提供了解决方案。Google 于 2014 年开始了 Kubernetes 开源项目，并立刻获得了诸如 Red Hat、Cisco、华为等大公司的支持。当前，Kubernetes 支持 GCE、vShpere、CoreOS、OpenShift、Azure 等平台，也可以直接运行在物理机上。我国还出现了以 Kubernetes 为技术基础的"集群即服务"大数据云平台（如 Caicloud）。Kubernetes 将多个主机和在它们上面运行的 Docker 组成一个集群，并在集群内部提供了诸多机制来进行应用部署、调度、更新、维护和伸缩。同时，Kubernetes 是一个开放的容器调度管理平台，不限定任何一种言语，支持 Java、C++、Go、Python 等各类应用程序，能够提供应用部署、维护、扩展机制等功能，方便开发者管理跨机器运行的容器化应用。

Kubernetes 已然成为容器编排工具中的重要一员，它支持多层安全防护、准入机制、多租户应用支撑、透明的服务注册、服务发现、内建负载均衡、强大的故障发现和自我修复机制、服务滚动升级和在线扩容、可扩展的资源自动调度机制、多粒度的资源配额管理能力，具备完善的管理工具，包括开发、测试、部署、运维监控，是一站式的完备的分布式系统开发和支撑平台。

1. Kubernetes 的发展历史与核心功能

在 2000 年年初，Google 开始使用容器技术，同时意识到应用程序容器化后的核心瓶颈在于大规模的容器管理。Google 因此在十年间研发了 Borg 集群管理系统，用于管理 Google 内部近百个数据中心和逾百万台服务器。2014 年年初，随着云计算市场的火爆和 Docker 开源项目的兴起，Google 决定将其"秘密武器"Borg 系统进行重新实现并开源，以此来吸引技术圈的认可和个人、企业开发者对于 Google 云计算的追捧。作为重要的里程碑，Kubernetes 于 2015 年 7 月实现了可付诸生产使用的 1.0 版本，至今已经积累了诸如美国高盛、eBay、华为等大批龙头企业用户。

Kubernetes 提供了如下分布式系统所需的核心功能。

（1）动态任务调度。在一个 Kubernetes 集群内部，调度器会动态、自动、智能地为不同的应用选择合适的机器来运行。调度算法会根据每个主机当前的物理资源情况进行优化，实现物理资源利用率最大化，并保证各主机的流量平均分配，不会造成局部热点。

（2）模块、服务间的自动服务发现。当多个应用如 Redis、Mongo、Nginx 等通过 Kubernetes 调度器自动部署在集群中运行时，Kubernetes 集群管理平台会自动为这些组件进行"服务注册"，冠以诸如"redis-cluster""mongo-cluster"等名称。其他应用（如Java、Golang 等）如需访问 Redis 或 Mongo，只需要引用"redis-cluster""mongo-cluster"即可，而无须使用其真实 IP 地址。因此，在不同的环境切换时（如从测试到生产），以及随着主机的重启或更换导致底层 IP 地址变化时，应用程序也无须做任何修改就可做到无缝迁移，极大地减少了环境配置和人工操作带来的成本与风险。

（3）多副本负载均衡与弹性伸缩。为了应对互联网应用的突发情况和难以预测的用户流量，通过 Kubernetes 部署应用时可指定所需要的副本数量，如运行 10 个 Nginx 实例。Kubernetes 平台会自动创建指定个数的应用实例，并且：

① 对应用进行实时监测，保证任何时候都有指定数量的实例在运行。如果由于主机故障导致两个 Nginx 实例失效，Kubernetes 会主动创建两个新的 Nginx 实例来保证高可用性。

② 当其他服务需要访问 Nginx 时，无须直接绑定 10 个实例中的任何一个 IP 地址，而是可以通过上述服务名称（如"Nginx"）来访问。Kubernetes 平台会自动将请求按照一定的负载均衡策略转发至 10 个实例中的合适实例。

③ 用户还可以通过 Kubernetes 接口配置自动伸缩策略。例如，当 CPU 利用率超过60%时，自动将 Nginx 从 10 个实例扩展到 20 个实例。

（4）自我修复与故障应对。Kubernetes 成功的一个原因是它的自动化故障转移和自愈能力，这些功能使它成为云原生应用开发的优选平台之一。自动化故障转移功能使Kubernetes 可以检测容器、节点、Pod 和整个集群环境中出现故障的情况。一旦检测到故障，它会自动重启容器或重新调度 Pod 以确保应用可用。这种自动化的故障转移机制大大提高了系统的可靠性，减少了应用程序的宕机时间。此外，Kubernetes 有一些自愈机制，可以自动检测和修复 Pod 中的故障或异常情况。这些机制包括 Liveness 和Readiness 探针、Pod 健康检查等。

（5）配置管理。一个复杂的生产系统中存在诸多配置，除了不同组件的 IP 地址、端口，还有应用程序的配置文件、中间件的配置文件等。Kubernetes 提供配置管理服务，实现应用与配置的分离。用户可以将不同环境下的 Jetty 配置文件、数据库密码、环境变量等配置放入每个集群内统一的配置服务中，并为每个配置项取名字（如"JETTY_CONFIG_FILE""DB_PASSWORD"等），而后应用可通过这些名字在运行时获取与环境相关的配置信息。

2. Kubernetes 的设计理念

（1）声明性设计：Kubernetes 采用了"声明式"（Declarative）而非"祈使式"（Imperative）的管理方法，让系统的配置和管理变得更简单、一致和可控。Kubernetes的用户只需要通过高层的语言对系统所要达到的效果进行描述，Kubernetes 系统自身就能读懂用户的需求并保证用户的目标得以满足。

（2）追求简单化：吸取了 Google 从其内部工具 Borg 中获得的教训，Kubernetes 追求简单的 API 设计和系统架构，让用户和开发者可以更好地对系统进行深度理解并进行二次开发或定制。

（3）用标签代替层级：一个复杂的系统中存在诸多资源，这些资源之间往往存在错综复杂的关系。传统方法往往通过引入层级或树状结构来表示资源之间的相互关系，但这种方法不灵活且实现复杂。Kubernetes 采用了标签的方式，用户或管理员可以灵活地为系统中的资源、组件（节点、容器等）打任意的"标签"，而一个标签是一个key:value 键值组，如 environment: production。Kubernetes 同时提供标签搜索的 API，让用户可以按照自己的需求通过标签对资源进行分组、筛选。

（4）可扩展、模块化：Kubernetes 秉承模块化设计理念，其中的众多核心模块都可以以接口匹配的形式进行插拔、替换。例如，在不同的场景、业务流量下，可以使用不同的调度器和调度算法；在不同的网络环境下，可以采用不同的容器之间的互联方案；在不同的存储环境下，可以为应用容器提供不同的存储后端。

（5）以服务为中心：Kubernetes 奉行"以服务为中心"，系统中的容器、应用被抽象为一个个"服务"，后续的众多管理都以服务为中心，并为服务管理提供众多便利，如自动服务注册、服务发现等。

3. Kubernetes 的架构组成

一个 Kubernetes 集群主要包含集群节点和控制层两部分（见图 7-7），其中主要的模块如下。

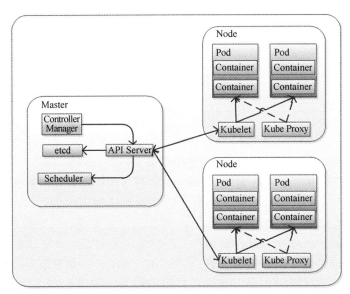

图 7-7　Kubernetes 的集群架构

（1）Kubernetes 控制层（Master）：Kubernetes 控制面板包含众多组件，以保证集群的节点之间形成一个有机的整体。控制层主要包含如下组件，这些组件既可以运行在同一个物理节点上，也可以分布式地运行在多个节点上，实现高可用性。

① etcd：Kubernetes 采用开源的 etcd 模块负责持久化存储集群中的控制状态和数据，如集群中的服务列表、任务调度状态等。由于集群中的核心数据都持久化存储在etcd 中，因此其他的模块实现了"无状态化"，即因故障重新启动后仍可以快速恢复到重启前的状态。同时，etcd 还提供 watch 功能，使得集群中的各协作的组件可以在集群

数据、状态发生更改时很快被通知到。

② API Server：Kubernetes 提供基于 HTTP 的 RESTful API，这些 API 由 API Server 提供服务。Kubernetes API 提供简单的"增、删、改、查"接口，便于用户和 Kubernetes 自身的内部组件对系统状态进行查询与修改。API Server 还负责系统的安全认证和准入机制把控。

③ 任务调度器 Scheduler：Kubernetes 实现了对任务的自动优化调度，而无须人工指定哪个应用运行在哪个节点上。Kubernetes 支持自定义的调度器 Scheduler，开发者可以根据不同的业务类型和场景编写最优的调度器，只要满足 Kubernetes 的 Scheduler 接口即可。

④ Controller Manager：Kubernetes 中的 Controller Manager 用来管理众多的内部控制器，如节点控制器（Node Controller）、冗余控制器（Replication Controller）等。节点控制器负责管理 Kubernetes 中的节点健康，冗余控制器可保证系统中的应用、服务的后台有足够数量的实例个数来支持高并发和高可用。

（2）集群节点（Node）：Kubernetes 的集群节点负责真正的运行容器应用并承载系统业务。每个节点运行着 Docker，Docker 负责处理下载镜像，运行容器的细节。除此之外，集群节点还包含 Kubelet、Kube Proxy 等组件。

① Kubelet：负责管理 Pod 和它们的容器、镜像、数据卷等。它会定期从 etcd 获取分配到本机的 Pod，并根据 Pod 信息启动或停止相应的容器。同时，它也会接收 API Server 的 HTTP 请求，汇报 Pod 的运行状态。

② Kube Proxy：每个节点上运行着一个简单的网络代理和负载均衡器，负责为 Pod 提供代理。它会定期从 etcd 获取所有的服务，并根据服务信息创建代理。当某个客户 Pod 要访问其他 Pod 时，访问请求会经过本机 Proxy 转发。这反映了定义在 Kubernetes API 中的每个节点的服务能通过简单的 TCP 和 UDP 流转发（轮流的方式）到一组后端。服务的端点现在是通过 DNS 或者环境变量来发现的。

（3）操作单元（Pod）：Pod 是 Kubernetes 最基本的操作单元，包括一个或多个紧密相关的容器，一个 Pod 可以被一个容器化的环境看作应用层的"逻辑宿主机"。一个 Pod 中的多个容器应用通常是紧耦合的。Pod 在节点上被创建、启动或者销毁。

为什么 Kubernetes 使用 Pod 在容器之上再封装一层呢？一个很重要的原因是 Docker 容器之间的通信受到 Docker 网络机制的限制。在 Docker 容器生态中，一个容器需要通过链接（Link）方式才能访问另一个容器提供的服务（端口），大量容器链接是一项非常繁重的工作。通过 Pod 的概念将多个容器组合在一个虚拟的"主机"内，容器之间仅通过 localhost 就能相互通信了。

一个 Pod 中的应用容器共享一组资源，包括：

① pid 命名空间：Pod 中的不同应用程序可以看到其他的进程 pid；

② 网络命名空间：Pod 中的多个容器能够访问同一个 IP 和端口范围；

③ IPC 命名空间：Pod 中的多个容器能够使用 systemV IPC 或 POSIX 消息队列进行通信；

④ UTS 命名空间：Pod 中的多个容器共享一个主机名；

⑤ Volumes（共享存储卷）：Pod 中的各容器可以访问在 Pod 级别定义的 Volumes。

Label 是 Kubernetes 系统中的一个核心概念。Label 以 key/value 键值对的形式附加到各种对象上，如 Pod、Service、RC、Node 等。Label 定义了这些对象的可识别属性，用来对它们进行管理和选择。Label 可以在创建对象时附加到对象上，也可以在对象创建后通过 API 进行管理。

4. 基于 Kubernetes 容器集群的大数据平台搭建

下面以在 Kubenretes 上搭建一个有主从结构的 Spark 集群为例，简要介绍 Kubernetes 的核心概念、运行高可用性应用的基本方法，以及基于 Kubernetes 搭建大数据平台的实践。

（1）为 Spark 应用创建命名空间：Kubernetes 通过命名空间将底层的物理资源划分成若干逻辑的"分区"，而后续所有的应用、容器都被部署在一个具体的命名空间中。每个命名空间可以设置独立的资源配额，保证不同命名空间中的应用不会相互抢占资源。此外，命名空间对命名域实现了隔离，因此，两个不同命名空间中的应用可以起同样的名字。创建命名空间需要编写一个 yaml 文件，为 Spark 集群应用创建命名空间所需要的 namespace-spark-cluster.yaml 文件可参考如下代码。

```
apiVersion: v1
kind: Namespace
metadata:
    name: "spark-cluster"
    labels:
        name: "spark-cluster"
```

随后，可以通过如下命令来实际创建命名空间（kubectl 是 Kubernetes 自带的命令行工具）。

```
kubectl create -f namespace-spark-cluster.yaml
```

（2）为 Spark Master 创建 Replication Controller：Kubernetes 追求高可用性设计，通过 Replication Controller 来保证每个应用时时刻刻会有指定数量的副本在运行。例如，通过编写一个 Replication Controller 来运行一个 Nginx 应用，就可以在 yaml 中指定 5 个默认副本。Kubernetes 会自动运行 5 个 Nginx 副本，并在后期对每个副本进行健康检查（可以支持自定义的检查策略）。当发现有副本不健康时，Kubernetes 会通过自动重启、迁移等方法保证 Nginx 会时刻有 5 个健康的副本在运行。Spark Master 节点的 Replication Controller 的 spark-master-controller.yaml 文件（通过"replicas: 1"指定一个副本）可参考如下代码。

```
kind: ReplicationController
apiVersion: v1
metadata:
name: spark-master-controller
spec:
    replicas: 1
    selector:
        component: spark-master
    template:
```

```
        metadata:
          labels:
            component: spark-master
      spec:
        containers:
          - name: spark-master
            image: index.caicloud.io/spark:1.5.2_v1
            command: ["/start-master"]
            ports:
              - containerPort: 7077
              - containerPort: 8080
            resources:
              requests:
                cpu: 100m
```

随后，可以通过如下命令来实际创建 Replication Controller。

```
kubectl create –f spark-master-controller.yaml
```

（3）为 Spark Master 创建 Service：Kubernetes 追求以服务为中心，并推荐为系统中的应用创建对应的 Service。以 Nginx 应用为例，当通过 Replication Controller 创建了多个 Nginx 实例（容器）后，这些不同的实例可能运行在不同的节点上，并且随着故障和自动修复，其 IP 可能会动态变化。为了保证其他应用可以稳定地访问 Nginx 服务，可以通过编写 yaml 文件为 Nginx 创建一个 Service，并指定该 Service 的名称（如 nginx-service）；此时，Kubernetes 会自动在其内部一个 DNS 系统中（基于 SkyDNS 和 etcd 实现）为其添加一个 A Record，名字就是"nginx-service"。随后，其他的应用可以通过 nginx-service 自动寻址到 Nginx 的一个实例（用户可以配置负载均衡策略）。

Spark Master 节点的 spark-master-service.yaml 文件可参考如下代码。

```
kind: Service
apiVersion: v1
metadata:
name: spark-master
spec:
  ports:
    - port: 7077
      targetPort: 7077
  selector:
    component: spark-master
```

随后，可以通过如下命令来实际创建 Service。

```
kubectl create –f spark-master-service.yaml
```

（4）创建 Spark WebUI：如上所述，Service 会被映射到后端的实际容器应用上，而这个映射是通过 Kubernetes 的标签及 Service 的标签选择器实现的。例如，可以通过 spark-web-ui.yaml 文件（代码如下）来创建一个 WebUI 的 Service，而这个 Service 会通过"selector: component: spark-master"把 WebUI 的实际业务映射到 Master 节点上。

```
kind: Service
```

```
apiVersion: v1
metadata:
    name: spark-webui
    namespace: spark-cluster
spec:
    ports:
        - port: 8080
          targetPort: 8080
    selector:
        component: spark-master
```

随后，可以通过如下命令来实际创建 Spark WebUI。

```
kubectl create –f spark-web-ui.yaml
```

（5）创建 Spark Worker：通过一个 Replication Controller 来建立 5 个 Spark Worker
（代码如下）。其中，注意为每个 Worker 节点设置 CPU 和内存的配额，保证 Spark 的
Worker 应用不会过度抢占集群中其他应用的资源。

```
kind: ReplicationController
apiVersion: v1
metadata:
    name: spark-worker-controller
spec:
    replicas: 5
    selector:
        component: spark-worker
    template:
        metadata:
            labels:
                component: spark-worker
        spec:
            containers:
                - name: spark-worker
                  image: index.caicloud.io/spark:1.5.2_v1
                  command: ["/start-worker"]
                  ports:
                      - containerPort: 8081
                  resources:
                      requests:
                          cpu: 100m
```

随后，可以通过如下命令来实际创建 Spark Worker。

```
kubectl create -f spark-worker.yaml
```

至此，一个单 Master、多 Worker 的 Spark 集群就配置完成了。

7.5.2 Docker Swarm

Docker Swarm 是 Docker 官方原生容器编排工具，使用标准的 Docker API，能够

提供 Docker 容器集群服务，是 Docker 官方对容器云生态进行支持的核心方案。通过 Swarm，用户可以将多个 Docker 主机封装为单个大型的虚拟 Docker 主机，快速打造一套容器云平台。在 Docker 1.12.0 之后的版本中，Swarm 被内嵌入 Docker 引擎，变成了 Docker 的子命令 Docker Swarm，同时这些版本中内置了 KV 存储功能，提供了众多新特性，采用具有容错能力的去中心化设计，内置服务发现、负载均衡、路由网络、动态伸缩、滚动更新、安全传输等功能。

1. Swarm 的基本架构

Swarm 的基本架构很简单：每个主机运行一个 Swarm 代理，一个主机运行 Swarm 管理器（在测试的集群中，这个主机也可以运行代理），这个管理器负责主机上容器的编排和调度。Swarm 能以高可用性模式（etcd、Consul 或 ZooKeeper 中任何一个都可以用来将故障转移给后备管理器处理）运行。当有新主机加入集群时，有几种不同的方式来发现新加的主机：在 Swarm 中是 discovery，默认情况下使用的是 token，也就是在 Docker Hub 上会存储一个主机地址的列表。

Swarm 的系统架构如图 7-8 所示。

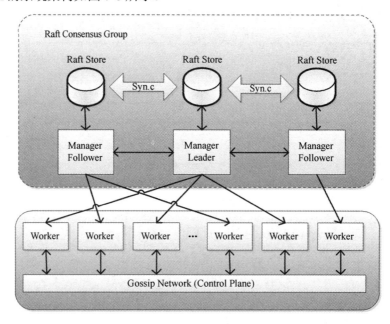

图 7-8　Swarm 的系统架构

2. Swarm 的核心概念

1）节点（Nodes）

Swarm 是一系列节点的集合，而节点可以是一台裸机或者一台虚拟机。每台加入 Docker Swarm 的主机即一个节点，管理节点（Manager 节点）可以是执行节点（Worker 节点），也可兼具这两个角色。当部署服务到 Swarm 集群时，将一个 Service 提交到 Manager 节点，Manager 节点会被 Service 拆分成 Task（Swarm 中最小的粒度，可能仅包含一个容器），分发到 Worker 节点，Worker 节点执行接收到的 Task，完成部署，

Manager 节点监听 Service 的状态。

（1）Manager 节点。Docker Swarm 集群需要至少一个 Manager 节点，节点之间使用 Raft Consensus 协议进行协同工作。

通常，第一个启用 Docker Swarm 的节点将成为 Leader，后来加入的都是 Follower。当前的 Leader 如果失效，剩余的节点将重新选举一个新的 Leader。

每个 Manager 节点都有一个完整的当前集群状态的副本，可以保证 Manager 节点的高可用性。

（2）Worker 节点。Worker 节点是运行实际应用服务的容器所在地。理论上，一个 Manager 节点也能同时成为 Worker 节点，但在生产环境中，我们不建议这样做。

Worker 节点之间通过 Control Plane 进行通信，这种通信使用 Gossip 协议，并且是异步的。

2）Stack、Service 和 Task

在集群中，一个 Service 定义了很多执行在 Worker 节点与 Manager 节点上的 Task。Stack、Service 和 Task 之间的关系如图 7-9 所示。

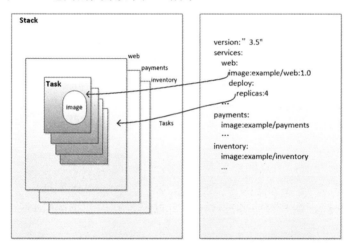

图 7-9　Stack、Service 和 Task 之间的关系

（1）Service。Swarm Service 是一个抽象的概念，它只是一个对运行在 Swarm 集群上的应用服务所期望状态的描述。创建一个 Service 时需要指定 Docker 镜像，以及执行的命令或参数，当使用 Replicated Services 模式时，Manager 节点分发指定的 Scale 因子数的复制 Task 到一个 Worker 节点上；当使用 Global Services 模式时，则为集群中每个 Worker 节点创建指定数量的复制 Task。

（2）Task。在 Docker Swarm 中，Task 是一个部署的最小单元，Task 与容器是一对一的关系。每个 Task 承载着一个运行着应用服务的容器，Manager 节点通过设置的 Scale 因子数分配 Task 到执行节点上，一个 Task 只能运行在一个 Worker 节点中，只有运行与失败两个状态。

（3）Stack。Stack 是描述一系列相关 Service 的集合。在一个 yaml 文件中定义一个

Stack。

3）负载均衡（Load Balancing）

Swarm Manager 通过入口负载均衡（Ingress Load Balancing）暴露的端口作为负载均衡策略。它默认会为 Service 分配一个未被占用的端口，称为 Published Port（也可自行指定），范围在 30000～32767，外部服务访问 Published Port 以访问运行中的 Task。同时，Swarm 会将所有集群内的请求转发到正常运行的节点上。

3. Swarm 的设计特性

（1）集群管理与 Docker 集成：在 Docker 1.12 版本之后，Docker Swarm 不再作为单独的集群管理软件，而是直接集成到 Docker Engine 中。

（2）去中心化：用户可以将 Docker 镜像部署到一台或多台服务器上。

（3）声明式服务模式：用户可以使用声明式的方法定义一套应用 Stack。

（4）扩展：用户可以指定 Task（Swarm 的最小粒度）的数量，简单理解就是容器数。

（5）状态自动调节（Desired State Reconciliation）：Swarm Manager 角色会不断地检查服务与其副本的状态，当有副本不可用时，会创建新的副本替换不可用副本，以保证可用性。

（6）多主机网络：当为 Swarm 集群指定 Overlay 网络时，Swarm 自动为容器指定 Overlay 网络的 IP。

（7）服务发现：Docker Swarm 的 Manager 节点会为 Service 分配唯一 DNS 名称与负载均衡，Docker Swarm 内置了 DNS Server。

（8）负载均衡：除了自动的负载均衡，还可以使用自定义的负载均衡器转发各 Service 对外暴露的端口。

（9）默认安全通信：节点间通信默认强制使用 TLS 加密，可使用自签发的密钥或 CA 组织发的证书。

（10）滚动升级：在升级服务过程中，可以配置延迟部署的时间，如果出现问题，可以快速还原之前的版本。

4. Swarm 的集群管理实践

使用 Docker Machine 结合 VirtualBox 来创建多台 Docker 虚拟机，基本步骤如下。

1）创建虚拟机

创建 Docker 虚拟机，代码如下。

```
# for NODE in `seq 1 5`; do docker-machine create --driver virtualbox "node-${NODE}"; done
```

创建完成后可以通过"docker-machine ls"命令查看。

2）创建 Swarm 集群

按照下面的脚本创建 Swarm 集群，当然也可以用命令手动逐个创建。

```
#!/bin/bash

# 这个脚本用于在创建了 5 个 docker 虚拟机之后，创建 swarm 集群。
# 集群内配置如下：node-1 为 manager leader，node-2 和 node-3 为 manager follower
```

```
# node-4 和 node-5 为 worker

export IP=$(docker-machine ip node-1)
#ssh 登录到 node-1，让它成为 swarm leader
docker-machine ssh node-1 docker swarm init --advertise-addr $IP
#获取 leader 的 token，方便后面其他主机加入
export JOIN_TOKEN=$(docker-machine ssh node-1 docker swarm join-token worker -q)
for NODE in 'seq 2 5'
do
    docker-machine ssh node-${NODE} docker swarm join --token ${JOIN_TOKEN} ${IP}:2377
done
#将 node-2 和 node-3 主机提权为 manager
docker-machine ssh node-1 docker node promote node-2 node-3
```

完成后，可以使用 "docker-machine ssh node-1 docker node ls" 命令在 node-1 上查看当前集群节点的信息。

3）在集群上部署一个单 Service 的 Stack

通过使用这 5 台虚拟机组成的集群来实践一个集群管理案例。一个 Stack 是所有相关 Service 的集合，它组成了一个完整的应用服务。可以通过 yaml 文本来定义一个 Stack，代码如下。

```
version: "3.5"
services:
  Fuwu:   #服务的名称
    image: training/whoami:latest   #使用的镜像
    networks:
      - test-net  #使用了一个自定义的网络
    ports:
      - 81:8000   #将主机端口 81 映射至容器内的 8000 端口
    deploy:
      replicas: 6   #运行 6 个副本（也就是 task，对应 6 个容器）
      update_config:   # 升级策略
        parallelism: 2   #每 2 个 task 为一组进行升级
        delay: 10s   #当前组升级成功后，延迟 10 秒才开始升级下一组
      labels: #定义了 2 个标签
        app: sample-app
        enviroment: prod-south

networks:
  test-net:
    driver: overlay
```

下面，使用上述配置文件来部署一个集群服务。

```
[root]# docker-machine ssh node-1
# 在 manager leader 上创建上面的 yaml 文件
```

```
docker@node-1:~$ vi stack.yaml
docker@node-1:~$ docker stack deploy -c stack.yaml samle-stack
# 创建过程需要一定的时间，请耐心等待
docker@node-1:~$ docker stack ls
NAME              SERVICES           ORCHESTRATOR
samle-stack       1                  Swarm
docker@node-1:~$ docker service ls
ID      NAME            MODE         REPLICAS   IMAGE                   PORTS
Train1  samle-stack_Fuwu  replicated  6/6        training/ Fuwu:latest   *:81->8000/tcp
```

可以通过"docker@node-1:~$ docker service logs samle-stack_ Fuwu"命令查看
Service 日志。

4）在集群上部署一个多 Service 的 Stack

上面的示例只有一个 Service，下面实践一个多 Service 的 Stack。Stack 配置文件如下。

```
version: "3.5"
services:
  web:
    image: fundamentalsofdocker/ch08-web:1.0
    networks:
      - pets-net
    ports:
      - 3000:3000
    deploy:
      replicas: 3
  db:
    image: fundamentalsofdocker/ch08-db:1.0
    networks:
      - pets-net
    volumes:
      - pets-data:/var/lib/postgresql/data

volumes:
  pets-data:

networks:
  pets-net:
    driver: overlay
```

7.5.3 Apache Mesos

Apache Mesos 是由加州大学伯克利分校的 AMPLab 开发的一款开源集群管理软
件，支持各种微服务应用和包括 Hadoop、ElasticSearch、Spark、Kafka 在内的多种大数
据分布式应用，提供失败侦测、任务发布、任务跟踪、任务监控、低层次资源管理和细
粒度的资源共享能力。目前，Mesos 已经被 Twitter 作为统一资源调度层来管理数据中心。

Mesos 的构造使用了与 Linux 内核相似的规则，仅存在抽象层级的差别。Mesos 从设备（物理机或虚拟机）抽取 CPU、内存、存储和其他物理计算资源，让容错和弹性分布式系统更容易使用。Mesos 能够在同样的集群机器上运行多种分布式系统类型，实现更加动态、更加高效的资源共享。在数据中心应用中，通过 Mesos 可以将整个物理资源整合在同一个虚拟资源池中，并根据上层应用需求动态地调整资源分配。Mesos 内核运行在每台机器上，在整个数据中心和云环境内向应用程序（Hadoop、Spark、Kafka、ElasticSerarch 等）提供资源管理及资源负载的 API。

1. Mesos 的设计特性

（1）可扩展到 10000 个节点。

（2）使用 ZooKeeper 实现 Master 和 Slave 的容错。

（3）支持 Docker 容器。

（4）使用 Linux 容器实现本地任务隔离。

（5）基于多资源（内存、CPU、磁盘、端口）调度。

（6）提供 Java、Python、C++等多种语言 API。

（7）通过 Web 界面查看集群状态。

2. Mesos 的基本架构

Apache Mesos 由四个组件组成，分别是 Mesos-Master、Mesos-Slave、Framework 和 Executor（见图 4-10）。

（1）Mesos-Master：Mesos-Master 是整个系统的核心，负责管理接入 Mesos 的各 Framework（由 Frameworks_Manager 管理）和 Slave（由 Slaves_Manager 管理），并将 Slave 上的资源按照某种策略分配给 Framework（由独立插拔模块 Allocator 管理）。

（2）Mesos-Slave：Mesos-Slave 负责接收并执行来自 Mesos-Master 的命令、管理节点上的 Mesos-Task，并为各 Task 分配资源。Mesos-Slave 将自己的资源量发送给 Mesos-Master，由 Mesos-Master 中的 Allocator 模块决定将资源分配给哪个 Framework。当前考虑的资源有 CPU 和内存两种，也就是说，Mesos-Slave 会将 CPU 个数和内存量发送给 Mesos-Master，而用户提交作业时，需要指定每个任务需要的 CPU 个数和内存量，这样，当任务运行时，Mesos-Slave 会将任务放到包含固定资源的 Linux Container 中运行，以达到资源隔离的效果。很明显，Master 存在单点故障问题，为此，Mesos 采用了 ZooKeeper 解决该问题。

（3）Framework：Framework 是指外部的计算框架，如 Hadoop 等，这些计算框架可通过注册的方式接入 Mesos，以便 Mesos 进行统一管理和资源分配。Mesos 要求可接入的 Framework 必须有一个调度器模块，该调度器负责框架内部的任务调度。当一个 Framework 想要接入 Mesos 时，需要修改自己的调度器，以便向 Mesos 注册，并获取 Mesos 分配给自己的资源，再由自己的调度器将这些资源分配给自己内部的任务。也就是说，整个 Mesos 系统采用了双层调度框架：第一层，由 Mesos 将资源分配给 Framework；第二层，Framework 自己的调度器将资源分配给自己内部的任务。当前 Mesos 支持三种语言编写的调度器，分别是 C++、Java 和 Python。为了向各种调度器提供统一的接入方式，Mesos 内部采用 C++实现了一个 Mesos Scheduler Driver（调度器驱动器），Framework 的调度器可调用该 Driver 中的接口与 Mesos-Master 交互，完成一系列功能（如注册、资源分配等）。

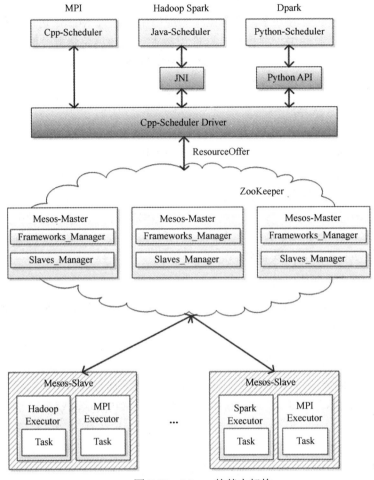

图 7-10　Mesos 的基本架构

（4）Executor：Executor 主要用于启动 Framework 内部的 Task。由于不同的 Framework 启动 Task 的接口或者方式不同，当一个新的 Framework 要接入 Mesos 时，需要编写一个 Executor，告诉 Mesos 如何启动该 Framework 中的 Task。为了向各种 Framework 提供统一的执行器编写方式，Mesos 内部采用 C++实现了一个 Mesos Executor Diver（执行器驱动器），Framework 可通过该驱动器的相关接口告诉 Mesos 启动 Task 的方法。

3. 基于 Kubernetes 的 Mesos 安装部署实践

Kubernetes 可以作为一个框架被集成到 Mesos 中，通过 Mesos 来获得底层物理资源，并管理容器集群中的微服务应用。下面介绍如何在一个 3 节点的集群上安装部署 Mesos，以及如何在 Mesos 中集成 Kubernetes。具体实践步骤如下。

1）安装部署 Mesos

（1）下载安装文件。

```
#安装 mesos yum 源，这个源是 rpm 包格式，直接安装就行了，不用配置
rpm -Uvh http://repos.mesosphere.com/el/7/noarch/RPMS/mesosphere-el-repo-7-1.noarch.rpm

#安装 yum 下载工具
yum install -y yum-utils

#创建安装文件夹
mkdir -p /opt/mesos-download
cd /opt/mesos-download
mkdir mesos marathon zookeeper

#依次执行如下命令，下载安装包
cd /opt/mesos-download/mesos
yumdownloader --resolve mesos
cd /opt/mesos-download/marathon
yumdownloader --resolve marathon
cd /opt/mesos-download/zookeeper
yumdownloader --resolve mesosphere-zookeeper

#最后将下载好的安装文件复制到集群另外两个节点上
scp    -r /opt/mesos-download/*   root@xxxx:/opt/mesos-download/
```

（2）配置主机名列表。

```
hostnamectl --static set-hostname master
```

（3）安装 ZooKeeper。

```
cd /opt/mesos-download/zookeeper
sudo yum localinstall -y *.rpm
```

将 Master 节点上的/var/lib/zookeeper/myid 设置为 1，如果安装多个 Master 节点，依次设置为 2、3，同时将 ZooKeeper 地址信息配置到/etc/zookeeper/conf/zoo.cfg 文件中。

（4）安装 Master。

```
#依次进入各文件夹执行本地 rpm 安装
cd /opt/mesos-download/mesos
yum localinstall -y *.rpm
cd /opt/mesos-download/marathon
yum localinstall -y *.rpm

#启动 master 节点相关服务
sudo systemctl enable mesos-slave
sudo systemctl restart mesos-slave
sudo systemctl enable mesos-master marathon
sudo systemctl restart mesos-master
sudo systemctl restart marathon
```

（5）安装 Slave。

```
#把 master 节点的安装文件夹/mesos-download 复制至所有 slave 节点，进入本地安装包执行安装
cd /opt/mesos-download/mesos
sudo yum localinstall -y *.rpm


#将 zookeeper 地址信息配置到 mesos 配置文件/etc/mesos/zk 中
#启动 slave 节点上的相关服务，这时需要关闭 slave 节点的 master 服务
sudo systemctl disable mesos-master
sudo systemctl stop mesos-master
sudo systemctl enable mesos-slave
sudo systemctl restart mesos-slave
```

（6）安装成功。

登录 Mesos 监控界面，验证安装完是否正常。

2）Kubernetes 集成安装

（1）下载安装文件。

```
yum –y install git
mkdir –p /opt/kubernetes-download
cd /opt/kubernetes-download
git clone https://github.com/kubernetes/kubernetes
```

（2）安装 Go 语言环境。

```
mkdir –p /opt/kubernetes-download/golang
cd /opt/mesos-download/golang
yumdownloader --resolve golang
yum -y localinstall *.rpm
```

（3）安装 etcd 数据库。

```
cd opt/etcd-v2.3.2
cp etcd etcdctl /usr/bin
cp etcd.service /usr/lib/systemd/system
mkdir /var/lib/etcd
mkdir /etc/etcd
vi /etc/etcd/etcd.conf


#启动 etcd 后台服务
systemctl daemon-reload
systemctl start/restart etcd
systemctl enable etcd


#检查 etcd 运行状态，通过节点信息列表能看到现在有一台 etcd
etcdctl cluster-health
etcdctl member list
```

（4）编译 Kubernetes。

```
cd /opt/kubernetes-download/kubernetes
```

```
export KUBERNETES_CONTRIB=mesos
make
make    test
```

（5）配置运行环境变量。

Kubernetes 集成安装时没有用自己的配置文件，所有的配置参数都需要在运行后台服务的时候通过环境变量注入，所以需要把环境变量都配置到系统里。

```
vi /etc/profile
export KUBERNETES_MASTER_IP=$(hostname -i)
export KUBERNETES_MASTER=http://${KUBERNETES_MASTER_IP}:8888
export PATH="/opt/kubernetes-download/kubernetes/_output/local/go/bin:$PATH"
export MESOS_MASTER=zk://10.1.24.170/mesos

#配置完了再执行 source
source /etc/profile
```

（6）创建 mesos-cloud.conf 文件。

```
cd /opt/kubernetes-download/kubernetes
vi    mesos-cloud.conf
[mesos-cloud]
mesos-master = zk://10.1.24.24:2181/mesos
```

（7）配置 Docker。

```
#所有安装 docker 的节点都需要改
vi /etc/sysconfig/docker
#OPTIONS='--selinux-enabled'
DOCKER_CERT_PATH=/etc/docker
OPTIONS='--exec-opt native.cgroupdriver=cgroupfs'

#登录每个安装 docker 的节点，从公共库上下载 google pause 镜像
docker pull docker.io/google/pause
docker images

#查看新的 pause 镜像的 imageid，根据这个 id 给镜像重新打 tag
docker tag    imageid    gcr.io/google_containers/pause:2.0

#重启 docker
systemctl restart docker
```

（8）Mesos Slave 节点配置。

```
#这个操作可以使 kubernetes slave 使用 ip 而不是 hostname 作为 ip 信息
#避免了 docker 跨节点无法通信的问题
cd /etc/mesos-slave
hostname -i > ip
echo false > hostname_lookup
systemctl restart mesos-slave
```

（9）启动 Kubernetes 服务。

这是最关键的一步，要启动 Kubernetes 的三个守护进程，分别是 api server、controller、scheduler，在启动前首先显示${KUBERNETES_MASTER_IP}这些环境变量，看都配置对了没有，然后逐一启动，如果有失败的再去查看对应的 log 文件，如 api server 的/var/log/kubenetes-mesos/apiserver.log 文件。

```
cd /opt/kubernetes-download/kubernetes
nohup km apiserver    --address=${KUBERNETES_MASTER_IP}    --etcd-servers=http://
${KUBERNETES_MASTER_IP}:2379    --service-cluster-ip-range=10.10.10.0/24    --port=8888    --
cloud-provider=mesos    --cloud-config=mesos-cloud.conf    --secure-port=0    --v=1 >/var/log/kubenetes-
mesos/apiserver.log 2>&1 &
    nohup km controller-manager --master=${KUBERNETES_MASTER_IP}:8888 --cloud-provider=mesos
--cloud-config=./mesos-cloud.conf --v=1 >/var/log/kubernetes-mesos/controller.log 2>&1 &
    nohup    km    scheduler    --address=${KUBERNETES_MASTER_IP}    --mesos-
master=${MESOS_MASTER}    --etcd-servers=http://${KUBERNETES_MASTER_IP}:2379    --mesos-
user=root    --api-servers=${KUBERNETES_MASTER_IP}:8888    --cluster-dns=10.10.10.10    --cluster-
domain=cluster.local    --v=2 >/var/log/kubenetes-mesos/scheduler.log 2>&1 &
```

（10）验证启动是否正常。

```
kubectl get pod
```

7.5.4　CoreOS Fleet

Fleet 是一个对 CoreOS 集群进行控制和管理的工具，具备可靠的管理 CoreOS 集群的能力，同时能够提供丰富的功能和扩展性，包括查看集群中服务器的状态、启动或终止 Docker 容器、读取日志内容等。Fleet 最显著的特点是基于 systemd 建立，systemd 能够提供单个机器的系统和服务初始化服务，Fleet 通过读取 systemd 单元文件来实现集群化调度。

Fleet 的基本架构如图 7-11 所示。

图 7-11　Fleet 的基本架构

每个机器运行一个引擎（Engine）和一个代理（Agent），任何时候在集群中只激活一个引擎，但是所有代理会一直运行，systemd 单元文件被提交给引擎，然后在 leastloaded 机器上调度任务，单元文件会简单运行一个容器，代理会启动单元和报告状态，etcd 用来激活机器间的通信及存储集群和单元的状态。这使得 Fleet 可以确保集群中的服务一直处于可用状态，当出现某个通过 Fleet 创建的服务在集群中不可用时（如某台主机因为硬件或网络故障脱离集群），原本运行在这台服务器中的一系列服务将通过 Fleet 被重新分配到其他可用服务器中。同时，Fleet 也支持 Socket Activation 概念，容器可以绑定到一个指定端口的连接响应上，这样做的主要优点在于进程可以即时创建，而不是闲置等待某些任务。

Fleet 支持各种调度提示与约束。在最基本的层面，单元的调度可以是全局的：一个实例将在所有机器上运行，或者作为一个单独的单元运行在一台机器上。全局调度对于日志和监控等容器任务非常实用。Fleet 支持各种关联类型的约束，如规定在应用服务器上运行健康检查的容器。元数据也可以连接到主机用于调度，可以让容器在某一区域或某些硬件设备上运行。

下面对几种容器编排系统做一个小结：编排、集群及容器管理显然有多种选择，这些选择一般都是高度分化的。

（1）使用标准 Docker 接口使 Swarm 使用简单，容易集成到现有系统，也使 Swarm 很难支持更复杂的调度，如以定制接口方式定义的调度任务。

（2）Fleet 是相当简单的底层集群管理工具，可以在其上运行更高级别的编排工具，如 Kubernetes。

（3）Kubernetes 具有完备的集群管理能力，包括多层次的安全防护和准入机制/多租户应用支撑能力、透明的服务注册和服务发现机制、内建智能负载均衡器、强大的故障发现和自我修复功能、服务滚动升级和在线扩容能力、可扩展的资源自动调度机制，以及多粒度的资源配额管理能力。同时，Kubernetes 提供了完善的管理工具。

（4）Mesos 是一种已被广泛应用的底层调度器，对于容器的编排，它支持多种框架，包括 Marathon、Kubernetes 和 Swarm。

习题

1. 简述容器的概念及与虚拟机的区别。
2. 容器化的关键技术及其优势是什么？
3. 简述 Docker 的系统架构及基本使用流程。
4. Docker 有哪些自身局限性？
5. Rkt 容器与 Docker 容器有哪些差别？
6. Garden 容器是如何实现资源控制的？
7. 当前比较流行的容器技术有哪些？各自具有什么特点？
8. 简述 Kubernetes 的系统架构。
9. 主流容器编排系统有哪些？它们的特点是什么？
10. Kubernetes 采用了哪些理念来满足基于 Docker 的大规模、大数据计算场景的需求？

11．如何基于 Docker 和 Kubernetes 构建一个 Hadoop 大数据系统？

12．如何使用 Docker Swarm 结合 VirtualBox 实现集群管理？

13．尝试基于 Kubernetes 实现 Mesos 的安装部署实践。

14．Rkt 容器实现了怎样的容器标准化？

第8章 云原生技术

云计算的发展已进入成熟期，后云计算时代的需求从资源优化转向效能提升。过去十年，云计算技术风起云涌，云的形态也在不断演进。虚拟化技术助推物理资源上云，然而基于传统技术栈构建的应用包含了太多开发需求，但传统的虚拟化平台只能提供基本运行的资源，云端强大的服务能力红利并没有完全得到释放。当前在云平台日益发展丰富的同时，应用开发架构也应逐渐演进去适应云平台，以便充分发挥云平台的能力。为了使云上的应用适应现有的云计算架构，云原生技术应运而生。经过几年的发展，云原生的理念不断丰富和落地。基于云原生的技术和管理方法可以更好地让业务生于云或迁移到云平台，从而享受云的高效和持续的服务能力。

8.1 云原生简介

云原生（Cloud Native）是由 Pivotal 公司的 Matt Stine 于 2013 年提出的一个概念，是由他多年的架构和咨询总结出来的一个思想的集合；它包括微服务（Micro Services）、敏捷基础设施（Agile Infrastructure）、DevOps、持续交付（Continuous Delivery）等内容。国际云原生计算基金会（CNCF）给出了云原生应用的三大特征。

- 容器化包装：软件应用的进程应该包装在容器中独立运行；
- 动态管理：通过集中式的编排调度系统来动态管理和调度；
- 微服务化：明确服务间的依赖，互相解耦。

云原生技术的核心内容如图 8-1 所示。

图 8-1　云原生技术的核心内容

云原生是面向云应用设计的，可以充分发挥云效能，帮助企业构建弹性、可靠、松耦合、易管理、可观测的应用系统，提高交付效率，降低运维复杂度。云原生是更好的工具、自我修复系统和自动化系统的集合，可以让应用和基础设施的部署及故障修复更加快速、敏捷，极大地降低了企业在云计算方面的部署成本。

云原生是一系列云计算技术体系和企业管理方法的集合，既包含了实现应用云原生化的方法论，也包含了落地实践的关键技术。云原生应用利用容器、服务网格、微服务、不可变基础设施和开放式 API 等代表性技术来构建容错性好、易于管理和便于观测的松耦合系统，结合可靠的自动化手段对系统做出频繁、可预测的重大变更，让应用随时处于待发布状态。云原生技术有利于各组织在公有云、私有云和混合云等新型动态环境中构建及运行可弹性扩展的应用，借助平台的全面自动化能力，跨多云构建微服务，持续交付部署业务生产系统。

快速响应市场需求已经成为企业竞争的决胜因素，持续交付使开发人员可以在短时间存在的特性分支上工作，定期向主干合并，同时始终让主干保持可发布状态，从而在正常工作时段按需进行一键式发布，提高开发的效率。但是，复杂传统应用的单体架构模式在代码维护与集成编译方面困难重重，难以做到持续交付。微服务架构的引入使复杂应用的持续交付成为可能，服务拆分是多个业务团队并行开发的基础，微服务把同一个小业务的人员汇聚在一起，进一步提高了开发效率。

在部署方面，虚拟机分钟级的弹性不再满足快速扩缩容的需求，更加轻量级的容器技术成为微服务部署的最佳载体。容器技术很好地解决了应用移植过程的环境一致性问题，使微服务实现快速弹性部署。敏捷开发带来应用的快速迭代，同时也增加了版本发布的风险与业务运维的复杂度。DevOps 理念提倡开发、测试、运维之间的高度协同，从而在完成高频率部署的同时，提高生产环境的可靠性、稳定性、弹性及安全性，这在很大程度上消除了频繁发布的风险。

云原生已成为新常态，容器化需求从行业头部企业下沉到中小规模企业，从领先企业尝鲜变为主流企业必备。通过使用容器、Kubernetes、DevOps、微服务等这些先进的技术，能够大大加快软件开发迭代速度，提升应用架构敏捷度，提高 IT 资源的弹性和可用性，帮助企业客户加速实现价值。

云原生理念在国内经过几年的推广普及，已经逐步被企业接受，云原生产业已步入快速发展期。华为云、阿里云、腾讯云等云服务商巨头以强大的综合云服务能力推动云原生技术的发展变革，细分生态领域的企业级产品服务也不断涌现，以提供更加聚焦的精细化服务。

近年来，云原生开源软件及框架层出不穷，中国企业开源贡献显著。在容器及编排方面，国际上有 Docker、Swarm、Kubernetes 等项目，国内企业发起的容器镜像仓库 Harbor 已经进入 CNCF 孵化。在微服务方面，国际上有 Spring Cloud 和 Istio 等项目，腾讯的开源微服务框架 TARS、阿里巴巴的开源分布式服务框架 Dubbo 分别捐赠给了 Linux 基金会和 Apache 基金会。而在 DevOps 方面，则有 Ansible、Jenkins 和 SaltStack 等国外项目，还有腾讯的 BlueKing 蓝鲸容器管理平台。在过去几年，中国企业的开源社区贡献率持续增长，不断有新的开源项目反哺社区，已成为国际开源社区的重要力量。

8.2　微服务

云原生架构离不开微服务。2013 年，Martin Flower 对微服务概念进行了比较系统的理论阐述，总结了相关的技术特征，加速了微服务的应用普及。微服务解决的是软件开发中一直追求的低耦合和高内聚问题。什么样的服务才算微服务呢？首先，微服务是一种架构风格，也是一种服务；其次，微服务的颗粒比较小，一个大型复杂软件应用由多个微服务组成，如 Netflix 目前由 500 多个微服务组成；最后，它采用 UNIX 设计的哲学，每种服务只做一件事，是一种松耦合的能够被独立开发和部署的无状态化服务。

微服务是指将大型复杂软件应用拆分成多个简单应用，每个简单应用描述一个小业务，系统中的各简单应用可被独立部署。各微服务之间是松耦合的，可以独立地对每个服务进行升级、部署、扩展和重新启动等流程，从而实现频繁更新而不会对最终用户产生任何影响。

微服务架构解决应用微服务化之后的服务治理问题，作为微服务开发和运行治理的必要支撑，帮助实现微服务注册、发现、治理等能力。相比传统的单体架构，微服务架构具有降低系统复杂度、独立部署、独立扩展、跨语言编程等特点。微服务架构风格是一种将单一应用程序开发为一组小型服务的方法，每个服务运行在自己的进程中，服务间通信采用轻量级通信机制，通常用 HTTP 资源 API。这些服务围绕业务能力构建且可通过全自动部署机制独立部署。这些服务共用一个集中式管理，服务可用不同的语言开发，使用不同的数据存储技术。

微服务架构的应用具有很多优点。一个微服务只会关注一个特定的业务功能，所以它业务清晰、代码量较少，易于开发和维护。单个微服务代码量较少，所以启动会比较快。单体应用只要有修改，就得重新部署整个应用，微服务解决了这样的问题，局部修改容易部署。在微服务架构中，技术栈不受限，可以结合项目业务及团队的特点，合理地选择技术栈。它可按需伸缩，实现细粒度的扩展。

微服务架构也面临不少技术挑战。微服务架构有更多的服务，意味着更多的运维投入。微服务架构是分布式系统，分布式固有的复杂性给系统容错、网络延迟、分布式事务等带来巨大的挑战。微服务之间通过接口进行通信，如果修改某个微服务的 API，可能所有使用了该接口的微服务都需要调整。很多服务可能都会使用某个相同的功能，而这个功能并没有达到分解为一个微服务的程度，这个时候可能各服务都会开发这一功能，从而导致代码重复。

目前，在微服务架构实践中，主要有侵入式架构和非侵入式架构两种实现形式。侵入式架构是指服务框架嵌入程序代码，实现类的继承，其中以 Spring Cloud 最为常见。非侵入式架构则是以代理的形式，与应用程序部署在一起，接管应用程序的网络且对其透明，以服务网格（Service Mesh）为代表。

8.2.1　Spring Cloud 架构

Spring Cloud 是基于 Spring Boot 的一整套实现微服务的框架。它利用 Spring Boot 的

开发便利性巧妙地简化了分布式系统基础设施的开发，如服务注册发现、配置中心、消息总线、负载均衡、断路器、数据监控等，都可以用 Spring Boot 的开发风格做到一键启动和部署。Spring Cloud 并没有重复制造"轮子"，它只是将目前各家公司开发的比较成熟、经得起实际考验的服务框架组合起来，通过 Spring Boot 风格再封装，屏蔽掉了复杂的配置和实现原理，最终给开发者留出了一套简单易懂、易部署和易维护的分布式系统开发工具包。

Spring Cloud 微服务总体架构如图 8-2 所示。

图 8-2　Spring Cloud 的微服务总体架构

Spring Cloud 具有以下核心子项目。

- Spring Cloud Netflix：核心组件，可以对多个 Netflix OSS 开源套件进行整合，包括以下几个组件。
  - Eureka：服务治理组件，包含服务注册与发现。
  - Hystrix：容错管理组件，实现了熔断器。
  - Ribbon：客户端负载均衡的服务调用组件。
  - Feign：基于 Ribbon 和 Hystrix 的声明式服务调用组件。
  - Zuul：网关组件，提供智能路由、访问过滤等功能。
  - Archaius：外部化配置组件。
- Spring Cloud Config：配置管理工具，实现应用配置的外部化存储，支持客户端配置信息刷新、加密/解密配置内容等。
- Spring Cloud Bus：事件、消息总线，用于传播集群中的状态变化或事件，以及触发后续的处理。
- Spring Cloud Sleuth：日志收集工具包，封装了 Dapper、Zipkin 和 HTrace 操作。
- Spring Cloud Security：基于 Spring Security 的安全工具包，为应用程序添加安全控制，主要是指 OAuth2。
- Spring Cloud for Cloud Foundry：通过 OAuth2 协议绑定服务到 Cloud Foundry,

Cloud Foundry 是 VMware 推出的开源 PaaS 云平台。

- Spring Cloud Consul：封装了 Consul 操作，Consul 是一个服务发现与配置工具（与 Eureka 作用类似），与 Docker 容器可以无缝集成。
- Spring Cloud Data Flow：大数据操作工具，通过命令行方式操作数据流。
- Spring Cloud ZooKeeper：操作 ZooKeeper 的工具包，用于使用 ZooKeeper 方式的服务注册和发现。
- Spring Cloud Stream：数据流操作开发包，封装了与 Redis、Rabbit、Kafka 等发送/接收消息相关的操作。
- Spring Cloud CLI：基于 Spring Boot CLI，可以以命令行方式快速建立云组件。

Spring Cloud 的特点：约定优于配置；开箱即用、快速启动；适用于各种环境；轻量级的组件；组件支持丰富，功能齐全。

1. Feign

微服务之间通过 REST 接口通信，Spring Cloud 提供 Feign 框架来支持 REST 接口的调用，Feign 使不同进程的 REST 接口调用得以用优雅的方式进行，这种优雅表现得就像同一个进程调用一样。

有了 Eureka、RestTemplate、Ribbon，就可以愉快地进行服务间的调用了，但使用 RestTemplate 还是不方便，每次都要进行这样的调用：

```
@Autowired
private RestTemplate restTemplate;
// 这里是提供者 A 的 ip 地址，但是如果使用了 Eureka，那么就应该是提供者 A 的名称
private static final String SERVICE_PROVIDER_A = "http://localhost:8081";

@PostMapping("/judge")
public boolean judge(@RequestBody Request request) {
    String url = SERVICE_PROVIDER_A + "/service1";
    // 是不是太麻烦了？？？每次都要 url、请求、返回类型
    return restTemplate.postForObject(url, request, Boolean.class);
}
```

这样每次都调用 RestRemplate 的 API 太麻烦，能不能像调用原来代码一样进行各服务间的调用呢？我们可以将被调用的服务代码映射到消费者端。

Feign 是运行在消费者端的，使用 Ribbon 进行负载均衡，所以 Feign 直接内置了 Ribbon。在导入 Feign 之后，就可以愉快地编写消费者端的代码了。

```
// 使用@FeignClient 注解来指定提供者的名字
@FeignClient(value = "eureka-client-provider")
public interface TestClient {
    // 这里一定要注意，需要使用的是提供者那端的请求相对路径，这里就相当于映射了
    @RequestMapping(value = "/provider/xxx",
    method = RequestMethod.POST)
    CommonResponse<List<Plan>> getPlans(@RequestBody planGetRequest request);
}
```

然后 Controller 就可以像原来调用 Service 层代码一样调用服务了。

```
@RestController
public class TestController {
    // 这里就相当于原来自动注入的 Service
    @Autowired
    private TestClient testClient;
    // Controller 调用 Service 层代码
    @RequestMapping(value = "/test", method = RequestMethod.POST)
    public CommonResponse<List<Plan>> get(@RequestBody planGetRequest request) {
        return testClient.getPlans(request);
    }
}
```

2. Netflix Eureka

Spring Cloud 的服务发现框架 Eureka 是基于 REST 的服务，主要在 AWS 云中用于定位服务，以实现负载均衡和中间层服务器的故障转移。我们称此服务器为 Eureka 服务器。Eureka 还有一个基于 Java 的客户端组件，即 Eureka 客户端，它使与服务的交互变得更加容易。客户端还具有一个内置的负载平衡器，可以执行基本的循环负载平衡。在 Netflix 中，更复杂的负载均衡器将 Eureka 包装起来，基于流量、资源使用、错误条件等多种因素提供加权负载均衡，以提供出色的弹性。

总的来说，Eureka 就是一个服务发现框架，如图 8-3 所示。下面对 Eureka 中的角色和重要功能模块做出解释。

图 8-3　Eureka 架构图

- 服务发现：其实就是一个"中介"，整个过程中有三个角色，即服务提供者（出租房子的）、服务消费者（租客）、服务中介（房屋中介）。
- 服务提供者：提供自己能够执行的一些服务给外界。

- 服务消费者：就是需要使用一些服务的"用户"。
- 服务中介：其实就是服务提供者和服务消费者之间的"桥梁"，服务提供者可以把自己注册到服务中介那里，而服务消费者如需要消费一些服务（使用一些功能），就可以在服务中介中寻找注册在服务中介那里的服务提供者。
- 服务注册：当 Eureka 客户端向 Eureka 服务器注册时，它提供自身的元数据，比如，IP 地址、端口、运行状况指示符 URL、主页等。
- 服务续约：Eureka 客户会每隔 30s（默认情况下）发送一次心跳来续约，通过续约来告知 Eureka 服务器该 Eureka 客户仍然存在，没有出现问题。正常情况下，如果 Eureka 服务器在 90s 内没有收到 Eureka 客户的续约，它会将实例从其注册表中删除。
- 获取注册表信息：Eureka 客户端从 Eureka 服务器获取注册表信息，并将其缓存在本地。Eureka 客户端会使用该信息查找其他服务，从而进行远程调用。该注册表信息定期（每 30s）更新一次。每次返回的注册表信息可能与 Eureka 客户端的缓存信息不同，Eureka 客户端自动处理。如果某种原因导致注册表信息不能及时匹配，Eureka 客户端会重新获取整个注册表信息。Eureka 服务器缓存注册表信息，整个注册表及每个应用程序的信息进行了压缩，压缩内容和没有压缩的内容完全相同。Eureka 客户端和 Eureka 服务器可以使用 JSON/XML 格式进行通信。默认情况下 Eureka 客户端使用压缩 JSON 格式来获取注册表的信息。
- 服务下线：Eureka 客户端在程序关闭时向 Eureka 服务器发送取消请求。发送取消请求后，该客户端实例信息将从服务器的实例注册表中删除。
- 服务剔除：在默认的情况下，当 Eureka 客户端连续 90s（3 个续约周期）没有向 Eureka 服务器发送服务续约，即心跳时，Eureka 服务器会将该服务实例从服务注册表删除，即服务剔除。

3. Ribbon

Ribbon 是 Netflix 发布的负载均衡器，它有助于控制 HTTP 和 TCP 客户端的行为。为 Ribbon 配置服务提供者的地址列表后，Ribbon 就可基于某种负载均衡算法自动地帮助服务消费者去请求。Ribbon 默认提供了很多负载均衡算法，如轮询、随机等。当然，也可为 Ribbon 实现自定义的负载均衡算法。在 Spring Cloud 中，当 Ribbon 与 Eureka 配合使用时，Ribbon 可自动从 Eureka 服务器中获取服务提供者的地址列表，并基于负载均衡算法请求其中一个服务提供者的实例。为了服务的可靠性，一个微服务可能部署多个实例。

RestTemplate 是 Spring 提供的一个访问 HTTP 服务的客户端类。微服务之间的调用使用 RestTemplate。Eureka 框架中的注册、续约等，底层都是使用的 RestTemplate。例如，消费者 B 需要调用提供者 A 所提供的服务，伪代码如下。

```
@Autowired
private RestTemplate restTemplate;
// 这里是提供者 A 的 ip 地址，但是如果使用了 Eureka，那么就应该是提供者 A 的名称
private static final String SERVICE_PROVIDER_A = "http://localhost:8081";
```

```
@PostMapping("/judge")
public boolean judge(@RequestBody Request request) {
    String url = SERVICE_PROVIDER_A + "/service1";
    return restTemplate.postForObject(url, request, Boolean.class);
}
```

Ribbon 与 Nignx 的负载均衡机制不同。Nignx 是一种集中式的负载均衡器，它接收了所有的请求后才进行负载均衡，而 Ribbon 是在消费者端进行的负载均衡。在 Nginx 中，请求是先进入负载均衡器的；而在 Ribbon 中，是先在客户端进行负载均衡然后才进行请求的。不管是 Nginx 还是 Ribbon，都需要其算法的支持，在 Nginx 中使用的是轮询和加权轮询算法，而在 Ribbon 中有更多的负载均衡调度算法，默认使用的是 RoundRobinRule 轮询策略。

- RoundRobinRule 轮询策略：Ribbon 默认采用的策略。若经过一轮轮询没有找到可用的服务提供者，最多轮询 10 轮；若最终还没有找到，则返回 Null。
- RandomRule 随机策略：从所有可用的服务提供者中随机选择一个。
- RetryRule 重试策略：先按照 RoundRobinRule 轮询策略获取服务提供者，若获取失败，则在指定的时限内重试；默认的时限为 500ms。

还有很多调度算法，并且可以更换默认的负载均衡算法，只需要在配置文件中做出修改就行：

```
providerName:
    ribbon:
        NFLoadBalancerRuleClassName: com.netflix.loadbalancer.RandomRule
```

当然，在 Ribbon 中还可以自定义负载均衡算法，只需要实现 IRule 接口，然后修改配置文件或者自定义 Java Config 类。

4. Hystrix

当服务提供者响应非常缓慢时，服务消费者对服务提供者的请求就会被强制等待，直到服务提供者响应或超时。在高负载场景下，如果不做任何处理，此类问题可能会导致服务消费者的资源耗竭甚至整个系统崩溃。Hystrix 正是为了防止此类问题发生而出现的。Hystrix 是由 Netflix 开源的一个延迟和容错库，用于隔离访问远程系统、服务或者第三方库，防止级联失败，从而提升系统的可用性与容错性。Hystrix 主要通过以下几点实现延迟和容错。

- 包裹请求：使用 HystrixCommand（或 HystrixObservableCommand）包裹对依赖的调用逻辑，每个命令在独立线程中执行。这使用设计模式中的"命令模式"。
- 跳闸机制：当某服务的错误率超过一定阈值时，Hystrix 可以自动或者手动跳闸，停止请求该服务一段时间。
- 资源隔离：Hystrix 为每个依赖都维护了一个小型的线程池（或者信号量）。如果该线程池已满，发往该依赖的请求就被立即拒绝，而不是排队等候，从而加速失败判定。
- 监控：Hystrix 可以近乎实时地监控运行指标和配置的变化，如成功、失败、超时和被拒绝的请求等。

- 回退机制：当请求失败、超时、被拒绝，或者当断路器打开时，执行回退逻辑。回退逻辑可由开发人员指定。

在分布式环境中，不可避免地会有一些服务依赖项失败。Hystrix 通过隔离服务之间的访问点，停止服务之间的级联故障并提供后备选项来解决该问题，所有这些都可以提高系统的整体弹性。服务 A 调用服务 B，服务 B 再调用服务 C，但是因为某些原因，服务 C 扛不住，这个时候大量请求会在服务 C 阻塞。服务 C 阻塞还好，毕竟只是一个系统崩溃。但是请注意，这个时候因为服务 C 不能返回响应，那么服务 B 调用服务 C 的请求就会阻塞，同理如果服务 B 阻塞，那么服务 A 也会阻塞崩溃。为什么阻塞会崩溃？因为这些请求会占用并消耗系统的线程、I/O 等资源，消耗完系统资源，服务器就崩溃，这就叫服务雪崩。

所谓熔断就是服务雪崩的一种有效解决方案。当指定时间窗内的请求失败率达到设定阈值时，系统会通过断路器直接将此请求链路断开。如上面服务 B 调用服务 C，在指定时间窗内调用的失败率达到了一定的阈值，那么 Hystrix 会自动将服务 B 与服务 C 之间的请求都断了，以免导致服务雪崩。

其实这里所说的熔断就是 Hystrix 中的断路器模式，可以使用简单的@HystrixCommand注解来标注某个方法，这样 Hystrix 就会使用断路器来"包装"这个方法，每当调用时间超过指定时间时（默认为 1000ms），断路器将会中断对这个方法的调用。当然可以对这个注解的很多属性进行设置，如设置超时时间：

```
@HystrixCommand(
        commandProperties = {@HystrixProperty(name = "execution.isolation.thread.timeoutInMilliseconds",value = "1200")}
)
public List<Xxx> getXxxx() {
    // ...省略代码逻辑
}
```

降级是为了更好的用户体验，当一个方法调用异常时，通过执行另一种代码逻辑来给用户友好的回复。这也就对应着 Hystrix 的后备处理模式。可以通过设置 fallbackMethod 来给一个方法设置备用的代码逻辑。例如，当出现一个热点新闻时，我们会推荐用户查看详情，然后用户会通过 ID 去查询新闻的详情，但是这条新闻太火了，大量用户同时访问，可能会导致系统崩溃，那么我们就需要进行服务降级，对一些请求做一些降级处理，如"当前人数太多，请稍后查看"等：

```
// 指定了后备方法调用
@HystrixCommand(fallbackMethod = "getHystrixNews")
@GetMapping("/get/news")
public News getNews(@PathVariable("id") int id) {
    // 调用新闻系统的获取新闻 api，代码逻辑省略
}
//
public News getHystrixNews(@PathVariable("id") int id) {
```

```
    // 做服务降级
    // 返回当前人数太多，请稍后查看
}
```

还有一个舱壁模式的概念。在不使用舱壁模式的情况下，服务 A 调用服务 B，这种调用默认是使用同一批线程来执行的，而在一个服务出现性能问题时，所有线程可能被刷爆并等待处理工作，同时阻塞新请求，最终导致程序崩溃。舱壁模式会将远程资源调用隔离在其自己的线程池中，以便控制单个表现不佳的服务，而不会使该程序崩溃。

5. Zuul

不同的微服务一般会有不同的网络地址，而外部客户端可能需要调用多个服务的接口才能完成一个业务需求。例如，一个购买电影票的手机 App 可能调用多个微服务的接口才能完成一次购票的业务流程，如果让客户端直接与各微服务通信，会有以下问题：

- 客户端会多次请求不同的微服务，增加了客户端的复杂性。
- 存在跨域请求，在一定场景下处理相对复杂。
- 认证复杂，每个服务都需要独立认证。
- 难以重构，随着项目的迭代，可能需要重新划分微服务。例如，可能将多个服务合并成一个或者将一个服务拆分成多个。如果客户端直接与微服务通信，那么重构将很难实施。
- 某些微服务可能使用了对防火墙/浏览器不友好的协议，直接访问时会有一定的困难。

以上问题可借助微服务网关 Zuul 解决。微服务网关 Zuul 是介于客户端和服务器端的中间层，所有的外部请求都会先经过微服务网关 Zuul。使用微服务网关 Zuul 后，微服务网关 Zuul 将封装应用程序的内部结构，客户端只与网关交互，而无须直接调用特定微服务的接口。这样，开发就可以简化。不仅如此，使用微服务网关 Zuul 还有以下优点。

- 易于监控。可在微服务网关 Zuul 收集监控数据并将其推送到外部系统进行分析。
- 易于认证。可在微服务网关 Zuul 上进行认证，然后将请求转发到后端的微服务，而无须在每个微服务中进行认证。
- 减少了客户端与各微服务之间的交互次数。

Zuul 是从设备和 Web 站点到 Netflix 流应用后端的所有请求的前门。作为边界服务应用，Zuul 是为了实现动态路由、监视、弹性和安全性而构建的。它还具有根据情况将请求路由到多个亚马逊自动缩放组的能力。

服务提供者是服务消费者通过 Eureka 服务器进行访问的，即 Eureka 服务器是服务提供者的统一入口。那么整个应用中用户需要调用那么多服务消费者，这个时候用户该怎样访问这些消费者工程呢？当然可以像之前那样直接访问这些工程，但这种方式没有统一的消费者工程调用入口，不便于访问与管理，而 Zuul 就是一个服务消费者的统一入口。网关是系统唯一对外的入口，介于客户端与服务器端之间，用于对请求进行鉴权、限流、路由、监控等。网关有的功能，Zuul 基本都有。而 Zuul 中最关键的就是路由和过滤器。

Zuul 需要向 Eureka 注册，只要注册就能拿到所有服务消费者的信息（名称、IP、端口），然后可以直接做路由映射。通过 Zuul 访问服务时，URL 地址默认格式为：http://zuulHostIp:port/要访问的服务名称/服务中的 URL。其中，服务名称为 Properties 配置文件中的 spring.application.name，而服务中的 URL 就是对应的服务对外提供的 URL 路径监听。网关配置方式有多种：默认、URL、服务名称、排除/忽略、前缀。网关配置没有优劣好坏，应该在不同的情况下选择合适的配置方案。

Zuul 网关过滤器可以用来过滤代理请求，提供额外的功能逻辑，如权限验证、日志记录等。Zuul 提供的网关过滤器是一个父类，即 ZuulFilter，通过父类中定义的抽象方法 filterType 来决定当前的过滤器种类是前置过滤、路由后过滤、后置过滤还是异常过滤。

- 前置过滤：是请求进入 Zuul 之后立刻执行的过滤逻辑。
- 路由后过滤：是请求进入 Zuul 之后，且 Zuul 实现了请求路由后执行的过滤逻辑，路由后过滤是在远程服务调用之前进行过滤的。
- 后置过滤：是远程服务调用结束后执行的过滤逻辑。
- 异常过滤：是任意一个过滤器发生异常或远程服务调用无结果反馈的时候执行的过滤逻辑。无结果反馈，就是远程服务调用超时。

6. Spring Cloud Bus

对于传统的单体应用，常使用配置文件管理所有配置。例如，一个 Spring Boot 开发的单体应用，可将配置内容放在 application.yml 文件中。如果需要切换环境，可设置多个 Profile，并在启动应用时指定 spring.profiles.active={profile}。然而，在微服务架构中，微服务的配置管理一般有以下需求。

- 集中管理配置。一个使用微服务架构的应用系统可能会包含成百上千个微服务，因此集中管理配置是非常有必要的。
- 不同环境，不同配置。例如，数据源配置在不同的环境（开发、测试、预发布、生产等）中是不同的。
- 运行期间可动态调整。例如，可根据各微服务的负载情况，动态调整数据源连接池的大小或熔断阈值，并且在调整配置时不停止微服务。
- 配置修改后可自动更新。如果配置内容发生变化，微服务能够自动更新配置。

综上所述，对于微服务架构而言，一个通用的配置管理机制是必不可少的，常见做法是使用配置服务器管理配置。Spring Cloud Bus 利用 Git 或 SVN 等管理配置，采用 Kafka 或者 RabbitMQ 等消息总线通知所有应用，从而实现配置的自动更新并刷新所有微服务实例的配置。

Spring Cloud Bus 是用于将服务和服务实例与分布式消息系统链接在一起的事件总线。Spring Cloud Bus 的作用就是管理和广播分布式系统中的消息，也就是消息引擎系统中的广播模式。当然，作为消息总线的 Spring Cloud Bus 可以做很多事，而不只是配置、刷新客户端。

拥有 Spring Cloud Bus 之后，只需要创建一个简单的请求，并且加上@ResfreshScope 注解就能进行配置的动态修改。Spring Cloud Bus 工作原理如图 8-4 所示。

7. Spring Cloud Config

Spring Cloud Config 为分布式系统中的外部化配置提供服务器和客户端支持。使用

Config 服务器，可以在中心位置管理所有环境中应用程序的外部属性。简单来说，Spring Cloud Config 能将各应用/系统/模块的配置文件存放到统一的地方，然后进行管理（Git 或者 SVN）。一般使用 Spring Cloud Bus + Spring Cloud Config 进行配置的动态刷新。

图 8-4　Spring Cloud Bus 工作原理

8. Sleuth+Zipkin

Spring Cloud Sleuth 为 Spring Cloud 实现了分布式跟踪解决方案，且兼容 Zipkin，结合 Zipkin 做链路跟踪。Spring Cloud Sleuth 服务链路跟踪功能有助于快速发现错误根源及监控分析每条请求链路上的性能。Spring Cloud Sleuth 实现分布式链路监控，主要包括以下内容。

（1）基础整合 Spring Cloud Sleuth：位于 user-service-trace 与 movie-service-trace 项目中，主要查看控制台的输出日志。

（2）Spring Cloud Sleuth 与 Zipkin 配合使用：位于 zipkin-service-server、user-service-trace-zipkin 与 movie-service-trace-zipkin 三个项目中。

Zipkin 是 Twitter 开源的分布式跟踪系统，基于 Dapper 论文设计，主要功能是收集系统的时序数据，从而追踪微服务架构的系统延时问题，还提供非常友好的界面来帮助追踪和分析数据。

结合使用 Sleuth 和 Zipkin，就可以通过图形化的界面查看微服务请求的延迟情况及各微服务的依赖情况。需要注意的是，Spring Boot2 及以上版本不再支持 Zipkin 的自定义，需要到官方网站下载 Zipkin 相关的 jar 包。

8.2.2　服务网格架构

服务网格负责处理服务间请求/响应的可靠传递，并可用于服务治理、遗留系统的零侵入接入及异构框架开发的微服务。服务网格作为服务间通信的基础设施层，是应用程序间通信的中间层，实现了轻量级网络代理，对应用程序透明，解耦了应用程序的重试/

超时、监控、追踪和服务发现。服务网格的开源软件包括 Istio、Linkderd、Envoy、SOFAMesh、Dubbo 等。

服务网格是一个用于管理、观测、支持工作负载实例之间安全通信的管理层。服务网格通常以轻量级网络代理阵列的形式实现，这些代理与应用程序代码部署在一起，而对应用程序来说，无须感知代理的存在。服务网格通常由控制平面和数据平面两部分组成。数据平面运行在 Sidecar 中，Sidecar 作为一个独立的容器，与业务系统运行在同一个 Kubernetes 的 Pod 中，或者作为一个独立的进程与应用程序进程运行在同一个虚拟机上，其主要充当业务系统的网络流量代理。传统 RPC 中的服务发现、限流、熔断、链路追踪等能力都会下沉到 Sidecar 中。Sidecar 为应用程序提供了一个透明的网络基础设施，让业务在低侵入或者零侵入的情况获得更健壮的网络通信能力。

服务网格为微服务带来新的变革，主要体现在：服务治理与业务逻辑解耦，服务网格把 SDK 中的大部分能力从应用中剥离出来，拆解为独立进程，以 Sidecar 的模式部署，将服务通信及相关管控功能从业务程序中分离并下沉到基础设施层，使其和业务系统完全解耦，使开发人员更加专注于业务本身；异构系统的统一治理，通过服务网格技术将主体的服务治理能力下沉到基础设施层，可方便地实现多语言、多协议的统一流量管控、监控等需求。

服务网格相对于传统微服务框架拥有较多优势：超强的通信线路数据观察性，服务网格是一个专用的管理层，鉴于它在技术堆栈中处于独特的位置，所有的服务间通信都要经由服务网格，以便在服务调用级别上提供统一的遥测指标；面向目的地的流量控制能力，由于服务网格的设计目的是有效地将来源请求调用连接到其最优目标服务实例，因此这些流量控制特性是面向目的地的，而这也正是服务网格流量控制能力的一大特点。通过服务网格，可以为服务提供智能路由（蓝绿部署、金丝雀发布、A/B 测试）、超时重试、熔断、故障注入、流量镜像等各种控制能力；还提供微服务网络的增强安全特性，在某种程度上，单体架构应用受其单地址空间保护。一旦单体架构应用被分解为多个微服务，网络就会成为一个重要的攻击面，更多的服务意味着更多的网络流量，这对黑客来说意味着有更多的机会来攻击信息流，而服务网格恰恰提供了保护网络调用的能力。服务网格与安全相关的好处主要体现在以下三个核心领域：服务的认证、服务间通信的加密、安全相关策略的强制执行。

服务网格带来了巨大变革，拥有强大的技术优势，被称为第二代"微服务架构"。然而服务网格也有它的局限性：网络复杂性大幅增加，服务网格将 Sidecar 代理和其他组件引入已经很复杂的分布式环境中，会极大地增加整体链路和操作运维的复杂性；学习曲线较为陡峭，当前的服务网格几乎都建立在以 Kubernetes 为基础的云原生环境上，服务网格的运维人员需要同时掌握 Kubernetes 和服务网格两种技术，才能应对使用中的问题，增加了用户的学习成本；系统调用存在额外性能开销，服务网格在服务链路中引入了 Sidecar Proxy，因在系统调用中增加了跳转而带来了延迟。虽然该延迟是毫秒级别的，在大多数场景下是可以接受的，但是在某些需要高性能、低延迟的业务场景下，可能是难以容忍的。

下面介绍一个流行的服务网格框架 Dubbo。

Dubbo 是阿里巴巴公司开源的一个高性能优秀的服务框架，使得应用可通过高性能的 RPC 实现服务的输出和输入功能，可以和 Spring 框架无缝集成。Dubbo 是一款高性能、轻量级的开源 Java RPC 框架，它提供了六大核心能力：面向接口代理的高性能 RPC 调用，智能容错和负载均衡，服务自动注册和发现，高度可扩展能力，运行期流量调度，可视化的服务治理与运维。

- 面向接口代理的高性能 RPC 调用：提供高性能的基于代理的远程调用能力，服务以接口为粒度，为开发者屏蔽远程调用的底层细节。
- 智能容错和负载均衡：内置多种负载均衡策略，智能感知下游节点的健康状况，显著减少调用延迟，提高系统吞吐量。
- 服务自动注册和发现：支持多种注册中心服务，实时感知服务实例上下线。
- 高度可扩展能力：遵循微内核+插件的设计原则，所有核心能力如 Protocol、Transport、Serialization 被设计为扩展点，平等对待内置实现和第三方实现。
- 运行期流量调度：内置条件、脚本等路由策略，通过配置不同的路由规则，轻松实现灰度发布、同机房优先等功能。
- 可视化的服务治理与运维：提供丰富的服务治理、运维工具，如随时查询服务元数据、服务健康状态及调用统计，实时下发路由策略、调整配置参数。

Dubbo 架构的基本原理如图 8-5 所示。服务提供者先启动，然后注册服务。服务消费者订阅服务，如果没有订阅到自己想获得的服务，它会不断地尝试订阅。新的服务注册到注册中心以后，注册中心会将这些服务通知服务消费者。Monitor 是一个监控，图 8-5 中的虚线表明服务消费者和服务提供者通过异步的方式发送消息至 Monitor，服务消费者和服务提供者会将信息存放在本地磁盘，平均 1 分钟会发送一次消息。Monitor 在整个架构中是可选的（图中的虚线并不是可选的意思），Monitor 功能需要单独配置，不配置或者配置以后，Monitor 不工作并不会影响服务的调用。

图 8-5　Dubbo 架构基本原理

Dubbo 默认协议采用单一长连接和 NIO 异步通信，适合小数据量、大并发的服务调用，以及服务消费者机器数远大于服务提供者机器数的情况。通过分析源代码，总结

Dubbo 协议远离机制的基本工作原理如下：

（1）客户端是一个线程调用远程接口，生成一个唯一的 ID（如一段随机字符串、UUID 等），Dubbo 是使用 AtomicLong 从 0 开始累计数字的；

（2）将打包的方法调用信息（如调用的接口名称、方法名称、参数值列表等）和处理结果的回调对象 Callback 全部封装在一起，组成一个对象 Object；

（3）向专门存放调用信息的全局 ConcurrentHashMap 里面存放（ID, Object）；

（4）将 ID 和打包的方法调用信息封装成对象 connRequest，使用 IoSession.write（connRequest）异步发送出去；

（5）当前线程使用 Callback 的 Get()方法试图获取远程返回的结果，在 Get()方法内部，则使用 Synchronized 获取回调对象 Callback 的锁，然后先检测是否已经获取到结果，如果没有，调用 Callback 的 Wait()方法，释放 Callback 上的锁，让当前线程处于等待状态；

（6）服务端接收到请求并处理后，将结果（此结果中包含了前面的 ID，即回传）发送给客户端，客户端 Socket 连接上专门监听消息的线程收到消息，分析结果，取到 ID，再从前面的 ConcurrentHashMap 中获取 ID，从而找到 Callback，将方法调用结果设置到 Callback 对象里；

（7）监听线程接着使用 Synchronized 获取回调对象 Callback 的锁［因为前面调用过 Wait()，那个线程已释放 Callback 的锁了］，再使用 notifyAll()方法，唤醒前面处于等待状态的线程并继续执行［Callback 的 Get()方法继续执行就能得到调用结果了］，至此，整个过程结束。

Dubbox 是 Dubbo 的扩展，主要在 Dubbo 的基础上进行了以下改进。

- 支持 REST 风格的远程调用（HTTP+JSON/XML）：基于非常成熟的 JBoss Rest Easy 框架，在 Dubbo 中实现了 REST 风格（HTTP+JSON/XML）的远程调用，以显著简化企业内部的跨语言交互，同时显著简化企业对外的 Open API、无线 API 甚至 AJAX 服务端等的开发。事实上，这个 REST 调用也使 Dubbo 可以对当今流行的"微服务"架构提供基础性支持。另外，REST 调用也达到了比较高的性能，在基准测试下，HTTP + JSON 与 Dubbo 2.x 默认的 RPC 协议（TCP + Hessian2 二进制序列化）之间只有 1.5 倍左右的差距。

- 支持基于 Kryo 和 FST 的 Java 高效序列化实现：基于知名的 Kryo 和 FST 高性能序列化库，为 Dubbo 默认的 RPC 协议添加新的序列化实现，并优化调整了其序列化体系，比较显著地提高了 Dubbo RPC 的性能。

- 支持基于 Jackson 的 JSON 序列化：基于业界应用广泛的 Jackson 序列化库，为 Dubbo 默认的 RPC 协议添加新的 JSON 序列化实现。

- 支持基于嵌入式 Tomcat 的 HTTP remoting 体系：基于嵌入式 Tomcat 实现 Dubbo 的 HTTP remoting 体系（dubbo-remoting-http），用以逐步取代 Dubbo 旧版本中的嵌入式 Jetty，可以显著地提高 REST 等的远程调用性能，并将 Servlet API 的支持从 2.5 升级到 3.1。（注：除 REST，Dubbo 中的 WebServices、Hessian、HTTP Invoker 等协议都基于这个 HTTP remoting 体系）。

- 升级 Spring：将 Dubbo 中的 Spring 由 2.x 升级到目前最常用的 3.x 版本，减少版本冲突带来的麻烦。
- 升级 ZooKeeper 客户端：将 Dubbo 中的 ZooKeeper 客户端升级到最新的版本，以修正老版本中包含的 bug。
- 支持完全基于 Java 代码的 Dubbo 配置：基于 Spring 的 Java Config，实现以完全无 XML 的纯 Java 代码方式来配置 Dubbo。
- 调整 Demo 应用：暂时将 Dubbo 的 Demo 应用调整并改写，以主要演示 REST 功能、Dubbo 协议的新序列化方式、基于 Java 代码的 Spring 配置，等等。
- 修正了 Dubbo 的 bug：包括配置、序列化、管理界面等的 bug。

8.3　敏捷基础设施

敏捷基础设施及公共基础服务是微服务架构的有力支撑，也是云原生的基石，能够简化业务开发，提升架构能力的基线。敏捷基础设施通过容器封装环境，开发人员可以直接将所有软件和依赖直接封装到容器中，打包成镜像，生产环境直接部署镜像，通过容器化实现开发、测试、生产环境的一致。

敏捷基础设施实际上并不是一个全新的术语，是指使用脚本或文件配置计算基础设施环境，而非手动配置计算基础设施环境的方法。敏捷基础设施也可称为基础设施即代码（Infrastructure as Code）或者可编程基础设施（Programmable Infrastructure），基础设施即代码可以将基础设施配置完全当作软件编程来进行。实际上，这已经开始让编写应用和创建其运行环境之间的界限变得逐渐模糊起来。应用可能包含用于创建和协调其自身虚拟机或容器的脚本。这是云计算的基础，并且对 DevOps 至关重要。

云计算基础设施运维发展大致分为以下四个阶段。

第一阶段：纯手动阶段。全部人工给物理机安装软件，有专门的运维团队负责部署。A 物理机是给订单用的，B 物理机是给登录用的，绝对不能互相干扰。常常因为敲错命令出现故障。标准化通过规范约束，效果甚微，效率十分低下。

第二阶段：半自动脚本阶段。内部制定规范，要求必须严格执行。通过部分脚本实现部署、启停。部署还是通过运维人员操作、配置，采用半自动化方式，仍然需要敲命令。使用虚拟机隔离，虚拟机数量很多，运维人员在窗口中来回切换，可能会看错窗口，执行错误的命令。申请机器需要提前，每年都要做服务器需求计划，中间加机器非常麻烦。

第三阶段：自动化工具阶段。少数运维人员通过私有云管理虚拟机。通过持续集成工具实现持续部署。运维人员通过虚拟机镜像来封装常用的依赖环境。但是，开发环境和测试环境、生产环境差距很大，可能会出现开发人员本地测试通过，但测试人员说有问题，或者测试人员在测试环境测试通过，一上线就有问题的现象。

第四阶段：敏捷基础设施阶段。无需运维人员，全部自动化，通过容器封装环境，开发人员可以直接将所有软件和依赖环境直接封装到容器中，打包成镜像，生产环境直接部署镜像。可以实现所有环境都一样。容器调度平台管理容器，资源利用率更高，通过配置文件描述环境。例如，要部署 8 台 Nginx，端口是什么，镜像用哪个，日志放在什么地方，配置文件用哪个，部署在什么地方等，都可以直接描述出来。这个描述文件以前是运维人员实现的，现在开发人员就能搞定。

敏捷基础设施的价值体现在与传统的配置管理有一个非常大的区别：整个过程由开发人员负责，无须运维人员参与。开发人员不仅可以写业务服务的代码，还可以定义运行业务服务的基础设施。

敏捷基础设施的目标如下。

- 标准化：所有的基础设施最好都是标准的。
- 可替换：任意节点都能够被轻易地创建、销毁、替换。
- 自动化：所有的操作都通过工具自动化完成，无须人工干预。
- 可视化：当前环境要做到可控，就需要对当前的环境状况可视。
- 可追溯：所有的配置统一作为代码进行版本化管理，所有的操作都可以追溯。
- 快速：资源申请及释放要求秒级完成，以适应弹性伸缩和故障切换的要求。

平台化可利用公共基础服务提升整体架构能力。敏捷基础设施需要依靠与业务无关的、通用的公共基础服务，包括监控服务、缓存服务、消息服务、数据库服务、负载均衡、分布式协调、分布式任务调度等。常见的平台服务有分布式消息中间件服务 Kafka、分布式缓存服务 Memcached 和 Redis、分布式任务调度服务 TBSchedule 和 Elastic-Job 及监控告警服务 Prometheus。

8.3.1　分布式消息中间件服务

消息中间件是支持在分布式系统中发送和接收消息的硬件或软件基础设施。任何中间件必然要去解决特定领域的某个问题，消息中间件解决的就是分布式系统之间消息传递的问题。消息传递是分布式系统必然要面对的一个问题。

假设一个电商交易的场景，用户下单之后调用库存系统减库存，然后需要调用物流系统进行发货，如果交易、库存、物流是属于一个系统的，那么就是接口调用。但是，随着系统的发展，各模块越来越庞大、业务逻辑越来越复杂，必然要做服务化和业务拆分。这个时候就需要考虑这些系统之间如何交互，第一反应就是 RPC（Remote Procedure Call）。系统继续发展，可能一笔交易后续需要调用几十个接口来执行业务，如调用风控系统、短信通知服务等。这个时候就需要消息中间件来解决问题了。

消息中间件出现以后，对于交易场景，可能先调用库存中心等强依赖系统执行业务，之后发布一条消息，这条消息存储于消息中间件中。像短信通知服务、数据统计服务等都依赖消息中间件去消费这条消息来完成自己的业务逻辑。消息中间件其实就是对系统进行解耦，同时带来了异步化等好处。

消息中间件的应用场景大致如下。

- 业务解耦：交易系统不需要知道短信通知服务的存在，只需要发布消息。
- 削峰填谷：如上游系统的吞吐能力高于下游系统，流量在洪峰时可能会冲垮下游系统，而消息中间件可以在峰值时堆积消息，待峰值过去后，再由下游系统慢慢消费消息，从而解决流量洪峰的问题。

- 事件驱动：系统与系统之间可以通过消息传递的形式驱动业务，以流式的模型处理。

消息中间件还要设定具体的传输协议，即用什么方法把消息传输出去。目前主流的两种模型如下。

（1）点对点模型：也叫消息队列模型，系统 A 发送的消息只能被系统 B 接收，其他任何系统都不能读取系统 A 发送的消息；消息从一个生产者传送至一个消费者。在此传送模型中，目标是一个队列。消息首先被传送至队列目标，然后根据队列传送策略，从该队列将消息传送至向此队列注册的某一个消费者，一次只传送一条消息。可以向队列目标发送消息的生产者的数量没有限制，但每条消息只能发送至一个消费者并由其成功使用。如果没有已经向队列目标注册的消费者，队列将保留它收到的消息，并在某个消费者向该队列进行注册时将消息传送给该消费者。

（2）发布/订阅模型：可以把一个主题理解为消息容器。多个发布者向相同的主题发送消息，而订阅者也可能存在多个，它们都能接收到相同主题的消息。消息从一个生产者传送至任意数量的消费者。在此传送模型中，目标是一个主题。消息首先被传送至主题目标，然后传送至所有已订阅此主题的活动消费者。可以向主题目标发送消息的生产者的数量没有限制，并且每个消息可以发送至任意数量的订阅消费者。主题目标也支持持久订阅的概念。持久订阅表示消费者已向主题目标进行注册，但在消息传送时此消费者可以处于非活动状态。当此消费者再次处于活动状态时，它将接收此信息。如果没有已经向主题目标注册的消费者，主题不保留其接收到的消息，除非有非活动消费者注册了持久订阅。

分布式消息中间件其实就是指消息中间件本身也是一个分布式系统。分布式消息中间件有一个 SDK，提供业务系统发送、消费消息的接口，还有一批服务器节点用于接收和存储消息，并在合适的时候发送给下游的系统进行消费。常见的分布式消息中间件服务有 Kafka、ActiveMQ、RabbitMQ 及 RocketMQ 等。

1. Kafka

Kafka 是分布式发布/订阅消息系统。它最初由 LinkedIn 公司开发，使用 Scala 语言编写，之后成为 Apache 的顶级项目框架。Kafka 是一个分布式的、可划分的、多订阅者的、冗余备份的持久性的服务。伴随大数据计算，Kafka 作为重要的数据缓冲者，将 Flume 收集的数据缓冲提供给 Storm 进行实时计算。针对实时性、流式计算的系统也是 Kafka 的主要应用。它主要用于处理活跃的流式数据。Kafka 同时支持点对点和发布/订阅这两种消息传输模型。

Kafka 的特点如下。

（1）同时为发布和订阅提供高吞吐量。Kafka 每秒可以生产约 25 万条消息（50MB），每秒处理 55 万条消息（110MB）。

（2）可持久化操作。将消息持久化到磁盘，因此可用于批量消费，通过将数据持久化到硬盘及复制来防止数据丢失。

（3）分布式系统，易于向外扩展。有多个生产者、消费者、实例，均为分布式的。无须停机即可扩展机器。

（4）Kafka 的每个实例都是无状态的，只管消息的增减，不管谁来消费，消息被处理的状态是由消费者主动从主题分区中抽取消息，也就是说消息由谁消费由消费者决定，而不是由服务器的实例决定。

Kafka 的主要功能是提供一套完备的消息发布与订阅解决方案。在 Kafka 中，发布与订阅的对象是主题（Topic），用户可以为每个业务、每个应用甚至是每类数据都创建专属的主题。在 Kafka 系统中，把生产者（Producer）和消费者（Consumer）统称为客户端（Client），可以同时运行多个生产者和消费者实例，这些实例会不断地向 Kafka 集群中的多个主题生产和消费消息。生产者向主题发布消息的客户端应用程序，生产者程序通常持续不断地向一个或多个主题发送消息。消费者订阅主题消息的客户端应用程序，消费者能够同时订阅多个主题的消息。Kafka 的服务器端由被称为 Broker 的服务进程构成，即一个 Kafka 集群由多个 Broker 组成，Broker 负责接收和处理客户端发送过来的请求，以及对消息进行持久化。

虽然多个 Broker 进程能够运行在同一台机器上，但更常见的做法是将不同的 Broker 分散运行在不同的机器上，这样如果集群中某一台机器宕机，即使在它上面运行的所有 Broker 进程都不能正常工作了，其他机器上的 Broker 也依然能够对外提供服务。这其实就是 Kafka 提供高可用的手段之一。实现高可用的另一个手段是备份机制，就是把相同的数据复制到多台机器上，而这些相同的数据复制在 Kafka 中被称为副本（Replica）。副本的数量是可以配置的，这些副本虽然保存着相同的数据，但有不同的角色和作用。

Kafka 定义了两类副本：领导者副本（Leader Replica）和追随者副本（Follower Replica）。前者对外提供服务，这里的对外指的是与客户端程序进行交互；而后者只是被动地追随领导者副本而已，不能与外界进行交互。生产者总是向领导者副本写消息；而消费者总是从领导者副本读消息。至于追随者副本，只做一件事，就是向领导者副本发送请求，请求领导者副本把最新生产的消息发给它，这样它就能保持与领导者副本同步。

扩展性是分布式系统中非常重要且必须要谨慎对待的问题。Kafka 虽然有了领导者副本和追随者副本，但如果领导者副本积累了太多的数据，以至于单台 Broker 机器无法容纳，此时该怎么办？一个很自然的想法就是把数据分割成多份保存在不同的 Broker 上，Kafka 就是这么设计的，这种机制就是所谓的分区（Partitioning）。

Kafka 中的分区机制指的是将每个主题划分成多个分区，每个分区是一组有序的消息日志。生产者生成的每条消息只会被发送到一个分区中，也就是说如果向一个双分区的主题发送一条消息，这条消息要么在分区 0 中，要么在分区 1 中。Kafka 的分区编号是从 0 开始的，如果主题有 100 个分区，那么它的分区号就是从 0 到 99。

实际上，副本是在分区这个层级定义的。每个分区下可以配置若干个副本（如 N 个副本），其中只能有一个领导者副本和 $N-1$ 个追随者副本。生产者向分区写入消息，每条消息在分区中的位置信息由一个叫位移（Offset）的数据来表征。分区位移总是从 0 开始的，假设一个生产者向一个空分区写入了 10 条消息，那么这 10 条消息的位移依次是 0, 1, 2, …, 9。

如图 8-6 所示，Kafka 的三层消息架构如下。

- 第一层是主题层，每个主题可以配置 M 个分区，而每个分区又可以配置 N 个副本。
- 第二层是分区层，每个分区的 N 个副本只能有一个领导者副本，对外提供服务；其他 $N-1$ 个副本是追随者副本，只是提供数据冗余作用。
- 第三层是消息层，分区中包含若干条消息，每条消息的位移从 0 开始，依次递增。

客户端程序只能与分区的领导者副本进行交互。

图 8-6　Kafka 的三层消息架构

Kafka 使用消息日志来保存数据，一个日志就是磁盘上一个只能追加写消息的物理文件。因为只能追加写入，所以避免了缓慢的随机 I/O 操作，改为性能较好的顺序 I/O 写操作，这也是实现 Kafka 高吞吐量特性的一个重要手段。如果不停地向一个日志写入消息，最终也会耗尽所有磁盘空间，因此 Kafka 必然要定期地删除消息以回收磁盘。

Kafka 通过日志段机制删除消息。在 Kafka 底层，一个日志又进一步细分成多个日志段，消息被追加写到当前最新的日志段中，当写满一个日志段后，Kafka 会自动切分出一个新的日志段，并将老的日志段封存起来。Kafka 在后台还有定时任务，会定期地检查是否能够删除老的日志段，从而达到回收磁盘空间的目的。

在 Kafka 中实现点对点模型的方法是引入消费者组。所谓的消费者组，指的是多个消费者实例（可以是运行消费者应用的进程，也可以是一个线程，它们都称为一个消费者实例）共同组成一个组来消费一组主题。这组主题中的每个分区都只会被组内的一个消费者实例消费，其他消费者实例不能消费它。引入消费者组主要是为了提升消费者端的吞吐量，多个消费者实例同时消费，加速整个消费者端的吞吐量。

消费者组里面的所有消费者实例不仅瓜分订阅主题的数据，而且还能彼此协助。假设某个实例不能工作了，Kafka 会自动检测到，然后把这个实例之前负责的分区转移给其他消费者。但是，由于重平衡引发的消费者问题比比皆是，目前社区上很多的重平衡 bug 都无法解决。

每个消费者在消费消息的过程中必然需要一个字段记录它当前消费到了分区的哪个位置上，这个字段就是消费者位移（Consumer Offset）。注意，这和前面所说的位移完全不是一个概念。前面的位移表征的是分区内的消息位置，它是不变的，即一旦消息被成功写入一个分区，它的位移值就是固定的；而消费者位移则不同，它可能是随时变化的，毕竟它是消费者消费进度的指示器。每个消费者都有自己的消费者位移，因此一定要区分两个位移。编者把消息在分区中的位置称为分区位移，而把消费者端的位移称为消费者位移。

2. ActiveMQ

ActiveMQ 是 Apache 出品的、最流行的、能力强劲的开源消息总线。ActiveMQ 是一个完全支持 JMS1.1 和 J2EE1.4 规范的 JMS Provider 实现，尽管 JMS 规范已经出台很久了，但是 JMS 在当今的 J2EE 应用中仍然处于特殊的地位。ActiveMQ 支持两种消息传送模型：PTP（点对点模型）和 Pub/Sub（发布/订阅模型），分别称作 PTP Domain 和 Pub/Sub Domain。

ActiveMQ 特性：

（1）客户端使用多种语言编写：Java、C、C++、C#、Ruby、Perl、Python、PHP；

（2）客户端使用多种应用协议：OpenWire、Stomp REST、WS Notification、XMPP、AMQP；

（3）完全支持 JMS1.1 和 J2EE1.4 规范；

（4）虚拟主题、组合目的、镜像队列。

1）服务器工作模型

该模型通过 ActiveMQ 消息服务交换消息。消息生产者将消息发送至消息服务，消息消费者则从消息服务接收这些消息。这些消息的传送操作是使用一组实现 ActiveMQ 应用编程接口（API）的对象来执行的。

ActiveMQ 客户端使用 ConnectionFactory 对象创建一个链接，向消息服务发送消息及从消息服务接收消息均通过此链接来进行。Connection 是客户端与消息服务的活动链接。创建链接时，将分配通信资源及验证客户端。这是一个相当重要的对象，大多数客户端均使用一个链接来进行所有的消息传送。链接用于创建会话。Session 是一个用于生成和使用消息的单线程上下文，它用于创建发送的生产者和接收消息的消费者，并为所发送的消息定义发送顺序。Session 通过大量确认选项或通过事务来支持可靠传送。

客户端使用 MessageProducer 向指定的物理目标（在 API 中表示为目标身份对象）发送消息。生产者可指定一个默认传送模式（PERSISTENT 或 NON_PERSISTENT）、优先级和有效期值，以控制生产者向物理目标发送的所有消息。同样地，客户端使用 MessageConsumer 对象从指定的物理目标（在 API 中表示为目标对象）接收消息。消费者可使用消息选择器，借助它，消息服务可以只向消费者发送与选择标准匹配的那些消息。消费者可以支持同步或异步接收消息。异步接收可通过向消费者注册 MessageListener 来实现。当 Session 线程调用 MessageListener 对象的 onMessage 方法时，客户端将使用消息。

2）消息选择器

ActiveMQ 提供了一种消息选择机制。消息服务可根据消息选择器中的标准来执行消息过滤。生产者可在消息中放入应用程序特有的属性，而消费者可使用基于这些属性的选择标准来表明对消息是否感兴趣。这就简化了客户端的工作，并避免向不需要这些消息的消费者传送消息的开销。然而，它也使处理标准的消息服务增加了一些额外开销。消息选择器是用于 MessageConsumer 的过滤器，可以用来过滤传入消息的属性和消息头部分（但不过滤消息体），并确定是否实际消费该消息。消息选择器是一些字符串，它们基于某种语法，而这种语法是 SQL-92 的子集。可以将消息选择器作为MessageConsumer 创建的一部分。

3）消息签收设置

在不带事务的 Session 中，一条消息何时和如何被签收取决于 Session 的设置。

（1）Session.AUTO_ACKNOWLEDGE。当客户端从 receive 或 onMessage 成功返回时，Session 自动签收客户端的这条消息的收条。在 AUTO_ACKNOWLEDGE 的Session 中，收条和签收紧随在处理消息之后发生。

（2）Session.CLIENT_ACKNOWLEDGE。客户端通过调用消息的 acknowledge 方法签收消息。在这种情况下，签收发生在 Session 层面：签收一个已消费的消息会自动地签收这个 Session 所有已消费消息的收条。

（3）Session.DUPS_OK_ACKNOWLEDGE。此选项指示 Session 不必确保对传送消息的签收。它可能引起消息的重复，但是降低了 Session 的开销，所以只有当客户端能容忍重复的消息时才可使用（如 ActiveMQ 再次传送同一消息，那么消息头中的JMSRedelivered 将被设置为 true）。客户端成功接收一条消息的标志是这条消息被签收。成功接收一条消息一般包括如下三个阶段：客户端接收消息、客户端处理消息、消息被签收。签收可以由 ActiveMQ 发起，也可以由客户端发起，取决于 Session 签收模式的设置。在带事务的 Session 中，签收自动发生在事务提交时。如果事务回滚，所有已经接收的消息将会被再次传送。

4）消息传送模式

ActiveMQ 支持两种消息传送模式：PERSISTENT 和 NON_PERSISTENT。

（1）PERSISTENT。这是 ActiveMQ 的默认传送模式，此模式保证这些消息只被传送一次和成功使用一次。对于这些消息，可靠性是优先考虑的因素。可靠性的一个重要方面是确保持久性消息传送至目标后，消息服务在向消费者传送这些消息之前不会丢失它们。这意味着在持久性消息传送至目标时，消息服务将其放入持久性数据存储。如果消息服务失败了，它也可以恢复此消息并将此消息传送至相应的消费者。虽然这样增加了消息传送的开销，但增加了可靠性。

（2）NON_PERSISTENT。此模式保证这些消息最多被传送一次。对于这些消息，可靠性并非主要的考虑因素。此模式并不要求持久性的数据存储，也不保证消息服务失败后消息不会丢失。

有两种方法指定传送模式：一种是使用 setDeliveryMode 方法，这样所有的消息都采用此传送模式；另一种是使用 send 方法为每条消息设置传送模式。消息优先级分为 0～9 十个级别，0～4 是普通消息，5～9 是加急消息。如果不指定优先级，则默认为 4。JMS 不要求严格按照这十个优先级发送消息，但必须保证加急消息要先于普通消息到达。

5）消息过期设置

ActiveMQ 允许消息过期。默认情况下，消息永不过期。如果消息在特定周期内失去意义，那么可以设置过期时间。有两种方法设置消息的过期时间（时间单位为毫秒）：

（1）使用 setTimeToLive 方法为所有的消息设置过期时间；

（2）使用 send 方法为每条消息设置过期时间。

消息过期时间等于 send 方法中的 timeToLive 值加上发送时刻的 GMT 时间值。如果 timeToLive 值等于零，则 JMSExpiration 被设为零，表示该消息永不过期。如果发送后，在消息过期时间之后消息还没有被发送到目的地，则该消息被清除。

6）异步发送消息

ActiveMQ 支持生产者以同步或异步模式发送消息。使用不同的模式对 send 方法的反应时间有巨大的影响，反应时间是衡量 ActiveMQ 吞吐量的重要因素，使用异步发送可以提高系统的性能。在默认的大多数情况下，AcitveMQ 是以异步模式发送消息的。例外的情况：在没有使用事务的情况下，生产者以 PERSISTENT 传送模式发送消息。在这种情况下，send 方法都是同步的，并且一直阻塞直到 ActiveMQ 发回确认消息：消息已经存储在持久性数据存储中。这种确认机制保证消息不会丢失，但会造成生产者阻塞，从而影响反应时间。高性能的程序一般都能容忍在故障情况下丢失少量数据。如果编写这样的程序，可以通过使用异步发送来提高吞吐量。

7）消息预取机制

ActiveMQ 的目标之一就是高性能的数据传送，所以 ActiveMQ 使用预取机制来控制有多少消息能及时地传送给任何地方的消费者。一旦预取数量达到限制，那么就不会有消息被分派给这个消费者，直到它发回签收消息（用来标识所有的消息已经被处理）。可以为每个消费者指定消息预取。如果有大量的消息且希望更高的性能，那么可以为这个消费者增大预取值。如果有少量的消息且每条消息的处理都要花费很长的时间，那么可以设置预取值为 1，这样同一时间，ActiveMQ 只会为这个消费者分派一条消息。

3. RabbitMQ

RabbitMQ 是一个开源的 AMQP 实现，服务器端用 Erlang 语言编写，用于在分布式系统中存储转发消息，在易用性、扩展性、高可用性等方面表现不俗。消费者订阅某个队列。生产者创建消息，然后发布到队列中，最后将消息发送至监听的消费者。

RabbitMQ 的特性：

（1）支持多种客户端，如 Python、Ruby、.NET、Java、JMS、C、PHP、ActionScript 等；

（2）AMQP 的完整实现，如 vHost、Exchange、Binding、Routing Key 等；

（3）事务支持/发布确认；

（4）消息持久化。

AMQP 中消息的路由过程和 Java 开发者熟悉的 JMS 存在一些差别，AMQP 中增加了 Exchange 和 Binding 的角色。生产者把消息发布到 Exchange 上，消息最终到达队列并被消费者接收，而 Binding 决定交换器的消息应该发送到哪个队列。

Exchange 分发消息时根据类型的不同分发策略有区别，目前共四种类型：Direct、Fanout、Topic、Headers。Headers 匹配 AMQP 消息的 Header 而不是路由键，此外 Headers 交换器目前几乎用不到，所以下面直接介绍另外三种类型。

- Direct 交换器。如果消息中的路由键（RoutingKey）和 Binding 中的绑定键（BindingKey）一致，交换器就将消息发到对应的队列中。路由键与队列名完全匹配，如果一个队列绑定到交换机，要求路由键为 "dog"，则只转发路由键标记为 "dog" 的消息，不会转发 "dog.puppy"，也不会转发 "dog.guard" 等。它是完全匹配、单播的模式。
- Fanout 交换器。Fanout 交换器不处理路由键，只是简单地将队列绑定到交换器上，每个发送到交换器的消息都会被转发到与该交换器绑定的所有队列上。其很像子网广播，子网内的每台主机都获得了一份复制的消息。Fanout 交换器转发消息是最快的。
- Topic 交换器。通过模式匹配分配消息的路由键属性，将路由键和某个模式进行匹配，此时队列需要绑定到一个模式上。它将路由键和绑定键的字符串切分成单词，这些单词之间用点隔开。它同样会识别两个通配符：符号 "#" 和符号 "*"。符号 "#" 匹配 0 个或多个单词，符号 "*" 匹配一个单词。

4. RocketMQ

RocketMQ 是阿里巴巴开源的一款分布式的消息中间件，它源于 JMS 规范但不遵守 JMS 规范。对于分布式这一点，如果用过其他 MQ 且了解过 RocketMQ，就会知道 RocketMQ 天生就是分布式的，可以说是 Broker、生产者、消费者等各种分布式。RocketMQ 的特点如下：

- 保证严格的消息顺序；
- 提供丰富的消息拉取模式；
- 高效的订阅者水平扩展能力；
- 实时的消息订阅机制；
- 亿级消息堆积能力。

RocketMQ 最初由阿里巴巴消息中间件团队研发并大规模应用于生产系统，满足线上海量消息堆积的需求，在 2016 年年底被捐赠给 Apache 开源基金会成为孵化项目，经过不到一年时间正式成了 Apache 的顶级项目。阿里巴巴早期曾经基于 ActiveMQ 研发消息系统，随着业务消息的规模增大，瓶颈逐渐显现；后来也考虑过 Kafka，但因为在低延迟和高可靠性方面没有选择，最后才自主研发了 RocketMQ。其各方面的性能都比目前已有的消息队列要好，RocketMQ 和 Kafka 在概念及原理上都非常相似，所以经常被拿来对比。RocketMQ 默认采用长轮询的拉取模式，单机支持千万级别的消息堆积，可以非常好地应用在海量消息系统中。

RocketMQ 用一个 NameServer 进行分布式协调。NameServer 可以部署多个，相互之间独立，其他角色同时向多个 NameServer 上报状态信息，从而达到热备份的目的。NameServer 本身是无状态的，也就是说 NameServer 中的 Broker、主题等状态信息不会持久存储，都是由各角色定时上报并存储到内存中的。

为何不用 ZooKeeper？ZooKeeper 的功能很强大，包括自动 Master 选举等，RocketMQ 的架构设计决定了它不需要进行 Master 选举，用不到这些复杂的功能，只需要一个轻量级的元数据服务器就足够了。值得注意的是，NameServer 并没有提供类似 ZooKeeper 的 watcher 机制，而是采用了每 30s 心跳机制。单个 Broker 跟所有 NameServer 保持心跳请求，心跳间隔为 30s，心跳请求中包括当前 Broker 所有的主题信息。NameServer 会反查 Broker 的心跳信息，如果某个 Broker 在 2 分钟内都没有心跳，则认为该 Broker 下线，其将调整主题跟 Broker 的对应关系。但此时 NameServer 不会主动通知生产者、消费者有 Broker 宕机。

每个主题可设置队列个数，自动创建主题时默认有 4 个队列，需要顺序消费的消息发往同一队列，如同一订单号相关的几条需要顺序消费的消息发往同一队列。顺序消费的特点是，不会有两个消费者共同消费任意一个队列，且当消费者数量小于队列数时，消费者会消费多个队列。至于消息重复，在消费者端处理。RocketMQ4.3+支持事务消息，可用于分布式事务场景。

如表 8-1 所示为常用分布式消息中间件对比。

表 8-1　常用分布式消息中间件对比

对比项	ActiveMQ	RabbitMQ	Kafka	RocketMQ
支持协议	OpenWire/AMQP/MQTT 等	AMQP/MQTT 等	Kafka	Open Message
持久化方式	文件/数据库	文件	文件	文件
发布订阅	☑	☑	☑	☑
轮询分发	☑	☑	☑	
公平分发		☑	☑	
支持失败重发	☑	☑		☑
消息拉取		☑	☑	☑

8.3.2　分布式缓存服务

互联网或电商应用系统中，业务需求复杂，必须对整个业务系统进行垂直拆分，以保证各业务模块清晰并对外提供服务。用户群体广泛就必然存在高并发的问题，如果将应用系统部署在单节点服务器上，势必会对单服务器造成巨大的访问压力，因此需要将系统部署到不同的节点上，同时也要将不同的数据分散到不同的节点上。互联网时代的数据量大，所以要对数据进行分布式处理。

分布式缓存可以解决数据库服务器和 Web 服务器之间的瓶颈。如果一个网站流量很大，这个瓶颈将会非常明显，每次数据库查询耗费的时间将不容乐观。对于更新速度不是很快的站点，可以采用静态化来避免过多的数据查询，可使用 Freemaker 或 Velocity 来实现页面静态化。对于数据以秒级更新的站点，静态化也不会太理想，可通过分布式缓存系统来解决问题。

实际开发中经常使用的分布式缓存系统主要有 Memcached 和 Redis，这两者都是 KV 存储方案，各有优缺点，但 Redis 相比较而言实用性更强。Redis 特点突出，支持多种数据类型，如 String、Hash、Set、List、StoredSet，并且有高可用的解决方案和集群方案，支持水平扩容，满足了大部分企业的需求；而 Memcached 相对来说解决方案并不算很完善。

分布式缓存有如下考虑：首先是缓存本身的水平线性扩展问题，其次是缓存在大并发下本身的性能问题，最后是避免缓存的单点故障问题。分布式缓存的核心技术包括：内存本身的管理，包括了内存的分配、管理和回收机制；分布式管理和分布式算法；缓存键值管理和路由。

1. Memcached

许多 Web 应用程序都将数据保存到关系型数据库中，应用服务器从中读取数据并在浏览器中显示。但随着数据量的增大、访问的集中，关系型数据库的负担加重，数据库响应恶化，网站显示延迟。如图 8-7 所示为 Memcached 运行图，Memcached 是高性能的分布式内存缓存服务器。其一般的使用目的是通过缓存数据库来查询结果，减少数据库的访问次数，以提高动态 Web 应用的速度和扩展性。

图 8-7 Memcached 运行图

Memcached 作为高速运行的分布式缓存服务器，具有以下特点。

- 协议简单。Memcached 的服务器和客户端通信并不使用复杂的 MXL 等格式，而是使用简单的基于文本的协议。
- 基于 Libevent 的事件处理。Libevent 是个程序库，它将 Linux 的 epoll、BSD 类操作系统的 KQueue 等时间处理功能封装成统一的接口。Memcached 使用这个 Libevent 库，因此能在 Linux、BSD、Solaris 等操作系统上发挥其高性能。
- 内置内存存储方式。为了提高性能，Memcached 中保存的数据都存储在 Memcached 内置的内存存储空间中。由于数据仅存在内存中，因此重启 Memcached 和重启操作系统会导致全部数据消失。另外，内容容量达到指定的值后，

Memcached 会自动删除不适用的缓存。

- Memcached 不互通信的分布式。Memcached 尽管是"分布式"缓存服务器，但服务器端并没有分布式功能。各 Memcached 不会互相通信以共享信息。它的分布式主要是通过客户端实现的。

Memcached 默认情况下采用了名为 Slab Allocation 的机制分配、管理内存。在该机制出现以前，内存的分配是通过对所有记录简单地通过 Malloc 和 Free 来进行的，但是这样会导致内存碎片，加重操作系统中内存管理器的负担。

Slab Allocation 的基本原理是按照预先规定的大小，将分配的内存分割成特定长度的块，以完全解决内存碎片问题。Slab Allocation 的原理相当简单。将分配的内存分割成各种尺寸的块（Chunk），并把尺寸相同的块分成组（Chunk 的集合）。Slab Allocation 还会重复使用已分配的内存。也就是说，分配到的内存不会释放，而是重复利用。Memcached 根据收到的数据的大小，选择最合适数据大小的 Slab。Memcached 中保存着 Slab 内空闲 Chunk 的列表，根据该列表选择 Chunk，然后将数据缓存其中。

2. Redis

Redis 是一个开源的面向键值对类型数据的分布式 NoSQL 数据库系统，它的特点是高性能，适用于高并发的应用场景。可以说 Redis 纯粹是为应用而产生的。Redis 是一个高性能的 KV 数据库，并提供多种语言的 API。Redis 的缺点也很明显：对事务的处理能力很弱，也无法作为太复杂的关系型数据库中的模型。

Redis 支持存储的 Value 类型相对更多，典型的如字符串（String）、链表（List）、集合（Set）、有序集合（Sorted Set，Zset）、哈希类型（Hash），这些数据类型都支持 Push、Pop、Add 和 Remove，以及取交集、并集、差集等更为复杂的操作。这些操作都是原子性的，在此基础上，Redis 支持各种不同方式的排序。

与 Memcached 一样，为了保证效率，数据都被缓存在内存中，区别在于，Redis 会周期性地把更新的数据写入磁盘，或把修改操作写入追加的记录文件中，并且在此基础上实现主从同步策略（见图 8-8），也就是数据可以从主服务器向任意数量的从服务器上同步，从服务器可以关联其他类型的主服务器。因此，Redis 的出现很大程度上弥补了 Memcahed KV 存储的不足，在部分场合可以对关系型数据库起到很好的补充作用。

图 8-8 Redis 系统架构

Redis 与 Memcached 存在以下区别。

- 线程操作。Redis 使用单核而 Memcached 使用多核，也就是说，Redis 属于单线程操作，Memcached 属于多线程操作。在多个用户同时请求时，Redis 是处理完一个请求后再去处理下一个请求，而 Memcached 可以同时处理多个请求。
- 数据结构。Redis 不仅支持简单的 KV 类型的数据存储，同时支持链表、集合等类型的数据存储。
- 数据安全性。Redis 和 Memcached 都将数据存储在内存中，都属于内存数据库。但是 Memcached 服务宕机或重启后数据是不可恢复的，而 Redis 服务宕机或重启后数据可以恢复。因此 Redis 可以做持久化，它会将内存数据定期同步到磁盘中。Redis 提供两种持久化策略，默认支持的是 RDB 持久化及需要手工开启的 AOF 持久化。而 Memcached 仅将数据存储在内存中。
- 数据备份。Redis 支持数据备份，需开启主从同步策略。
- 过期策略。Memcached 在设置时就指定了过期时间，而 Redis 可以通过 Expire 设置 Key 的过期时间。
- 内存回收。Memcached 有内存回收机制，当程序中为它设置的内存太小时，一旦存储的数据超过阈值，它会自动回收内存，也就是释放内存，不然会出现内存溢出的情况。这是因为 Memcached 的数据都是存储在内存中的。Redis 不会出现这种情况，因为 Redis 可以将数据持久化到磁盘上。

8.3.3 分布式任务调度服务

分布式任务调度就是在集群中多台调度、多台执行，当一台调度机器或者执行机器出问题时，能够立刻进行故障转移，不影响后续任务的执行，从而提高整体的可用性。

常见的分布式任务调度框架一般有以下 5 个部分。

（1）控制台：负责调度任务的配置，以及任务状态、信息的展示。

（2）接入：将控制台的任务转化下发给调度器，并且向注册中心注册任务。

（3）调度器：接收接入下发的调度任务，进行任务拆分下发，在注册中心找执行器，然后把任务下发到执行器执行，同时注册到注册中心。

（4）执行器：接收调度任务，并且上报状态给注册中心。

（5）注册中心：实现机器、任务状态的同步、协调。

1. Quartz

Quartz 是 Java 领域最著名的开源任务调度工具，也是目前事实上的定时任务标准。但 Quartz 关注点在于定时任务而非数据，并无一套根据数据处理而定制化的流程。虽然 Quartz 可以基于数据库实现作业的高可用性，但缺少分布式并行执行作业的功能。Quartz 是 OpenSymphony 开源组织在任务调度领域的一个开源项目，完全基于 Java 实现。作为一个优秀的开源框架，Quartz 具有以下特点：强大的调度功能、灵活的应用方式、分布式和集群能力。另外，作为 Spring 默认的调度框架，其很容易实现与 Spring 集成，实现灵活可配置的调度功能。

Quartz 框架的核心对象：

- Scheduler——核心调度器，就是任务调度、分配的控制器；
- Job——任务，代表具体要执行的任务，是个接口，里面有默认方法，开发者需要实现该接口，并且业务逻辑被写在默认的 Execute 方法中；
- JobDetail——任务描述，描述 Job 的静态消息，是调度器需要的数据，跟 Job 区分开来，主要是为了使一个 Job 可以在多台机器上并行，每个调度器新建一个 Job 的实现类；
- Trigger——触发器，用于定义任务调度的时间规则。

简单来说，Quartz 的分布式调度策略是以数据库为边界的一种异步策略。各调度器都遵守一个基于数据库锁的操作规则，从而保证了操作的唯一性，同时多个节点的异步运行保证了服务的可靠性。但这种策略有局限性：集群特性对于高 CPU 使用率的任务效果特别好，但是对于大量的短任务，各节点都会抢占数据库锁，这样就出现了大量的线程等待资源的现象。

因此，Quartz 的分布式只解决了任务高可用性的问题，处理能力的瓶颈在数据库，而且没有执行层面的任务分片，无法最大化效率，只能依靠 Shedulex 调度层做分片，但是调度层做并行分片时难以结合实际的运行资源情况做最优的分片。

Quartz 通过数据库锁的方式来保证分布式环境下定时任务调度的同步，解决了单点故障，只引入了数据库，整体的结构简单；但是在效率上，由于数据库锁带来的竞争冲突，在短任务较多时效率较低，并且没有在执行时对任务分片，无法充分利用集群性能，也就是说没法真正做到水平扩展，瓶颈被数据库锁限制住了。

2. Elastic-Job

Elastic-Job 原本是当当 Java 应用框架 ddframe（见图 8-9）的一部分。ddframe 包括编码规范、开发框架、技术规范、监控及分布式组件。ddframe 规划分为 4 个演进阶段，目前处于第 2 阶段。第 3、4 阶段涉及的技术组件不代表当当没有使用，只是 ddframe 还未统一规划。ddframe 由各种模块组成，均以 dd-开头，如 dd-Container、dd-SOA、dd-RDB、dd-Job 等。当当希望将 ddframe 的各模块与公司环境解耦并开源以反馈社区。之前开源的 Dubbo 扩展版本 DubboX 即 dd-SOA 的核心模块。而这里介绍的 Elastic-Job 则是 dd-Job 的开源部分，其中的监控和 ddframe 核心接入等部分并未开源。

图 8-9　ddframe 应用框架

Elastic-Job 包含的功能如下。

- 分布式。这里最重要的功能，如果任务不能在分布式的环境下执行，那么直接使用 Quartz 就可以了。

- 任务分片。这是 Elastic-Job 中最重要也是最难理解的概念。任务的分布式执行，需要将一个任务拆分为 n 个独立的任务项，然后由分布式的服务器分别执行某一个或某几个分片项。

- 弹性扩容缩容。将任务拆分为 n 个任务项后，各服务器分别执行各自分配到的任务项。一旦有新的服务器加入集群，或现有服务器下线，Elastic-Job 将在保留本次任务执行不变的情况下，在下次任务开始前触发任务重分片。例如，有 3 台服务器，分为 10 个片，则分片项分配为{server1: [0,1,2], server2: [3,4,5], server3: [6,7,8,9]}。如果一台服务器崩溃，则分片项分配为{server1: [0,1,2,3,4], server2: [5,6,7,8,9]}。如果新增一台服务器，则分片项分配为{server1: [0,1], server2: [2,3] , server3: [4,5,6] , server4: [7,8,9]}。

- 稳定性。在服务器无波动的情况下，并不会重新分片；即使服务器有波动，下次分片也会根据服务器 IP 和作业名称哈希值算出稳定的分片顺序，尽量不做大的变动。

- 高性能。Elastic-Job 会将作业运行状态的必要信息更新到注册中心，但考虑性能问题，也可以牺牲一些功能，以换取性能的提升。

- 幂等性。Elastic-Job 可牺牲部分性能，以保证同一分片项不会同时在两个服务器上运行。

- 失效转移。弹性扩容缩容在下次作业运行前重分片，但本次作业执行的过程中，下线的服务器所分配的作业将不会重新被分配。失效转移功能可以在本次作业运行中通过用空闲服务器抓取孤儿作业分片来执行。同样失效转移功能也会牺牲部分性能。

- 状态监控。这个功能可以监控作业的运行状态，可以监控数据处理功能和失败次数、作业运行时间等。它是幂等性、失效转移必需的功能。

- 多作业模式。作业可分为简单处理和数据流处理两种模式，数据流处理模式又分为高吞吐处理模式和顺序性处理模式，其中高吞吐处理模式可以开启足够多的线程，快速地处理数据，而顺序性处理模式将每个分片项分配到一个独立线程，用于保证同一分片的顺序性，这点类似 Kafka 的分区顺序性。

- 其他一些功能。如错过任务重执行、单机并行处理、容错处理、Spring 命名空间支持、运维平台等。

Elastic-Job 的部署和使用：将使用 Elastic-Job 框架的 jar/war 连接在同一个基于 ZooKeeper 的注册中心即可。作业框架执行数据并不限于数据库，且作业框架本身是不对数据进行关联的。作业可以用于处理数据、文件、API 等任何操作。使用 Elastic-Job 仅需要关注将业务处理逻辑和框架所分配的分片项匹配并处理。例如，如果分片项是 1，则获取 id 以 1 结尾的数据处理。所以如果处理数据，最佳实践是将作业分片项规则和数据中间层规则对应。

通过图 8-10 可以看出，作业分片只是逻辑概念，分片和实际数据其实是不做任何匹配的。而关联分片项和实际业务，是成功使用 Elastic-Job 的关键所在。为了不让代码写起来无聊，看起来像 if(shardingItem == 1) {do XXX} else if (shardingItem == 2) {do XXX}，Elastic-Job 提供了自定义参数，可将分片项序号和实际业务做映射。例如，设置 1=北京、2=上海，那么代码中可以通过北京或上海的枚举，从业务中的北京仓库或上海仓库取数据。Elastic-Job 更多的是关注作业调度和分布式分配，处理数据还是交给数据中间层更好些。最佳实践是将作业分片项规则和数据中间层规则对应，省去作业分片时，再次适配数据中间层的分片逻辑。

图 8-10　Elastic-Job 部署

3. TBSchedule

TBSchedule 是阿里巴巴早期开源的分布式任务调度系统，代码略陈旧，使用 Timer 而非线程池执行任务调度。众所周知，Timer 在处理异常状况时是有缺陷的，且作业类型较为单一，只能是获取/处理数据一种模式。TBSchedule 的使命就是将调度作业从业务系统中分离出来，降低或者消除与业务系统的耦合度，进行高效异步任务处理。其实在互联网和电商领域，TBSchedule 的使用非常广泛，目前被应用于阿里巴巴、京东、汽车之家、国美等很多互联网企业的流程调度系统。

传统的调度框架 Spring Task、Quartz 也是可以进行集群调度作业的，一个节点不能工作了可以将任务转移给其他节点执行，从而避免单点故障，但其不支持分布式作业，一旦达到单机处理极限也会存在问题。Elastic-Job 支持分布式，是一个很好的调度框架，但开源时间较短，还没有经历大范围的市场考验。Beanstalkd 基于 C 语言开发，使用范围较小，无法引入 PHP、Java 系统平台。

TBSchedule 的优势在于：支持集群、分布式作业，灵活的任务分片，动态的服务扩容和资源回收，支持任务监控，经历了多年市场考验，有阿里巴巴强大的技术团队支持。TBSchedule 可以宿主在多台服务器、多个线程组并行进行任务调度，或者说可以将一个大的任务拆成多个小任务分配到不同的服务器上。

TBSchedule 的分布式机制是通过灵活的 Sharding 方式实现的，比如可以将所有数据的 ID 按 10 取模分片、按月份分片等，根据不同的需求、不同的场景，由客户端配置分片规则。TBSchedule 的宿主服务器可以进行动态扩容和资源回收，这个特点主要是因为它后端依赖 ZooKeeper，这里的 ZooKeeper 对于 TBSchedule 来说是一个 NoSQL，用于存储策略、任务、心跳信息数据，它的数据结构类似文件系统的目录结构，它的节点有临时节点、持久节点之分。调度引擎上线后，随着业务量、数据量的增多，当前集群可能不能满足目前的处理需求，就需要增加服务器数量，一个新的服务器上线后会在 ZooKeeper 中创建一个代表当前服务器的唯一性路径（临时节点），并且新上线的服务器会和 ZooKeeper 保持长连接，当通信断开后，节点会自动摘除。

TBSchedule 会定时扫描当前服务器的数量，重新进行任务分配。随着宿主应用直接部署到服务器，可以通过 Web 的方式对调度的任务、策略进行监控管理，以及实时更新调整。

8.3.4 监控告警服务

监控是运维系统的基础，要衡量一个公司/部门的运维水平，看其监控系统就可以了。监控手段一般可以分为以下三种。

- 主动监控：业务上线前，按照运维制定的标准，预先埋点。具体的实现方式又有多种，可能通过日志、向本地 Agent 上报、提供 REST API 等方式实现。
- 被动监控：通常是对主动监控的补充，从外围进行黑盒监控，通过主动探测服务的功能可用性来进行监控，比如定期 ping 业务端口。
- 旁路监控：主动监控和被动监控通常都是在内部进行的监控，内部运行平稳也不能保证用户的体验都是正常的（比如用户网络出问题），所以仍然需要通过舆情监控、第三方监控工具等的数据来间接监控真实的服务质量。

主动监控是最理想的方案，后两种主要用作补充。监控实际上是一个端到端的体系，包含基础设施、服务器、业务和用户体验，本书只关注业务级别的主动监控。

Prometheus 是一款开源的业务监控和时序数据库，可以看作 Google 内部监控系统 Borgmon 的一个非官方实现。Prometheus 于 2012 年由 SoundCloud 创建，目前已经发展为最热门的分布式监控系统。Prometheus 完全开源，被很多云厂商（架构）内置，在这些厂商架构中，可以简单部署 Prometheus，用来监控整个云基础架构设施，比如 DigitalOcean 或 Docker 都以 Prometheus 作为基础监控。

Prometheus 是一个时间序列数据库。但它不仅是一个时间序列数据库，还涵盖了可以绑定的整个生态系统工具集及其功能。Prometheus 主要用于对基础设施进行监控，包括服务器、数据库、VPS，几乎所有东西都可以通过 Prometheus 进行监控。Prometheus 通过对配置中定义的某些端点执行的 HTTP 调用来检索度量标准。

Prometheus 由各种不同的组件组成，如图 8-11 所示。监控指标可以从系统中提取，可以通过以下不同的方式实现。

- 通过应用程序给定监控项，对于给定的公开 URL 上的指标，Prometheus 将其定义为目标并加入监控系统。
- 通过云厂商内置 Prometheus 程序，定义好整个监控项和监控工具集。Linux 机器监控模板、数据库的模板，以及 HTTP 代理或者负载程序的模板等都可以直接加入监控并使用。

- 通过使用 Pushgateway：应用程序或作业不会直接公开指标。某些应用程序没有合适的监控模板，对它们不能直接通过应用程序公开这些指标。如果忽略可能使用 Pushgateway 的极少数情况，Prometheus 是一个基于主动请求拉的监控系统。

图 8-11　Prometheus 架构

Prometheus 与其他时间序列数据库之间存在明显差异：Prometheus 主动筛选目标，以便从中检索指标。这与 InfluxDB 非常不同，InfluxDB 需要直接给它推送数据。基于推和基于拉的方式各有优劣。Prometheus 使用主动拉方式，主要实现集中控制。如果 Prometheus 向其目标发起查询，则整个配置在 Prometheus 服务器端完成，而不是在各目标上完成。Prometheus 决定取值，以及取值的频率。而基于推的系统可能会导致向服务器发送过多数据，这时会使服务器崩溃。基于拉的系统能够实现速率控制，具有多级过期配置的灵活性，因此可以针对不同目标实现多种速率。

Prometheus 是一个开源的服务监控系统和时间序列数据库，它不是基于事件的系统，这与其他时间序列数据库不同。Prometheus 的目的不是去及时捕获单个事件，不会发送错误消息及具体内容，而是收集所有与预先汇总的指标相关的事件，这是它与其他收集"原始消息"的时间序列数据库的重要差异。

基于 InfluxDB 的数据库有查询语言 InfluxQL，而 TimescaleDB 数据库也有 SQL 语言。Prometheus 也内置了自己的 SQL 查询语言，用于便捷地从 Prometheus 查询和检索数据，这个内置的语言就是 PromQL。Prometheus 数据是用键值对表示的。PromQL 也用相同的语法查询和返回结果集。使用 Prometheus 和 PromQL，会处理以下两种向量。

- 即时向量：表示在最近时间戳中跟踪的指标。
- 时间范围向量：用于查看、度量随时间的演变，可以使用自定义时间范围查询 Prometheus，结果是一个向量聚合所选期间记录的值。

PromQL API 公开了一组方便查询数据操作的函数，用它可以实现排序、数学函数计算、统计预测计算等。

Prometheus 的主要功能仍然是作为时间序列数据库。但是，在使用时间序列数据库时，其实现了可视化、数据分析并通过自定义方式进行告警。Prometheus 生态系统有如下功能丰富的工具集。

- Alertmanager：Prometheus 通过配置文件中定义的自定义规则将告警信息推送到 Alertmanager。Alertmanager 可以将其导出到多个端点，如 PagerDuty 或 Slack 等。
- 数据可视化：与 Grafana、Kibana 等类似，可以直接在 Web UI 中可视化时间序列数据。轻松过滤、查看不同监控目标的信息。
- 服务发现：Prometheus 可以动态发现监控目标，并根据需要自动废弃目标。这在云架构中使用动态变更地址的容器时，尤为方便。

在处理时间序列数据库时，我们希望对数据进行处理，并对结果给出反馈，而这部分工作有告警来实现。告警在 Grafana 中非常常见，Prometheus 也通过 Alertmanager 实现告警系统。Alertmanager 是一个独立的工具，可以绑定到 Prometheus，可以运行自定义 Alertmanager。告警通过配置文件定义，定义由一组指标定义规则组成，如果数据命中这些规则，则会触发告警并将其发送到预定义的目标。与 Grafana 类似，Prometheus 的告警可以通过 Email、Slack Webhooks、PagerDuty 和自定义 HTTP 目标等发送。

8.4　DevOps 自动化运维

随着软件产业的日益发展壮大，软件的规模也在逐渐变得庞大。软件的复杂度不断攀升，开始出现了精细化分工：除了软件开发工程师，又有了软件测试工程师、软件运维工程师。分工之后，软件开发流程是这样的：软件开发人员花费数周或数月编写代码，然后将代码交给质量保障团队进行测试，最后将最终的发布版交给运维团队去部署。

早期所采用的软件交付模型，称为"瀑布（Waterfall）模型"。瀑布模型，简而言之，就是等一个阶段所有工作完成之后，再进入下一个阶段。这种模型适合条件比较理想化的项目，工作人员按部就班，轮流执行自己的职责即可。但是，项目不可能是单向运作的，客户也是有需求的，产品也是会有问题、需要改进的。

随着时间推移，用户对系统的需求不断增加，与此同时，用户给的时间周期却越来越短。在这个情况下，大家发现，笨重迟缓的瀑布式开发已经不合时宜了。于是，软件开发团队引入了一个新的概念，即大名鼎鼎的"敏捷开发"。敏捷开发在 2000 年左右开始被人关注，是一种能应对快速变化需求的软件开发能力。其实简单来说，敏捷开发就是把大项目变成小项目，把大时间点变成小时间点。有两个词经常会伴随敏捷开发出现，那就是持续集成（Continuous Integration，CI）和持续交付（Continuous Delivery，CD）。

敏捷开发大幅提高了开发团队的工作效率，让版本的更新速度变得更快。敏捷开发有助于更快地发现问题，产品被更快地交付到用户手中，开发团队可以更快地得到用户的反馈，从而更快地响应。而且，敏捷开发小步快跑的形式带来的版本变化是比较小的，风险也更小，即使出现问题，修复起来也会相对容易一些。虽然敏捷开发大幅提升了软件开发的效率和版本更新的速度，但是它的效果仅限于开发环节。

运维工程师和开发工程师有着完全不同的思维逻辑。运维团队的座右铭很简单，就是"稳定压倒一切"。运维团队的核心诉求就是不出问题，而发生改变的时候最容易出问题。所以说，运维团队非常排斥"改变"。矛盾就在两者之间爆发了，DevOps 就隆重"登场"了。

8.4.1　概念

DevOps 强调的是高效组织团队之间通过自动化的工具协作和沟通来完成软件的生命周期管理，从而更快、更频繁地交付更稳定的软件。DevOps 是一组过程、方法与系统的统称，其概念从 2009 年首次提出发展到现在，内容非常丰富，有理论也有实践，包括组织文化、自动化、精益、反馈和分享等不同方面。组织架构、企业文化与理念等，需要自上而下设计，用于促进开发部门、运维部门和质量保障部门之间的沟通、协作与整合。自动化是指所有的操作都不需要人工参与，全部依赖系统自动完成，比如上述的持续交付过程必须自动化才有可能完成快速迭代。DevOps 的出现是由于软件行业日益清晰地认识到，为了按时交付软件产品和服务，开发部门和运维部门必须紧密合作。

DevOps 的概念在软件开发行业中逐渐流行起来。越来越多的团队希望实现产品的敏捷开发，DevOps 使一切成为可能。有了 DevOps，团队可以定期发布代码、自动化部署，并将持续集成/持续交付作为发布过程的一部分。DevOps 旨在统一软件开发和软件操作，与业务目标紧密结合，在软件构建、集成、测试、发布、部署和基础设施管理中大力提倡自动化及监控。DevOps 的目标是缩短开发周期，提高部署频率，更可靠地发布。用户可通过完整的工具链，深度集成代码仓库、制品仓库、项目管理、自动化测试等类别中的主流工具，实现零成本迁移，快速实践 DevOps。

Devops 助力敏捷开发、持续交付。DevOps 帮助开发人员和运维人员打造了一个全新空间，构建了一种通过持续交付实践去优化资源和扩展应用程序的新方式。DevOps 和云原生架构的结合能够实现精益产品开发流程，以适应快速变化的市场，更好地服务企业的商业目的。

DevOps 对应用程序发布存在影响。与传统开发方法那种大规模的、不频繁的发布相比，敏捷开发大大提高了发布频率。在很多企业中，应用程序发布是一项涉及多个团队、压力很大、风险很高的活动。然而，在具备 DevOps 能力的组织中，应用程序发布的风险很低，原因如下。

（1）减少变更范围。与传统的瀑布模型相比，采用敏捷或迭代式开发意味着更频繁的发布、每次发布包含的变化更少。由于部署经常进行，因此每次部署不会对生产系统造成巨大影响，应用程序会以平滑的速率逐渐生长。

（2）加强发布协调。靠强有力的发布协调人来弥合开发与运维之间的技能鸿沟和沟通鸿沟；采用电子数据表、电话会议和企业门户等协作工具来确保所有相关人员理解变更的内容并全力合作。

（3）自动化。强大的部署自动化手段确保部署任务的可重复性，减少部署出错的可能性。

DevOps 有很多可使用的工具。下面将介绍三种较流行、功能较强大的 DevOps 工具：Ansible、SaltStack、Jenkins。

8.4.2 Ansible

Ansible 是一个开源配置管理工具，可以用来自动化任务，部署应用程序，实现 IT 基础架构。Ansible 可以用来自动化日常任务，如服务器的初始化配置、安全基线配置、更新和打补丁系统、安装软件包等。Ansible 架构相对比较简单，仅需通过 SSH 连接客户机执行任务即可。

Ansible 可支持的语言：Python、PowerShell、Shell 和 Ruby 等，可以帮助部署应用程序。Ansible 是用 Python 构建的，由 Red Hat 维护，但它仍然是免费和开源的。Ansible 作为一个配置管理系统，可以用来设置和构建多个服务器。Linux 是安装 Ansible 最合适的操作系统。不过，它在 MacOS 上也运行良好。对于 Windows 用户，可以通过 Linux 的 Windows 子系统 Bash Shell 使用 Ansible。

Ansible 工作原理如图 8-12 所示。Ansible 包括控制节点、受控节点、清单和主机文件等。

图 8-12 Ansible 工作原理

- 控制节点（Control Node）：指安装了 Ansible 的主机，也叫 Ansible 服务器端、管理机。Ansible 控制节点主要用于发布运行任务，执行控制命令。Ansible 的程序都安装在控制节点上，控制节点需要安装 Python 和 Ansible 所需的各种依赖库。
- 受控节点（Managed Node）：也叫客户机，就是想用 Ansible 执行任务的客户服务器。
- 清单（Inventory）：受控节点的列表，就是所有要管理的主机列表。
- 主机文件（Host File）：清单列表通常保存在一个名为 host 的文件中。在 host 文件中，可以使用 IP 地址或者主机名来表示具体的管理主机和认证信息，并可以根据主机的用户进行分组。默认文件为/etc/ansible/hosts，可以通过-i 指定自定义的 host 文件。

- 模块（Modules）：模块是 Ansible 执行特定任务的代码块，如添加用户、上传文件和对客户机执行 ping 操作等。Ansible 现在默认自带 450 多个模块，Ansible Galaxy 公共存储库则包含大约 1600 个模块。
- 任务（Task）：是 Ansible 客户机上执行的操作。可以使用 Ad-Hoc 单行命令执行一个任务。
- 剧本（Playbook）：是利用 YAML 标记语言编写的可重复执行的任务列表。剧本实现了任务的便捷读写和共享。例如，在 GitHub 上有大量的 Ansible 剧本共享，只要有一双善于发现的眼睛，就能找到大量的宝藏。
- 角色（Roles）：角色是 Ansible 1.2 版本引入的新特性，用于层次性、结构化地组织剧本。角色能够根据层次型结构自动装载变量文件、任务等。

Ansible 作为最受欢迎的自动化配置工具，主要得益于其设计上的优势。

- 无须客户端。与 Chef、Puppet 及 SaltStack（现在也支持 Agentless 方式）不同，Ansible 是无客户端的，所以无须在客户机上安装或配置任何程序，就可以运行 Ansible 任务。由于 Ansible 不会在客户机上安装任何软件或运行监听程序，因此消除了许多管理开销，同时 Ansible 的更新也不会影响任何客户机。
- 使用 SSH 进行通信。默认情况下，Ansible 使用 SSH 协议在管理机和客户机之间通信，可以使用 SFTP 与客户机进行安全的文件传输。
- 并行执行。Ansible 与客户机并行通信，可以更快地运行自动化任务。默认情况下，Forks 值为 5，可以按需在配置文件中增大该值。

8.4.3　SaltStack

SaltStack 是一种基于 C/S 架构的服务器基础架构集中化管理平台，管理端称为 Master，客户端称为 Minion。SaltStack 具备配置管理、远程执行、监控等功能，一般可以理解为是简化版的 Puppet 和加强版的 Func。SaltStack 本身是基于 Python 语言开发实现的，结合轻量级的消息队列软件 ZeroMQ 与 Python 第三方模块（Pyzmq、PyCrypto、Pyjinjia2、Python-Msgpack 和 PyYAML 等）构建。通过部署 SaltStack 环境，运维人员可以在成千上万台服务器上做到批量执行命令，根据不同的业务特性进行配置集中化管理、分发文件、采集系统数据及安装与管理软件包等。SaltStack 是运维人员提高工作效率、规范业务配置与操作的利器。

SaltStack 具有以下特性。

（1）部署简单、方便。

（2）支持大部分 UNIX/Linux 及 Windows 环境。

（3）主从集中化管理。

（4）配置简单、功能强大、扩展性强。

（5）主控端（Master）和被控端（Minion）基于证书认证，安全可靠。

（6）支持 API 及自定义模块，可通过 Python 轻松扩展。

SaltStack 的工作原理如图 8-13 所示，它采用 C/S 架构来对云环境内的服务器进行操作管理及配置管理。

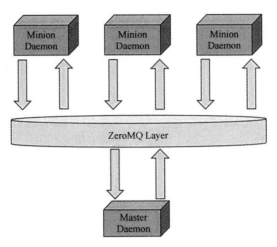

图 8-13　SaltStack 工作原理

- Minion 是 SaltStack 需要管理的客户端安装组件，会主动连接 Master 端，并从 Master 端得到资源状态信息，同步资源管理信息。
- Master 作为控制中心运行在主机服务器上，负责 Salt 命令的运行和资源状态的管理。
- ZeroMQ 是一款开源的消息队列软件，用于在 Minion 端与 Master 端建立系统通信桥梁。
- Daemon 是运行于每个成员内的守护进程，承担着发布消息及监听通信端口的功能。

SaltStack 客户端（Minion）在启动时，会自动生成一套密钥，包含私钥和公钥。之后将公钥发送给服务器端（Master），服务器端验证并接受公钥，以此来建立可靠且加密的通信连接。同时通过消息队列 ZeroMQ 在客户端与服务器端之间建立消息发布连接。SaltStack 的所有被管理客户端节点都是通过密钥进行加密通信的，使用端口为 4506。客户端与服务器端的内容传输是通过消息队列完成的，使用端口为 4505。Master 可以发送任何指令让 Minion 执行。Salt 有很多可执行模块，比如 CMD 模块，其在安装 Minion 的时候已经自带了，通常位于 Python 库中，使用 "locate salt | grep /usr/" 命令可以看 Salt 自带的模块。

为了更好地理解架构用意，以下将展示主要的命令发布过程。

- SaltStack 的 Master 与 Minion 之间通过 ZeroMQ 进行消息传递，使用了 ZeroMQ 的发布/订阅模式，连接方式包括 TCP 和 IPC。
- 将 cmd.run ls 命令从 salt.client.LocalClient.cmd_cli 发布到 Master，获取一个 Jobid，根据 Jobid 获取命令执行结果。
- Master 接收到命令后，将要执行的命令发送给客户端 Minion。
- Minion 从消息总线上接收要处理的命令，交给 minion._handle_aes 处理。

- Minion._handle_aes 发起一个本地线程，调用 cmdmod 执行 ls 命令。线程执行完 ls 后，调用 Minion._return_pub 方法，将执行结果通过消息总线返回给 Master。
- Master 接收到客户端返回的结果，调用 master.handle_aes 方法将结果写入文件中。
- Salt.client.LocalClient.cmd_cli 通过轮询获取 Job 执行结果，将结果输出到终端。

8.4.4　Jenkins

持续集成强调在开发人员提交了新代码后，立刻构建测试。根据测试结果，可以确定新代码和原有代码能否正确地集成在一起。目前，持续集成已成为当前许多软件开发团队在整个软件开发生命周期内侧重于保证代码质量的常见做法。持续集成是一种实践，旨在缓和及稳固软件的构建过程，并且能够帮助开发团队应对如下挑战。

- 软件构建自动化：配置完成后，持续集成系统会依照预先制定的时间表，或者针对某特定事件对目标软件进行构建。
- 构建可持续的自动化检查：持续集成系统能持续地获取新增或修改后的源代码，也就是说，当软件开发团队需要周期性地检查新增或修改后的代码时，持续集成系统会不断确认这些新代码是否破坏了原有软件的成功构建。这减少了开发团队在检查彼此相互依存的代码中的变化情况上花费的时间和精力。
- 构建可持续的自动化测试：构建检查的扩展部分，构建后执行预先制定的一套测试规则，完成后触发通知给相关的当事人。
- 生成后后续过程的自动化：当自动化检查和测试成功完成后，软件构建的周期中可能也需要一些额外的任务，诸如生成文档、打包软件、部署构件到一个运行环境或者软件仓库。这样，构件才能被更迅速地提供给用户使用。

部署一个持续集成系统需要的最低要求是一个可获取的源代码仓库和一个包含构建脚本的项目。如图 8-14 所示，开发者检入代码到源代码仓库。持续集成系统会为每个项目创建一个单独的工作区。当预设或请求一次新的构建时，它将把源代码仓库的源代码存放到对应的工作区。持续集成系统会在对应的工作区内执行构建过程。构建完成后，持续集成系统会在一个新的构件中执行定义的一套测试，完成后触发通知给相关的当事人。如果构建成功，这个构件会被打包并转移到一个部署目标或存储为软件仓库中的一个新版本。软件仓库可以是持续集成系统的一部分，也可以是一个外部的仓库，诸如一个文件服务器或者如 Java.NET、SourceForge 之类的网站。持续集成系统通常会根据请求发起相应的操作，诸如即时构建、生成报告，或者检索一些构建好的构件。

Jenkins 起源于商用软件 Hudson，是一个可提供友好操作界面的持续集成工具，主要用于持续、自动地构建/测试软件项目、监控外部任务的运行。Jenkins 用 Java 语言编写，可在 Tomcat 等流行的 Servlet 容器中运行，也可独立运行，通常与版本管理工具、构建工具结合使用。常用的版本控制工具有 SVN、GIT，构建工具有 Maven、Ant、Gradle。

Jenkins 拥有的特性如下。

- 易于安装。只需要把 Jenkins.war 部署到 Servlet 容器，不需要数据库支持。
- 易于配置。所有配置都是通过其提供的 Web 界面实现的。

图 8-14　Jenkins 部署流程图

- 集成 RSS/Email。通过 RSS 发布构建结果或当构建完成时通过 Email 通知。
- 生成 JUnit/TestNG 测试报告。
- 分布式构建支持。Jenkins 能够让多台计算机一起构建/测试。
- 文件识别。Jenkins 能够跟踪 jar 的构建生成过程和版本等信息。
- 插件支持。支持扩展插件，可以开发适合自己团队使用的工具。

　　Jenkins 的主要目标是监控软件开发流程和快速显示问题，能保证开发人员及相关人员省时省力，提高开发效率。Jenkins 的一切配置都可以在 Web 界面完成。有些配置如 MAVEN_HOME 和 Email，只需要配置一次，所有的项目就都能用。当然也可以通过修改 XML 进行配置。Jenkins 对 Maven 做了优化，因此它能自动识别模块，每个模块可以配置成一个 Job，相当灵活。所有模块的测试报告都被聚合在一起，结果一目了然，如果使用其他持续集成工具，这几乎是不可能完成的任务。每次构建的结果构件都被很好地自动管理，无须任何配置就可以方便地浏览、下载。

　　除了上述三个主要的工具，还有两个来自 Hashicorp 公司的 DevOps 工具：Terraform 和 Packer。

　　Terraform 是一个基础设施管理工具，允许正确地构建、更改和管理基础设施，可以将 Terraform 视为一种供应工具。它帮助设置服务器、数据库和其他支持全面应用程序的基础设施。Terraform 并不局限于任何特定的云服务提供商，它可以与多个云服务提供商和环境协同工作。云服务提供商如 AWS、Azure、谷歌云都与 Terraform 无缝集成。版本控制系统托管提供商，如 GitHub 和 Bitbucket，都可以很好地使用它。Terraform 分为企业版和开源版，还可以安装在 MacOS、Linux 和 Windows 系统上。

　　Packer 是用 Golang 编写的，可以自动创建虚拟镜像。手动构建镜像的过程可能令人沮丧，因为它容易出错，但 Packer 消除了这些问题。对于单个 JSON 文件，可以使用

Packer 创建多个镜像。当它第一次工作时，由于没有任何东西会干扰它的自动化过程，因此可以保证它能百分百地工作。许多云服务提供商都使用镜像，Packer 标准化用于云环境的镜像创建，可以无缝地与这些提供商合作。Packer 不是一个独立的工具，可以将其与 Ansible、Chef 和 Jenkins 集成，以便在部署管道中进一步使用这些镜像。

实现 DevOps 需要什么？不仅有工具准备上的硬性需求，还有企业文化和人员方面的软性需求。DevOps 工具链的打通自然需要做好工具准备。现将工具不完全列举如下。

- 代码管理（SCM）：GitHub、GitLab、Bitbucket、SubVersion。
- 构建工具：Ant、Gradle、Maven。
- 自动部署：Capistrano、CodeDeploy。
- 持续集成：Bamboo、Hudson、Jenkins。
- 配置管理：Ansible、Chef、Puppet、SaltStack、ScriptRock GuardRail。
- 容器：Docker、LXC、第三方厂商的如 AWS。
- 编排：Kubernetes、Core、Apache Mesos、DC/OS。
- 服务注册与发现：ZooKeeper、etcd、Consul。
- 脚本语言：Python、Ruby、Shell。
- 日志管理：ELK、Logentries。
- 系统监控：Datadog、Graphite、Icinga、Nagios。
- 性能监控：AppDynamics、New Relic、Splunk。
- 压力测试：JMeter、Blaze Meter、loader.io。
- 预警：PagerDuty、Pingdom、厂商自带如 AWS SNS。
- HTTP 加速器：Varnish。
- 消息总线：ActiveMQ、SQS。
- 应用服务器：Tomcat、JBoss。
- Web 服务器：Apache、Nginx、IIS。
- 数据库：MySQL、Oracle、PostgreSQL 等关系型数据库和 Cassandra、MongoDB、Redis 等 NoSQL 数据库。
- 项目管理（PM）：Jira、Asana、Taiga、Trello、Basecamp、Pivotal Tracker。

在工具的选择上，需要结合公司业务需求和技术团队情况而定。DevOps 成功与否，公司组织是关键。开发人员和运维人员可以良好沟通、互相学习。ITV 公司在 2012 年就开始落地 DevOps，其通用平台主管在谈及成功时表示，业务人员非常清楚他们希望在最小化可行产品中实现什么，工程师就按需交付，不做多余工作，这样，工程师们使用通用的平台（打通的工具链）得到更好的一致性和更高的质量。此外，DevOps 对工程师个人的要求也提高了，很多专家认为招募优秀的人才也是一个挑战。

8.5　持续交付

持续交付是一种软件工程的手段，让软件在短周期内产出，确保软件随时可以被可靠地发布。其目的在于更快、更频繁地构建、测试及发布软件，通过加强对生产环境的应用进行渐进式更新，这种手段可以降低交付变更的成本与风险。一个简单直观的与可重复的部署过程对于持续交付来说是很重要的。

持续交付分为以下四步实现。

（1）自动化。自动化流程被视为人工流程的次级。自动化减少了疲劳感，使开发人员有更多的时间关注更多有趣的工作。较新的自动化工具，如 Puppet 和 Chef，以及一些新的云服务，都对流程有帮助。

（2）DevOps。在采用 DevOps 方法之前，部署是开发人员日常工作中最难的一项任务，占据了他们 25%的开发时间。结合自动化和 DevOps 技术，可将部署时间几乎降为 0，这给开发人员在一周中带来额外的八小时，可确保他们的代码可靠、易维护。

（3）云基础设施。云基础设施机制包括虚拟化技术、自动化管理技术及弹性伸缩等方面。虚拟化技术可以将物理硬件资源抽象成虚拟的计算、存储和网络资源，实现资源的灵活分配和管理。通过自动化管理技术，可以实现对云基础设施的自动化部署、配置、监控和维护，提高资源利用率和运维效率。弹性伸缩机制可以根据业务需求自动调整云基础设施的计算、存储和网络资源，实现资源的动态分配和扩容。

（4）以软件为中心的哲学。把一切视为软件，这意味着开发团队可以在非传统的软件上使用自动化工具，使得开发人员调试并修复问题更加容易。

有很多工具可以帮助我们达到很好的持续交付，部分介绍如下。

- TeamCity 是一个用于持续交付/集成的工具。它监测源代码存储库的变化，帮助构建和部署产品。
- Octopus 有助于自动部署，如一旦 TeamCity 正常后，可以将产品部署到负载均衡器后的 10 台服务器上。
- NCrunch 是一款为 Visual Studio.NET 开发的自动化并行连续测试工具。它能够运行自动测试，并且在 IDE 里显示相应的测试信息（如代码覆盖和性能指标）。
- Azure 托管也是一个可选的解决方案。

8.5.1　持续交付与持续集成、持续部署

在传统的软件开发中，整合过程通常在每个人完成工作之后、在项目结束阶段进行。整合过程通常需要数周乃至数月的时间，可能会非常痛苦。持续集成是一种在开发周期的早期阶段进行集成的实践，以便构建、测试、整合代码可以更经常地进行。持续集成是进行持续交付所需的第一种实践。

持续部署则是持续交付的下一步，代码通过评审，自动化部署到生产环境。其目的是可以随时部署，迅速投入生产阶段。持续部署这一步意味着产品和用户见面，但是要通过重重考验，如测试、构建、部署等步骤，而且每一步都是自动的。

持续交付也容易与持续部署混淆。持续部署意味着所有的变更都会被自动部署到生产环境中。持续交付意味着所有的变更都可以被部署到生产环境中，但是出于业务考虑，可以选择不部署。如果要实施持续部署，必须先实施持续交付。

以两位开发者 Steve 和 Annie 为例。持续集成意味着一位在家里用自己的笔记本电脑写代码的开发者 Steve 和另一位在办公室用公司电脑写代码的开发者 Annie 可以分别

为同一款产品编写软件，并将他们的修改合并在一个称为源代码库的地方；然后，他们可以从各自编写并合并在一起的代码中构建软件，并测试它是否按照他们期望的方式工作。

持续交付意味着每次 Steve 或 Annie 对代码进行更改、集成和构建时，他们也会在与生产环境非常相似的状态下进行自动的代码测试，称这一系列的在不同环境下的部署、测试操作称为部署流水线。通常来说，部署流水线有一个开发环境、一个测试环境，还有一个准生产环境，但是这些阶段因团队、产品和组织各异。在每个不同的环境中，Annie 或 Steve 写的代码被分别测试。至关重要的是，代码只有在部署流水线中通过了前面的测试，才能提升到下一个测试环境。这样，Annie 和 Steve 可以从每个环境的测试中获得新的反馈。如果出现了错误，他们可以更容易地理解问题到底在哪儿，并且在代码进入生产环境之前修复它们。

持续学习（Continuously Learning，CL）意味着如果 Annie 的测试在所有的环境中通过，则她的代码在生产环境中也应该如同预期一般工作。一旦软件在所有的环境都测试通过，那么可以立即决定用户是否能够获得该软件。随着开发人员完成构建，新的、充分测试的、能工作的软件立马就能提供给客户。

持续部署（Continuous Deployment，CD）是一种实践，即 Steve 和 Annie 所做的每一项变更，在通过所有的测试阶段之后，自动地投入生产环境。想要实现持续部署，首先要实现持续交付。持续交付是有助于提升整个业务能力的事情。

8.5.2　持续交付与 DevOps

持续交付与 DevOps 的含义很相似，所以经常被混淆，但是它们是不同的两个概念：DevOps 的范围更广，它以文化变迁为中心，特别是软件交付过程涉及多个团队之间的合作（开发、运维、QA、管理等部门），并且将软件交付的过程自动化；持续交付是一种自动化交付的手段，关注点在于将不同的过程集中起来，并且更快、更频繁地执行这些过程。因此，DevOps 可以是持续交付的一个产物，持续交付直接汇入 DevOps。

持续交付只是 DevOps 工具箱中的一个工具，它是一个必不可少且有价值的工具。但要真正在设计、实施和运营持续交付构建管道方面取得成功，通常需要在整个组织中获得一定程度的支持，这就是与之相关的实践。

软件交付手工流程很容易出错且效率低下。为了实现从持续交付和 DevOps 中获得可重复、定期和成功发布软件的过程，组织必须转向自动化。DevOps 文化通常与持续交付相关联，因为它们都旨在增加开发人员和运维团队之间的协作，并且都使用自动化流程来更快速、频繁、可靠地构建、测试和发布软件。

8.6　云原生应用场景

云原生作为新型基础设施支撑数字化转型的重要支撑技术，逐渐在人工智能、大数据、边缘计算、5G 等新兴领域崭露头角，成为驱动数字基础设施的强大引擎。云原生技术涵盖的范围非常广泛，针对不同的应用场景，云原生解决的关键问题及对应的技术栈选择都各不相同。人工智能、区块链等新兴技术领域对使用者的能力要求较高，复杂的服务依赖配置使这些技术难以赢得更多受众。云原生技术在这些场景的应用很大程度上降低了技术的使用门槛，为新兴技术的快速普适与推广铺平了道路。同时，在"互联网+"和新商业业态的冲击下，传统行业正处于技术架构转型的十字路口，天然基于云服务的云原生模式无疑能给出重要参考。如何落地云原生技术正逐步成为行业用户的焦点。

8.6.1 深度学习应用场景

深度学习领域需要处理的三个核心问题是性能、效率和成本。利用云原生技术，形成以容器服务为核心，以云原生技术为基础架构的深度学习解决方案，无缝地整合了云的计算、存储、负载均衡等服务，同时贯穿了深度学习的全生命周期。

深度学习本质上是一个实验科学，需要不断地组合和尝试不同的算法与类库。深度学习软件版本迭代快速，新算法层出不穷。深度学习需要海量的计算力，但是 GPU 资源昂贵，更低成本的共享资源的高效利用方式是场景普适的瓶颈。一个深度学习的试验周期可以分为四个部分：准备数据、模型开发、模型训练和模型推理。每个阶段有不同的工作任务，用户便捷地使用深度学习平台，以便灵活地处理阶段性任务也是重要考量。借助云原生技术，上述问题在很大程度上得以解决。

云原生深度学习方案的基础架构模型如图 8-15 所示，它采用容器化封装深度学习框架，统一打包烦琐的配置文件、依赖关系，实现框架部署的环境一致，极大地提升了应用的可移植性，方便用户快速构建实验环境；利用服务目录的形式提供多种板卡驱动，能基本解决 GPU 资源驱动的问题；将驱动程序以服务方式提供，实现一键配置，降低使用门槛，增强使用体验；还采用 GPU 多机多卡的高效调度，极大降低了深度学习的成本，提升效率，将深度学习平台的普适性大大拓展；以 Kubernetes 为核心，通过

图 8-15　云原生深度学习方案的基础架构模型

Device Plugin 和 Scheduler Extender 机制整合 GPU 板卡，实现按显存或按卡的调度方式，提高系统利用率。

8.6.2　区块链应用场景

在企业级的分布式环境及云环境部署、配置区块链并非易事，这涉及区块链相关工具的配置和调用、区块链网络拓扑的设计、证书和密钥的安全分发、组件和服务的高可用性、业务处理能力的弹性扩展、数据的持久化等方面的考虑与设计，需要开发者对区块链相关技术有深入的了解，需要专业和完善的企业基础架构及资源服务的支撑。此外，区块链的配置和部署过程涉及大量的配置对象，过程烦琐且互相关联，出错概率很大，需要频繁地进行端到端测试才能确保区块链的正确配置和部署，耗费的时间以小时甚至天计。在这种情况下，开发者无法聚焦区块链上层应用的开发和业务创新的思考，极大影响了应用和解决方案的快速迭代、快速上线。

区块链业务创新面临巨大的挑战，主要包括需要对区块链底层技术有较深了解，配置部署技术复杂度高、耗时长；二次开发技术难度大，相关平台技术学习曲线陡峭，延缓迭代速度；区块链所需的基础资源和服务选型繁多，整合难度大，投入和质量难以把控；部署平台和环境安全保障薄弱，缺乏企业级安全管控和风险预防能力；服务质量难以达到生产级别要求，运维流程和手段不成熟、不统一。

云原生容器区块链解决方案的核心思想在于使用容器封装区块链节点，通过容器集群实现区块链网络的编排、创建、运维和资源管理。其具体优势表现在以下几个方面。

- 容器技术提供标准化的软件打包、分发能力，保证了运行环境的一致性，与底层环境解耦。这使企业得以在各种异构、混合云环境下实现低成本、高效的区块链系统部署。
- 依托编排调度工具为区块链实现统一的资源管理和调度。区块链系统底层依赖包括计算、存储、网络、负载均衡、域名解析、加密硬件等各种资源，云原生强大的编排调度功能极大降低了系统设计和运维流程的复杂度。还可以借助编排调度工具来充分利用底层的可信计算能力，如 Intel SGX，保障密钥签发和验证等关键信息不被篡改、窃取。
- Helm Chart 将应用部署化繁为简。区块链网络的拓扑、节点类型、创建流程、服务依赖性均非常复杂，而以 Helm Chart 为代表的应用编排技术可以实现将相关设计、部署的最佳实践集成到编排模板中，降低企业应用区块链的技术门槛，以标准化的方式实现区块链网络的自动化编排部署。
- 云原生技术完美匹配区块链安全机制。区块链网络由于涉及多家参与企业的业务逻辑和数据，以及相关智能合约的安全风险较大，需要严格的安全保障、资源隔离和权限控制等机制。而集群所提供的 Namespace 隔离机制、网络策略、Config Map 和 Secret 等机制均可无缝地与区块链安全治理机制进行整合，提供了坚实的底层安全保障。

此外，云原生技术还有助于实现区块链系统及区块链应用的持续交付能力，帮助企业更快地实现业务上链。

8.6.3　边缘计算应用场景

随着互联网智能终端设备数量的急剧增加，以及 5G 和物联网时代的到来，传统云计算中心集中存储、计算的模式已经无法满足终端设备对于时效、容量、算力的需求。将云计算的能力下沉到边缘侧、设备侧，并通过中心统一交付、运维、管控，将是云计算的重要发展趋势。

边缘计算按功能角色主要分为以下三个部分。

- 云——传统云计算的中心节点，有丰富的云计算产品形态和资源，是边缘计算的管控端，负责全网算力和数据的统一管理、调度、存储。
- 边——又称基础设施边缘（Infrastructure Edge），属于云计算的边缘节点，靠近设备和数据源，拥有充足的算力和存储容量，如传统云计算的 CDN 节点、物联网场景中的设备控制中心。
- 端——又称设备边缘（Device Edge），主要指终端设备，如手机、汽车、智能家电、工厂设备、传感器等，是边缘计算的"最后一公里"。

边缘计算目前面临的主要挑战如下。

- 云边端协同：统一的交付、运维、管控标准。
- 安全：边缘服务和边缘数据的安全风险控制难度较高。
- 网络：边缘网络的可靠性和带宽限制。
- 异构资源：对不同硬件架构、硬件规格、通信协议的支持。

云原生技术的核心价值之一是通过统一的标准实现在任何基础设施上提供与云上一致的功能和体验。借助云原生技术，可以实现云-边-端一体化的应用分发，解决在海量边、端设备上统一完成大规模应用交付、运维、管控的诉求。安全方面，云原生技术可以提供容器等更加安全的工作负载运行环境，以及流量控制、网络策略等能力，能够有效提升边缘服务和边缘数据的安全性；边缘网络环境方面，基于云原生技术的边缘容器能力，能保证弱网、断网的自治性，提供有效的自恢复能力，同时对复杂的网络接入环境有良好的兼容性；异构资源兼容性方面，云原生技术的适用性逐步提升，在物联网领域，云原生技术已经能够很好地支持多种 CPU 架构（x86-64/ARM/ARM64）和通信协议，并实现较少的资源占用。

8.6.4　传统行业互联网化应用场景

传统行业正在经历由数字业务战略推动的转型实践，在提效降本的目标下，尝试创新与发现新的营收来源。数字化转型的程度和成效，在很大程度上影响着整个行业的竞争能力。在"互联网+"的大背景下，传统企业互联网特征的业务正在快速崛起，持续交付、快速迭代成为这些应用的强烈需求。传统行业转型的瓶颈看似千差万别，但归纳起来有如下共同特点。

- 项目周期短，需求快速变化。在当前互联网快速发展的驱使下，外部环境的变化日益加快，伴随而来的是要求 IT 对业务需求快速响应，业务的快速迭代、敏捷交付等需求已经变成企业常态。

- 互联网高并发，承载需求不可预测。随着网联化的持续推进，互联网形态的业务日渐丰富。相比传统业务，网联业务具有更强的互联网业务形态，在诸如抢购、秒杀、网促等场景下，要求 IT 架构能更好地支撑高并发、高弹性的业务需求。
- 兼顾数据安全和用户体验。私有化部署在很大程度上保证了业务数据的安全，但企业自建数据中心的承载规模有限，无法应对特定场景下的访问量激增问题。为了兼顾数据安全要求与用户流畅体验保障，公有云、私有云的混合部署规划需要平衡考虑。

面对复杂的、快速变化的互联网市场竞争，云原生技术可以帮助企业构造一个可扩展的、敏捷的、高弹性的、高稳定性的业务系统：基于容器的云原生容器平台为应用提供标准化敏捷基础架构，充分满足业务的弹性需求；利用云原生平台实现跨平台资源的横向打通，提供一致的交付体验；建立全流程 DevOps 精益协作，形成以交付为核心、适配多种研发模式的一体化流程协作体系，提升交付效能。

习题

1. 云原生的概念及核心内容是什么？
2. 什么是微服务？简述微服务架构的作用及其分类。
3. 对比分析 Spring Cloud 和 Dubbo 架构的特点。
4. 什么是容器？其与虚拟机的区别是什么？
5. 如何基于容器技术构建容器云平台？
6. 消息中间件传输模型有哪两种？
7. 常见的分布式消息中间件服务有哪些？区别是什么？
8. 对比 Memcached 和 Redis 两种分布式缓存服务。
9. 分布式任务调度服务的作用是什么？
10. Promethnus 如何实现主动监控？
11. 什么是 DevOps？常用工具有哪些？
12. 简述持续交付与持续集成、持续部署的关系。
13. 云原生的典型应用场景有哪些？

第9章 云计算数据中心

信息服务的集约化、社会化和专业化发展使互联网上的应用、计算和存储资源向数据中心迁移，商业化的发展促使大型数据中心出现。自 2013 年以来，全球超大规模数据中心的数量增长了 2 倍，其中以 Amazon、Apple、Google、Facebook 和微软为首，单园区最大服务器规模已经突破 30 万台，很多大型园区的服务器规模在 2 万台到 10 万台之间。截至 2022 年 6 月，我国在用数据中心机架总规模达到 590 万架，其中大型以上数据中心数量增长较快，已达 497 个，机架规模达到 420 万架，占比超过 80%。2021年，全球数据中心市场规模超过 679 亿美元。基于"新基建"的政策导向，2021 年我国数据中心行业市场收入达 1500 亿元。针对建造运维成本、节能环保等问题，这些云计算数据中心在网络架构、绿色节能、自动化管理等方面进行了大胆革新。

9.1 云计算数据中心的特征

云计算基于互联网相关服务的增加、使用和交付模式，通常涉及通过互联网来提供动态易扩展且经常是虚拟化的资源。将云计算与数据中心有效结合，实现了优势互补。云计算数据中心应具备以下几个特征。

1. 高设备利用率

云计算数据中心广泛采用虚拟化技术进行系统和数据中心整合，通过服务器虚拟化、存储虚拟化、网络虚拟化、应用虚拟化等解决方案，帮助数据中心减少服务器数量，优化资源利用率、简化管理，从而达到降低成本和快速响应业务需求变化等目的。

2. 绿色节能

云计算数据中心将大量使用节能服务器、节能存储设备和刀片服务器，并通过先进的供电和散热技术，降低数据中心的能耗，实现供电、散热和计算资源的无缝集成与管理。

3. 高可用性

云计算数据中心特别强调系统中各部分的冗余、容错及容灾设计，使之能保证应用服务的不间断性，满足连续服务要求。当网络扩展或升级时，网络能够正常运行，对网络的性能影响不大。

4. 自动化管理

云计算数据中心应是 7×24 小时无人值守并可远程管理的。云计算数据中心管理人员只要有一个浏览器，就能通过互联网实现可视化远程管理，也能进行统一的系统漏洞与补丁管理、主动的性能管理与瓶颈分析、快速的服务器与操作系统部署、系统功率测量与调整。甚至，云计算数据中心的门禁、通风、温度、湿度、电力都能够远程调度与控制。

9.2 云计算数据中心网络部署

随着 5G 通信技术、人工智能与大数据等行业的迅猛发展，传统数据中心已经无法满足爆炸式增长的数据存储和数据计算需求。而云计算使数据的计算、网络通信和存储得到了更多的优化，具体体现在更大的数据量、更高的带宽和更低的时延，数据中心网络也在此基础上慢慢演化成云计算数据中心网络。云计算数据中心网络不仅是连接数据中心大规模服务器的桥梁，也是承载云计算和存储的基础。因此，数据中心网络性能的高低决定了云计算的服务质量。本节将详细介绍云中的数据中心网络的结构与部署。

数据中心网络是指数据中心内部通过高速链路和交换机连接大量服务器形成的网络。数据中心网络利用各类数据在服务器间的组织交互，向用户提供各种高效的信息服务。数据中心网络是数据中心硬件部分的核心基础构成，它的拓扑结构给出了数据中心所有交换机和服务器的连接关系，决定了数据中心的具体组织形式。

目前数据中心网络主要采用 3 层树形结构，采用这种树形结构的数据中心网络建造起来比较方便简单，但不便于拓展和升级。这种结构中的服务器全部集中在边缘层，而且服务器仅与各自的交换机相连，一个核心交换机故障可能导致上千台服务器失效。当网络规模较大时，对顶层网络设备的要求高，而且树形拓扑的网络带宽不足，无法较好地支持以"东西流量"为主的数据中心分布式计算。

为了适应新型应用的需求，数据中心网络需要在低成本的前提下满足高扩展性、低配置开销、健壮性和节能的要求。对目前的数据中心网络体系结构进行对比，如表 9-1 所示。

表 9-1　数据中心网络体系结构对比

网络拓扑	规模	带宽	容错性	扩展性	布线复杂性	成本	兼容性	配置开销	流量隔离	灵活性
FatTree	中	中	中	中	较高	较高	高	较高	无	低
VL2	大	大	中	中	较高	较高	中	较高	无	中
OSA	小	大	差	中	较低	较高	低	中	无	高
WDCN	小	大	较好	中	较低	中	中	中	无	高
DCell	大	较大	较好	较好	高	较高	中	较高	无	较高
FiConn	大	较大	较好	较好	较高	中	中	较高	无	较高
BCube	小	大	好	较好	高	较高	中	较高	无	较高
MDCube	大	大	较好	较好	高	高	中	较高	无	较高

9.2.1 改进型树形结构

为了解决传统数据中心树形结构上层交换网络存在的单点失效和瓶颈带宽问题，

FatTree 被引入数据中心网络，现在它已成为大型网络普遍采用的网络结构。FatTree 仍然采用 3 层级联的交换机拓扑结构为服务器之间的通信提供无阻塞网络交换，如图 9-1 所示。如果 FatTree 为一棵 k 叉树，则有 k 个 Pod，每个 Pod 中包含 k 个交换机，其中 $k/2$ 个是接入交换机，$k/2$ 个是汇聚交换机。每个接入交换机有 k 个端口，其中 $k/2$ 个连接到主机端，$k/2$ 个连接到汇聚交换机。同样每个汇聚交换机的 $k/2$ 个端口连接到接入交换机，另外 $k/2$ 个连接到核心交换机，这样就有（$k/2$）^{2} 个核心交换机，每个核心交换机的 k 个端口分别连接到 k 个 Pod 的汇聚交换机。接入交换机和汇聚交换机被划分为不同的集群，如图 9-1 中的虚线部分所示。在一个集群中，每个接入交换机与每个汇聚交换机都相连，构成一个完全二分图。每个汇聚交换机与某一部分核心交换机连接，使得每个集群与任何一个核心交换机都相连。FatTree 结构中提供足够多的核心交换机，保证 1:1 的网络超额订购率（Oversub-scription Ratio），提供服务器之间的无阻塞通信。典型 FatTree 拓扑中所有交换机均为 1Gbit/s 端口的普通商用交换机。

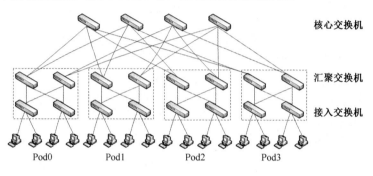

图 9-1　FatTree 网络拓扑结构

为了使 Pod 间的流量尽可能均匀地分布于核心交换机，FatTree 实现了两级路由表以允许两级前缀查询。一些路由表的表项会有个额外的指针到一个二级路由表（suffix,port）项。FatTree 的任意 2 个不同 Pod 主机之间存在 k 条路径（FatTree 为 k 叉树），从而提供了更多的路径选项，并且可以将流量在这些路径之间分散。任意给定 Pod 的低层和高层交换机对，位于本 Pod 的任意子网都有终结性表项，在全负载最坏的情况下可以实现约 87% 的聚合带宽。

与传统层次结构相比，FatTree 结构消除了树形结构上层链路对吞吐量的限制，并能为内部节点间通信提供多条并行链路；其横向扩展的尝试降低了构建数据中心网络的成本，同时 FatTree 结构与现有数据中心网络使用的以太网结构和 IP 配置的服务器兼容。但是，FatTree 的扩展性受限于核心交换机的端口数量，目前比较常用的是 48 端口、10Gbit/s 的核心交换机，在 3 层树形结构中能够支持 27648 台主机。

微软数据中心采用了 VL2 架构，VL2 是一套可扩展并十分灵活的网络架构，其特点如下。

（1）扁平寻址，这可以允许服务实例被放置到网络覆盖的任何地方。

（2）负载均衡将流量统一分配到网络路径。

（3）终端系统的地址解析拓展到巨大的服务器池，并不需要将网络复杂度传递给网络控制平台。

VL2 的核心思想是使用 CLOS 拓扑结构建立扁平的第 2 层网络。在 VL2 架构中，应用程序使用服务地址通信，而底层网络使用位置信息地址进行转发，这使得虚拟机能在网络中任意迁移而不影响服务质量。

VL2 仍然采用 3 层拓扑结构进行交换机级联。但不同的是，VL2 中的各级交换机之间都采用 10Gbit/s 的端口以减小布线开销。在 VL2 方案中，若干台（通常是 20 台）服务器连接到一个机架交换机，每个接入交换机与两个汇聚交换机相连，每个汇聚交换机与所有核心交换机相连，构成一个完全二分图，形成了大量的可能路径，保证足够高的网络容量，如图 9-2 所示。

图 9-2　VL2 网络结构

在 VL2 中，由网络顶层的一个核心交换机间接转发流量，路由简单且富有弹性，采用一个随机路径到达一个随机核心交换机，然后沿一个随机路径到达目的接入交换机。

在 VL2 中，IP 地址仅作为名字使用，没有拓扑含义。VL2 的寻址机制将服务器的名字与其位置分开。VL2 使用可扩展、可靠的目录系统来维持名字和位置间的映射。当服务器发送分组时，服务器上的 VL2 代理开启目录系统以得到实际的目的位置，然后将分组发送到目的地。VL2 是目前最易用来对现有数据中心网络改造的结构，但 VL2 依赖中心化的基础设施来实现两层语义和资源整合，面临单点失效和扩展性问题。

9.2.2　递归层次结构

递归层次结构是解决数据中心网络可拓展性问题的一种较好的选择。设计递归层次结构的数据中心网络，主要是设计好最小递归单元的结构和确定好递归规律。在递归层次结构中，每个高层的网络拓扑都由多个低一层的递归单元按照递归规律相互连接构成，同时构成了组建更高层级网络拓扑的一个递归单元。当需要增加服务器数量时，就提高总的递归层次，此时整个数据中心网络的规模可增长数倍。该结构中的服务器都处于平行或并列的位置。采用这种结构，能够为数据中心网络灵活地添加大量的服务器，而不用改变已经存在的拓扑结构。而且递归层次结构对交换机的性能要求很低，通常只需要采用标准统一且价格低廉的普通商务交换机即可，大大节省了数据中心网络的建造成本。

微软亚洲研究院的郭传雄博士和研究团队发表的关于 DCell 的一篇论文，让我们有机会了解微软的云计算网络架构，随后陆续发表的关于 FiConn、BCube 和 MDCube 等的重量级论文，让我们看到了一个越来越完善的应用在数据中心的网络拓扑结构。

在 DCell 网络的构建过程中，低层网络是基本的构建单元，n 台服务器连接一个具有 n 个端口的交换机，每个 DCell 中的服务器有 1 个端口连接到交换机，称为 0 层端口，连接到 0 层端口和交换机的链路称为 0 层链路。每个低层网络中的每台服务器分别与其他每个低层网络中的某台服务器相连，因此，在构建高层网络时，需要的低层网络的个数等于每个低层网络中的服务器个数加 1，其拓扑结构如图 9-3 所示。如果将每个低层网络看成一个虚节点，则高层 DCell 网络是由若干个低层 DCell 网络构成的完全图。DCell 拓扑的优势是网络可扩展性好，但其拓扑的层数受限于服务器的端口数。

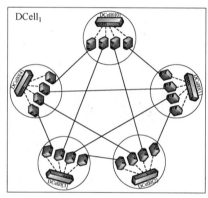

图 9-3　DCell 拓扑结构

FiConn 的网络构建方式与 DCell 网络相似，其拓扑结构如图 9-4 所示。但与 DCell 不同的是，FiConn 中的服务器使用 2 个网卡端口（一个主用端口，一个备用端口），其中主用端口用于连接低层（第 0 层）网络，备用端口用于连接高层网络。

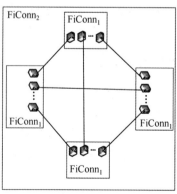

图 9-4　FiConn 拓扑结构

FiConn 是一个递归定义的结构，高层 FiConn 由一些低层 FiConn 构建，Li 等将 k 层 FiConn 标识为 FiConn$_k$。第 0 层是基本的构建单元，n 台服务器连接一个具有 n 个端口的交换机，每个 FiConn 中的服务器有 1 个端口连接到第 0 层，如果服务器的端口没有连接到其他服务器，则称其为备用端口。

在进行层次化网络互连的过程中，每个低层 FiConn 网络中备用端口空闲的一半服务器会与其他相同层次的 FiConn 网络中备用端口空闲的服务器连接，构建高层次的 FiConn 网络，即如果一个 FiConn$_k$ 中共有 b 台服务器拥有可用备用端口，那么在每个 FiConn$_k$ 中，b 台服务器中的 $b/2$ 个拥有备用端口的服务器使用其备用端口连接到其他 FiConn$_k$，这 $b/2$ 个被选择的服务器称为 k 层服务器，k 层服务器上被选择的端口称为 k 层端口，连接 k 层端口的链路称为 k 层链路。与 DCell 类似，如果将 FiConn 看成一台虚拟服务器，那么高层次的 FiConn 网络是由若干个低层次的 FiConn 网络构成的一个完全图。该拓扑方案的优点是不需要对服务器和交换机的硬件做任何修改，但每个 FiConn 对外连接的链路仍然有限，这使 FiConn 的容错性较弱，且其路径长度较大，路由效率不高。

BCube 使用交换机构建层次化网络，网络中主要包括服务器和交换机 2 种组件。BCube 采用了递归的构建方法，拓扑结构如图 9-5 所示。BCube 第 0 层就是将 n 台服务器连接到一个 n 端口的交换机，然后通过若干个交换机将多个低层 BCube 网络互连起来，其中每个高层交换机与每个低层 BCube 网络都相连。当 $n=4$ 时，BCube 第 1 层由 4 个 BCube$_0$ 和 4 个 4 端口交换机构成。更一般的情况是，BCube$_k$ 由 n 个 BCube$_{k-1}$ 和 n^k 个 n 端口交换机组成。每个 BCube$_k$ 中的服务器有 $k+1$ 个端口，标记为 level0 到 level$k$。因此，一个 BCube$_k$ 有 $N=n^{k+1}$ 台服务器和 $k+1$ 层交换机，每一层有 n^k 个 n 端口交换机。

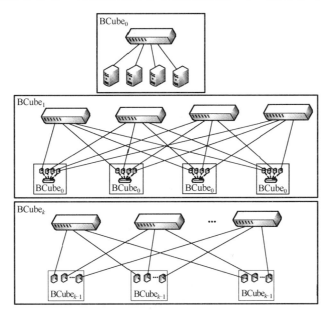

图 9-5　BCube 拓扑结构

BCube 主要为集装箱规模的数据中心设计，采用中心体系结构的服务器，充分利用了服务器和普通交换机的转发功能，在支持大量服务器的同时降低了构建成本，成为数据中心网络的重要研究方向。其最大优势是链路资源非常丰富，提供了负载均衡，不会出现明显的瓶颈链路，当发生服务器或者交换机失效时，BCube 可以做到性能的优雅下降，从而维持了服务的可用性。但 BCube 服务器间存在 $k+1$ 条路径，在探测过程中会造成较大的通信和计算开销，同时 BCube 要求每台服务器都要有 $k+1$ 个端口，这使目前很多现有服务器难以符合其要求，需要进行升级改造。

MDCube 使用 BCube 中交换机的高速接口来互连多个 BCube 集装箱。为了支持数百个集装箱，它使用光纤作为高速链路，每个交换机将其高速接口作为其 BCube 集装箱的虚拟接口。因此，如果将每个 BCube 集装箱都当作一个虚拟节点，它将拥有多个虚拟接口。MDCube 是一个多维的拓扑结构，它可以互连的数据中心集装箱的个数是所有维度上可容纳的数据中心个数的乘积。

9.2.3 光交换网络

对于以前的数据中心，大多数网络数据流量在服务器和用户之间来回传输，但现在，随着 Facebook、Google 和 Amazon 等越来越庞大和复杂业务的出现，数据中心内部和服务器间的数据流量快速增加，传统网络设备无法处理这么多的流量，这些变化使这些网络巨头开始考虑采用可光速传播数据的设备来重新修改网络拓扑。

Helios 是 Google、Facebook 和其他技术巨头资助研发的混合电/光结构网络，它是一个 2 层的多根树结构，主要应用于集装箱规模的数据中心网络，其拓扑结构如图 9-6 所示。Helios 将所有的服务器划分为若干集群，每个集群中的服务器连接到接入交换机，每个接入交换机与一个电交换网络和一个光网络连接。电交换网络是一个 2 层或 3 层的具有特定超额订购率的树；在光网络中，每个接入交换机仅有 1 个连接到其他机架交换机的光链路。该拓扑保证了服务器之间的通信可使用分组链路，也可使用光纤链路。

图 9-6 Helios 拓扑结构

一个集中式的拓扑管理程序实时地对网络中各服务器之间的流量进行监测，并对未来流量需求进行估算。拓扑管理程序会根据估算结果对网络资源进行动态配置，使流量大的数据流使用光纤链路进行传输，流量小的数据流仍然使用分组链路传输，从而实现网络资源的最佳利用。

OSA（Optical Switching Architecture）是 Chen 等提出的基于光交换的数据中心网络体系结构，其体系结构如图 9-7 所示。OSA 的应用场景是集装箱规模的数据中心网络。OSA 中主要引入了光交换矩阵（Optical Switching Matrix，OSM）和波长选择交换机（Wavelength Selective Switch，WSS）作为技术基础。

大部分光交换模块是双向 $N \times N$ 矩阵，任意输入端口可以连接到任意的输出端口。目前流行的 OSM 技术使用 MEMS（Micro-Electro-Mechanical Switch）实现，它可以在 10ms 以内通过机械地调整镜子的微排列来更改输入和输出端口的连接。

一个 WSS 是一个 $1 \times N$ 交换机，由一个通用和 N 个波长端口组成。它将通用端口进入的波长集合分开在 N 个波长端口，这个过程可以在运行时以毫秒级进行配置。

图 9-7　OSA 体系结构

OSA 在网络内部采用了全光信号传输，仅在服务器与机架交换机之间使用电信号传输。OSA 通过光交换机将所有机架交换机连接起来。由于服务器发出的都是电信号，因此 OSA 在机架交换机中放置光收发器（Optical Transceiver），用于光电转换；然后利用 WSS 将接收到的不同波长映射到不同的出端口；再通过 OSM 在不同端口之间按需实现光交换。为了更有效地利用光交换机的端口，使用光环流器（Optical Circulator）实现在同一条光纤上双向传输数据。

OSA 实现了多跳光信号传输，它使用逐跳交换来达到网络范围的连通性，不过在中间每一跳，都需要进行"光—电—光"的转换，在机架交换机进行交换。OSA 最大的特点是利用光网络配置灵活的特点，能够根据实际需求动态调整拓扑，大大提高了应用的灵活性。

光交换比点交换方式具有潜在的更高的传输速率、更灵活的拓扑结构，并且其制冷成本更低，因而是数据中心网络很重要的研究方向。但由于光交换网络是面向连接的网络，将不可避免引入时延，这将对搜索等对时延要求较高的应用产生影响。另外，目前光交换网络的设计针对集装箱规模的数据中心，其规模有限，如何从体系结构与管理的角度设计和构建大规模数据中心网络是一项很有挑战性的工作。

9.2.4　无线数据中心网络

由于传统数据中心普遍采用以太网静态链路和有线网络接口，大量的高突发流量和高负载服务器会降低数据中心网络的性能，而无线网络的广播机制可以克服这些缺点，而且无线网络可以在不重新布线的情况下灵活调整拓扑结构。

2009 年，美国微软的 Kandula 指出，可以增加新的"飞路"（Flyways）来缓解部分热节点的拥塞状况。Flyways 是利用无线通信技术解决网络中部分节点过热的著名设计方案，它通过在原有网络拓扑中添加一些新的连接来分流过热的交换机之间的数据流，主要思路是运用贪心算法将网络中流量最大的链路分摊至其他可行路径，由此得到效用最高的无线连接方式。Flyways 在很大程度上提高了数据中心的网络流量，缓解了部分节点过热的问题。但是无线网络很难单独满足所有针对数据中心网络的需求，包括扩展性、高容量和容错等。例如，由于干扰和高传输负载，无线链路的容量经常是受限的。因此，Cui 等提出了一个异构的以太网/无线体系结构 WDCN，其体系结构如图 9-8 所示。

图 9-8　WDCN 体系结构

无线技术可以在不重新布线的情况下灵活调整拓扑结构，省去了复杂的布线工作，但无线技术在提供足够带宽的前提下，传输距离是有限的，因而限制了其在大规模数据中心的部署。

9.2.5　软件定义网络

软件定义网络（Software Defined Networking，SDN）作为新的网络架构成为最近学术界关注的热点，美国的 GENI 和 Internet2、欧洲的 OFELIA 及日本的 JGN2plus 先后展开对 SDN 的研究和部署。在产业界，以 Nicira（创始人实际为 McKeown 和 Casado 等人，已被 VMware 收购）和 Big Switch 为代表的 SDN 创业公司不断涌现。当前，SDN 相关的工作主要围绕三个方面开展，包括开放网络基金会（Open Networking Foundation，ONF）定义的 OpenFlow 架构、IETF 的 Software Driven Network 架构及 ETSI 的 Network Function Virtualization 架构。

互联网的高速发展可以归结于细腰的 TCP/IP 架构和开放的应用层软件设计，但从网络核心来讲，由于专有的硬件设备和操作系统，网络在很大程度上是封闭的。

SDN 是一种新型的网络技术，它将网络的控制平面与数据转发平面分离，网络被智能地抽取到一个集中式的控制器（Controller）中，数据流的接入、路由等都由控制器来控制，而交换机只是按控制器所设定的规则进行数据的分组转发，最终通过开放可编程的软件模式来实现网络的自动化控制。SDN 架构主要分为基础设施层、控制层和应用层，如图 9-9 所示。基础设施层表示网络的底层转发设备，包含了特定的转发面抽象（如 OpenFlow 交换机中流表的匹配字段设计）。中间的控制层集中维护网络状态，并通过南向接口（控制和数据转发平面接口）获取底层基础设施信息，同时为应用层提供可扩展的北向接口。在 SDN 的这种 3 层架构下，仅需要通过软件的更新来实现网络功能的升级，网络管理者无须再针对每个硬件设备进行配置或者等待网络设备厂商的硬件发布，从而加速了网络部署周期。同时，SDN 降低了网络复杂度，使得网络设备从封闭走向开放，底层的网络设备能够专注于数据转发而使功能简化，有效降低网络构建成本。另外，SDN 通过软件来实现集中控制，使得网络具备集中协调点，因而能够通过软件形式达到最优性能，从而加速网络创新周期。

图 9-9　SDN 架构

SDN 将数据转发平面与控制平面的关系由紧耦合向松耦合演进，控制平面由分布式向集中式演进并开放北向接口，数据转发平面由特定硬件转发行为向可被定义的灵活硬件转发行为演进。目前，OpenFlow 以其良好的灵活性、规范性已被看成 SDN 通信协议事实上的标准，类似 TCP/IP 作为互联网的通信标准。OpenFlow 起源于斯坦福大学的 Clean Slate 计划（Clean Slate 计划是一个致力于研究重新设计互联网的项目），于 2008 年发布并进行推广。其研发成员由最开始的斯坦福大学高性能网络研究组（The High

Performance Networking Group），逐渐扩展为许多学术界的顶尖机构，如 MIT、加利福尼亚大学伯克利分校等，以及工业界的领头企业，如 Cisco、Juniper 等。

OpenFlow 是第一个针对 SDN 实现的标准接口，包括数据层与控制层之间的传输协议、控制器上的 API 等。OpenFlow 的基本思想是将路由器的控制平面和数据转发平面分离，将控制功能从网络设备中分离出来，在网络设备上维护流表结构，数据分组按照流表进行转发，而流表的生成、维护、配置则由中央控制器来管理。OpenFlow 的流表结构将网络处理层次扁平化，使得网络数据的处理满足细粒度的处理要求。在这种控制、转发分离的架构下，网络的逻辑控制功能和高层策略可以通过中央控制器灵活地动态管理与配置，可在不影响传统网络正常流量的情况下，在现有的网络中部署新型网络架构。

OpenFlow 主要由 OpenFlow 交换机、控制器两部分组成。OpenFlow 交换机负责数据转发功能，主要技术细节由三部分组成：流表（Flow Table）、安全信道（Secure Channel）和 OpenFlow 协议（OpenFlow Protocol），如图 9-10 所示。每个 OpenFlow 交换机的处理单元由流表构成，每个流表由许多流表项组成，流表项代表转发规则。进入交换机的数据包通过查询流表来取得对应的操作。安全信道是连接 OpenFlow 交换机和控制器的接口，控制器通过这个接口，按照 OpenFlow 协议规定的格式来配置和管理 OpenFlow 交换机。在控制器中，网络操作系统（Network Operating System，NOS）控制逻辑功能，实际上，这里的 NOS 指的是 SDN 概念中的控制软件，通过在 NOS 上运行不同的应用程序，能够实现不同的逻辑管控功能。目前 NOX 控制器成为 OpenFlow 网络控制器平台实现的基础和模板。NOX 控制器通过维护网络视图（Network View）来维护整个网络的基本信息，如拓扑、网络单元和提供的服务，运行在 NOX 之上的应用程序通过调用网络视图中的全局数据来操作 OpenFlow 交换机，以便对整个网络进行管理和控制。

图 9-10　OpenFlow 交换机及网络

目前，Juniper、HP、IBM、Cisco、NEC、华为和中兴等传统网络设备制造商都已纷纷加入 OpenFlow 阵营，先后发布了支持 OpenFlow 的 SDN 硬件，并在 SDN 研究领域进行了相关部署。Google 在其广域网数据中心已经大规模使用基于 OpenFlow 的 SDN 技术，通过 10Gbit/s 的网络链接分布在全球的 12 个数据中心，实现了数据中心的流量工程和实时管控功能，使其数据中心的核心网络带宽利用率提高到了100%，Google 将自己的 SDN 网络命名为 B4，其网络结构如图 9-11 所示。

图 9-11　B4 网络结构

其分为 3 层：物理设备层、局部网络控制层和全局控制层。一个 Site 就是一个数据中心。第 1 层的物理交换机是 Google 自行设计的，交换机里运行了 OpenFlow 协议，向上提供 OpenFlow 接口，交换机把 BGP/ISIS 协议报文送到 Controller 供其处理。OSFP、BGP、ISIS 路由协议来自开源的 Quagga 协议栈。第 2 层部署了几套网络控制器服务器（NCS），每台服务器上都运行了一个 Controller，一个交换机可以连接多个 Controller，但其中只有一个处于工作状态。一个 Controller 可以控制多个交换机，一个名叫 Paxos 的程序用来选出工作状态的 Controller。在 Controller 上运行了两个应用：一个是 RAP（Routing Application Proxy），作为 SDN 应用与 Quagga 通信；另一个是 TE Agent，与全局的 SDN 网关（Gateway）通信。第 3 层中全局的 TE Server 通过 SDN 网关从各个数据中心的 Controller 收集链路信息，从而掌握路径信息。

经过上述改造之后，链路带宽利用率提高了 3 倍以上，接近 100%，链路成本大大降低，而且网络更稳定，对路径失效的反应更快，大大简化了管理，也不再需要交换机使用大的包缓存，降低了对交换机的要求。Google 这个基于 SDN 的网络改造项目影响非常大，对 SDN 的推广有着良好的示范作用。

9.3　绿色节能技术

云计算基础设施中包括数以万计的计算机，伴随着云计算应用规模的扩大，云计算数据中心的能耗越来越大，已经成为日益严重的问题。在全球范围内，数据中心占全球所有电力消耗的 3%。目前，我国的数据中心约有 7.4 万个，约占全球数据中心总量的23%。全国数据中心每年度的耗电量不断攀升，2021 年数据中心耗电量为 2166 亿千瓦时，占社会用电量比例达 2.6%。目前，国内大部分数据中心的能效利用率相对较低。解决云计算数据中心的高能耗问题已经成为一个环境问题，构建绿色节能的云计算数据中心也成为一个重要的研究热点。

针对云计算数据中心的特点，下面从数据中心的配电系统、空调系统、管理系统的节能策略和算法，以及新能源应用等方面分析云计算数据中心的节能技术，并对典型的绿色节能云计算数据中心进行介绍。

9.3.1　配电系统节能技术

电力是数据中心的驱动力，稳定可靠的配电系统是保障数据中心持续运转的最重要的因素。在传统数据中心里，为了保证网络、服务器等设备稳定运行，通常使用 UPS（Uninterruptible Power Supply）系统稳定供电，在外部供电线路出现异常时，使用电池系统过渡到后备的油机发电系统，实现数据中心的可靠性和稳定性。

但是，传统的 UPS 系统存在以下问题。

（1）典型的 UPS 系统需要将 380V 的市电经过整流、逆变两个环节转换成标准的220V 交流电，供服务器机架电源模块使用，服务器电源再经过电压转换输出 12V 直流电供主板使用，转换级数过多，结构复杂。同时，为了避免 UPS 系统形成单点故障，数据中心通常采用多台 UPS 并机甚至进行 1:1 备份，这也使得数据中心的供电架构变得复杂且难以维护。

（2）由于 UPS 系统进行了多级转换，因此其自身也消耗了大量的电能。据实验分析，在实验室环境和理想负载情况下，UPS 的最高效率能达到 95%，但考虑到实际运行时的设备安全负载区间、市电波动影响和负载特性等因素，通常会增加一个供电系统安全系数，绝大部分 UPS 的单台负载通常控制在 20%～40%，UPS 的效率一般不高于90%，也就是说 UPS 的电力损耗在 10%以上。不仅如此，UPS 自身所带来的热量还会进一步增加空调系统的负载。

综合考虑 UPS 系统自身的效率和服务器自身的电源模块效率，传统数据中心配电系统的效率一般低于 77%，因此云计算数据中心如何提高配电系统的效率成为一个重要的问题。目前常见的两个方案是高压直流配电和市电直供配电。

1. 高压直流配电技术

随着将交流电（如 AC380V）直接转换成 240V 直流电源（高压直流 UPS）技术的出现，目前一些数据中心开始采用 240V 直流供电架构。由于绝大多数服务器的电源模块能够兼容 220V 交流电和 240V 直流电，因此现存服务器节点无须任何修改即可支持。直流电源一般采用模块化设计，而且蓄电池直接挂 240V 直流母线连接服务器电源，无须逆变环节，可靠性也高于交流 UPS。另外，240V 直流 UPS 在转换级数上比交流 UPS 少一级，因此实际运行效率通常在 92%以上，再综合 240V 到 12V 的直流电压转换，整个配电系统的效率可以提高到约 81%。

除此之外，还有一种更加优化的高压直流配电架构。该架构仍然使用 240V 直流 UPS 系统，但是将每台服务器节点自身的交流电源模块去除，采用机架集中式电源 PSU（Power Supply Unit）供电。机架式电源能够将 240V 直流电直接转化为 12V 直流电，并直接连接至服务器主板。另外，机架式电源采用热插拔模块设计，可维护性和更换效率得到提高。机架式电源将传统的集中供电分散到每个机架，可靠性较传统 UPS 有很大提高，能够更好地适应云计算业务场景。这种架构的配电原理如图 9-12 所示。由于去除了服务器节点的交流电源系统，因此这种配电系统在效率方面有了更大的提升，在实际测试中，这种配电系统的效率可以提高到 85.5%左右。

图 9-12　高压直流供电+机架式 PSU

2. 市电直供配电技术

除了高压直流配电技术，另一种得到应用的高效节能配电技术是市电直供配电技术。例如，Google 在某数据中心取消 UPS 系统，使用市电直连服务器，服务器内置 12V 电池以支撑到油机启动，避免服务器断电；Facebook 使用一路市电直供服务器，一路 48V 直流电源作为备份电源。这些架构能够将配电系统的损耗进一步降低，国外的互联网公司对此进行了大量的研究与实践。从国内来看，阿里巴巴也借鉴这种先进的市电直供配电架构，在其数据中心进行了成功的实践，如图 9-13 所示。

在市电正常时，交流输入模块经过一级直流 PFC 将 220V 交流电升高到 400V 的直流电，再经过降压变换电路将 400V 的直流电转换成 12V 的直流电供给服务器主板，逆变模块将 400V 直流电转换为 220V 交流电供给交换机使用。在市电异常时，由 240V 的蓄电池供电，直流输入模块经过一级升压电路将 240V 直流电升至 400V 直流电，再经过降压变换电路将 400V 直流电转换成 12V 直流电供给服务器主板，逆变模块将 400V 直流电转换为 220V 交流电供给交换机使用。当市电恢复正常或油机启动后，电源会自动由蓄电池直流供电切换到交流供电状态，切换由电源模块自身完成，整个过程无缝切换，保证了输出不间断。

图 9-13　市电供电电源与高压直流充电后备系统

市电直供电源保留了机架式电源支持热插拔的模块化设计，也采用了机架分散供电的方式，同样适合云计算数据中心。采用市电直供配电方案，最大的特点在于最大化减少配电系统的转换环节，从市电到服务器 12V 主板只经过两级电路转换，整个配电系统的综合效率能够达到 92%左右，与传统数据中心配电技术和高压直流配电技术相比，具有较明显的优势。

9.3.2　空调系统节能技术

在数据中心运行过程中，服务器节点、网络设备、办公环境等时刻产生着热量，如果不能及时散发热量，数据中心将无法运行。数据中心常见 IT 设备的散热环节如图 9-14 所示。

空调系统是目前大部分数据中心必须具备的基础设施，它能够保证数据中心具备合适的温湿度，从而保障数据中心 IT 设施平稳运行，避免发生故障或损坏设备。同时，由于空调系统自身也需要消耗电力，因此如何提高空调系统的运行效率，甚至如何使用自然冷空调系统，成为数据中心节能方面的一个热点话题。

在传统数据中心里，空调系统主要用来满足机房内整体温湿度控制需求，基本方法是先冷却机房环境再冷却 IT 设备。机房空调系统的设计流程一般是先核算机房内的建筑负载和 IT 设备负载，选择机房的温湿度指标，然后根据机房的状况，匹配一定的气流组织方式（如风道上送风、地板下送风等）。机房专用空调设备一般会集成制冷系统、加湿系统、除湿系统、电加热系统，同时辅以复杂的逻辑和控制系统。传统数据中心的空调系统效率通常较低，采用指标能源利用率［Power Usage Effectiveness，PUE，PUE=1+（配电损耗+空调功耗+其他损耗）/IT 功耗］核算，PUE 一般在 2.0 以上。除了使用传统 UPS 损耗和散热影响，空调系统就是 PUE 高的主要原因，主要体现在数据中心中冷热通道不分、机架密封不严密造成的冷热混流、过度制冷、空调能效比不高、空调气流组织不佳等。

① 芯片散热 机架散热 ④ 普通室内散热

点散热

② ③

AC

① 芯片至服务器
② 服务器至机架/机柜
③ 机架/机柜至室内
④ 室内/户外柜/周围空气

图 9-14 数据中心 IT 设备散热环节

与传统数据中心不同，云计算数据中心空调系统的核心理念是注重 IT 设备的温湿度要求，高效解决区域化的制冷，是机架级别甚至是 IT 设备级别的制冷解决方案，而非着眼机房环境的温湿度控制。在云计算时代，IT 设备在适应温湿度方面变得更强壮，目前的通用服务器设计标准为 35℃的进风温度，某些服务器还针对高温及较差环境进行优化设计，在 40～45℃的进风温度下能运行数小时，被称为高温服务器。

IT 设备的优化工作直接导致了数据中心空调温湿度标准的改变。ASHRAE（美国暖通空调协会）在其 2008 年版标准中，针对数据中心的温湿度推荐标准是，温度范围为18～27℃，湿度范围为 40～70RH%；而在 2011 年的推荐标准中，温度范围扩展为 10～35℃，湿度范围扩大到 20～80RH%。

高温服务器的出现使云计算数据中心空调系统方案得到了革新，从而取得了更好的能效比。具体而言，节能措施包括高温回风空调系统、低能耗加湿系统和自然冷空调系统等。

1. 高温回风空调系统

根据不同出水温度下的制冷和能耗，对应的出水温度（空调回风温度）提高 1℃，空调系统约节能 3%。目前的云计算数据中心中，冷冻水空调设计已经从常规的 7℃供水温度、12℃回水温度提高到 10℃供水温度、15℃回水温度，甚至更高，对应的冷通道温度或者服务器进风温度为 23～27℃，空调系统节能明显。

高送风回风温度的空调系统常见的气流组织方案是冷热通道密封，对机架用盲板密封空余处，避免冷热混合，提高回风温度，节能降耗。冷热通道密封方案主要解决小于8kW/机架的机架散热，对于功耗较大的机架，控制局部空间温湿度的区域精确制冷的空调系统是合适的选择。例如：安装在机架背面的水冷板，可直接冷却服务器设备高达35～40℃的热出风；位于机架列之间水平送风或者安装在机架上部向下送风的机架式精密空调系统，解决区域 10～30kW 的机架散热；甚至出现了针对芯片级别的解决方案，使用热管换热器或者相变制冷系统直接冷却核心发热元器件。

2. 低能耗加湿系统

云计算数据中心中的一个典型应用是湿膜加湿系统或水喷雾系统，该系统将纯净的水直接喷洒在多孔介质或者空气中，形成颗粒极小的水雾，由送风气流送出。整个加湿过程无须电能加热水，仅需水泵和风机能耗，取代了传统的将水加热成蒸汽、电能耗较大的红外加湿系统或电极式加湿器系统。以加湿10kg水蒸气为例，湿膜加湿系统仅需要耗能 0.6～0.8kW·h，而采用红外加湿系统或电极式加湿器系统需要耗能 8～12kW·h。

3. 自然冷空调系统

随着数据中心温湿度标准的放宽，数据中心直接引入经过过滤处理的室外低温新风或使用室外低温冷水换热变为可能。使用室外自然冷风直接带走机房的 IT 设备的散热，减少了机械制冷系统中最大的压缩耗能环节，采用压缩机制的冷系统的 EER（制冷量/制冷电能耗）由 2～3.5 提高到 10～15，节能空间巨大。

在不适合新风自然冷空调的区域，如果有较丰富的低温自然水资源，或者使用冷却塔提供低温冷却水，水自然冷空调系统也是很好的选择。水自然冷空调系统通过水泵驱动室外冷水循环，并将冷水通过板式换热器与机房内气流进行隔离换热，再由室内冷风冷却机房内的 IT 设备。不过水自然冷空调系统的 EER 为 6～8，节能效果低于直接引入新风的自然冷空调系统。

新风自然冷空调系统将外面的空气经过过滤处理后直接引入机房内以冷却 IT 设备。新风自然冷空调系统有若干关键设计，以图 9-15 中经典的 Facebook 在美国自建的新风自然冷空调系统为例，其关键设计如下。

图 9-15　Facebook 新风自然冷空调系统（PUE=1.07，空调 EER 约为 15）

（1）低温和降温风系统：选择具有较长时间温度低于 IT 设备进风温度要求（如

27℃）的地区，以含较少硫氮化合物的空气为佳，使用送风系统送风至数据中心内。在温度较高的季节，可以使用水喷淋蒸发降温或者机械压缩制冷系统来降温；在室外低温季节，直接将室外新风引入机房，可能引起机房凝露，因此系统会将部分回风混合进低温新风，保证送风温度符合 IT 设备的需求，避免凝露。

（2）新风过滤系统：在室外进风口处使用防雨百叶，并使用可经常更换维护的粗效过滤器，除掉较大污染物颗粒，在新风与回风混合之后，使用中效和亚高效滤网进行二次过滤，以保证进入数据中心的空气达到相关的洁净度要求。

（3）气流组织：新风送风系统一般会选择高效气流组织设计，如地板下送风、冷热通道密封等隔绝冷热气流的措施。不同于常规数据中心的是，在新风自然冷空调系统中，热风需要排放室外或部分回风需要返回新风入口处，排风和部分回风系统需要做好匹配，保证机房整个静压，避免回风倒流入机房。

（4）智能控制：新风自然冷空调系统本身也相当于智能的机房恒温恒湿空调，而且更复杂，涵盖了温湿度、压力、风量等参数探测，运动部件驱动，阀门切换和各种逻辑编程等。这个系统的一些关键部分包括监控室外温湿度进行逻辑判断，控制阀门调节新风进入量、回风混合量、排风量，根据送风的温湿度调整喷淋水量和风机转速，还要考虑室内静压情况以调整送风量和排风量等。

9.3.3　集装箱数据中心节能技术

数据中心模块化是近年来云计算数据中心设计的热点，集装箱数据中心（Container DC）就是一个典型的案例。所谓集装箱数据中心，就是将数据中心的服务器设备、网络设备、空调设备、供电设备等高密度地装入固定尺寸的集装箱中，使其成为数据中心的标准构建模块，进而通过若干集装箱模块网络和电力的互联互通构建完整的数据中心。目前，集装箱数据中心已经得到了广泛的运用，如微软芝加哥数据中心、Google 俄勒冈州 Dalles 数据中心、Amazon 俄勒冈州 Perdix 数据中心等均采用了集装箱数据中心模块化技术。相关的集装箱数据中心模块化产品解决方案也层出不穷，如微软拖车式集装箱数据中心、Active Power 集装箱数据中心、SGI ICE Cube、惠普"金刚"集装箱数据中心、浪潮云海集装箱数据中心 SmartCloud、华为赛门铁克 Oceanspace DCS、曙光 CloudBase、世纪互联云立方等。图 9-16 给出了集装箱数据中心的部署示意。

集装箱数据中心的主要特点包括以下几个方面。

（1）高密度。集装箱数据中心模块可容纳高密度的计算设备，相同空间内可容纳 6 倍于传统数据中心的机柜数量。例如，华为赛门铁克 Oceanspace DCS 在其 13.5 平方米的内部空间中可以放置包含 600 个 CPU、2880GB 内存的服务器及 1824TB 的存储系统。

（2）模块化。传统数据中心的设计支离破碎，因为不同的设备（如服务器、配电系统及供暖、通风和空调设备等）在设计时都要考虑最坏情况，所以在设计余量中存在严重的成本浪费。集装箱数据中心将有利于数据中心的模块化，可以建立一个最优的数据中心生态系统，使其具有所需的供电、冷却和计算能力等。

（3）按需快速部署。集装箱数据中心不需要企业再经过空间租用、土地申请、机房建设、硬件部署等周期，可大大缩短部署周期。以往传统数据中心至少 2 年才能完成的事情，HP、SUN 可做到"美国 6 周、全球 12 周"交货，世纪互联也可做到"国内 1.5 个月"供货的快速反应，为企业快速增加存储和计算能力。

图 9-16　集装箱数据中心部署示意

（4）移动便携。集装箱数据中心的安装非常容易，只需要提供电源连接、水源连接（用于冷却）和数据连接即可。利用集装箱数据中心可移动性的特点，可以将其灵活机动地放到一个搞大型活动的区域，活动结束后还可以移动到其他地区继续使用。

从绿色节能的角度看，集装箱数据中心也采用了诸多良好的设计来提高数据中心的能效比。

（1）缩短送风距离。由于集装箱空间较为密闭，因此可以将空调盘管安装到服务器顶部，缩短送风距离，减少送风过程中的冷量损失。

（2）提高冷通道温度。将冷通道温度提高（如 24℃）后，可升高盘管供/回水温度，减少压缩机工作时间，提高冷水机组的工作效率，达到节能环保的效果。

（3）冷、热通道完全隔离。隔离冷、热通道，可以防止冷、热空气混合，增大进、出风温差，从而提高盘管制冷能力。

（4）隔热保温材料。在集装箱内外涂隔热保温涂料，可以做到冬季不结露、夏季冷量不外泄。

（5）Free Cooling 功能。集装箱数据中心模块可以使用 Free Cooling，减少压缩机工作时间，提高能源利用率。如在北京，每年有 4 个月时间可以使用 Free Cooling。

除此以外，由于集装箱数据中心不需要工作人员进驻办公，因此在正常运转过程中可以完全关闭照明电源，从而节省了电力。

在采用各种节能设计后，集装箱数据中心模块能够获得较低的 PUE。例如，SGI 的集装箱数据中心模块的 PUE 最低可以达到 1.05，华为赛门铁克 OceanSpace DCS 的 PUE 也能够达到 1.25 左右。

9.3.4　海底数据中心

海底数据中心（Underwater Data Center，UDC）是将服务器等 IT 设施安装在水下密封压力容器中的数据中心。UDC 的解决方案主要由岸站、海底高压复合缆、海底分电站及海底数据舱四部分组成。相较于传统数据中心，UDC 通过与海水进行热交换进行冷却，无须额外部署制冷系统，营运成本具有明显优势，符合"碳中和"背景下数据中心节能减排及绿色化发展的目标要求。此外，UDC 已实现模块化建设，施工周期短，通过部署在沿海发达地区，可以有效降低数据传输的延迟。在当前"双碳"背景下，UDC 可成为数据中心绿色化发展的实现路径之一。

在 2021 年政府工作报告中，"碳中和"和"碳达峰"成为政府重点工作之一。2021 年 7 月，工业和信息化部印发《新型数据中心发展三年行动计划（2021—2023 年）》，要求新建数据中心的 PUE 不得高于 1.3。据报告，在数据中心耗能环节中，制冷系统占比 40%，仅次于通信网络设备的 45%，制冷系统的节能是数据中心节能的关键环节。UDC 利用海水冷却，无须制冷设施且 PUE 表现优于传统制冷系统，未来有望迎来加速渗透。

微软是全球首个提出建设 UDC 的公司。UDC 构思提出于 2013 年微软的年度创新活动"ThinkWeek"，当时一位曾在海军潜艇上服役的微软员工提出了利用海水冷却服务器以降低能耗的想法。2014 年 7 月，微软启动代号为"Natick"的 UDC 项目，旨在降低运营数据中心带来的大量能耗，满足世界人口密集区域对云计算基础设施的大量需求。

UDC 与潜艇具有高度相似性。潜艇本质上是一种大型抗压容器，里面安装了各种基础设施，包括用于舰艇管理的复杂数据管理系统等，这些系统需要满足潜艇对于电、体积、重量、热平衡和冷却等方面的严格要求。为建造"潜艇式"数据中心，微软与产业链多方进行合作，由加拿大 Oceanworks 公司完成 UDC 的设计，法国 Naval 集团进行施工，将用于潜艇冷却的热交换系统加以改造，应用至 UDC，该系统通过管道输送海水，海水直接通过服务器机架背面的散热器，随后排出大海，从而实现数据中心散热的需求。

2015 年 8 月至 11 月，如图 9-17 所示，微软团队在加州附近部署了概念原型用于测试，测试历时 105 天，最终成功确认可以在海底环境中成功部署和运行数据中心设备，且 PUE 为 1.07，用水效率为 0（不耗水），项目可行性高。2018 年 6 月，微软在英国奥克尼群岛的欧洲海洋能源中心部署了代号为"北方群岛"（Northern Isles）的 UDC，旨在验证是否可以经济地制造全面的 UDC 模块，"北方群岛"长 40 英尺（1 英尺=30.48 厘米），拥有 12 个机架与 864 台服务器，存储空间为 2.76PB，可免维护持续运转 5 年。

图 9-17　微软 UDC

2020 年 7 月，微软取回 UDC 进行分析，数据中心中的 864 台服务器中只有 8 台发生了故障，故障率仅为陆地数据中心的 1/8。这表明，UDC 可成功运营和扩展，提高了数据中心的性能和可靠性。微软认为 UDC 可靠性高或与容器内充满氮气、隔绝人为干扰、无人为碰撞或推挤组件有关。

2020 年 3 月，国内企业海兰信收购加拿大 Oceanworks 公司（具有近 50 年的海洋工程经验），于同年 6 月切入 UDC 领域，现已完全具备 UDC 部署核心技术能力。2021 年 1 月，海兰信公布 UDC 样机第一阶段测试报告，珠海样机的 PUE 为 1.076，具备世界先进数据中心的能效水平，满足工业和信息化部的最新指导要求。

UDC 具有高 IT 负载、低 PUE、支持模块化部署同时兼顾安全性等特点，满足下游客户在服务器部署、低能耗、低成本、高效率等方面的要求，具体如下。

（1）高功率密度、低 PUE，同时兼顾安全性。数据舱有主动冷却与被动冷却两种规格，均可单舱容纳 24 个机柜，每个机柜的功率为 15kW，其中主动冷却数据船舱内温度可调节。数据舱采用液冷服务器，单舱最大设计功率为 1MW，设计 PUE 小于 1.10，在满足高功率的同时减少了能耗。同时罐体内充满惰性气体，防止氧气、水汽对舱体内部的侵蚀。

（2）搭载海水冷却系统，使用寿命长。UDC 舱体寿命可达 25 年。主体结构为罐体结构，电气设备、冷却系统均布置在罐体内部；罐体顶部为海水冷却系统，主要包括海水泵和冷凝系统，冷却系统利用管道将海水直接通过服务器机架背面的散热器，然后排回大海，排出的高温海水与周围水流融合冷却；入海的罐体结构采取涂层和阴极保护法，罐体外部布满牺牲阳极块，采用铝合金牺牲阳极；罐体下部为混凝土配重块；系统通过铺设的海底电缆与陆上操作中心相连。

（3）支持规模化部署。为了陆运便捷性，舱体整体大小接近集装箱，且根据不同的海底结构设计了不同的海底基座。UDC 厂站最多可以布置 25 个数据舱，并采用了模块化设计，可以通过在工厂预制、运到工地组装的方式快速部署、无限复制。

如表 9-2 所示，相较传统数据中心，UDC 因用海水冷却、无须制冷设施，营运成本低，UDC 在沿海地区选用核电直供，初步约定电价不超过 0.4 元/度，相较传统数据中心 0.8 元/度的电费，电费成本低；施工周期短，建设成本低；部署在沿海地区，可以有效降低数据传输的延迟；无须淡水资源，绿色节能，易于通过建设审批等，有望引领数据中心基础设施的变革，使整个数据中心行业的能源、资源节约水平跨越至"碳中和"时代。

表 9-2 传统数据中心与 UDC 的比较

特征	传统数据中心	UDC
建设周期	1~2 年	90 天左右
制冷设施	需要	不需要
营运成本	高（用电量及电价相对较高；电费为 0.8 元/度）	低（用电量及电价相对较低；电费小于 0.4 元/度）
数据传输	高延迟	低延迟

9.3.5　数据中心节能策略和算法研究

目前常见的云计算数据中心节能策略和算法可以从功率管理和降低能耗两个角度进行分类。从功率管理来看，其主要可以分为动态功率管理（Dynamic Power Management，DPM）技术和静态功率管理（Static Power Management，SPM）技术；按照降低能耗阶段的不同，其可以分为关闭/开启技术（Resource Hibernation）、动态电压/频率调整（Dynamic Voltage & Frequency Scaling，DVFS）技术及虚拟化技术 3 类，其中关闭/开启技术主要降低空闲能耗，后两者则注重降低运行时能耗。DPM 的主要前提是数据中心所面临的负载随时间动态变化，它允许根据负载对功率进行动态调整，常见的技术主要有 DVFS 和虚拟化。SPM 则主要利用高效硬件设备（如 CPU、硬盘、网络、UPS 和能源提供设备等），通过设备结构的改变来降低能耗。

下面基于相关研究对目前常见的云计算数据中心节能技术进行介绍。

1. DVFS 技术

DVFS 是常用的控制 CPU 能耗的节能技术之一，其主要思想是：当 CPU 未被完全利用时，通过降低 CPU 的供电电压和时钟频率主动降低 CPU 性能，这样可以带来立方数量级的动态能耗降低，并且不会对性能产生影响。

有人在实时云计算虚拟化服务环境中提出了 3 种基于 DVFS 的能量感知虚拟机提供策略，用户将服务提交到虚拟机后，服务提供者能够根据不同的应用场景，利用不同策略提供虚拟机以减少能耗。有人基于 DVFS 技术提出了一种启发式调度算法，用来降低并行任务在集群环境中执行产生的能耗。该算法针对并行任务图中非关键路径上的任务，在不影响整个任务完成时间的前提下，降低非关键任务所调度 CPU 的电压来降低能耗。有人提出了集群环境中基于能量感知的任务调度算法，提出通过适当控制电压来减少能耗。也有人针对嵌入式多处理器系统提出了基于能耗感知的启发式任务调度算法 EGMS 和 EGMSIV，算法综合考虑了任务调度顺序和电压的动态调整，并利用能耗梯度作为任务调度的评价指标。

有人研究了具有 DVS 能力的多处理器平台中周期性抢占式硬件实时任务的能量最小化问题，采用分段调度机制为每个任务分配一个静态优先级，一旦任务被分配给处理器，就启动处理器速率分配机制，降低能耗，并保持灵活性。

DVFS 的目的在于降低执行能耗，由于 CMOS 电路动态功率中功率与电压频率成正比，降低 CPU 电压或频率可以降低 CPU 的执行功率。但是，这类方法的缺点在于降低 CPU 的电压或频率之后，CPU 的性能也会随之下降。

2. 虚拟化技术

虚拟化是云计算中的关键技术之一，它允许在一个主机上创建多个虚拟机，因此减少了硬件资源的使用数量，改进了资源利用率。虚拟化不仅可以使共享相同计算节点的应用之间实现性能隔离，而且还可以利用动态或离线迁移技术实现虚拟机在节点之间的迁移，进而实现节点的动态负载合并，从而转换闲置节点为节能模式。

有人将能耗管理技术与虚拟化技术结合起来，为云计算数据中心开发了一种能耗优化管理方法 VirtualPower。该方法支持虚拟机独立运行自身的能耗控制方法，并能合理协调不同虚拟化平台之间及同一虚拟化平台上不同虚拟机之间的能耗控制请求，实现对能耗的整体优化。也有人使用约束满足问题对虚拟机部署进行建模，约束条件为用户的服务等级协议，以达到最大化节省能量的目的。其实现思想是最大化空闲物理主机数，通过关闭空闲物理主机来节省能量。还有人通过将云计算环境中的虚拟资源分配问题形式化为一个路径构建问题，提出了一种高能效的分配策略 EEVARS，该策略使用带约束精华蚁群系统生成优化的资源分配方案，减少了服务器的使用数量及降低了系统能耗。

以上方法均通过减少服务器数量来达成节能目标。有人提出将虚拟机的动态迁移与关闭空闲节点相结合，以提高物理资源的利用率，平衡电量和性能间的需求。其提出了动态虚拟机再分配机制，将资源利用率进行排序，然后将资源利用率较小的物理主机上的虚拟机以最小电量增加原则迁移出去，将空闲的物理主机关闭，节省电量。也有人开发了一种分层的能耗控制系统，包含宿主级和用户级子系统。前者根据用户请求对硬件资源进行合理分配，以使每个虚拟机的能耗不超过规定上限；后者在虚拟机层重新对虚拟硬件资源进行分配，使每个用户任务产生的能耗不超过规定上限。

3. 主机关闭/开启技术

主机关闭/开启技术的节能策略可以分为随机式策略、超时式策略和预测式策略 3 类。随机式策略将服务器的关闭/开启时机视为一个随机优化模型，利用随机决策模型设计控制算法。超时式策略预先设置一系列超时阈值，若持续空闲时间超过阈值，就将服务器切换到关闭模式；同时，阈值可以固定不变，也可以随系统负载自适应调整。预测式策略在初始阶段就对本次空闲时间进行预测，一旦预测值足够大，就直接切换到关闭模式。3 类策略的目标均是最大限度地降低空闲能耗，而缺点在于当计算机启动时间较长时，会导致性能在一定程度上降低。

有人提出，由于计算机系统业务请求具有自相似性，基于关闭/开启技术的最优节能策略为超时式策略；并提出了当空闲时间长度服从 Pareto 分布时，基于截尾均值法小样本情况的 Pareto 分布形状参数的稳健有效估计算法和基于窗口大小自适应技术的非平稳业务请求下的 DPM 控制算法。

有人引入负载感知机制，提出了一种在虚拟化计算平台中的动态节能算法，利用动态提供机制关闭不需要的主机子系统来实现节能。与随机式策略和预定义的超时式策略相比，该算法在保证 QoS 的前提下提高了能耗效率。

主机关闭/开启技术可与虚拟化技术中的虚拟机迁移方法结合起来使用，当可以预知负载信息时，该方式可以极大地节约空闲主机的闲时能耗。

4. 其他节能技术

冷却系统的能耗约占云计算数据中心总能耗的 40%，计算资源的高速运行导致设备温度升高，温度过高不仅会降低数据系统的可靠性，而且会减少设备的生命周期。因此，必须对云计算数据中心的冷却设备降温，有效地减少冷却的能量，这对云计算数据中心的稳定运行和节省电量都有重要的意义。

有人提出将数据中心冷却系统考虑在内，在服务器中安装变速风扇和温度传感器，根据服务器的温度调整风扇的转速，这样既保证了安全又节省了电量。也有人提出数据中心的指令数据流包括温度传感器数据、服务器指令、数据中心空间的空调单元数据，并对这些数据流进行了分析，提出了简单灵活的模型，可以根据给定的负载分布和冷却系统配置预测数据中心的热分布，然后静态或手动配置热负载管理系统。有人提出了数据中心级的电量和热点管理（Power & Thermal Management，PTM）解决方案，PTM 引擎决定活跃服务器的数目和位置，同时调节提供的冷却温度，从而提高数据中心的能效。也有人提出了控制数据中心风扇的精细方式，每个机架上的风扇根据其自身的热系统、硬件使用率等信息调整速度。还有人综合考虑空间大小、机架和风扇的摆放及空气的流动方向等因素，提出了一种多层次的数据中心冷却设备设计思路，并对空气流和热交换进行建模与仿真，为数据中心布局提供了理论支持。

此外，数据中心建成以后可采用动态冷却策略来降低能耗，如对于处于休眠的服务器，可以适当关闭一些制冷设施或改变冷气的走向，以节约成本。有人针对云计算数据中心内部热量分配不均衡的问题，首次提出了以无线多媒体传感器网络（WMSN）实时监测局部热点，并利用任务迁移等方法降低热点区域的热负载，以"热点发现—热点定位—特征提取—热点消除"为主线，实现平衡热量分配、提高制冷效率的目的。

DPM 利用实时的资源使用状况和应用负载状况对能耗进行优化，不足之处在于若负载一直处于峰值状态，功耗并不能减少。

不同的节能技术通常拥有不同的应用场景。DVFS 节能技术的主要思想是，通过动态调整 CPU 的电压和频率，使其在不同阶段拥有不同的功率/性能，用不同的功率/性能处理不同的负载类型或不同计算量的任务，在降低执行能耗的同时保证执行性能。虚拟化技术实现了计算资源从物理实体到虚拟实体的过渡，提高了计算资源的使用率。然而，虚拟化技术本身要付出高昂的效能代价，因为虚拟化技术从底层硬件到高层服务应用进行层层虚拟，每一级的虚拟都不可避免地会造成效能的损耗。主机关闭/开启技术通常针对服务器的关闭/开启时机进行设定或预测，但对于包含大量类型的计算资源的云计算系统而言，如何根据单位时间到达的任务量决定要关闭的服务器数量，以及关闭哪些服务器等问题，都给该技术带来了难题。

综合现有的研究，在数据中心能耗管理方面仍然有以下研究重点。

（1）如何在给定的真实云计算系统中，根据任务类型、到达率及分布决策物理主机的运行状态，并结合 DVFS 和主机关闭/开启技术对系统进行能效优化。

（2）云是面向服务的，这必定要求满足一定的 QoS 需求，如何定义一种 QoS 能效模型来度量云系统的能耗优化目标，并明确它们之间的主从关系，也是未来需要进一步关注的问题。

9.3.6　新能源的应用

近年来，学术界和工业界一直通过各种方法改善数据中心的能效，如利用更好的能耗均增（Energy Proportional）计算技术（包括虚拟化、动态开关服务器、负载整合、IT 设备的深度休眠和功耗模式控制），以及更高效的电力配送及冷却系统。但是，改善能效并不等于就实现了绿色计算，因为数据中心消耗的仍然是传统的高碳排放量的能源。绿色和平组织定义实现绿色 IT 的方式是"高能效加新能源"。为了减少能耗和碳排放量以实现绿色计算，充分利用新能源才是根本途径。新能源一般指在新技术基础上加以开发利用的可再生能源，包括太阳能、生物质能、风能等。鉴于常规能源（煤炭、石油、天然气）的有限性及环境问题的日益突出，环保、可再生的新能源得到各国的重视。

能源领域对于绿色可再生能源的研究（如太阳能、生物质能的利用）从未停歇，而这股潮流随着云计算的到来，同样走向了数据中心。绿色和平组织通过对全球 IT 公司数据中心的清洁能源进行评级来倡导和激励数据中心使用新能源。同时，各国政府也纷纷制定鼓励节能减排的法规和政策。例如，美国提出多种激励补贴方式来鼓励新能源的应用，如生产税收抵免政策规定在新能源设施运营的前 10 年内，每生产 1kW·h 清洁能量将获得 2.2 美分的补贴。新能源不但能够显著减少高碳电厂的温室气体排放，而且具有光明的经济前景，是减轻未来电力价格上涨压力的一种新途径。例如，用户在安装了新能源或者购买了新能源产品之后，可以在多年内（如 20 年）拥有固定的能量价格。如果数据中心所在地区需要征收烟碳排放税，或者实行限额与交易政策（每家企业都给了一定量的排碳限额，在限额之内排碳免费；未用完限额可以将其卖给那些碳排放量超过配额的企业），那么对新能源的投资将具有较高的性价比。

现在，越来越多的 IT 企业和机构正在逐步实现完全或者部分新能源驱动的数据中心。例如，Facebook 建在俄勒冈州的太阳能数据中心，利用太阳能可以得到部分电能，如图 9-18 所示。Apple 将使用太阳能厂和燃料电池站生产 60% 的电力，驱动其在南加州的数据中心。2010 年，Google 与风力发电公司 NextEra Energy 公司签订风能供电采购协议，为数据中心提供未来 20 年的风能支持，如图 9-19 所示。2011 年，Google 在芬兰 Hamina 新建的数据中心完全利用海水来冷却，通过花岗岩隧道将海水输送到数据中心，并且利用一艘微型潜水艇来保证送水隧道的畅通。海水被输送到数据中心后，Google 再利用管道系统和泵机将海水推向为服务器散热的热交换器，海水吸收了热交换器的热量后被重新排入大海。Google 还启动海上数据中心建设，依靠海水和潮汐发电，同时利用海水的流动，对数据中心的机器进行冷却，如图 9-20 所示。

为了给出标准的方法来评价数据中心的碳强度，绿色网格组织（TGG）采用碳使用效率（Carbon Usage Effectiveness，CUE）表示每度电产生的碳排放密集程度。CUE 值的计算方法为数据中心总的 CO_2 排放量除以 IT 设备能耗。

在数据中心部署使用新能源有就地电站和离站电厂两种方式。就地新能源发电厂生产的电力可直接为数据中心供能，如 Facebook 建在俄勒冈州的太阳能数据中心，其优势在于几乎没有电力传输和配送损失，但位置最好的数据中心（土地价格、水电价格、网络带宽、可用的劳动力、税收等因素）并不一定具有最佳的资源来部署就地新能源电站。还可以将新能源电厂建设在具有丰富资源（如风速大或日照强）的离站地区，然后通过电网将新能源产生的电力传送到需要用电的数据中心，尽管这种方式具有较大的传输损失和电网传送、存储的费用，但是其电量更大，而且选址更灵活。由于新能源的不稳定性，上述两种方式均需要采用储能设备来缓解"产量/供应"与"消费/需求"之间的不匹配，因此相应的储能开销（购买费用和管理储能费用）也被纳入当前的权衡考虑之中。

图 9-18　Facebook 太阳能数据中心　　　　　图 9-19　Google 风能数据中心

图 9-20　Google 海上数据中心

　　目前关于新能源在数据中心应用的研究主要是考虑风能和太阳能。据统计，风能和太阳能分别占全球非水能新能源产量的 62% 和 13%。由于风能和太阳能的发电量与环境条件紧密相关，如风速和日照强度，因此可用电量是不稳定、随时间变化的。相应地，它们的容量因子也远低于传统电厂（容量因子是指实际产出与最大的额定产出的比值）。由于有稳定的化石燃料供应，传统电厂的容量因子可达 80% 甚至更高。依据年平均风速的不同，风能的容量因子在 20%～45%。风能发电的开销主要是前期的安装部署开销，其资金支出占据了生命周期总开销的 75%。

　　新能源最主要的优点就是一旦建设好电厂就可以源源不断地提供电能，而且管理费用较低，运营过程中不会排放碳等污染物质。尽管在生产、传输、安装、设备回收利用过程中也会产生碳污染，但是与传统电网的碳排放因子 585gCO$_2$e/kW·h 相比，风能（29gCO$_2$e/kW·h）和太阳能（53gCO$_2$e/kW·h）的碳排放因子仍然低得多。

　　有人对近年来数据中心应用新能源的策略进行了对比，将不同的策略归纳为以下四种情形。

　　第一种是新能源模型和预测机制，即采用风能发电或太阳能发电，根据新能源的不同特性进行建模，通过多种时间序列预测算法、机器学习和回归预测技术，根据历史数据建立能量曲线表等来预测新能源产量的变化趋势。

　　第二种是数据中心能源配额规划，即选择最佳的能源组合来最小化开销和碳排放量，并满足相应能耗需求。ReRack 是一个模拟优化器，通过输入新能源来源、新能源费用、碳排放量、储电设备、激励政策、服务协议等因素来评估使用新能源数据中心的能耗。ReRack 主要包含两部分：一是模拟器，用来分析新能源的效益；二是优化器，用来寻找对于给定地区和负载的开销最佳的求解空间，因地制宜地规划能源组合，优化能源组合的费用。

第三种是数据中心内作业调试机制，即根据新能源可用量来分级调度交互性和延迟容忍型作业，调节服务功耗状态以最大化利用新能源。美国罗格斯大学的研究者为绿色数据中心设计了 2 个负载调度系统：GreenSlot 和 GreenHadoop。GreenSlot 首先预测未来太阳能的可用量，在满足作业时延要求的情况下，尽可能将作业延迟到未来新能源可用的时候再执行。GreenHadoop 在 Hadoop 数据处理的框架下改进作业调度器来最大化新能源的利用。佛罗里达大学 IDEAL 实验室设计了 SolarCore，依据可用的太阳能动态地设置处理器的能耗预算，并利用 DVFS 技术根据吞吐率和能耗的比值来动态调节每个核的负载，以充分利用新能源实现最佳的性能。iSwitch 是 IDEAL 实验室的另一个研究成果，iSwitch 在两组服务器之间动态调节负载：一组服务器依靠新能源供能，另一组服务器依靠传统电网供能。根据能源波动，利用虚拟机迁移技术，当新能源不足时将任务迁移到电网服务器组；当新能源充足时将任务迁移到新能源服务器组。

第四种是数据中心间负载均衡机制，即针对不同地区数据中心的不同新能源可用量和不同碳排放量，负载均衡器将请求分发到不用的地区进行执行处理，从而最大化新能源的利用，减少能耗和碳排放量。剑桥大学的学者提出了 Free Lunch 架构。Free Lunch 根据可用能源在多个数据中心进行无缝执行和迁移虚拟机，将任务迁移至有富余新能源的数据中心。

9.3.7 典型的绿色节能数据中心

2006 年，Christian Belady 提出了数据中心 PUE 的概念，如今，PUE 已发展成为一个全球性的数据中心能耗标准。数据中心的 PUE 值等于数据中心总能耗与 IT 设备能耗的比值，基准是 2，比值越接近 1，表示数据中心的能源利用率越高。以 PUE 为衡量指标，目前全球最节能的 5 个数据中心如下。

1. 雅虎"鸡窝"式数据中心（PUE=1.08）

雅虎在纽约洛克波特的数据中心，位于纽约州北部不远的尼亚加拉大瀑布，每幢建筑看上去就像一个巨大的鸡窝，该建筑本身就是一个空气处理程序，整个建筑为了更好地"呼吸"，用一个很大的天窗和阻尼器来控制气流。

2. Facebook 数据中心（PUE=1.15）

Facebook 的数据中心采用新的配电设计，免除了传统数据中心的不间断电源（UPS）和配电单元（PDU），把数据中心的 UPS 和电池备份功能转移到机柜，每个服务器电力供应增加了一个 12V 的电池。Facebook 使用自然冷却策略，利用新鲜空气而不是凉水冷却服务器。

3. Google 比利时数据中心（PUE=1.16）

Google 比利时数据中心没有冷却装置，完全依靠纯自然冷却，即用数据中心外面的新鲜空气来支持冷却系统。比利时的气候几乎可以全年支持免费的冷却，平均每年只有 7 天气温不符合免费冷却系统的要求。夏季布鲁塞尔最高气温达到 66～71℉（19～22℃），然而 Google 数据中心的温度超过 80℉（约 27℃）。

4. 惠普英国温耶德数据中心（PUE=1.16）

惠普英国温耶德数据中心利用来自北海的凉爽海风进行冷却，不仅使用外部空气保持服务器的冷却，而且进行气流创新，使用较低楼层作为整个楼层的冷却设施。

5. 微软爱尔兰都柏林数据中心（PUE=1.25）

微软爱尔兰都柏林数据中心采用创新设计的"免费冷却"系统，使用外部空气冷却数据中心和服务器，同时采用热通道控制，以控制服务器空间内的工作温度。

下面以 Facebook 的数据中心为例，说明具体的节能措施。

位于俄勒冈州普林维尔（Prineville）的 Facebook 数据中心，是 Facebook 自行建造的首个数据中心，俄勒冈州凉爽、干燥的气候是 Facebook 决定将其数据中心放在普林维尔的关键因素。过去 50 年来，普林维尔的温度从未超过 105℉（约 40.56℃）。

Facebook 在瑞典北部城镇吕勒奥也新建了一个数据中心，该数据中心是 Facebook 在美国本土之外建立的第一个数据中心，也是 Facebook 在欧洲最大的数据中心。由于可以依赖地区电网，Facebook 数据中心在瑞典使用的备用发电机比美国少了 70%，这也是一大优势。自 1979 年以来，当地的高压电线还没有中断过一次。吕勒奥背靠吕勒河，建有瑞典最大的几座水电站。吕勒奥位于波罗的海北岸，距离北极圈只有 100km 之遥，当地的气候因素是 Facebook 选择在吕勒奥建立数据中心的重要原因之一。由于众多的服务器会产生十分大的热量，将数据中心选址在寒冷地区有助于降低电费和用于制冷系统的开支。

Facebook 采纳了双层架构，将服务器和制冷设备分开，最大化利用服务器占地面积。Facebook 选择通过数据中心的上半部分管理制冷供应，因此冷空气可以从顶部进入服务器空间，利用冷空气下降、热空气上升的自然循环，避免使用气压实现下送风。

空气通过在 2 楼的一组换气扇进入数据中心，然后经过一个混调室，在这里冷空气可以和服务器的余热混合以调整温度，之后冷空气经过一系列的空气过滤器，在最后一间过滤室，通过小型喷头进一步控制温度和湿度。空气继续通过另一个过滤器，吸收水雾，然后通过一个风扇墙，从地板的开口吹入服务器区域。整个冷却系统都位于 2 楼，空气直接吹向服务器，无须风道，如图 9-21 所示。

冷空气然后进入定制的机架，这些机架 3 个一组，每组包括 30 个 1.5U 的 Facebook 服务器。为了避免浪费，服务器也是定制的，服务器内部的英特尔和 AMD 主板被分拆成一些基本的必需部件，以节省成本。机箱体积比一般机箱大，这意味着能够容下更大的散热器和风扇，也意味着需要更少的外界空气用于降温。

Facebook 数据中心采用定制的供电设备，可以适用 277V 交流电源，而不是普通的 208V，这使得电能可以直接接入服务器，不需要经过交流到直流的转换，从而避免了电能损耗。每组服务器之间放置一套 UPS，独特的电源与 UPS 一体化设计，使得电池可以直接给电源供电，在断电时提供后备电源。机架和主板如图 9-22 所示。

图 9-21　混调室和过滤室

图 9-22　机架和主板

9.4　自动化管理

自动化管理是传统数据中心没有的功能，云计算数据中心的自动化管理使在规模较大的情况下，实现较少工作人员对数据中心的高度智能管理。数据中心自动化管理提供实现所有硬件、软件和流程协调一致工作的组合方法，能跨越技术领域帮助自动完成 IT 系统管理流程，以提高 IT 运营水平，它消除了绝大多数手工操作流程，为 IT 操作和 IT 服务管理队伍提供从设计到运行与维护的服务。

9.4.1　自动化管理的特征

云自动化，即按需分配和收回服务器、存储、网络、应用程序，是非常重要的。数据中心的管理需要资源的自动化调度和对业务的灵活响应，即需要单个业务能自治管理，也需要一个负责全局控制和协调的中心，对业务和资源进行统一监控、管理和调度。在传统的服务管理模式中，管理员需要登录若干个软件的控制台来获取信息、执行操作，这种分别针对不同软件、硬件和系统的方式缺乏面向服务的统一视图，需要通过自动化工具来提升互操作性，从而简化数据中心网络的自动化负载分配任务，或者由网络管理员以一个交换机、一个交换结构视图来管理网络基础架构，从而保证平稳地过渡到以太网结构和未来的开放网络软件。例如，IBM 的 Tivoli 软件提供了智能基础设施管理解决方案，为整个服务链提供了端到端的管理能力。Tivoli 软件利用基于策略的资源分配、安全、存储和系统管理解决方案，提供了管理和优化关键 IT 系统的集成视图。

数据中心自动化管理应具有五个主要特征：全面的可视性、自动的控制执行、多层次的无缝集成、综合与实时的报告和全生命周期支持。

（1）全面的可视性。数据中心自动化软件利用自动发现功能建立对数据中心所有层次的全面可视性，获得数据中心从基础设施层、中间件和数据库层、应用层直到业务服务层跨各个层次的运行时视图，使得数据中心自动化软件能够全面掌握数据中心资产、配置和各个层次依赖关系的现状，从而奠定自动完成各种功能的基础。

（2）自动的控制执行。将自动化全面实施于数据中心的流程管理，提高实施信息技术基础架构库的成功率。

（3）多层次的无缝集成。消除不同层次、不同组成部分间的各种障碍和间隙，连接所有数据中心和组成部分，流畅地自动执行在这些层次和组成部分间的各种处理流程，快速地协调数据中心内外的所有变更，实现端到端的流程管理。

（4）综合与实时的报告。使用自动化管理工具提供具有全面综合和透视依赖关系的报告来提高管理水平。可通过建立集中的配置管理数据库来存储所需信息，简化报告的创建和产生，并确保完整性。

（5）全生命周期支持。IT 服务管理每个流程都强调周而复始的"计划—实施—检查—更正"，利用自动化策略和技术来实现支持整个 IT 流程的生命周期，把数据中心自动化从静态的过程转变成动态的螺旋形发展过程。

自动化管理是对环境设备（如供配电系统、冷却系统、消防系统等）的智能监控，可实时动态呈现设备告警信息及设备参数，快速定位故障设备，使维护和管理从人工被动看守的方式向计算机集中控制与管理的模式转变。另外，数据中心在采用虚拟化技术降低物理成本的同时，会提升运维成本，使 IT 管理更加复杂，需要使用统一的资源可视化来管理虚拟网络的相关信息，同时自动化管理能自动监测虚拟机的创建和迁移，并确保网络设置随着迁移，从而真正把虚拟机的优势发挥出来。所有基础架构实现虚拟化并以服务的形式交付，数据中心的管理和控制由软件驱动，通过数据中心统一管理软件达到对数据中心设备、网络、服务、客户的智能化统一管理。

9.4.2　自动化管理实现阶段

由于资金、效率等问题，实现自动化管理不可能一蹴而就，自动化管理通常需经历三个阶段。

第一阶段：IT 服务操作。这一阶段主要是监控和管理 IT 基础设施的广义集合，如网络、服务器、应用和相关的存储设备。

第二阶段：IT 服务管理。这一阶段会制定一系列的设施间的交互和协作处理，确保

IT 服务符合标准规范。

第三阶段：数据中心自动化。这一阶段的时间和精力主要是维护 IT 环境，定制、检查和执行服务层协议。为了保证 IT 的高效、节约成本，将使用必要的工具进行自动化处理，真正实现工作或过程的自动化。

IT 服务操作的目标是生成有效的全局 IT 支撑架构，提高 IT 服务质量，对活动及过程进行协调和执行。活动和过程包括事故管理、事件监控和管理、问题管理。

一旦 IT 服务操作机构能监控和管理基础设施，下一步重点就是 IT 服务管理。通常 IT 服务管理是处理 IT 技术部门与其客户间的交互信息。Forrester 将 IT 服务管理定义为根据客户需求的服务层次确保 IT 服务质量的一系列过程。IT 服务管理通常包含了促进服务提高的方法，如 IT 基础架构库（Information Technology Infrastructure Library，ITIL）将配置管理、失效管理、容量和性能管理、安全管理和计费管理流程进行了简化。IT 服务管理通常由 4 个主题范围组成：服务管理、服务层管理、IT 资产管理和财务管理。

目前，IT 将 75%的预算用在持续经营和维护上，一个主要原因就是缺少自动化工作机制。数据中心混合了硬件、软件和工作处理等各种方法，简化了 IT 操作。数据中心自动化在概念上位于 IT 服务操作和 IT 服务管理流程之间，减少了 IT 服务操作团队的工作量，因而提高了效率，减少了人为错误。第一个自动化工具是执行配置为中心任务的产品，如服务器配置和软件分发。在这样的自动化工具中，配置管理数据库（Configuration Management Database，CMDB）的存在是重要的，它能存储配置数据并衡量实时改变。自动化发展的下一个变化就是操作管理流程的自动化，IT 流程自动化工具有两种类型：一种提供通用的 IT 流程自动化，如 BMC 的 RealOps、HP 的 iConclude；另一种关注具体流程。

数据中心自动化最关键的成功因素是其基础服务和支持流程都已到位。在最低限度上，一个公司想要采用数据中心自动化工具，必须具备下列条件。

（1）管理系统。支持各类 IT 管理软件，能管理、监控、探测、识别和处理 IT 设施的异常行为。

（2）定义过程。有一套基本明确定义的流程并运作良好，应包括事件管理、变更管理、配置管理和版本管理。

（3）认知非自动化过程的成本。为了计算引入自动化的成本，必须知道非自动化过程的成本，避免为了自动化而自动化。

（4）内部流程资源。在初始配置时可使用外部资源，但是在后续的维护中，使用内部资源是更节约且有效的。

9.4.3 Facebook 自动化管理

Facebook 的服务器数量惊人，其硬件方面的工作重点主要放在"可服务性"上，内容也涉及服务器的初期设计，一系列工作就是为了保证数据机房的设备维修最简单、最省时。每个 Facebook 数据中心的运维工作人员管理了至少 20000 台服务器，其中部分员工会管理高达 26000 多个系统。

Facebook 在 OCP 项目硬件管理中对设备自动化管理给出了具体规则，硬件管理主要关注四个方面的内容：固件的生命周期、事件告警和日志、远程管理、策略技术。固件的生命周期是指提供一个统一界面独立地对固件的二进制文件和配置进行部署与更新，通常固件包括 BIOS、NIC 和 BMC。在大规模环境下，快速部署、安全地更新和组合固件是很重要的。事件告警和日志是指对产生的机器事件和日志消息进行格式统一，事件和告警可通过下列方法进行记录：SNMP、WS-MAN、Syslog 和发布/订阅事件服务。远程管理通常是远程控制机器配置和执行系统操作（如重新启动），并打开一个远程控制台，远程管理主要关注的是远程开启/关闭、远程控制台、发现机器的配件/固件配置、软重启/关闭、图形化控制台/VGA 重定向、唤醒功能 WOL 和唤醒功能重启 WOR、基本身份验证/LDAP 认证。策略技术是指遵循和鼓励有潜在利益的产品与标准，探索未来的开放计算规范，可能包括替代系统管理有线协议、集成数据中心楼宇管理系统等，通过各种 DCIM（数据中心基础设施管理）供应商提供的服务器、存储、网络、办公自动化系统等加强硬件管理。

Facebook 推出了 DCIM 项目，以及一个全新的集群规划系统，用于将所有数据都可视化。其一体化管理软件能够将温度、湿度等户外信息与整栋建筑的能耗，以及 CPU 存储和内存方面的数据进行综合分析与管理。该管理软件包含自开发的软件，如 CYBORG 可自动检测服务器问题并进行修复。服务器的设计坚持"可服务性"原则，如在主板的设计上，为了节约能源，PCIe 通道、PCI 通道、USB 接口、SATA/SAS 端口等很少用到的功能都直接被禁用。BIOS 同样经过严格调整，以确保系统功耗始终处于最低水平。根据规范要求，BIOS 还在设定方面做出了有针对性的修改，进而使各组件以特定的速度及功率运转。主板上配有 5 个热敏元件，负责监测 CPU、PCH、输入接口及输出接口的温度。若侦测到温度过高，这些元件还会自动控制风扇转速，以确保冷却效果与运行状态吻合。大厅里的一个监视器，可以显示数据中心的状态，以及制冷系统是否正常工作，如图 9-23 所示。一体化管理软件减少了工程师设计数据中心时在性能优化方案方面花费的时间，将其从过去的 12 小时缩短到半小时。

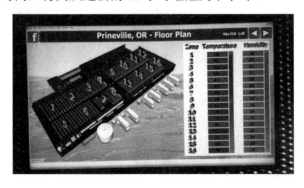

图 9-23　数据中心监控

Facebook 拥有世界上最大的 MySQL 数据库集群，其中包含了成千上万台服务器，这些服务器分布在跨越两个大洲的多个数据中心里。Facebook 采用 MySQL Pool Scanner（MPS）系统对 MySQL 数据库集群进行管理，所有任务几乎全部自动化。MPS 是一个大部分用 Python 编写的复杂状态机，它能够代替 DBA 执行很多例行任务，并且可以在很少或不施加人为干预的情况下执行批量维护工作。

9.5 容灾备份

容灾备份是通过在异地建立和维护一个备份存储系统，利用地理上的分离来保证系统和数据对灾难性事件的抵御能力。

根据对灾难的抵抗程度，容灾系统可分为数据级容灾和应用级容灾。数据级容灾是指建立一个异地的数据系统，该系统对本地系统的关键应用数据实时复制，当出现灾难时，可由异地系统迅速接替本地系统而保证业务的连续性。数据级容灾只保证数据的完整性、可靠性和安全性，但提供实时服务的请求在灾难中会中断。

应用级容灾比数据级容灾层次更高，即在异地建立一套完整的、与本地数据系统相当的备份应用系统（可以同本地应用系统互为备份，也可与本地应用系统共同工作），在灾难出现后，远程应用系统迅速接管或承担本地应用系统的业务运行。应用级容灾系统能够提供不间断的应用服务，让服务请求透明地继续运行，保证数据中心提供的服务完整、可靠、安全，如图 9-24 所示。

图 9-24　应用级容灾原理

数据中心的容灾备份系统主要用两个技术指标来衡量：数据的恢复点目标（Recovery Point Objective，RPO）和恢复时间目标（Recovery Time Objective，RTO）。RPO 主要指的是业务系统所能容忍的数据丢失量；RTO 主要指的是所能容忍的业务停止服务的最长时间，也就是从灾难发生到业务系统恢复服务功能所需要的最短时间周期。

9.5.1　容灾系统的等级标准

数据中心容灾与备份主要涉及两个标准：国际标准 SHARE78 和我国的国家标准 GB/T 20988—2007。SHARE78 将数据容灾与备份系统的安全等级分为 7 级，我国的国家标准将其分为 6 级，其对应关系如表 9-3 所示。

表 9-3　国际标准 SHARE78 和国家标准 GB/T 20988—2007 对照表

SHARE78		GB/T 20988—2007	
Tier-0	在异地没有备份数据	第一级	异地有备份数据，没有备份系统，没有网络
Tier-1	异地有备份数据，没有备份系统，没有网络		
Tier-2	异地有备份数据，有备份系统，没有网络	第二级	异地有备份数据，备份系统和网络在预定时间内可以安装好
Tier-3	异地有备份数据，有备份系统，有网络支持	第三级	异地有备份数据，有备份系统，部分网络支持
Tier-4	主备两个中心的数据相互备份，关键应用恢复时间达到小时级	第四级	异地有备份数据，有备份系统，完整网络支持，关键应用恢复时间达到小时级
Tier-5	数据同时写向主备中心，实现双重在线存储，关键应用恢复时间达到分钟级	第五级	数据同时写向主备中心，关键应用恢复时间达到分钟级
Tier-6	主备中心同时向外提供服务，可实现负载均衡，数据丢失率为零	第六级	主备中心同时向外提供服务，有应用远程集群，数据丢失率为零

9.5.2　容灾备份的关键技术

备份是容灾的基础，是为防止系统操作失误或系统故障导致数据丢失，而将全部或部分数据集合从应用主机的硬盘或磁盘阵列复制到其他存储介质的过程。在建立容灾备份系统时会涉及多种技术，目前，国际上比较成熟的容灾备份技术包括远程镜像技术、快照技术、基于 IP 的 SAN 远程数据容灾备份技术及数据库复制技术等。

1. 远程镜像技术

远程镜像技术在主数据中心和备份数据中心之间备份数据时用到。镜像是在两个或多个磁盘或磁盘子系统上产生同一个数据的镜像视图的信息存储过程，将生成主镜像系统和从镜像系统。按主从镜像存储系统所处的位置，镜像可分为本地镜像和远程镜像。远程镜像又叫远程复制，是容灾备份的核心技术，同时是保持远程数据同步和实现灾难恢复的基础。

远程的数据复制是以后台同步的方式进行的，这使本地系统性能受到的影响很小，传输距离长（可达 1000km 以上），对网络带宽要求小。但是，许多远程的从属存储子系统的写没有得到确认，当某种因素造成数据传输失败时，可能出现数据一致性问题。为了解决这个问题，目前大多采用延迟复制技术（本地数据复制均在后台日志区进行），即在确保本地数据完好后进行远程数据更新。

2. 快照技术

远程镜像技术往往同快照技术结合起来实现远程备份，即通过镜像把数据备份到远程存储系统中，再用快照技术把远程存储系统中的信息备份到远程的磁带库、光盘库中。

快照通过软件对要备份的磁盘子系统的数据快速扫描，建立一个要备份数据的快照逻辑单元号 LUN 和快照 Cache。在快速扫描时，把备份过程中将要修改的数据块同时快速复制到快照 Cache 中。在正常业务进行的同时，利用快照 LUN 实现对原数据的完全备份，大大增加系统业务的连续性，为实现系统真正的 7×24 小时运转提供保证。快照是以内存作为缓冲区（快照 Cache），由快照软件提供系统磁盘存储的即时数据映像，它存在缓冲区调度的问题。

3. 基于 IP 的 SAN 远程数据容灾备份技术

它是利用基于 IP 的 SAN 互连协议，将主数据中心 SAN 中的信息通过现有的 TCP/IP 网络，远程复制到备份数据中心 SAN 中。当备份数据中心存储的数据量过大时，可利用快照技术将其备份到磁带库或光盘库中。这种基于 IP 的 SAN 远程容灾备份，可以跨越 LAN、MAN 和 WAN，成本低、可扩展性好，具有广阔的发展前景。基于 IP 的互连协议包括 FCIP、iFCP、Infiniband、iSCSI 等。

4. 数据库复制技术

如果需要将数据库复制到另一个地方，必须满足以下重要指标：数据必须实时、数据必须准确、数据必须可在线查询、数据复制具有独立性、数据复制配置简单、数据复制便于监控。Spanner 是 Google 研发的可扩展、多版本、全球分布式、同步复制数据库。它是第一个把数据分布在全球范围内的系统，并且支持外部一致性的分布式事务。在最高抽象层面，Spanner 就是一个数据库，把数据分片存储在许多 Paxos 状态机上，这些机器位于遍布全球的数据中心内。复制技术可以用来服务于全球可用性和地理局部性。客户端会自动在副本之间进行失败恢复。随着数据的变化和服务器的变化，Spanner 会自动把数据重新分片，从而有效应对负载变化和处理失败。Spanner 被设计成可以扩展到几百万个机器节点，跨越成百上千个数据中心，具备几万亿行的数据库规模。应用可以借助 Spanner 来实现高可用性，通过在一个洲的内部和跨越不同的洲复制数据，保证即使面对大范围的自然灾害时数据依然可用。

Spanner 的主要工作就是管理跨越多个数据中心的数据副本。尽管有许多项目可以很好地使用 BigTable，但 BigTable 无法应用到一些特定类型的应用上面，比如一些应用具备复杂可变的模式，或者对大范围分布的多个副本数据具有较高的一致性要求。Google 的许多应用已经选择使用 Megastore，主要是因为它的半关系数据模型和对同步复制的支持，尽管 Megastore 具备较差的写操作吞吐量。由于上述多个方面的因素，Spanner 已经从一个类似 BigTable 的单一版本的键值存储，演化成一个具有时间属性的多版本的数据库。数据被存储到模式化、半关系的表中，数据被版本化，每个版本都会自动以提交时间作为时间戳，旧版本的数据会更容易被作为垃圾回收。应用可以读取旧版本的数据。Spanner 支持通用的事务，提供基于 SQL 的查询语言。作为一个全球分布式数据库，Spanner 具有以下几个有趣的特性。

第一，在数据的副本配置方面，应用可以在一个很细的粒度上进行动态控制。应用可以详细规定：哪些数据中心包含哪些数据，数据距离用户多远（控制用户读取数据的延迟），不同数据副本之间距离多远（控制写操作的延迟），以及需要维护多少个副本（控制可用性和读操作性能）。数据也可以被动态和透明地在数据中心之间进行移动，从而平衡不同数据中心内资源的使用。

第二，Spanner 的两个重要的特性，很难在一个分布式数据库上实现，即 Spanner 提供了读和写操作的外部一致性，以及在一个时间戳下面跨越数据库的全球一致性的读操作。这些特性使 Spanner 可以支持一致的备份、一致的 MapReduce 执行和原子模式变更，所有这些都在全球范围内实现，即使存在正在处理中的事务也可以。之所以可以支持这些特性，是因为 Spanner 可以为事务分配全球范围内有意义的提交时间戳，即使事务可能是分布式的。这些时间戳反映了事务序列化的顺序。除此以外，这些序列化的顺序满足了外部一致性的要求：如果一个事务 T1 在另一个事务 T2 开始之前就已经提交了，那么，T1 的时间戳就要比 T2 的时间戳小。Spanner 是第一个可以在全球范围内提供这种保证的系统。实现这种特性的关键技术就是一个新的 TrueTime API 及其实现。这个 API 可以直接暴露时钟不确定性，Spanner 时间戳的保证取决于这个 API 实现的界限。如果这个不确定性很大，Spanner 就降低速度来等待这个大的不确定性结束。Google 的簇管理器软件提供了一个 TrueTime API 的实现。这种实现可以保持较小的不确定性（通常小于 10ms），主要借助现代时钟参考值（如 GPS 和原子钟）。

9.5.3　云存储在容灾备份中的应用

云存储是指通过集群应用、网格技术或分布式文件系统等功能，将网络中大量不同类型的存储设备通过应用软件集合起来协同工作，共同对外提供数据存储和业务访问功能的一个系统。

在存储系统内，通过容错数据布局来提高存储系统的数据可用性，当前的分布式存储系统如 Amazon S3、Google 文件系统，为了保证数据的可靠性，都默认采用 3-Replicas 的数据备份机制。在存储层级，主机故障完全由其文件系统（如 Google 的 GFS）处理。在云计算数据中心运用服务器虚拟化技术、存储虚拟化技术等可实现跨数据中心的资源自动接管及移动，实现服务器虚拟化和网络虚拟化的无缝融合。

Google 的所有在线应用（包括 Gmail、Google Calendar、Google Docs，以及 Google Sites 等）均采用了数据同步复制技术，用户需要保存的任何数据，都同步存储到 Google 的 2 个不同地理位置的数据中心，当一个数据中心发生故障时，系统会立即切换到另一个数据中心。同步复制式备份的灾难恢复方式的运营成本相当高，Google 云计算通过以下方法，保证这些高成本的技术可以免费提供给用户使用。

（1）Google 的一个数据中心支撑着数百万用户，因此，每个用户分摊的成本相对低很多。

（2）Google 的备份数据中心并不是在灾难发生时才启用，而是一直在使用中，Google 始终在这些数据中心之间进行平衡，保证没有资源浪费。

（3）Google 的数据中心之间有自己的高度连接网络，保证数据快速传送。

目前，国内外存储厂商提供的云存储服务（如 Google 云存储等）均为用户提供在线数据备份，将企业的数据直接备份到云存储数据中心，让那些以往只有超级公司才有能力享受的诸如灾难恢复服务变得十分普通，而且成本极低。基于已有的云服务模式，Wood 等利用云计算的虚拟平台为企业及个人提供数据容灾服务，提出了容灾即服务的云服务模式，并针对网站应用服务建立了容灾云模式，以实例证明了利用云资源进行数据备份可大大降低容灾的成本。

云提供商可根据自身任务的执行情况租用其他多个云平台的资源，以备份自身数据，这是基于多个云平台的数据冗余备份，云提供商需选择一种合理的数据备份方案，从而优化数据容灾成本。企业也可根据自己的需要，按需购买云存储数据中心的容量，存储多少数据就支付云存储数据中心多少费用，而不需要自己建立数据中心。与自建数据中心相比，企业可以有效抑制成本的增加，并按需扩展自己的容量。

习题

1. 集装箱数据中心有哪些优点？常见的节能措施有哪些？
2. 云计算数据中心配电系统节能的原理是什么？
3. 能源利用率（PUE）的计算方式是什么？
4. 请对比海底数据中心与传统数据中心。

第 10 章　云计算核心算法

云计算的基础技术是集群技术，支撑集群高效协同工作需要一系列资源和任务调度算法，良好的调度算法可以提高集群处理能力，有效分配资源，加速作业进度。在这一系列调度算法中，有三种核心算法奠定了集群互连互通的基础，它们是 Paxos 算法、DHT 算法和 Gossip 协议。Paxos 算法解决分布式系统中的信息一致性问题，DHT 算法解决分布式网络的应用层选路问题，Gossip 协议解决分布式环境下的信息高效分发问题。为了让读者更透彻地理解云计算技术，本章将对这三种云计算核心算法进行详细介绍。

10.1　Paxos 算法

Paxos 算法解决的问题是一个分布式系统如何就某个 value（决议）达成一致。一个典型的场景是，在一个分布式数据库系统中，如果各节点的初始状态一致，每个节点都执行相同的操作序列，那么它们最后能得到一个一致的状态。为保证每个节点执行相同的命令序列，需要在每一条指令上执行一个"一致性算法"，以保证每个节点看到的指令一致。一个通用的一致性算法可以应用在许多场景中，是分布式计算中的重要问题。作为分布式系统中最著名的算法之一，在目前所有的一致性算法中，Paxos 算法最常用且被认为是最有效的。

10.1.1　Paxos 算法背景知识

在详细介绍 Paxos 算法之前，先介绍以下背景知识。

（1）分布式系统中各个节点称为"processor"，processor 可以担任"proposer"、"acceptor"和"learner"三个角色中的一个或多个角色。

（2）了解两个概念：proposal 和 value（proposal 一般译为"提案"，value 一般译为"决议"。然而在这里对这些名词还是用英文单词，这样可避免读者混淆）。proposal = [num,value]，这里的 num 是 proposal 的编号（按 proposal 被提出的顺序递增），任意两个 proposal 可以拥有相同的 value，但是它们的编号是不一样的。proposal 中的 value 就是需要同步的分布式系统中的指令。

（3）proposer 可以提出 proposal；acceptor 可以接受 proposal；当一个 proposal 被大多数（大多数是指超过一半，称为"多数派"）的 acceptor 接受时就说这个 proposal 被选中，同时这个 value 也被选中。learner 可以学习被选中的 value，即各个 processor 按照大多数 processor 的执行进度来调整自己的执行指令，从而达到分布式系统的一致。

（4）各个 processor 之间信息的传输可以延迟、丢失，但是在这个算法中，假设传达到的信息都是正确的（信息传输过程中产生的错误不在 Paxos 算法的考虑范围）。

10.1.2　Paxos 算法详解

Paxos 算法的核心是，只要满足下面三个条件就能保证数据的一致性。

（1）一个 value 只有在被 proposer 提出之后才可以被选中。

（2）每次只有一个 value 被选中。

（3）value 只有被选中之后才能被 learner 获取。

这三个条件其实很好理解，这三个条件中最重要的就是条件（2），Paxos 算法也就是对条件（2）的不断加强。如何保证每次只有一个 value 被选中呢？

首先，来看一个单点问题：只有一个 proposer 和一个 acceptor，proposer 传递一个 proposal 给 acceptor，acceptor 接受并执行。这种机制很简单也很容易实现。但是如果其中一个 processor 宕机或者重启，导致信息没有被接收到，那么整个系统就瘫痪了。显然，这不是理想的系统。

当系统有多个 processor 时（分布式系统），一个 proposer 向一组 acceptor 发送 proposal，这些 acceptor 可能接受这个 proposal 也可能不接受（如 proposal 丢失）。现在来加强条件（2）：

这一步推导很简单。例如，有一个 acceptor 集合，这个集合里有 3 个 acceptor，显然多数派至少含有两个 acceptor，如果有两个 value 则有两个多数派，而两个多数派至少有一个重合的 acceptor，也就是说这个 acceptor 接受了两个不同的 value。这样有了③的限制则保证了只有一个 value 被选中。

假设当分布式系统刚刚运行的时候只有一个 proposer 提出了一个 proposal，如果所有的 acceptor 都不接受这个 proposal，则系统不会运行，因此要求 p1。

p1：每个 acceptor 都必须接受它收到的第一个 proposal。

注意，p1 是不完备的。例如，在由两个 proposer 和四个 acceptor 组成的分布式系统中，如果两个 proposer 几乎同时提出了两个 value 不同的 proposal，而这两个 proposal 分别被两个 acceptor 接受了，这样就没有 value 被选中，因为这个例子中的多数派至少由 3 个 acceptor 组成。但是我们现在暂时搁置这个问题，后面再介绍。

由于 p1，显然，一个 acceptor 可以接受多个 proposal（由③可以知道这些 proposal 有着相同的 value）。根据③，通过引入 proposal = [num,value]，于是有了限制 p2。

p2：如果一个 value 为 v 的 proposal 被选中，那么此后被选中的编号更大的 proposal 的 value 也必须是 v。

然而，一个 proposal 要被选中，必须被大多数 acceptor 接受，故得到了 p2 的加强版本 p2a。

p2a：如果一个 value 为 v 的 proposal 被选中，那么此后被任意 acceptor 接受的编号更大的 proposal 的 value 也必须是 v。

到这里出现了一个矛盾，如果一个 value 为 v1 的 proposal p1 被选中了，随后又有一个 proposer 提出了一个 value 为 v2 的 proposal p2，这个 p2 送达了 acceptor x，巧合的是之前所有送往 x 的 proposal 都丢失了，也就是说这个 p2 是送达 x 的第一个 proposal，根据 p1，这个 x 必须接受 p2，而根据 p2a 则不能，因此对 p2a 再做一次加强。因为一个 proposal 要被 acceptor 接受，它必须被 proposer 提出，故得到了对 p2a 的加强版本 p2b。

p2b：如果一个 value 为 v 的 proposal 被选中，那么此后被任意 proposer 提出的编号更大的 proposal 的 value 也必须是 v。

这三个限制的关系是，p2b→p2a→p2，即 p2b 蕴含 p2a，p2a 蕴含 p2。

到这里 p1 和 p2b 已经可以保证分布式中的一致性，然而，p2b 虽然在逻辑上满足要求，却很难在实际中实现，因为 proposer 提出的 proposal 是难以限制的。所以，对 p2b 又做了一次加强。

p2c：如果一个 proposal = (*n*,v) "想要" 被提出，那么存在一个多数派 S，要么 S 中没有 acceptor 接受任何 num < *n* 的 proposal，要么 S 中 acceptor 所接受的 proposal 中编号最大的 proposal 的 value 是 v。

从 p2b 到 p2c 是整个 Paxos 算法最难以理解的地方，大家对此处的理解都不太一样，p2c 是 p2b 的加强，即 p2c→p2b。下面编者解释一下 p2c 的含义。如果 proposal (*n*,v) 想要被提出，有以下两种情况。

（1）S 中没有 acceptor 接受 num<*n* 的 proposal，也就是说 proposal 是第一个 proposal。num==1 的 proposal 的提出是不受限制的。

（2）S 中 acceptor 所接受的 proposal 中编号最大的 proposal 的 value 是 v，S 中 acceptor 接受了某个或者一些 proposal，那么这些 proposal 的 value 已经被选中。前面说过 p2c 是 p2b 的加强，p2b 要求一旦某个 value 被选中，则以后提出的 proposal 的 value 必须跟被选中的 value 一致。proposal 想要被提出，则它的 value 必须和编号最大的 proposal 的 value 一致。为什么是编号最大的而不是编号为 *n*-1（*n* 为当前接受的 proposal 的编号）的呢？因为一个 proposal 被多数派 S 接受之后它后续的 proposal 有可能丢失。

为了满足 p2c，一个 proposer 要想提出一个编号为 *n* 的 proposal，它必须知道 acceptor 多数派中已经接受的或者将要接受的编号小于 *n* 的最大的编号是多少。知道已经接受的 proposal 的编号是很简单的，但是预测就比较难实现了，Paxos 算法通过让 acceptor 承诺不再接受任何编号小于 *n* 的 proposal 来控制。因此，proposer 提出一个 proposal 需要经过以下两步。

（1）proposer 选择一个编号 *n* 并向一组 acceptor 发送一个 prepare 请求（包含所选择的编号 *n*），要求 acceptor 返回 promise，promise 包含两个信息：①不再接受任何编号小于 *n* 的 proposal 的承诺；②该 acceptor 所接受的小于 *n* 的最大编号的 proposal，如果该 acceptor 还未接受过任何 proposal，则不用返回这个信息。

（2）如果 proposer 接收到大多数 acceptor 所返回的 promise，则该 proposer 可以提

出编号为 n、value 为 promise 所带回的 proposal 的 value 的 proposal，如果 promise 没有带回有关的 proposal，则 value 可以为任意值。

proposer 通过向一组（不一定是发给它 promise 的那一组）acceptor 发送 accept 请求来发送一个已经被接受的 proposal。以上是 proposer 提出 proposal 的算法，下面介绍 acceptor 接受 proposal 的算法。

p1a：当且仅当 acceptor 没有对任何编号大于 n 的 prepare 做出过 promise 时，它可以接受一个编号为 n 的 proposal。

显然，p1a 蕴含 p1。与 proposer 不同的是，即使是宕机或者重启，acceptor 也必须"记住"它所接受的最大编号的 proposal 及它所做出过回应的最大编号的 prepare 请求。而 proposer 只要保证不提出重复的 proposal 即可。

现在，对一个 proposal 的提出和接受做一个系统的描述，这个过程分为请求和提出两个阶段。

1）请求阶段

（1）proposer 选择一个编号 n，并向 acceptor 多数派发出一个 prepare 请求（带编号 n）。

（2）如果 acceptor 接受的 prepare 所带的编号 n 比它之前所做出过回应的 prepare 请求的编号都要大，则该 acceptor 回应 proposer 一个 promise（带这个 acceptor 所接受的编号最大的 proposal，如果没有接受过任何编号小于 n 的 proposal，则不带回）。

2）提出阶段

（1）如果 proposer 收到了 acceptor 多数派对它所发出的 prepare 请求所做的回应，则它发出带有 proposal 的 accept 请求，proposal = (num,value)，value 为回应所带回的 proposal 的 value 值（如果没有带回 proposal，则 value 为任意值）。

（2）acceptor 接受一个 accept 请求，如果该 acceptor 之前没有对任何编号大于 n 的 prepare 请求做出过 promise，则接受该 proposal。

到这里 Paxos 算法已经介绍完了，但是似乎算法中还有一些问题没有解决，p1 是不完备的。假如偶数个 acceptor 分成了两个数量一样的集合，并接受了两个 value 不一样的 proposal，根据"每个 acceptor 只能接受一个 value"，如此说来，这个分布式系统不只是这一次无法选出一个 value，以后再也不能选出一个 value，因为每个 acceptor 所能接受的 value 已经被确定，而这些 acceptor 不能形成多数派。这是一个很严重的问题，会导致分布式系统完全瘫痪。然而，这个情况会发生吗？显然不会，例如：有两个 proposer(p1,p2) 及 4 个 acceptor(a1,a2, a3,a4)，先假设 p1 提出一个 proposal(1,v1)，根据上面 proposal 提出的两个阶段，首先 p1 向一个多数派（假设为 a1、a2、a3）发出 prepare（编号为 1）请求（见图 10-1）。

a1 和 a2 是第一次接受 prepare 请求，所以返回 promise（不带 proposal），此时 p1 收到了 a1 和 a2 的 promise，但是根据提出阶段的 proposer 必须接受来自多数派的 promise 才

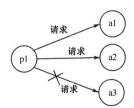

图 10-1 prepare 请求（假设 p1 到 a3 的请求丢失）

可以提出 accept 请求，因此不会出现偶数个 acceptor 的分布式系统无法选择一个 value 的情况。

10.1.3　Paxos 算法举例

在一个分布式数据库系统中，有 5 个节点 S1、S2、S3、S4、S5，假设各节点的初始状态一致，则每个节点都执行相同的操作序列，那么它们最后能得到一个一致的状态。现在用 Paxos 算法保证每个节点都执行相同的操作序列。假设 S1 只传输 SQL 命令（proposer），剩下的都是数据库节点（acceptor）。

步骤 1，S1 选定编号 1（假设第一个命令编号为 1），向集合 Database={S2, S3, S4, S5}的一个多数派子集发送 prepare 请求（PR）（见图 10-2）。

步骤 2，如果通信顺利，所有的多数派都收到了 PR，因为这是它们所接受的第一个 prepare，所以这个多数派的成员都会回应 S1 一个 promise，因为之前它们还没有接受过任何 proposal，所以 promise 不带回 proposal；如果通信部分失败，导致接受 PR 的节点不构成多数派，则 S1 重复步骤 1（PR 编号递增），如图 10-3 所示。

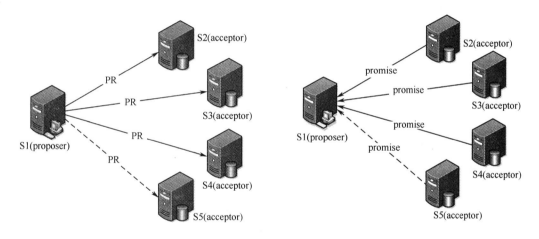

图 10-2　S1 向集合 Database 中的多数派发出 PR　　图 10-3　Database 向 S1 发出 promise

步骤 3，S1 接收到多数派的 promise，向集合 Database 发出带有第一个 SQL 命令（之前的 value）的 proposal，编号为 1，因为 promise 没有带回 proposal，所以这里的 SQL 命令没有限制。

步骤 4，如果通信顺利，所有的数据库节点都收到了 S1 提出的 proposal（编号为 1），而它们之前并没有做过任何编号大于 1 的 prepare，因此它们接受这个 proposal，由此多数派形成，value 也就产生了。各个节点执行 value 的内容也就是 SQL 命令，然后等待 S1 提出第二个 SQL 命令。当通信部分失败时，如果接受到 proposal 1 的节点可以构成多数派，则和通信顺利的情况一样；反之则不然，由于构不成多数派则不能产生 value，所有的数据库节点都不执行 SQL 命令，从而保证了数据库内容的一致性（见图 10-4）。

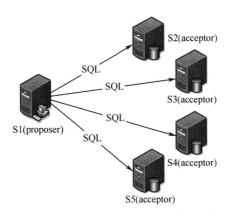

图 10-4　S1 向所有 Database 节点发出 SQL 语句

步骤 5，重复以上操作，注意 proposal、prepare 及 promise 的编号递增，以及 promise 根据情况带回 proposal。

10.1.4　Chubby 中 Paxos 算法的具体实现

Chubby 为松耦合分布式系统提供粗粒度的锁服务及可靠性存储，GFS（Google File System）和 BigTable 等大型系统都用它来解决分布式协作、元数据存储和 Master 选举等一系列与分布式锁服务相关的问题。Chubby 的底层一致性实现以 Paxos 算法为基础，开发人员直接调用 Chubby 的锁服务接口即可实现分布式系统中多个进程之间粗粒度的同控制，从而保证分布式数据的一致性。Chubby 的整个系统结构主要由服务器和客户端两部分组成，客户端通过 RPC 调用与服务器通信。

Chubby 服务器的基本架构大致分为以下三层（见图 10-5）。

（1）底层是容错日志（Fault-Tolerant Log）系统，通过 Paxos 算法能够保证集群所有机器上的日志完全一致，同时具备较好的容错性。

（2）容错日志系统之上是键值对类型的容错数据库（Fault-Tolerant DB），其通过下层的日志来保证一致性和容错性。

（3）容错数据库之上是 Chubby 对外提供的分布式锁服务和小文件存储服务。

Chubby 中 Paxos 算法的作用在于保证集群内各个副本节点的日志一致。Chubby 事务日志中的 Value 对应 Paxos 算法中的 Instance。Chubby 为每个 Paxos Instance 按序分配一个全局唯一的 Instance 编号，并将其顺序写入事务日志。Chubby 需要对外提供不断的服务，因此在 Chubby 的运行过程中，事务日志会无限增长，同时会存在多个 Paxos Instance。为了避免多个 Paxos Instance 同时提出提案而陷入多个 Paxos Round 并存的情况，需要选举一个副本节点作为 Paxos 算法的 Master 节点。

每个 Paxos Instance 都需要进行一轮或多轮的 prepare->promise->propose->accept 这样完整的请求过程来完成对一个 value 的选定，为了在保证正确性的前提下尽可能地提高算法运行性能，可以让多个 Instance 共用一套序号分配机制，并将 prepare->promise 合并为一个阶段。具体做法如下。

图 10-5　Chubby 服务器基本架构

① 若某个副本节点通过选举成为 Master，通过新分配的编号 n 广播一个 prepare 消息，prepare 消息会被所有未达成一致的 Instance 和目前还未开始的 Instance 共用。

② 若 acceptor 接受 prepare 消息，可以通过将反馈信息封装在一个数据包中来实现对多个 Instance 同时做出回应。假设最多允许 K 个 Instance 同时进行 value 的选定，则当前至多存在 K 个未达成一致的 Instance，将这些未做决定的 Instance 各自接受的 value 封装进一个数据包作为 promise 消息返回；同时判断 n 是否大于当前 acceptor 的 highestPromisedNum 值（当前已经接受的最大的 proposal 编号值），如果大于，标记这些未做决定的 Instance 和所有未来的 Instance 的 highestPromisedNum 的值为 n。这样可以避免未做决定的 Instance 和所有未来的 Instance 再接受任何编号小于 n 的 proposal。

③ Master 对所有未做决定的 Instance 和所有未来的 Instance 分别执行 propose->accept 阶段的处理。如果 Master 能够一直稳定运行，在接下来的算法运行过程中，就不再需要进行 prepare->promise 处理了。若 Master 发现 acceptor 返回了一个 reject 消息，说明集群中存在另一个 Master 并试图使用更大的 proposal 编号发送了 prepare 消息，则真正的 Master 就需要重新分配新的 proposal 编号并再次进行 prepare->promise 阶段的处理。

在每个 Instance 的运行过程中，若接收到多数派的 accept 反馈后，就可以将对应的 value 写入本地事务日志并广播 commit 消息给集群中的其他副本节点，其他副本节点在接收到这个 commit 消息之后也会将 value 写入事务日志。利用上述改进的 Paxos 算法，在 Master 稳定运行的情况下，只需要使用同一个编号来依次执行每个 Instance 的 promise->accept 阶段的处理。

10.2　DHT 算法

从整个计算机发展历史来看，集中式与分布式计算模式交替占了一段历史时期。如今，云计算应用的各大公司都建立了自己的数据中心和计算中心。当云计算的应用越来越多、用户越来越多时，集中式的计算模式将受到网络带宽等因素的制约。C/S 计算模式（客户端—服务器计算模式）主要应用于小规模的网络环境。C/S 计算模式采用中央集中式架构，中央节点（服务器）对整个网络服务具有决定性的作用。如果服务器失效，则整个服务失效。这就是所谓的"单点失效问题"。此外，大部分的计算都集中在服务器端，因而引起负载的不平衡，即所谓的"服务器端的计算瓶颈"，而客户端则存在资源浪费的情况。此外，集中式计算模式在用户隐私及数据安全方面也存在不可能解决的难题。P2P 计算模式是一种非集中式计算模式。P2P 网络中的每台计算机（或称对等节点）具有同样的地位，既可以请求服务，也可以提供服务。P2P 计算模式具有资源充分利用、网络规模可扩展（节点越多网络越稳定，不存在瓶颈）等优点。

P2P 网络按照拓扑结构的不同可以分为三种。

（1）集中式拓扑模式，如 Napster。这种模式必须有中央服务器。当系统中节点数增多时，中央服务器就成了系统的瓶颈。

（2）分布式非结构化拓扑模式，如 Gnutella 和 Freenet。每个节点存储自身的信息或信息的索引，当用户需要在 P2P 系统中获取信息时，其预先并不知道这些信息会在哪个节点上存储，搜索采用泛洪方式，搜索在超出一定范围后就不能进一步扩展。因此，在非结构化 P2P 系统中，信息搜索的算法难免会带有一定的盲目性。

（3）分布式结构化拓扑模式。它们都是基于 DHT 的，如 Chord、CAN、Pastry 和 Tapestry。每个节点只存储特定信息或特定信息的索引。当用户需要在 P2P 系统中获取信息时，其必须知道这些信息（或索引）可能存于哪些节点中。由于用户预先知道应该搜索哪些节点，因此避免了非结构化 P2P 系统中使用的泛洪式查找，提高了信息搜索的效率。

P2P 网络能否快速准确地对资源进行定位是衡量其性能的一个关键。现在的分布式 P2P 系统普遍采取的是 DHT（Distributed Hash Table，分布式哈希表）算法。DHT 算法使用分布式哈希函数来解决结构化的分布式存储问题。DHT 中每个节点负责存储一个小范围的路由及数据，从而实现整个网络的寻址和存储。此种网络的优点是每个节点都在一个虚拟的拓扑结构中，发现内容仅需要有限的消息，不会造成通信阻塞。其缺点是节点和内容本身的语义被哈希函数打破了，不能对节点的内容进行复杂的语义查询。

本节将对 DHT 的原理及基于 DHT 的几种常见的资源定位算法（包括 Chord、Pastry、CAN、Tapestry）进行介绍。

10.2.1 DHT 原理介绍

哈希函数可以对给定的一段任意长度的数据计算一个固定长度的散列值，称为消息摘要（Message Digest，MD），一般用于安全和保密中对数据加密。$h=H(x)$，一般要求 h 可以作用于任何尺寸的数据，并且产生定长的输出，即给定一个任意数据 x，可以通过 $H(x)$ 计算等长的字符串输出。如果哈希函数 $H(x)$ 设计得足够好，$H(x)$ 能够很快地计算和查找。但是，当仅给出 $H(x)$ 时，几乎无法得到原数据 x，同时由于散列值所在的散列空间非常大，因此很少发生同一散列值对应不同数据的情况。

DHT 中主要使用相容哈希函数进行散列。相容哈希又称一致性哈希（Consistem

Hashing）。相容哈希为每个节点和关键词分配 m 位的标识符。标识符长度越长，则经过哈希后得到的值相同的可能性越小，因此只要使标识位数 m 足够大，可以认为关键字在哈希后得到了唯一的值。另外，使用相容哈希得到的值能够体现负载均衡，节点在经过散列后得到的标识符 ID，一般在散列空间中均匀分散，使得每个节点负责管理的内容比较平均。DHT 中常见的哈希函数有 SHA-1、MD4、MD5 等。其中 SHA-1 算法消息摘要的固定长度为 160 位，MD5 算法为 128 位。

　　基于 DHT 进行网络资源定位的方式是一种结构化资源定位算法。如图 10-6 所示，所谓 DHT 技术就是在 P2P 网络应用层和路由层间假设单独的 DHT 层来进行 P2P 网络的资源定位和查找。DHT 技术采用哈希函数加速了查找速度和增强了安全性，而且便于管理，同时不会占用太多的网络带宽。

图 10-6　DHT 技术的基本概念

　　DHT 技术是与应用无关的技术，因为 DHT 层单独加在应用层和路由层之间，可以不考虑具体的应用，只利用 DHT 层负责上层数据和下层通信节点之间的查询及插入。利用哈希函数得到关键字并不能反映数据的含义，具体关键字的产生完全取决于应用层的开发者。DHT 的应用层接口如图 10-7 所示。DHT 系统基本的操作就是 LookUp(key)。由于系统中的每个节点负责存储一定范围的关键字，因此通过 LookUp(key)操作返回一个存储该关键字节点的节点标识符（NodeID），这个操作允许节点根据关键字进行存储和读取。通过 DHT 层的 LookUp(key)操作，可以把应用层的数据均匀分布在网络的各个节点内，这种方法使下层网络完全不受中心控制。

图 10-7　DHT 的应用层接口

DHT 作为应用层接口与传统的应用层接口相比具有更多的优点。传统应用层接口

UDP/IP 是通信中心的接口，一定要具体指出要查找和发送数据的节点 IP 地址。由于现在的互联网过分依赖 DNS 网关，只要其中一个服务器出现"问题"，相应的其他任何服务就无法获得。DHT 是以数据为中心的接口，只要给出与数据唯一对应的 key 就可以进行资源查找，并不需要关心数据具体存放在哪个节点上和数据具体来自哪个应用。

DHT 是一个好的共享下层设施，由于 DHT 使用资源名字，不必再编码成位置或路由链路，这样就形成一个统一的基于内容的命名层，增加了寻找对象的灵活性。另外，由于 DHT 是一个均衡的体系结构，因此可以提供多种选择用于考虑在哪些节点空间存放对象副本，以及用哪一条路径寻找存放的对象副本来确保应用层的安全。基于 DHT 的基础结构是自组织和自治的，所以不需要人们事先预见额外操作，这样就降低了执行、维护和管理的代价。使用 DHT 技术使一个实体并不知道它要保存什么样的数据，因此所有实体必须能够自愿地提供 PC 资源、网络带宽，并且能够接收任何类型的数据。

所有的 DHT 路由算法都主要包括三个方面：一是 DHT 的散列空间的描述，即如何进行散列；二是 DHT 中各节点如何分配管理散列空间，即散列后的信息如何决定其存储的节点位置；三是路由发现算法，即对散列值进行查询时如何高效地路由到存储目标信息的节点。

10.2.2　Chord 中 DHT 的具体实现

Chord 是由麻省理工学院的 Ion Stoica 等人设计的一种简单的结构化 P2P 搜索策略。它的设计目标是提供一个具有完全分布、可扩展性及可用性好、负载均衡的 P2P 搜索策略，解决由中心控制的搜索策略带来的扩展性能差、负载不均衡等限制问题。

Chord 系统内，每一个节点通过一些哈希函数（通常是 SHA-1）计算唯一的 m 位标识符（节点 ID），标识该节点在 Chord 系统中的位置。当 Chord 需要路由某一消息时，该消息也用哈希函数计算消息的关键值（key）。消息的目标节点就是节点 ID 大于或者等于消息 key 值的节点中节点 ID 最小的一个，此节点称为这个消息的后继节点（successor）。

Chord 中所有节点按节点 ID 大小顺时针排列并首尾相接组成一个拥有 $2m$（m 一般为 160）个节点的环空间，称为 Chord 环。Chord 通过将资源存放在"距离"资源关键值最近的节点，将资源查找的问题转换成节点查找的问题。Chord 中的"距离"以在 Chord 环空间上节点 ID 之间的节点数来计算（按顺时针方向）。

在 Chord 中，每个节点只需要维护它在圆环上的后继节点和前驱节点（predecessor）的节点标识及 IP 地址，对特定关键值的查询请求可以通过各个节点的后继节点在圆环上传递，直到到达一对节点，该关键值落在这对节点标识之间，后一个节点即存储目标键值对的节点。在扩展的 Chord 中，为了加快查询速度，每个节点需要维护一个路由表（finger 表），finger 表中最多包含 m 项路由信息。例如，节点 P 的 finger 表中第 i 项是圆环上距离 P（节点个数）至少 $2i-1$ 的第一个节点 S[如 $S = \text{successor}(n+2i-1)$，$1 \leqslant i \leqslant m$]，称节点 S 为节点 P 的第 i 个 finger，表示为 $P.\text{finger}[i]$。$P.\text{finger}[i]$ 就是节点 P 的后继节点。finger 表中每一项既包含相关节点的标识，又包含该节点的 IP 地址和端口号。

如图 10-8 所示是一个 $m=6$ 且只有 10 个节点的 Chord 模型示意，其中节点标识以 N 开头，而关键值标识以 K 开头，图中给出了节点 N8、N42、N51 的 finger 表。节点 N8

发起查询 K54 的分组转发路线为：N8 首先找到其 finger 表中节点标识位于 K54 之前且距离 K54 最近的节点 N42，然后把查询分组转发给 N42，N42 按同样的规则找到其 finger 表中的节点 N51，并将查询分组转发给 N51，节点 N51 发现 K54 落在它的后继节点 N56 之前，即 N56 就是要找的节点，把 N56 返回给节点 N8。此后 N8 直接和 N56 建立连接以获取 K54 相应的文件信息。

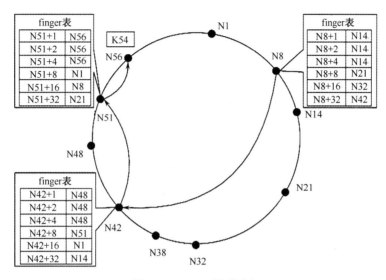

图 10-8　Chord 模型示意

1. 节点 N 的加入过程

节点 N 的加入过程如下。

步骤 1，初始化新节点的指针表。假设节点 N 在加入网络之前通过某种机制知道网络中的某个节点 M。这时，为了初始化 N 的指针表，N 将要求节点 M 为它查找指针表中的其他表项。

步骤 2，更新现有其他节点的指针表。节点加入网络后将调用其他节点的更新函数，让其他节点更新其指针表。

步骤 3，从后继节点把关键值传递到节点 N。这一步是把所有后继节点是 N 的关键值转移到 N 上。整个加入操作的时间复杂度是 $O(\log 2N)$，如果采用更复杂的算法，可以把复杂度降低到 $O(\log N)$。

2. 节点的退出过程

节点的退出过程如下。

在 P2P 网络中，某个对等节点随时可能退出系统或者失效，因此处理节点失效是一个更重要的问题。在 Chord 中，当节点 N 失效时，所有指针表中包括 N 的节点都必须把 N 替换成 N 的后继节点。另外，节点 N 的失效不能影响系统中正在进行的查询过程。

在失效处理中最关键的步骤是维护正确的后继指针。为了保证这一点，每个 Chord 节点都维护一张包括 t 个最近后继节点的后继列表。如果节点 N 注意到它的后继节点失效了，那么它就用后继列表中的第一个正常节点替换已经失效了的节点。

10.2.3　Pastry 中 DHT 的具体实现

Pastry 是微软研究院提出的一种可扩展的分布式对象定位和路由协议，可用于构建大规模的 P2P 系统。在 Pastry 中，为每个节点分配一个 128 位的节点标识符，所有的节点标识符形成了一个环形的 ID 空间，ID 范围从 0 到 $2^{128}-1$。

Pastry 网络中的每个节点都有唯一的节点 ID。当给定一条消息和一个关键值，Pastry 节点将会把这条消息路由到当前所有 Pastry 节点中节点 ID 和关键值最接近的那个节点。Pastry 考虑了网络的位置信息，它的目标是使消息传递的距离短，距离按照节点 ID 的数值差来计算。每个 Pastry 节点记录在节点空间中与它直接相邻的邻居节点，当新节点加入、原有节点失效和恢复时通知上层应用。

为了实现消息路由，每个 Pastry 节点都要维护一张状态表，状态表由 Leaf set、Routing table 和 Neighborhood set 三张表组成。Pastry 的路由过程是：当收到一条消息时，节点首先检查消息的关键值是否落在叶子节点集合中，如果是，则直接把消息转发给对应的节点，也就是叶子节点集合中节点号和关键值最接近的节点；如果关键值没有落在叶子节点集合中，那么将使用路由表进行路由。当前节点会把消息发送给节点号和关键值直接的共同前缀至少比现在节点长一个数位的节点。当然，在某些情况下，会出现路由表对应表项为空，或者路由表表项对应的节点不可达的情况。这时候消息将会被转发给与其共同前缀一样长的节点，但是该节点和当前节点相比，其节点号从数值上将更接近关键值。这样的节点一定位于叶子节点集合中。因此，只要叶子节点集合中不会出现一半以上的节点同时失效，路由过程就可以继续。从上述过程可以看出，路由的每一步和上一步相比都向目标节点前进了一步，因此这个过程是收敛的。

1. 节点的加入

假定新加入节点的节点号为 N，节点号的分配过程是由应用程序决定的，如可以对节点的 IP 地址进行哈希运算得到节点号。N 在加入 Pastry 之前，需要知道一个相邻节点 A 的位置信息。N 的加入过程主要包括初始化自己的节点数据结构，并通知其他节点自己已经加入系统。

N 首先要求 A 路由一条"加入"消息，消息的关键值就是 N 的节点号，和其他的消息一样，这条消息最终会到达具有和 N 最接近的节点号的节点 Z。作为响应，节点 A 和节点 Z，以及从 A 到 Z 的路径上的所有其他节点都会把自己的数据结构传给 N。N 利用这些信息初始化自己的数据结构，初始化完成后，N 将通知其他节点它已经加入了系统。

2. 节点的退出

Pastry 网络中的节点可能会随时失效或者在离开系统时并未发出通知。当相邻节点不能和某个 Pastry 节点通信时，就认为该节点失效了。

如果是叶子节点集合 L 中的节点失效，则当前节点会要求当前叶子节点集合中最大节点号或者最小节点号的节点把它的叶子节点集合 L_1 发送过来。L_1 中如果存在 L 中没有的节点，当前节点将从中选择一个替代失效节点，在替代之前，需要首先验证该节点是否还在系统中。

如果是路由表中某项对应的节点失效，那么当前节点将从该项所在的路由表中选择另一个节点，要求它把自己路由表中对应位置的项发过来。如果当前节点的路由表中对应行已经没有可用节点了，那么当前节点将从路由表的下一行中选择一个节点，这个过程将继续，直到当前节点能够得到一个替代失效节点的节点号，或者当前节点遍历了路由表为止。

10.2.4　CAN 中 DHT 的具体实现

CAN（Content-Addressable Network，内容可编址网络）由加州大学伯克利分校于 2001 年设计。CAN 可以在互联网规模的大型对等网络上提供类似哈希表的功能。CAN 具有可扩展、容错和完全自组织等特点。CAN 类似于一张大哈希表，基本操作包括插入、查找和删除。CAN 由大量自治的节点组成，每个节点保存哈希表的一部分，称为一个区。CAN 的设计完全是分布式的，不需要任何形式的中央控制点。CAN 具有很好的可扩展性，节点只需要维护少量的控制状态且状态数量独立于系统中的节点数量。CAN 支持容错特性，节点可以绕过错误节点进行路由。

CAN 是基于一个虚拟的 d 维笛卡儿坐标空间实现其数据组织和路由查找功能的，整个空间被网络中的节点动态地划分为许多区域，每个节点负责一个独立的不相交的区域，节点通过它所负责的区域的边界表示。每个资源对象被映射到这个虚拟空间中的一个点，并保存在负责该点所在区域的节点中。

CAN 中的节点根据它们负责的区域所在的坐标空间中的位置来建立邻居关系。在 d 维笛卡儿空间中，两个节点的 d 维坐标中有 $d-1$ 维是相等的，剩余的一维是相邻的节点，称这两个节点区域邻接。由于在 d 维空间中最多有 $2d$ 个相邻节点，因此一个节点的相邻节点表最多有 $2d$ 个表项。图 10-9 是 $d=2$ 时 CAN 的拓扑结构示意，整个区域坐标由 5 个节点 A、B、C、D、E 组成，每个节点负责部分区域，如节点 C 负责的区域为 $(0-0.5,0.5-1.0)$，其邻居节点为 A 和 D，CAN 通过哈希函数把资源映射到 d 维空间中的一点，资源对象就发布在该节点上。

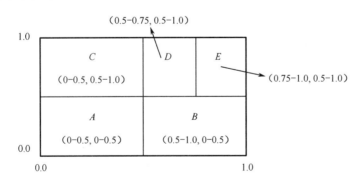

图 10-9　$d=2$ 时 CAN 的拓扑结构示意

查询操作通过在 d 维笛卡儿坐标空间中转发查询消息来执行，转发从查询初始化点沿着坐标系上最接近直线的路径到达存储关键值的节点。当收到一个查询请求时，一个节点转发请求到在坐标系中与存储关键值节点最接近的节点上，图 10-10 表明寻找关键

值 (0.8,0.9) 的路径。每个节点维护 $O(d)$ 个状态，查询代价是 $O(d_{N1}/d)$。初始化 Node(0,0,0.5,0.5)查找(0.8,0.9)的路径。CAN 路由模型的路由过程如图 10-10 所示。

CAN 中，一个减少查询时延的技术是多实现技术。用户位于多个坐标空间，同时参与查询来减少时延和提高 CAN 的健壮性。每个节点在每个坐标空间被分配一个不同的区域。关键值在每个坐标空间被复制，以提高节点失效时系统的健壮性。转发消息节点检验在每个空间实际存在的邻居节点，并且转发消息到离本节点最近的邻居节点。

为了加入 CAN，一个新的节点首先在坐标空间中选择一个随机点 P，找到包含随机点的新加入节点。新加入节点可以很容易地初始化其路由表，因为和它相邻的所有节点除了 N 节点，都在 N 节点的邻居表中。这也允许邻居用新节点更新路由表。

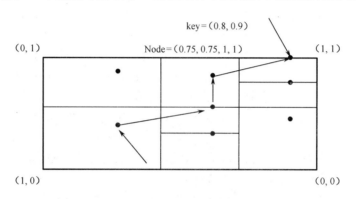

图 10-10　CAN 路由模型的路由过程

当一个节点离开时，这个节点将其区域交给它的邻居。如果两个区域能合并成一个大的区域，则产生一个新的有效区域。如果两个区域不能合并，那么邻居节点就会暂时处理两个区域。当一个节点失效时，CAN 潜在的问题是多点失效会导致一个坐标空间分裂，由多个节点处理多个区域，区域越分越多，越分越小。为了解决这个问题，CAN 执行一个特别的重分配节点算法。该算法能尽量将多个可以合并的区域分配到 CAN 中一个合法的节点上，以联合使用这些区域。

10.2.5　Tapestry 中 DHT 的具体实现

Tapestry 是由加州大学伯克利分校计算机系设计的分层路由和组织结构查询算法，它为面向广域网的分布式应用提供了一个分布式查找和路由定位基础平台。Tapestry 网络中每个节点和文档通过哈希变换得到各自长 160 位比特的唯一标识符，每个节点都拥有一个邻居表，记录邻居节点的信息。Tapestry 基于文档标识符的后缀进行路由，即从标识符的最后一位开始依次向前一步一步逼近目标节点的标识符，直到达到最大程度的匹配。查询时，节点通过比较收到的文档标识符和本地保存的邻居节点的标识符，选择节点标识符和文档标识符有着最长后缀匹配的节点作为路由路径中的下一跳节点。

Tapestry 基于 Plaxton 中提出的定位和路由机制进行优化。Plaxton 提出了一种分布式数据结构，用于在网络范围内定位资源对象。在 Plaxton 中，每个节点都可以承担服务器（保存对象）、路由器（转发消息）和客户端（请求发起者）的功能。另外，对象和节点的标识符及它们的位置与具体内容无关，用某种固定长度的位串采用随机方式确定。系统假定对象和节点的标识符在整个名字空间中是均匀分布的。

Tapestry 中的每个节点都可以用 Plaxton 中描述的算法转发消息。每张邻居映射表都按照路由层次组织，每个层次都包括匹配该层次的前缀并离该节点最近的一组节点。每个节点还维护一张后向指针列表，指向把自己作为邻居的那些节点，在节点加入算法中会用到这些指针。

Tapestry 的节点加入算法和 Pastry 很类似。节点 N 在加入 Tapestry 网络之前，也需要已知一个已经在网络中的节点 G，然后 N 通过 G 发出路由自己的节点 ID 的请求，根据经过的节点所对应的邻居节点表构造自己的邻居节点表。构造过程中还需要进行一些优化工作。构造完自己的数据结构后，节点 N 将通知网络中的其他节点自己已经加入网络。通知只针对在 N 的邻居映射表中的主邻居节点和二级邻居节点。

Tapestry 采用两种机制处理节点的退出：一种机制是节点从网络中自行消失，在这种情况下，它的邻居可以检测到它已经退出网络并可以相应地调整路由表；另一种机制是节点在退出网络之前，利用后向指针确定所有把它作为邻居的节点，这些节点会相应调整路由表并通知对象服务器该节点已经退出网络。

10.3　Gossip 协议

Gossip 协议因 Cassandra 而名声大噪，其完整定义最早由 Demers 提出，他在论文中介绍了一种传染病算法（Epidemic Algorithm），用于解决分布式数据库的数据备份问题。随后该协议被广泛用于异构环境下的信息分发、P2P 网络节点信息管理等多种应用中。

Gossip 协议如其名，灵感来自办公室八卦，只要一个人八卦一下，在有限的时间内，所有人都会知道该八卦信息，这种信息传播方式与病毒传播类似，因此 Gossip 协议有众多别名："闲话算法""疫情传播算法""病毒感染算法""谣言传播算法"等。在 Demers 提出该算法之前，Gossip 协议的思想已经被广泛使用，洪泛查找、路由算法等都归属这一范畴，不同的是 Demers 利用 Gossip 协议为这类算法提供了明确的语义、具体实施方法及收敛性证明。

Gossip 协议所使用的算法称为反熵（Anti-Entropy）算法。熵是物理学上的一个概念，反映系统的杂乱程度，反熵则意味着在杂乱无章中寻求一致。这充分说明了 Gossip 协议的特点：在一个有界的网络中，每个节点都随机地与其他节点通信，经过一番杂乱无章的阶段，最终所有节点的状态都达成一致。每个节点可能知道所有其他节点，也可能仅知道几个邻居节点，但只要这些节点通过网络连通，最终所有节点的状态都是一致的。

10.3.1　Gossip 协议的特点

Gossip 协议具有以下几个优点。

（1）分布式容错。当系统中有节点因宕机而重启，或有新节点加入时，经过一段时间后，这些节点的状态仍会与系统中其他节点达成一致，也就是说 Gossip 协议天然具有分布式容错的特点。

（2）最终一致性。Gossip 协议虽然无法保证在某个时刻所有节点状态都保持一致，但可以保证在"最终"所有节点状态一致。"最终"是一个现实中存在但理论上难以证明的时间点。

（3）去中心化。Gossip 协议不要求节点知道系统中所有节点的状态，节点之间完全对等，不需要任何中心节点。

Gossip 协议的缺点也很明显，冗余通信会大大增加网络和 CPU 的负载，并进一步影响算法收敛的速度。

Gossip 协议目前已经用于 Amazon 平台基础存储架构 Dynamo，Dynamo 利用该协议进行节点信息管理。同样应用了该协议的还有 Facebook 的 Cassandra 架构。在国内，大量流媒体系统也应用该协议进行信息同步，如香港大学张欣研发的 CoolStreaming 系统，华中理工大学开发的 PPLive、宁波大学开发的 PPStream，以及腾讯公司开发的 QQLive 等。

10.3.2 Gossip 协议的通信方式及收敛性

Gossip 协议的概念最早由 Demers 在论文中提出，其介绍了一种传染病算法，用于解决分布式数据库的数据备份问题。传染病算法中存在三种不同单元：人口（Population），交互（a Set of Interactive），交流（Communicating）。这三个单元通过既定规则决定如何传递信息。规则可以由用户自由设定，但是任意单元在特定时间 t 内必须处于以下三种状态之一。

（1）感染（Susceptible）：单元不了解信息的内容，但可以收到这条信息。
（2）传染（Infective）：单元知道（接收到）信息，按照指定规则进行传播。
（3）恢复（Recovered）：单元知道（接收到）信息，但不进行转发。
基于上述三个定义，可以将传染病算法分为以下三类。

1. 感染—传染（SI）

该类算法中几乎每个单元最初都设定为感染状态，当一个单元接收到更新的信息后立即转为传染状态，并保持这种状态直到所有单元都成为传染状态。因此，就需要某种额外的方法来决定是否停止信息传播。假定一个单元每次循环中遇到的单元数为 β，第 t 次循环后，传染者的相对数量为 $i(t)$，则有

$$\frac{i(0)}{2(1-i(0))} \leqslant i(t) \leqslant \frac{i(t)}{1-i(t)} e^{\beta t} \tag{10-1}$$

感染单元的相对数量 $s(t)$ 为

$$\frac{1}{2}\left(\frac{1}{i(0)}-1\right)e^{-\beta t} \leqslant s(t) \leqslant \left(\frac{1}{i(0)}-1\right)e^{-\beta t} \tag{10-2}$$

2. 感染—传染—感染（SIS）

与 SI 算法模型不同，SIS 算法可以决定在全部人口被传染前停止传播。例如，若一个单元意识到它前五个通信伙伴已经是传染者，它就确定接收到的信息版本比较旧，因此直接停止传播该消息。但是，恢复的单元仍可以成为传染者。如果一个单元在停止传

播前收到一条特定信息，就会继续传播直到失去兴趣。在 t 次循环后，传染单元的相对数量为

$$i(t) = \frac{1-p}{1+\left(\dfrac{(1-p)n}{i(0)}-1\right)} \times n \qquad (10\text{-}3)$$

这里 p 表示每次循环中恢复单元与传染单元之比。从式（10-3）可以看出，传染者的数量上限为 $\dfrac{1-p}{2}$，之后会逐渐下降到 $1-p$。

3. 感染—传染—恢复（SIR）

SIR 算法和 SIS 算法比较接近，唯一区别是恢复单元在停止传播信息之后便不再收到传染信息。因此，迭代到最后，会有常量个单元保持感染状态。

Gossip 协议属于 SIR 类传染病算法。早期的 Gossip 协议中，系统中的节点会将接收的需要扩散的信息发送给它随机选择的邻居节点。通过这种冗余的信息频繁转发机制，Gossip 协议无须依靠具体的机制去选择建立连接的节点，确保了在部分节点损坏和网络丢包率高的情况下信息扩散的可靠性。此外，当节点规模扩展后，每个节点的通信负载随着群体规模以对数级速度缓慢增加，从而保证了系统通信的可扩展性。由于 Gossip 协议的高容错性，以及易扩展和部署等特性，其非常适用于系统稳定但节点通信关系变化复杂的场景。

在节点 N 上运行 Gossip 协议，具有如图 10-11 所示的基本框架。

```
When (N receives a new message M)
    While (N believes that not enough of its neighbors have received m)
        A=random select a neighbor process of N;
```

图 10-11　Gossip 协议基本框架

10.3.3　Gossip 节点管理算法

Gossip 协议的一个重要功能就是对节点关系的分布式管理，管理机制包括：节点加入（Subscribe）和节点离开（Unsubscribe）。每个节点维护一个包含邻居节点记录的局部视图，随机选择邻居节点进行通信，并不需要了解群体中全部节点的信息，节点通过 SIR 算法转发和维护自己的局部视图，从而保持与整体的联系。

1. 节点加入

遇到有节点加入时的管理算法如下。

（1）接触（Contact）。有新节点加入群体时，会任意选择一个邻居节点发送加入请求，这种节点称为接触。运行初期，节点的局部视图只包含这些接触记录。

（2）新加入（New Subscription）。当一个节点收到一个新加入请求时，它会把新节点的标识符转发给局部视图里的所有成员。同时，节点还会创建 n 个新加入的副本（n

是一个设计参数，决定了系统的容错性），并且把它们转发给局部视图中随机选择的节点。

（3）转发加入（Forward Subscription）。当节点收到一条转发的加入请求时，如果这条信息的源节点不在它的局部视图中，它会以概率 p 将此节点加入局部视图（p 值取决于局部视图的大小）。如果它不保存该节点，这条加入请求就会被转发给局部视图中随机选择的节点。这些被转发的加入请求或者被某个节点保留，或者被转发，直到一些节点将其保留才会消失。

（4）保持加入（Keeping a Subscription）。群体中每个节点都会维护两张表：局部视图，存储所有它可以转发的 Gossip 信息的节点；入度视图，存储接受 Gossip 信息的源节点。如果节点 i 决定保存来自节点 j 的建立联系的信息，它会把 j 的标识符放入它的局部视图中，并向 j 发送一条信息，通知 j 把 i 的标识符放入自己的入度视图中。

2. 节点离开

离开机制是用来控制节点局部视图大小的。现假设节点 n_0 要退出，它的局部视图中包含的 ID 有 $i(1),i(2),\cdots,i(l)$，它的入度视图中的 ID 分别是 $j(1),j(2),\cdots,j(l')$。n_0 会告知节点 $j(1),j(2),\cdots,j(l'-c-1)$ 用 $i(1),i(2),\cdots,i(l'-c-1)$ 来分别取代自己（如果 $l'-c-1>l$，则循环使用局部视图中的节点）。同时节点 n_0 简单地告知节点 $j(l'-c),j(l'-c+1),\cdots,j(l')$ 把自己直接从它们的视图中移除，而不用其他节点代替。这种机制的缺陷是一个节点可能需要在局部视图中保存某个节点的多个副本，或者保存自己的 ID，此时只需要把相关 ID 删除即可。

10.3.4 Cassandra 中 Gossip 协议的具体实现方式

Cassandra 集群中没有中心节点，各个节点的地位完全相同，它们通过 Gossip 协议来维护集群的状态，使每个节点都能知道集群中包含哪些节点，以及这些节点的状态。这使得 Cassandra 集群中的任何一个节点都可以完成路由，且任意一个节点不可用都不会造成灾难性的后果。

在 Cassandra 集群中，Gossip 协议为每一个节点维护一组状态，状态可以用一个键值对来表示，并附带一个版本号，版本号大的为较新的状态。

当一个节点启动时，获取配置文件（cassandra.yaml）中的 seeds 配置，从而知道集群中所有的 seed 节点。Cassandra 内部有一个 Gossiper，每隔一秒运行一次（在 Gossiper.java 的 start 方法中），按照以下规则向其他节点发送同步消息。

（1）随机取一个当前在线的节点，并向它发送同步请求。

（2）向随机一台不可达机器发送同步请求。

（3）如果所选择的节点不是 seed，或者当前在线节点数少于 seed 总数，则向一个随机 seed 发送同步请求。

之所以设计这样的通信规则，是考虑存在这样一种场景：假如没有步骤（2），有 4 台机器，分别用 A、B、C、D 表示，并且配置它们都是 seed 节点，当它们同时启动时，可能会出现如下情形。

（1）A 节点启动了，发现不存在其他在线节点，走到步骤（3），和任意一个 seed 节点同步，假设选择了 seed 节点 B。

（2）B 节点和 A 节点完成同步，则认为 A 在线，它将和 A 同步，由于 A 是 seed 节点，B 将不再和其他 seed 节点同步。

（3）C 节点启动后发现没有其他节点在线，同样走到步骤（3），和任意一个 seed 节点同步，假设这次恰好选择了 seed 节点 D。

（4）D 节点和 C 节点完成同步，则认为 C 在线，它将和 C 同步，由于 C 是 seed 节点，D 将不再和其他 seed 节点同步。

在这样的情况下，就形成了两个孤岛，A 和 B 互相同步，C 和 D 互相同步，但是 A、B 和 C、D 之间不再互相同步。加入步骤（2），当 A 和 B 同步完，发现除了自己，仅有一个节点在线，但 seed 节点有 4 个，这时便会和任意一个 seed 节点通信，从而打破这个孤岛。

下面介绍 Cassandra 中 Gossip 协议的数据结构。Gossip 协议通信的状态信息主要有以下三种。

（1）EndPointState。

（2）HeartBeatState。

（3）ApplicationState。

EndPointState 封装了一个节点的所有 ApplicationState 和 HeartBeatState。

HeartBeatState 由 generation 和 version 组成：generation 每次启动都会变化，用于区分机器重启前后的状态；version 只能增长，每次心跳之前递增。

ApplicationState 用于表示系统的状态，由 state 和 version 组成：state 表示节点的状态；version 是递增的，每个对象表示节点的一种状态。ApplicationState 可表示三类状态信息，包括负载信息（LOAD-INFORMATION）、迁移信息（MIGRATION）和节点状态信息。节点状态信息又可细分为四类，包括 BOOT（节点正在启动）、NORMAL（节点加入了令牌环，可以提供读）、LEAVING（节点准备离开令牌环）、LEFT（节点被踢出集群或者令牌信息被手工变更）。

节点自身的状态只能由其自己修改，其他节点的状态只能通过同步进行更新。

下面给出一个集群中两个节点的状态信息。

（1）Node 10.0.0.1。

```
EndPointState 10.0.0.1
HeartBeatState: generation 1259909635, version 325
ApplicationState "load-information": 5.2, generation 1259909635, version 45
ApplicationState "bootstrapping": bxLpassF2XD8Kyks, generation 1259909635, version 56
ApplicationState "normal": bxLpassF3XD8Kyks, generation 1259909635, version 87
EndPointState 10.0.0.2
HeartBeatState: generation 1259911052, version 61
ApplicationState "load-information": 2.7, generation 1259911052, version 2
ApplicationState "bootstrapping": AujDMftpyUvebtnn, generation 1259911052, version 31
EndPointState 10.0.0.3
HeartBeatState: generation 1259912238, version 5
ApplicationState "load-information": 12.0, generation 1259912238, version 3
```

EndPointState 10.0.0.4
HeartBeatState: generation 1259912942, version 18
ApplicationState "load-information": 6.7, generation 1259912942, version 3
ApplicationState "normal": bj05IVc0lvRXw2xH, generation 1259912942, version 7

（2）Node 10.0.0.2。

EndPointState 10.0.0.1
  HeartBeatState: generation 1259909635, version 324
  ApplicationState "load-information": 5.2, generation 1259909635, version 45
  ApplicationState "bootstrapping": bxLpassF3XD8Kyks, generation 1259909635, version 56
  ApplicationState "normal": bxLpassF3XD8Kyks, generation 1259909635, version 87
EndPointState 10.0.0.2
  HeartBeatState: generation 1259911052, version 63
  ApplicationState "load-information": 2.7, generation 1259911052, version 2
  ApplicationState "bootstrapping": AujDMftpyUvebtnn, generation 1259911052, version 31
  ApplicationState "normal": AujDMftpyUvebtnn, generation 1259911052, version 62
EndPointState 10.0.0.3
  HeartBeatState: generation 1259812143, version 2142
  ApplicationState "load-information": 16.0, generation 1259812143, version 1803
  ApplicationState "normal": W2U1XYUC3wMppcY7, generation 1259812143, version 6

Gossip 协议的状态同步流程如图 10-12 所示。

如图 10-12 所示，节点 10.0.0.1 向节点 10.0.0.2 发送 GossipDigestSynMe 报文，假设当前两节点的状态正如前面所给出的示例中的状态，则报文包含的状态信息如下。

GossipDigestSynMessage（节点 10.0.0.1）
  10.0.0.1:1259909635:325
  10.0.0.2:1259911052:61
  10.0.0.3:1259912238:5
  10.0.0.4:1259912942:18

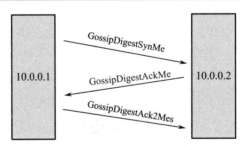

图 10-12　Gossip 协议的状态同步流程

节点 10.0.0.2 回复 10.0.0.1 的信息如下。

GossipDigestAckMessage（节点 10.0.0.2）
  10.0.0.1:1259909635:324
  10.0.0.3:1259912238:0
  10.0.0.4:1259912942:0
  10.0.0.2:

[ApplicationState "normal": AujDMftpyUvebtnn, generation 1259911052, version 62],
[HeartBeatState, generation 1259911052, version 63]

节点 10.0.0.1 再次回复 10.0.0.2 的信息如下。

GossipDigestAck2Message（节点 10.0.0.1）
　　10.0.0.1:
　　　　HeartBeatState: generation 1259909635, version 325
　　　　ApplicationState "load-information": 5.2, generation 1259909635, version 45
　　　　ApplicationState "bootstrapping": bxLpassF3XD8Kyks, generation 1259909635, version 56
　　　　ApplicationState "normal": bxLpassF3XD8Kyks, generation 1259909635, version 87
　　10.0.0.3:
　　　　HeartBeatState: generation 1259912238, version 5
　　　　ApplicationState "load-information": 12.0, generation 1259912238, version 3
　　10.0.0.4:
　　　　HeartBeatState: generation 1259912942, version 18
　　　　ApplicationState "load-information": 6.7, generation 1259912942, version 3
　　　　ApplicationState "normal": bj05IVc0lvRXw2xH, generation 1259912942, version 7

10.3.5　CoolStreaming 中 Gossip 协议的具体实现方式

CoolStreaming 是一个典型的基于 Gossip 协议的模型。在 CoolStreaming 中，每个节点既是数据的接收者，也是数据的提供者。服务器是一个特殊的节点，只作为数据的提供者，称为源节点。

CoolStreaming 主要包括以下四个方面。

（1）节点管理。

（2）数据表示。

（3）数据调度。

（4）错误恢复与伙伴节点优化。

1. 节点管理

CoolStreaming 中存在三类节点。

（1）伙伴节点（Partner）：某个节点维护了系统中部分其他节点信息的列表，称这些节点为该节点的伙伴节点或候选节点。

（2）请求节点（Requester）与活动节点（Supplier）：节点 A 从它的伙伴节点中挑选出一个子集 E，由这个子集中的节点为 A 提供流媒体数据，则称节点 A 为请求节点或接收节点，称子集 E 中的节点为活动节点或提供节点。

CoolStreaming 中每个节点有一个在整个系统中唯一的标识 ID，比如 IP 地址。每个请求节点维护一个其伙伴节点的列表 mCache，当新节点加入时，首先请求源节点，源节点从它的 mCache 中随机选择一个节点作为新节点的代理。新节点从代理节点获得初始的伙伴节点的列表。列表中的每个节点都有一个存活时间（TTL），这个值将随着时间的流逝而不断减少，当减为 0 时，则认为对应节点是无效节点，从列表里将其删除。然而在一个动态的系统中，为了防止 mCache 中节点的 TTL 值减为 0 而被删除，每个节点向 mCache 中的所有伙伴节点周期性地发送宣告自己存在的新消息。新消息的 TTL 为最大存活时间，为了系统能够正常运行，节点发送消息的周期小于最大存活时间。伙伴节点在收到消息后，如果其 mCache 中没有该节点的信息，则先创建；如果是新消息（一个消息的传播可能会构成一个环路），则更新其列表中该节点的 TTL 值，并将消息继续向它的伙伴节点转播。

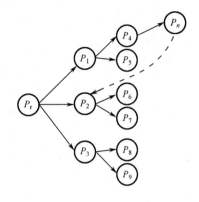

以图 10-13 为例，节点 P_r 向它的伙伴节点 P_1、P_2、P_3 周期性地发送消息，P_1 收到消息后，判断是否为新消息，如果是则更新 P_1 mCache 中 P_r 的 TTL 值，并继续向其伙伴节点 P_4、P_5 发送该消息，P_4 则继续向其伙伴节点 P_n 发送该消息，而 P_2 为 P_n 的伙伴节点，当 P_n 转发该消息到 P_2 时，P_2 收到的是旧消息，就不再转播了。为了避免消息泛滥造成网络拥塞，可以控制消息最大存活时间或消息的传播次数。

图 10-13　CoolStreaming 的消息传播

2. 数据表示

在 CoolStrearning 中，节点的伙伴节点及伙伴节点之间数据的传输方向并不固定，伙伴节点之间根据各自缓存的数据情况进行数据交换，所以节点和伙伴节点需要相互知道所缓存的数据的内容。在 CoolStreaming 中，视频数据被分割成相同大小的块，用一个缓存映射（Buffer Map，BM）来表示节点中是否拥有某个数据块。节点和伙伴节点通过不断交换 BM 来了解相互间的缓存情况。在 CoolStreaming 的实现中，每个数据块代表一秒的数据，用一个滑动窗口（Sliding Window）来代表 BM，大小为 120 个片段，BM 中用 120 比特来记录，每比特代表一个数据块，比特值为 1 表示有这个片段，为 0 表示没有。由于不同节点的滑动窗口代表的并不是完全一样的数据，CoolStreaming 用 2 字节表示滑动窗中第一个数据块的序列号。

3. 数据调度

调度的目的是从伙伴节点获取数据块。在一个静态、同构的环境中，由于各节点的带宽基本相同，可以随机地从各伙伴节点获取数据块。然而，在一个动态、异构的网络中，需要更智能的调度算法。调度的约束有以下两个。

（1）每个数据块必须在传播的最大延迟之前获取，错过最大延迟的数据块应尽可能少。

（2）每个伙伴节点的带宽情况不同。某个数据块的提供者越少，就越难满足最大延迟的要求，因此在 CoolStreaming 中，采用最少块优先的算法。

4. 错误恢复与伙伴节点优化

在 CoolStreaming 系统中，节点同样会在任意时刻离开或者中断。不管什么情况，定时的 BM 交换和 CoolStreaming 系统中部署的 TFRC（TCP Friendly Rate Control）协议都可以发现离开的节点。除了这些机制，CoolStreaming 内建了一些机制来增强系统的容错性。

在节点正常离开的情况下，会产生一个离开的消息，如果是节点异常中断，它的伙伴节点会检测到它的中断，伙伴节点将发出该节点离开的消息。节点离开的消息的传递方式和节点加入时的消息一样。中断节点离开的消息会被不同的伙伴节点重复发出，节点只有在第一次收到消息时进行转发，所有收到消息的节点会更新它的 mCache。

CoolStreaming 的伙伴节点优化策略，新节点 N 从服务器上获得初始伙伴节点，并从中选出活动节点，而这些节点不一定是 N 的"最佳"活动节点，就算是"最佳"的活动节点，随着系统节点的变化、时间的变化，节点 N 的伙伴节点的数量和连接带宽会发生变化，因此，每个节点都需要定期更新它的活动节点，即删除一些连接速度慢的活动节点，从备用节点中选择一些连接速度快的节点成为新活动节点。在 CoolStreaming 中，每个节点会为它的活动节点 j 计算一个分数 $\max\{\overline{s}_{ij}, \overline{s}_{ji}\}$，其中 $\overline{s}_{ij}$ 表示单位时间内节点 i 从节点 j 平均获取的片段数。因为每个节点既是提供者，又是接收者，所以考虑了两个方向的分数。在找到更好的活动节点后，原有活动节点中分数最低的节点将从伙伴节点列表里删除。

10.3.6　Hyperledger Fabric 中 Gossip 协议的具体实现方式

Hyperledger Fabric 通过将工作负载拆分为交易执行（背书和提交）节点和交易排序节点的方式来优化区块链网络的性能、安全性和可扩展性。这样对网络的分割就需要一个安全、可靠和可扩展的数据传播协议来保证数据的完整性和一致性。为了满足这个需求，Hyperledger Fabric 采用了 Gossip 协议。

1. 系统组成

Hyperledger Fabric 主要包含以下几部分。

链码（Chaincode）：链码是 Hyperledger Fabric 中的智能合约，它以代码的形式将复杂的业务逻辑固定在 Fabric 系统中。当满足特定条件时，链码会被执行。

客户端（Client）：客户端是用户与 Hyperledger Fabric 网络的接入点，其上会部署专有的 SDK。用户可使用客户端发起交易请求，即提案（Proposal）。

背书节点（Endorser）：在 Hyperledger Fabric 中，当客户端想要发起交易时，首先需要为交易得到一定数量的背书（Endorsement），这些背书来自背书节点。背书节点会通过运行链码模拟执行交易，生成读写集，之后会为该交易进行背书（对读写集进行签名，并附加自己的身份），以证明该交易已经经过背书节点处理。

排序节点（Orderer）：在 Hyperledger Fabric 中通过多个排序节点来提供排序服务。排序服务接收来自全网的所有交易并将交易按照时间排序打包成块。排序服务并不参与交易的执行与验证，因此并不关心交易的具体内容，排序服务的目标是就交易产生的顺序达成一致的结果，并将这个结果广播出去。

提交节点（Committer）：提交节点是 Hyperledger Fabric 网络中维护账本的主体。提交节点接收排序服务打包的区块，验证区块中交易的有效性，并据此将有效交易提交到账本。另外，背书节点也属于提交节点，背书是其在维护账本基础上的额外功能。

2. 共识机制

如图 10-14 所示，Hyperledger Fabric 共识机制如下。

（1）客户端创建一个提案，依据背书策略将其发送给相应的背书节点。提案包含了需要调用的链码函数及其参数、时间戳和客户端签名等信息。

（2）背书节点会验证客户端签名，确保提案由已认证的客户端发出，否则终止交易。背书节点执行背书过程，即根据提案使用链码模拟执行交易请求，生成执行结果并附加背书节点的签名。模拟执行的结果是一组基于当前账本状态的读写集，也就是说背书过程并不会更改当前账本的状态。

（3）客户端验证背书结果的签名，确保其来自合法的背书节点，否则终止交易。由于一笔交易可能需要多个背书节点进行背书，客户端会收集来自不同节点的背书结果并比较这些结果中的读写集是否一致。如果一致则根据背书结果生成交易，然后发送给排序服务，否则终止交易。

（4）当存在多个排序节点时，Hyperledger Fabric 使用 Kafka 对交易进行排序。排序节点在收到来自客户端的交易后，会将接收到的交易发送到 Kafka 集群中，同时会按照一定的规则从 Kafka 集群中读取一定数量的排好序的交易，然后打包成块。排序服务对区块签名后，将区块分发给提交节点。

（5）当提交节点收到区块后，会对区块进行验证。提交节点使用读写集的读集部分来检查交易的有效性。如果一笔交易通过了有效性验证，提交节点会使用写集更新状态数据库。

图 10-14　共识过程

3. 数据传播

Peer 节点通过 Gossip 协议来传播账本和通道数据。Gossip 消息是持续的，通道中的每一个 Peer 节点不断地从多个节点接收当前一致的账本数据。每一个 Gossip 消息都是带有签名的，因此拜占庭成员发送的伪造消息很容易就会被识别，并且非目标节点也不会接收与其无关的消息。Peer 节点会受到延迟、网络分区或者其他因素影响而丢失区块，这时节点会从其他拥有这些丢失区块的节点处同步账本。

Gossip 协议在 Hyperledger Fabric 网络中有以下三个主要功能。

（1）通过持续识别可用的成员节点来管理节点发现和通道成员，还可检测离线节点。

（2）向通道中的所有节点传播账本数据。所有没有与当前通道的数据同步的节点会识别丢失的区块，并将正确的数据复制过来以使自己同步。

（3）通过点对点的数据传播方式，使新节点以最快速度连接到网络中并同步账本数据。

Peer 节点基于 Gossip 协议的数据广播操作接收通道中其他节点的信息，然后将这些信息随机发送给通道上的一些其他节点，随机发送的节点数量是一个可配置的常量。Peer 节点可以用"拉"的方式获取信息，而不用一直等待。这是一个重复的过程，以使通道中的成员、账本和状态信息同步并保持最新。在分发新区块的时候，通道中的主节点从排序服务中拉取数据，然后分发给它所在组织的节点。

10.3.7　Chord 网络中 Gossip 协议的具体实现方式

Chord 网络是一种经典的 P2P 网络，在 Chord 网络中，每个 Chord 节点并不需要知道所有其他节点的信息，只需要知道少量的关于其他节点的"路由"信息。可使用 Gossip 协议来使每个节点健全 Chord 网络中所有的节点信息。

令 m 为二进制串的长度，$[0, 2^m-1]$区间内的所有整数组成环状结构，网络中每个节点都拥有唯一标识 ID，对应环上一个点，并管理环上顺时针方向前一节点与其之间的一段连续标识区间(startID, endID]，当前节点为(startID, endID]区间内所有标识的后继节点。

所有节点维护一个本地路由表，路由表中节点为标识$(ID+2^{k-1}) \bmod 2^m$，$k=[1, 2,\cdots,m]$为对应的后继节点。节点拥有指向自己路由表中所有节点的链接，称路由表中的节点为其邻居节点，路由表中的第一项为该节点的直接后继。这样网络中的所有节点在逻辑上组成一个带弦环。假设$m=3$，网络中存在 4 个节点，其标识分别为 0、1、4、6，那么网络结构如图 10-15 所示。

Chord 网络的算法包括以下几个部分。

（1）节点定位（Ask）算法。

（2）关键值数据对查询（Query）算法。

（3）节点加入或退出（Join or Leave）算法。

（4）节点崩溃更新（Stabilize）算法。

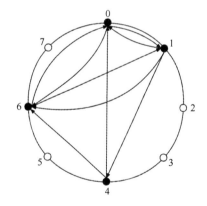

图 10-15　Chord 网络结构

1. 节点定位算法

此过程是用来查找某个关键值（也许不存在）的后继节点和前继节点的，该算法是整个查找和节点加入/退出等算法的基础，在 Gossip 协议提供的算法中起到了相当关键的作用。

2. 关键值数据对查询算法

根据 Chord 环的关键值分配方法，某个关键值及键值对只能出现在相应的后继节点上，这个后继节点是唯一的。该查询算法用来查询某个关键值是否存在于 Chord 环中的某个特定节点上，这个特定节点上如果存在某个关键值，就返回找到消息并得到键值对；如果没有，就返回环中无这个关键值的消息。

3．节点加入或退出算法

当一个节点加入 Chord 环时，必须借助一个已知节点进行引导，并对其他节点进行更新。该算法分成三大步：节点加入（退出）许可认证（Permission Qualify）过程，路由表初始化（Initialize）过程，更新其他节点的 finger 表（Update）过程。节点正常退出的过程类似于加入的过程。

Chord 网络中每个节点从加入网络开始，每个周期随机选择一个邻居节点进行信息交换。根据 Gossip 协议，节点加入网络首先寻找自己的后继节点，然后建立自己的路由表，这里不再详细描述。为了提高信息传播速度，当节点加入网络或者拥有新的从未发送过的信息，且该信息并非从其他节点处接收时，接下来的第一个周期是将自己的信息发送给所有邻居节点。Gossip 协议的算法细节如下，算法在每个节点上运行，并由本地时钟触发。

```
spread()
    do forever
        if has just joined or has new information
            for each neighbor n
                send local info to n
            else
            n =select_random_neighbor();
            send local info to n
            receive info from n
    wait(Δt);
```

4．节点崩溃更新算法

该过程主要用于 Chord 环中节点崩溃时，由于崩溃节点的出现具有随机性和不可预知性，因此 Chord 环中节点都必须定期触发本过程，最终达到更新各个节点中的错误 finger 表，以保持 Chord 环的正确性及摒弃错误的路由项的目的。

崩溃信息将通过 Gossip 协议在下几个通信周期逐步传播到所有节点。

习题

1．Paxos 算法解决了什么问题？
2．Paxos 算法如何保证数据的一致性？
3．DHT 算法解决了什么问题？
4．请举例说明目前哪些分布式系统使用了 DHT 协议。
5．在传统的网络协议层次结构中，DHT 处于哪一层？
6．Gossip 协议解决了什么问题？
7．Gossip 协议中的消息传播有哪三种方式？
8．请画出 CoolStreaming 系统中消息传播的示意图。

第 11 章　云际计算技术

云际计算是新一代的云计算。传统云计算的主要驱动力是企业努力追求提升数据中心的硬件利用率和降低运维成本，主要关注点是单云内资源的管理，尤其是数据中心内部底层各种资源的有效管理，主要采用集中式资源在线服务的手段，技术特征主要包括资源虚拟化、分配动态化和服务自动化等。传统云计算对应用的直接支持非常有限，通常是将虚拟机/容器以服务的形式交付给用户，用户再自行在虚拟机/容器上安装特定的计算平台/中间件，以运行各种应用。随着以大数据为基础的智能计算技术和物联网等应用的发展，越来越多的企业应用开始上云，应用场景也更加复杂，各领域、各行业用户的个性需求和通用云平台支持能力有限的矛盾越来越突出。

云际计算是以云服务商之间的开放协作为基础，通过多方云资源深度融合，方便开发者通过"软件定义"方式定制云服务、创造云价值的新一代云计算模式。这其中的核心是对等协作和软件定义，通过这样实现服务无边界、云间有协作、资源易共享、价值可转换的云计算新愿景。当云计算发展到云际协作阶段时，如何更精准、更高效地支持各领域、各行业用户的多样化应用需求，是云计算发展的新的驱动力。云际计算构建于多个相互协作、共享资源的云平台之上，管理各种异构、分布的云资源，提供全时全域的资源服务质量保障，可应对时空分布的复杂应用资源需求和灵活多样的个性化定制需求。

本章首先介绍传统云计算的技术挑战如何催生云际计算；其次介绍云际计算的三种主流体系架构，并对比各自的优缺点；再次针对云际计算的关键技术分云际协作环境和对等协作机制两大部分展开阐述；最后介绍云际计算的几种典型应用场景。

11.1　传统云计算面临的挑战

2011 年 6 月 7 日，Apple 全球开发者大会 WWDC2011 在美国洛杉矶召开，乔布斯在发布会上发布了重点产品 iCloud，隆重宣布 Apple 将提供云计算服务，自此云计算服务诞生。与此同时，其他云计算应用也在蓬勃发展，亚马逊、微软、谷歌、阿里巴巴、腾讯等云服务品牌逐渐进入公众视野，潜移默化地改变了人们使用数据的习惯。云计算就是一种提供资源的网络，使用者可以随时获取"云"上的资源，按需求量使用，并且可以把云看成无限扩展的，只要按使用量付费，可以方便地取用，且价格较为低廉。

云计算具有很强的扩展性和需要性，可以为用户提供一种全新的体验。云计算的核心是可以将很多计算机资源协调在一起，用户可随时随地通过网络连接按需使用云资源，这样不仅在数据管理和维护上更便捷，还能较好地解决本地计算自身的存储受限、不方便携带、数据丢失恢复困难等问题。然而，随着云计算的蓬勃发展与广泛应用，传统单云服务固有的缺陷逐渐暴露出来。

平台锁定问题。各类云服务消费者过分依赖单一云服务提供者的产品和服务，无法在不产生大量切换成本的情况下进行灵活迁移，造成平台锁定问题。不仅如此，平台锁定可能会带来更多的经济、政治、社会和文化风险。

数据安全性。各类云服务消费者将数据全部交给一个云服务提供者保管，也意味着失去了对所有数据的控制权。若云服务提供者内部人员出现问题，很容易获取用户的所有信息，数据隐私泄露在所难免。

服务可靠性。若云服务提供者停止服务或遭遇故障，各类云服务消费者将面临数据全部丢失的风险，造成不可挽回的经济损失。

效费比问题。许多使用云服务的互联网创新业务在全球化的过程中越来越受制于单一云服务提供者应对业务爆发性的能力。例如，天猫"双 11"全球购物狂欢节和沃尔玛的"黑色星期五"等，通常需要超过 10 倍于日常需求的 IT 资源，这给云服务提供者带来了巨大的 IT 资源效费比问题。如果单一云服务提供者根据峰值需求配置 IT 资源，将导致资源利用率低，显著增加云服务提供者的成本，并最终转嫁给云服务的用户，这违背了云计算的初衷。

11.2　云际计算诞生

为了解决传统云计算面临的技术问题，研究者将多个云服务提供者对等协作服务、自主协作与利益交换机制纳入研究视野，提出软件定义的云际计算的概念，试图在全球协作的背景下，研究新一代云计算模式。

11.2.1　云际计算概念

云际计算是以云服务提供者之间的开放协作为基础，通过多方云资源的深度融合，方便开发者通过"软件定义"方式定制云服务，创造云价值，实现"服务无边界、云间有协作、资源易共享、价值可转换"的新一代云计算模式。

云际计算的研究不仅关注消除云际协作的技术障碍，更关注消除云际协作的利益障碍。这里的"多方云资源的深度融合"是在云服务提供者（也是云资源拥有者）之间"价值可转换"的前提下实现的，而实现"价值转换"的技术手段是"软件定义"。云际计算的研究强调商业模式研究与支撑技术研究并举。云际计算的研究重点从协作模型和利益机制两个层面，突破软件定义云际计算的理论模型、方法和技术，试图构建可编程、可定义和可审计的云际计算基础理论，支持云间资源自主共享、服务自由交易，向用户提供无缝透明的多云协作环境。

11.2.2　技术优势

云际计算技术对于迅猛增长的海量数据具有更好的扩展性和灵活性，单云服务的固有缺陷也在云际计算的应用中得到解决，越来越多的企业和用户倾向于选择云际计算提供的服务。云际计算的优势主要有以下几个方面。

1. 业务连续性

采用云际计算服务能够实现单个云服务提供者无法达到的冗余级别，有助于在灾难发生时仍确保业务连续、不中断。用户将云资源分散部署于多个云服务提供者，若某个特定的云服务提供者遭受攻击或故障，托管于其他云服务提供者的资源不会受影响。

2. 数据可靠性

采用云际计算服务能够显著提高数据可靠性，从而降低因云失效引起的数据丢失风险。通过复制或纠删码的方式将数据存储在多个云中，即使某个云服务提供者整体发生故障，也可以通过其他云服务提供者恢复完整数据，通过一定的云存储成本换取数据服务更高的可靠性。

3. 访问性能

云际计算服务能充分利用每个云服务提供者的优势，即在不同云服务提供者之间灵活做出最佳选择，获得最佳的云服务。云际代理可能会发现某个云服务提供者擅长对象存储，而另一个云服务提供者的强项是目录服务，从而根据用户的需求将不同用户的数据发送给不同的云服务提供者。

4. 安全隐私

由于隐私问题，许多用户不愿意将其最敏感的数据托管到公有云中，减轻隐私担忧的方法之一就是使用纠删码来跨多个云服务提供者分发数据。这样就能确保任何单个云服务提供者都不会拥有数据的完整内容，它们无法读取和恢复原始数据。同样，如果少数云服务提供者遭遇安全漏洞攻击，攻击者也将无法获得完整的数据集。

5. 管理灵活性

由于每个云服务提供者的服务在质量和价格方面存在差异性，云际计算能够灵活运用多个云服务提供者，根据每个云的价格及擅长的特定服务来最佳地选取多个云的使用策略，提高用户使用体验和降低使用成本，避免平台锁定。

6. 存储成本

云服务提供者设置了每种服务的使用资费，根据资费情况，使用多个云的客户可以为不同的服务选择资费最合理的云服务提供者。例如，某个云服务提供者的每 GB 存储资费可能比另一家便宜 0.2 元，而另一家云服务提供者则在数据传输服务项目上提供的资费更低，如果从多个云服务提供者处订购服务，就可以为使用的每一项服务实现最大的成本效益。

11.3　云际计算架构

目前，国内外学者已提出不少云际计算架构，根据存储代理布局的差异，可将其大致分为两大类：集中式代理架构和地理分布式代理架构。

11.3.1　集中式代理架构

云际计算集中式代理架构如图 11-1 所示，为了能够统一协调优化所有用户的数据，并确保数据隐私安全，通常将云际代理部署在本地或私有云等可信任的位置，连接用户和不可信的各大云服务提供者。该系统大致分为数据处理层、选取策略层及数据库层三个部分。数据处理层负责对用户上传的数据进行分块、加密、重删等操作；选取策略层负责基于实际情况和不同策略，计算数据的最佳服务策略；数据库层负责存储元数据及缓存热数据。SafeStore、NCCloud、Hybris、StoreSim、F2MC 等都属于集中式代理架构。

图 11-1　云际计算集中式代理架构

11.3.2　地理分布式代理架构

海量数据迅速增长和地理位置分散的特点使集中式代理架构中负载集中及远距离传输的缺陷渐渐暴露出来，越来越高的响应延迟导致一个中心代理无法满足用户对性能的需求，地理分布式代理架构应运而生。根据代理功能布局的差异，可将云际计算的地理分布式代理架构分为半集中式代理架构和分散式代理架构。云际计算半集中式代理架构如图 11-2 所示，根据地理位置部署多个云代理系统，每个代理系统帮助分发其附近用户的数据到各大云服务提供者，各代理系统间通过中心协调服务统一协调传递信息，从而保持数据的一致性。半集中式代理架构相比集中式代理架构具有更好的扩展性，且对地理分散的用户依然能保持良好的性能。RACS、SPANStore 等都属于半集中式代理架构。

然而，半集中式代理架构随着数据量的进一步增长，依然会面临中心协调服务的性能瓶颈。去中心化的分散式代理架构显然有更好的发展前景。云际计算分散式代理架构如图 11-3 所示，按地理位置部署多个云代理系统，同时为每个代理系统附加协调器组件，协调器定期交换状态，无须中央控制。MetaStorage 就属于分散式代理架构。

图 11-2　云际计算半集中式代理架构

图 11-3　云际计算分散式代理架构

上述三种云际计算架构在管理难度、地理范围和扩展性方面各有不同。如表 11-1 所示，集中式代理架构方便管理文件元数据信息，但不适合地域跨度大的云际部署，扩展性差；而地理分布式代理架构方便用户访问最近的副本数据，减少时间延迟和带宽资源，但同时保持数据一致性变得更加困难。

表 11-1　云际计算架构对比分析

架构	管理难度	地理范围	扩展性
集中式	容易	小	差
半集中式	中等	中等	中等
分散式	困难	大	好

11.4　云际计算关键技术

云际计算生态系统必须体现自主协作与利益交换的设计原则。第一，云际计算必须

473

支持云服务提供者直接参与自由交易；第二，云际计算必须支持云服务提供者之间的公平交易。对于前者，云际计算提出了对等协作机制（Peer Cooperation Mechanism，PCM）；对于后者，云际计算提出了云际协作环境（Joint Cloud Collaboration Environment，JCCE）。对等协作机制建立在一个标准的软件定义框架之上，按照这个标准框架，云服务提供者可以自主定义对等协作机制，参与协作交易。云际协作环境也是建立在一个标准的软件定义框架之上，基于这个标准框架，云际计算生态系统的设计者可以定义云际交易和监管的相关规则与机制，支持云服务提供者之间的自主协作与利益交换。

云际计算生态系统的体系结构如图 11-4 所示。其中云际协作环境是云服务提供者之间协作交易的依托，可以类比为现实社会中的市场环境；定义了对等协作机制的云服务提供者是云际计算生态系统中的行为主体，可以类比为现实市场中的市场主体。在云际计算生态系统中，云服务提供者可以分为两大类：一类是拥有物理云资源的云服务提供者，也称实体云（Physical Cloud，PC）；另一类是不直接拥有物理云资源的云服务提供者，称为虚拟云（Virtual Cloud，VC）。虚拟云通过对等协作机制连接若干实体云，提供依托多个云服务提供者协作的专用云服务。

11.4.1 云际协作环境

借鉴市场、社会和政府在交易活动中的作用，我们在云际协作环境框架中设计了 3 类核心服务，即分布云交易、分布云社区和分布云监管，如图 11-5 所示。

图 11-4　云际计算生态系统的体系结构　　　　图 11-5　云际协作环境框架

分布云交易主要针对云际协作环境中云服务消费者与云服务提供者，以及不同云服务提供者之间如何确定服务等级协议（Service Level Agreement，SLA）、如何处理违约、如何计量计费等问题，提供拍卖竞价、协商谈判和计量计价等服务支持。云服务消费者与云服务提供者，以及不同云服务提供者之间通过制定不同的策略，从分布云交易提供的支撑服务中选择合适的机制进行组合，完成对一次云交易的支撑。例如，分布云交易模块可提供按需实例、预留实例和竞价型实例等定价机制，云服务消费者或云服务提供者可以根据某次交易的特点，选择其中的一种进行谈判，在意见达成一致后，将其作为某次云交易的计价依据。

分布云社区提供云际协作的社区服务。异源异质异构的不同云服务提供者，为了提高互操作性，可依据分布云社区提供的软件定义标准，封装服务接口，在逻辑层面实现同质化，达成可互操作的基本条件。在此基础上，云服务提供者向分布云社区注册自身服务能力，包括资源、数据和定制化的 SaaS 服务。分布云社区通过聚合云服务提供者的服务能力并形成相应的服务目录，供云服务消费者及其他云服务提供者查询、绑定和交互等。

分布云监管主要为云交易提供关于云服务提供者的信用度量和评价、云服务消费者的消费行为审计、服务等级协议及契约的违约举证等方面的机制支持。分布云监管独立于云服务提供者和云服务消费者，独立维护云服务消费者和云服务提供者的交易行为明细，创建信用评价方法，提供可追溯的有关交易行为和信用行为的数据库。通过上述机制，分布云监管可有效支持纯净云交易市场，促进云际协作交易在适度竞争中良性运转，持续发展。

上述 3 类服务是云际协作的基石。基于云际协作环境，只要云服务提供者实现基于软件定义的对等协作机制，并提供相应的应用编程接口，云服务提供者之间就能实现彼此的连接协作，实现云际互联、多云存储和跨云计算。

1．云际互联

云际互联目的是有效连接多个实体云，改善目前传统云计算模型的众多问题，但在实施过程中，云际互联面临新的挑战：第一是云际网络环境会随时动态变化，难以构建可靠、有质量保障的云服务网络环境；第二是不同实体云的资源与服务具有差异化和非标准化的特点，难以被有效地发现和协作调用，也难以进行服务质量和服务数量的计量与结算。

云际网络互联与协同服务是云际计算的根本需求，可从网络层、服务层和业务层分别建立使异构多元化云服务实体间网络互通、服务协同和可信结算的模型与机制，设计云际组网的分层协商、自动构建和动态服务质量保证方法，建立异构对等云实体间的网络层互联组网机制与关键技术，构建大数据驱动的云际网络信息平面，支持云实体软件定义服务能力评价和云际网络动态测量，支持云际服务协同优化。

目前，云际互联已经实现了部分研究目标，具体来说可以分为 3 个方面：首先，实现了数据驱动的云际基础设施的部署优化，在保证服务质量的前提下，增加服务得到满足的用户比例；其次，构建了云际服务的标准化描述方法，涵盖云际服务的各种属性与特征，如性能指标、价格描述等，在对云际服务的标准化描述的基础上，对数字内容和资产也构建了统一的描述标准，建立了统一内容标签（UCL）的国家标准；第三，实现了云际组网动态优化，通过软件定义网络控制平面获取云际网络信息，控制数据平面的数据通路动态切换，合理运用流量工程等方法，保持所有链路长时间的高效利用。

2．多云存储

随着多云协作计算模式的发展，多云存储成为围绕多个云存储服务进行协作的新一代云存储技术。多云存储通过代理将多个供应商的不同云存储服务虚拟化联合管理，实现统一存取、性能调优、安全可靠等一系列功能，以此来降低存储成本、提高效率，最大化地挖掘数据价值，保证高可用的业务连续性。在部署上，既可以使用物理/虚拟的公有云或私有云进行部署，也可以实现两者的混合部署。多云存储能很好地改善单云存储在供应商锁定、数据丢失、隐私保护、性能瓶颈等方面存在的局限性。然而，面对指数级增长的数据和用户越来越高的性能需求，多云存储仍然在数据可用性、数据完整性、数据一致性及数据安全性等方面面临许多技术层面的严峻挑战。

数据可用性。研究者针对单云存储中普通商用服务器构建的分布式存储系统节点失效常态化问题提出了一些通过数据冗余提高可用性的方法，但多云存储具有数据距离跨度大、智能终端异构化、网络需求高速化、云容错技术差异化等特点，用户和应用程序与多云存储连接起来的复杂网络存在速度缓慢或不可靠风险，容易导致高延迟甚至宕机，系统性能和可用性大大降低。目前多云存储下的分布式数据容错技术能够有效解决这些问题，如 NCFS、SafeStore 和 DEPSKY 等。

数据完整性。为解决单云存储的数据完整性问题，PDP、POR 等多种远程数据完整性验证方案被提出。在多云存储中，云用户数量庞大且更加依赖云存储服务，用户在数据完整性检测过程中更加注重用户体验，比如支持数据动态操作、个人隐私保护和无限高效检测等。目前，为实现多云完整性验证，学者们提出了 MRPDP、DPDP、PPPDP、PORs、DPOR、IVCZKP、MRVR 等技术，但这些技术都不够完善，存在计算复杂度高、辅助信息过多等不足。整体来说，多云存储完整性在数据完整性研究方面还不成熟，尚未建立起一套完整的理论体系，需要更多学者深入研究。

数据一致性。随着用户对多云存储系统的存储容量和地理位置部署广度的需求不断提高，多云存储往往采用分布式的系统架构，利用多地点、多台存储服务器分担存储负荷，提高了系统的可靠性、可用性、扩展性和存取效率，降低了耦合性，但同时带来了部署、架构、运维复杂的考验。不同的云存储服务系统可能使用不同的存储类型、编码方式、加密方法、安全级别及可能相互冲突的不同 API，使得数据在多云基础架构的不同系统间不能有效地跨云移动。目前，学者们为解决多云存储一致性问题，提出了ZooKeeper、SPANStore、MetaStorage、Scalia、CoCloud、BLRS、HGA 等技术，一定程度上解决了部分一致性问题。

数据安全性。多云存储系统的便捷使其越来越受用户青睐，导致用户群的类型、领域和数量不断增加，更容易成为黑客攻击的对象。而多云技术要求海量用户参与，资源以远程、虚拟或租用的形式提供给用户，虽然相比较单云存储数据安全性得到提高，但要保证数据在多云环境下整个生命周期中的安全性，防止数据被泄露和窃取，仍然不易。目前学者们针对多云存储中数据的安全性与隐私性提出了很多技术，如保护用户数据隐私的数据加密和对应的密文搜索机制、隐藏用户数据访问模式的隐藏存储技术、保证用户数据安全销毁的确定性删除技术，以及提高用户服务性能和安全性的安全重删技术等。

3. 跨云计算

对虚拟机的动态迁移支持是云计算的重要特性之一。在云际计算环境下，动态迁移面临两个新的挑战：第一是不同云平台之间的硬件异构性；第二是不可信的云环境可能破坏迁移过程的安全性。

　　跨云计算关键支撑技术基于硬件安全扩展机制，设计了安全的跨云虚拟机迁移方法，提出了两阶段迁移协议，引入控制线程保证虚拟机进入停止状态并对状态加密，保证跨云迁移过程中状态的安全性和一致性；同时，基于二进制插桩和状态完整性保护等技术，提出了跨平台的 Enclave 动态迁移技术，允许 Enclave 在不同硬件架构上互相迁移。

　　目前，跨云计算研究已经取得重要进展，解决了 Enclave 在跨云平台下的异构性、安全性、可迁移性等核心问题。

11.4.2　对等协作机制

　　对等协作机制是云服务提供者直接自主参与协作和交易的机制，是设在云服务提供者中处理协作和交易的机构。我们将对等协作机制框架设计成"三横一纵"4 个紧密关联的平面，如图 11-6 所示。

图 11-6　对等协作机制框架

　　资源平面主要负责对其管辖资源进行直接操作，如部署、启动、终止任务等。

　　控制平面主要负责对其管辖资源的相关控制策略的执行，如根据资源共享策略，控制可以共享资源的数量、价格策略和服务质量承诺。

　　业务平面主要负责受理外部提交的协作交易请求，实施面向云客户的协作交易流程管理。

　　信息平面通过上述 3 层平面提供的应用编程接口收集信息，与云际协作环境或其他对等协作机制交换相关信息等。

　　只要定义和部署了遵循某个云际计算生态系统协作交易规则的对等协作机制，一个既有的实体云服务提供者就加入了该生态系统。我们也可以定义虚拟云服务提供者的对等协作机制，在该生态系统中提供专项的虚拟云服务。

　　对等协作机制的关键技术包括 P2P 技术、区块链技术及容错编码技术等。

1. P2P 技术

　　P2P 是一种分布式网络，网络的参与者共享它们所拥有的一部分硬件资源（处理能力、存储能力、网络连接能力、打印机等），这些共享资源需要由网络提供服务和内容，能被其他对等节点直接访问而无须经过中间实体。在此网络中的参与者既是资源（服务和内容）提供者，又是资源获取者。

　　P2P 技术具有非中心化、可扩展性、健壮性、高性能/价格比、隐私保护、负载均衡等特点，相比传统分布式系统，具有无可比拟的优势，不断应用到军事、商业、政府信息、通信等领域。根据具体应用的不同，可以把 P2P 分为五类：提供文件和其他内容共享的 P2P 网络，如 Napster、Gnutella、eDonkey、emule、BitTorrent 等；挖掘 P2P 对等计算能力和存储共享能力，如 SETI@home、Avaki、Popular Power 等；基于 P2P 方式的协同处理与服务共享平台，如 JXTA、Magi、Groove、.NET My Service 等；即时通信交流，包括 ICQ、OICQ、Yahoo Messenger 等；安全的 P2P 通信与信息共享，如 Skype、Crowds、Onion Routing 等。P2P 技术从出现到在各个领域应用仅用了几年的时间，这也证明了 P2P 技术具有非常广阔的应用前景。

2. 区块链技术

近几年，区块链作为一项新兴技术引起了广泛关注。区块链分为公有区块链、联盟区块链、私有区块链，具有去中心化、开放性、独立性、安全性、匿名性等特点，其众多优势可以很好地解决现有技术所面临的瓶颈问题，因此迅速成为学术界的热门研究话题之一，目前已经渗透到全球多个行业应用领域。在云际计算中，可以考虑引入去中心、去信任的区块链技术来构建云际分布记账系统（JCLedger），用于解决云服务提供者和云服务消费者之间的可信价值交换问题。由于云际计算是面向全球云服务提供者和云服务消费者参与协同的云计算，因此，公有链是构造云际协作环境的有效选择之一。

当前，区块链技术主要适用于非实时性、轻量级、低吞吐和低敏感的业务场景。云际计算要基于区块链构建具有高吞吐能力、强实时性和高可信性的云际分布记账账本，还需要克服链下辅助链上的记账能力扩展问题、链上弹性记账能力的扩展问题、记账权益对等的共识问题及隐私安全问题等诸多挑战。

3. 容错编码技术

为防止数据丢失、故障、中断及供应商锁定等带来的损失，云际计算中常使用容错编码技术来提高数据的容错能力。容错编码技术的基本原理是将数据分割成数据块，对数据块进行编码后，分别发送至不同的云服务提供者，达到容错的目的。若某个数据块失效，则通过对剩余可用块进行线性组合计算来恢复。

具体的编码实现包括集中式和分布式两种。在集中式编码方法中，所有编码工作都由一个编码节点来单独完成。编码节点从存储节点下载数据块，编码计算校验块，然后把校验块发送到其他节点上。分布式编码方法是将编码过程中的网络传输负载和计算负载分布到多个节点上，并行执行子任务。

面对指数级增长的海量数据，未来的云际计算规模将越来越庞大，更倾向于使用分布式编码方法来提高数据可靠性。但分布式编码方法需要多个不同节点相互协调合作，带来大量数据传输，占用较多网络资源。因此，相对于集中式编码方法，分布式编码方法的重点已从降低运算复杂度转换到了降低网络资源消耗和一致性保证，同时对安全性和性能有更高要求。

11.5　云际存储关键技术

针对多云存储技术在数据的可用性、完整性、一致性和安全性上存在的技术挑战，本节重点分析和总结云际存储在纠删码容错技术、数据完整性证明机制、并发控制方法及安全重删技术等方面的国内外研究现状。

11.5.1　纠删码容错技术

云际存储中为防止数据丢失、故障、中断及供应商锁定等带来的损失，往往需要提高数据的容错能力。目前常见的数据容错技术有两种：多副本容错技术和纠删码容错技术。与多副本容错技术相比，纠删码容错技术可以在显著降低存储空间消耗的同时提供相同甚至更强的数据容错能力。纠删码容错技术的基本原理是将数据分割成数据块，对数据块进行编码，生成编码块，使得每个编码块都是所有数据块的线性组合，然后将编码块存储在不同的位置，达到容错的目的。若某个块失效，则通过对剩余可用块进行线性组合计算来恢复。

Abulibdeh 等人提出 RACS 代理，在多个供应商中使用纠删码容错技术进行冗余存储，让客户避免供应商锁定，更好地容忍供应商的中断和故障。收到 Put 请求后，RACS 将传入的数据拆分为 m 个大小相等的数据块（每个数据块是原始数据大小的 $1/m$）。然后，RACS 使用纠删码容错技术创建额外的（$n-m$）个编码块，总共 n 份。编码块与数据块的大小相同。任何 m 个编码块的集合足以重建原始数据。每个块都被发送到不同的存储库。相反，当客户端发出 Get 请求时，RACS 将获取 m 份数据并重新组装。RACS 将问题上升至多云，试图解决供应商锁定问题，降低切换供应商的成本，更好地容忍中断和故障。但其使用的纠删码是传统的 RS 码，并没提高纠删码的性能，也没有解决云际存储的安全问题。

Chen 等人引入了结合网络编码思想设计的一种再生码——MSR 码，提出了使用 F-MSR 在多个供应商中冗余存储：将文件划分为四个数据块 A、B、C、D，并且通过数据块不同的线性组合形成八个不同的编码块 P1,…,P8。每个数据块具有相同的大小（$M/4$），每个编码块也具有相同的大小（$M/8$），每两个编码块合并成一个代码块存储在一个节点中。任意两个节点可以用来恢复初始的四个数据块。假设某个节点故障，代理从每个幸存节点收集一个编码块，每次下载大小为 $M/8$ 的三个编码块，则代理由三个编码块的不同线性组合重新生成两个编码块 P1′ 和 P2′。注意，P1′ 和 P2′ 仍是数据块的线性组合。然后代理将 P1′ 和 P2′ 写到新节点。F-MSR 的重点是试图高效修复云故障，极大减少修复时的传输数据量，但其要求节点不仅具有存储转发的简单功能，还需要具有可编程性。同时，由于 F-MSR 只保留代码块，而不是原始块，要访问某个文件的单个块，需要为特定块下载和解码整个文件。因此，F-MSR 只适用于长期存档应用。

Fu 等人将收敛加密、重复数据删除、压缩与缓存等技术和纠删码相结合，提出了 F2MC。F2MC 与 RACS 一样，都使用 RS 码，将一个加密的文件数据分解成 m 个大小相等的原始碎片，再将 m 个碎片映射到 n 个碎片的集合（$n>m$），用少量存储成本换来了数据的容错性。同时，F2MC 在雾节点中对数据进行重删、压缩、编码和加密，再将加密后的数据分散到多个云供应商，不仅进一步节省了数据流量和存储空间，而且增强了云际存储的弹性和安全性。同时，雾节点支持数据缓存，以提高客户端读取操作的性能。但该方案没考虑改善纠删码性能，且集中式编码方法也导致其不适用于大规模部署。

以上这些集中式编码方法的优点是简单、易于实现，缺点是在大规模云际存储中存在较为严重的性能瓶颈和网络传输瓶颈，从而影响编码效率。分布式编码方法可以在数据不断增长且分布范围广的现状下提升编码性能。

Kotla 等人针对在实际情况中，不同供应商可能使用不同的冗余机制来存储数据（纠删码容错技术、RAID 技术、多副本容错技术等）的问题，提出了使用基于信息分层的纠删码方案 SafeStore。该方案通过公开存储服务供应商（Storage Service Provider，SSP）内部可接受的冗余选项，对 SSP 内部冗余进行额外的控制，允许系统在 SSP 内部和 SSP 之间有效地划分存储冗余，降低网络带宽和存储成本。混合使用多种纠删码可以同时发挥多种纠删码的优势，但是如果使用完全不同种类的纠删码，每次动态转换都相当于完全重新进行一次编码，成本极高。在同一种纠删码的不同参数之间转换，可以减少转换重新产生的校验数据及数据的读取量和传输量。SafeStore 的实现阶段就使用了这种方式，其采用（3,2）MDS 码及三副本来跨 SSP 冗余存储数据。SafeStore 试图提高将故障限制在特定节点组的可能性，并有效在 SSP 内部和跨 SSP 部署存储以解决此类故障，但其并不考虑提高纠删码的性能，且安全性不高。

Hu 等人提出了分布式文件系统 NCFS，它支持在分布式存储设置中进行常规的读写操作，并在节点故障期间启用数据修复。它的特别之处是支持一种 E-MBR 码的特定重新生成编码方案，透明地跨不同存储节点对数据进行条带化，而无须在修复过程中对存储节点进行协调，试图最大限度减少修复带宽。在此之前，对于再生码的分布式存储研究都是理论上的，该方案第一次使用实用的分布式文件系统评估重新生成代码的性能。相比于 NCCloud，NCFS 要耗费更多的存储开销，但不要求节点具有编码性，可扩展性更高。总的来说，再生码可以极为有效地降低数据修复开销，但是再生码的存储空间利用率明显低于其他类别的纠删码，所以不适用于存储成本要求较高的大规模存储系统，而更加适合对带宽成本敏感的系统。

Bessani 等人考虑到数据的安全性，提出了将对称加密、秘密共享和纠删码相结合的 DEPSKY 方案。数据使用随机密钥加密，防止个别云泄露数据；密钥使用秘密共享进行划分，每个服务器接收加密数据块并进行密钥共享，确保不会有错误的云重建数据；纠删码技术减小了每个云中数据的大小。DEPSKY 不需要节点具有可编码性，且相对于 RACS 增强了数据的机密性和安全性，但 DEPSKY 没有试图通过利用供应商之间的差异来寻求最小化成本。

表 11-2 从编码实现方法、纠删码类别、节点可编程性和扩展性等方面对几种纠删码方案进行了对比分析。在类似 HAIL 的单云存储中，数据可靠性主要依靠多副本容错技术和纠删码容错技术的集中式编码方法，实现起来相对简单，但随着数据量增长，容易引起网络拥塞和单点故障。网络编码思想提出在节点上进行编码，以提高信息传输率，但大多数网络节点是使用"存储—转发"机制的路由器，不能对数据进行编码操作，扩展性不高。云际存储中 RACS、NCCloud 和 F2MC 方案借鉴了单云存储中集中式编码方法和网络编码思想，因而扩展性受限。面对指数级增长的海量数据，未来的云际存储系统将越来越庞大，更倾向于使用 NCFS、SafeStore 和 DEPSKY 等采用分布式编码的方案来提高数据可靠性。

表 11-2　云际存储纠删码方案对比分析

方案	编码实现方法	纠删码类别	节点可编程性	扩展性
RACS	集中式	RS 码	否	一般
NCCloud	集中式	MSR 码	是	差
F2MC	集中式	RS 码	否	一般
NCFS	分布式	MBR 码	否	一般
SafeStore	分布式	MDS 码	否	好
DEPSKY	分布式	RS 码	否	好

11.5.2　数据完整性证明机制

数据完整性证明机制可以根据是否对原数据采用容错预处理技术，分为数据持有性证明（PDP）机制和数据可恢复证明（POR）机制。PDP 机制能快速判断远程节点上的数据是否损坏，更多地注重效率。POR 机制不仅能识别数据是否损坏，并且能够恢复已损坏的数据。两种机制有不同的应用需求，PDP 机制主要用于检测大数据文件的完整性，而 POR 机制则用于确保重要数据的完整性。

Curtmola 等人提出了一种有效的多副本 PDP 方案（MR-PDP），可确保存储服务器存储多个唯一副本。初始化阶段，对输入文件进行"一次"预处理，创建适用于 PDP 的 t 个唯一且可区分的副本，然后客户端将副本和验证标签存储在服务器上，并保留少量恒定的信息。质询阶段，客户可以执行单个挑战或完整挑战来确定服务器是否仍然拥有文件副本，并通过复制阶段来维护所需的副本。该方案可动态创建新副本，而无须再次预处理文件，且检查 t 个副本的开销比检查单个副本开销的 t 倍小，但不能支持动态的数据操作。

Erway 等人提出了动态可证明数据持有（DPDP）技术的定义框架和有效构造，它扩展了 PDP 机制以支持对已存储数据的可证明更新，在块级别上进行插入、修改、删除等操作，而这些在传统 PDP 机制中是无法实现的。动态更新时，用户首先发出更新请求，服务器分以下两个阶段进行更新。第一阶段，解析请求中的更新操作，如果是删除操作，则直接删除所在数据块；如果是修改操作，则更新指定数据块内容和块签名标签；如果是插入操作，则在指定位置插入数据块和块标签。第二阶段，辅助用户更新跳表的根哈希值，服务器返回每个指定节点的认证路径，用户利用认证路径更新根节点的哈希值。该方案可以完全支持动态操作，但其认证路径过长，每次认证过程中需要大量的辅助信息支持，计算和通信开销较大。

Wang 等人提出了一种支持隐私保护的公共审计的 PPPDP 方案。该方案将基于公钥的同态线性身份验证器（HLA）与随机掩蔽技术集成在一起，审计时无须检索整个数据的副本，大大减少了通信和计算开销，并且确保 TPA 在有效的审核过程中不会学习存储在云服务器中的有关数据内容；将保护隐私的公共审核协议进一步扩展为多用户设置，同时应对可能来自大量不同用户的多个审核委派，大大提高工作效率。该方案虽然可以确保数据的隐私，但对于 POR 机制而言，采用这种方法将使得验证者无法再通过抽取器恢复损坏的原文件。

Juels 等人提出了一种基于哨兵的 POR 机制，用户无须下载存储在云上的数据，即可验证其完整性，不仅能判断其是否被删除或修改，并且可以恢复一定程度的数据。在存入云中的数据中预先植入一些被称为"哨兵"的检验数据块，并在本地存储好这些检验数据块。远程服务器无法区分检验数据块与数据，若数据被损坏，相应的检验数据块也会损坏。对比存储在本地的检验数据块，就能判断数据完整性及出错的部分所占的比例。结合纠错码对文件进行容错预处理，使得验证机制可以恢复一部分损坏的数据。虽然 POR 机制最先考虑数据恢复问题，但该机制不支持公开验证，且只能进行有限次验证。

Chen 等人提出了一个健壮的动态远程数据检查方案 DPOR，可提高健壮性，同时支持动态更新。该方案采用 Cauchy RS 线性编码来进行数据预处理，只需要奇偶校验符号和新符号即可更新代码字。仅检索奇偶校验符号使更新的通信量显著减少，有效地提高了恢复错误的效率，但更新操作需要云服务器重新生成所有的辅助容错信息，导致计算代价较高。

Cao 等人提出了针对多云环境的完整性和零知识特性（IVCZKP）方案，用户对数据进行预处理后将数据索引发送到受信任的第三方（TTP），将数据块和标签发送到组织者，组织者将数据分发到多个云供应商。同时，用户可通过索引哈希表对数据块进行动态更新，如数据修改、插入和删除。验证时用户向 TTP 发送请求验证，TTP 向组织者发起挑战，组织者向云供应商发起相应挑战，组织者汇总云供应商质询的相应信息并汇总给 TTP，TTP 执行完整性验证并将结果告知用户。该方案运用零知识来确保云供应商进行数据完整性验证，无需任何秘密信息，同时支持动态更新，但所有验证都需要经过组织者分发和汇总，这样频繁更新和验证容易引起性能瓶颈。

Pei 等人提出了多云环境的数据完整性验证和恢复方案（MRVR），利用同态、双线性图和二进制聚合树（BAT）技术实现公共审计和快速恢复。在准备阶段，用户借助受信任的权威（TA）对数据进行分块，生成密钥、副本和标签。在完整性验证阶段，诚实云供应商（HCSP）将多云证明汇总到单个响应中，并将其发给审核员验证，审核员验证后将结果通知用户。若数据已损坏，就进入数据恢复阶段，MRVR 将查找损坏并借助 BAT 技术恢复数据。该方案可以在多云环境下实现很高的数据可恢复性和可用性，但审核员的公正性很难保证，且 HCSP 依然存在集中式引发的性能瓶颈问题。

表 11-3 对几种数据完整性证明机制从服务器计算复杂度、用户计算复杂度、通信复杂度、数据恢复、支持动态操作、验证次数等方面进行了对比分析。虽然 POR 机制可以对数据进行一定的恢复，但其用户计算复杂度也随着分块数 n 的增加以幂函数增长，对于大文件的性能不佳。全动态操作和 POR 机制无限次验证的实现仍然是完整性控制的难点。在单云存储中，数据完整性方案尚不成熟，很难兼顾数据恢复、动态操作和无限次验证的要求，且扩展性不高，虽然 DPOR 方案兼顾了以上要求，但在数据更新过程中需要大量的辅助信息支持，使用性能不佳；在多云环境下，数据分布广且复杂，完整性验证和恢复过程更注重安全性，只有时间复杂度和空间复杂度都不过高才有可能满足上述要求。但目前 IVCZKP 和 MRVR 两种方案都需要一个组织者来频繁分发和汇总各

个云的数据，扩展性有限。整体来说，目前云际存储在数据完整性研究方面还不成熟，尚未建立起一套完整的理论体系，需要更多学者进行深入研究。

表 11-3　多云存储数据完整性证明机制对比分析

方案	服务器计算复杂度	用户计算复杂度	通信复杂度	数据恢复	支持动态操作	验证次数
MRPDP	$O(c)$	$O(n)$	$O(l)$	否	是	无限
DPDP	$O(c)$	$O(n)$	$O(l)$	是	部分是	无限
PPPDP	$O(c)$	$O(n)$	$O(l)$	否	是	无限
PORs	$O(l)$	$O(n^2)$	$O(l)$	是	否	有限
DPOR	$O(l)$	$O(n^2)$	$O(l)$	是	是	有限
IVCZKP	$O(c)$	$O(n)$	$O(l)$	否	是	无限
MRVR	$O(\log n)$	$O(l)$	$O(l)$	是	是	无限

11.5.3　并发控制方法

分布式环境下多任务并发处理不当将会导致时间和数据上的不一致，而时间及数据的不一致将导致集群效率和性能不高，甚至分布式任务失败。云际存储系统需要保证数据在多任务并发的情况下全部正确写入，不会出现错乱或遗漏，同时保证写操作执行成功后，在可接受的时间内所有的用户可以获取最新的数据。

目前用来解决并发问题使用最广泛的分布式组件是 ZooKeeper。ZooKeeper 相当于集群的管理者，监视着集群中各个节点的状态，根据节点提交的反馈进行下一步合理操作，最终将简单易用的接口和性能高效、功能稳定的系统提供给用户。Dobre D 等人提出了 Hybris，该方案结合公有云和私有云两者的优点，将元数据保存在受信任的私有云上，而将数据分散到多个不受信任的公有云上。私有云上元数据的更新，便是在 ZooKeeper 上使用无等待并发控制来实现的，其进一步提高了 Hybris 相对于基于锁的系统的可伸缩性。但 Hybris 将元数据服务器限制在单个地理位置，扩展性差。

Wu 等人提出了 SPANStore，该方案为了统一协调地理位置分散的多个供应商，最大限度地降低传播时延和存储成本，由一个中央位置管理器（PMan）绘制存储服务的统一视图，决定哪些 SPANStore 虚拟机为哪些位置的用户提供 Put/Get 请求服务。在初始化阶段，所有的 SPANStore 虚拟机都将应用程序的工作负载和延迟的摘要传输给 PMan，PMan 根据对下一个时段中应用程序的工作负载，以及应用程序的延迟、一致性和容错需求的估计，计算应用程序对象使用的最佳复制策略。然后，PMan 将新的复制策略传递给所有数据中心上的 SPANStore 虚拟机。这些复制策略规定了 SPANStore 应该如何在下一个时段为应用程序的 Put 和 Get 操作提供服务。尽管 SPANStore 试图最大限度地降低云际存储的使用成本，但也有一个显著的缺点，就是所有工作负载和延迟数据都需要传输到 PMan，这在数据量和传输量庞大的情况下必然会出现性能瓶颈和单点故障的问题。

为了避免中央协调组件成为瓶颈，Bermbach 等人采用了一个分散的解决方案 MetaStorage。它为每个多云分发代理附加了一个协调器组件，该组件负责在代理之间定期交换状态。代理的分发机制基于键值哈希的首选项列表，根据首选云存储服务及其在首选项列表中的顺序，将各云存储服务的键值存储在前 N 个节点上，从而分布至多个云服务提供者。该方案的思路是由一个主协调器确定所有其他协调器的状态。若主协调器故障，首选项列表无法在一段时间内到达其余协调器，其余协调员都会让主协调器离线并将其从协调员名单中删除。因此，首选项列表中的第 2 号成为新的第 1 号，即主协调员。由于协调员了解所有其他协调员及其具体顺序，它们都可以决定新主人是谁及何时成为主人，无须中央控制。MetaStorage 通过分散机制避免了单点故障，但在每个分发代理上添加了一个额外的层，而遍历每个服务调用会导致一定的延迟，而且 Dynamo 风格的复制协议放松了一致性的保证。

Papaioannou 等人提出了 Scalia，该方案依靠多版本并发控制（MVCC）来处理并发更新，是一种没有锁的替代方法，更新操作不会删除旧数据，而是用新数据覆盖旧数据。旧数据被标记为过时并且添加了新版本，导致存储多个版本的数据，其中只有一个是最新版本。如果在多个数据中心同时更新条目，则数据库将检测到冲突。系统将提示用户决定哪个版本是好的版本，Scalia 将删除其他版本，用户也可以自行决定只保留最新版本。对比锁机制，该方案不会阻塞读操作，大大优化了读效率。但在云存储供应商发生短暂故障的情况下，Scalia 需要将故障供应商托管的块移动到其他供应商，为了移动故障供应商的块，需要从剩余的块重建数据对象并再次拆分成块。此时，若最具成本效益的供应商集合的阈值不同，需要重写所有块，这一过程的成本相对较高。

Jinlong 等人针对不同云之间的兼容问题，提出了一个多云文件写作系统 CoCloud，该系统通过在每种流行云附近部署一个或多个代理来有效访问 Web API；同时设计了统一的代理间高级传输协议，包括重复删除技术、压缩、多级捆绑，以便利用文件版本之间的相似性来提高整体协作效率；还设计了相关控制机制来优化客户端和控制服务器，以保证及时性并消除文件协作期间的冗余更新。尽管 CoCloud 解决了跨云文件的协作问题，但该方案并未考虑安全和隐私问题。

Fei 等人针对多云环境下的副本选择问题，提出了一种基于带宽和等待时间的副本选择机制 BLRS，以避免潜在的网络过载问题。该方案采用多副本管理器（RM）与分析模块（AM）来应对分散式分析和管理框架。当用户发出请求时，RM 将在执行单元中创建实例请求并发送环境分析请求（EAR）给云提供商中相应的 AM；AM 对收集的延迟和带宽情况进行评估，生成环境信息反馈（EIF）返回给 RM；根据收到的 EIF，RM 将为此实例生成一份副本选择选项，若网络过载或副本不可用，RM 可根据副本重建机制自动创建副本到合适的位置。该方案基于对网络指标的评估，去中心化地选择更合适的副本路径，可以显著增加并发运行实例数量，并平衡带宽使用。但该机制中 RM 只和云提供商中的 AM 直接联系，RM 间并未协调统一，且未考虑安全性和隐私问题。

Tao 等人针对多云复合应用程序部署问题提出了一种混合遗传算法 HGA，综合考虑了多云中性能优化和预算控制，在 GA 框架下增加了服务聚类机制、修复算法、解决方案表示、种群初始化和遗传算子的新算法技术，以实现有效的多云应用程序部署。该方案将多云复合应用程序部署问题定义为约束优化问题，在预算约束下大大缩短了响应时间，但并未考虑一些新的云范例，且只设置了一个代理连接应用程序与多云，扩展性有待提高。

表 11-4 对几种并发控制机制从并发处理、锁机制、中央控制及核心特征等方面进行了对比分析。Scalia 适用于多读场景，冲突发生得少，省去锁开销，可以增大系统的吞吐量；而多写机制会经常产生冲突，导致上层应用不断重试，反倒降低了性能，使用带锁机制的方案更合适。从表 11-4 不难看出，能否进行分布架构的并发控制仍是一个值得深入研究的问题。并发控制问题的处理是分布式云际存储的基本任务之一，也是分布式任务完成度及性能好坏的关键所在。随着云际存储业务的不断丰富，越来越多的用户认可并使用云际存储，不断扩大的数据规模和用户对云际存储服务质量的需求使并发控制问题越来越具有挑战性，成了云际存储研究的重点和难点。

表 11-4　并发控制机制对比分析

方案	并发处理	锁机制	中央控制	核心特征
Hybris	ZooKeeper	需要	需要	结合公有云和私有云
SPANStore	PMan	需要	需要	能生成统一视图
MetaStorage	Dynamo	需要	不需要	采用分布架构管理
Scalia	MVCC	不需要	需要	优化数据放置
CoCloud	Notification Handler	需要	需要	兼容不同版本
BLRS	Replica Selection/Re-Creation	需要	不需要	分布式优化副本选择
HGA	Service Clustering/Greedy Heuristic	需要	需要	约束优化复合应用程序部署问题

11.5.4　安全重删技术

随着数据量的飞速增长，存储空间和传输速率成为当前网络存储领域的瓶颈，其中对相同/相似数据的优化处理成为一个研究热点。据研究，在所有备份的数据中，高达 80%以上的数据是冗余的，利用数据高度冗余的特性，研究者们提出了重复数据删除技术（简称重删技术）。重删技术是一种数据缩减技术，它的算法流程是，对数据进行分块，计算每个块的特征值并加入特征值列表，新加入的块通过对比特征值列表来确定是否重复，若不重复则建立索引，保存该块特征值和映射关系到特征值列表并存储原始块到数据库；若重复则只添加映射关系。而安全重删是在此基础上加入纠删码、加密等技术，增强数据在全周期内的安全性，这样不仅减小了数据管理所需的存储空间，实现更快更频繁的存取，而且实现了数据的安全防护和高效传输。

毛波等人提出了一种基于重删技术的云存储系统，该系统充分挖掘复制和纠删码数据布局的优点，并结合重删技术中的数据引用机制，消除云存储系统中的冗余数据量；然后基于数据块引用率将数据块以复制和纠删码两种数据布局方式存储在多个云中。用复制方式存储高引用数据块，用纠删码方式存储其他数据块，从而使系统整体性能和成本大幅度提高。该方案很好地结合混合纠删码和重删技术来提升多云性能，但并未从安全和隐私方面对数据进行保护。

Rade 等人提出了一种在多云环境下提高成本效益的信息简化计划 CHARM，用最小的费用将信息灵敏放置到不同的云中。在 CHARM 中，工作负载不断收集并处理用户存储数据的信息，将统计信息发送到预测器，预测器根据接收到的信息预测文件访问频率并发送给存储模式切换（SMS），SMS 根据预测器输出决定对存储数据使用纠删码还是多副本方式存储。数据在数据托管单元中通过放置启发式算法计算成本最小的多云策略，并进行重删以进一步降低成本。该方案结合纠删码、重删和放置启发式算法将数据灵活存储在多云中，大大降低了存储成本，但对于预测器的设计没有深入研究，且未提及安全和隐私风险。

Jian 等人提出了一种基于口令认证的密钥交换协议的服务器端重删方案，用户相互比较私密信息的共享密钥，不需要额外的服务器即可实现跨用户重删。该方案不仅允许用户在本地客户端加密数据，而且可以通过限制单个文件的访问次数来防御恶意用户或服务器发起的暴力攻击。但针对一些热数据，用户同样需要将其对称加密，并与其他用户运行 PAKE 协议，增加了计算开销。

Li 等人提出了 CDStore，该方案综合考虑安全和成本效率，将秘密共享和两阶段重删技术相结合。用源自原始数据的确定性加密哈希替换传统秘密共享的随机输入，使其能够在客户端去重后再编码发送到不同的云上，节省上传带宽，然后在服务器端对不同用户的数据进行重删，进一步节省存储空间。但 CDStore 采用的收敛加密技术仍可能遭受离线的暴力攻击。

Shen 等人提出了 CloudS，该方案为获得更好的用户体验及安全性和性能之间的平衡，通过压缩、加密和编码方案的各种组合提供了多个安全级别；同时提出了基于异或操作（XOR）的隐私保护码（PPC），在此基础上提出了一种适用于完全并行化的重删友好型算法 HCE-PPC，以及变体压缩 PPC 和压缩 HCE-PPC，以适应不同用户的不同需求。HCE-PPC 算法与传统算法相比，在实现近似安全性的基础上提供了更好的性能，但 HCE-PPC 算法难以抵抗双重错误。

Li 等人提出了 CloudShare，该方案通过将区块链与收敛加密结合，将每个云存储系统结合起来构成一个巨大的联盟云，跨用户进行加密重删。CloudShare 分两层，上层采用区块链记录跨云用户的存在和所有权，不可更改和删除；底层由云供应商及其相应用户组成，每个用户将数据存储在所在云中，但可以访问多个云的数据。不同的云资源可以获得有效的集成和分配，显著降低了每个云的存储成本，并节省了用户的上传带宽，确保了数据的保密性和一致性。但由于区块链技术的实施机制，其只能处理比较少的并发任务，一旦超过阈值，会产生性能瓶颈。

Fu 等人利用云雾计算的互补性提出了 F2MC，该方案将本地雾计算与远程云计算相结合，将关键数据处理功能放在雾节点中完成，利用重删技术、压缩技术、纠删码及缓存在多个云供应商之间分散存储加密数据，增强了服务质量，提高了数据流量和空间效率，进一步增强了云际存储的弹性和安全性。但该方案属于多云存储集中式架构，随着数据量增长，将数据处理功能都放在一个雾节点上容易产生性能瓶颈，不适宜进行大规模部署。

不同于上述对相同数据进行处理以达到优化性能目的的方案，Zhuang 等人考虑到相似数据跨多个云可能引起信息泄露，提出了一种多云信息泄漏感知存储系统 StoreSim。其利用 BFSMinHash 测量成对信息泄漏，采用基于聚类的存储计划生成算法，将语法相似的数据存储在同一个云上，从而最小化用户跨多个云的信息泄漏。但该方案只能针对语法相似度进行划分，基于语义的优化存储隐私算法还需要进一步研究。

　　表 11-5 对基于重复数据的防护机制从算法、数据去重级别、抗攻击类型、重删范围等方面进行了对比分析。文件级去重模式易管理，相比之下块级去重模式具有更高的灵活性和可靠性，数据库环境下更倾向于块级去重模式。多云环境下同领域用户增多，更加迫切需要在保证数据安全性的前提下对相同或相似数据进行删减优化。目前多云重删方案大多局限于客户端重删和云内部重删，云与云之间的重删实现困难。CloudShare 打破了多云屏障，通过区块链降低了每个云的存储成本，但该技术尚不成熟，对于并发任务并不友好。目前，对相同或相似数据删除的研究虽有一定的成果，但还不够完善，跨云安全重删等方向值得当今学术界和产业界重点关注。

表 11-5　基于重复数据的防护机制对比分析

方案	算法	数据去重级别	抗攻击类型	重删范围
PAKE	PAKE	文件级	蛮力攻击	用户间
CDStore	CE+AONT-RS	块级	侧信道攻击	客户端/用户间
CloudS	HCE-PPC	块级	侧信道/蛮力攻击	用户间
CloudShare	CE+DS	块级	侧信道/女巫攻击	用户间
StoreSim	MinHash+SPClustering	块级	单点攻击	用户间
F2MC	CE+SFTC	块级	侧信道攻击	用户间

11.6　云际计算研究进展

　　由于全球经济、政治、社会和文化等因素的差异，不太可能出现一个控制全球市场的超级云计算运营商。因此，云服务提供者之间的对等协作成为必然选择。新一代云计算（Cloud 2.0）将是围绕云际协作的云计算，学术界和工业界已经开展了大量研究。2014 年，国际上出现了名为 CrossCloud 的研讨会，专门研究多云环境下资源的管理、服务协调与互操作等问题。多云协作服务思想在不断改进云计算模式。早在 2008 年，思科公司（Cisco）就提出 Inter-Cloud（互联云），试图通过使用其他云服务提供者的计算、存储或其他任意类型的资源，解决单一云服务提供者物理资源有限或地理上难以实现无处不在的覆盖等所带来的服务质量问题。2013 年，Multi-Cloud（多云）概念被提出，旨在通过更多云服务提供者共存的软硬件基础设施冗余优化容错能力，降低云用户数据丢失或云计算环境中局部构件失效所引起的宕机等情况下产生的服务中断风险，提高性能，避免云平台锁定。2015 年，欧盟开展 SuperCloud（超云）项目研究，强调以用户为中心，试图跨多个云服务提供者构建全套透明的计算、存储和数据通信服务，权衡安全性、可用性、成本开销和处理突发负载等因素。Federated Cloud（联邦云）项目在多个未建立信任关系的云服务提供者之间，通过部署和管理多个内外部云计算服务来匹配业务需求，支持若干个独立云平台合作完成一个目标任务。Cloud Service Broker（云服务代理）为云服务提供者与云服务消费者提供咨询、集成和协商谈判服务，不仅可通过对云服务提供者的服务集成与定制为云服务消费者提供更优质的云服务，还可通过创新渠道和市场机会，为云服务提供者增长销量。国内王怀民院士团队近年来提出

JointCloud 云计算的概念，以多个云服务实体之间的开放协作为基础，通过多方云资源深度融合，方便开发者通过"软件定义"方式定制云服务，创造云价值。

11.6.1　Inter-Cloud

Inter-Cloud 于 2008 年由思科公司提出。思科公司在多个国家和地区新增数据中心，进一步拓展 Inter-Cloud 的覆盖范围，满足客户对于覆盖全球、高度安全的云平台的要求，进而满足万物互联的需求。思科公司的开放式 Inter-Cloud 方法专用于支持高价值的应用工作负载，具备实时分析能力和"近乎无限"的可扩展性，能够支持在本地托管数据和在本地提供服务，从而确保满足数据管理要求。

Inter-Cloud 的技术路线是通过虚拟网关，在云服务代理的集中管理和调度下实现多个云服务互联。Inter-Cloud 的阶段成果——Cisco Inter-Cloud Fabric 平台，实现了公有云与私有云之间的互联（见图 11-7）。但由于其基础技术的研究进度与市场化发展的步伐不匹配，该平台还没有给思科公司带来市场上的成功，当前已被叫停。

图 11-7　Inter-Cloud Fabric 架构

Inter-Cloud Fabric 为商务和服务商两种消费模式分别提供了相应的产品配置。Inter-Cloud Fabric 商务模式旨在让企业客户透明地将私有云扩展到公有云环境中，同时保持相同的级别安全性和跨云环境策略，它包括 Director 和 Secure Extender 两个组件。Cisco Inter-Cloud Fabric Director（ICFD）为最终用户和 IT 管理员提供无缝经验来创建及管理跨多个云的工作负载。私有云中，ICFD 支持的异构云平台在操作上统一由不同云基础设施平台组成的云中工作负载管理，如 VMware vSphere 和 vCloud、Microsoft Hyper-V 和 System Center Virtual Machine Manager（SCVMM）、OpenStack 及 CloudStack。ICFD 提供了与各种云基础架构平台集成所需的软件开发工具包（SDK）和 API，允许客户在混合云环境中以编程方式管理其工作负载。在 Secure Extender 中，所有移动数据都以加密方式隔离和加密。这些数据包括私有云和公有云，以及云中运行的虚拟机之间交换的流量。Inter-Cloud Fabric 还包括一个基于区域的防火墙，可以部署该防火墙为虚拟机之间的通信提供策略实施，并保护提供商云中的通信。虚拟防火墙与 Cisco 虚拟路径

（vPath）技术集成，支持智能流量控制和服务链。

Inter-Cloud Fabric 供应商模式适用于提供商的云环境，允许其企业客户透明地将其私有云环境扩展到提供商的公有云中，同时在云环境中保持相同的安全级别和策略。Inter-Cloud Fabric 为提供商提供了两种产品：一种是提供托管服务的产品；另一种是只针对 Inter-Cloud Fabric 混合工作负载的产品。它除了包括 Director 和 Secure Extender 两个组件，还需要供应商平台才能提供管理服务。Cisco Inter-Cloud Fabric 供应商平台（ICFPP）简化和抽象了使用各种公有云 API 所涉及的复杂性，并为目前没有云 API 的服务提供商提供了云 API 支持。ICFPP 提供了一个可扩展的适配器框架，允许与各种提供商云基础设施管理平台集成，如 OpenStack、CloudStack、VMware vCloud Director，以及几乎任何其他可以通过思科公司提供的 SDK 集成的 API。

11.6.2　SuperCloud

SuperCloud 强调以用户为中心，试图跨多个云服务提供者构建全套透明的计算、存储和数据通信服务，其架构模型如图 11-8 所示。SuperCloud 在权衡安全性、可用性、成本开销和处理突发负载等因素的基础上，围绕跨云互操作、虚拟机跨云迁移、安全与可靠性等方面，提出了严格隔离、细粒度和自管理等安全云的研究思路，支持在现有云平台基础上通过网络抽象层、数据抽象层和计算抽象层的多级抽象，实现在多个云服务提供者之上构造虚拟用户云。

图 11-8　SuperCloud 架构模型

SuperCloud 提出了新的安全性和可靠性基础设施管理模式，包括以用户为中心和自我管理。它建立了一个自我管理的基础设施，用于实现跨联邦云的异构资源的安全性和可靠性；将为客户提供自助服务环境，为其云应用程序和服务提供自适应、可定制的安全性；提供创新的加密方法和工具，通过按需数据安全服务（如访问控制、盲计算、隐私保护索引和数据可用性）实现跨分布式云保护数据。它支持弹性网络即服务，采用软件定义的网络模式。它还将为跨多个基础架构层和云域的端到端安全与集成信任管理提供强有力的保障。

SuperCloud 将达到以下目标。

- 自助服务安全性：云架构的实现，使用户可以灵活地定义自己的保护需求并相应地实例化策略。
- 自我管理安全性：开发一个自主的安全管理框架，该框架在计算层、存储层和网络层，以及跨提供商域无缝运行，以确保符合安全策略。
- 端到端安全性：提出信任模型和安全机制，支持跨不同管理提供程序域组合服务和信任语句。
- 弹性：实现一个资源管理框架，该框架使用来自不同云提供商的原语，以健壮的方式组合与提供商无关的资源。

SuperCloud 联盟由产业界领导，合作伙伴积极参与开源云技术的推广，并为云安全、云间架构安全协议和 SDN（软件定义网络）方面的主要标准化做出贡献。SuperCloud 联盟有一个平衡的欧洲团队，包括 4 个工业合作伙伴（Orange SA、IBM Research GmbH、Philips Medical Systems Nederland B.V.、Philips Electronics Nederland B.V.）、1 个研究机构（Institut Mines Telecom）、2 个以研究为导向的中小企业（Technikon Forschungs-und Planungsgesellschaft mbH、Maxdata Software SA），以及 2 所著名大学（达姆施塔特理工大学、里斯本大学科学学院基金会）。它们代表不同的国家为该项目的设计框架开发带来广泛的专门知识和长期的经验。

11.6.3　Multi-Cloud

Multi-Cloud 旨在通过更多云服务提供者共存的软硬件基础设施冗余优化容错能力，降低云用户数据丢失或云计算环境中局部构件失效所引起的宕机等情况下产生的服务中断风险，提高性能，避免云平台锁定，其架构模型如图 11-9 所示。Multi-Cloud 提出兼顾安全与成本的多云数据存储方法、动态多云场景下虚拟基础设施的成本优化方法、跨云访问控制及虚拟机迁移机制等，支持不同云平台通过通信、状态监控、动态分配和调度等多种机制的层层叠加来实现互联。Multi-Cloud 提出通用编程模型和 API 转换库两种方法，解决不同云服务提供者接口标准不一致的问题，支持用户在此基础上自行定义面向个性化的云服务定制，实现虚拟专有服务。

图 11-9　Multi-Cloud 架构模型

Multi-Cloud 由来自不同云提供商的两个或多个云组成，可以是 IaaS、PaaS 或 SaaS 的任意组合。例如，可以使用来自一个供应商的电子邮件即服务、来自另一个供应商的客户关系管理（CRM）和来自另一个供应商的基础设施即服务（IaaS）。目前，大多数组织（超过 85%）使用多云环境，可以选择 Multi-Cloud 来满足特定的业务需求，避免单一供应商云策略的限制，并为应用程序开发提供更好的平台和更具竞争力的价格。凭借跨多个云平台管理数据和应用的开源技术，多云管理解决方案能够使企业业务扩展至众多云平台，并释放云计算的全部业务价值。

随着云存储在各个行业中变得越来越普遍，不同企业的云服务不断涌现，多云存储管理平台的建设也逐渐成为当前企业关注的热门话题。国外著名的多云厂商有 Google Antos、IBM Cloud Pak、MultiCloud 等。Google 身为云厂商的三大巨头之一，本身就拥有数千千米长的光缆、庞大的开源项目、大数据收集和分析能力等巨大优势，其云际管理平台 Antos 以 Google 首创的多项开源技术（Kubernetes、Istio 和 Knative 等）为基础构建而成，支持对现有应用现代化改造、构建新应用、安全运行应用等功能，但目前 Antos 只与 AWS 和 Azure 协同工作，不支持其他公有云。IBM Cloud Pak 是适用于企业的容器化软件解决方案，有助于在多云管理功能中提供一致的可见性、自动化和治理，支持多集群管理、事件管理、应用程序管理和基础架构管理等功能。企业可以利用 IBM Cloud Pak 来提高由智能数据分析和预测黄金信号驱动的运营效率，并获得对合规性管理的内置支持。MultiCloud 是一款功能强大的多云存储管理器，实现在一个虚拟层下管理来自多个云的在线文件，支持多云文件传输、多云文件同步、多云文件管理器等功能。MultiCloud 不仅提供了一种通过基于 Web 的应用程序访问和管理文件的简便方法，而且提供了流畅的用户体验和直观的界面。通过成功实施多云战略，85%的企业在多云环境中开展运营，各大厂商已经成功降低了用户的增长成本，提高了应用程序的可靠性。

目前，国内提供多云管理平台的厂商主要有行云管家、FIT2CLOUD、贝斯平等。行云管家的发展较为迅速，主要提供跨云厂商的云管理方案，包括云服务器管理、混合云管理、微信监控告警、成本分析与优化建议、健康负载与安全体检、云堡垒机、自动化运维等功能。FIT2CLOUD 主要致力于解决企业在多云环境下的服务化和管理、安全及数据库服务交付难题，以统一的方式帮助企业在多云环境下实现自动化、自助式的服务交付，支持企业从传统 IT 渐进、无缝地过渡到多云战略。贝斯平推出的 OpsNow，提供了对公有云、私有云、容器、裸金属服务器的统一接入管理，为用户隐藏各云厂商的差异，提供统一的资源抽象，进而提供一致性的体验。国内多云管理平台市场尚处于早期阶段，仍然面临资源孤岛、复杂运维及运营缺失等诸多问题。随着我国企业上云行动快速推进，多云环境安全性、云际管理一致性、云间数据层可靠性和完整性等问题需要研究者们进一步研究与探讨。

11.6.4　Federated Cloud

Federated Cloud 旨在在多个未建立信任关系的云服务提供者之间，通过部署和管理多个内外部云计算服务来匹配业务需求，支持若干个独立的云平台合作完成一个目标任务，其架构模型如图 11-10 所示。Federated Cloud 将对等计算技术理念应用于多个云计算节点的互联，实现云覆盖网络的构建，提出相关数据管理、隐私保护、互操作协议标准和编程模型等云联盟服务管理方法。但是，不同云服务提供者的接口标准、不同网络架构和地址机制下的虚拟机定位、资源异构性引起的负载不均衡和系统不稳定等问题尚待研究。

图 11-10　Federated Cloud 架构模型

Federated Cloud 是通过使用一个公共标准连接多个云提供商的云环境而形成的，云中的这种联合帮助提供者轻松地扩展资源以满足业务需求。该体系结构有以下三个基本组成部分。

1. 云交换

云交换充当云协调器和云代理之间的调节器。云交换将云代理的需求映射至云协调器提供的可用服务。云交换拥有当前成本、需求模式和可用云提供商的跟踪记录，云协调器会定期更新这些信息。云代理与云交换交互，以获取有关现有 SLA 策略、云提供商提供的资源可用性的信息。以下是云交换向云代理和云协调器提供的服务。

- 数据库存储库：云交换充当数据库存储库或目录，云代理在其中公布其资源、服务和服务价格。然后，客户分析此存储库以搜索最合适的服务和合适的价格，并提出服务请求。
- 经销商：云交换总是更新其参与者的策略，总是充当云代理和云协调者之间的第三方。
- 银行：云交换促进了云供应商与其客户之间的金融交易，从而维护了信任。

2. 云协调器

云协调器根据远程用户所需的服务质量和其在云银行中的信用，将云资源分配给远程用户。基于 SLA 策略，营销和定价策略由云协调器制定。

3. 云代理

云代理代表客户与云协调器进行交互，分析 SLA 协议、云交换中不同云提供商提供的资源。云代理为客户敲定了最合适的交易。

云中的联邦是连接两个或多个不同云服务提供商的云计算环境的能力，可分为以下四种类型。

- 容许联邦。容许联邦允许两个服务提供商的云环境互连，而无须使用 DNS 查找来验证对等云的身份。这增加了域欺骗的机会。
- 已验证联邦。只有在使用从 DNS 获得的信息识别对等云之后，已验证联邦才允许云环境、两个服务提供商互连。虽然身份验证可以防止欺骗，但连接仍然没有加密，并且存在 DNS 攻击的可能性。
- 加密联邦。只有对等云支持传输层安全（TSL）时，加密联邦才允许两个服务提供商的云环境互连。对联邦感兴趣的对等云必须提供相互身份验证的数字证书。因此，加密联邦会导致弱身份验证。
- 可信联邦。可信联邦仅允许来自不同服务提供商的两个云连接，前提是对等云支持 TSL，同时提供由认证云信任的证书颁发机构（CA）授权的数字证书。

11.6.5　Cloud Service Broker

Cloud Service Broker（CSB）旨在为云服务提供者与云服务消费者提供咨询、集成和协商谈判服务，其架构模型如图 11-11 所示。CSB 不仅可通过对云服务提供者的服务集成与定制为云服务消费者（Cloud Service Consumer，CSC）提供更优质的云服务，还可通过创新渠道和市场机会，为云服务提供者增加销量。目前已经成立了若干知名的云服务代理公司，如 Cloud-Compare 和 Cloudmore 等。CSB 数据和服务的互操作、不同管理策略下的数据移植、跨云的网络性能可靠性、安全与隐私保护等方面的研究刚刚启动。

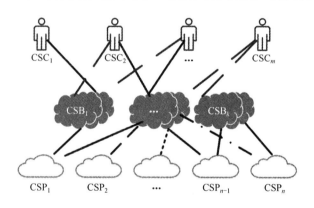

图 11-11　Cloud Service Broker 架构模型

CSB 的使用动机各不相同。从经济的角度来看，使用这些服务可能更有利：CSB 可能比云服务提供商为客户提供更好的条件。另外，CSB 可能会为云服务提供商创造新的渠道和营销机会，从而带来销售额的增长。CSB 还可以处理额外的客户需求。例如，发送到云的数据可能受到特殊的安全性或合规性法规的约束，如对数据位置、加密或格式的特定要求。CSB 可以选择满足这些需求的服务。它还可以选择与消费者当前使用的其他产品和服务兼容的产品，从而最大限度地减少迁移到新云的时间和成本。CSB 的选择还可能受到其他方面的激励，包括信任、声誉、环境意识或云服务提供商的社会责任。

数据和服务的互操作性对于 CSB 来说至关重要，因为其希望为用户提供无缝的体验。集成 CSB 可以通过提供桥接不同云接口的解决方案来获得一些利润。但是，供应商锁定可能会减少执行代理的机会，因为用户最初的选择会影响其未来的迁移可能性。立法者也认识到数据可移植性的必要性。在欧盟数据保护框架改革中，数据可移植性权利要求数据控制者在数据主体要求时以电子和结构化格式向用户提供数据。此外，还需要促进云计算标准的发展和采用。整个云计算环境的发展严格依赖广泛采用的可靠、低延迟和高带宽网络的进步。性能和可靠的网络对于 CSB 来说更为重要，因为通信基础设施的改进使其能够针对更多云服务用户，使用来自更多云服务提供商的服务。

CSB 在商业领域的地位问题仍未解决。一些替代模型通常与 CSB 部分重叠。在云服务用户直接使用市场的情况下，云代理可能成为每个公司 IT 团队的责任。云安全是另一个被 CSB 放大的问题。复杂系统的安全性与其最弱部分的安全性一样。如果一个服务包由多个提供商提供，用户可能会觉得其安全级别低于使用单个提供商的安全级别。相应地，缺乏信任可能会导致大量的利润损失，因此 CSB 必须减小这种风险。

11.6.6　Internetware

北京大学与南京大学等单位的学者提出了一种互联网环境下的新型软件形态——Internetware，其架构模型如图 11-12 所示。Internetware 运行平台需要连接并管理互联网上数量众多的异构、自治的软硬件资源。互联网上的异源异质资源通过虚拟化，实现对网络化的软件协同、数据管理及资源聚合的支持。

图 11-12　Internetware 架构模型

Internetware 的实体是一个组件，它可以独立地部署、执行和演化。与传统的软件组件一样，Internetware 实体具有提供计算、控制和连接功能的业务接口。但是，与传统的软件组件不同，Internetware 实体具有反射接口，提供监视、分析、规划和调整业务功能的能力，因此 Internetware 可以是自治的、进化的、协作的、多态的和上下文感知的。互联网的异构性决定了 Internetware 实体具有不同的特性，因此 Internetware 组件模型必须具有可定制性和可扩展性。例如，可将只提供业务功能而不提供反射功能的软件实体看作一种基本类型的 Internetware 实体。带有组件元模型和反射接口的软件实体具有自感知能力。带有环境元模型和反射接口的实体具有上下文感知能力。带有反射界面的实体能够改变其状态和行为，具有自适应能力。开放协作模型、上下文驱动模型和智能可信模型明确了这些网络特性的原理与实现。

容器是 Internetware 实体运行时的空间，负责管理实体的生命周期（如类加载、实例化、缓存、发布等）、实体的运行时上下文（如调用上下文和数据库连接），以及实体的业务功能和质量策略（如互操作性、安全性、事务、持久性和规则推理）之间的绑定。对于实现某些业务功能并部署到容器中的普通 Java 类，可以与各种质量策略绑定以实现各种高级功能，如允许通过 RMI、HTTP 或 SOAP 调用的互操作协议，用于访问控制的约束服务，数据持久化和事务处理，基于规则的价格自调整智能设施，用户信誉评估的信任计算机制等。应该注意的是，业务功能的实现、质量策略及其绑定可以在线调整。

Internetware 是在互联网开放、动态和多变环境下对软件系统基本形态的一种抽象，它既是传统软件结构的自然延伸，又具有区别于在集中封闭环境下发展起来的传统软件形态的独有的基本特征，具体如下。

- 自主性。Internetware 系统中的软件实体具有相对独立性、主动性和自适应性。其自主性区别于传统软件系统中软件实体的依赖性和被动性。
- 协同性。Internetware 系统中软件实体与软件实体之间可按多种静态连接和动态合作方式在开放的网络环境下互连、互通、协作和联盟。协同性使其连接模式区别于传统软件系统在封闭集中环境下单一静态的连接模式。
- 反应性。Internetware 具有感知外部运行和使用环境并对系统演化提供有用信息的能力；反应性使 Internetware 系统具备了适应互联网开放、动态和多变环境的感知能力。
- 演化性。Internetware 结构可根据应用需求和网络环境变化而发生动态演化，主要表现为其实体元素数目的可变性、结构关系的可调节性和结构形态的动态可配置性；演化性使网构软件系统具备了适应互联网开放、动态和多变环境的应变能力。
- 多态性。Internetware 系统的效果体现相容的多目标性。它可根据某些基本协同原则，在动态变化的网络环境下满足多种相容的目标形态。多态性使 Internetware 系统在网络环境下具备了一定的柔性和满足个性化需求的能力。

可以说，Internetware 的概念是普适且广泛的。实际上，从单机结构上的软件系统，到主/从结构的软件系统，再到客户机/服务器模式的软件系统，一直到现有的浏览器/服务器结构的软件系统，从本质上来说，都是 Internetware 系统的一种特例（具有 Internetware 的某些特性）。例如，当今有代表性的浏览器/服务器结构在服务器端具有相对独立性，而众多浏览器与服务器端的连接则具有开放环境下跨网络的初级协同性；浏览器搜索引擎搜索结果的多重性则体现了其随网络环境变化而产生的多态性；JINI 技术中所倡导的软件实体的动态联盟和 Applets 技术等则在某种意义上体现了演化性的需求；Active Software 和 Autonomous Software 则反映了在网络环境下对软件实体自主性的需求。因此，有理由相信，Internetware 概念基本概括了在互联网开放、动态和多变环境下软件技术的发展趋势，它将在未来 5～10 年成为软件的一种主流形态。

11.6.7　iVCE

国防科技大学等单位的学者以网络资源的按需聚合与自主协同为核心，建立了 iVCE（网络虚拟机计算环境），其架构模型如图 11-13 所示。聚合是指有效获取、汇聚、组织网上资源的特征信息，并综合利用相关信息的过程；协同是指多个资源为完成共同任务而进行的交互、同步和计算的过程。iVCE 是指建立在开放的互联网基础设施之上，以网络资源的按需聚合与自主协同为核心机制，为终端用户或应用系统提供和谐、可信、透明的一体化服务环境，实现有效资源共享和便捷合作工作。在 iVCE 中，资源管理主要通过聚合和协同过程的交叠完成。因此，建立 iVCE 的核心是寻求适应互联网资源自然特性的聚合与协同新机理。

从 iVCE 体系结构的角度探索解决 iVCE 关键科学问题的途径，主要包括：①构建资源的主体化模型，体现资源的自治性；②构建利益共同体，支撑资源的按需聚合；③构建分布执行机制，支撑资源间的自主协同。iVCE 的体系结构框架由以下七个部分组成。

图 11-13　iVCE 架构模型

1. 资源层

资源层由各种异构和多样的网络基础资源组成。这些资源不仅包括各种计算机、存储器、数据和信息等资源，也包括各类仪器设备、应用程序和服务等，如 WSRF-resource、CORBA-object、WS-service 和 J2EE-bean。iVCE 应能够支持接入各种网络基础资源，并支持这些资源的有效共享和协同。

2. 资源虚拟层

资源虚拟层包括了关于自主元素创建和管理的一组基础服务，支持将资源封装成自主元素，完成对资源虚拟层中各种网络基础资源的虚拟化和自主化。每个自主元素可以是对单个或多个网络基础资源的虚拟化和抽象，提供复杂或者简单的功能。资源虚拟层需要支持对网络基础资源的供给和抽象封装，以实现资源的虚拟化和自主化。

3. 聚合层

聚合层的任务是创建与管理虚拟共同体，在各虚拟共同体范围内分别组织和管理 iVCE 中大量自主元素的元信息，并按照任务需求，面向所关注的虚拟共同体，对自主元素进行有效聚合，面向任务适时形成相对稳定的资源空间和视图。

4. 自主协同层

自主协同层根据任务需求生成相应的虚拟执行体，通过虚拟执行体绑定相关的自主元素，并通过自主协同来完成任务。事务管理、协同机制和服务组合等是自主协同层需要完成的功能。

5. 可信保证体系

可信保证体系为 iVCE 中资源按需聚合和自主协同的安全性、可依赖性及协同行为的可信性提供保证，以创建一个安全和谐的计算环境。

6. 编程开发环境

编程开发环境主要为 iVCE 的开发、部署、运行提供程序设计语言级的设施和相应的开发及运行环境，包括程序设计语言、构件库、编辑器、编译器和运行平台等。

7. 应用层

应用层直接面向用户，提供 iVCE 之上的各种应用功能。

互联网环境及其资源的自然特性对网络计算环境的构建提出了严峻挑战。iVCE 是应对这一挑战的一次重要尝试，它试图通过自主元素、虚拟共同体和虚拟执行体等概念，支持开放环境下资源的按需聚合和自主协同，为终端用户或应用系统提供和谐、可信、透明的一体化服务。

11.7　云际计算应用场景

未来成熟的云际计算将整合多种云计算服务资源，满足各种用户对计算、存储和通信的爆发性、全域性和多样性需求。其主要应用场景如下。

数据交易安全屋。安全屋是一种用于数据流通共享的云际计算产品，是目前比较成熟的云际计算应用。安全屋遵循云际计算的对等协作机制框架，在数据源端实现了资源平面的数据访问和增加水印功能，在控制平面实现了合规检查和智能合约机制，在业务平面实现了数据请求和订单管理功能，在信息平面实现了价值交换转移记录及审计信息的收集。安全屋打破了数据服务提供者和数据服务消费者之间的供需信息不对称，通过区块链、堡垒机、审核流程等手段保证了数据的安全性，做到了数据所有权和使用权分离，不仅促成了供需双方的互赢，而且保证了数据交易过程的安全、透明。安全屋作为产、学、研相结合的商业化落地产品，可支持云服务提供者在其数据所有权不变的情况下实现数据使用权的可信流通共享，目前已在金融、汽车、商业地产等诸多领域得到应用并取得很好的效果。

基于区块链的云际计算交易所。云际计算交易所能够整合多家云计算供应商的服务资源，而基于区块链的去中心化云际计算交易所可以实现去中介信任、可信交易存证和高效对账。这样，所有的交易都存在区块链中，所有的节点都有完整的备份。交易所由区块链支撑，非常难被攻击。区块链本身的加密算法使用户具有匿名性，用户不需要暴露自己的隐私信息。所有的交易都会存在区块链上，用户可以查到每一笔交易，对于用户来说方便审计。百度等公司也关注云际计算环境下安全计算相关的问题，对于区块链、多方安全计算等方面的技术人才的需求度极高。

用户透明的多云盘协作。云际计算将克服多云中面临的访问接口异构、存储特征异构、地理分布、数据强一致性等方面的挑战，实现对容量聚合、突发需求变化、访问性能优化、服务可用性等方面的需求，为用户提供随时随地、跨设备和地域的数据获取与共享功能。无论是文件、图片，还是音乐、视频，均能在用户的各个设备之间进行在线同步，并且能够与他人分享。

车联网系统中多源数据融合与溯源。随着当前定位装置、手机传感器及物联网技术的飞速发展，车联网应用与服务在人们的日常生活中越发普遍，城市街道随处可见通过车联网手机客户端打车的乘客。云际计算将对大量的位置数据、传感器数据、车辆数据等多源数据进行高效存储与共享，并进行挖掘和分析，实现智能交通出行的规划和优化；同时，对不同特定云的不同数据源加以融合，以便更好地方便用户出行。例如，交通云（包含准确的路网信息）和气象云（包含大量的气象预报信息）能够丰富出行规划的设计，提供更精确智能的行程预测。

医疗健康系统。在电子信息技术飞速发展的同时，人们对健康的关注度越来越高，电子健康档案的重要性与日俱增。云际计算将对多个不同种类的医疗机构的电子健康档案进行积累整合，实时掌握病人的个人健康信息，在必要时对病人以往的健康信息（如病历、检测结果等）进行综合分析，以做出最好的病情判断。

习题

1．传统云计算有哪些缺陷和挑战？
2．云际计算的概念是什么？有哪些代表性工作？
3．云际计算的优势有哪些？
4．云计算的架构有哪些？分别阐述每种架构的机制和优缺点。
5．阐述云际计算生态系统的体系结构。
6．云际协作环境的三类核心服务是什么？分别阐述其作用。
7．如何理解对等协作机制？
8．你认为未来云际计算将如何发展？还有哪些应用场景？

第12章 中国云计算技术

本章通过梳理和分析国内云计算技术的发展概况，总结我国云计算发展形势，重点介绍国产云存储技术、大数据库技术、云视频监控技术及云服务等关键技术、产品与平台，以便读者更加直观地了解国内云计算发展态势。

12.1 国内云计算发展概况

近年来，在产业转型的过程中，我国各行业纷纷利用云计算、人工智能等新兴技术提升生产效率、创新能力和资源利用率，带动发展模式变革，为最终实现数字化转型奠定了坚实基础。从 2014 年开始，我国云计算步入快速成长的新阶段，技术创新步伐不断加快，产业结构不断优化，市场需求空间不断扩大，产业规模快速增长，新的产业格局正在形成。过去十年是云计算发展突飞猛进的十年，全球云计算市场规模增长数倍，我国云计算市场从最初的十几亿元增长到现在的千亿元规模，我国云计算政策环境日趋完善，云计算技术不断发展成熟，云计算应用从互联网行业向政务、金融、工业、医疗等传统行业加速渗透。可以预见，云计算仍将迎来下一个黄金十年，进入快速发展期。在数字经济广泛发展的背景下，国内新基建政策稳步推进，云计算在数字化转型和智能化升级过程中将得到更广泛的应用。

以"BAT"（百度、阿里巴巴、腾讯）等为代表的国内互联网企业基于云计算模式提供了搜索引擎、电子商务、企业管理等服务，并不断提高云计算能力，成为现阶段中国云计算服务创新发展的主导力量。另外，华为云、天翼云、金山云、UCloud 等后起之秀也开始把目标对准庞大的企业级市场，希望能够在未来庞大的企业级市场占据领导地位。

百度认为未来是移动和云的时代，因此，百度云的一个重要发展方向就是向开发者提供包括云存储、大数据处理、云计算能力等在内的核心技术支持，以百度 BAE（百度应用引擎平台）为代表，让开发者在成熟的云平台上调取云能力，让广大开发者的智慧得到充分发挥。百度希望由此将这股原动力凝聚和集中，以此掌握更大的市场主动权。这和 App Store 所代表的策略思想很相似，也是一种云服务的全新模式。业界普遍认为，百度将自己核心的云能力开放给开发者，将引起云计算市场的巨大变革。

阿里巴巴在云计算领域特别是云平台的市场中，更加侧重于对实际用户的支持，不管是终端用户，还是其他服务提供商、合作用户。2013 年 10 月，阿里云推出"飞天 5K集群"项目，技术上取得了重大突破，拥有了单集群规模达到 5000 台服务器的通用计算平台。阿里云于 2013 年 12 月在"飞天"平台上启动一系列举措，包括低门槛入云策略、1 亿元扶持计划、开发全新开发者服务平台等多项内容。

腾讯则在 2013 年 9 月宣布腾讯云生态系统构建完成，将借助腾讯社交网络及开放平台来专门推广腾讯云。

华为云专注于云计算中公有云领域的技术研究与生态拓展，致力于为用户提供一站式云计算基础设施服务，提供包括云主机、云托管、云存储等的基础云服务、超算、内容分发与加速、视频托管与发布、企业 IT、云电脑、云会议、游戏托管、应用托管等服务和解决方案。

云计算技术的落地离不开硬件技术和云系统管理技术的适应性发展。在这方面，一大批老牌和新兴的 IT 企业，通过多年来的技术积累及对云计算技术和市场的积极探索，逐步明确了自己的市场方向，如华为、中兴、云创大数据、浪潮、曙光等重点企业将在云计算相关软/硬件研发和云计算系统解决方案提供等方面开展工作，在扩充既有产品的同时，为云计算服务发展提供支撑。

华为秉承开放的弹性云计算的理念，推出 FusionCloud 云战略，提供云计算数据中心、云计算产品、云服务解决方案。"IC 软/硬件基础设施、顶层设计咨询服务和联合第三方开发智慧城市应用"是华为企业业务的三个主要方向，在云计算数据中心的基础上，实现"云—管—端"的分层建设，打造可以面向未来的城市系统框架。

曙光创造性地推出了"城市云"战略，以"城市云"切实推进云计算技术和产品的应用，大大缩短了云计算从"概念时代"到"应用时代"的距离。曙光还推出了 ParaStor 云存储系统，全力打造电子政务、城市管理和工业创新服务平台，让城市云成为产业升级变革的助推器、加速器。

云创大数据打造了 cStor 云存储系统、cProc 云处理系统、cVideo 云视频系统、cTrans 云传输系统四条大数据特色产品线，成功应用于平安城市、智能交通、智慧环保、电信运营商、物联网、传媒、教育、医疗等诸多领域，成为国内云计算领域发展快、具有核心竞争力的企业之一。

当前，全球云计算产业正迎来新机遇，各主要国家都将云计算、5G 和人工智能等新兴技术视为承载数字化、智能化升级的核心基础设施。而随着我国产业升级的不断深化，企业数字化转型需求日益迫切。大力推动政府和企业上云，帮助政府和企业提升发展水平和发展效率，对于促进我国产业升级、打造数字经济至关重要。2020 年以来，无论是如火如荼的"新基建"、稳步推进的企业数字化转型，还是突如其来的疫情，都将云计算发展推向了一个新的高度。未来十年，云计算必将进入一个全新的发展阶段。另外，由于国际竞争局势日趋复杂，贸易摩擦加剧，作为数字经济的一个重要环节，云计算的自主可控已成为中国促进各产业发展、维护国家网络信息安全的迫切需要，而从芯片、IT 硬件设备到生态系统的核心技术自主研发，更成为保障我国云计算产业长远可持续发展的必由路径。

12.2　国内云存储技术

作为云计算 IaaS 层的代表性技术，国内云存储技术的发展十分迅猛，已经从学习开源云存储技术，逐步向拥有自主知识产权的云存储技术转变。以云计算技术为基础的新兴存储企业给市场带来了一种全新的改变，它们以全新的方式提供云存储产品和技术。本节将以淘宝文件系统、云创大数据的 cStor 超融合云存储系统和超低功耗一体机A8000 为例，介绍国内云存储技术。

12.2.1　淘宝文件系统

淘宝文件系统（Taobao File System，TFS）作为国内屈指可数的分布式文件系统，对目前中国分布式文件系统的发展有很重要的意义。它是一个高可扩展、高可用、高性能、面向互联网服务的分布式文件系统，主要针对海量的非结构化数据。它构建在普通的 Linux 机器集群上，可对外提供高可靠和高并发的存储访问。TFS 为淘宝提供海量小文件存储，通常文件大小不超过 1MB，满足了淘宝对小文件存储的需求，被广泛应用在淘宝各项应用中。它采用了高容错架构和平滑扩容，保证了整个文件系统的可用性和扩展性。同时，扁平化的数据组织结构可将文件名映射至文件的物理地址，简化了文件的访问流程，在一定程度上为 TFS 提供了良好的读/写性能。

1. 总体架构

TFS 的逻辑架构如图 12-1 所示，它主要由 NameServer、DataServer 和客户端组成。其中，NameServer 负责维护文件的元数据信息并管理 DataServer，DataServer 负责实际数据的存储，客户端提供数据的存储访问，并向第三方应用提供数据访问接口。NameServer 采用双机热备互为容错，多个 DataServer 组成数据存储集群。

TFS 主要是针对海量小文件的存储，为了提高小文件的读/写性能，大量的小文件在内部都会合并为一个大文件，类似于 GFS 中 Chunk，定位 Chunk 信息称为一级索引，Chunk 内部的文件定位信息称为二级索引。TFS 文件名中会包含这些索引信息，用户写入文件前，会向 TFS 申请 TFS 文件名，以保证后续能够通过解析 TFS 文件名获取索引信息。这种方式在灵活性上不如传统文件系统的 POSIX 接口，但这种扁平化的文件组织方式可以大大减小元数据的大小，保证 NameServer 可以支持 PB 级别的一级索引，系统可以获得更大的扩展性，二级索引只需要针对单台 DataServer 的数据量，这样就避免了因数据量膨胀带来的索引膨胀。

2. 存储机制

在 TFS 中，用户的大量小文件在内部会合并为一个大文件，这个大文件称为 Block。TFS 以 Block 的方式组织文件的存储。每一个 Block 在整个集群内拥有唯一的编号，这个编号由 NameServer 统一分配，Block 实际存储在 DataServer 上。NameServer 节点维护所有的 Block 信息，每个 Block 都会存储在多个 DataServer 节点上，保证数据的冗余。对于客户端发起的读/写请求，由 NameServer 选择合适的 DataServer 节点返回给客户端，客户端直接与 DataServer 进行数据读/写操作。NameServer 需要维护 Block 信息列表，以及 Block 与 DataServer 之间的映射关系，其结构如图 12-2 所示。

图 12-1　TFS 逻辑架构

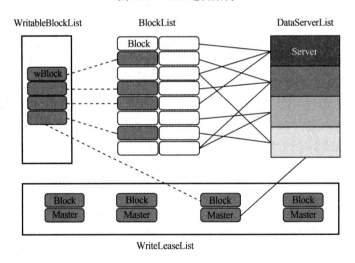

图 12-2　存储的元数据结构

在 DataServer 节点上，挂载目录上会有很多物理块，物理块以文件的形式存在磁盘上，并在 DataServer 部署前预先分配，以保证后续的访问速度和减少碎片产生。为了满足这个特性，DataServer 一般在 EXT4 文件系统上运行。物理块分为主块和扩展块，一般主块的大小会远大于扩展块，使用扩展块是为了满足文件更新操作时文件大小的变化。每个 Block 在文件系统上以"主块+扩展块"的方式存储。每个 Block 可能对应多个物理块，其中包括一个主块和多个扩展块。

在 DataServer 端，每个 Block 可能会由多个实际的物理文件组成：一个主 Physical Block 文件、N 个扩展 Physical Block 文件和一个与该 Block 对应的索引文件。Block 中的每个小文件会用一个 Block 内唯一的 file_id 来标识。DataServer 会在启动时把自身所拥有的 Block 和对应的 Index 加载进来。

3. 容错机制

1）集群容错

TFS 可以配置主、辅集群，一般主、辅集群会存放在两个不同的机房。主集群提供所有功能，辅集群只提供读。主集群会把所有操作重放到辅集群，这样既提供了负载均衡，又可以在主集群机房出现异常情况时不会中断服务或丢失数据。

2）NameServer 容错

NameServer 负责维护 Block 列表和 DataServer 与 Block 之间的关系，如每个 DataServer 拥有哪些 Block、每个 Block 存放在哪些 DataServer 上等。同时，NameServer 采用 HA 结构——一主一备，主 NameServer 上的操作会重放至备 NameServer。如果主 NameServer 出现问题，可以实时切换到备 NameServer。

另外，NameServer 和 DataServer 之间也会有定时的心跳汇报，DataServer 会把自己拥有的 Block 发送给 NameServer，NameServer 会根据这些信息重建 DataServer 和 Block 的关系。

3）DataServer 容错

TFS 采用 Block 存储多份的方式来实现 DataServer 的容错。每个 Block 会在 TFS 中存在多份，一般为 3 份，并且分布在不同网段的不同 DataServer 上。对于每个写入请求，必须在所有的 Block 写入成功时才算成功。当出现磁盘损坏、DataServer 宕机时，TFS 启动复制流程，把备份数未达到最小备份数的 Block 尽快复制到其他 DataServer 上去。TFS 对每个文件会记录校验 CRC，当客户端发现 CRC 和文件内容不匹配时，会自动切换到一个好的 Block 上读取。此后客户端将会自动修复单个损坏的文件。

4. 平滑扩容

TFS 集群容量不足时，只需新增 DataServer，在上面部署好应用程序后启动即可。这些 DataServer 会向 NameServer 进行心跳汇报。用户写数据时，NameServer 会根据 DataServer 容量的比值和负载情况选择合适的 DataServer 节点进行数据存储。

同时，在集群负载较轻时，NameServer 会对 DataServer 上的 Block 进行均衡，保证每个 DataServer 的 Block 数尽可能均衡。进行均衡计划时，首先计算每台 DataServer 上拥有的 Block 的平均数量，然后将 DataServer 划分为两堆：一堆超过平均数量的，作为移动源；另一堆低于平均数量的，作为移动目的。

12.2.2　云创大数据 cStor 超融合云存储系统

1. 总体架构

cStor 超融合云存储系统采用无中心管理节点架构设计，有效防止单点故障及性能瓶颈。通过算法实现，充分利用系统资源的计算能力，将任务分散于各个设备，即使在海量数据存储的情况下，仍能保持良好的性能。另外，存储节点采用分布式冗余架构，不仅可有效避免单点瓶颈，而且存储性能随节点数量的增加而线性增加。系统采用软件定义存储的方式，把硬件虚拟化成一个大的存储资源池，对外按需提供存储服务。

cStor 超融合云存储系统的逻辑架构分为五层，分别为基础设施层、数据层、平台层、运维管控层和应用层（见图 12-3）。其中，基础设施层主要指 cStor 超融合云存储系统运行所依赖的网络、服务器等硬件基础设施，cStor 超融合云存储系统采用软件定义存储的方式，把硬件存储资源虚拟化为一个大的存储资源池，然后按需对外提供存储空间，基础设施层负责实际的物理数据存储；数据层对应 cStor 超融合云存储系统内部的逻辑数据管理和分类，包括文档、视频及图片等业务数据，也包括设备信息、运维信息及日志信息等监控数据，数据层的数据最终会存储在基础设施层的服务器磁盘中；平台层对应 cStor 超融合云存储系统的调度管理及服务类型封装，是系统的核心模块，所有的数据读写控制、故障智能修复、数据调度迁移、系统健康管理等均由该模块完成，同时把系统封装成多种存储服务类型，包括对象存储、文件存储及块存储等主流的存储形式；运维管控层主要负责对系统的软硬件资源进行统一调度和管理，并进行实时监控和告警，包括系统各存储功能模块的在线控制、硬件设备及软件服务的状态监控、软硬件故障的智能预警等，同时提供系统的日志管理和运维；应用层是 cStor 超融合云存储系统的实际业务应用系统，这些应用系统的数据最终存入 cStor 超融合云存储系统内，常规的应用有容灾备份、数据中心、业务应用系统等。

图 12-3　cStor 超融合云存储系统逻辑架构

2. 设计思想

1）去中心化机制

分布式存储一般有两种寻址方式：一种是中心管理服务器查表的方式；另一种是根据系统信息计算的方式。

在中心管理服务器查表方式中，系统将数据的相关位置及状态信息保存在中心管理服务器上，用户访问数据时，首先向中心管理服务器获取数据地址，再按照获取的位置信息到对应的存储节点上访问数据。中心管理服务器需要维护巨大的数据信息表，一方面容易出现单点故障，另一方面伴随着系统规模扩大容易出现性能瓶颈。用户的所有请求都需要经由中心管理服务器认证、确认，过程烦琐复杂。

cStor 超融合云存储系统采用去中心化设计，以计算代替查表，每台服务器只需要维护很少的系统信息就可以访问数据。所有的客户端模块都内嵌了分布算法，集群规模很大时，依然通过计算来定位数据节点，不存在大规模数据下的查表瓶颈问题，同时避免了热点集中导致的单点故障问题，极大地提升了云存储的性能。

2）智能数据分布算法

cStor 超融合云存储系统采用了自主研发的智能数据分布算法，在设计时考虑了以下方面。

- 数据分布均匀：考虑到存储设备负载应当均衡，存储在系统的数据应该尽可能均匀地分布在所有的存储设备中。
- 数据分布可控：配置后，数据分布按照数据中心、机架、节点甚至磁盘等物理特性分布，保证掉电亦可访问。
- 数据分布稳定：在系统状态发生变更时（如设备故障、增加设备、更改配置等），数据在设备之间的迁移应该尽可能少。
- 寻址算法高效：所有的数据操作均使用计算来进行数据寻址，算法的高效对于存储系统的性能至关重要。

cStor 超融合云存储系统中的算法采用二级映射的方式来实现。在客户端，文件首先被分成一定大小的块，这些块通过一级映射映射到某个虚拟节点上，再通过二级映射映射到特定的存储设备上。在一级映射中，块与虚拟节点的映射关系比较简单，使用时可以通过直接计算得到。在二级映射中，系统先根据设备状态和配置信息计算映射关系。当设备状态或者配置发生更改时，只更改部分虚拟节点到存储设备的映射关系，从而减少了数据迁移的数量，同时降低了系统维护的难度。

为了最大化保证数据安全性，智能数据分布算法可定制化实现数据中心、机架、主机等级别的数据分布。系统数据可按照副本存储在不同数据中心、不同机架、不同主机等物理架构上，防止数据中心级别的数据丢失。

3）集群化配置

cStor 超融合云存储系统的各存储模块互相独立并冗余，集群化配置实现系统的高可用性，同时提高了系统的可靠性。系统中各个模块，包括监控模块、存储模块及网关模块等均支持集群化部署，在硬件设备发生故障时，系统仍保持可用，可靠性达99.9999%。

采用集群化部署系统，一方面提供多个节点进行功能冗余，各节点独立处理任务，一旦某节点出现故障，其他节点同样可提供服务，系统高度可靠，而系统正常运行时，亦可将系统的多个任务均衡分布到各节点上，保证各节点间负载均衡，不易出现单点瓶颈；另一方面，数据的冗余提高了系统的可靠性，即使出现磁盘故障、节点损坏等重大风险，数据仍保持一致。

4）非专用硬件部署

cStor 超融合云存储系统安装部署不需要特定品牌或型号的硬件设备，不同规格和类型的硬件可以协同工作。应用层屏蔽了底层硬件设备的差异，解决了硬件的绑定问题。系统不需要任何专业特殊的存储硬件，只需要通用 x86 服务器就可以正常提供服务，节省了用户的硬件成本。

3. 关键技术

1）分级动态存储技术

cStor 超融合云存储系统采用分级技术，根据信息的重要性、访问频率等对信息进行分级存储，将文件的元数据等访问频繁的重要信息时刻保持在线存储，开机后保存在内存中，便于随时读取和修改，以满足前端应用服务器或数据库对数据访问的速度要求；将其他备份数据、冗余容错的数据等访问量小的数据采用廉价的 SATA 硬盘存储。对于访问量小的数据，采用离线存储，一旦需要访问这些数据，则使用相应的唤醒策略来将离线转为在线。

2）高速并发访问技术

cStor 超融合云存储系统的客户端访问数据时，根据系统状态信息计算数据存储位置。当客户端拥有最新的系统状态信息时，可以直接与存储进程通信，实现对数据的操作。一套系统拥有大量的存储进程（一般与磁盘数量一致），多个客户端可以同时与这些存储进程通信。

客户端在处理大文件时，会根据配置对文件分块，多个块之间并行操作，从而提高了单个文件的处理速度。

3）数据高可靠保证技术

cStor 超融合云存储系统支持多副本和纠删码两种冗余模式，保证了整个系统在损失部分节点时，数据不会丢失。副本冗余模式下，文件被分成多个块，以对象的形式存储，每个块被保存为多个副本。当其中一个副本丢失或者损坏时，系统会自动检测，以剩余的副本重建新的副本，以保持系统中每个块的副本数。

在纠删码模式下，系统会对连续的多个块通过一定的编码方式计算冗余块，与原始数据块保存在不同的节点上。当原始数据块或冗余块丢失或损坏时，系统会根据剩余的块计算丢失的块，以恢复其冗余模式。

另外，客户端与存储设备直接传输，减少了中间处理过程，在提高性能的同时，减小了数据传输出错的概率。同时，在数据传输时，采用纠错码，对传输的数据进行检验，保证了传输的数据准确可靠。

4）数据可扩展性

cStor 超融合云存储系统可以平滑地进行数据扩容，当客户需要增加容量时，可按照需求采购服务器和硬盘，简单增加即可实现容量的扩展。新设备仅需安装操作系统及 cStor 云存储软件，打开电源接上网络，系统便能自动识别，自动把容量加入 cStor 存储池中完成扩展，扩容环节无任何限制。

5）超安存编解码技术

传统云存储副本容错方式的存储空间利用率低，三副本容错和超安存 8:2 编解码都允许两个节点损坏而数据不丢失，但它们的存储空间利用率分别是 33% 和 80%。

超安存编解码方案是把用户原始数据切分为 M 个原始数据块，并根据编解码算法生成 N 个校验块，把这 $M+N$ 个数据块分别存储到不同的数据节点，丢失 $M+N$ 个块中的任意 N 个块，都可以根据其中任意 M 个块恢复数据，从而保证数据的可靠性。

如图 12-4 所示，采用三副本容错，D1～D8 都存在 3 个副本，能容忍 2 个副本失效，需 24 个数据块存储空间；采用超安存 8:2 编解码容错，对数据块 D1～D8 进行编码，生成 P1、P2 两个校验块，能容忍 2 个副本失效，共需要 10 个数据块的存储空间。

图 12-4　三副本容错与超安存 8:2 编解码容错对比

12.2.3　A8000 超低功耗云存储一体机

A8000 超低功耗云存储一体机（见图 12-5）是云创大数据与 Intel 联合发布的全球首款超低功耗、超高密度的云存储产品。由 Intel Atom 系列处理器开发的 64 位低功耗硬件平台，与云创大数据自主创新核心软件产品 cStor 超融合云存储系统良好结合的云存储一体机，展现了新一代高密度云存储产品高容量、高性能、节能环保的综合特性。与传统云存储产品相比，该产品可搭载的总存储容量高达 5376TB，单存储节点的峰值功率低于 0.15kW，比传统云存储产品节能 3 倍。

1. 机架结构

A8000 超低功耗云存储一体机采用 42U 一体

图 12-5　A8000 超低功耗云存储一体机

机柜，4U 空间用于部署交换机和供电模块；32U 用于部署 32 个 1U 的服务器，2U 用于部署 1 台四子星监控管理服务器。其采用集中式供电系统，供电模块占 2U 空间，由电源模块、配电板（PDU）、母排、背板组成；通过多个电源模块，构成 $M+N$ 冗余系统，任意一个电源模块出现故障，不影响整个系统的供电；采用集中式散热系统，风扇模块采用了风扇墙共享设计，由 RMC 实现独立风扇控制；通过管理模块对整个机架的 10 个散热模块进行实时控制。

2. 产品特性

A8000 超低功耗云存储一体机具有以下特性。

1）优异性能

其支持高并发、带宽饱和利用。cStor 超融合云存储系统将控制流和数据流分离，数据访问时多个存储服务器同时对外提供服务，实现高并发访问。一体机自动均衡负载，将不同客户端的访问负载均衡到不同的存储服务器上。一体机的性能随节点规模的增加呈线性增长，一体机的规模越大，云存储系统的优势越明显，无性能瓶颈。

2）超低功耗

每个节点的主板功耗为 45W，单机架峰值功率低于 9500W，与传统云存储系统相比，节能 3 倍。一体机采用了集中式直流供电，减少了电源逆变次数，提高了电源效率；同时采用 RMC 智能管理模块对所有风扇进行管理，可根据系统局部温度变化调节风扇转速，达到节能效果。

3）简单通用

一体机提供 NFS、CIFS、S3、iSCSI 等访问接口；支持 POSIX 接口规范，支持 Windows/Linux/MacOS X 等操作系统平台，无须修改应用，可当成海量磁盘使用；同时对外提供专用的高速 API。

4）便捷管理

一体机的管理由 cStor 超融合云存储系统管理监控中心完成，使用人员不需要任何专业知识便可以轻松管理整个系统。

5）全面监控

通过专业的分布式集群监控软件对 cStor 超融合云存储系统中的所有节点实行无间断监控，用户通过界面可以清楚地了解每个节点的运行情况。

6）超高密度

单机架配置 32 个存储节点，每个节点支持 12 个 SAS/SATA 盘位，共计 384 个盘位，最大存储容量可达 5376TB。

7）高度可靠

一体机采用高度可靠的冗余备份机制，每个硬盘、主板、电源、交换机、服务器之间相互冗余，任何单节点出现故障，都不会影响整个系统的运行。

3．关键技术

1）低功耗主板

一体机的单块主板最大可接 12 个 SATA3.0 硬盘，对外网络提供 4 个千兆以太网，支持四网口绑定，网络带宽速率可达 4 千兆。处理器是 Intel 64 位低功耗 CPU，支持 DDR4 内存，单板可直接安装 Linux 发行版操作系统。主板如图 12-6 和图 12-7 所示。

2）集中式直流供电

一体机采用目前先进的直流式供电（12V），电压从 250V AC 直接逆变到 12V DC，通过铜排电缆送到每个节点，从而减少电压逆变次数，提高电源效率。供电系统逻辑视图如图 12-8 所示。

图 12-6　低功耗主板视图

图 12-7　低功耗主板功能逻辑架构

图 12-8　供电系统逻辑视图

3）集中式散热系统

一体机的每个散热模块由 3 个独立的风扇组成，通过集中管理模块，根据每个区域的温度，自动调节风扇转速，针对整个系统的问题进行有效散热，从而达到节电效果。

散热系统逻辑视图如图 12-9 所示。

图 12-9　散热系统逻辑视图

12.3　国内大数据库技术

随着近年来数据的爆发式增长，"大数据"的概念早已深入人心，大数据库（分布式数据库）的需求也与日俱增。国外大数据库技术发展一直较为领先，从 Google 的 BigTable，到 Amazon 的 Simple DB、Oracle 的 Exadata、EMC 的 Greenplum 等，以及一些开源的分布式数据库，如 HBase、Cassandra、VlotDB、MongoDB、Spark、Storm，等等。而近年来，国内云计算大数据库技术也进入了一个迅猛发展阶段，其中较有代表性的有阿里巴巴的 OceanBase 和云创大数据的数据立方（DataCube）。

12.3.1　阿里巴巴 OceanBase

OceanBase 主要是为了解决淘宝网的大规模数据而产生的，是一个支持海量数据的高性能分布式数据库系统，达到管理数千亿条记录的规模，支持在数百 TB 数据上跨行跨表事务并支持 SQL 操作。到目前为止，OceanBase 支持了收藏夹、直通车报表、天猫评价等 OLTP（联机交易处理）和 OLAP（联机分析处理）在线业务，线上数据量已经超过千亿条记录。

1．系统架构

OceanBase 系统架构如图 12-10 所示。

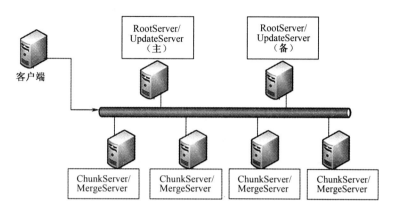

图 12-10　OceanBase 系统架构

OceanBase 主要由客户端、主备控制服务器 RootServer、更新服务器 UpdateServer、基线数据服务器 ChunkServer 和合并服务器 MergeServer 构成。

（1）客户端。用户使用 OceanBase 的方式和使用 MySQL 数据库完全相同，其支持 JDBC、客户端访问等。基于 MySQL 数据库开发的应用程序、工具能够直接迁移到 OceanBase。

（2）RootServer：配置服务器，一般是单台服务器。为了避免软/硬件故障导致的服务中断，RootServer 记录 commit 日志并通常采用双机热备。由于 RootServer 负载一般都很低，因此它常常与 UpdateServer 共用物理机器。

（3）UpdateServer：存储 OceanBase 系统的增量更新数据。UpdateServer 一般为一主一备，主备之间可以配置不同的同步模式。部署时，UpdateServer 进程和 RootServer 进程往往共用物理服务器。

（4）ChunkServer：保存基准数据的服务器，通常是多台。为了避免软/硬件故障导致的服务中断，同一份基准数据通常保存 3 份并存储在不同的 ChunkServer 上。

（5）MergeServer：接收并解析用户的 SQL 请求，经过词法分析、语法分析、查询优化等一系列操作后转发给相应的 ChunkServer 或者 UpdateServer。如果请求的数据分布在多台 ChunkServer 上，MergeServer 还需要对多台 ChunkServer 返回的结果进行合并。客户端和 MergeServer 之间采用原生的 MySQL 通信协议，MySQL 客户端可以直接访问 MergeServer。

2．数据查询流程

如图 12-11 所示，用户可以通过兼容 MySQL 协议的客户端、JDBC/ODBC 等方式将 SQL 请求发送给某台 MergeServer，MergeServer 的 MySQL 协议模块将解析其中的 SQL 语句，并交给 MS-SQL 模块进行词法分析（采用 GNU Flex 实现）、语法分析（采用 GNU Bison 实现）、预处理，并生成逻辑执行计划和物理执行计划。

如果是只读事务，MergeServer 需要首先定位请求的数据所在的 ChunkServer，接着往相应的 ChunkServer 发送 SQL 子请求，每个 ChunkServer 将调用 CS-SQL 模块计算 SQL 子请求的结果，并将计算结果返回给 MergeServer。最后，MergeServer 需要整合这些子请求的返回结果，执行结果合并、联表、子查询等操作，得到最终结果并返回给客户端。

图 12-11　数据查询流程

如果是读/写事务，MergeServer 需要首先从 ChunkServer 中读取需要的基线数据，接着将物理执行计划及基线数据一起发送给 UpdateServer，UpdateServer 将调用 PS-SQL 模块完成最终的写事务。

CS-SQL：实现针对单个表的 SQL 查询，包括表格扫描（Table Scan）、投影（Projection）、过滤（Filter）、排序（Order By）、分组（Group By）、分页（Limit），支持表达式计算、聚集函数（count/sum/max/min 等）。执行表格扫描时，需要从 UPS 读取修改增量，然后与本地的基准数据合并。

UPS-SQL：实现写事务，支持的功能包括多版本并发控制、操作日志多线程并发回放等。

MS-SQL：SQL 语句解析，包括词法分析、语法分析、预处理、生成执行计划，按照表单范围合并多个 ChunkServer 返回的部分结果，实现针对多个表格的物理操作符，包括联表、子查询等。

3. 系统特点及优势

OceanBase 设计和实现时暂时摒弃了许多不需要的 DBMS 的功能，如临时表、视图、SQL 语言支持等，使得研发团队能够把有限的资源集中到关键的功能上，如数据一致性、高性能的跨表事务、范围查询、联表等。

虽然数据总量比较大，但跟许多行业一样，淘宝业务一段时间（如小时或天）内数据的增删改是有限的（通常一天不超过几千万次到几亿次），根据这个特点，OceanBase 把一段时间内的增删改等修改操作以增量形式记录下来（称为动态数据，通常保存在内存中），这样也使主体数据在一段时间内保持相对稳定（称为基准数据）。

由于动态数据相对较小，通常情况下，OceanBase 把它保存在独立的 UpdateServer 的内存中，以内存保存增删改记录，极大地提高了系统写事务的性能。此外，假如每条修改平均消耗 100 字节，那么 10GB 内存可以记录 100M（1 亿）条修改，且扩充 UpdateServer 内存即增加了内存中容纳的修改量。不仅如此，由于冻结后的内存表不再修改，它也可以转换成 SSTable 格式并保存到 SSD 固态盘或磁盘上。转储到 SSD 固态盘后所占内存即可释放，并仍然可以提供较高性能的读服务，这也缓解了在极端情况下 UpdateServer 的内存需求。为了应对机器故障，动态数据服务器 UpdateServer 写 commit 日志并采取双机（甚至多机）热备。由于 UpdateServer 的主备机是同步的，因此备机也可同时提供读服务。

因为基准数据相对稳定，OceanBase 把它按照主键（Primary Key，也称为 Row Key）分段（Tablet）后保存多个副本（一般是 3 个）到多台机器（ChunkServer）上，避免了单台机器故障导致的服务中断，多个副本也提升了系统服务能力。单个 Tablet 的尺寸可以根据应用数据的特点进行配置，相对配置过小的 Tablet 会合并，过大的 Tablet 则会分裂。

由于 Tablet 按主键分块连续存放，因此 OceanBase 按主键的范围查询对应连续的磁盘读，十分高效。

对于已经冻结/转储的动态数据，OceanBase 的 ChunkServer 会在自己不是太繁忙的时候启动基准数据与冻结/转储内存表的合并，并生成新的基准数据。这种合并过程其实是一种范围查询，是一串连续的磁盘读和连续的磁盘写，也是很高效的。

传统的 DBMS 提供了强大的事务性、良好的一致性和很短的查询修改响应时间，但数据规模受到严重制约，缺乏扩展性；现代云计算提供了较大的数据规模、良好的扩展性，但缺乏跨行跨表事务，数据一致性也较弱，查询修改响应时间通常也较长，OceanBase 的设计和实现融合了二者的优势。

（1）UpdateServer：类似于 DBMS 中的 DB 角色，提供跨行跨表事务、很短的查询修改响应时间及良好的数据一致性。

（2）ChunkServer：类似于云计算中的工作机，具有数据多副本（通常是 3）、中等规模数据粒度（Tablet 大小约 256MB）、自动负载平衡、宕机恢复、机器插放等特点，系统容量及性能可随时扩展。

（3）MergeServer：结合 ChunkServer 和 UpdateServer，获得最新数据，实现数据一致性。

（4）RootServer：类似于云计算中的主控机，进行机器故障检测、负载平衡计算、负载迁移调度等。

上述的 DBMS 和云计算技术的优势互补，使得 OceanBase 既具有传统 DBMS 的跨行跨表事务、数据的强一致性及很短的查询修改响应时间，又具有云计算的海量数据管理能力、自动故障恢复能力、自动负载平衡能力及良好的扩展性。

4. 可靠性与可用性

分布式系统需要处理各种故障，如软件故障、服务器故障、网络故障、数据中心故障、地震、火灾等。与其他分布式存储系统一样，OceanBase 通过冗余的方式保障了高可靠性和高可用性。

OceanBase 在 ChunkServer 中保存了基准数据的多个副本。单集群部署时一般会配置 3 个副本，主、备集群部署时一般每个集群会配置 2 个副本，总共 4 个副本。

OceanBase 在 UpdateServer 中保存了增量数据的多个副本。在主备模式下，UpdateServer 主、备两台机器各保存一个副本。另外，每台机器都通过软件的方式实现了 RAID1，将数据自动复制到多块磁盘，进一步增强了可靠性。

ChunkServer 的多个副本可以同时提供服务。BigTable 及 HBase 这样的系统服务节点不冗余，如果服务器出现故障，需要等待其他节点恢复成功才能提供服务，而 OceanBase 多个 ChunkServer 的 Tablet 副本数据完全一致，可以同时提供服务。

UpdateServer 主、备之间为热备，同一时刻只有一台机器为主 UpdateServer，提供写服务。如果主 UpdateServer 发生故障，OceanBase 能够在几秒内（一般为 3~5s）检测到并将服务切换到备机，备机几乎没有预热时间。

OceanBase 存储多个副本并没有带来太多的成本。当前的主流服务器的磁盘容量通常是富余的，如 300GB×12 或 600GB×12 的服务器有 3TB 或 6TB 左右的磁盘总容量，但存储系统单机通常只能服务少得多的数据量。

在 OceanBase 系统中，用户的读/写请求，即读/写事务，都发给 MergeServer。MergeServer 解析这些读/写事务的内容，如词法和语法分析、schema 检查等。对于只读事务，由 MergeServer 发给相应的 ChunkServer 分别执行后再合并每个 ChunkServer 的执行结果；对于读/写事务，由 MergeServer 进行预处理后，发送给 UpdateServer 执行。只读事务执行流程如下。

（1）MergeServer 解析 SQL 语句，进行词法分析、语法分析、预处理（schema 合法性检查、权限检查、数据类型检查等），最后生成逻辑执行计划和物理执行计划。

（2）如果 SQL 请求只涉及单张表格，MergeServer 将请求拆分后同时发给多台 ChunkServer 并发执行，每台 ChunkServer 将读取的部分结果返回 MergeServer，由 MergeServer 来执行结果合并。

（3）如果 SQL 请求涉及多张表格，MergeServer 还需要执行联表、嵌套查询等操作。

（4）MergeServer 将最终结果返回给客户端。

12.3.2 云创大数据数据立方

针对目前各类大数据库无法实时处理海量数据（万亿条记录以上规模）的不足，云创大数据推出了云计算数据库——数据立方。该系统采用分布式块存储、动态 B+树森林、并行执行架构及读取本地磁盘的执行方式，使入库和处理达到了实时完成、简单易用、高度可靠的效能，使 EB 级的数据能够秒级处理，大大提高了海量数据的处理效率，还可支持数据仓库存储、数据深度挖掘和商业智能分析等业务。目前系统已经在中国移动、国家地震局等得到非常成功的应用。其中，国内某省运营商在单库 40 个机架的环境下，自系统上线以来，已经连续处理一亿个在线终端的每日回传实时数据流数据，平均日增长量达到 100 亿条记录，实时数据量更是扩增到 15000Mbit/s，并且随着更多机构的接入，数据规模和处理能力将会进一步提升。

1. 数据立方体系架构

数据立方的架构分为用户接口、索引、SQL 解析器、作业生成器、元数据管理、并行计算架构、分布式文件系统等部分，如图 12-12 所示。

图 12-12　数据立方架构

用户接口主要有两个：JDBC 和 Shell。JDBC 主要执行数据的定义操作，即建立数据库、建表、建分区，对数据库、表和分区的删改等，同时可执行数据查询的 SQL 语句，暂不支持单条记录的增删改。数据立方提供友好的 Shell 交互界面，Shell 支持数据库、表的增删改及数据查询的 SQL 语句。

在数据入库的同时，与数据对应的索引也在同步建立，索引是由若干棵 B+树构成的 B+树森林，数据插入内存的同时，索引 B+树森林也在生成和融和，当达到内存数据块上限时，数据和索引会刷新到分布式文件系统上成为文件。数据立方的元数据存储在数据库中，其中包括数据库的名字和属性、数据库中的表、表的名字、表的列、分区及其属性、表的属性、表的数据所在目录等。

SQL 解析器接收从 JDBC 和 Shell 传来的 SQL 查询语句，同时对 SQL 语句进行词法分析、语法分析、编译、优化。作业生成器根据 SQL 语法树生成查询作业，分析所要处理的数据表对应的索引文件所在的存储子节点位置，并将作业发送给并行计算架构。并行计算架构接收作业生成器生成的作业，根据索引文件的位置切分查询作业，形成子任务，然后将子任务发送给数据所在的存储子节点，每个节点执行这些子任务查询索引，得到结果记录所在的数据文件名与偏移量，并以广播的方式发送查询子任务到数据文件所在的节点，在执行完毕后将结果返回。

数据立方可以使用 HDFS 和 cStor 作为底层存储系统，cStor 是一个主/从结构的分布式文件系统，不仅具有 HDFS 的高吞吐率、高读/写性能等特性，还支持 HDFS 所不具备的对文件修改等功能，并且支持 POXIS 接口。

2. 分布式并行计算架构

数据立方的分布式并行计算架构（DPCA）是典型的主/从结构，主 Master 与从 Master 分别部署在 HDFS 的主、从 NameNode 物理节点上，而 Slave 部署在 DataNode

物理节点上，主、从 Master 使用 ZooKeeper 同步，并共享系统日志，Master 与 Slave 之间用心跳信息保持信息交换。DPCA 如图 12-13 所示。

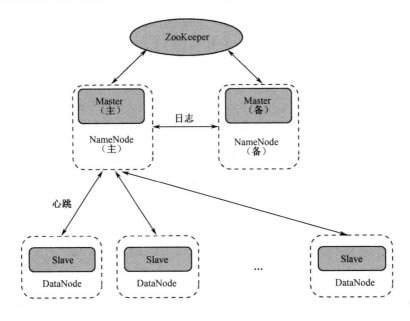

图 12-13　DPCA

相对于 MapReduce 架构，DPCA 具有实时性、计算的数据本地性及数据平衡性。MapReduce 架构的作业提交过程较为复杂，客户端将作业提交到 JobTracker 有较长的延迟，JobTracker 将作业处理为 MapReduce Task 后，通过 TaskTracker 的心跳信息将 Task 返回给 TaskTracker，此过程中也存在延迟。MapReduce 架构虽然也遵循数据本地性，但仍会有很大比例的数据处理不是本地的。相对于 MapReduce 架构，DPCA 的作业提交是实时性的，在提交作业之前，所需程序的 jar 包已经分发到所有计算节点，在作业提交之后，Master 在初始化处理后即将 Task 直接分发到所有 Slave 节点上，如图 12-14 所示。在作业提交后，Master 根据数据文件所在位置分配 Task，这样在每个计算节点上要处理的 HDFS 上的数据块就在本地，避免了数据的移动，极大地减少了网络 I/O 负载，缩短了计算时间。每个计算节点会根据 Task 中 SQL 解析器生成的执行计划对 Task 执行的结果进行分发。分发的方式有 3 种：分发所有中间数据到所有计算节点；分发所有中间数据到部分节点；根据数据所在位置分发，如图 12-15 所示。DPCA 能够周期性地对 HDFS 上的数据表进行维护，保持数据表在所有的 DataNode 上所存储的数据量的平衡，减少因数据负载的不平衡而导致的计算负载的不平衡。

举一个典型的小表与大表连接的实例，如图 12-16 所示，Master 解析作业中的执行计划，判断小表的位置后，将 Task0 发送给 Slave0，命令 Slave0 发送小表到所有节点，而其他节点接收到的子任务是等待接收小表的数据，接收到数据后将小表与大表连接并将数据返回给 Master，当所有数据返回完成，则这个作业完成。

图 12-14 DPCA 上的作业执行过程

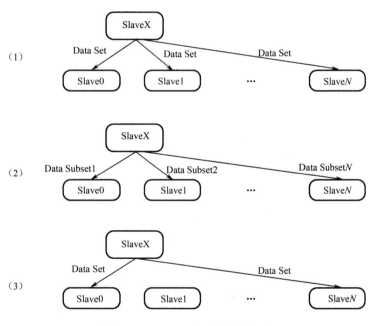

图 12-15 DPCA 的 3 种分发方式

3. 分布式索引

MapReduce 对每个查询都是直接从分布式文件系统中读入原始数据文件，I/O 代价远高于数据库。相对于 MapReduce 架构及在其之上的 SQL 解析器 Hive，数据立方引入了一种高效的分布式索引机制。不同于并行数据库的 Shared-Nothing 和 Shared-Disk 架构，数据立方的数据文件与索引文件都存放在分布式文件系统上。

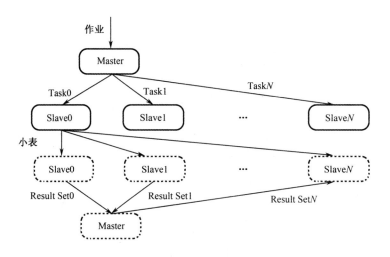

图 12-16　小表与大表的连接实例

在数据入库的同时，B+树索引在内存中同步生成，B+树中的叶子节点存储的是数据文件路径与记录在文件中的偏移量。在 B+树中的叶子节点数达到设置上限后，索引将被序列化到分布式文件系统上，在根据条件进行表单查询时，作业被提交到 DPCA。Master 节点首先分析该表的索引文件，根据索引文件所在的节点将 Task 发送到相应的节点，每个节点在查询本地的索引文件之后将符合条件的数据文件路径+偏移量打包成 Task，根据数据文件位置再次分发，在数据文件中的记录查询出来之后将结果返回，如图 12-17 所示。

图 12-17　B+树索引

4. 数据立方大数据一体机

数据立方大数据一体机（见图 12-18）是一种处理海量数据的高效分布式软/硬件集合的云处理平台，该平台可以从 TB 乃至 PB 级的数据中挖掘有用的信息，并对这些海量信息进行快捷、高效的处理。平台支持 100Gbit/s 以上量级的数据流实时索引，秒级响应客户请求，秒级完成数据处理、查询和分析工作。平台可以对入口数据进行实时索引，对数据进行分析、清理、分割，并将其存储在云存储系统上，不仅在入库和检索时具有非常大的性能优势，还可以支持数据深度挖掘和商业智能分析等业务。

图 12-18　数据立方大数据
一体机实物图

12.4　云视频监控技术

随着云计算技术的飞速发展，许多传统行业纷纷向"云"上靠拢，视频监控行业就是其中之一。将分布式云计算的灵活性、稳定性、性价比应用于庞大的监控行业，势必会给这一传统行业带来崭新的活力和巨大的飞跃。下面就以云创大数据的 cVideo 云视频监控技术为例，简要介绍云视频的相关技术。

12.4.1　cVideo 云视频监控系统

cVideo 云视频监控系统利用云计算的强大处理能力和云存储的海量存储能力，可同时提供任意多路高清视频监控系统和大规模高清视频点播系统。

1. 系统架构

cVideo 云视频监控系统主要由 7 个模块组成：前端设备、接入服务器、处理服务器集群、存储服务器集群、流媒体服务器、中心服务器和客户端，如图 12-19 所示。

2. 网络架构

图 12-20 简要描述了 cVideo 云视频监控系统的系统数据流。其中支持 RTSP 标准协议的网络摄像机等前端设备，可以直接接入 cVideo 监控处理平台中；模拟摄像头经过编码器编码后接入平台中；其他平台可以经过 SDK 整合后接入。经过接入服务器后，对进入云处理集群的数据进行处理，实现对实时视频流的内容识别、转码、智能分析等功能，并经过转发服务器以流媒体的形式对外提供服务。对于经过 cVideo 监控处理平台处理后流出的视频数据，如果是终端设备（手机、iPad 等）需求，则直接由 cVideo 的转发服务器发送转码后的视频流；如果是上电视墙显示的需求，则将视频流推送给解码器进行解码上墙。

3. 关键技术

1）基于分布式网络设计，支持多点超远距离实时高清视频监控

cVideo 云视频监控系统采用 DDNS 和 NAT 等技术，通过互联网将地理位置上分布距离很远的多个地点的监控前端（摄像机）接入当前的监控系统中，以满足远距离实时

监控多个地点的需求。同时，人性化的设计提供友善的操作界面。

图 12-19　cVideo 云视频监控系统架构

图 12-20　cVideo 云视频监控系统的系统数据流

2）支持大规模、多层级的监控系统

　　cVideo 云视频监控系统基于高可扩展性、高可靠性的架构设计，使其能够支持不同规模、不同层级的系统。其通过用户权限管理、中心服务器管理、通信加密等措施提高系统的安全性；通过基于云的转码服务器集群，使其能够支持多路、动态分辨率的大规模实时高清视频监控，并且使系统具有优异的可扩展性，以满足不同规模的需求。

3）支持海量视频数据备份

cVideo 云视频监控系统采用云存储技术，支持海量视频数据存储。可靠的冗余技术保证数据记录的可靠性。根据监控系统规模和所需要保存的视频数据记录的时长，配置存储容量，并通过热插拔技术支持动态扩展，理论上支持长时间的视频备份。

4）采用视频内容智能分析技术

cVideo 云视频监控系统采用前沿的视频内容分析技术，通过将场景中的背景和前景目标分离，进而探测、提取、跟踪在场景内出现的目标并进行行为识别。通过对视频的内容描述及规则匹配，计算机系统可以"代替"人进行监控，即进行视频分析，这样，大量的、枯燥的、"死盯"屏幕的任务便交给了服务器的算法程序，值班人员可以解脱出来，将重心放在视频分析系统报警触发后的事件审核工作上。

12.4.2　cVideo 智能分析系统

cVideo 智能分析系统构架于云调度和云处理架构之上，采用前沿的图像处理技术，并结合模式识别技术对已有的海量视频进行事件检索，实现对事件发生视频的切片回放、运动帧提取和对象跟踪。其现已实现火焰检测、烟雾检测、打架事件检测、车流量统计分析、车速判定、交通事故判定、遗留物检测、入侵检测等，通过优化的智能识别算法，能够在大大降低误检率和错检率的同时，提高检出率并发出相应的报警信号。cVideo 智能分析系统是个开放平台，还可不断加载第三方的智能识别算法。

1．特定人物视频检索

将 cVideo 智能分析系统具有自主知识产权的视频 DNA 算法应用在犯罪嫌疑人识别问题中，首先分析监控视频中目标人物的运动模式，建立运动 DNA 序列，为后续分析处理提供基础；后续分析包括运动目标优化、运动轨迹分析、运动特征提取、步态建模等，如图 12-21 和图 12-22 所示。

图 12-21　目标运动 DNA 序列

图 12-22　目标运动图谱

同时，以人搜人功能是视频智能分析技术的一项重要应用，其通过人为选取或运动检测的方式抓取目标人物图像，以人搜人技术可以自动检测监控视频中的目标人物并进行跟踪。

以人搜人技术适用于各种场合的指定目标检测与跟踪，如重要区域的可疑人物跟踪等，如图 12-23 所示。

图 12-23　以人搜人技术示意

2. 区域入侵检测

区域入侵检测是在视频智能分析技术——运动目标检测的基础上延伸出来的一种检测报警应用功能，可以自动检测监控视频中预设防区内所出现的运动目标，如果检测到的运动目标及其行为符合预先设定的警戒条件，则自动进行抓拍、录像及报警等关联性动作，如图 12-24 所示。

区域入侵检测可以预设多个任意形状的防区，各防区位置可以重叠，互不影响。防区设定后，只有符合指定条件的运动目标的入侵行为才会引发报警，而其他不符合条件的入侵将会被忽略。

区域入侵检测适用于各种场合的非法入侵检测，如入室盗窃、入侵高危区域、非法进入私人住宅区，以及针对在非工作时间内在非法方向上运动的过往人员进行记录等。

图 12-24　区域入侵检测功能示意

3. 车流量统计

车流量统计是在视频智能分析技术——运动目标检测的基础上延伸出来的，采用"虚拟线圈"的方式自动检测监控视频中所出现的车辆，并统计相应车道上的车辆进出数量，如图 12-25 所示。

车流量统计功能允许用户根据实际车道情况设定若干检测区域，当有车辆通过检测区域时自动计数并记录车辆通过时间等信息。

图 12-25　车流量统计功能示意

车流量统计是智能交通系统中的一项重要功能，主要用于城市道路或高速公路出入口、收费站等治安卡口及重点治安地段的全天候实时车辆检测与记录，为交通情况判定提供数据支撑。

4. 火焰检测

火焰检测功能可以自动对视频图像信息进行分析判断，及时发现监控区域内的火灾苗头，以更好的方式进行告警和提供有用信息，能有效地协助消防人员处理火灾危机，如图 12-26 所示。

图 12-26　火焰检测结果显示图

火焰有着与众不同的特征，但是传统的视频烟火检测容易受到其他类似火焰物体的干扰，存在很高的误报率。基于视频智能分析技术的火焰检测算法利用了火焰的颜色、形状及火焰的运动规律等不同动/静态特征的融合，有效地避免了类似火焰物体的干扰，很大程度上降低了误报率。

火焰检测功能可以广泛应用于军事、海关、公安、消防、林业、堤坝、机场、铁路、港口、城市交通等领域。

12.4.3　cVideo 云转码系统

1. 系统简介

视频转码是一种将已压缩的视频数据从一种格式转换为另一种格式的技术，视频的编码格式主要有 MPEG、H264、DivX、WMA、RM 等，封装格式主要有 AVI、PS、TS、MOV、MKV、MPG 等，而不同的播放器对格式的支持也不同，因此不同终端对视频流格式也有着特殊的需求。

同时，视频转码是一个高运算负荷的过程，需要对输入的视频流进行全解码、视频过滤/图像处理，并且对输出格式进行全编码。简单的转码过程仅仅涉及解码一个比特流和用不同的编解码器重新编码两个步骤。这种硬转码看似很简单，只需要一个解码器和一个编码器，但最终显示结果并不理想，因为视频数据解码后重新编码会降低画质。

由于视频转码计算量很大，单一的计算机不可能实现整个监控系统内的摄像头实时视频数据的转码。cVideo 云转码技术将视频转码计算放到云端，实现整个系统内的实时视频转码，以满足用户对不同分辨率、不同码流、不同终端的使用需求。cVideo 云转码系统能对现有视频文件按需进行分布式转码，实现不同格式、分辨率等参数的转换，并存储转好的文件。

2. 逻辑架构

图 12-27 为简化的 cVideo 云转码平台逻辑图，其核心内容是对各类视频文件的高效转码，基于云计算的模式，采取海量分布式 JobKeeper 云调度架构，以 Web Service 形式共同对外服务，实现云端转码、动态伸缩、监控管理等需求，最后将转码好的视频文件保存于 cStor 存储服务器，并给用户提供对应接口以方便调用。

（1）资源层：存储在 cStor 云存储系统中的视频数据。

（2）数据存储层：即 cStor 云存储系统，提供海量的存储空间，以备历史数据的回看与处理。

（3）数据处理层：即 cVideoCodec 云转码模块，由中心调度服务器（JobKeeper）调用，进行视频的转码等。

（4）服务层：提供 API，实现上层应用对底层资源的透明操作，提供业务应用的开发支持。

（5）调度控制层：实现对以上各层的综合调度与控制，以实现整套系统机制。

（6）应用层：主要包括调阅查询、内容识别等视频相关应用，用户可自己设计友善的界面、人性化的操作方式等。

图 12-27　cVideo 云转码平台逻辑图

3. 系统架构

图 12-28 简要描述了 cVideo 云转码系统架构。用户可以将需要转码的任意格式、任意分辨率的视频文件存储到 cStor 存储服务器中，然后通过客户端的 Web 操作页面，根

据需求提交转码请求，根据源文件的大小和时间轴长度拆分转码任务，通过 JobKeeper 云调度系统，自动均衡负载，将其分发到相应的处理节点，待分布式的转码完成后，再进行中间结果文件的合并与时间轴重构，并将最终视频文件存放在 cStor 的指定位置。这些视频文件经过索引建立一一对应关系，在 cVideo 云转码集群中进行数据处理，实现对视频文件的高效转码，并将结果保存在 cStor 存储服务器中。

图 12-28　cVideo 云转码系统架构

（1）中心调度服务器：负责获取用户从客户端或其他上层系统发出的指令，使用 JobKeeper 综合调度各个系统集群，实现整套 cVideo 的控制机制，并通过 Web Service 技术，将相关信息返回给客户端。

（2）cStor 存储服务器：用于长期存储视频数据，以备调阅及重新处理等。

（3）cVideoCodec 云转码：视频文件的云端转码处理。

（4）客户端：客户端与中心调度服务器通过 Web Service 技术连接，实现客户端和服务器之间的交互。

12.5　阿里巴巴阿里云服务

2009 年 9 月，阿里巴巴集团在十周年庆典上宣布成立新的子公司阿里云。该公司专注于云计算领域的研究，依托云计算的架构做一个可扩展、高可靠、低成本的基础设施服务，支撑包括电子商务在内的互联网应用的发展，从而降低进入电子商务生态圈的门槛、成本，并提高效率，所以阿里巴巴的云计算也被称为电子商务云。

阿里云的定位是云计算的全服务提供商。针对云计算的不同层次，阿里云都进行了充分的部署，开发了自己的技术。

阿里云只涉及基础研发，不涉及具体的软件产品的开发。阿里云会为阿里巴巴集团内的其他公司提供技术支持，和其他的技术团队一起开发在线服务，主要服务有弹性计算服务、开放存储服务、开放结构化数据服务、开放数据处理服务、关系型数据库服务等。

12.5.1 阿里云计算体系架构

阿里云的核心系统是底层的大规模分布式计算系统（飞天平台）、分布式文件系统及资源管理和任务调度，在核心系统之上构建弹性计算服务、开放存储服务、开放结构化数据服务、开放数据处理服务和关系型数据库服务等。阿里云计算体系架构如图12-29所示。

图 12-29 阿里云计算体系架构

12.5.2 弹性计算服务

弹性计算服务（Elastic Compute Service，ECS）即云服务器。它基于阿里云自主研发的大规模分布式计算系统，通过虚拟化技术整合 IT 资源，为各行业提供互联网基础设施服务。

ECS 底层基于飞天平台，飞天平台负责管理实际的硬件资源，向用户提供安全可靠的云服务器，任何硬件的故障都可以自动恢复，同时提供防网络攻击等高级功能，能够简化开发部署过程，降低运维成本，构建按需扩展的网络架构。它的主要特点如下。

1）完全管理权限

对云服务器的操作系统有完全控制权，用户可以通过连接管理终端自助解决系统问题，进行各项操作。

2）快照备份与恢复

对云服务器的磁盘数据生成快照，用户可使用快照回滚、恢复以往磁盘数据，加强数据安全。

3）自定义镜像

对已安装应用软件包的云服务器，支持用户自定义镜像、数据盘快照批量创建服务器，简化用户管理部署工作。

4）API

使用 ECS API 调用管理，可以通过安全组功能对一台或多台云服务器进行访问设置，使开发、使用更加方便。

5）弹性内存

同一物理机上的虚拟机内存共享，系统自动预测虚拟机的内存使用情况，智能分配与回收，如图 12-30 所示。

6）在线迁移

在线迁移时，硬盘与内存、CPU 状态不会丢失，迁移耗时因内存大小不同而不同，但应用不中断，如图 12-31 所示。

图 12-30　内存共享　　　　　　　　　　图 12-31　在线迁移图

12.5.3　对象存储服务

对象存储服务（Object Storage Service，OSS）是阿里云提供的海量、安全、低成本、高持久的云存储服务。其数据设计持久性不低于 99.9999999999%（12 个 9），服务可用性（或业务连续性）不低于 99.995%。它拥有与平台无关的 RESTful API，容量和处理能力弹性扩展，按实际容量付费。它的主要特点如下。

1）弹性扩展

其具有海量的存储空间，随着用户使用的增加，存储空间弹性增长，无须担心存储容量的限制。

2）大规模并发读写

数据并发读写，在短时间内可以进行大量数据的读/写操作。

3）图片处理优化

对存储的图片，支持缩略、裁剪、水印、压缩和格式转换等图片处理功能。

12.5.4　表格存储服务

表格存储服务是构建在阿里云飞天平台之上的 NoSQL 数据库服务，提供海量结构化数据的存储和实时访问。它的主要特点如下。

1）数据的海量存储

其支持互联网应用用于服务海量的终端用户，如存储邮件、日记、行程、用户信息等，也可用于大规模对象数据的存储，以应对移动互联网及物联网带来的数据存储挑战。

2）简单易用的表管理

用户根据业务需求创建多个实例并进行管理。在某实例下，进行创建表、查询表、删除表等多种操作。

3）数据的管理

可进行数据的单行读写、多行读写及范围读取。

12.5.5　开放数据处理服务

开放数据处理服务（Open Data Processing Service，ODPS）由阿里云自主研发，适用于数据分析场景的企业级 SaaS 模式云数据仓库，以 Serverless 架构提供快速、全托管的在线数据仓库服务，消除了传统数据平台在资源扩展性和弹性方面的限制，减少了用户运维投入，可以经济并高效地分析处理海量数据，用于 100GB 以上规模的存储及计算需求，最大可达 EB 级别，已经在阿里巴巴集团内部得到了大规模应用。它的主要特点如下。

1）海量运算

彻底无极限解决大数据存储与运算瓶颈，可以进行数据分析和挖掘，充分发挥数据价值。

2）数据安全

多层次数据存储和访问安全机制，保护数据不丢失、不泄露、不被窃取。

3）开箱即用

用户无须关心集群的搭建和运维，仅需简单的几步操作，即可开始数据的分析和挖掘任务。

12.5.6　关系型数据库服务

关系型数据库服务（Relational Database Service，RDS），通过云服务的方式让关系型数据库设置、操作和扩展变得更加简单。RDS 的低成本、高效率、灵活性帮助企业解决费时、费力的数据库管理，使企业有更多的时间聚焦到应用和业务层面上，节约用户的硬件成本和维护成本。

RDS 支持 MySQL、SQL Server、PostgreSQL 和 MariaDB TX 引擎，并且提供了容灾、备份、恢复、监控、迁移等方面的全套解决方案，彻底解决了数据库运维的烦恼。RDS 可以作为各行业中小企业关系型数据库应用，比如 SAAS 化应用、电子商务网站、社区网站、手机 App 及游戏类应用等。它的主要特点如下。

1）安全稳定，数据可靠

RDS 集群处于多层防火墙的保护之下，可以有力地抗击各种恶意攻击，保证数据的安全。同时 RDS 采用主从热备的集群架构方式，当出现硬件故障时，可以在 30s 内完成自动切换。

2）自动备份，管理透明

RDS 根据自定义的备份策略自动备份数据库，防止数据丢失和误删除，保证数据安全可靠。无缝兼容与 MySQL、SQL Server 兼容的所有应用，且与现有的程序、工具完全兼容。不需要做任何改动，就可将现有程序迁移至 RDS 数据库。

3）性能卓越，灵活扩容

采用高端高性能服务器配置，为高性能提供了有效的硬件平台。同时对数据库参数做了特定的优化，相比其他同类产品有很大的性能优势。

12.6　云创大数据万物云服务

根据智能硬件、物联网大数据的产生方式和使用特点，在数据立方云计算大数据库基础之上，云创大数据打造了一个大规模、高可靠、高安全、高性能、低成本、简捷易用的万物云平台（http://www.wanwuyun.com）。万物云是用于物联网数据存储处理的一站式托管服务平台，目的是降低物联网应用的技术门槛和成本，将智能硬件快速对接到物联网大数据平台之上，使物联网开发者专注于自己的核心业务，增强核心竞争力。与其他智能硬件平台相比，万物云的特点是采用了自主研发的数据立方云计算大数据库，从而先天就具有实时处理万亿量级以上数据规模的优势。

12.6.1　平台简介

近两年来，智能硬件爆炸式增长，从智能电表、智能水表、智能环境传感器，到运动手环、智能手表、空气盒子，再到智能水杯、智能电动车、智能机器人，发展非常迅猛。可以预见，在不久的将来，智能硬件总数将很快突破千亿个、万亿个规模。在我国，深圳、北京和上海形成了智能硬件研发集聚区，以北京创客空间、深圳柴火创客空间、3W 咖啡、IC 咖啡为代表的众创空间正在茁壮成长。

然而，做智能硬件的团队面临的挑战非常大。其不仅要解决智能硬件的技术和市场问题，还需要自己研发支撑智能硬件运转的后台平台。如果团队自己开发数据存储处理后台，首先面临的难题是代码和测试工作量庞大，需要投入大量的人力和财力；其次一旦应用上线，后台数据服务的运维将会是一项很大的技术挑战并产生较大的成本开销。随着智能设备用户的不断增加，数据的规模随之扩大，存储和处理的性能如何保证，数据安全性如何保证，将成为巨大难题。

针对以上所遇到的问题，云创大数据在现有数据立方产品基础上，专门打造了面向智能硬件的公有云计算平台——万物云，如图 12-32 所示。它是一个功能丰富、简捷易用、安全可靠的物联网应用支撑平台，其核心是一个数据服务逻辑层和一套面向应用的编程接口，满足物联网应用各个层次的数据存储、查询、处理需求，保障用户数据安全和服务稳定，并提供一系列协助用户开发调试、监控性能和优化性能的工具。

图 12-32　万物云网站

有了万物云，智能硬件研发团队只需专注于智能硬件和 App 本身，而不用花精力在后台的云计算平台研发上。而且，万物云只向 10%的数据量大的客户收费，对于 90%的智能硬件研发团队而言，它是终生免费的。

12.6.2　系统架构

万物云底层基于海量弹性分布式数据存储和计算架构——数据立方，在其上构造了一个面向物联网智能硬件应用的业务逻辑层，并提供一个基于 HTTP 协议的 RESTful 应用服务调用接口，以及一系列覆盖主流语言和平台应用的编程接口，包括 Java、Python、C#、Scala、PHP、Ruby、Node.js 等语言。万物云架构如图 12-33 所示。

图 12-33　万物云架构

12.6.3　功能服务

万物云按功能可分为数据存储服务和数据处理应用服务。数据存储服务提供海量、弹性、安全、高可用和高可靠的云存储；数据处理应用服务提供针对 TB/PB 级数据、实时性要求不高的处理服务，主要应用于数据挖掘和数据智能分析等领域。

1. 编程接口

万物云提供丰富的编程接口，实现了万物云所遵循的设计理念：方便智能硬件数据直接接入，减少和简化物联网应用端的代码，降低物联网数据接入和应用的技术门槛。这意味着物联网厂商可以专注于自己的设备开发。

1）基于 HTTP 协议的应用服务调用接口

构建基于 HTTP 协议的 RESTful 接口的目的主要是使智能硬件便捷地通过发送 HTTP POST 请求直接访问万物云服务。HTTP 协议将平台的各种数据服务资源映射成 URI 以供调用，比如智能硬件只要将数据包装成 JSON 格式，通过访问数据插入服务的 URI 即可完成数据递交。

基于 HTTP 协议的应用服务调用接口支持表的各种基础操作，HTTP 协议的通用性保证了万物云对物联网应用支持的广泛性。通过 HTTP 调用，用户可便捷地完成表的增、删、查、改等操作。

2）应用程序编程接口（Java API 等）

万物云通过提供软件应用开发包的形式为物联网应用提供具有针对性的数据应用服务，目的在于减少物联网应用端的开发量。与万物云的数据处理和分析应用有关的各项功能主要通过专用编程接口提供。Java API 表操作如表 12-1 所示。

表 12-1　Java API 表操作

操作名称	操作目标
AddTableRow	插入一行数据
AddTableRows	插入多行数据
GetTableRow	读取一个表中的单行数据
GetTableRows	批量读取一个表中的若干行数据
GetTableRowsByRange	读取指定主键范围内的数据
DeleteTableRow	删除一个表中的一行数据
DeleteTableRows	删除一个表中的若干行数据
CreateTable	根据给定的表结构信息创建相应的表
DeleteTable	删除指定的表
GetAllTableInfo	获取当前用户所有表的结构信息
GetTableInfo	获取指定表的结构信息

2. 编程接口方法调用示例

1）智能硬件数据提交示例

表 12-2 演示了智能硬件如何通过一个 HTTP 协议的调用将一行数据提交至万物云。

表 12-2　数据提交示例

调用地址	http://cdsserver：8080/api/addTableRow
方法	POST
参数示例	user={"AccessID":"user"，"AccessKey"："xxxxxxxxx"} row={"values"：{"location"："12345"，"temp"："21"}} tableName={"tableName"}
返回	1

2）物联网应用数据读取示例

使用万物云 Java API 进行数据或表操作一般遵循以下几个步骤。

（1）创建 CDS 对象，在构造函数中指定供服务安全认证所需的 AccessID 和 AccessKey。

（2）构造请求对象。

（3）调用 CDSClient 对象相关接口发送请求。

下面的代码演示了物联网应用如何通过 Java API 用 getTableRow()方法读取表中一行中的 location、temp 列。

```
String AccessID = "<your access id>";
String AccessKey = "<your access key>";
CDSClient client = new CDSClient(AccessID, AccessKey);
String COLUMN_GID_NAME = "gid";
String COLUMN_UID_NAME = "uid";
String COLUMN_LOC_NAME = "location";
String COLUMN_TEMP_NAME = "temp";
SingleRowQueryCriteria criteria = new SingleRowQueryCriteria(tableName);
RowPrimaryKeyprimaryKeys = new RowPrimaryKey();
primaryKeys.addPrimaryKeyColumn(COLUMN_GID_NAME, PrimaryKeyValue.fromLong(1));
primaryKeys.addPrimaryKeyColumn(COLUMN_UID_NAME, PrimaryKeyValue.fromLong(101));
criteria.setPrimaryKey(primaryKeys);
criteria.addColumnsToGet(new String[] {
COLUMN_LOC_NAME,
COLUMN_TEMP_NAME,
});
GetRowRequest request = new GetRowRequest();
request.setRowQueryCriteria(criteria);
GetRowResult result = client.getTableRow(request);
Row row = result.getRow();
System.out.println("location 信息：" + row.getColumns().get(COLUMN_LOC_NAME));
System.out.println("temperature 信息：" + row.getColumns().get(COLUMN_TEMP_NAME));
```

3.数据安全机制

用户数据安全是物联网数据应用的关键。万物云通过多层次的安全验证和访问权限限制等措施保护用户数据，防止数据丢失和泄露。

1）访问许可验证

面对数据处理服务的请求，万物云通过使用 AccessID/AccessKey 对称加密的方法来验证发送请求的用户身份。AccessID 用于标识用户，AccessKey 是用户用于加密签名字符串和万物云用来验证签名字符串的密钥。万物云根据对称验证结果决定接受或拒绝服务请求。

2）用户数据分离

万物云对用户数据的建表操作采用用户名+实例名+表名的方式，在数据访问时如果表名中的用户名和发送请求的用户名不匹配，服务请求会被拒绝，通过这种方式保证用户只能对自己用户名下的数据资源进行读取和操作。

3）攻击防范机制

万物云内建了基本的攻击监测及防范措施。异常的服务请求如过于频繁或数据参数超大的 HTTP POST 请求会导致服务被拒绝。

4. 智能硬件直通接入方案

用户可以使用 HTTP、TCP 或 MQTT 等协议接入智能硬件。物联网智能设备基于常用嵌入式 MCU，如 ARM、Intel 等，可通过 SPI/RS485/RS232/I2C 等接口外接各种传感器。物联网智能设备搭载的标准 Linux、Mbed 等操作系统均支持 CoAP、HTTP、MQTT、LWM2M 等协议，支持多种通信手段，包括 3G/LTE/低功耗蓝牙/WiFi 及 6LoWPAN。智能设备通过无线网络将数据可靠传输到平台服务器，万物云为用户提供一个涵盖数据采集、可靠传输、大数据存储和处理的完整解决方案。

5. 规模和性能

万物云充分利用现有数据立方产品所提供的安全、可靠、高效的各项云计算基础服务，确保平台能够向物联网应用提供卓越的数据存储性能。数据立方存储系统支持弹性扩展，用户无须担心存储空间不足。分布式存储系统中各存储节点副本数据实时同步，读写性能不会因数据量增加而受影响。现有平台提供毫秒级单行数据读/写延迟，数据入库可达每秒十万条以上量级，查询达百万 QPS 级别。

根据物联网应用的特点，万物云还提供一系列有针对性的工具，如数据迁移同步、性能监控、辅助调试工具等。

12.6.4 应用举例

依托万物云，云创大数据研发了 PM2.5 云监测平台。该平台突破传统的监测方法，运用创新的设计理念，将环保和云计算技术有机结合。目前多个城市已大规模部署 PM2.5 云监测物联网系统，配合现有的环境监测站点，可准确、及时、全面地反映空气质量现状及发展趋势，为空气质量监测和执法提供技术支撑，为环境管理、污染源控制、环境规划等提供科学依据。

12.7 云创大数据人工智能云平台

12.7.1 训练平台

1. 建设背景

随着人工智能的发展，机器学习得到了广泛的应用，随之而来的还有一系列的问题，比如机器学习建模过程十分复杂，需要深入了解底层算法原理等。在海量数据场景下，人工智能应用开发人员侧重于算法模型的研发改进，在硬件、模型训练集群环境的搭建方面无法投入充足的精力，使得模型训练任务进展缓慢。如果采用建模团队先建模，再由专门团队搭建环境训练的传统模式，会延长整个算法乃至整个产品、项目的落地周期，耗费额外的成本。因此，需要为人工智能应用开发人员打造一站式、高性能的建模训练平台，其可实现模型训练、在线推理，以及建模全流程的监控预测，强有力地支撑各种场景的数据智能化训练，赋能传统技术企业向人工智能领域转型升级。

2. 平台简介

人工智能训练平台（简称训练平台）是云创大数据自主研发的人工智能一站式深度学习环境搭建、性能分析服务平台。面向深度学习场景，平台为开发者量身定制各种环境节点，支持 CPU、GPU 多种部署模式，集成 Caffe、TensorFlow、PyTorch 和 Keras 等主流深度学习框架的镜像，开发者可以根据需求轻松搭建自己的学习和实验环境。平台还支持版本化数据集管理，联动平台开发、训练、流水线等多个功能，即点即用。

3. 技术优势

1）模型训练

支持 Keras、TensorFlow、PyTorch、Caffe 等多种框架，支持 GPU 分布式加速训练。

2）GPU 共享服务

支持多服务共享 GPU，充分利用 GPU 资源。

3）套餐选配

可以根据需求选配单个节点的配置，以及选择节点数量。

4. 平台功能

1）总览

训练平台总览可以查看虚拟机数、用户数、CPU 使用率等平台统计信息，如图 12-34 所示。

2）用户管理

通过用户管理模块可详细查看平台所有用户信息，如图 12-35 所示。

3）集群管理

可查看已经创建的集群信息（见图 12-36），以及节点数量和每个节点的具体信息，可以进行集群的销毁。

图 12-34　平台总览

图 12-35　用户管理

图 12-36　集群管理

4）集群选配

根据所需要的集群配置，可以灵活地配置 CPU、GPU、硬盘、内存、镜像等参数，如图 12-37 所示。

图 12-37　集群选配

5）数据集管理

添加、管理训练所需要的数据集，如图 12-38 所示。

图 12-38　数据集管理

12.7.2　推理平台

1. 建设背景

随着越来越多的人工智能项目落地，其中必然涉及大量 AI 模型（训练完成的算法模型，他人可调用输入后获得输出结果，类似程序中的算法模块）的生产部署。然而，不同的 AI 模型由于输入/输出没有标准化的参考依据，定义不清，只能依靠使用者的猜测与尝试，通常需要经过 2～3 天的调试和测试才能部署上线。当面对大量的 AI 模型时，在调试的同时还需要进行统一管理，其难度可想而知。

用户不论作为人工智能的技术设计者还是应用开发者，都希望可以轻松调用第三方 AI 模型，实现轻松对接与推理部署，进行高效的资源调度和模型管理，缩短业务上线周期。云创大数据的人工智能推理平台（简称推理平台）可实现各类 AI 模型的统一管理、轻松部署及推理服务，并对外提供推理数据访问接口，极大地提高了模型部署上线的效率。

2. 平台简介

推理平台是云创大数据自主研发的人工智能部署云平台，针对视频等输入源，依托人工智能服务器和 cVideo 云视频监控系统，面向深度学习场景，整合计算资源及 AI 部署环境，实现计算资源统一分配调度、模型流程化快速部署，为 AI 部署构建敏捷高效的一体化云平台。通过平台定义的标准化输入/输出接口，用户仅需几行代码就可以轻松完成 AI 模型部署，实现标准化输入及获取输出结果，大大减少了异构模型带来的部署和管理的困难。

推理平台支持 TensorFlow、Caffe、PyTorch 等主流框架的模型推理，同时内嵌多种已经训练好的模型可供调用。

推理平台能够构建物理分散、逻辑集中的 GPU 资源池，实现资源池统一管理，通过自动化、可视化、动态化的方式，以资源即服务的交付模式，向用户提供服务，并实现平台智能化运维。平台采用分布式架构设计，部署在云创大数据自主研发的人工智能服务器上，形成一体机集群共同对外提供服务，每个节点都可以提供相应的管理服务，任何单一节点故障都不会引起整个平台的管理中断，平台具备开放性的标准化接口。

3. 平台架构

推理平台主要包括统一接入服务、TensorFlow 推理服务、PyTorch 推理服务、Caffe

推理服务等模块。用户在前端页面发送调用推理服务接口指令后，就可调用相应的接口服务，经过负载均衡后，将会访问 Docker 容器内的各种推理服务。推理完成后，将返回相应的推理结果至前端页面。推理平台架构如图 12-39 所示。

图 12-39　推理平台架构

4. 技术优势

1）模型快速部署上线

实现模型从开发环境到生产部署的快捷操作，省去繁杂的部署过程，模型部署时间从几天缩短到几分钟。

2）分布式架构，服务资源统一、高效分配

分布式架构统一分配 GPU 资源，可根据模型的不同调整资源的配给，支持突发业务对资源快速扩展的需求，实现资源的弹性伸缩。

5. 平台功能

1）总览

通过推理平台总览模块可详细查看用户数、GPU 数、模型数及 CPU 使用率等各项详细信息，如图 12-40 所示。

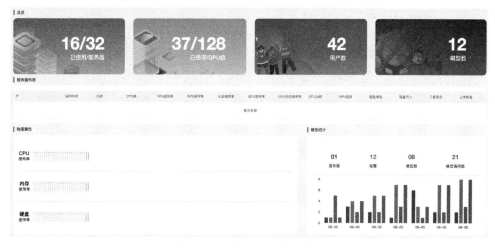

图 12-40　推理平台总览模块

2）用户管理

通过推理平台用户管理模块可详细查看推理平台的所有用户信息，如图 12-41 所示。

图 12-41　推理平台用户管理模块

3）模型空间

推理平台的模型空间模块（见图 12-42）可新建、管理各种推理服务模型，每个模型允许存在多个版本。定义模型名称、选择模型所用框架及返回结果类型后即可创建模型（见图 12-43）。用户后续可上传模型各个版本所需的文件（见图 12-44），供推理服务使用。

图 12-42　推理平台模型空间模块

图 12-43　创建模型

图 12-44　模型文件上传

4）推理服务

推理平台推理服务模块（见图 12-45）可基于新建的模型创建对应的推理服务（见图 12-46）。创建完成后，用户可创建图片任务（见图 12-47），发送到对应的推理服务并获取推理结果（见图 12-48）。

推理列表

服务名称	模型	版本	显存占用 (MB)	状态	作者
图片分类服务	图片分类	1.0	800	运行中	cc
目标检测服务	目标检测	1.0	1600	运行中	cc
图像分割服务	图像分割	1.0	1200	运行中	cc
图片分类-tensorflow	图片分类-tensorflow	3.0	800	未运行	cc
目标检测-tensorflow	目标检测-tensorflow	1.0	1600	未运行	cc
图像分割-tensorflow	图像分割-tensorflow	1.0	1200	未运行	cc
ZZZZ	目标检测	2.0	100	未运行	cc

共 7 条　100条/页

图 12-45　推理平台推理服务模块

创建推理服务　　　　×

名称

1~64位，可包含数字、字母、符号（"."、"-"、"_"）

模型

选择模型

版本

选择版本

显存占用（100~2000，单位：MB）

－　100　＋

取消　确定

图 12-46　创建推理服务

539

图 12-47　创建图片任务

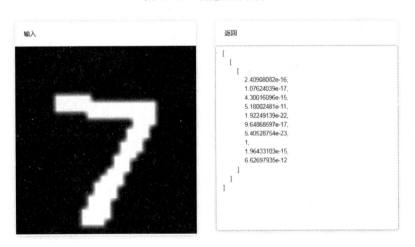

图 12-48　图片任务结果

12.7.3　开放平台

1. 建设目标

作为云创大数据面向客户提供人脸识别、车辆识别和特征识别等自助服务的管理平台，云创大数据人工智能开放平台（简称开放平台）具有人脸检测、人脸比对、人脸搜索、人体检测、车牌识别、车型识别、火焰检查、铁轨病态检测、摔倒检测等功能。客户可通过 Web 网页访问，并通过 RESTful 接口调用方式接入，充分享受"随时随地、随心随行"的服务。

2. 平台简介

开放平台是集技能展示、算法接口调用于一体的平台，包括人脸识别、人体识别、车辆识别、图像识别及图像处理五个部分。用户可访问开放平台，体验各种图像算法的处理效果。开发人员也可通过阅读接入文档，调用平台算法接口实现自己的图像智能处理软件。

3. 技术优势

开放平台具有准确率高、响应速度快及创新等优势。平台上的各类图像算法都经过专门的训练优化，具有很快的响应速度及高准确率。开放平台也包含了对很多前沿算法的研究及多种创新应用，如鱼脸识别、人物画像素描等。

4. 技术能力

1）人脸识别

（1）人脸检测：人脸检测功能可以自动、快速地检测监控画面中的所有人脸，供人脸识别、人脸搜索等下游智能识别任务使用。当前，人脸信息在公安、交通、教育、金融等方面有着广泛的应用，支撑着整个智慧城市的发展建设。

（2）人脸搜索：人脸搜索是先将上游人脸检测任务检测到的所有人脸通过特征提取算法形成特征向量，再通过高效的比对算法与目标人脸特征向量进行比对，以此达到搜索目标人员及确定目标人员身份信息的目的。人脸搜索在公共安全、流行性病学调查中发挥着很大的作用，能快速定位目标人员位置，减少公共财产损失，降低各种传染性疾病的扩散速度。

（3）人脸关键点检测：人脸关键点检测是定位人脸图像上一系列事先定义的点，是对人脸图像进行分析的基础与关键，并且在人脸识别、表情识别、性别识别、年龄识别、人脸动画、三维重建等方面有广泛的应用。

2）人体识别

（1）人体检测：人体检测可快速、精确地定位监控画面中所有人员的位置，供人体属性分析、人员跟踪等下游智能识别任务使用。人体检测可助力智能安防、交通、旅游等行业发展，如进行非法人员入侵检测、人流量统计等。

（2）人体属性分析：人体属性分析是对上游智能分析任务——人体检测所得的行人图像进行智能分析，获得该行人的各种属性，如性别、年龄、着装颜色和款式、有无背包等。人体属性分析作为人脸识别的一种补充手段，用于目标人员身份信息的确认，可提高人员定位的精度，在安防行业有着重要的应用意义。

3）车辆识别

车辆识别中的车牌识别能够将运动中的汽车牌照从复杂背景中提取并识别出来，通过车牌提取、图像预处理、特征提取、车牌字符识别等技术，识别车辆牌号信息及车牌颜色。车辆识别是智能交通的基础。当前，自动车牌识别技术广泛应用于停车场、高速路、城市交通中，大大地提高了管理效率，降低了人工成本。

4）图像识别

（1）铁轨病态检测：铁路病态检测指螺栓异常检测、轨缝异常检测、轨道掉块检测、轨枕裂纹检测、沿线标志异常检测、联结部件异常检测、轨道异物检测等。铁轨的正常与否关系着列车能否正常运行及乘客的人身安全，因此铁轨病态检测具有重大的应用意义。

（2）通用文字识别：通用文字识别指识别图片中的所有文字信息，并返回文字框位置、文字类型与文字内容。输入图像首先要经过二值化、倾斜矫正等预处理，然后经过文本行检测，最后进行文字内容识别、校对。当前，通用文字识别应用于证件识别、票据识别、车牌识别、银行卡识别、名片识别及各类打印文档识别等，具有良好的实用价值。

5）图像处理

（1）图像素描：图像素描指将拍摄的自然图像风格迁移到素描风格，使作品增加艺术感。该算法是云创大数据对人工智能前沿创新算法的一种探索，可集成到图像美化、创意处理等软件中。

（2）图像增强：图像增强指增强图像中的有用信息，目的是改善图像的视觉效果，针对给定图像的应用场合，有目的地强调图像的整体或局部特性，将原来不清晰的图像变得清晰或强调某些感兴趣的特征，扩大图像中不同物体特征之间的差别，抑制不感兴趣的特征，使图像质量改善、信息量丰富，加强图像判读和识别效果，满足某些特殊分析的需要，可应用于工业生产领域和公共安全领域等。

习题

1．查阅资料，比较淘宝分布式文件系统、cStor 分布式文件系统与阿里云分布式文件系统有何异同。

2．比较分布式数据库 OceanBase、数据立方与传统关系型数据库有何异同。

3．列举一个阿里云服务器的使用场景。与传统服务器相比，使用云服务器的优势在哪里？查阅资料，列举其他商业云计算解决方案的应用场景。

4．查阅资料，列举其他商业云计算解决方案的应用场景。

5．简述云计算技术的发展概况。

第 13 章　总结与展望

本章横向比较 Google、Amazon、微软和 VMware 的商业云计算解决方案，以及 Hadoop、Spark、Docker、OpenStack 等开源云计算方案，方便读者更好地掌握本书的主体内容。另外，本章将介绍国内外的云计算标准化工作，以及云计算的发展方向。

13.1　主流商业云计算解决方案比较

云计算时代已经到来，从 Google App Engine 到 Amazon 的 AWS，从微软的 Azure 到 VMware 的 vCloud，为了在云计算时代继续保持自己的领先优势，IT 业的巨头们纷纷推出自己的云计算解决方案。这些方案的着眼点和应用场景不尽相同，技术实现上各有千秋。解决方案的多种多样反映了云计算蓬勃发展的势头，也使用户面临选择解决方案的问题。不论是个人用户还是企业用户，了解各种云计算解决方案的异同点，都有助于选择最适合自己的方案。

本节将从应用场景、使用流程、体系结构、实现技术和核心业务五个方面比较 Google、Amazon、微软和 VMware 这四家公司的云计算解决方案。四家公司解决方案的具体细节参见前面的相关章节。

13.1.1　应用场景

Google、Amazon、微软和 VMware 这四家公司在不同时间陆续推出各自的云计算解决方案，在应用领域和盈利模式上，Amazon 和 Google 处于领跑者地位，微软和 VMware 紧随其后。

Google 在 2007 年率先提出了"云计算"的概念，开发了电子邮件、在线文档等一系列 SaaS 类型的云计算产品，并根据产品开发中积累的技术，打造了 Google App Engine 平台来对外提供 PaaS 类型的服务。开发人员可以在 Google App Engine 平台上开发应用程序并对外服务。该平台采用了 Google GFS、BigTable 等关键技术，具有很高的可靠性和稳定性。但由于该平台和 Google 自身产品的开发需求结合得过于紧密，因此在使用中限制较多，如最初只支持 Python 和 Java 语言（目前还可支持 PHP 和 Go 语言）、基于 Django 架构的 Web 应用等。目前 Google App Engine 的使用者大多是个人用户，使用的内容也主要是开发一些比较实用的小规模程序，比如搭建 CDN、使用 iPhone 访问 Google App Engine 等。Google 后来陆续推出云存储平台 Google Cloud Storage、IaaS 产品 Google Compute Engine 和基于 Google Kubernetes 的容器编排引擎 Google Container Engine，以及不少具有强大的分析和处理能力的大数据与机器学习服务。

Amazon 在"云计算"概念出现之前就开始提供弹性计算、存储等服务，其云计算解决方案在技术上最为全面深入。整套方案被统一命名为 Amazon Web Service（AWS）。Amazon 的 AWS 包括了云计算服务的所有类型（IaaS、PaaS 和 SaaS）。个人和企业可以通过 EC2 和 S3 来构建 SmugMug、Animoto 等典型应用，通过 SimpleDB 来处理日常简单的数据库业务，利用弹性 MapReduce 进行大规模数据处理，利用 CloudFront 分发网页内容，利用 FPS 提供安全的网上支付服务等。可见，Amazon 提供的云计算服务是目前所有商业解决方案中覆盖领域最全面、应用范围最广泛的，并且 Amazon 还在根据市场需求不断推出更多的新型服务。

微软在 2008 年发布了其云计算战略及云计算服务平台 Azure，其后连续发布了几个版本，很多特性和服务都在不断地完善和改进中。微软的 Azure 中包含了 IaaS 和 PaaS 类型的云计算服务，主要面向软件开发商。其中，Azure 云操作系统是整个云计算方案的核心，包含了多种计算和存储服务；在此基础上，Service Fabric 和 SQL Azure 分别提供了云的基础架构服务和数据库服务。此外，微软还提供了 Azure Marketplace，用于在线购买基于云计算机的数据与应用。与其他方案不同的是，Azure 考虑了本地环境在云计算方案中的作用，Azure 上的程序在离线状态下仍可在本地环境中运行。

VMware 在云计算解决方案中充分利用了自身在虚拟化技术上的领先优势，在 2008 年与 EMC、思科等公司联合推出了 vCloud 计划，在 2009 年又推出了首款云操作系统 vSphere。目前，VMware 通过自主研发和收购合作，提供了包括云基础架构及管理、云应用平台和终端用户计算在内的所有类型的一系列云计算产品和解决方案，其中以 IaaS 类型的服务为主，用以支持企业级组织机构从现有的数据中心向云计算环境转变。

表 13-1 展示了 Google、Amazon、微软和 VMware 云计算解决方案总体的异同点。

表 13-1　四家公司云计算解决方案总体的异同点

对比项	Google	Amazon	微软	VMware
提供的服务类型	PaaS，SaaS	IaaS，PaaS，SaaS	IaaS，PaaS，SaaS	IaaS，PaaS，SaaS
服务间的关联度	所有服务被捆绑在一起，耦合度高	可以任意选择服务组合，耦合度低	可以任意选择服务组合，耦合度低	可以任意选择服务组合，耦合度低
虚拟化技术	未使用	Xen	Hyper-V	ESX Server
运行环境	Google 提供的环境，位于云端	Amazon 平台，位于云端	位于云端或本地	位于云端
支持的编程语言	Python，Java	多种	多种	多种
使用限制	最多	最少	较少	较少
实现功能	最少	最多	较多	较多
计费方式	有免费部分和收费项目	按实际使用量付费	按实际使用量付费	按实际使用量付费
可扩展性	自动扩充所需资源并进行负载均衡	需要手动或通过编程自动地增加所需的虚拟机数量	需要手动或通过编程自动地增加所需的虚拟机数量	需要手动或通过编程自动地增加所需的虚拟机数量
不同应用间的隔离	通过沙盒来实现	通过将不同的应用运行在不同的虚拟机上来实现	通过将不同的应用运行在不同的虚拟机上来实现	通过将不同的应用运行在不同的虚拟机上来实现

从表 13-1 中可以看出，四家公司的云计算解决方案各有特色，除了各个公司提供的云计算软件服务，用户可以根据自身需要选择合适的平台来构建自己的云计算服务。例如，如果用户对定制性要求不高，希望简化操作，可以选择 Google App Engine；如果需要直接定制底层硬件配置，可以选择 Amazon 的 AWS 或 VMware 的 vCloud；如果希望利用已有的 IT 环境或需要离线操作，则可以选择微软的 Azure。

13.1.2　使用流程

个人或企业用户在使用各种云计算解决方案时都要遵从一定的使用流程。Google、Amazon、微软和 VMware 的云计算方案从整体上来看基本流程是一致的，但是具体的细节有所不同。

1. Google App Engine 的使用流程

（1）注册 Google 账户，填写注册信息，登录。

（2）创建 Google App Engine 应用，通过手机号码完成验证，填写应用的详细信息（注意应用的标识符无法更改）。

（3）下载 App Engine SDK。

（4）使用 Python 或 Java 语言在本地开发应用程序，并完成本地调试。

（5）将程序上传到 Google App Engine 后运行。

2. Amazon AWS 的使用流程

（1）注册 Amazon 账户，填写注册信息，登录。

（2）根据需要选择服务进行注册，填写相关信息，完成服务配置（对于 IaaS 类型服务，需要选定所需的资源数；对于其他类型服务，需要设置参数）。

（3）上传应用程序或待处理数据，有时需要按要求上传附加程序。

（4）运行服务，直至获取结果。

（5）停止使用，根据实际使用量支付相关费用。

3. 微软 Azure 的使用流程

（1）在 Azure 页面上输入 Live ID，注册 Azure 账号，填写注册信息，登录。

（2）在项目列表中选择"Windows Azure"选项，然后在新建服务向导中选择"托管服务"选项。

（3）在本地新建"cloud"类型项目，编写应用程序并完成调试。

（4）创建应用程序服务包，将服务包上传到 Windows Azure 上，设定 URL 地址，选择"部署"选项，然后选择"运行"选项。

（5）停止使用，根据实际使用量支付相关费用。

4. VMware vCloud 的使用流程

（1）加入 VMware 技术联盟计划，填写基本信息，获取账号和信息支持，登录。

（2）选择编程语言（支持 Java、C、C++）编写在不同操作系统（包括 Linux、Windows、Solaris）上运行的软件应用程序，并可根据 vCloud API 利用基于 VMware 的云计算基础架构。

（3）在 VMware 认证服务提供商列表中选择合适的服务提供商，或者选择使用企业自身的支持 vCloud 的云计算环境。

（4）在虚拟机、虚拟设备和 vApp 三种模式中选择一种，将应用程序部署到云平台上运行。

（5）停止使用，如果使用了服务提供商的服务，则根据实际使用量支付相关费用。

13.1.3　体系结构

Google、Amazon、微软和 VMware 的云计算解决方案所提供服务的差别与其云计算系统体系结构的差异密切相关。

Google App Engine 的结构是主/从式的，分为四个部分。前端用于负载均衡、静态文件转发和请求转发；应用服务器用于运行程序；应用管理节点用于复杂应用启停和计费；服务群用于提供多种类型的服务。这四个部分被集成为一个整体，对外提供服务。

Amazon AWS 的架构是完全分布式、去中心化的。不同用户请求在经过一系列请求路由后被分发到各自的目的地。服务之间的低耦合度可以保证各个服务之间的运行互不影响，且整个系统不存在弱点。

微软 Azure 的架构由"云"和"端"两部分组成，"云"和"端"能够无缝地运行应用程序及提供服务是 Azure 的特点。Azure 的核心是云计算操作系统 Windows Azure，用于提供多种计算和存储服务。在此之上，AppFabric 为本地应用和云中应用提供了分布式的基础架构服务，SQL Azure 提供类似 SQL Server 的数据库服务、报表服务、数据同步服务等。

VMware 平台的云计算服务中以云基础架构和管理为主，其中主要包括云操作系统 vSphere 和底层架构服务 vCloud Service Director 两大部分。vSphere 中包含了底层的虚拟机 ESX Server 和 vCenter，ESX Server 负责对数据中心虚拟化，vCenter 负责整合和管理 ESX Server。在 vSphere 架构之上，vCloud Service Director 利用一系列虚拟技术提供连接企业虚拟环境与私有云的接口和自动化管理工具，通过运行 vCloud Express 与外部服务商无缝地连接，向外提供云 IaaS 服务。

四家公司云计算系统体系结构的主要相同之处有如下两点。

（1）整个云计算平台对外提供统一的 Web 接口。

（2）后台实现的细节对用户透明。

其主要的区别也有以下两点。

（1）Amazon、微软和 VMware 的云计算服务都由多种服务组成，需要为不同的服务提供不同的入口。Google 的云计算服务实现相对简单，没有实现多个服务的单独入口。

（2）微软的云计算不仅支持云端应用程序，还支持本地的应用程序，这是微软云计算解决方案和其他三种方案的较大不同之一。这也反映了微软在云计算中的"云+端"策略。

13.1.4　实现技术

云计算至今还没有公认的统一定义，技术实现上也千差万别。各个公司都以自己原先的技术优势为基础来构建各自的云计算系统。下面对四家公司的核心技术进行总结。

1. Google App Engine 的实现技术

Google 云计算系统中所采用的技术来源于搜索等核心产品，具有很强的创新性。Google App Engine 实现中所涉及的关键技术被 Google 以论文的形式陆续公开。总体来讲，其可以分为 GFS、MapReduce、BigTable 和 Chubby 四个相互独立却又紧密联系的部分。这四部分都是由 Google 独立开发的全新系统。其中，GFS 是为 Google 应用程序量身定做的分布式文件系统，数据分块存储在块服务器上并自动备份；MapReduce 是一种并行数据处理的编程规范，通过自定义的 Map 函数和 Reduce 函数实现大规模数据的快速并行处理；BigTable 是一个采取了多种容错措施的分布式数据库，具有很高的可用性；Chubby 是一个分布式的锁服务，用于保证系统服务的一致性。

2. Amazon AWS 的实现技术

Amazon 在技术上进行了一系列的创新。最具代表性的是基础存储架构 Dynamo，它是一个完全分布式的存储架构，采用了改进的一致性哈希算法、向量时钟、Merkle 哈希树等技术，在负载均衡、系统扩容等方面有着天然的优势。在此基础上，Amazon 设计了 EC2、S3、SimpDB 等计算、存储、数据库服务，并积极地引入已有的先进技术，如在 EC2 上使用 Hadoop 的 MapReduce 来构建弹性 MapReduce 服务等。

3. 微软 Azure 的实现技术

微软 Azure 以微软在个人计算机操作系统和应用软件上多年的技术积累为基础，通过在虚拟机上运行 Windows Server 2008、基于 SQL Server 实现 SQL Azure 等方式构建云计算系统。这些已有的技术具有很好的成熟性和广泛的使用性，经过了大量用户长期使用的检验，符合多数用户的使用习惯。通过整合和扩展已有技术，微软 Azure 可以保证用户在使用体验上无缝过渡，也使开发者可以使用习惯的编程语言和框架在相对熟悉的平台上进行软件开发。

4. VMware vCloud 的实现技术

VMware 充分利用在虚拟化技术上的优势，对云计算中涉及的计算、存储、网络等方面进行了虚拟化，提供以 IaaS 类型为主的云计算服务。在底层，VMware 开发了云操作系统 vSphere，实现了对数据中心服务器的虚拟化和对虚拟机的管理。在 vSphere 之上，VMware 又开发了 vCloud Service Director，利用一系列虚拟技术提供连接企业虚拟环境与私有云的接口和自动化管理工具。VMware 还提供了桌面虚拟化产品 VMware View，通过在一台普通的物理服务器上虚拟出很多个虚拟桌面来供远端的用户使用，以简化 IT 管理和节省开支。除此以外，VMware 还通过收购合作等方式，借助已有的基础来推出 PaaS 和 SaaS 类型的云计算服务。

13.1.5　核心业务

四种主流的商业云计算解决方案中均涉及计算服务、存储服务和数据库服务这三个核心业务。下面对不同方案按这三个核心业务分别进行比较，找出其中的异同点。

计算服务是所有的云计算解决方案最核心的业务之一，同时是用户最常用的服务。Google 提供基于 MapReduce 的数据处理，整个过程对用户而言是透明的。Amazon 的

EC2 给予用户配置硬件参数的权利，使用户可以根据实际的需求动态地改变配置，从而提高效率和节省资源。微软的 Azure 允许用户在处理数据之前设置部分参数，但相对于 EC2，其灵活性要差很多。VMware 的 vCloud 中提供了 DRS 和 DPM 技术，可以通过迁移和关闭虚拟机来实现资源优化。表 13-2 是这四种计算服务的比较。

表 13-2　四种云计算解决方案的计算服务比较

对比项	Google MapReduce	Amazon EC2	微软 Azure 计算服务	VMware vCloud 计算服务
服务类型	PaaS	IaaS	PaaS	IaaS
虚拟机的使用	未使用	用户可以根据需要设置运行虚拟机的硬件配置	系统自动分配	vCenter 自动进行资源优化
运行环境	Google 自身提供的环境，用户无法自行调配	用户自行提供运行程序所需的 AMI	系统自动为用户生成装有 Windows Server 2008 的虚拟机	用户在虚拟机、虚拟设备和 vApp 三种模式中选择一种
易用性	最好	稍差	较好	较好
灵活性	稍差	最好	较好	较好
适用的应用程序	适合可以并行处理的应用程序	任意程序	任意可在 Windows Server 2008 上运行的程序	任意程序

稳定、高效的存储系统既是系统正常运行的重要保证，也可以单独作为一项服务提供给用户。四种方案中，Amazon 的 S3 和微软的 Blob 存储比较类似，Google 的 GFS 则完全不同，VMware 目前仅向虚拟机提供存储服务。表 13-3 是四种存储服务的简单比较。

表 13-3　四种云计算解决方案的存储服务比较

对比项	Google GFS	Amazon S3	微软 Blob	VMware 存储
系统结构	文件分块存储	桶、对象两级模式	容器、Blob 两级模式	目录、文件两级模式
可扩展性	可通过增加数据块服务器的数量扩展存储容量	可通过增加桶中对象的数量扩展存储容量	可通过增加容器中 Blob 的数量扩展存储容量	自动迁移虚拟机以获取更大的存储容量，以及自动回收未使用的存储容量
数据交互方式	用户和数据块服务器进行数据交互	用户可以从获得授权的对象中取得数据	用户可以从获得授权的 Blob 中取得数据	仅提供给虚拟机使用
存储限制	无特殊限制	桶的数量和对象大小有限制，但对象的数量无限制	Blob 大小有限制，但是容器和 Blob 数量无限制	数据存储可跨越多个物理存储子系统
容量扩展方式	自动扩容	手动或编程实现自动扩容	手动或编程实现自动扩容	自动迁移虚拟机以扩容
容错技术	针对主、从服务器有各自的容错技术	数据监听回传；Merkle 哈希树；数据冗余存储	仅重传出错的 Block，数据冗余存储	为运行中的虚拟机创建同步的 Shadow 虚拟机；多个虚拟机集中备份

四家公司都提供了云环境下的数据库服务。Google App Engine 的 DataStore 构建在 BigTable 上，但自身及其内部没有实现直接访问 BigTable 的机制，可以看作 BigTable 上的一个简单接口。Amazon 的 SimpleDB 采用的是"键—值"存储方式，功能比较简

单，实现的查询功能也不太全面。SimpleDB 和 DataStore 使用的都是"实体—属性—值"（Entity-Attribute-Value）的 EAV 数据模型。微软的 SQL Azure 是云环境下的关系型数据库，支持报表、数据同步等服务。VMware 在最近的 Cloud Foundary 中采用了开源云数据库 MongoDB，可以实现均衡性较好的分布式数据库存储。表 13-4 是四种数据库服务的比较。

表 13-4　四种云计算解决方案的数据库服务比较

对比项	Google DataStore	Amazon SimpleDB	微软 SQL Azure	VMware MongoDB
系统结构	实体组、实体、属性、值四级模式	域、条目、属性、值四级模式	授权、容器、实体三级模式	集合、文档、域、值四级模式
主要存储的数据类型	结构化和半结构化数据	结构化数据	结构化数据	结构化和半结构化数据
所用的查询语言	GQL	支持有限的 SQL 语句	SQL	BSON
数据更新时间	有延迟，但不是常态	有延迟	没有延迟	有延迟
实现的功能	较多	最少	最多	较多
其他数据库服务	无	运行在 EC2 上的 Oracle、SQL Server 等	无	运行在 vCloud 上的 Oracle、SQL Server 等

从上述比较中不难发现，四种商业云计算解决方案在应用场景、使用流程、体系结构、实现技术、核心业务等方面都存在较大的差异。不同方案之间没有绝对的优劣之分，仅有适用场合的区别，用户可在确定自身的需求后进行选择。

13.2　主流开源云计算系统比较

开源云计算系统为个人和科研团体研究云计算技术提供了平台，也为企业根据自身需要研发相应的云计算系统提供了基础。利用开源云计算系统，可以在低成本机器构成的集群系统上模拟近似商业云计算的环境。

随着云计算研究的不断发展，开源云计算系统也层出不穷。其中，有对成熟商业云计算系统的模仿实现，如模仿 Google 云计算系统的 Hadoop，能实现类似 AWS 功能的 OpenStack；也有专门针对 Hadoop 不足而开发的 Spark；还有针对特定服务的云计算系统，如专门实现应用程序打包和迁移的 Docker，面向存储的 Cassandra、VoltDB、MongoDB 等。

为了帮助用户更好地选择符合需要的开源云计算系统，本节从开发目的、体系结构、实现技术和核心服务四个方面，对 Hadoop、Spark、Docker、OpenStack 4 种同时包含了计算和存储服务的主流开源云计算系统进行比较分析。关于这 4 个开源云计算系统的具体细节，参见前面的相关章节。

13.2.1　开发目的

Hadoop 旨在提供与 Google 云计算平台类似的开源系统，由开源组织 Apache 孵化。对于 Google 云计算平台中包含的 GFS、MapReduce、BigTable 等组件，Hadoop 中分别有 HDFS、MapReduce、HBase 等开源实现的组件与之对应。此外，Hadoop 还包含了若干个独立的子系统，如分布式数据仓库 Hive、分布式数据采集系统 Chukwa、远程过程调用方案 Avro。由于 Hadoop 具有良好的性能和丰富的功能，其改进版本目前已经在中国移动、淘宝等公司得到了应用。

Spark 最初是针对 Hadoop 批处理模式存在的问题而开发的。机器学习、图处理等众多领域需要对数据进行反复的迭代处理，而 MapReduce 的中间结果要保存在本地磁盘，因此对于这种需要迭代处理的计算任务，从 I/O 效率来看，MapReduce 并不适合。基于这种考虑，加州大学伯克利分校的 AMP 实验室主导开发了 Spark 系统，并将其开源。现在 Spark 已经成为 Apache 的顶级项目。Spark 目前在国内外得到了较为广泛的应用，其集群规模已经达到几千个至上万个节点。

Docker 最初开发虽然只是为了简化程序开发和运行过程，但就其目前的发展来看，Docker 为云平台的实现提供了另一种思路和可能性。简单来讲，可以将 Docker 理解成一个轻量级的虚拟机，但实际上其准确的理解应当是一种应用容器。Docker 实现的功能和虚拟机类似，可以让开发者和用户将程序当前完整的运行环境打包，然后运行到另一个环境中。但是与传统的虚拟机实现方案相比，Dcoker 是非常轻量级的，在启动时间、对资源的占用等方面具有绝对的优势。Docker 的这种特性让以 Docker 容器为单位的云平台成为可能。如果在云平台中广泛地使用 Docker，则可以将任何程序都统一封装在 Docker 容器中进行销售、分发和部署。

OpenStack 旨在为不同规模的企业提供一种构建云平台的简便方式。这种云既可以是私有云，也可以是公有云。OpenStack 是由美国航空航天局（NASA）和 Rackspace 公司共同开发完成。OpenStack 可以为用户提供包括计算、存储、数据库服务等在内的多种云服务，同时提供具有统一接口的管理平台，以便管理。主流开源云计算系统比较如表 13-5 所示。

表 13-5　主流开源云计算系统比较

对比项	Hadoop	Dcoker	OpenStack	Spark
参照的商业方案	Google	VMware	AWS	无
提供的服务类型	PaaS	PaaS	IaaS	PaaS
服务间的关联度	所有服务被捆绑在一起，耦合度高	所有服务被捆绑在一起，耦合度高	可以选择组件来实现不同的服务，耦合度低	可以选择模块应对不同的处理任务，耦合度低
支持的编程语言	主要是 Java	多种	多种	多种
使用限制	较多	较少	较少	较多
支持的功能	较多	较少	较多	较多
可定制性	较弱	较弱	较强	较弱
可扩展性	自动扩充所需资源并进行负载均衡	需要手动增加所需的应用程序数量	可以实现自动扩充所需资源并进行负载均衡	自动扩充所需资源并进行负载均衡
特色	实现了 Google 云计算系统的关键功能，得到了广泛应用	能便捷地实现应用程序的打包和迁移	可以灵活地构建公有云、私有云及混合云	解决了 Hadoop 存在的一些问题，同时支持流处理、图处理等多种类型的任务

13.2.2　体系结构

Hadoop 采用与 Google 云计算平台类似的体系结构，主要由 Hadoop Common、HDFS、MapReduce、HBase、ZooKeeper 等组件构成。其中，Hadoop Common 是整个 Hadoop 项目的核心，其他子项目都是在其基础上发展起来的；HDFS 是支持高吞吐量的分布式文件系统；MapReduce 是大规模数据的分布式处理模型；HBase 是构建在 HDFS 上的、支持结构化数据存储的分布式数据库；ZooKeeper 用于解决分布式系统中的一致性问题。此外，Hadoop 还包含了若干个相对独立的子项目，如用于管理大型分布式系统的数据采集系统 Chukwa、提供数据摘要和查询功能的数据仓库 Hive 等。

Spark 经过几年的发展，已经较为完善。围绕着 Spark 的核心模块（Spark Core），已经构建起一个支持多种数据处理的完整生态圈。AMP 实验室称之为 BDAS（Berkeley Data Analytics Stack），如图 13-1 所示。

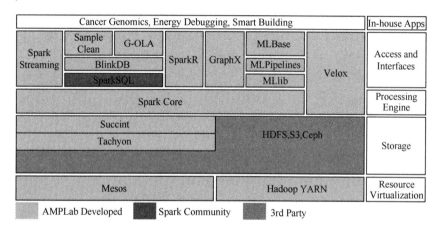

图 13-1　BDAS

在这个体系结构中，最核心的自然是 Spark Core。底层文件系统支持 HDFS、S3 等。资源管理和调度系统则支持 Mesos 及 Hadoop YARN，在此之上则支持流处理（Spark Streaming）、近似计算（BlinkDB）、图处理（GraphX）、机器学习（MLBase）等多种计算任务。

Docker 的基本体系结构如图 13-2 所示。

从图 13-2 中不难发现，Docker 的实现本质上也是一

图 13-2　Docker 的基本体系结构

种虚拟化技术。但与 VMware 这种重量级虚拟化产品相比，其实现时无须实现硬件的虚拟化，也不用搭载自己的操作系统。因此无论是在体量还是在启动速度等方面，其都有绝对的优势。但是，由于 Docker 对 Linux 容器的依赖，目前 Docker 只能运行在 Linux 环境下。

OpenStack 提供了一整套的 IaaS 实现。最新的发行版中主要包括如下 11 种服务：对象存储（Swift）、计算服务（Nova）、镜像服务（Glance）、面板（Horizon）、鉴权服务（Keystone）、网络服务（Neutron）、块存储服务（Cinder）、遥测（Ceilometer）、编排

（Heat）、数据库服务（Trove）、数据处理（Sahara）。其中最核心的是对象存储及计算服务。

13.2.3 实现技术

Hadoop 在功能上尽可能地模仿 Google 云计算平台，实现分布式文件存储系统 HDFS、计算系统 MapReduce、分布式数据库 HBase 等。但对于 Google 云计算平台的部分功能，Hadoop 在实现上依然存在差距。例如，Hadoop 中使用 ZooKeeper 代替 Google 云计算系统中的 Chubby，但前者在功能上存在一定的不足。

Spark 的内核采用 Scala 语言开发，实现了一整套的基于内存的迭代计算框架。Spark 基于 RDD 这种基本数据结构来对数据进行处理。数据处理主要在内存中完成，因此效率很高。同时与 MapReduce 主要支持 Map 和 Reduce 操作不同，Spark 支持更多类型的操作，如 filter、flatMap、sample、groupByKey、reduceByKey、union、join 等。

Docker 基于 Linux 容器（Linux Containers，LXC），采用 Go 语言实现。虚拟化技术需要解决隔离性、可配额、移动性及安全性四个方面的问题。其中，隔离性由 Linux 的 Namespace 来保证；可配额由 cgroups 来实现；移动性则利用 UnionFS（Union File Systems）来实现，就 Docker 本身而言，主要使用的是 AUFS（Another UnionFS）；最后在安全性方面，Docker 主要利用了 Linux 内核的 GRSEC 补丁，以此来保护宿主不受非法入侵。

OpenStack 在处理能力上类似于 Amazon Web Services。虽然 OpenStack 中的各个服务相对独立，但在完整的功能实现时，基本都需要各个服务的相互配合。其中，Nova 是核心，负责相关的计算任务。当计算实例需要进行持久化存储时，可以选择基于对象的存储 Swift 或者基于块的存储 Cinder。Horizon 提供了用户图形界面，而 Keystone 则可以完成权限控制等方面的工作。

13.2.4 核心服务

在计算服务、存储服务、数据库服务三大核心服务方面，Hadoop 所提供的服务与 Google 云计算平台十分类似，分别由 MapReduce、HDFS、HBase 组件承担；Spark 提供了包括批处理、流处理在内的多种处理模式。从某种程度上来说，Spark 比 Hadoop 可处理的任务类型更广。Docker 作为一种应用容器，通过轻量级虚拟化技术实现了云环境下各种程序的便捷迁移。OpenStack 提供了与 Amazon EC2 和 S3 类似的计算及存储服务，用户可以自行实现一个较为完整的云平台。表 13-6 展示了除 Docker 外上述 3 个主流开源云计算系统在核心服务方面的比较。

表 13-6　开源云计算系统的核心服务比较

对比项	Hadoop	Spark	OpenStack
计算服务	基于 MapReduce 的计算任务	基于 RDD 数据结构的内存计算	提供计算服务 Nova
存储服务	提供分块存储的 HDFS	兼容包括 HDFS 在内的多种文件系统	基于对象的存储 Swift 或者基于块的存储 Cinder
数据库服务	提供分布式数据库 HBase	Spark SQL	提供专门的数据库服务 Trove

Docker 提供的服务和上述 3 种不太一样。Docker 本身并不提供完整的计算、存储等服务，但 Docker 提供的对各类应用程序简易的打包和迁移服务使 Docker 成为众多云平台的基础组件之一。

13.3　云计算发展趋势

13.3.1　标准化

云计算标准化工作作为推动云计算技术产业及应用发展，以及行业信息化建设的重要基础性工作之一，近年来受到各国政府及国内外标准化组织和协会的高度重视。自 2008 年以来，云计算在国际上已成为标准化工作的热点之一。国际上共有 33 个标准化组织和协会从各个角度开展云计算标准化工作。这 33 个国外标准化组织和协会既有知名的标准化组织，如 ISO/IEC JTC1 SC27、DMTF，也有新兴的标准化组织，如 ISO/IEC JTC1 SC38、CSA；既有国际标准化组织，如 ISO/IEC JTC1 SC38、ITU-T SG13，也有区域性标准化组织，如 ENISA；既有基于现有工作开展云标准研制的，如 DMTF、SNIA；也有专门开展云计算标准研制的，如 CSA、CSCC。

目前，大多数的云计算标准化组织和团体来自美国。除了国际标准化组织和区域性标准化组织大力参与云计算标准化工作，国际标准化协会日益成为云计算标准化工作的生力军。总的来说，参与云计算标准化工作的国外标准化组织和协会呈现以下特点。

1. 三大国际标准化组织从多角度开展云计算标准化工作

三大国际标准化组织 ISO、IEC 和 ITU 的云计算标准化工作开展方式大致分为两类：一类是已有的分技术委员会，如 ISO/IEC JTC1 SC7（软件和系统工程）、ISO/IEC JTC1 SC27（信息技术安全），在原有标准化工作的基础上逐步渗透云计算领域；另一类是新成立的分技术委员会，如 ISO/IEC JTC1 SC38（分布式应用平台和服务）、ISO/IEC JTC1 SC39（信息技术可持续发展）和 ITU-T SG13（原 ITU-T FGCC 云计算焦点组），开展云计算领域新兴标准的研制。

2. 知名标准化组织和协会积极开展云计算标准研制

知名标准化组织和协会，包括 DMTF、SNIA、OASIS 等，在其已有标准化工作的基础上，纷纷开展云计算标准研制。其中，DMTF 主要关注虚拟资源管理，SNIA 主要关注云存储，OASIS 主要关注云安全和 PaaS 层标准化工作。目前，DMTF 的 OVF（开放虚拟化格式规范）和 SNIA 的 CDMI（云数据管理接口规范）均已通过 PAS 通道提交给 ISO/IEC JTC1，正式成为 ISO 国际标准。

3. 新兴标准化组织和协会有序推动云计算标准研制

新兴标准化组织和协会，包括 CSA、CSCC、Cloud Use Case 等，正有序开展云计算标准化工作。这些新兴的标准化组织和协会，通常从某一方面入手，开展云计算标准研制。例如：CSA 主要关注云安全标准研制，CSCC 主要从客户使用云服务的角度开展标准研制。

云计算标准化的主要内容包括以下几方面。

- 云计算互操作和集成标准包括不同云之间的互操作性，如私有云和公有云之间、公有云和公有云之间、私有云和私有云之间的互操作性和集成接口标准等。
- 云计算的服务接口标准和应用程序开发标准主要包括云计算与业务层面的交换标准，如在业务层面如何调用和使用云服务。
- 云计算不同层面之间的接口标准，主要包括架构层、平台层和应用软件层之间的接口标准。
- 云计算商业指标标准，主要包括用户提高资产利用率的标准、资源优化和性能优化标准，以及评估性能价格比的标准等。
- 云计算架构治理标准，主要包括设计、规划、架构、建模、部署、管理、监控、运营支持、质量管理和服务水平协议等标准。
- 云计算安全与隐私标准，主要包括与数据的完整性、可用性、保密性相关的物理和逻辑上的标准。

目前，具有代表性的云计算国际标准有以下几个。

NIST（美国国家标准与技术研究院）的目标是为云计算在政府和工业领域的安全应用提供技术指导，并推广相关技术标准。NIST 提出的云计算的定义被许多人当成云计算的标准定义。NIST 专注于为美国联邦政府提供云架构及相关的安全和部署策略，包括制定云标准、云接口、云集成和云应用开发接口等。如图 13-3 所示，NIST 云计算架构参考模型定义了 5 种角色，分别是云服务消费者、云服务提供商、云服务代理商、云计算审计员和云服务承运商。每个角色既可以是个人，也可以是单位组织。每个角色的具体定义如下。

图 13-3　NIST 云计算架构参考模型

- 云服务消费者：租赁云服务产品的个人或单位组织。
- 云服务提供商：提供云服务产品的个人或单位组织，如中国电信天翼云、阿里云、腾讯云等。
- 云服务代理商：代理云服务提供商向云服务消费者销售云计算服务并获取一定佣金的个人或者单位组织。
- 云计算审计员：能对云计算安全性、云计算性能、云服务及信息系统的操作开展独立评估的第三方个人或者单位组织。
- 云服务承运商：在云服务提供商和云服务消费者之间提供连接媒介，以便把云计算服务产品从云服务提供商那里转移到云服务消费者手中，如中国电信，但广域网商和互联网商不属于云服务承运商。

DMTF（分布式管理任务组）的宗旨是协调 IT 行业各方面的力量，共同开发、验证和推广系统管理标准，从而简化管理，降低 IT 系统的管理成本。DMTF 在 2009 年 4 月成立了"开放云计算标准孵化器"，主要关注 IaaS 的接口标准化，制定了 OVF，以使用户可以在不同的 IaaS 平台间自由地迁移。DMTF 制定了云资源管理协议、封包格式和安全管理协议，并发布了云互操作性和管理白皮书。DMTF 共有来自 43 个国家的 160 个成员。OVF 旨在实现虚拟机标准化，从而使虚拟机轻松地在异构的虚拟机平台之间移动。DMTF 发布了 5 个 OVF 相关的规范/白皮书：

- DSP0243: Open Virtualization Format Specification;
- DSP8027: OVF Environment XSD;
- DSP8023: OVF Envelope XSD;
- DSP2021: Open Virtualization Format Examples;
- DSP2019: Open Virtualization Format White Paper。

OVF 标准定义了 3 个元素：OVF 包、OVF 描述符和 OVF 环境文件。

- OVF 包有一系列文件：一个 OVF 描述文件、零个或一个 OVF 清单文件、零个或一个 OVF 证书文件、零个或多个硬盘映像文件、零个或多个附加的资源文件。
- OVF 描述符是一个 XML 文件，包含 OVF 包的结构信息和虚拟机的元数据信息（包括虚拟硬件）。
- OVF 环境文件定义了客户软件如何与部署平台交互。其允许客户软件获取与部署平台有关的信息，如 OVF 描述符中定义属性的指定值。

DMTF 还发布了系统虚拟化、分区及集群标准 SVPC，定义了分层结构的虚拟化资源管理视图及虚拟化资源管理接口。其实现了发现及编目虚拟机系统，管理虚拟机的生命周期，创建、修改及删除虚拟资源；监控虚拟机系统的状况与性能等。SVPC 主要研究关于虚拟服务器管理的业界标准，意图是简化并提供易于使用的虚拟机环境。

DMTF 发布的系统虚拟化模型可以划分成如下部分。

- 资源分配：包括资源池模型、池中的资源分配及用于管理资源池的服务。
- 分配能力：客户端能够在运行时确定能力，包括实现在各种上下文中支持的最小值、最大值、默认值和特定值。
- 系统虚拟化和虚拟系统：提供添加、删除和修改虚拟系统的资源及定义和删除虚拟系统的能力，客户端可以通过虚拟资源和资源池的分配能力来确定虚拟系统资源操作实现的特定信息。

- 虚拟设备：利用资源分配和分配能力模式来扩展现有设备模型，以实现对虚拟设备的管理。

SNIA（存储工业协会）是成立时间较早的中立性存储行业协会组织，其宗旨是领导全球范围内的存储开发、标准推广及技术和培训服务。SNIA 的成员包括厂商和用户。SNIA 的主要成员都是核心的存储厂商。SNIA 成立了云计算工作组，并于 2010 年 4 月正式发布 CDMI 1.0。SNIA 云计算工作组的任务是推广云规范，统一云存储的接口，实现面向资源的数据存储访问，扩展不同的协议和物理介质。

SNIA 提出了云存储参考模型，如图 13-4 所示。此模型显示了多种类型的云数据存储接口，这些接口能够支持旧应用程序和新应用程序。所有接口都允许从资源池中按需提供存储。容量从存储服务提供的存储容量池中提取。数据服务应用于各个数据元素，由数据系统元数据确定。元数据根据单个数据元素或数据元素组（容器）指定数据要求。

图 13-4　云存储参考模型

SNIA 云数据管理接口（CDMI）是应用程序从云中创建、检索、更新和删除数据元素的功能接口。作为此接口的一部分，客户端能够发现云存储产品的功能，并使用此接口管理容器和放置在其中的数据。此外，可以通过此接口在容器及其包含的数据元素上设置数据系统元数据。

OASIS（结构化信息标准推进组织）成立于 1993 年，是非营利的联合会组织。OASIS 在软件开发领域的影响力很大，曾提交了著名的 XML 和 Web Services 标准。目前，OASIS 的成员包括 IBM、微软等 260 个来自不同国家的组织、团体、大学、研究院和公司。OASIS 致力于推动访问和身份策略安全、格式控制和数据输入/输出内容、目录池、目录和注册表、面向服务架构的方法和模型、网络管理和服务质量、互操作性等标准的制定与应用。我国的互联网信息中心、神州数码、华为、北京大学等都是该组织的成员。

OGF（开放网格论坛）是一个由 40 个国家的 400 多个用户、开发者和厂商组成的社区组织，其目标是制定和推广网络计算的标准与规范。该组织推出了 OCCI 1.0。该标准的目的是建立架构即服务的云接口标准，实现云架构的远程管理，开发不同工具，为云计算的部署、配置、自动扩展和监控提供支持。

CSA（云安全联盟）成立于 2009 年 4 月，其宗旨是推广云安全最佳实践和云安全培训。CSA 编写了云服务消费者和云服务提供商关心的 15 个战略领域的关键问题与建议。目前，CSA 的成员包括 DMTF、OGF、ISACA 等 14 个组织及 55 家公司。

The Open Group 是一个厂商中立、技术中立的联合会组织，目标是在开放标准和全球互操作性的基础上，实现企业内部和企业之间的无边界的信息流集成，从而降低企业运营的成本，增强系统的可扩展性和敏捷性，解除云产品和服务对厂家的锁定。

CCIF（云计算互操作论坛）是非营利技术社区组织，其目标是建立全球的云团体和生态系统，探讨新兴技术趋势和参考结构，帮助不同组织加快应用云计算解决方案和服务。CCIF 提出了统一云接口（UCI），并把不同云的 API 统一成标准接口，从而实现云的互操作。

云计算标准化工作是推动我国云计算技术、产业及应用发展，以及行业信息化建设的重要基础性工作之一。自 2008 年年底云计算相关的标准化工作被我国科研机构、行业协会及企业关注以来，云计算相关的联盟及标准组织在全国范围内迅速发展。总体而言，我国的云计算标准化工作从起步阶段进入了切实推进的快速发展阶段。2013 年 8 月，工业和信息化部组织国内产、学、研、用各界专家代表，开展了云计算综合标准化体系建设工作，对我国云计算标准化工作进行了战略规划和整体布局，并梳理了我国云计算生态系统。全国信息技术标准化技术委员会云计算标准工作组作为我国专门从事云计算领域标准化工作的技术组织，负责云计算领域的基础、技术、产品、测评、服务、系统和设备等国家标准的制修订工作，形成了领域全面覆盖、技术深入发展的标准研究格局，为规范我国云计算产业发展奠定了标准基础。另外，我国也积极参与云计算国际标准化工作，在国际舞台发挥了重要的作用。当前，我国的云计算标准化工作应注重国际国内协同开展，并且在前期云计算标准研究成果的基础上，注重标准落地应用，同时结合当今云计算产业的发展需求，锁定产业急需，开展一系列重点领域的标准化预研工作。

13.3.2 混合云模式

混合云是一种云计算模型，它通过网络连接组合一个或多个公有云和私有云环境，允许在不同的云环境之间共享数据和应用程序。混合云架构如图 13-5 所示。混合云环境允许企业根据业务需求在不同的云环境中分配工作负载。例如，企业可以在私有云环境中运行核心服务，以便更好地控制和定制环境，以满足其需求。当工作负载超出可用资源的限制时，可以将其他工作自动传输到公有云环境。这种方法为按需服务提供了额外的容量，这种方法通常称为"云爆发"。由于额外需求将在公有云上运行，因此对存储、计算和所有其他容量几乎没有限制。连接公有云和私有云有两种主要方法：VPN 和高速通道（Express Connect），即点对点专用连接。混合云能够通过网络连接多台计算机，整合 IT 资源，横向扩展并快速置备新资源；它包含单个统一的管理工具，利用自动化对流程进行编排，能够在不同环境间移动工作负载。

图 13-5 混合云架构

混合云可让用户体验私有云和公有云的优势。它提供高可扩展性、几乎无限的存储空间、灵活的支付模式，并且与公有云一样具有成本效益。混合云也非常安全，它为用户提供了更多的灵活性和对云资源的控制，如私有云中的资源。

NIST 对混合云的定义为：由两种或两种以上的云（私有云、社区云或公有云）组成的云基础设施，每种云保持独立实体，但云服务器之间用标准的或专有的技术组合起来，使得其间的数据和应用程序具有可移植性。混合云对外呈现出来的计算资源来自两个或两个以上的云，只不过增加了一个混合云管理层。云服务消费者通过混合云管理层租赁和使用资源，感觉就像在使用同一个云端的资源，其实内部被混合云管理层路由到真实的云端了。

如今，越来越多的企业正在基于其现有的多云战略实现混合云模式的价值。通过使公有云、私有云和边缘云资源更高效地协同工作，混合云解决方案可以克服使用多个云平台导致的混乱无序和高成本。要成功迁移到混合云模式，组织必须找到一种能够在云架构内集成、优化和编排混合所有单独元素的解决方案。市场上有许多供应商承诺其技术能够提供完整的解决方案。

13.3.3 多云部署

多云部署同时使用两个或多个云计算系统，部署可能使用公有云、私有云或两者的某种组合。多云部署旨在在硬件/软件故障的情况下提供冗余，并避免供应商锁定。通过多云部署，企业可以同时使用两个或多个云计算平台，如图 13-6 所示。它们这样做的原因有多种：一个团队可能正在使用微软产品，使用微软的 Azure 平台将是很自然的，而另一个团队则更喜欢 Amazon Web Services；公司可能还希望在将公有云用于 Web 应用程序时使用私有云处理机密数据；如果主云平台出现问题，公司可能还希望故障转移到另一个云平台。有许多用于管理多个云部署的第三方软件工具。

图 13-6 多云服务商互联

多云部署正成为企业的必然选择。尽管多家云服务商承诺 99.99%的安全可靠性，但仅 2018 年，国内外基础云服务商就被各渠道披露了七八起事故，未被披露的或许更多。云服务商的多次事故更加让企业知悉，将业务部署在单一云服务商，一旦出现问题，所造成的损失及影响往往更大。因此，企业也将遵循"不能将鸡蛋放在同一个篮子"法则，选择多云服务。例如，企业可将业务参照横向流量分发模式，将外部流量按照一定的分配比例，分别放在云服务商 A、云服务商 B，甚至云服务商 C，当一家的云服务出现问题时，通过云服务自动扩充，可快速将发生事故的云服务商的流量转移到其他云服务上，从而有效避免因某一家云服务商出现事故而影响企业自身的业务。

当组织中的多个部门有不同的工作流程和存储需求时，多云部署可以提供帮助。但是，使用多个云会带来挑战，包括在云之间迁移工作负载和访问资源。首先，人们可能会遇到将工作负载从一个云迁移到另一个云的问题。云计算必须具有兼容的接口才能在它们之间迁移工作负载。像 REST 这样的标准已经变得更加普遍，但并不是每个云计算供应商都遵守它们。要透明地从一个云连接到另一个云，源云必须能够与目标云的 API 进行通信，事实并非如此。

互操作性是关键。每个云计算供应商都使用自己的标准和文件格式。考虑基于云计算的虚拟机，支持虚拟机存储的文件存在不同的标准。企业的云平台可能使用虚拟硬盘（VHD）、Qcow2、虚拟机磁盘（VMDK）或任何其他形成虚拟机磁盘格式的标准。而企业在一个云平台中使用的云存储服务可能无法在另一个云平台中使用，这可能导致无法在云平台之间轻松移动工作负载。如果云计算实例使用磁盘映像文件，则文件格式兼容性问题也可能会阻止企业在云平台之间移动工作负载。企业可能为特定目的使用不同的云服务，如存储、运行虚拟机、容器；而且，企业可能会选择其他云，因为它提供了强大的安全功能。在这种多云部署中，跨云访问非常重要。例如，虚拟机可能会从企业用于存储的云平台访问存储。在构建多云环境时，请确保企业云平台可以高度兼容，以简化互操作性。

在多云环境中工作的一个挑战是每个云平台都有自己的门户。企业可能发现自己在几个不同的管理窗口中工作，这增大了在配置环境时迷失的概率。多云环境中的一个严重问题是应用程序扩展，这可能发生在多个云服务相同的环境中，可能发生在不同部门有自主选择满足其需求的云端和应用程序的公司。如果将每个云平台作为单独的实体进行管理，则很难避免应用程序蔓延。每个云平台都有自己的监控工具。在多云环境中，企业可能会监控不同监控应用程序的输出，从而增加丢失重要信息的可能性。

企业进行多云部署面临不少挑战，以下 3 种方法将有助于企业的多云部署顺利运行。

（1）标准化：请确保企业使用的是 Amazon S3 兼容的产品。如果涉及虚拟机，尽管虚拟机格式标准化不如存储标准化那么普遍，但尝试使用 OVF。如果涉及容器，请使用 Docker。标准化的方法使多云环境运行更流畅。至少，它确保工作负载可以轻松地在不同的云中迁移。

（2）统一化管理：单一的多云管理工具可以解决从存在多个管理工具、多个管理门户到存在多个应用程序和虚拟机等难题。该市场的供应商包括 BMC Software、CenturyLink、思科、Concerto Cloud Services、IBM、Net Enrich、RightScale、Scalr、Turbonomic 和 VMware 等。这些工具覆盖了各自的管理界面，位于各个云管理界面之上。它们提供单一界面来管理多云环境，并使其看起来像企业正在使用一个云平台一样。

（3）机构独立监测：除了多云管理，独立的监控工具也会有所帮助。特定云计算的监控选项对于监控特定云中发生的事情很有用。但是，对于多云环境，企业需要一个可以看到涉及所有云的更大图景的工具。这可以是一个开发多云或开源监控工具的商业化产品，如 Nagios 和 Zabbix。

13.3.4　云计算与人工智能相融合

随着人工智能及云计算的不断兴起，其应用的领域也不断增多。它们被用于各行各业，不仅能够提高工作效率，同时能够避免人工错误的出现，从而为社会的发展做出极大贡献。人工智能在发展过程中，正面临成长性及扩展性的问题，而要使这些问题得到彻底解决，则必须在传统的人工智能技术中运用云计算技术。

云计算目前正在从 IaaS 向 PaaS 和 SaaS 发展，其在这个过程中与人工智能的关系会越来越密切，主要体现在以下三个方面。

（1）PaaS 与人工智能结合来完成行业垂直发展。当前云计算平台正在全力打造自己的业务生态，业务生态其实也是云计算平台的壁垒。而要想在云计算领域形成一个很高的壁垒，必然需要借助人工智能技术。目前可以将云计算平台开放的一部分智能功能直接结合到行业应用中，这会使云计算向更多的行业领域垂直发展。

（2）SaaS 与人工智能结合来拓展云计算的应用边界。当前终端应用的迭代速度越来越快，未来要想实现更快速且稳定的迭代，必然需要人工智能技术的参与。人工智能与云计算的结合能够让 SaaS 全面拓展自身的应用边界。

（3）云计算与人工智能结合来降低开发难度。云计算与人工智能结合还会有一个明显的好处，就是降低开发人员的工作难度，云计算平台的资源整合能力会在人工智能的支持下变得越来越强大。

人工智能任务处理多样化。人工智能在发展过程中必须以海量的数据作为基础，实现人工智能任务处理的多样化。人工智能在发展过程中，必须以强大的计算背景与平台及知识理论作为支撑，而云计算技术的发展正好满足了人工智能的需求。新一代人工智能理论和技术迅速发展，开放的人工智能平台与大数据和云计算技术相结合，构成了支撑新一代人工智能应用的基础设施，以深度学习、强化学习、知识图谱为代表的人工智能技术得到了快速发展。目前，国内外大量的数据中心面临复杂的业务和异构的设备环境，运用人工智能技术对资源进行调度和进行能量管理变得尤为必要。

云计算辅助性支持资源整合。云计算的出现，在最大限度上整合了多种数据资源的有效形式，补充了资源整合效力，对人工智能的识别决策提供了辅助性支持。在设计云计算之初，其本质目标便是对资源进行管理，其中涉及计算资源、网络资源、存储资源三个方面。计算资源为人工智能提供了基础数据的分析框架，网络资源促进人工智能的自主学习，存储资源不断升级人工智能的认知边界。因此，云计算并非提供了最直接的数据资源，但提供了对资源整合的辅助性支持，可为人工智能的自我迭代与演化提供辅助路径。

人工智能是智能社会发展的重要内容之一，属于计算机学科的一个重要分支，其最终的发展目的是生产与人类智能相近的智能机器。云计算技术则以开放的标准和服务为基础，以互联网为中心，提供安全、快速、便捷的数据存储和网络计算服务，让互联网这片"云"上的各种计算机共同组成数个庞大的数据中心及计算中心，将 IT 资源构筑成一个资源池，加上成熟的服务器虚拟化、存储虚拟化技术，让用户实时地监控和调配资源。人工智能及云计算是未来社会发展需要应用的重要技术内容，二者存在密切的联系，应通过云计算赋能人工智能，做好二者的融合分析，将其现实价值发挥到最大。云计算背景下的人工智能融合应用分析，旨在为人工智能的具体发展提供参考，目的是更好地实现云计算、大数据在人工智能发展中的融合与应用，这样，先进技术融合而生的技术价值会更加显著。

习题

1. 查阅资料，列举其他商业云计算解决方案的应用场景。

2. 用图形方式描述 Google、Amazon、微软和 VMware 云计算平台的体系结构。

3. 比较 Hadoop 与 Spark 的异同，以及 Docker 与 OpenStack 的异同。

4. 以"体系结构"为比较点，在表 13-5 的基础上完善 13.2 节中关于主流开源云计算系统的对比。

5. 举例说明云计算和云存储参考模型。

反侵权盗版声明

电子工业出版社依法对本作品享有专有出版权。任何未经权利人书面许可，复制、销售或通过信息网络传播本作品的行为；歪曲、篡改、剽窃本作品的行为，均违反《中华人民共和国著作权法》，其行为人应承担相应的民事责任和行政责任，构成犯罪的，将被依法追究刑事责任。

为了维护市场秩序，保护权利人的合法权益，我社将依法查处和打击侵权盗版的单位和个人。欢迎社会各界人士积极举报侵权盗版行为，本社将奖励举报有功人员，并保证举报人的信息不被泄露。

举报电话：（010）88254396；（010）88258888

传　　真：（010）88254397

E-mail：　dbqq@phei.com.cn

通信地址：北京市万寿路 173 信箱

　　　　　电子工业出版社总编办公室

邮　　编：100036